Pro/ENGINEER Wildfire 5.0 中文版实用教程

孙小捞　祁和义　赵敬云　主编

化学工业出版社

·北　京·

本书主要内容包括：Pro/ENGINEER Wildfire 5.0 简介及基本操作，参数化草绘绘制，特征分类与基准特征，基础特征的创建，工程特征的创建，其他常用特征的创建，特征操作，高级扫描特征创建，基本曲面特征创建与编辑，创建参数化模型，创建组件，二维工程图，实体造型综合实例。

本书还附带光盘，光盘内容包括每章使用的范例源文件、范例结果文件以及每章的练习题源文件和结果文件。

本书适合高等学校机电类学生以及从事产品开发设计工作的工程技术人员使用。

图书在版编目（CIP）数据

Pro/ENGINEER Wildfire 5.0 中文版实用教程 / 孙小捞，祁和义，赵敬云主编. —北京：化学工业出版社，2015.1

高等教育规划教材

ISBN 978-7-122-22411-8

Ⅰ. ①P… Ⅱ. ①孙… ②祁… ③赵… Ⅲ. ①机械设计-计算机辅助设计-应用软件-高等学校-教材 Ⅳ. ①TH122

中国版本图书馆 CIP 数据核字（2014）第 279795 号

责任编辑：李　娜　　　　文字编辑：吴开亮

责任校对：蒋　宇　　　　装帧设计：史利平

出版发行：化学工业出版社（北京市东城区青年湖南街 13 号　邮政编码 100011）

印　　刷：北京永鑫印刷有限责任公司

装　　订：三河市宇新装订厂

787mm×1092mm　1/16　印张 21½　字数 599 千字　2015 年 3 月北京第 1 版第 1 次印刷

购书咨询：010-64518888（传真：010-64519686）　售后服务：010-64518899

网　　址：http: // www. cip. com. cn

凡购买本书，如有缺损质量问题，本社销售中心负责调换。

定　　价：**49.00** 元

编写人员名单

主　编：孙小捞　祁和义　赵敬云

副主编：杨春荣　龚建民　常云朋

参　编：孙小捞　祁和义　赵敬云
　　　　杨春荣　龚建民　常云朋
　　　　张莉洁　程文杰　孟　瑾

前言

Pro/ENGINEER Wildfire 5.0 中文版软件是美国参数技术公司（Parametric Technology Corporation，简称 PTC）开发的高档三维参数化设计软件，是目前国内外应用最为广泛的一个CAD/CAM/CAE 软件，在中国有很多研究院和企业采用该软件进行设计、仿真、分析和加工。其功能强大、应用广泛、使用方便、掌握相对容易等优势已经得到了广大用户和爱好者的一致认可。其 Pro/ENGINEER Wildfire 5.0 中文版本更是界面友好，操作简便，大大提高了设计效率。

本书是编者多年来在企业工作和现在从事教学以及 Pro/ENGINEER 认证培训的心得与体会。本书内容主要包括 Pro/ENGINEER Wildfire 5.0 中文版界面基本操作、参数化草图的绘制及编辑技巧、基准特征的创建、三维实体基础特征和高级实体造型特征的创建、其他常用的特征的创建、特征的操作、曲面特征的创建、参数化模型的创建、装配的创建、二维工程图的创建、实体造型综合实例等，每章配有范例和练习题。相信通过对本书的系统学习，读者一定能熟练运用 Pro/ENGINEER Wildfire 5.0 进行各种设计，很好地完成自己的工作。

本书由洛阳理工学院教授、高级工程师孙小捞，河南艺术职业学院祁和义副教授和河南机电高等专科学校赵敬云副教授主编，洛阳理工学院杨春荣高级工程师、河南煤炭职业学院龚建民副教授、洛阳理工学院常云朋任副主编，另外参加编写的还有洛阳理工学院张莉洁和孟瑾，河南煤炭职业学院程文杰。具体分工如下：第 1 章由龚建民编写，第 2 章由孙小捞编写，第 3 章由孙小捞和龚建民编写，第 4 章由赵敬云编写，第 5 章由张莉洁和程文杰编写，第 6 章由孟瑾编写，第 7 章由常云朋编写，第 8 章由常云朋和张莉洁编写，第 9 章由祁和义编写，第 10 章由赵敬云和孟瑾编写，第 11 章由杨春荣和孟瑾编写，第 12 章由杨春荣编写，第 13 章由程文杰编写。

为方便教师授课，本书配有教学课件，可到化学工业出版社教学资源网（http://www.cipedu.com.cn）下载，或发邮件到 lysxl2@163.com 索取。

由于编者水平有限，书中难免有不足之处，恳请读者批评指正。

本书所附光盘说明

为了方便读者练习，将各章中使用的范例源文件、范例结果文件以及每章的练习题源文件和结果文件均放在所附光盘中，例如，范例源文件的目录为 E:\第 5 章\范例源文件，范例结果文件目录为目录为 E:\第 5 章\范例结果文件（假设光驱盘符为 E 盘）。此外还有一个“提高练习”文件夹（包含草绘练习、造型练习、曲面造型和装配练习 4 个文件夹）也放在光盘中，它是一些比较复杂的实例，供读者练习提高水平使用；读者可以打开这些文件，研究其造型方法和技巧，以提高自己的应用水平。

此外，光盘中还放置了一个配置文件 config.pro，可以将其拷贝到读者的 Por/E 5.0 安装目录下的 text 目录下使用。光盘中还提供了 format.dtl 和 detail.dtl，在作工程图时使用，供读者参考。

编　者

2014 年 11 月

目录

◎ 第4章 基础特征的创建

◎ 第5章 工程特征的创建

◎ 第6章 其他常用特征的创建

第 1 章 Pro/ENGINEER Wildfire 5.0 简介及基本操作

学习目标：本章主要介绍 Pro/ENGINEER Wildfire 5.0 产生、发展历史以及 Pro/ENGINEER Wildfire 5.0 的主要功能特点以及基本操作方法。鼠标的使用、界面定制、模型显示以及对象的选取方法都非常重要，要熟练掌握。

1.1 Pro/ENGINEER Wildfire 5.0 简介

下面将介绍 Pro/ENGINEER 的产生和发展以及功能特点。

1.1.1 Pro/ENGINEER 的产生和发展

美国参数技术公司（Parametric Technology Corporation，PTC）于 1985 年成立，总部位于美国马萨诸塞州尼达姆市。1988 年发布了 Pro/ENGINEER（本书统一简称为 Pro/E）软件的第一个版本。1998 年 PTC 收购了其竞争对手 CV（Computer Vision）公司，逐渐发展成为当今世界上最大的软件公司之一。

Pro/ENGINEER 经历了 20 余年的发展，技术上逐步成熟，版本不断更新。最近的几个版本分别为 Pro/E R20、Pro/E 2000i、Pro/E 2000i2、Pro/E 2001、Pro/E Wildfire 1.0、 Pro/E Wildfire 2.0、Pro/E Wildfire 3.0、Pro/ E Wildfire 4.0 和 Pro/E Wildfire 5.0 以及 Creo1.0 和 Creo2.0。PTC 公司提出的单一数据库、参数化、基于特征和全相关的三维设计概念改变了 CAD 技术的传统观念，逐渐成为当今世界 CAD/CAE/CAM 领域的新标准。

Pro/E 可谓全方位的 3D 产品开发软件，它集零件设计、曲面设计、工程图制作、产品装配、模具开发、N C 加工、管路设计、电路设计、钣金设计、铸造件设计、造型设计、逆向工程、同步工程、自动测量、机构仿真、应力分析、有限元素分析和产品数据管理等功能于一体。

Pro/E 是 PTC 公司的旗舰产品，是业界领先的三维计算机辅助设计和制造的产品开发解决方案。它提供了强大的数字设计能力，具有创建高级、优质产品模型和设计方案并造就一流产品的能力。

在全球使用 Pro/E 的公司有 ABB、空中客车、奥迪、波音、Sun 公司、通用动力、洛克西德马丁、英格索兰、施耐德电气、大众、精工爱普生、英特尔、西门子、IBM 公司、埃森哲、联想、毕博、凯捷永安、计算机科学公司和博敦等。

Pro/E 在中国也广泛应用在航天、航空、国防、汽车、造船、兵工、机械、电信、电子、高科技、工业设计、模具、家电、玩具等行业。其中在一汽、东风汽车、沈阳飞机厂、船舶总公司、海尔、联想、华为、上海大众、美的、春兰、长虹、格力、中国一拖集团有限公司等中国优秀企业应用得也很成功。

1.1.2 Pro/ENGINEER Wildfire 5.0 的新特点

Pro/ENGINEER Wildfire 5.0 提供许多增强功能，可帮助用户克服影响设计效率的重大障碍。

1. 使设计的变更变得更快速、更轻松

实时的动态编辑和无间断的设计将帮助用户克服无法灵活、轻松修改设计的传统障碍。

增强的直接曲面编辑功能在速度上也加快了70%之多。

2. 将实现生产力的速度加快10倍之多

用户体验的改善（例如图形化浏览、直观的 UI 增强功能、简化的任务和更快的性能）提高了设计效率并缩短了产品上市时间。

创建简化的子组件（包络定义）的速度加快78%。

创建钣金件的速度加快了30%，放置形状的速度加快82%。

新的轨迹筋功能促使创建零件的速度加快80%之多。

分析焊件模型的速度加快10倍之多。

创建表面加工刀具路径的速度加快5倍。

3. 在包含多种 CAD 的环境中以更快的速度设计产品

Pro/ENGINEER Wildfire 5.0 为 CAD 互操作性树立了标准。该软件增强了自身对其他 CAD 系统和非几何数据交换的支持，从而使设计师可以应对因处理来自不同系统的 CAD 数据而造成的费时且易于出错的难题。

4. 利用新的无缝集成的 Pro/ENGINEER 应用程序

Pro/ENGINEER 不断重新定义人们在当今高度关联的跨学科设计环境中工作的方式。新的 Pro/ENGINEER Spark Analysis Extension 是唯一一个具有以下特点的商用产品：协助分析和优化设计方案的机电间隙和漏电特性。

持续引领技术潮流，并改进业界领先的模块（例如数字版权管理、CAE、ECAD-MCAD 协作、CAM 和新推出的数字化人体建模解决方案），从而显著节省与造成浪费的物理原型设计、生产返工和现场故障相关的时间和成本。

所有这些功能均集成到 Pro/ENGINEER 中，因此用户可以减少因使用过多的不同工具而导致的错误、额外时间和成本。

5. 利用突破性的社会化产品开发功能提高协作效率

Pro/ENGINEER Wildfire 5.0 是首个支持社会化产品开发的 CAD 解决方案，它将帮助用户消除妨碍他们在适当的时间找到适当的人员和资源的沟通障碍。Pro/ENGINEER 与 Windchill ProductPoint 之间无缝地集成（利用了 Microsoft SharePoint 的社会化计算技术），将帮助用户找到和重复使用设计群体的共有知识，并改善流程效率。

1.1.3 Pro/ENGINEER 的核心设计思想

在当今许多 CAD 软件互相争雄的年代，具有先进设计理念的软件才能被越来越多的用户接受和使用，并逐渐拥有较大的市场份额。作为软件用户，在使用软件之前必须深刻领会软件的典型设计思想。在 Pro/E 中，可设计多种类型的模型。但是，在开始设计项目之前，需要了解几个基本设计概念，下面重点介绍 Pro/E 的核心设计思想。

1. 设计意图

设计模型之前，需要明确设计意图，这是最关键的。设计意图根据产品规范或需求来定义产品的用途和功能。捕获设计意图能够为产品带来价值和保持持久性。这一关键概念是 Pro/E 基于特征建模过程的核心。

2. 实体建模

使用 Pro/E 可以轻松而快捷地创建三维实体模型，使用户直观地看到零件或装配部件的实际形状和外观。这些实体模型和真实世界中的物体一样，具有密度、质量、体积和重心等属性，这也是实体模型具有极大应用价值的重要原因。如图 1.1 所示就是一个较复杂的箱体上盖实体模型。

对实体模型可以进行质量分析以获得较为详细的质量属性参数，如体积、面积、重心、质量、惯性张量等，如图 1.2 所示。当实体模型更改时，其质量属性也会相应自动更改。此外，通过分析工具还可以测量实体模型上距离、长度等参数。

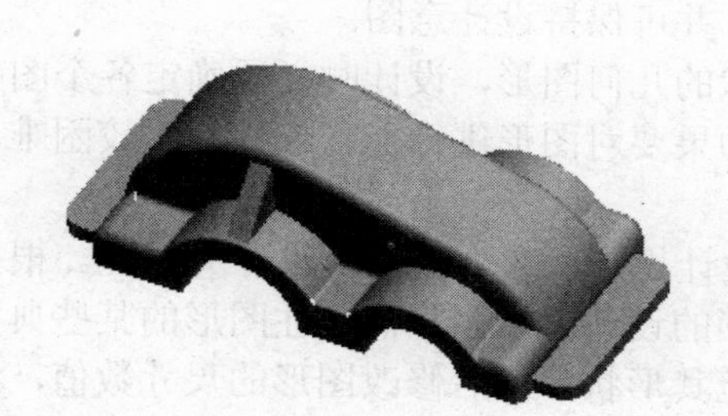

图 1.1　箱体上盖零件

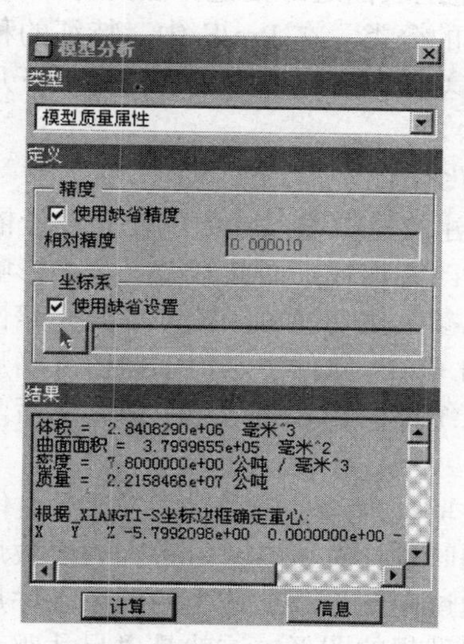

图 1.2 【模型分析】对话框

对实体建模的详细介绍参见本书第 4 章的内容。

3. 基于特征建模

特征是 Pro/E 中最明显的概念。简单地说，特征就是一组具有特定功能的图元，是设计者在一个设计阶段完成的全部图元的总和。初次使用 Pro/E 的用户肯定对特征感到亲切，因为 Pro/E 以最自然的思考方式从事设计工作，如孔、开槽、倒圆角等均被视为零件设计的基本特征，用户除了充分掌握设计思想之外，还在设计过程中导入实际的制造思想。也正因为以特征作为设计的单元，因此可随时对特征做合理的、不违反几何的顺序调整、插入、删除、重新定义等修正动作。

特征是模型上的重要结构，例如特征可以是生成零件模型的一个正方体，也可以是模型上被切除的一段材料，特征还可以是用来辅助设计的一些点、线、面。一个特征并不仅仅包括一个图形单元，使用阵列的方法创建的多个相同结构其实也是一个特征。

（1）特征建模的原理　特征是 Pro/E 中模型组成和操作的基本单位。Pro/E 零件建模从逐个创建单独的几何特征开始，采用搭积木的方式在模型上依次添加新的特征。在修改模型时，找到需要进行修改的特征，然后对其进行修改，由于组成零件模型的各个特征相对独立（其实特征之间还有相关性），在不违背特定特征之间基本关系（一般情况下为父子关系）的前提条件下，再生模型即可获得修改后的设计结果。

Pro/E 为设计者提供了一个非常优秀的特征管理管家，即模型树。模型树按照模型中特征创建的先后顺序展示了模型的特征构成，这不但有利于用户充分理解模型的结构，也为修改模型时选取特征提供了最直接的手段。很多操作都可以直接在模型树中选取特征，然后单击右键进行操作。

使用 Pro/E 构建的实体模型一般情况是由一系列特征组成的。如图 1.3 所示的是连接板零件的设计过程，其特征建模的步骤如下。

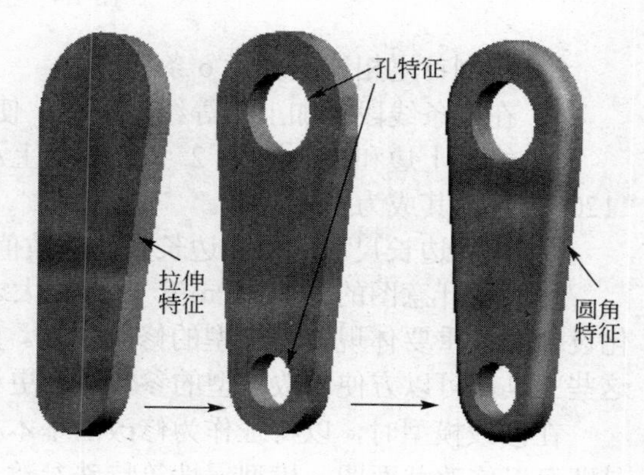

图 1.3　特征建模的步骤

- 创建一个拉伸特征，确定模型的整体形状和大小。
- 在模型两端建立孔特征。
- 在模型上表面边缘处建立圆角特征。

（2）特征的分类　在 Pro/E 中，特征的种类很丰富，不同的特征有不同的特点和用途，创建方法也有较大差异。在设计中常常用到以下几类特征：实体特征、曲面特征和基准特征，将在第 3 章详细介绍。

4. 参数化设计

Pro/E 创建的模型以尺寸数值作为设计依据。特征之间的相关性使得模型成为参数化模型。因此，如果修改某特征，而此修改又直接影响其他相关（从属）特征，则 Pro/E 会动态修改那些相关特征。此参数化功能可保持零件的完整性，并可保持设计意图。

在早期的 CAD 软件中，为了获得准确形状的几何图形，设计时必须确定各个图元的大小和准确位置。系统根据输入的信息生成图形后，如果要对图形进行形状改变则比较困难，因而设计灵活性差。

（1）尺寸驱动理论　Pro/E 引入了参数化设计思想，大大提高了设计灵活性。根据参数化设计原理，绘图时设计者可以暂时舍弃大多数烦琐的设计限制，只需抓住图形的某些典型特征绘出图形，然后通过向图形添加适当的约束条件规范其形状，最后修改图形的尺寸数值，经过系统再生后即可获得理想的图形，这就是“尺寸驱动”理论。

例如在参数化的设计环境下绘制一个边长为 20.00 的正六边形，按如下设计步骤即可完成（设计过程如图 1.4 所示）。

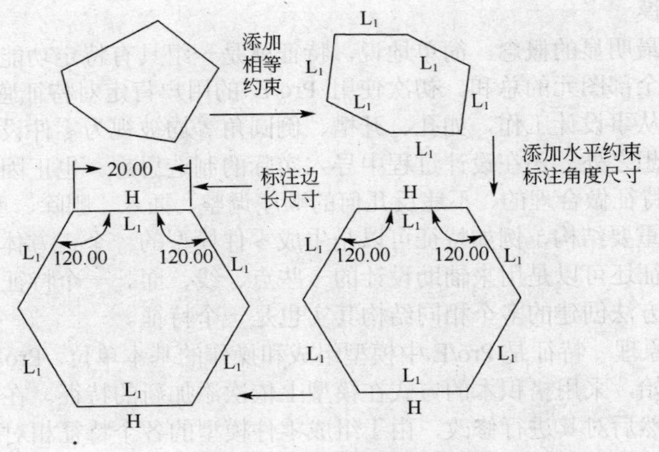

图 1.4　正六边形的设计步骤

① 绘制首尾相连的任意 6 条线段。

② 在 6 条线段上加上相等约束条件，使 6 条线段相等。

③ 给最上边和最下边的 2 条线段加上水平约束条件，标注边之间的夹角，然后修改夹角为“120°”，使其成为正六边形。

④ 标注边长尺寸并修改边长尺寸的数值为“20.00”。

（2）设计意图的变更　Pro/E 软件强大之处在于其三维设计功能。在三维模型设计中，参数化设计的最重要体现就是模型的修改功能。Pro/E 提供了完善的修改工具和编辑定义工具，通过这些工具，可以方便修改模型的参数，变更设计意图，从而变更模型设计。

在修改模型时，以特征作为修改的基本单元。选取要修改的特征，然后使用特征编辑定义工具即可以修改截面图、模型属性等特殊参数。而模型上的大部分参数的修改都可以通过直接使用特征修改工具来实现。在参数化设计中，特征中的每一个参数都为设计者修改提供了入口，提供了特征修改的一条途径，是模型形状的一个控制因素。

特征设计参数有 2 种。

- 特征定形参数：用来确定特征大小和形状的尺寸参数。
- 特征定位参数：确定特征在基础实体特征上的放置位置的参数。

通过修改特征定形参数，可以改变模型的大小和形状，而修改特征定位参数，可以改变特征在基础特征上的位置。

（3）参数化模型的创建　除了通过模型上的尺寸作为模型编辑入口之外，还可以通过参数和关系式创建参数化模型，修改各个参数后再生模型即可获得新的设计效果。这样创建的模型能快速变更形状和大小，从而大大提高设计效率。

如图 1.5 所示的是一个参数化齿轮的所有参数，任意修改其中之一都可以改变齿轮的设计意图。如图 1.6 所示是设计参数化齿轮时所使用的关系式，这些关系式将严格约束各参数之间的关系，使得不管参数怎样变化，模型怎么改变，却总是保持齿轮的形状，而不会变成别的零件，如图 1.7 和图 1.8 所示的是齿轮齿数从 20 修改到 40 前后的结果图。

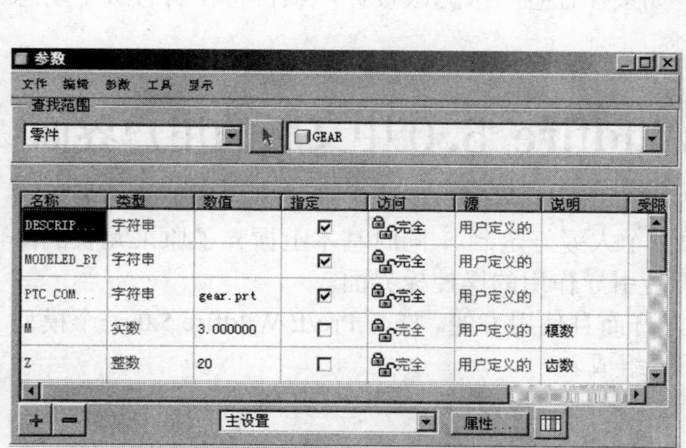

图 1.5　齿轮模型中的参数

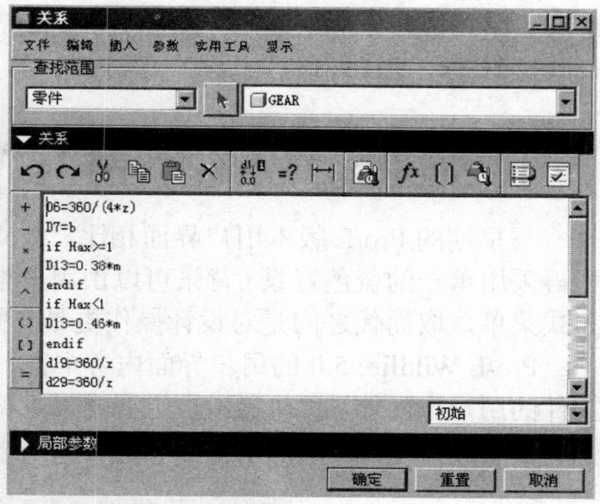

图 1.6　齿轮模型中的关系式

图 1.7　修改前齿数 20 的齿轮模型

图 1.8　修改后齿数 40 的齿轮模型

5. 父子关系

在渐进创建实体零件的过程中，可使用各种类型的 Pro/E 特征。某些特征，出于必要性，优先于设计过程中的其他多种从属特征。这些从属特征从属于先前为尺寸和几何参照所定义的特征。

这就是通常所说的父子关系。参数化设计的一个重要特点就是设计过程中将在各特征之间引入父子关系。父子关系是在建模过程中各特征之间自然产生的。在建立新特征时，所参照的现有特征就会成为新特征的父特征，相应的新特征会成为其子特征。如果更新了父特征，子特征也就随之自动更新。父子关系提供了一种强大的捕捉方式，可以为模型加入特定的约束关系和设计意图。如果隐含或删除父特征，Pro/E 会提示对其相关子特征进行操作。

6. 单一数据库

所谓单一数据库就是在模型创建过程中，实体造型模块、工程图模块、模型装配模块以及数控加工模块等重要功能单元共享一个公共的数据库。设计者不管在哪个模块中修改数据库中的数据，模型都会随时更新，系统中的数据是唯一的。不论在 3D 还是 2D 图形上做尺寸修改，其相关的 2D 图形或 3D 实体模型均自动修改，同时装配、制造等相关设计也会自动修改，这样可以确保数据的正确性，并且避免反复修改的耗时性。

7. 相关性

因为 Pro/E 零件建模从逐个创建单独的几何特征开始，所以在新设计过程中新特征参照其他特征时，这些特征将和所参照的特征相互关联。通过相关性，Pro/E 能在“零件”模式外保持设计意图。在继续设计模型时，可添加零件、组件、绘图和其他相关对象（如管道、钣金件或电线）。所有这些功能在 Pro/E 内都完全相关。因此，如果在任意一级修改设计，项目将在所有级中动态反映该修改，这样便保持了设计意图。

1.2 Pro/ENGINEER Wildfire 5.0 中文版的用户界面

与早期的 Pro/E 版本用户界面相比，Pro/E Wildfire 的界面有了较大的改进。新版软件的界面不再采用单一的蓝色背景（背景可以由用户根据个人爱好定制），同时基本上摒弃了原来冗长的瀑布式菜单，取而代之的是对设计操作更具有智能引导作用的操控板界面。

Pro/E Wildfire 5.0 的用户界面内容丰富，友好而且使用方便。打开 Pro/E Wildfire 5.0 一个模型文件的用户界面如图 1.9 所示，主要由以下部分组成。

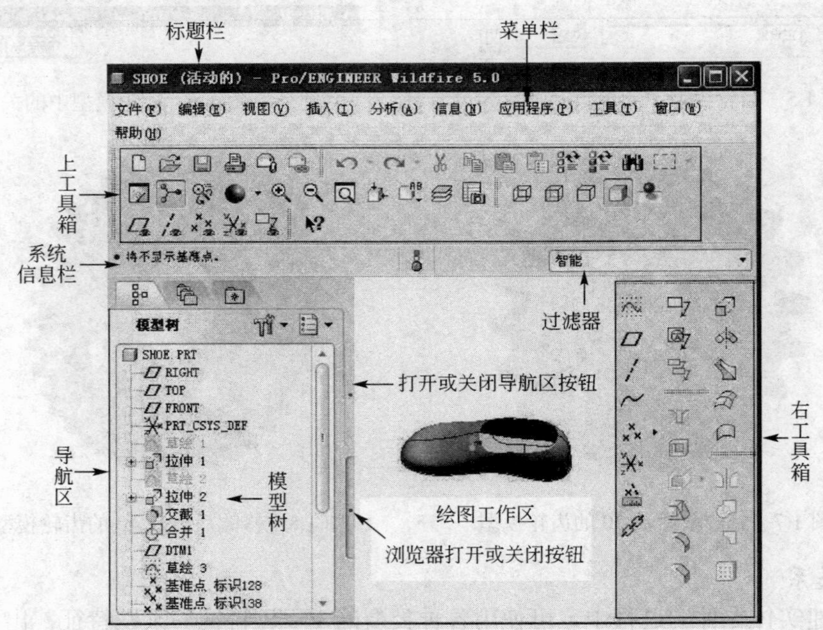

图 1.9 Pro/E Wildfire 5.0 的图形用户界面

（1）标题栏：用户界面最上部是标题栏，它显示当前用户已经打开的文件名称以及所使用软件的名称和版本。请注意：如果用户打开许多文件，这些文件分别显示在独立的窗口中，但是只有一个文件处于可编辑状态，这个可编辑的窗口称为活动窗口。活动窗口标题栏的文件名后面有“活动的”字样。如果要将指定的窗口设置为活动窗口，可以直接单击该窗口的标题栏，然后在【窗口】主菜单中选取【激活】选项。

（2）菜单栏：用户界面上部是下拉式菜单栏，包含文件、编辑、视图、插入、分析、信息、应用程序、工具、窗口和帮助等菜单，菜单中包含大多数的应用功能，用户可以从中选择使用。

（3）上工具箱：在主菜单下布置了较多的图形工具栏，其中放置了大量通用设计工具，称为上工具箱。

（4）右工具箱：在界面的右侧也布置了许多图形工具栏，这里一般放置特定模块中的专用设计工具，称为右工具箱。

（5）导航区：在界面的左侧，具有由 3 个选项卡组成的导航区。3 个选项卡为模型树、文件夹浏览器和收藏夹。单击导航区 按钮可以显示模型树，单击导航区 按钮可以显示文件夹浏览器，单击导航区 按钮可以显示收藏夹。

（6）浏览器：在浏览器窗口中选择的项目，会在浏览器中显示，可以作为文件夹浏览器或网页浏览器。在图 1.9 中浏览器暂时被关闭，如果要使用，可以单击浏览器右侧的 按钮。关闭时单击 按钮即可。

（7）系统信息栏：这是用户和计算机进行信息交流的主要场所。在设计过程中系统通过信息栏提示用户当前正在进行的操作和下一步要进行的操作，并记录在设计过程中出现过的信息提示及结果。系统通过信息栏显示不同的图标给出不同种类的信息，如表 1.1 所示。

设计者在设计过程中要养成随时观看信息栏信息的习惯，不要只管埋头操作，不看计算机的提示信息，不响应计算机的要求。

表 1.1　系统信息栏的基本信息

提示图标	信息类型	示　例
⇨	系统提示	选取一个参照（例如曲面、平面或边）以定义视图方向
●	系统信息	特征成功重定义
☒	错误信息	截面必须包含此特征的几何图元
⚠	警告信息	拉伸 2 完全在模型外面，模型没改变

（8）过滤器：用来筛选被选取对象的种类，分为智能、特征、几何、基准、面组及注释。

- 【智能】：启用智能模式，系统自动识别模型上的各组成图元，被选中的图元高亮度显示。
- 【零件】：选取模型上的单个零件，在组件模式下才可以使用该选项。
- 【几何】：选取模型上的点、线和面等几何要素。
- 【基准】：选取模型上的基准特征。
- 【面组】：选取模型上的曲面和面组。
- 【注释】：选取模型上的注释。

（9）操控板：Pro/E Wildfire 版本新增的界面元素，当用户创建新特征时，系统使用操控板收集该特征的所有参数，用户一一确定这些参数的数值后即可生成该特征，如果用户没有指定某个参数数值，系统将使用缺省值。

在如图 1.9 所示的图中没有显示操控板图样，用户可以参看本章 1.14 节图 1.54。

1.2.1 启动 Pro/ENGINEER

启动 Pro/E 的方式主要有 3 种。

（1）如果计算机桌面上有 Pro/E 快捷方式图标，直接双击即可。

注意：现在的鼠标比较灵敏，双击时可能打开多个 Pro/E 程序，导致程序启动缓慢，甚至计算机死机。可以采用左键选中 Pro/E 快捷方式图标，按键盘上“Enter（回车）”，这样保证只打开一个 Pro/E 程序。

（2）选择【开始】→【程序（P）】→【PTC】→【Pro ENGINEER】→【Pro ENGINEER】即可。

（3）左键选中 Pro/E 快捷方式图标，单击右键，在弹出的右键快捷菜单中选取【打开（O）】即可。

1.2.2 设置工作目录

在 Pro/E 中，工作目录的设置非常重要。因为系统默认的工作目录是“我的文档”，这样每次工作时 Pro/E 都会直接将零件文件和 Trail 文件保存在“我的文档”中，给文件的管理造成很大的困难。建议在每次开始绘图时都要先设置好工作目录，设置工作目录以后，保存文件、打开旧文件的工作窗口都会在指定的目录中进行，这样更方便管理，节约工作时间。工作目录的设置方法有两种。

（1）如果 Pro/E 已经启动，此时工作目录的设置可通过下拉菜单【文件】→【设置工作目录】来设定，选好目录后单击**确定**即可。注意：此种方法设置的工作目录只在当前操作有效，重新启动操作系统或关闭 Pro/E 后就不再是工作目录，又会回到系统默认的工作目录。

（2）这种工作目录是 Pro/E 启动后默认的工作目录。设定工作目录的方法与第一种工作目录设定方法大不相同。首先，必须保证在桌面上有 Pro/E 快捷方式图标，如果没有，可以自己创建。然后，用鼠标右击 Pro/E 快捷方式图标，在弹出的对话框中选择【属性】，单击切换到【快捷方式】选项卡，在【属性】对话框中更改“起始位置”的目录为用户自己预先设定的目录，然后单击**确定**按钮即可。

1.2.3 模型树简介

模型树窗口，如前面图 1.9 所示，一般它位于窗口的左侧。其主要功能是按照特征创建的先后顺序以及特征的层次关系显示模型创建过程的所有特征，便于设计者查看模型的构成，同时方便特征的修改和编辑。

在模型数的顶部有两个弹出式菜单：（显示）菜单和（设置）菜单。单击菜单后显示如图 1.10 和图 1.11 所示的菜单。

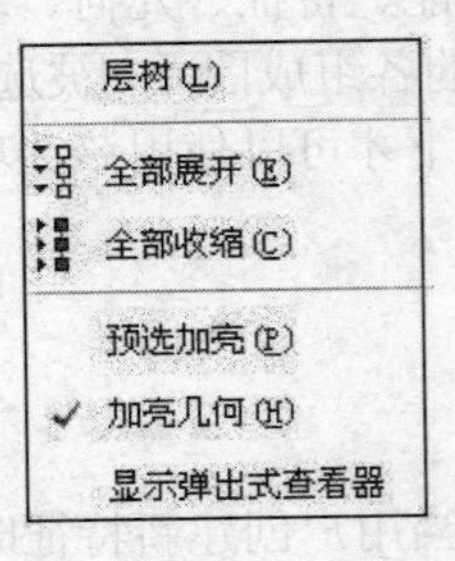

图 1.10 【显示】菜单

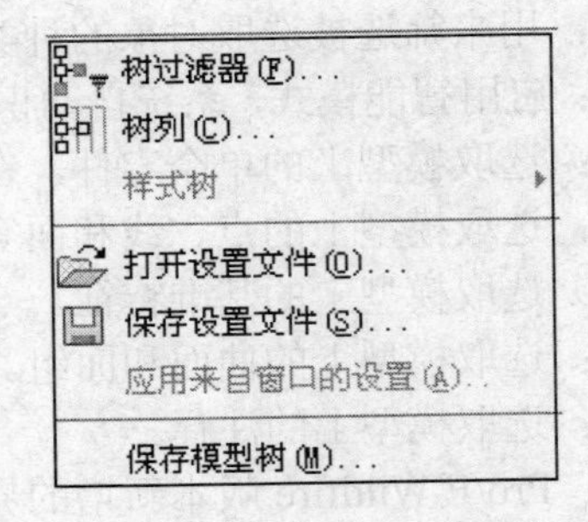

图 1.11 【设置】菜单

1. 【显示】菜单

● 【层树】：打开图层管理器，使用图层管理模型。将不同的特征分类放置于不同的层树上以便对其进行不同的操作。系统提供的缺省图层主要有：基准平面、缺省基准平面、基准轴线、基准曲线、基准点、基准坐标系和缺省坐标系。可以新建层，也可以对现有的层进行隐藏、删除、重命名等操作。

注意：图层的状态不会自动保存，即使保存了模型也不行。可以通过【视图】→【可见性】→【保存状态】保存层的状态；或在层窗口右击，在快捷菜单中选择【保存状态】即可。

- 【全部展开】：展开模型上的全部特征。
- 【全部收缩】：折叠模型上的全部特征。
- 【预选加亮】：加亮预选模型树项目的几何。
- 【加亮几何】：加亮所选模型树项目的几何。
- 【显示弹出式查看器】：显示弹出式查看器。

2. 【设置】菜单

- 【树过滤器】：设置过滤器，过滤掉模型上不显示的项目类型。凡是希望显示的项目，要在如图 1.12 所示的【模型树项目】对话框中对应名称前添加“√”标记。
- 【树列】：指定在模型树窗口中显示的信息内容。在如图 1.13 所示的【模型树列】对话框中，选定【不显示】列表框中的内容，然后单击>>按钮，将其送入【显示】列表框，则会在模型树窗口中显示相关信息，使用类似的方法通过单击<<按钮也可以取消某些项目的显示。

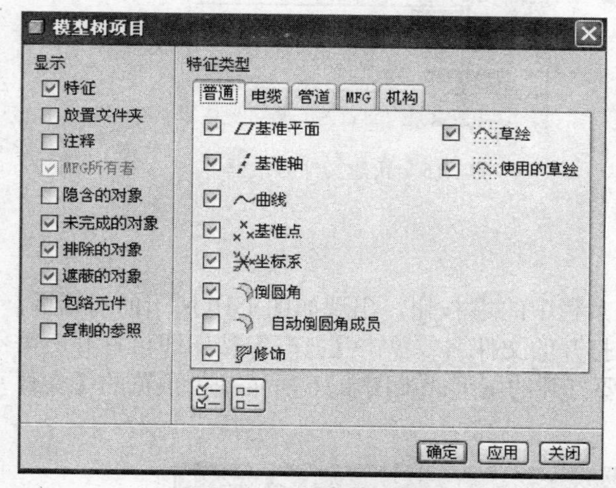

图 1.12 【模型树项目】对话框

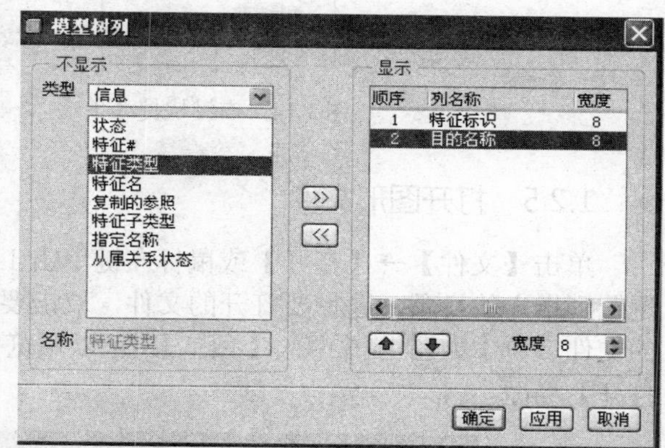

图 1.13 【模型树列】对话框

- 【打开设置文件】：载入以前保存的模型树配置文件。
- 【保存配置文件】：保存当前编辑的模型树配置文件。
- 【应用来自窗口的设置】：使用来自其他窗口的配置。
- 【保存模型树】：以文本格式保存模型树信息。

使用模型树可以方便地对模型上的特征进行操作。直接在模型树窗口中选取特征标识，在模型树上将红色显示对应特征的边线，表示该特征被选中。然后单击鼠标右键，系统会弹出如图 1.14 所示的右键快捷菜单。

使用模型树，可以方便地对特征进行【删除】、【编辑】、【编辑定义】和【阵列】等操作，详细介绍请参看第 7 章。

1.2.4 新建图形文件

单击【文件】→【新建】或用左键单击上工具箱中的按钮，出现如图 1.15 所示的【新建】对话框。【类型】设置为“零件”，【子类型】设置为“实体”。零件名称可以采用系统缺省的“prt0001”，也可以修改，建议采用比较有代表意义的名字，如“xiangti”，中文意思是箱体零件。

请注意，文件名不支持中文。注意模板的使用，【使用缺省模板】选中的话，将使用系统提供的缺省设计模板进行设计。如果取消选定【使用缺省模板】，可以自己选择其他设计模板，一般情况下要使用毫米-牛顿-秒实体零件（mmns_part_solid）模板。如果系统缺省的已经是 mmns_part_solid 模板，可以选中【使用缺省模板】即可。缺省模板可以通过配置文件的设置来指定。注意：使用不同的模板文件进行设计时，采用的设计单位将不同，在我国要采用“米制”单位制进行设计。

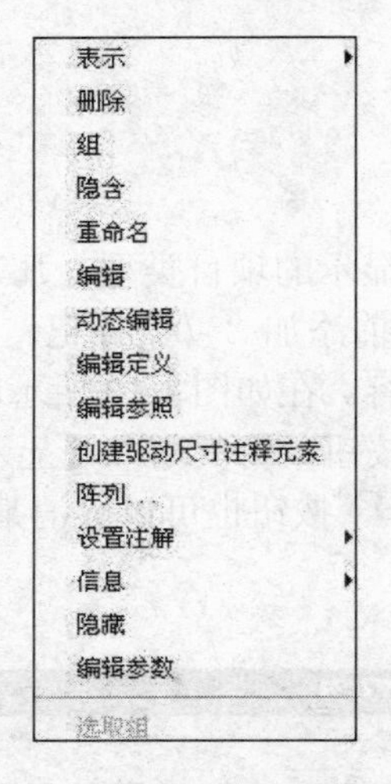

图 1.14 右键快捷菜单

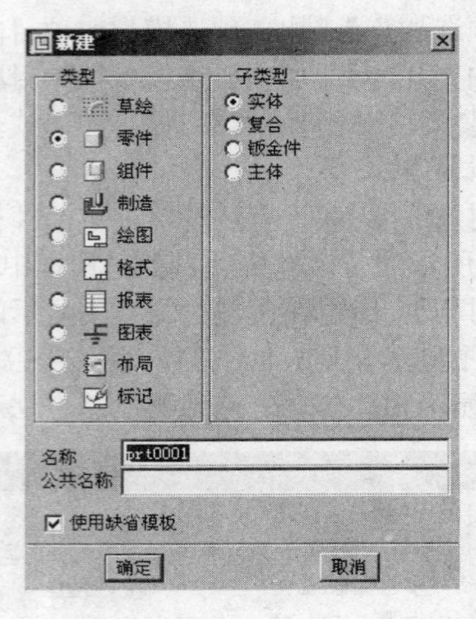

图 1.15 新建文件对话框

1.2.5 打开图形文件

单击【文件】→【打开】或鼠标左键单击工具栏中的按钮，出现如图 1.16 所示的对话框，浏览到指定的目录，选择要打开的文件，双击要打开的文件名或单击【打开】按钮即可打开所需的文件。单击如图 1.16 中的【预览】，可以预览要打开的图形。如图 1.16 所示是带预览的【文件打开】界面。

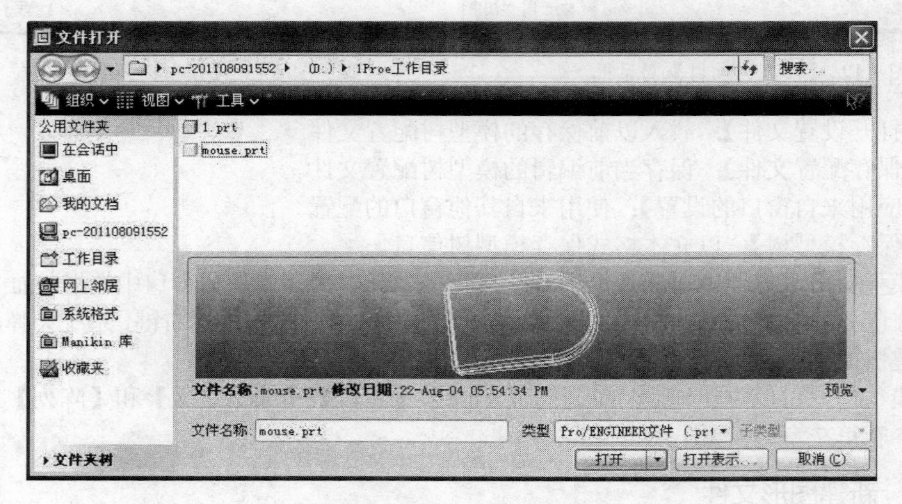

图 1.16 打开文件对话框

1.2.6 存储图形文件及版本

单击【文件】→【保存】或用左键单击“上工具箱”中的按钮，出现如图 1.17 所示的对话框，单击确定按钮即可保存图形文件。注意：Pro/E 在保存文件时不同于其他一般的软件，系统每执行一次存储操作并不是简单地用新文件覆盖原来的旧文件，而是在保留文件前期版本的基础上新增一个版本文件。在同一设计过程中多次存储的文件将在文件名的后缀（扩展名）添加序号以示区别，序号数字越大，文件版本越新。

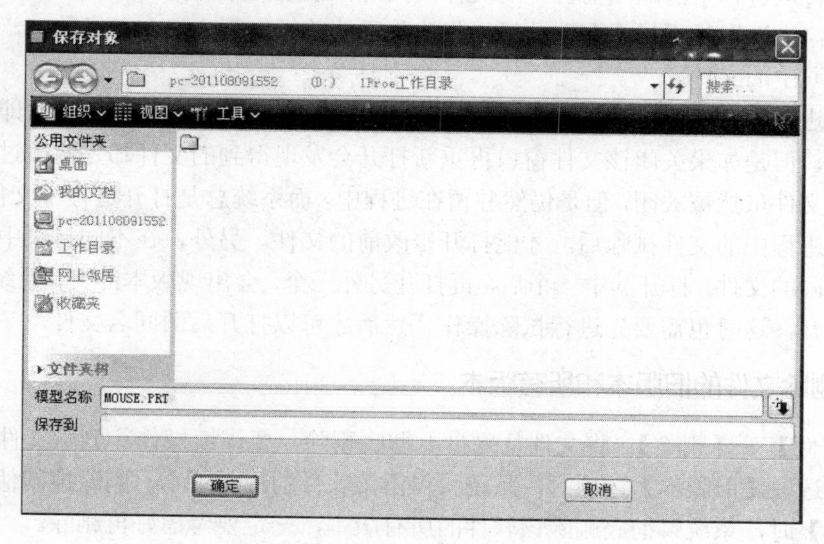

图 1.17 保存文件

例如：一个文件在设计过程中进行了 3 次保存，那么文件分别为 prt0001.prt.1、prt0001.prt.2 和 prt0001.prt.3。

1.2.7 保存文件的副本

Pro/E 系统不允许设计者在执行文件存储时改变目录位置和文件名称，如果确实要改变文件的存储位置和文件名称，那么就需要使用【保存副本】功能。

单击主菜单上【文件】→【保存副本】或左键单击“上工具箱”中的按钮，出现如图 1.18 所示的对话框，浏览到指定的目录，在【新名称】中输入新的文件名，单击确定按钮即可。

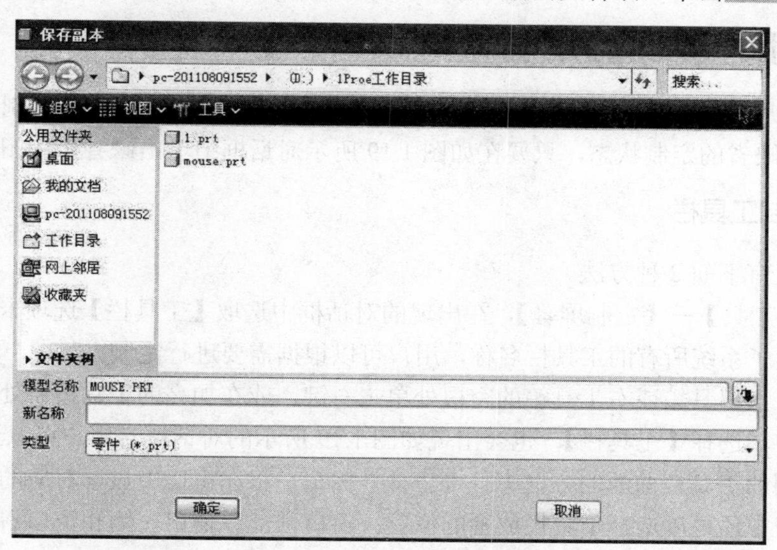

图 1.18 【保存副本】对话框

1.2.8 从内存中删除当前对象

单击【文件】→【拭除】，可以从进程（内存中）清除文件，系统提供了两个选项：选取【当前】选项时，将从进程中清除当前打开的文件，同时该模型的设计界面也被关闭，但是文件仍然保存在磁盘上；当选取【不显示】选项时，将清除系统曾经打开，现在已经关闭，但是仍然驻留在进程（内存）中的文件。

注意：从进程中拭除文件的操作很重要。打开一个文件并对其进行修改后，即使并没有保存修改后的文件，但是如果关闭该文件窗口再重新打开会发现得到的文件却是修改过的版本。这是因为修改后的文件虽然被关闭，但是仍然驻留在进程中，而系统总是打开进程中文件的最新版本。因此，只有将进程中的文件拭除后，才能打开修改前的文件。另外，在不同目录中存放文件名相同而内容却不同的文件，打开其中一个后，再打开另外一个，会出现版本冲突，系统提示输入“替代名称”来打开，这时也需要先进行拭除操作，然后才可以打开后面同名文件。

1.2.9 删除文件的旧版本和所有版本

单击【文件】→【删除】，将文件从磁盘上彻底删除，要谨慎操作。删除文件时，系统提供两个选项。当选取【旧版本】选项时，系统将保留该软件的最新版本，删除掉其他旧版本；当选取【所有版本】时，系统将彻底删除该软件的所有版本，一定要考虑好再删除。

1.2.10 关闭窗口

单击【文件】→【关闭窗口】，关闭当前设计窗口对应的文件，但不退出 Pro/E 系统。

注意：此时被关闭的文件仍然在内存（进程）中，可以通过拭除操作从内存中清除。

1.2.11 退出系统

单击【文件】→【退出】，退出 Pro/E 设计环境。注意：退出前保存需要保存的文件，Pro/E 系统默认退出时不提示保存文件。或单击窗口右上角的关闭按钮☒，也可退出系统。

1.3 用户界面的定制

Pro/E 的用户界面可以根据用户的喜好方便地进行个性化的定制。如果定制后感觉不满意，想要回到 Pro/E 缺省的定制状态，只要在如图 1.19 所示对话框中单击缺省(D)按钮即可。

1.3.1 定制工具栏

定制工具栏有下面 2 种方法。

（1）单击【工具】→【定制屏幕】，在出现的对话框中选取【工具栏】选项卡，内容如图 1.19 所示，其中列出了系统所有的工具栏名称，用户可以根据需要进行定制。

（2）可以在上工具箱或右工具箱的空白处单击右键，或在加亮的工具按钮处单击右键，在出现的快捷菜单中，选择【工具栏】，也会出现如图 1.19 所示的对话框，用户可以进行定制。

在当前可用的工具栏曲面的方框中打上“ √ ”标记，将在窗口中显示对应的工具栏，同时在右侧的下拉列表中还可以选择工具栏放置的位置：窗口顶部、窗口左侧和窗口右侧。

定制完毕后，单击确定按钮即可。

1.3.2　在工具栏中添加或删除图形按钮

在如图 1.19 所示的对话框中选中【命令】选项卡，对话框的内容如图 1.20 所示。

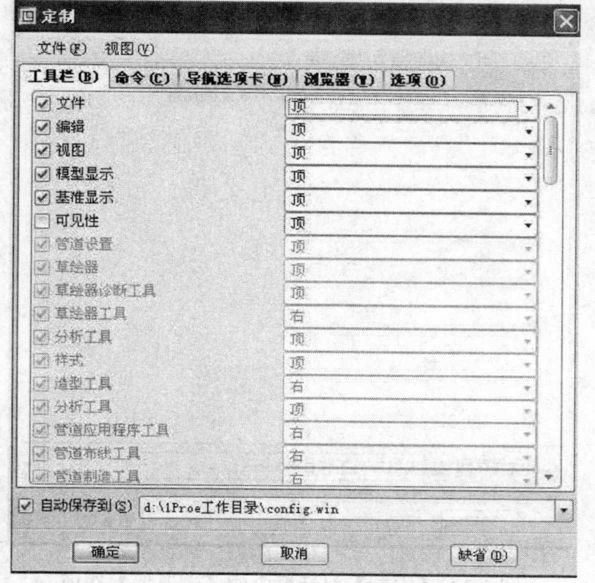

图 1.19　【定制】对话框的【工具栏】选项卡

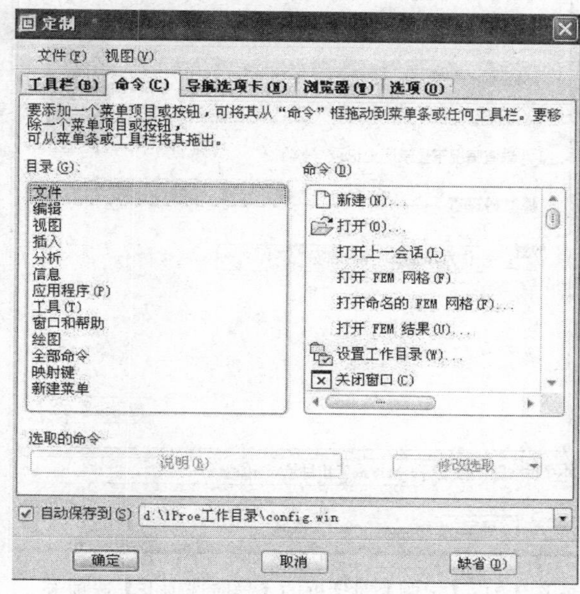

图 1.20　【定制】对话框的【命令】选项卡

要在工具栏上添加图形工具按钮，首先从对话框的【目录】列表中选中工具栏的名称，在【命令】列表中将会显示该工具栏下的所有图形工具按钮，其中彩色的为当前可以使用。将当前可以使用的按钮直接用左键拖放到窗口内的工具栏上，松开左键即可创建新的图形工具按钮图标。如果将工具按钮图标从工具栏拖放到【定制】对话框或拖放脱离所有的工具栏，则可以从窗口中删除该图标。

如果事先建立了“映射键”，在【目录】列表中选中了【映射键】选项后，则可以将映射键拖放到窗口中。

1.3.3　设置导航选项卡

在如图 1.19 所示的对话框中选中【导航选项卡】选项卡，对话框的内容如图 1.21 所示。在【导航选项卡设置】分组中可以设置该选项卡在窗口中的放置位置：在窗口的左侧或右侧。调整【导航窗口的宽度】对应的滑块可以调整导航选项卡窗口的相对大小。选中【缺省情况下显示历史记录】复选框将在导航选项卡窗口中增加【历史】选项卡。

在【模型树设置】分组框中可以设置模型树窗口的如下放置方式。

- 【作为导航选项卡一部分】：模型树窗口作为导航窗口的选项卡之一。
- 【图形区域上方】：将模型树窗口放置在绘图工作区的上方。
- 【图形区域下方】：将模型树窗口放置在绘图工作区的下方。

1.3.4　配置浏览器窗口

在【定制】对话框中选中【浏览器】选项卡，如图 1.22 所示。在该对话框中可以设置浏览器窗口的大小以及其他浏览器选项。

一般情况下浏览器窗口宽度占整个窗口宽度的 82%。

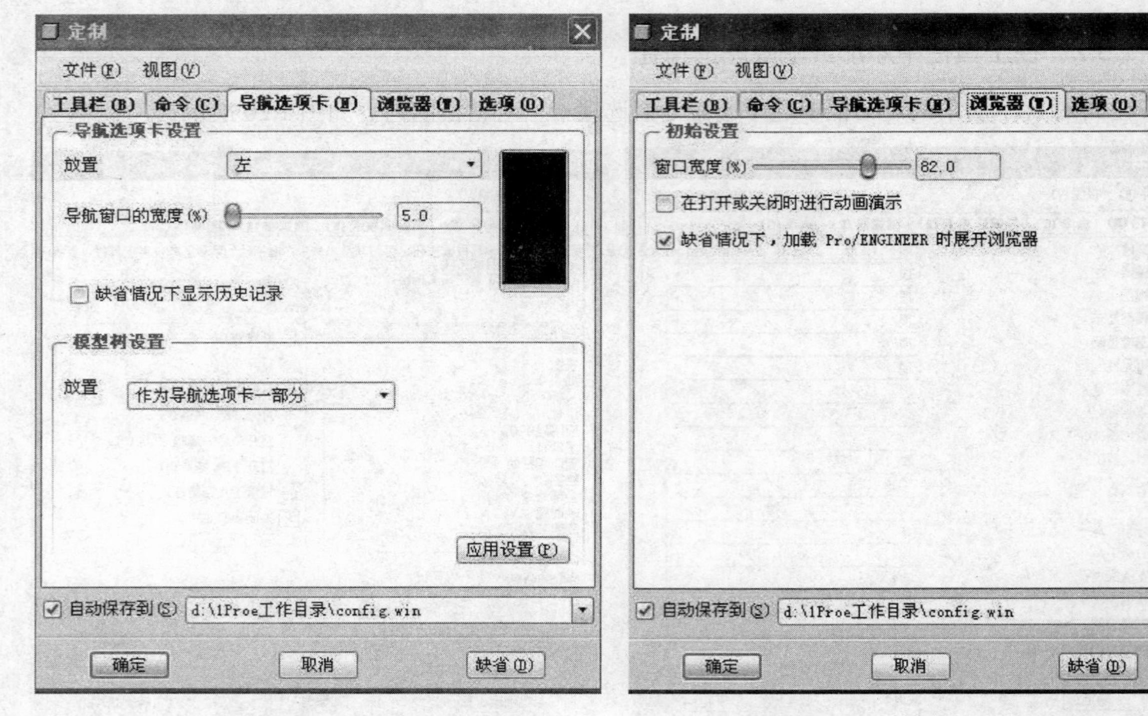

图 1.21 【定制】对话框的【导航选项卡】选项卡　　图 1.22 【定制】对话框中的【浏览器】选项

1.3.5 配置其他选项

在【定制】对话框中选中【选项】选项卡，如图 1.23 所示。在该对话框中可以配置消息区域位置、次窗口以及菜单显示选项。

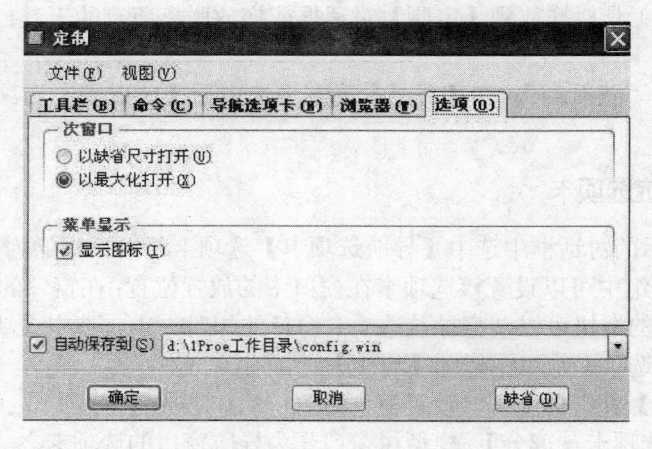

图 1.23 【定制】对话中的【选项】选项卡

在完成各项定制后，一般情况下将其保存到系统的缺省路径下，也可以保存到用户指定的其他位置。保存到缺省位置的优点是对“config.win”文件的修改简便并且可以自动保存，在以后启动 Pro/E 时可以自动读取。

Pro/E 在启动时如果没有找到用户配置的“config.win”文件，会加载系统缺省的“config.win”文件。要加载“config.win”文件之外的文件以及位于非缺省搜索位置中的文件，必须在每次启动 Pro/E 时打开【定制】对话框，然后使用对话框中【文件】菜单的【打开设置】选项导入配置文件。

1.4 视图操作

【视图】菜单主要用于设置模型的显示效果，内容包括模型的显示状态、显示方式以及模型的视角等。

注意：视图操作也可以通过相应的工具栏按钮（图标）来实现。

1.4.1 重绘当前视图

【重画】对视图区进行刷新操作，消除对视图进行修改后遗留在模型上的残影，以获取更加清晰整洁的显示效果。例如，在工程图的操作中，基准面、基准轴的开/关（显示/不显示）就需要进行重画操作。

工具栏按钮：。

1.4.2 着色和增强的真实感

【着色】用于对模型进行着色渲染，增强视觉效果。

【增强的真实感】使模型显示看起来更加真实，逼真。工具栏按钮：

1.4.3 方向

设置观察模型的视角。在三维建模时，为了从不同视角更加细致全面地观察模型，可以使用该菜单选项设置对象的显示状态。

1.4.4 可见性

根据需要隐藏选定的特征或取消对已选定特征的隐藏，被选定为隐藏状态的非实体特征将不可见。选取【隐藏】选项可以隐藏选定的特征；选取【取消隐藏】选项可以取消对选定特征的隐藏；选取【全部取消隐藏】选项可以取消视窗内所有隐藏特征的隐藏。

1.4.5 显示设置

用于设置系统和模型的显示效果。该菜单具有下层菜单，使用下层菜单中的选项可以设置不同对象的显示状态。

1. 【模型显示】

选取【模型显示】后，系统弹出【模型显示】对话框，可以在此设置模型的显示方式和显示内容，如图 1.24 所示。三维模型的 5 种显示方式的对比，如表 1.2 所示。

表 1.2　三维模型的 5 种显示方式

模型类型	线框模型	隐藏线模型	无隐藏线模型	着色模型	增强的真实感
对应的图形工具栏按钮					
各种模型示意图					

2. 【基准显示】

选取【基准显示】选项可以设置基准特征的显示方式，如图 1.25 所示。

3. 【性能】

选取【性能】选项可以设置显示性能，如图 1.26 所示，通过这些选项的设置可以在系统资源有限的情况下尽可能地获得最佳显示效果。

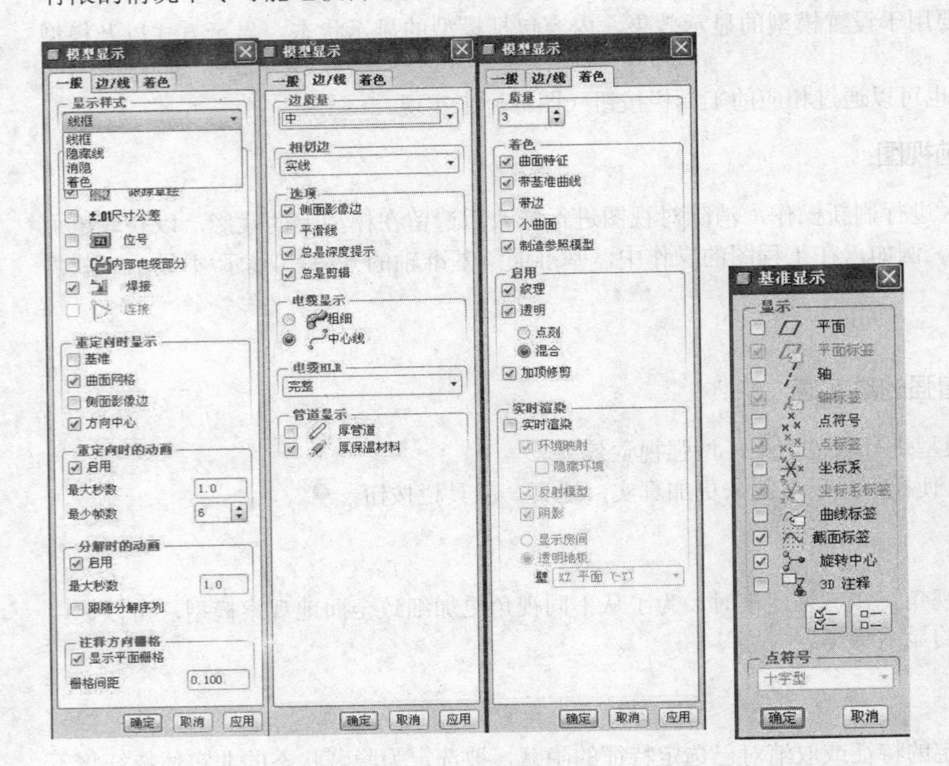

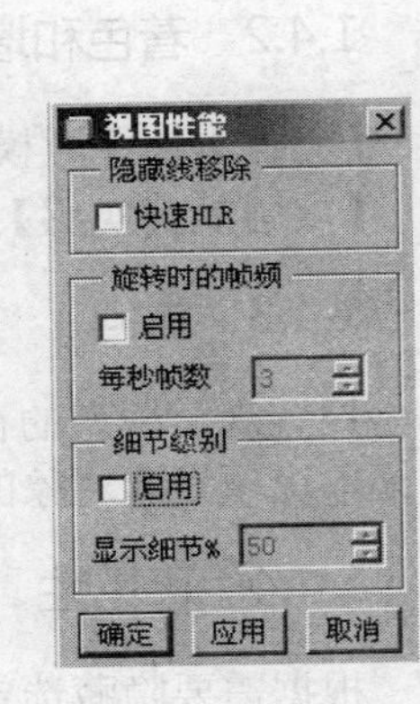

图 1.24 模型的显示设置　　图 1.25 基准的显示设置　图 1.26 显示性能设置

4. 【系统颜色】

选取【系统颜色】选项可以设置系统中各种项目的显示颜色，其中包括设计界面的颜色、基本图元（几何图素）的颜色、基准特征的颜色以及各种图形的颜色，以便于在设计中区分不同的对象，如图 1.27 所示。可以通过如图 1.27 所示中的布置菜单方便地进行工作区的背景颜色设置，设置完成后，单击【文件】菜单，选择【保存】可以保存已经配置好的颜色方案。也可以从【文件】菜单中选择【打开】，用来打开已经保存的配置方案，这样就不必每次进行颜色的配置了。

配置好的配置方案文件名称缺省为“syscol.col”。

1.4.6 模型颜色的设置

在产品设计过程中，如果需要改变某个零件或组件的零件颜色，可以在工具栏单击（外观库）按钮右侧的三角，弹出如图 1.28 所示的总览画面，单击图 1.28 的【外观管理器】选项，弹出如图 1.29 所示的外观管理器（也可以通过【工具】→【外观管理器】进入），可以进行外观颜色的设置，也可以进行贴花和其他设置。

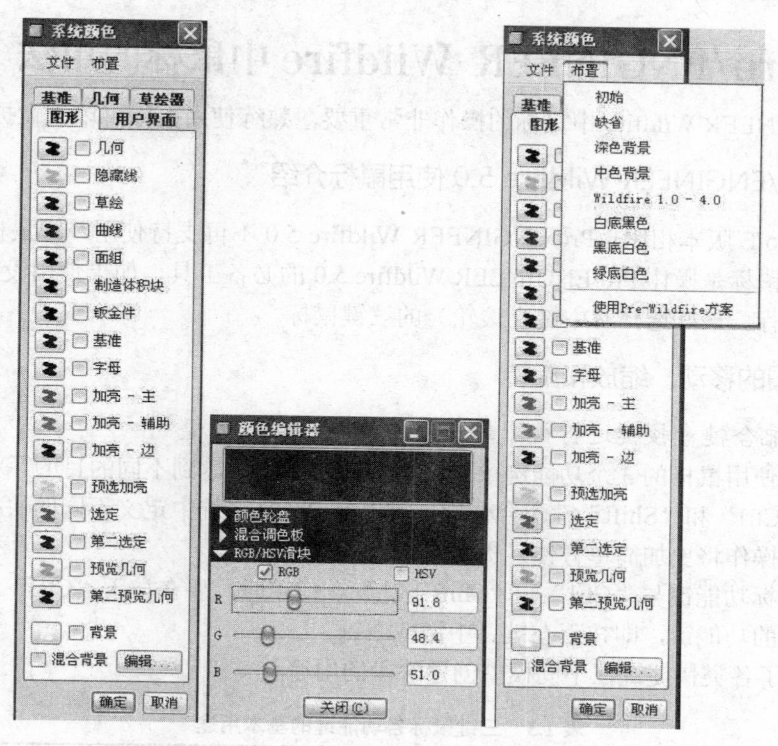

图 1.27　设置系统颜色

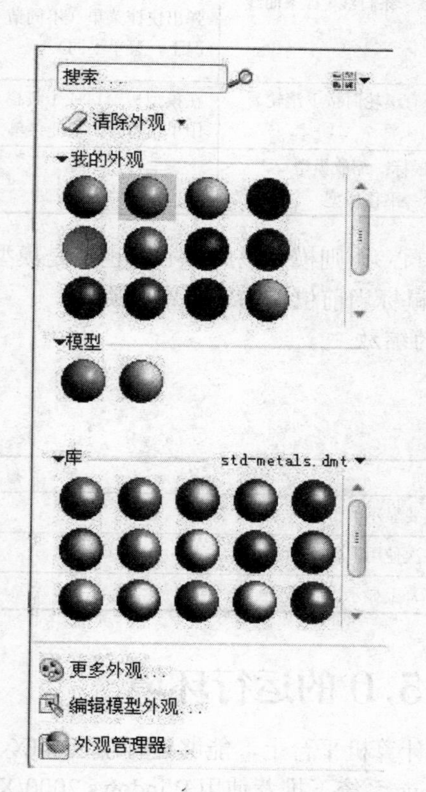

图 1.28　总览画面

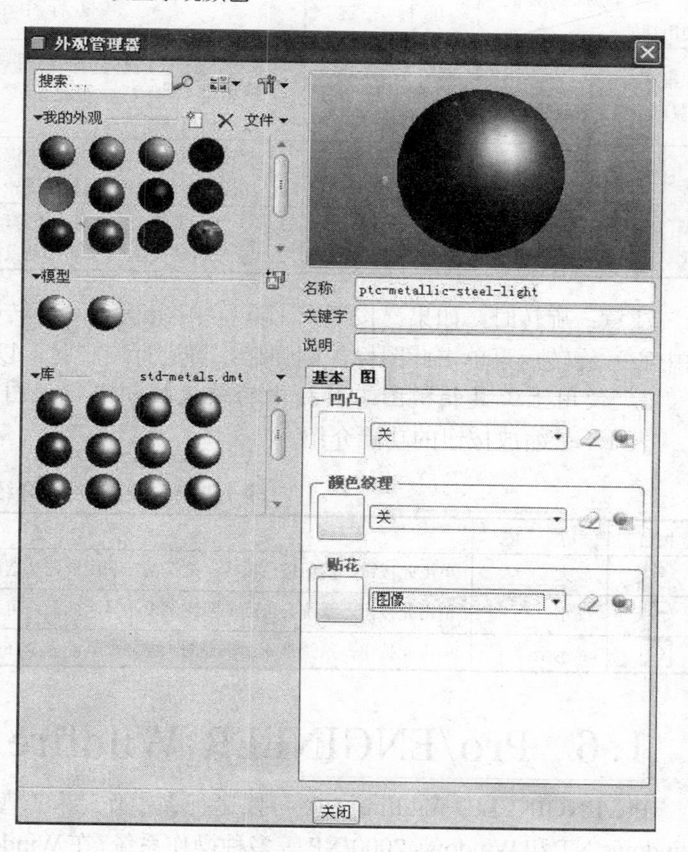

图 1.29　外观管理器

1.5 Pro/ENGINEER Wildfire 中鼠标的用法

在 Pro/ENGINEER Wildfire 中鼠标的操作非常重要，熟练使用鼠标可以大大提高设计效率。

1.5.1 Pro/ENGINEER Wildfire 5.0 使用鼠标介绍

与早期的 Pro/E 版本相比，Pro/ENGINEER Wildfire 5.0 不再支持使用二键鼠标来模拟三键鼠标的操作。三键鼠标是操作 Pro/ENGINEER Wildfire 5.0 的必备工具，如果使用没有中键的鼠标，设计根本无法进行。最好选择有中键（滚轮）的三键鼠标。

1.5.2 视图的移动、缩放和旋转

1. 用鼠标配合键盘按键进行视图的移动、缩放和旋转

在设计中，使用鼠标的 3 个功能键可以完成不同的操作，达到不同的目的。将鼠标的 3 个功能键与键盘上“Ctrl”和“Shift”键配合使用，可以在 Pro/E 系统中定义不同的快捷键功能，使用这些快捷键进行操作将更加简单方便，提高设计效率。

请注意：鼠标功能键与“Ctrl”和“Shift”键配合使用时，要在按下“Ctrl”或“Shift”键的同时，操作鼠标的功能键，即按下左键、中键或右键。

表 1.3 列出了各类快捷键在不同模型创建阶段的用途。

表 1.3 三键鼠标各功能键的基本用途

鼠标的功能键 / 使用功能		鼠标左键	鼠标中键	鼠标右键
二维草绘模式（鼠标按键单独使用）		1. 绘制连续直线（样条曲线） 2. 绘制圆（圆弧）	1. 完成一条直线（样条线）开始画下一条直线（样条曲线） 2. 终止圆（圆弧） 3. 取消画相切弧	弹出快捷菜单（不同情况下，菜单不同）
三维模式	鼠标按键单独使用	选取模型	1. 旋转模型（无滚轮时按下中键，有滚轮时按下滚轮） 2. 缩放模型（有滚轮时转动滚轮）	在模型树窗口或工具栏中单击将弹出快捷菜单
	与“Ctrl”键或“Shift”键配合使用	无	1. 与“Ctrl”键配合并且上下移动鼠标：缩放模型 2. 与“Shift”键配合并且移动鼠标：平移模型	无

注意：旋转时，如果已按下上工具栏中图标（旋转中心），则模型以此中心（也就是模型的中心）旋转，再单击此图标，则弹起，再进行旋转时，以鼠标当前位置为旋转中心旋转。

2. 使用上工具箱视图工具栏中的缩放按钮进行视图的缩放

表 1.4 是缩放按钮的功能介绍。

表 1.4 缩放按钮功能介绍

按钮	功能	说明
	放大	单击此按钮，然后按住鼠标左键拖动，利用框选法选出要显示的部分
	缩小	单击此按钮，系统会自动依照比例缩小显示画面，可多次使用，依次缩小
	显示全部	单击此按钮，系统重新调整视图画面，使其能完全在屏幕上显示出来

1.6 Pro/ENGINEER Wildfire 5.0 的运行环境

Pro/ENGINEER Wildfire 5.0 可以运行在工作站和微型计算机平台上，能够运行于 UNIX、Windows NT 和 Windows 2000/XP 等多种操作系统，在 Windows 系统下推荐使用 Windows 2000/XP

和 Windows 7。随着软件功能的增强，Pro/ENGINEER Wildfire 5.0 对硬件配置的要求也相应提高。运行该软件的硬件基本配置推荐如下：

- P4 CPU 主频 1GHz 以上，最好采用 2.0GHz。
- 至少 4GB 的硬盘空间。
- 3D 加速显示卡，要求支持 OpenGL 功能。
- 1G 以上内存，最好在 3G 以上。
- 17in(1in=2.54cm)以上彩色显示器，最好是 19in 以上彩色显示器。
- 三键鼠标，最好是选用中键带滚轮的三键鼠标。

1.7 Pro/ENGINEER Wildfire 5.0 简体中文版的安装

与 Pro/E 的早期版本相比，Pro/ENGINEER Wildfire 5.0 的安装是比较简单的。新版本软件在安装方法上作了更加人性化的改进，安装过程中人工干预更少。

Pro/ENGINEER Wildfire 5.0 支持全中文界面，这给国内用户带来很大的方便。安装时请注意三个问题：一个问题是必须获得 PTC 公司的软件使用授权文件“license.dat”，第二个问题是在安装前应注意添加系统环境变量，否则软件安装不能顺利进行或软件安装后不能获得理想的中文界面，第三个问题是暂时关闭防病毒软件。

1.7.1 环境变量的设置

在安装简体中文版之前需要设置系统环境变量，下面以 Windows XP 操作系统为例说明环境变量的设置方法。

（1）右键单击桌面【我的电脑】图标，在出现如图 1.30 所示的右键快捷菜单中选取【属性】选项，系统弹出如图 1.31 所示的【系统属性】对话框，选取其中的【高级】选项卡。

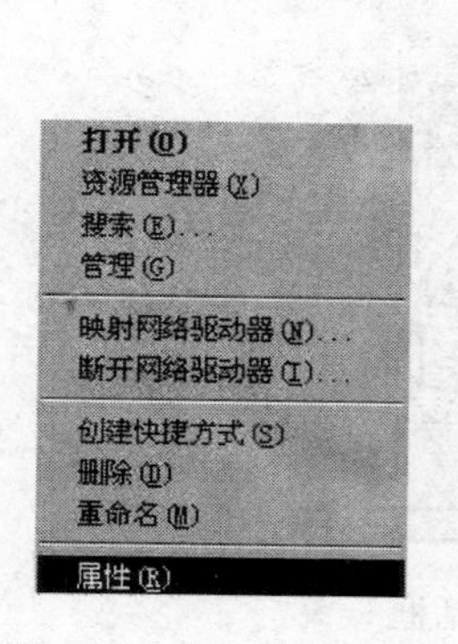

图 1.30 右键快捷菜单

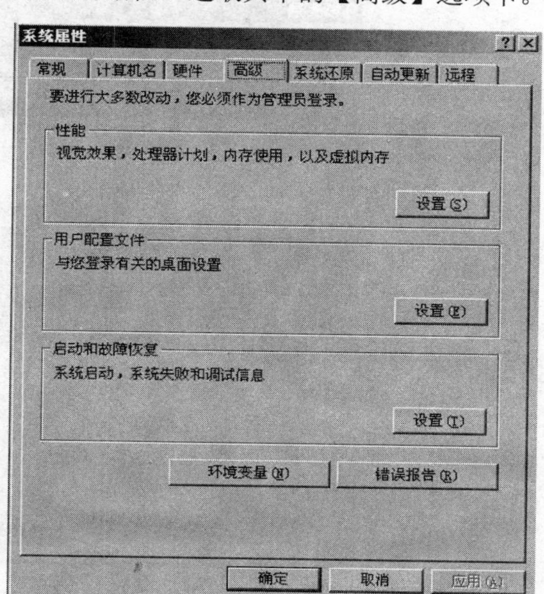

图 1.31 【系统属性】对话框

（2）在【环境变量】分组框中单击 环境变量(N)... 按钮，打开如图 1.32 所示【环境变量】对话框。

（3）在【环境变量】对话框中的【Administrator 的用户变量】分组框（分组框的名称根据用户身份的不同而有所差异），单击 新建(N)... 按钮，打开如图 1.33 所示的【新建用户变量】对话框，按图 1.33 对话框中内容输入。

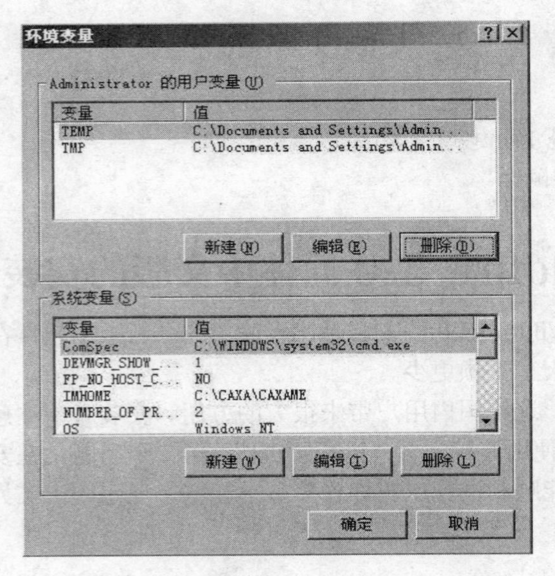

图 1.32 【环境变量】对话框

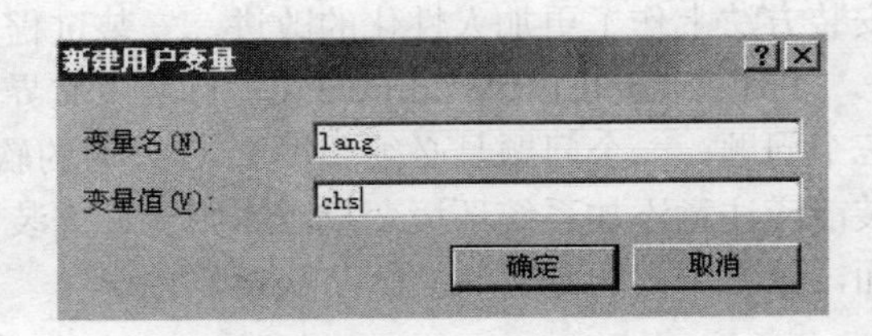

图 1.33 【新建用户变量】对话框

（4）单击 确定 按钮，【环境变量】对话框如图 1.34 所示，可见已经加入了新的环境变量，单击【环境变量】对话框中的 确定 按钮，返回如图 1.31 所示的【系统属性】对话框，再单击【系统属性】对话框上的 确定 按钮，即成功设置了环境变量。

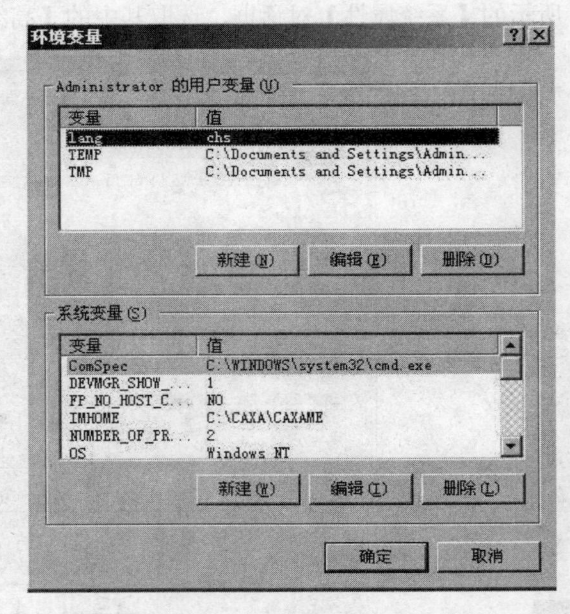

图 1.34 添加环境变量后的【环境变量】对话框

1.7.2 Pro/ENGINEER Wildfire 5.0 简体中文版的安装

正确设置了系统环境变量并获取了软件使用授权文件“license.dat”（注意：此文件与用户的

计算机网卡的 MAC 有关，需要单个定制）之后，即可按照安装提示开始 Pro/ENGINEER Wildfire 5.0 简体中文版的安装工作。现在说一个和以往不同的安装方法，就是利用电脑本身网卡的真实地址即 MAC 地址。这个安装方法比用虚拟网卡的安装的方法方便快捷，还不烦琐。

（1）取得 MAC 地址。单击【开始】→【运行】弹出运行的对话框，如图 1.35 所示。然后确定，弹出 MS-DOS 对话框在命令行中输入“ipconfig/all”，如图 1.36 所示。

图 1.35　【运行】命令

图 1.36　输入命令

（2）单击回车弹出如图 1.37 所示界面，找到本机的 MAC 地址记下来。更简单的方法是：在黑色背景处右击，在弹出的菜单中选择【标记（K）】，然后按住左键在网卡的物理地址上扫过（此时会变白色），按“Enter”（回车）键即可把地址拷贝到剪切板。注意扫地址时不能多扫（会加进去空格），也不能少扫。

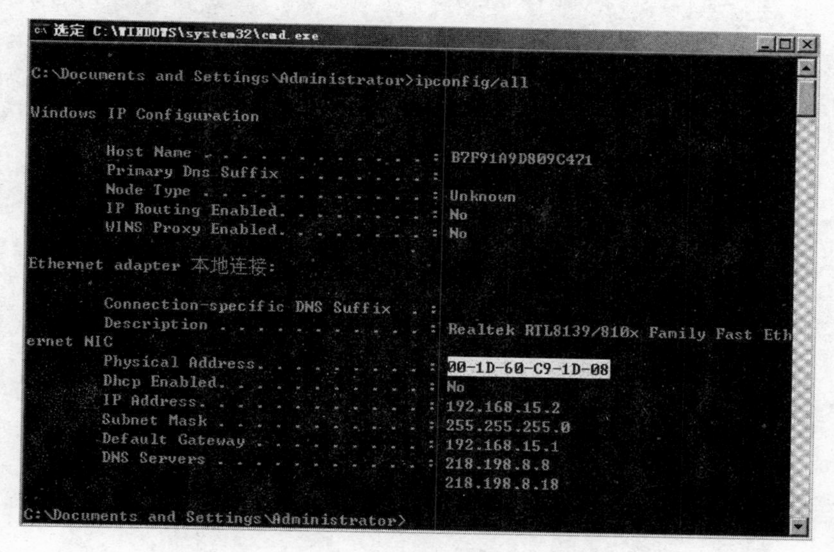

图 1.37　网卡物理地址

（3）找到软件使用授权文件“license.dat”，单击右键用记事本的方式打开，用替换的方法把里面 MAC 地址都替换成本机的 MAC 地址后保存。

（4）放入 Pro/ENGINEER Wildfire 5.0 简体中文版安装盘，为了安装的方便把光盘上的文件都拷到电脑上。然后找到“steup.exe”这个文件双击，就弹出如图 1.38 所示的安装界面 1，然后就弹出图 1.39 所示的安装界面 2。

（5）在安装界面上单击【下一步】按钮，选择【接受许可协议的条款和条件】，单击【下一步】按钮，弹出【选择安装的产品】的界面，如图 1.40 所示。在此界面上选择【Pro/ENGINEER】选项（不用选择【PTC license Server】选项），开始 Pro/ENGINEER Wildfire 5.0 的安装程序，在【定义安装组件】界面中设置安装目录并选择所需要的组件，单击【下一步】按钮。

图 1.38　安装界面 1

图 1.39　安装界面 2

图 1.40　选择产品

（6）在【FLEXnet 许可证服务器】界面中单击【添加】按钮，系统将弹出【指定许可证服务器】对话框，选择【锁定的许可证文件（服务器未运行）】选项，如图 1.41 所示，添加许可证文件，单击【确定】按钮。

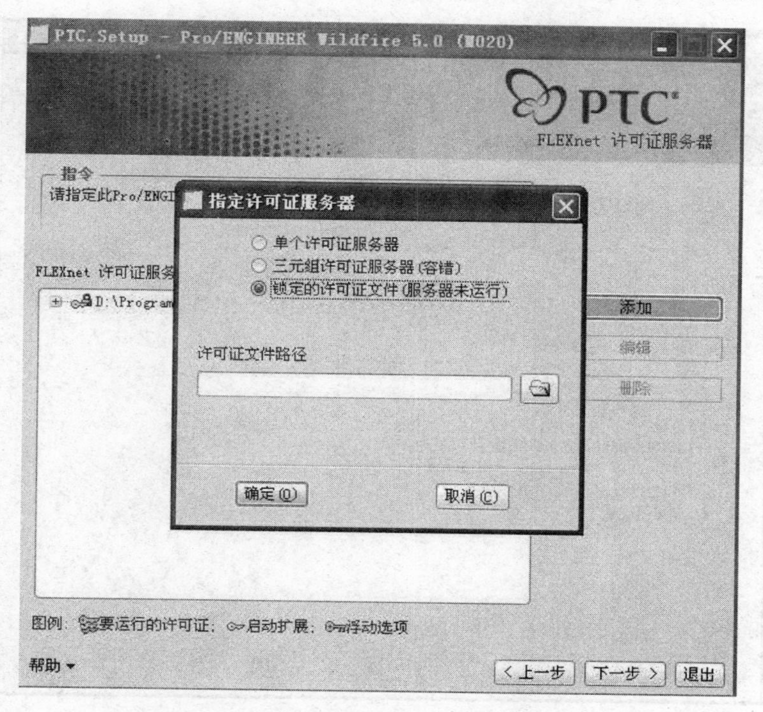

图 1.41　重新指定许可证和路径

（7）单击【下一步】按钮，选择【桌面】复选框，如图 1.42 所示。一直单击【下一步】按钮，直到出现如图 1.43 所示的界面，选择需要安装的选项，单击【下一步】按钮，然后单击【安装】按钮。

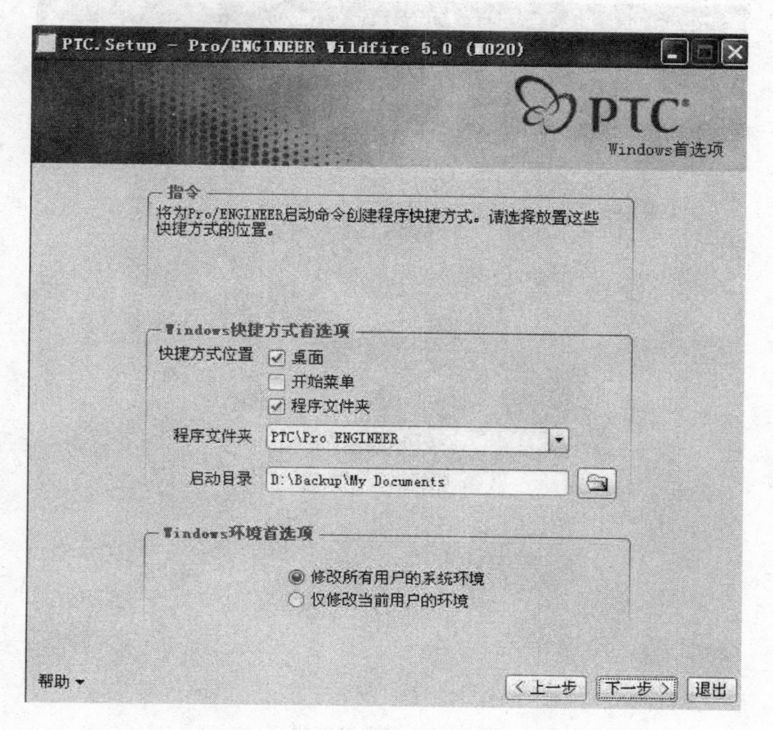

图 1.42　选择快捷方式位置

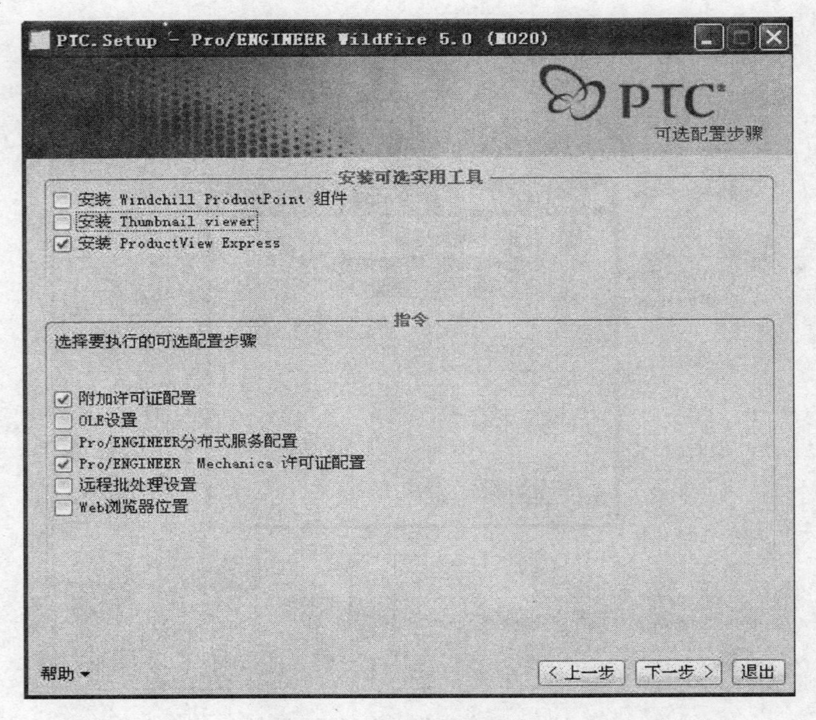

图 1.43　安装可选实用工具

（8）系统弹出安装进度的界面，如图 1.44 所示。

（9）直到进度完成，单击【退出】按钮，到此 Pro/ENGINEER Wildfire 5.0 就安装完成了。

图 1.44　安装进度界面

1.8 系统配置文件的设置

系统配置文件用来配置 Pro/E 的外观和运行方式。完善的配置文件可以为用户营造一个称心的设计环境，提高设计效率。Pro/E 包含以下两个重要的配置文件。

● config.pro：文本文件，保存 Pro/E 处理操作的所有相关设置。

● config.win：数据库文件，保存用户窗口配置信息，参看本节中 1.8.4。

配置文件中的每个设置项目称为“配置选项”。Pro/E 为每个配置选项预先定义了一个缺省值，在设计时可以根据需要改变配置选项的值。

1.8.1 Pro/ENGINEER 启动时读取配置文件的方式

Pro/E 可以自动从多个地方读取系统配置文件。如果某个配置选项出现在多个配置文件中，Pro/E 将应用最近更新过的设置。启动 Pro/E 时首先读入一个名为“config.sup”的受保护的系统配置文件，此文件中设置的任何值都不能被其他“config.pro”文件覆盖，然后按下列顺序读入配置文件。

● config.pro。

● config.win。

● menu_def.pro。此文件是控制【菜单管理器】外观的配置文件，通常由系统管理员来设置，用户也可以创建自己的“menu_def.pro”文件。另外还要注意：因为启动目录中的本地配置文件（“config.pro”、“config.win”和“menu_def.pro”）是最后读取的文件，所以它们将覆盖任何有冲突的文件选项。但是“config.pro”文件不能覆盖任何“config.sup”文件。

1.8.2 “config.pro”配置文件的选项

“config.pro”配置文件中的选项由两部分组成。

● config_option_name：选项名称。

● value：值。

例如，Pro/E 系统缺省设置值是在退出 Pro/E 时不提示用户保存已经修改的文件，这样会造成用户白白工作，为了避免这种情况的发生，就需要用户改变缺省设置，系统缺省值是“prompt_on_exit　no”，可以将下列文本加到配置文件中（修改 no 为 yes 即可）：

prompt_on_exit　yes

这样系统在退出之前会提示用户保存当前编辑的文件。

1.8.3 设置“config.pro”选项

可以有两种方法设置“config.pro”选项。

● 使用【选项】对话框设置配置选项：选中【工具】→【选项】菜单项，打开【选项】对话框，在该对话框中配置“config.pro”选项。

● 使用文本编辑器直接编辑配置文件：使用 Notepad（记事本）或 Microsoft Word 打开“config.pro”文件，然后直接添加或更改配置选项，保存即可。

通常情况下，“config.pro”文件的设置应在启动 Pro/E 进程之前进行修改。如果要在进程中改变环境，可以选取【工具】→【选项】，打开【环境】对话框配置设计环境。不过，某些“config.pro”配置选项只能通过使用上述两种方法之一进行更改。

另外，用户可以保存多个版本的“config.pro”文件，每个文件中保存一种环境配置。这样，用户如果希望对不同的模型使用不同环境设置，而又不希望重新编辑“config.pro”文件，只需在不同的设计任务中启用不同的“config.pro”文件即可。可以使用【选项】对话框保存启用不同版本的“config.pro”文件。

使用【选项】对话框更改“config.pro”文件比较简单，通过【工具】→【选项】打开【选项】对话框，如图 1.45 所示，里面显示最近加载的“config.pro”文件中各选项的设置状态。

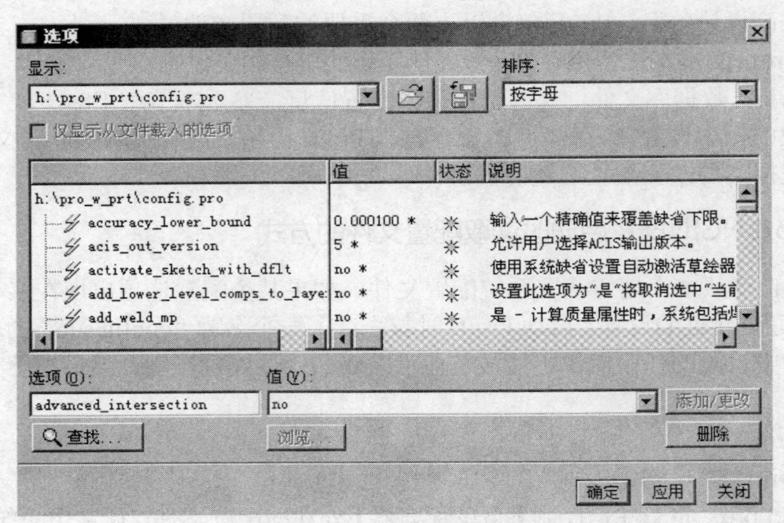

图 1.45 【选项】对话框

首先在窗口左侧中选取欲修改的配置选项，加亮选中的选项将出现在对话框下部的【选项】文本框中，然后从右侧的【值】下拉列表中为其输入或选取新值，单击 添加/更改 按钮即可更新配置选项。选项列表窗口最右侧给出了关于每一个配置选项用途的中文描述供用户参考。

单击 查找... 按钮，将打开如图 1.46 所示的【查找选项】对话框，可以通过输入关键词和通配符来搜索配置选项。

查找选项
1. 输入关键字
menu*
立即查找
查找范围: 所有目录
搜索说明
2. 选择选项。

名称	说明
menu_font	指定Pro/ENGINEER菜单条、菜单和所有其它子项所使用的字体。
menu_show_instances	确定实例索引文件中列出的实例名是否出现在文件列表中。
menu_translation	指定运行非英文版Pro/ENGINEER时，菜单显示的语种。

3. 设置值
yes *
浏览...
添加/更改
关闭

图 1.46 【查找选项】对话框

单击【选项】对话框中的按钮可以打开不同的配置文件，这样在不同的设计任务中可以分别启用不同的配置环境。单击“按钮”可以保存当前编辑的配置文件的副本。

1.8.4 设置“config.win”选项

与设置“config.pro”文件选项不同，不能在文本编辑器中编辑“config.win”配置文件，必须在一个活动进程中，使用【定制】对话框对其进行更改。与“config.pro”文件一样，可以预先保存“config.win”文件的多个版本来创建不同的窗口配置，在设计中工具需要启动某一文件版本。

单击【工具】主菜单，然后选取【定制屏幕】选项，系统弹出【定制】对话框。该对话框包括【工具栏】、【命令】、【导航选项卡】、【浏览器】以及【选项】等 5 个选项卡，可以分别对其进行定制，具体操作请参看本章 1.3 节“用户界面的定制”。

1.9　Pro/ENGINEER Wildfire 5.0 读取其他软件文件

Pro/ENGINEER Wildfire 5.0 文件处理功能非常强大，可以读入其他设计软件生成的数据文件到 Pro/E 环境中使用，下面主要介绍读取 AutoCAD 和 Unigraphics（现在名称为 UG-NX，也是一个功能非常强大的三维软件）文件。

1.9.1　Pro/ENGINEER 读取 AutoCAD 文件

单击【文件】→【打开】或左键单击“上工具箱”中的按钮，在出现的对话框【类型】中浏览到 DWG（*.dwg），然后选择需要打开的文件即可。注意，被打开的文件存在版本差异的问题。一般有一个合适的版本才能比较好地读入文件。

1.9.2　Pro/ENGINEER 读取 Unigraphics 文件

单击【文件】→【打开】或左键单击“上工具箱”中的按钮，在出现的对话框【类型】中浏览到 Unigraphics 文件（*.prt），然后选择需要打开的文件即可。注意，被打开的文件存在版本差异的问题。一般有一个合适的版本才能比较好地读入文件。

1.10　Pro/ENGINEER 和 IGES、STEP、STL 之间的转换

Pro/ENGINEER Wildfire 5.0 数据转换功能非常强大，可以通过各种文件格式接口进行转换，输出不同文件格式的文件，以供其他设计软件使用。

实际上 Pro/E 系统中【文件】菜单中的【打开】和【保存副本】就是 Pro/E 与其他 CAD 系统的一个文件格式接口，这在很多需要文件格式转换的场合非常有用。常用的主要有 IGES、STEP 和 STL。下面介绍文件的输入和输出。

● 输入文件。单击【文件】→【打开】或左键单击“上工具箱”中的按钮，在出现如图 1.47 所示的对话框中先把要打开的文件【类型】更改为需要的类型，然后浏览到要输入的文件，单击 打开(O) 按钮即可。

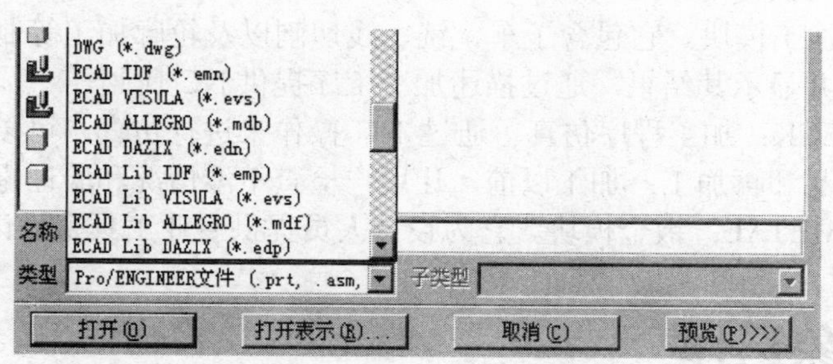

图 1.47　打开其他格式文件的对话框

● 输出文件。单击【文件】→【保存副本】，在出现如图 1.48 所示的对话框中，先把【类型】更改为 IGES（*.igs）或 STEP（*.stp）或 STL（*.stl），然后在【新建名称】中输入新的文件名称，单击**确定**按钮即可输出给定格式的文件。

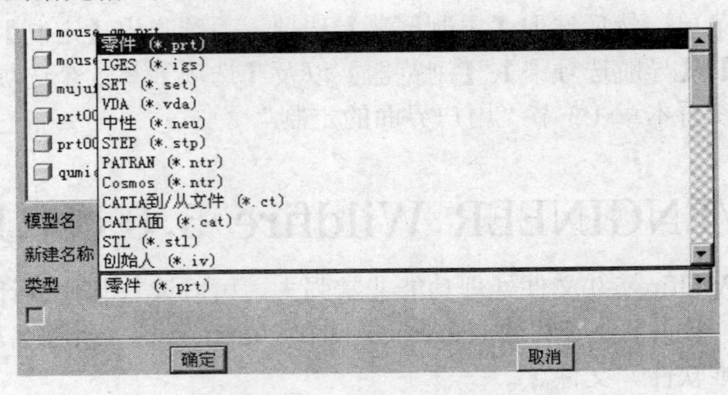

图 1.48 【保存副本】对话框

1.11 Pro/ENGINEER 的常用功能模块

Pro/E 常用的功能模块主要有以下几个。

（1）Pro/SURFACE：Pro/E 中的曲面设计工具，它能够使设计人员设计各种自由曲面，若这个工作在实体零件中进行，则可以设计出全曲面模型，同时提供曲面分析工具，提高曲面设计质量。

（2）Pro/SCAN-TOOLS：逆向设计工具，它可以把成品零件经过测量后数字化，以数据的形式输入到 Pro/SCAN-TOOLS 中，以制作曲线和曲面。

（3）Pro/ASSEMBLY：装配模块。它用来构造和管理大型复杂的模型，在装配零件的同时保持整个产品的设计意图不变。

（4）Pro/DETAIL：Pro/E 中的二维工程图模块。由于具有广泛的尺寸标注、公差标注和自动产生视图的功能，因而扩大了 Pro/E 自动生成设计图纸的能力。最新版本在 2D 绘图中引入了全相关的功能。

（5）Pro/DESIGNER：它的另一个名字是 CDRS，是工业设计模型的一个概念设计工具。它能够使产品开发人员快速地创建、评价和修改产品的多种设计概念，可以生成高精度的曲面几何模型，并且能够通过内置接口直接把曲面传送到 Pro/E 中进行结构设计。

（6）Pro/MOLDESIGN：模具设计模块。它为模具设计师和塑料制品工程师提供用以创建模腔的几何外形的方便工具，能产生模具、模芯和腔体，能产生精加工的塑料零件和完整的模具装配体文件，并有模具可供使用。

（7）Pro/MFG：加工模块。它包含了车、铣、线切割以及轮廓加工等制造过程，能生成加工零件所需的加工路线并显示其结果，通过描述加工工序提供 NC 代码。

（8）Pro/NC-CHECK：加工程序仿真。通过 NC 操作来进行仿真，可以帮助制造工程人员优化制造过程，减少废品和再加工；加工以前，让用户检查干涉情况和验证零件切割的各种路径。

（9）Pro/SHEETMETAL：钣金模块。它为设计人员提供专业工具来设计和制造钣金零件。

1.12 对象选择

对象选择的方式有两种，一种是在绘图区单击选取对象，另一种是在“模型树”单击特征名称进行选取。

1. 使用鼠标

单击鼠标左键，简称“单击”，可选取特征、命令、元件和各种图元素。这是最基本的方法。

注意：在选取过程中，如果要连续选取几个相同性质的对象，可以先选取一个对象后，按住键盘上的“Ctrl”键，依次选取其他对象。

2. 使用过滤器

在如前面图 1.9 所示的界面中，有一个“选择性过滤器”，对于比较复杂的模型或具有多个特征的组件（装配件），就可以使用过滤器进行选取。过滤器在不同的模块下会有不同的选项，如图 1.49 所示。

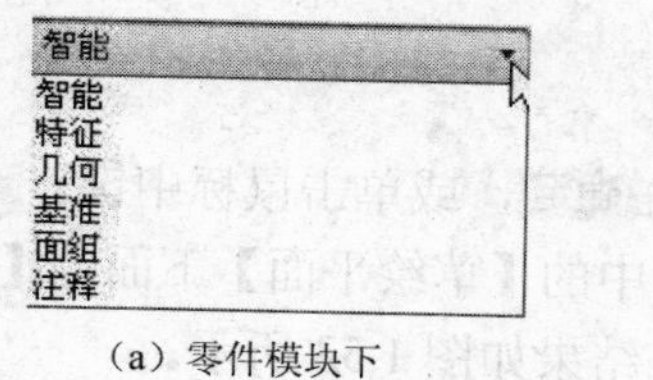

（a）零件模块下

全部
全部
几何
尺寸
约束

（b）草绘模块下

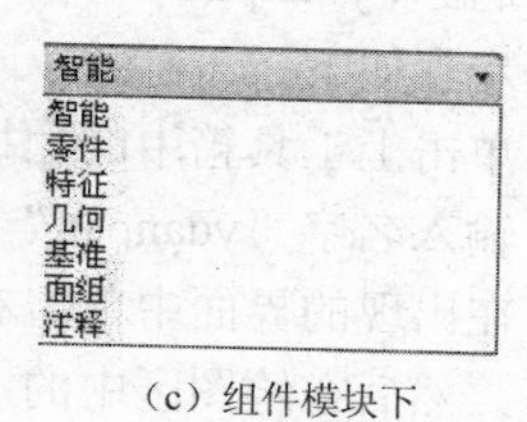

（c）组件模块下

图 1.49 “选择性过滤器”的 3 种选项

3. 曲线的选取

曲线的选取是指选取包括选取直线在内的线性几何实体，多个曲线构成曲线链。

（1）相切链

① 选取实体上的一段棱边；

② 按下“Shift”键，保持（不要松开），移动鼠标指针到与所选棱边相切的任意棱边上，此时鼠标指针右下方弹出“相切”字样；

③ 单击确认，放开“Shift”键，相切链即被选中。

注意：如果相切链线段较少，也可以先选取一段，按下“Ctrl”键（保持不放），依次单击其他线段即可选中。

（2）曲面链

① 选取实体上的一段棱边；

② 按下“Shift”键，保持（不要松开），移动鼠标指针到与所选棱边相邻的下方曲面上，此时鼠标指针右下方弹出“曲面环”字样；

③ 单击确认，放开“Shift”键，曲面链即被选中。

4. 曲面的选取

（1）环曲面

① 选取主曲面；

② 按下“Shift”键，保持（不要松开），移动鼠标指针到主曲面的边界上，此时鼠标指针弹出“边 XXX”字样；

③ 单击确认，放开“Shift”键，环曲面即被选中。

（2）实体曲面

① 选取实体的任意一个曲面；

② 按下鼠标右键（右击），保持 1s 左右，会弹出一个菜单，如图 1.50 所示；

③ 在菜单中选取【实体曲面】，即可选中所有实体曲面。

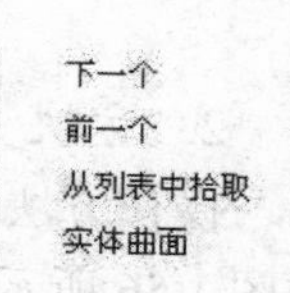

图 1.50　选取菜单

如果在图 1.50 的菜单中选取【下一个】或【前一个】，即可选中前一个或下一个系统加亮的实体曲面；如果在图 1.50 的菜单中选取【从列表中选取】，会弹出如图 1.51 所示的列表选取对话框，在列表中选择合适的曲面后，单击【确定】按钮即可。

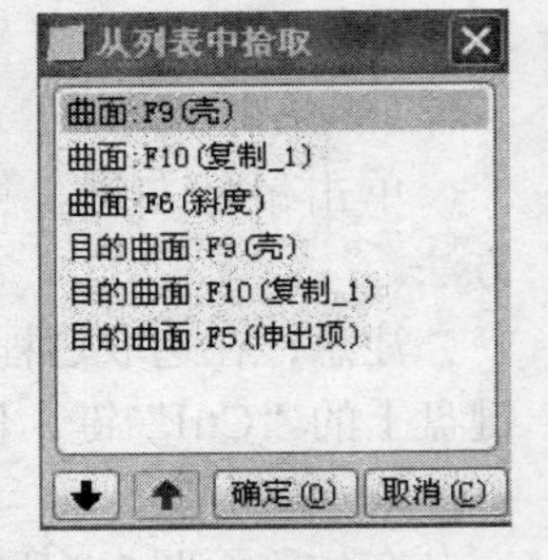

图 1.51 列表选取对话框

1.13 创建简单的零件模型

实体模型的创建主要放在第 4 章进行，本节只是简单创建 2 个零件供界面操作定制练习使用。

1. 圆盘（yuanpan）

操作步骤如下。

（1）单击上工具箱中的□按钮。

（2）输入名字“yuanpan”（注意，不能输入汉字），单击确定，或单击鼠标中键。

（3）在出现的界面中单击右工具箱的按钮，在图 1.52 中的【草绘平面】下面的【平面】处单击一下，然后在绘图区中的“FRONT”平面处单击一下，结果如图 1.53 所示。

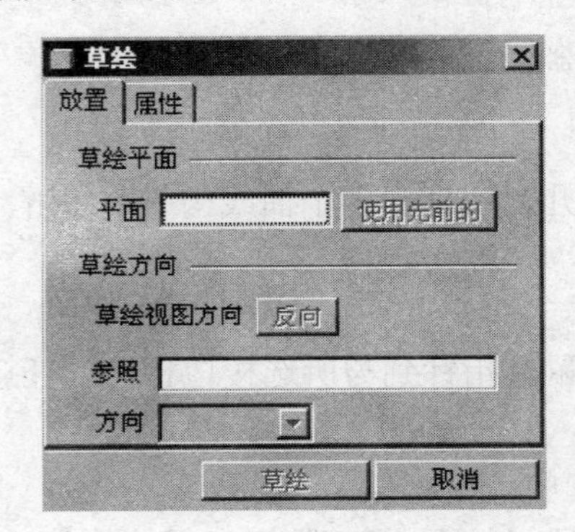

图 1.52 没有选择草绘平面前

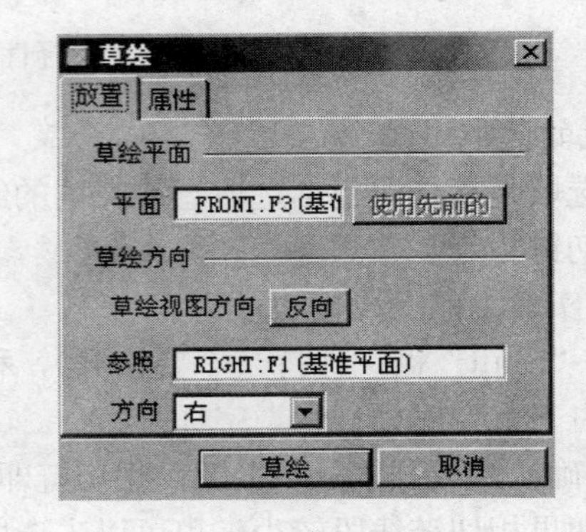

图 1.53 选择了草绘平面后

（4）在图 1.53 中单击 草绘 按钮，或单击鼠标中键，进入草绘界面。

（5）在右边草绘工具栏中单击○按钮，鼠标左键单击中心线交点，拖动左键到适当位置，然后按下左键即可绘制一个圆，尺寸任意。单击右边草绘工具栏中单击✔按钮，退出草绘状态。

（6）单击右工具箱中的按钮，出现如图 1.54 所示的操控板，单击操控板上的✔或单击鼠标中键即可，生成的三维图形如图 1.55 所示。

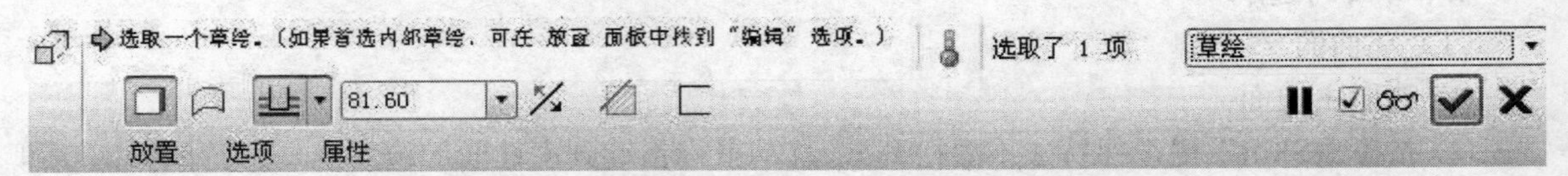

图 1.54 操控板界面

2. 方块（fangkuai）

操作方法和圆盘基本一样，只是在草绘时绘制一个长方形的图形即可，最后生成的三维图形如图 1.56 所示。

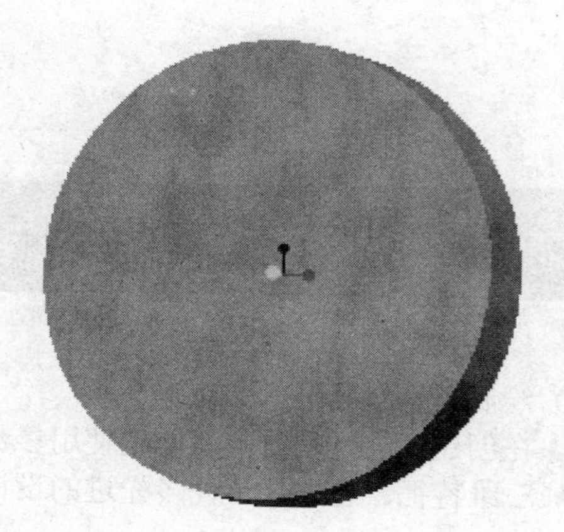

图 1.55　圆盘

图 1.56　方块

总结与回顾

本章主要介绍了 Pro/ENGINEER Wildfire 5.0 的界面组成、界面的定制以及一些基本操作方法。Pro/ENGINEER Wildfire 5.0 用户界面主要包含下拉菜单、上工具箱和右工具箱、导航区、浏览器窗口（设计工作区）以及系统信息栏等组成部分。其中下拉菜单、上工具箱和右工具箱提供了大量的设计工具，用于完成各种设计操作，读者应该重点掌握。导航区用于管理设计中的基本资源，包括本地资源和远程网络资源。模型树是一个重点要素，应该重点掌握。

浏览器和设计工作区分时共用。系统信息栏是设计过程中用户和计算机进行交流的接口，设计者要养成随时浏览系统信息的好习惯，了解系统当前的工作状态和计算机系统提出的要求（操作提示），及时响应。

配置好系统工作环境会对设计有很大帮助，用户应该先配置好系统，然后进行工作。

鼠标和键盘的配合使用在设计过程中是非常重要的，用户应熟练掌握其用法，才能提供工作效率。

对象的选取非常重要，要掌握各种对象的选取方法。

本章还介绍了 Pro/ENGINEER Wildfire 5.0 和其他软件之间的数据转换以及简单模型的创建过程。

思考与练习题

1．模型有几种显示方式？各有什么特点？

2．如果要将原来的文件保存成不同的文件名、不同的格式，或是存在不同的目录文件夹中，应该使用哪种方法来存盘？

3．上工具箱和右工具箱中常用的有哪些工具图标？

4．工具栏的位置是否可以进行调整？

5．如何定制系统的颜色？

6．模型树有什么作用？

7．擦除文件和删除文件有什么区别？

8．试着创建一个简单的实体零件。

第2章 参数化草绘绘制

学习目标：本章主要学习参数化草绘（剖面）绘制。

二维平面图形的绘制是创建三维模型的基础。在创建三维模型时，通常先使用参数化草绘来创建剖面图，然后根据剖面图用各种造型方法生成三维特征。它引入了许多先进的设计理念，例如尺寸驱动、参数化设计以及特征约束等。

2.1 草绘工作环境

2.1.1 进入草绘模式

在主菜单中单击【文件】→【新建】或左键单击上工具箱中的（新建）按钮，出现如图2.1所示的【新建】对话框。【类型】设置为【草绘】，输入文件名或采用系统缺省名称，草绘文件的后缀为“.sec”，单击 确定 按钮即可进入如图2.2所示的二维草绘界面。

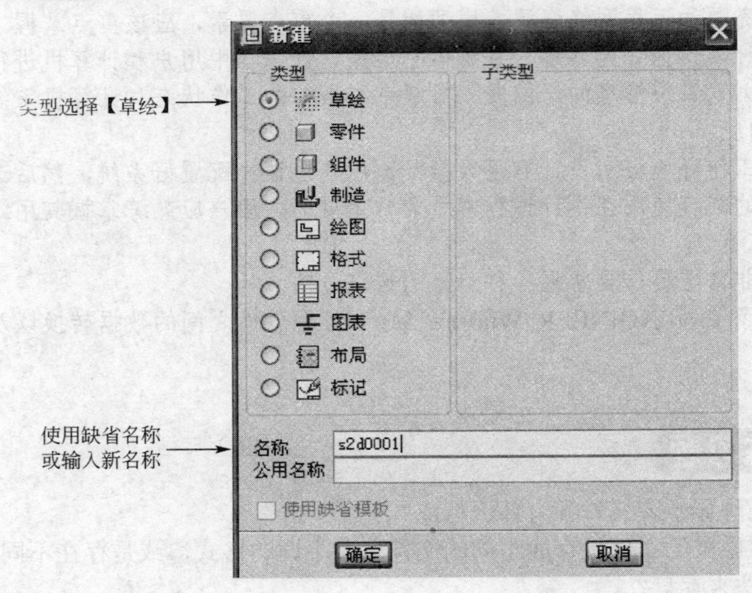

图2.1 【新建】对话框

在二维草绘界面中，系统界面上增加了【插入】和【草绘】等主菜单，同时在界面右侧的右工具箱增加了专用于二维草绘的图形工具按钮。

2.1.2 设置草绘器的优先选项

在进行二维草绘之前，首先需要配置设计环境。一个好的草绘环境应该符合设计者的个人习惯，同时也是工程设计标准化的需要，更是高效设计的必要条件。

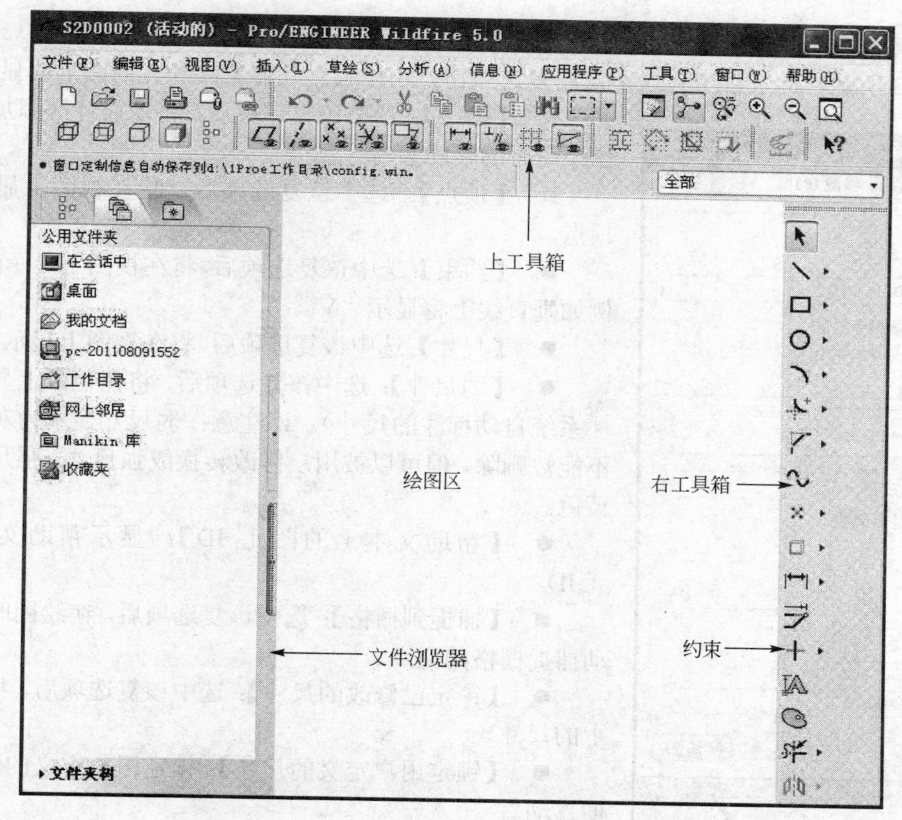

图 2.2　二维草绘界面

单击【草绘】→【选项】选项，系统弹出【草绘器首选项】对话框。该对话框由 3 个选项卡组成。如图 2.3～图 2.5 所示。在该对话框中可以配置绘图环境，以提高设计者设计效率。

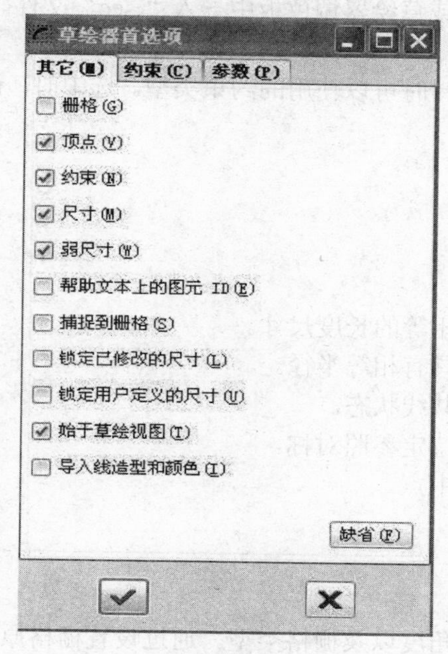

图 2.3　【其它】参数设置

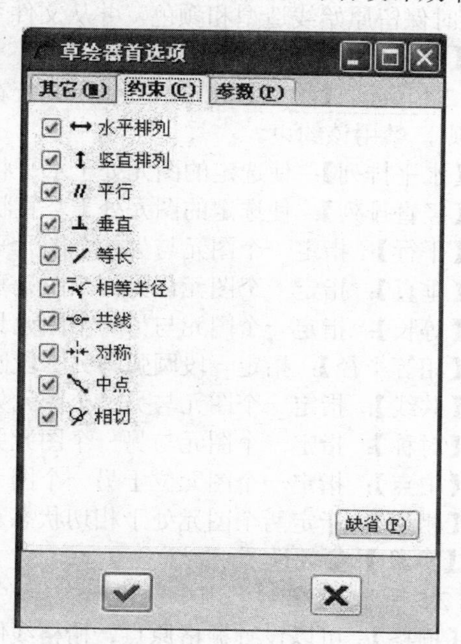

图 2.4　【约束】参数设置

1. 【其它】参数设置

如图 2.3 所示，此选项卡包含了一组复选按钮，用于设置几何草绘和几何图形的显示环境。

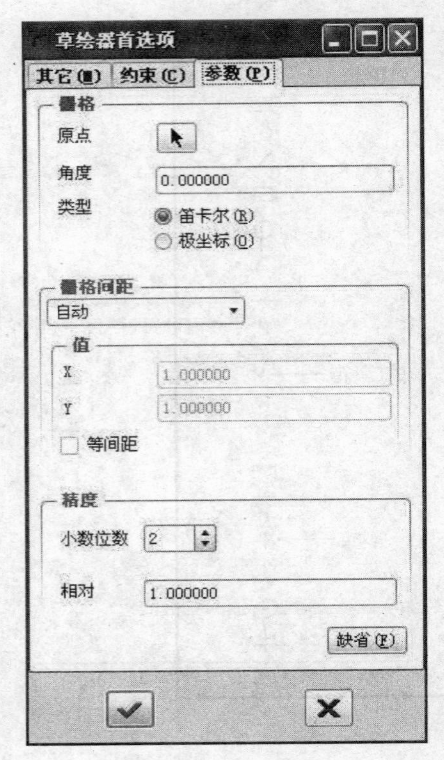

图 2.5 【参数】选项设置

- 【栅格】：选中该复选项后，将在设计区添加栅格，用作绘图时的辅助参考。
- 【顶点】：选中该复选项后，将在视图上显示线段的顶点。
- 【约束】：选中该复选项后，将在视图上显示约束符号，例如垂直线上将显示"V"。
- 【尺寸】：选中该复选项后，将在视图上显示尺寸标注。
- 【弱尺寸】：选中该复选项后，将在视图上显示弱尺寸（系统自动标注的尺寸）。请注意：弱尺寸显示为灰色，并且不能被删除，但可以被用户修改转换成强尺寸，强尺寸显示为黄色。
- 【帮助文本上的图元 ID】：显示帮助文本上的图元 ID。
- 【捕捉到栅格】：选中该复选项后，在绘图时鼠标将自动捕捉栅格的交点。
- 【锁定已修改的尺寸】：选中该复选项后，将锁定视图上的尺寸。
- 【锁定用户定义的尺寸】：锁定用户定义的强尺寸，以便移动。
- 【始于草绘视图】：选中该复选项后，在进入草绘界面时，设置绘图平面与屏幕平行。
- 【导入线造型和颜色】：选中该复选项后，决定是否在复制/粘贴时保留原始线造型和颜色，并从文件系统或草绘器调色板中导入".sec"文件。

2. 【约束】参数设置

如图 2.4 所示，【约束】选项卡提供了系统在设计时可以使用的约束类型。选中时，该约束被启用，否则，禁用该约束。

- 【水平排列】：使选定的图元处于水平状态。
- 【竖直排列】：使选定的图元处于竖直状态。
- 【平行】：指定一个图元与另一个图元平行。
- 【垂直】：指定一个图元与另一个图元垂直。
- 【等长】：指定一个图元与另一个图元具有相等的长度尺寸。
- 【相等半径】：指定一段圆弧与另一段圆弧具有相等半径。
- 【共线】：指定一个图元与另一个图元处于共线状态。
- 【对称】：指定一个图元与另一个图元关于特定参照对称。
- 【中点】：指定一个图元位于另一个图元的中点。
- 【相切】：指定两个图元处于相切状态。

3. 【参数】参数设置

如图 2.5 所示，【参数】用于设置栅格参数和尺寸精度参数。

- 【栅格】：可以设置栅格原点、栅格线倾斜角度以及栅格类型。通过设置栅格原点，可以把栅格的交点与图元顶点对齐；提高设置栅格倾斜角度可以获得倾斜的栅格线；可以使用笛卡尔坐标系和极坐标系栅格两种类型。

- 【栅格间距】：用于设置栅格线之间的间距大小。可以采用系统自动设置和人工手动设置两种方法。采用手动设置时，输入 *X* 和 *Y* 方向的间距尺寸即可。选中【等间距】复选项可以锁定 *Y* 方向的间距值和 *X* 方向相等。
- 【精度】：用来驱动尺寸的显示精度，内容包括尺寸标注的小数位数和数值运算时的精度，精度范围在 1.0000E−09～1.0000E+04 之间。

4. 定制屏幕

在上工具箱的图形工具栏上单击鼠标右键，系统将弹出如图 2.6 所示的【上工具箱】快捷菜单；在右工具箱的图形工具栏上单击鼠标右键，系统将弹出如图 2.7 所示的【右工具箱】快捷菜单。使用这两个快捷菜单可以重新定制窗口中显示的图形工具条内容。单击工具条名称，打上“√”符号，表示该工具条显示在窗口中，再单击去掉“√”，该工具条将不显示在窗口内。

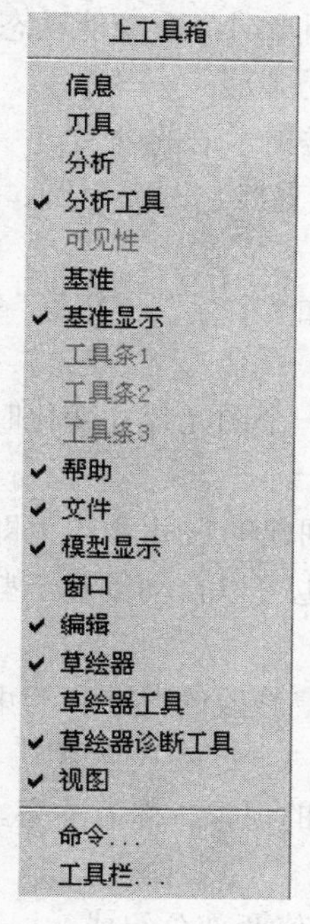

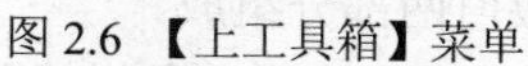

图 2.6 【上工具箱】菜单

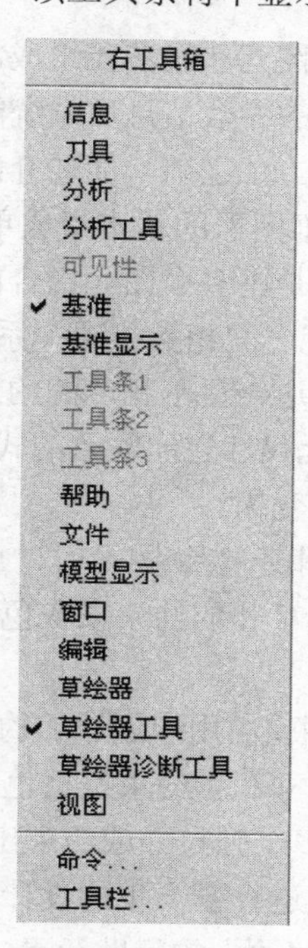

图 2.7 【右工具箱】菜单

2.1.3 常用图形工具按钮

在 Pro/E 中提供了大量的图形工具按钮，供设计者使用。表 2.1 列出了在二维草绘中用到的部分图形工具按钮的用途。这些工具按钮的一些开关在二维绘图时用来控制尺寸、几何约束、栅格、截面顶点的显示与否。

表 2.1 二维草绘图形工具按钮功能

图标	名 称	功 能
	尺寸开关	控制视图上尺寸的显示，按下时开，显示尺寸，弹起时关，不显示尺寸
	约束开关	控制约束的显示与否，按下时开，显示约束，弹起时关，不显示约束
	栅格开关	控制栅格的显示与否，按下时开，显示栅格，弹起时关，不显示栅格
	截面顶点开关	显示截面顶点，按下时显示顶点，弹起时不显示顶点

续表

图标	名　称	功　能
	撤销	撤销上一步的操作
	重做	恢复到撤销前的样子
	复制	复制选中的项目
	粘贴	粘贴复制的项目
	选择性粘贴	粘贴含有特殊更新的复制项目
	选取	选取位于框内的项目

2.2 基本几何图元的绘制

二维图形主要由点图元和线图元组成。绘制二维图形时，系统能动态地标注尺寸和约束。同时，在用户更改了图元的参数信息后系统能够自动再生图元。

在讲述绘制图元的方法之前，简要介绍一下下面常用术语的含义。

● 图元：构成二维图形的基本组成单元，如点、直线、圆弧、圆、样条曲线、文本以及坐标系等，一个二维图形是由多个图元拼合而成的。

● 约束：定义图元之间相互位置关系的条件，例如“平行”、“相等”等。在已经有的约束图元旁边会显示相应的约束符号。

● 关系：表达图元尺寸之间联系的式子，用于在一个图元尺寸变化时约束另一个尺寸随之发生变化。

● 弱尺寸和弱约束：绘制图元时，由系统自动创建的尺寸和约束即为弱尺寸和弱约束。弱尺寸和弱约束以灰色显示。系统也可以自动创建一些强约束。

● 强尺寸和强约束：由用户创建的约束以及被用户修改的尺寸和约束是强尺寸和强约束。强尺寸和强约束以黄色显示。

● 冲突：两个或多个强尺寸或约束出现相互矛盾的现象，称为冲突。冲突必须加以解决，才能进行下一步的设计。

● 参数：参数是草绘中的辅助元素，由符号和数值两部分组成。

下面将基本绘图工具作一个简单介绍，如图 2.8 所示是绘图工具栏的图标按钮和功能介绍，详细的功能将在后面介绍。

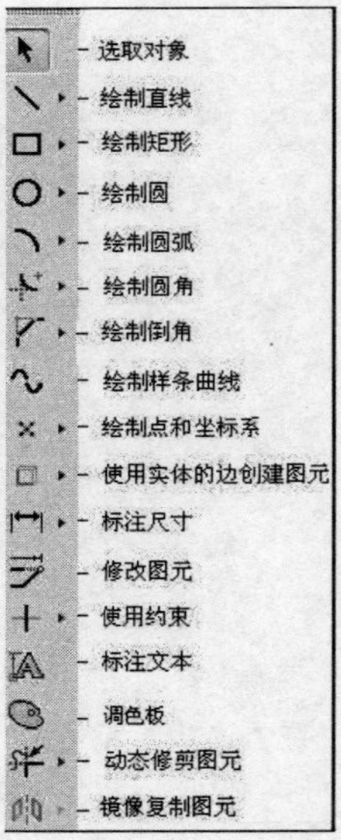

图 2.8　绘图工具栏

2.2.1　绘制点和参照坐标系

1. 点的绘制

在【草绘】菜单中选取【点】选项或在右工具箱中单击 按钮，都可以进行点的绘制。如图 2.9 所示。

★特别注意：工具栏的按钮右边如果有向右的小三角，说明设计方法有 2 种以上，单击小三角可以看到全部设计方法，然后单击合适的工具栏按钮即可进行设计。

点常用来辅助尺寸标注或用作草绘线条的参考。鼠标左键在需要创建点的地方单击即可创建点。

注意：在 Pro/E 5.0 中新增了几何点，绘图时注意选择，请参看图 2.9。

点（普通点）和几何点的区别：在零件模块做一个实体，然后在实体上面画草绘，如果在实体上画的是几何点，完成之后会看到所画的几何点变成了基准点，而如果画的是普通点，就不会出现基准点。一般情况下用的都是点（普通点）。

2. 坐标系的绘制

在【草绘】菜单中选取【坐标系】选项或在右工具箱中单击按钮，都可以进行坐标系的绘制。如图 2.10 所示。

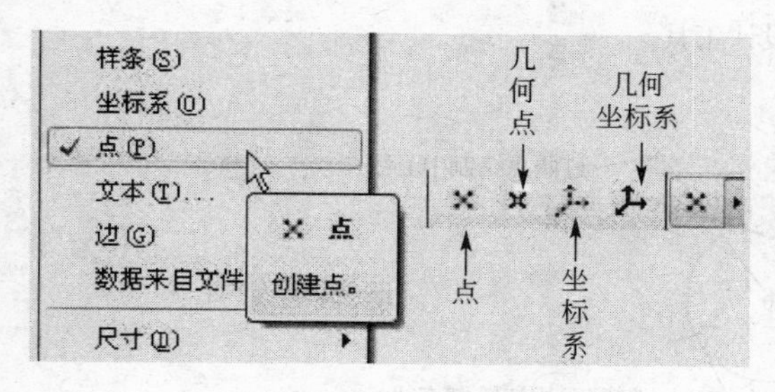

图 2.9　点的绘制

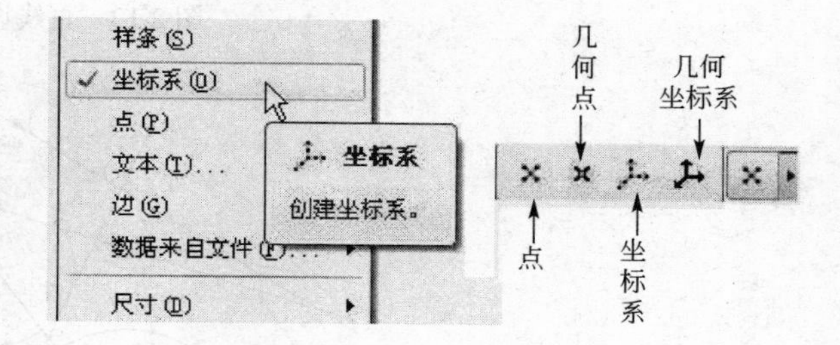

图 2.10　创建参照坐标系

参照坐标系即 Pro/E 5.0 中的坐标系，常用来辅助图形定位或辅助特征的建立，如后面要介绍的旋转混合、一般混合和 Graph 特征等。鼠标左键在需要设置参照坐标系的地方单击即可设置。

注意：在 Pro/E 5.0 中新增了几何坐标系，绘图时注意选择，请参看图 2.10。

一般情况下用的都是参照坐标系（坐标系）。

如图 2.11 所示为点和坐标系绘制的实例。

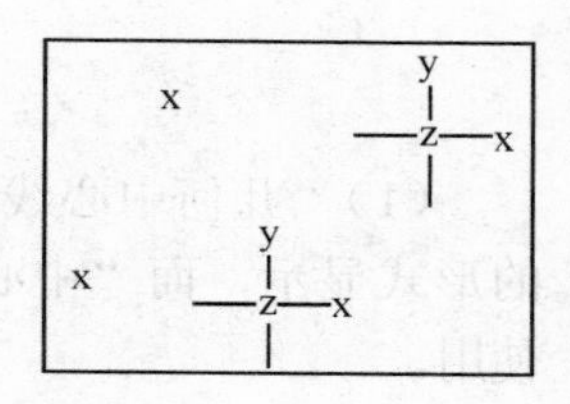

图 2.11　点和坐标系示例

注意：创建几何点、几何中心线、几何坐标系这几个命令是在 Pro/E 5.0 中新增的功能。其目的是增加一种可以在草绘中创建，然后可以在 3D 图形中参考的点、轴、坐标系的方法。实际上就是多了一种创建参考点、轴、坐标系的方法。如果在建特征时，不需要草绘里的点、轴、坐标系同时要在 3D 图形中作参考，完全可以用草绘里的点、轴、坐标系命令（名称前没有“几何”两个字）。另外，有一些特征是不允许在其中的草绘创建几何点、几何中心线、几何坐标系的，此时，这些图标按钮将显示为灰色而不能被选取。

2.2.2　绘制直线

在【草绘】菜单中选取【线】选项或在右工具箱中单击按钮，都可以进行直线的绘制。可以绘制 5 种直线（图 2.12）。

- 绘制两点直线：单击按钮，单击鼠标左键进行绘制。
- 绘制相切直线：单击按钮，左键选定两个图元，系统自动创建与这两个图元都相切的直线，鼠标选定图元的位置决定绘制相切直线的起点和终点位置。
- 绘制中心线：单击按钮，单击鼠标左键进行绘制。
- 绘制相切中心线：单击主菜单【草绘】→【线】→【中心线相切】选项，然后选定两个图元，可以创建与这两个图元相切的中心线。
- 绘制几何中心线：单击按钮，单击鼠标左键进行绘制。

在绘制直线时，单击鼠标左键确定直线通过的点，单击鼠标右键结束本次直线的绘制，并可以连续绘制下一条直线，要退出绘制直线，重复单击鼠标中键即可。也可以单击其他绘图按钮或按钮退出绘制直线状态。绘制的直线效果图如图 2.13 所示。

注意：中心线和几何中心线的区别。

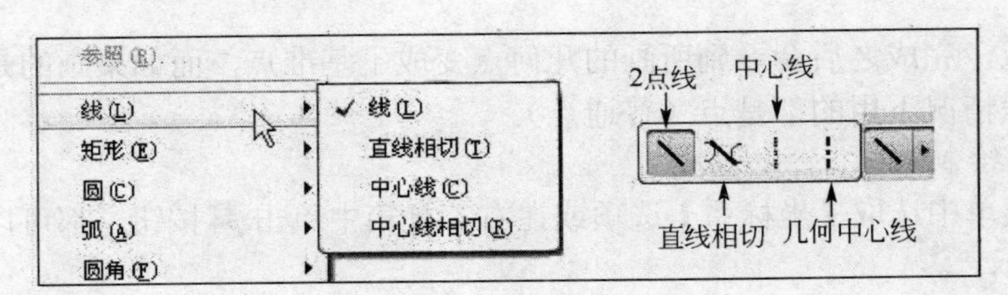

图 2.12　直线设计工具

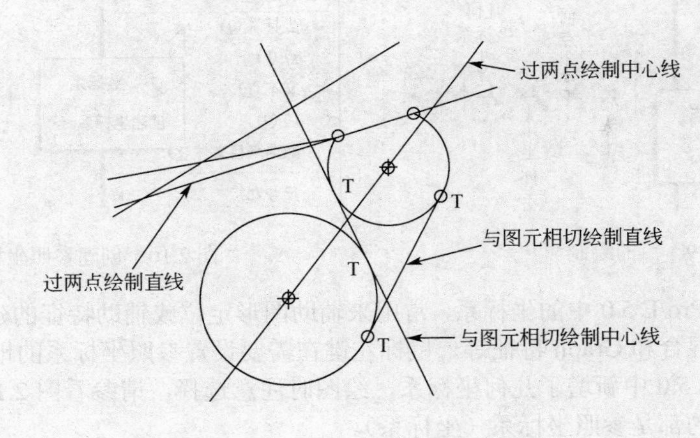

图 2.13　直线绘制示例

（1）“几何中心线”可以作为旋转中心线和对称中心来使用，但是它都会在模型中以轴线的形式显示，而“中心线”可以理解为构造直线（无限长），可以作为对称中心和其他辅助线使用。

（2）中心线是平面图形某根线段的，几何中心线是几何体的。例如在做旋转时，中心线被默认为是要旋转的草图，几何中心线可以做旋转中心，中心线就不行。

2.2.3　绘制矩形

在【草绘】菜单中选取【矩形】选项或在右工具箱中单击□按钮，都可以进行矩形的绘制。如图 2.14 所示。它是指定两点作为矩形的对角线起点和终点，以此来确定矩形大小的。Pro/E 5.0 中新增了斜矩形和平行四边形。

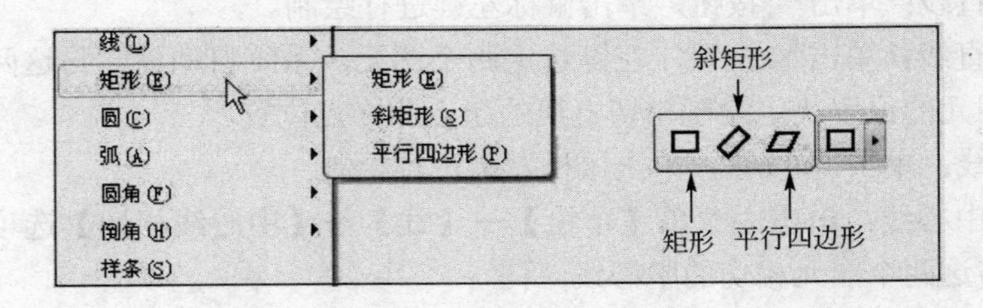

图 2.14　矩形设计工具

选中矩形绘图工具后，在绘图工作区任意位置单击鼠标左键确定矩形的第一个对角点，再移动鼠标调整矩形的大小，在合适的位置（即矩形对角线的第二个对角点）单击鼠标左键即可。绘制的图形如图 2.15 所示。

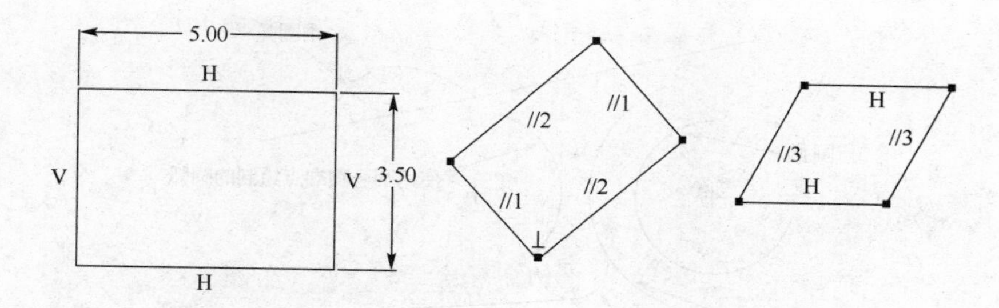

图 2.15　绘制的矩形

2.2.4　绘制圆弧

在【草绘】菜单中选取【弧】选项或在右工具箱中单击按钮，都可以进行圆弧的绘制。如图 2.16 所示。

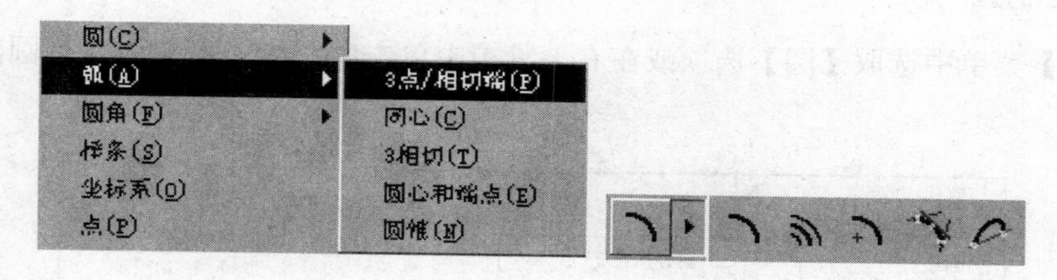

图 2.16　圆弧的设计工具

圆弧的绘制方法比较多，共有 5 种，下面分别介绍。

- 绘制通过 3 点的圆弧：在菜单中选取【草绘】→【弧】→【3 点/相切端】选项或单击按钮后，选取第一点作为圆弧的起点，选取第二点作为圆弧的终点，拖动鼠标到适当位置，单击左键确定第三点作为圆弧上的一点即可绘制通过这 3 点的圆弧。如果起点和终点选择在图元上，通过选择适当的第三点则可创建与该图元相切的圆弧。
- 绘制同心圆弧：在菜单中选取【草绘】→【弧】→【同心】选项或单击按钮后，首先在已有的圆或圆弧上单击一下（也可以选取圆心），系统将显示一个与该圆或圆弧同心的虚线圆，移动鼠标确定圆弧的半径，然后在该虚线圆上选择两点截取一段圆弧即可。
- 绘制与 3 个图元相切的圆弧：在菜单中选取【草绘】→【弧】→【3 相切】选项或单击按钮后，首先选取要相切的第一个图元，这个图元上的一点将作为放置圆弧的起点，然后选取第二个图元，这个图元上的一点将作为放置圆弧的终点，最后选取第三个图元，系统会自动创建与这 3 个图元相切的圆弧。
- 使用圆心和端点绘制圆弧：在菜单中选取【草绘】→【弧】→【圆心和端点】选项或单击按钮后，首先选取一个点，系统将产生一个以该点为圆心的虚线圆，移动鼠标调整圆的半径后，在虚线圆上选取两点来截取一段圆弧。
- 绘制锥圆弧：在菜单中选取【草绘】→【弧】→【圆锥】选项或单击按钮后，先指定锥圆弧的第一个端点，再指定锥圆弧的第二个端点，系统会用一中心线将两端点连接起来，最后选取锥圆弧的一个肩点（锥圆弧上重要的控制点，位于圆弧的“肩”部，故称“肩点”），通过这 3 点确定一段锥圆弧。如图 2.17 所示是用以上各种方法创建的各种弧。

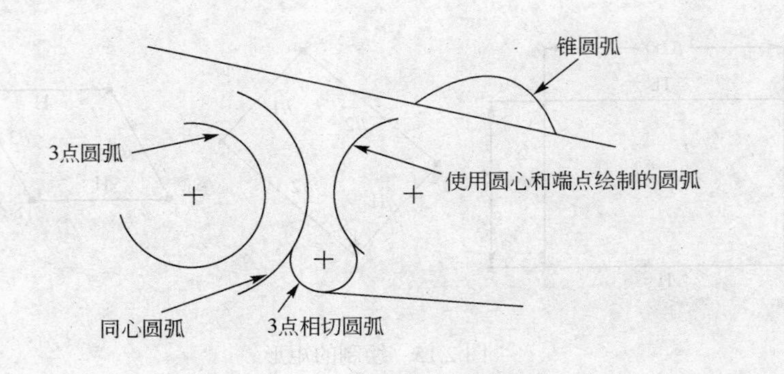

图 2.17　绘制的各种弧

注意：锥圆弧中有一个 RHO 值表示锥形弧的曲率，范围在 0.05～0.95 之间。其值越大，则曲线越尖锐；反之，其值越小，曲线越平缓。

2.2.5　绘制圆

在【草绘】菜单中选取【圆】选项或在右工具箱中单击○按钮，都可以进行圆的绘制。如图 2.18 所示。

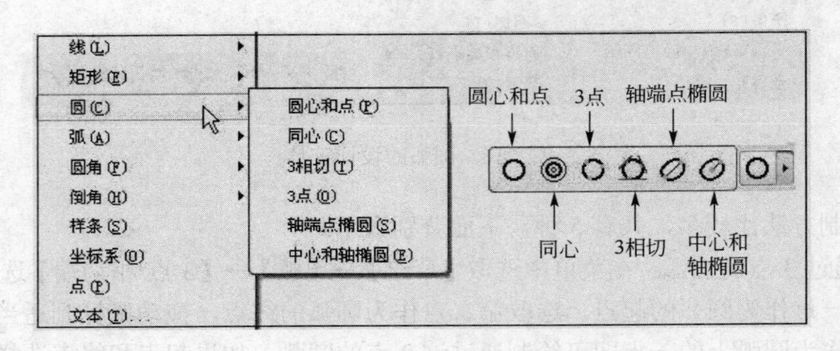

图 2.18　圆的设计工具

圆的绘制方法共有 6 种，下面分别介绍。

- 过圆心和圆上一点绘制圆：在菜单中选取【草绘】→【圆】→【圆心和点】选项或单击○按钮后，单击鼠标左键确定这一点作为圆心，拖动鼠标到适当位置（在拖动过程中按不按鼠标左键均可）调整圆的半径后，再次单击鼠标左键确定圆上一点，完成圆的绘制。
- 绘制同心圆：在菜单中选取【草绘】→【圆】→【同心】选项或单击◎按钮后，首先在已有的圆或圆弧上单击一下（也可以选取圆心），拖动鼠标到适当位置，再次单击鼠标左键确定圆上一点，即可绘制同心圆。单击中键结束圆的绘制。
- 绘制与 3 个图元相切的圆：在菜单中选取【草绘】→【圆】→【3 相切】选项或单击○按钮后，首先选取要相切的第一个图元，然后选取第二个图元，最后选取第三个图元，系统会自动创建与这 3 个图元相切的圆。
- 绘制通过 3 点的圆：在菜单中选取【草绘】→【圆】→【3 点】选项或单击○按钮后，依次用鼠标单击左键选取 3 个点，即可创建通过这 3 个点的圆。
- 绘制椭圆方法 1：在菜单中选取【草绘】→【圆】→【轴端点椭圆】选项或单击⊘按钮后，先用鼠标左键单击选取一点作为椭圆的第一个轴端点，然后拖动鼠标到另外位置单击确定轴的另一个端点（实际上也确定了椭圆的轴长），拖动鼠标调节椭圆的另外轴长，再单击左键即可。

注意：根据鼠标拖动位置的不同，长轴和短轴会互换位置。

● 绘制椭圆方法 2：在菜单中选取【草绘】→【圆】→【中心和轴椭圆】选项或单击按钮后，先用鼠标左键单击选取一点作为椭圆的圆心，然后拖动鼠标到另外位置单击确定轴的一个端点（实际上也确定了椭圆的半轴长），然后拖动鼠标适当调节椭圆的长轴和短轴，再单击左键即可。注意：根据鼠标拖动位置的不同，长轴和短轴会互换位置。如图 2.19 所示是用以上各种方法创建的圆和椭圆。

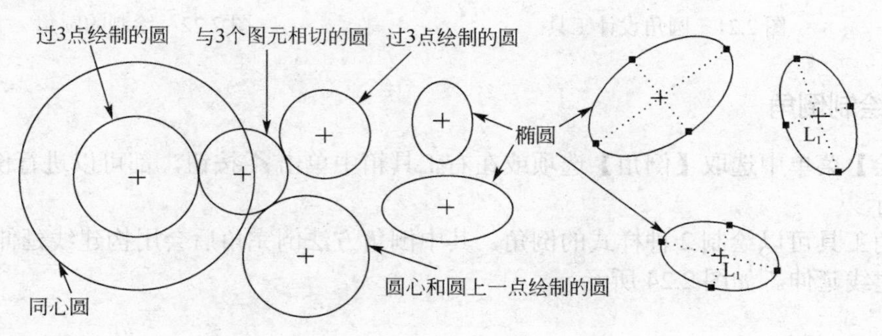

图 2.19　绘制的圆和椭圆

★注意：如果要绘制构造圆（虚线圆），先绘制一个圆（实线），然后左键单击选中，再单击主菜单【编辑】选取【切换构造】，如图 2.20(a)所示，松开左键即可。还有一种更简单的方法：先选中绘制好的圆（实线），单击鼠标右键（注意：单击右键时速度不要太快，停顿 2s 左右），系统弹出如图 2.20（b）所示的右键快捷菜单，选取其中的【构建】即可。如图 2.20（c）所示是绘制的一个构造圆。如果想把构造圆改成实线圆，先选中构造圆，然后单击主菜单【编辑】选取【切换构造】即可。或先选中构造圆，单击右键，在弹出的右键快捷菜单中选取其中的【几何】即可。

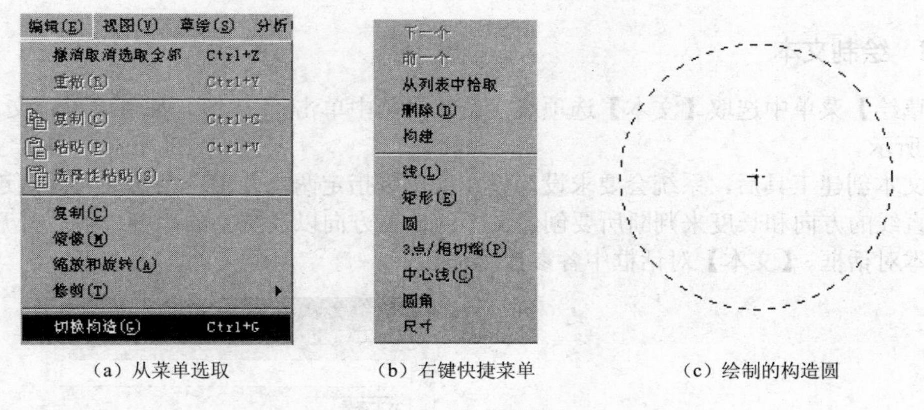

（a）从菜单选取　（b）右键快捷菜单　（c）绘制的构造圆

图 2.20　构造圆绘制

2.2.6　绘制圆角

在【草绘】菜单中选取【圆角】选项或在右工具箱中单击按钮，都可以进行圆角的绘制。如图 2.21 所示。

使用圆角工具可以绘制 2 种样式的圆角，如图 2.22 所示。

● 创建圆形圆角：在菜单中选取【草绘】→【圆角】→【圆形】选项或在右工具箱中单击按钮后，依次选择两个图元即可。

● 创建椭圆形圆角：在菜单中选取【草绘】→【圆角】→【椭圆形】选项或在右工具箱中

单击按钮后，依次选择两个图元即可。

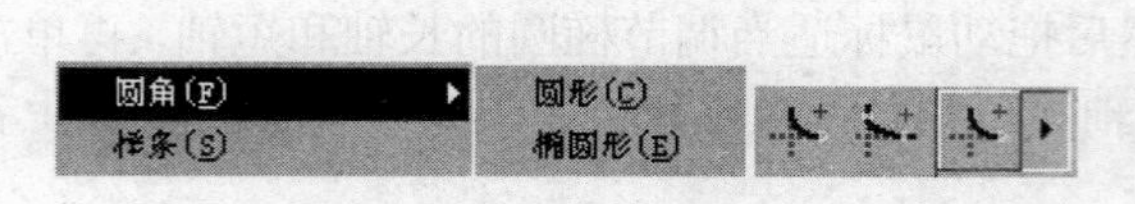

图 2.21　圆角设计工具

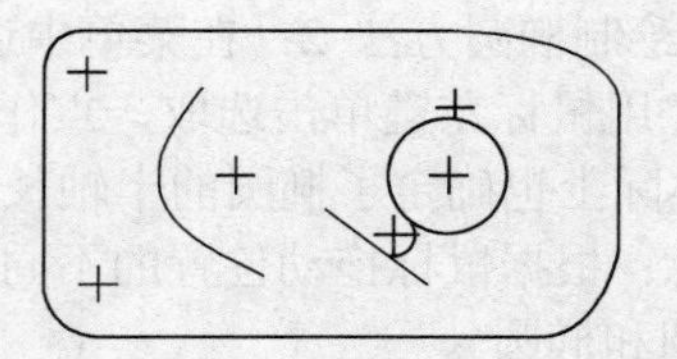

图 2.22　绘制的圆角

2.2.7　绘制倒角

在【草绘】菜单中选取【倒角】选项或在右工具箱中单击按钮，都可以进行倒角的绘制。如图 2.23 所示。

使用倒角工具可以绘制 2 种样式的倒角，其中倒角方法倒完角后会用构建线延伸，而倒角修剪则不会构建线延伸。如图 2.24 所示。

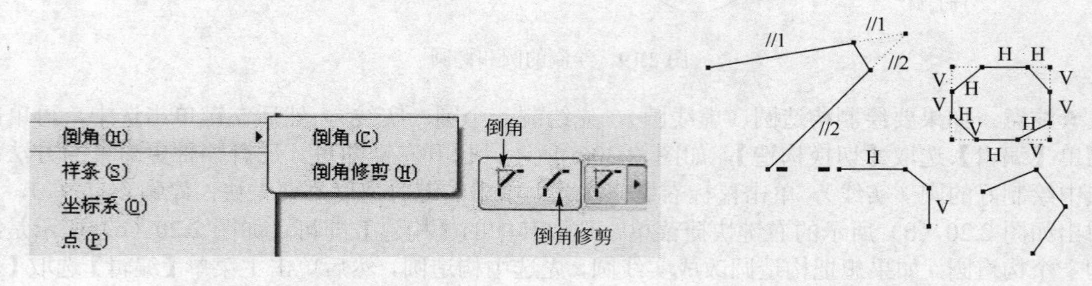

图 2.23　倒角设计工具　　　　图 2.24　绘制的倒角

2.2.8　绘制文本

在【草绘】菜单中选取【文本】选项或在右工具箱中单击按钮，都可以进行文本的创建，如图 2.25 所示。

选中文本创建工具后，系统会要求设计者在工作区指定两点并用一条直线将两点连接起来，系统通过直线的方向和长度来判断所要创建文本的放置方向以及文字的高度，随后打开如图 2.26 所示的文本对话框。【文本】对话框中各参数用途如下。

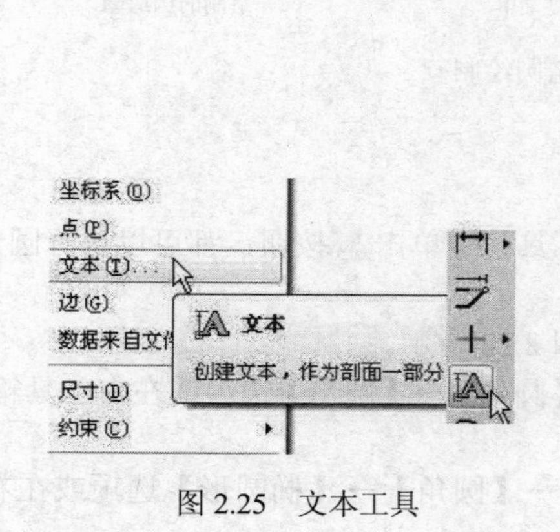

图 2.25　文本工具

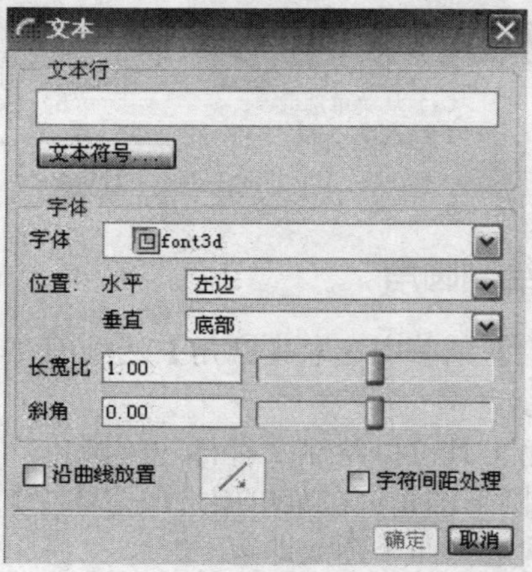

文本
文本行
文本符号...
字体
字体　font3d
位置：水平　左边
垂直　底部
长宽比　1.00
斜角　0.00
沿曲线放置
字符间距处理
确定　取消

图 2.26　【文本】输入对话框

1. 【文本行】分组框

在【文本行】分组框中设置以下两项内容。

● 在文本框中输入文本内容。

● 单击 文本符号... ，系统将弹出如图 2.27 所示的文本符号面板，可以将需要的符号选中添加到文本内容中。

2. 【字体】分组框

【字体】分组框用于设置文本样式。

● 设置字体：从【字体】下拉列表中选取所需要的字体。

● 设置文字长宽比：通过调节滑动滑块或在【长宽比】文本框中输入比例值即可进行设置。

● 设置文字的倾斜角和方向：通过调节滑动滑块或在【斜角】文本框中输入角度值即可进行设置。注意：角度为正时，文字向顺时针方向倾斜；角度为负时，文字向逆时针方向倾斜。

● 设置文本的位置：以文本起点和终点的构建线为基准，来确定文本的相对位置。

3. 沿曲线放置文本

如果选中 ☑沿曲线放置，可以沿指定的曲线放置文本，单击 按钮将改变文本放置侧。如图 2.28 所示是创建文本的示例。

如果要修改文本内容和样式，先选中要修改的文本，然后双击鼠标左键即可。也可以先选中要修改的文本，然后单击右键，在弹出的右键快捷菜单中选取【修改】选项进行修改。

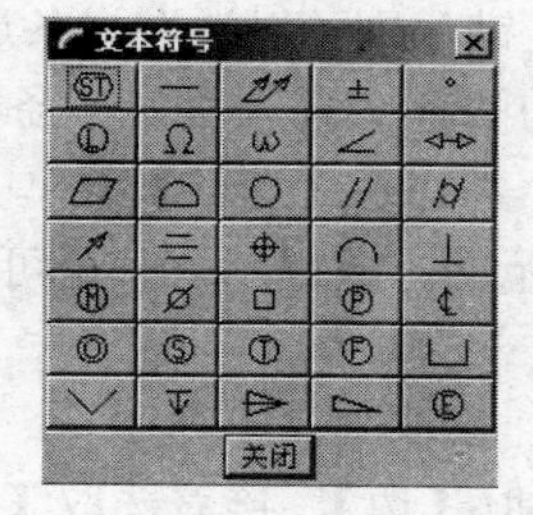

图 2.27 【文本符号】面板

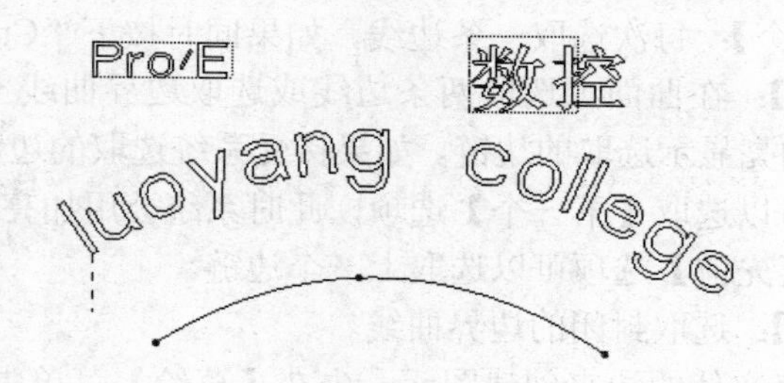

图 2.28 创建的文本示例

2.2.9 绘制样条曲线

在【草绘】菜单中选取【样条】选项或在右工具箱中单击 按钮，都可以进行样条曲线的创建，如图 2.29 所示。

在选中绘制样条曲线的工具后，在工作区内使用鼠标左键确定样条曲线的起点，然后移动鼠标在适当的位置单击左键确定第二点，再移动鼠标依次确定第三点以及更多的点，系统会根据确定的点自动绘出通过刚才确定点的样条曲线。鼠标左键单击的点为样条曲线的控制点。如图 2.30 所示为创建的样条曲线。

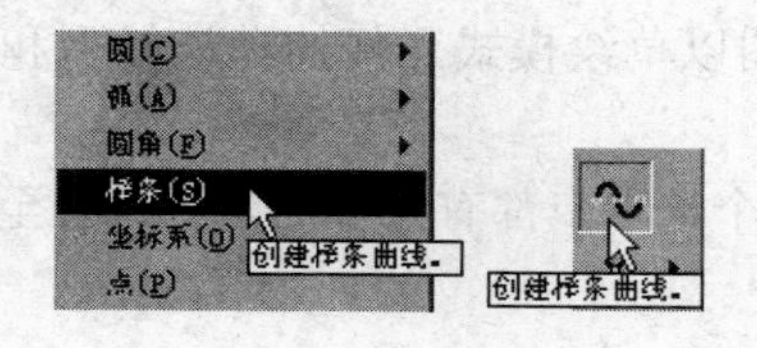

图 2.29 【样条曲线】工具

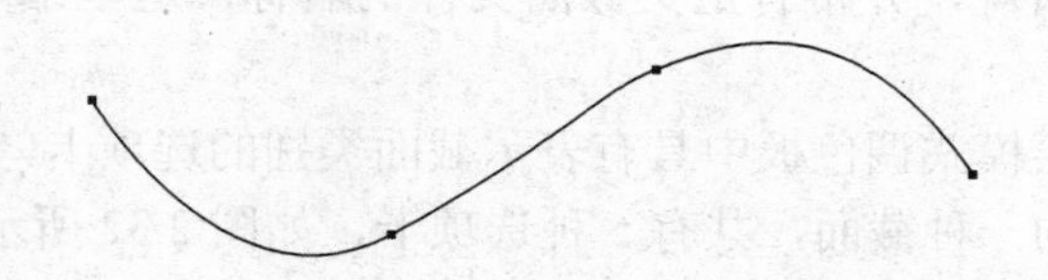
图 2.30 创建的样条曲线

下面简单介绍一下样条曲线的编辑。

(1) 选中样条曲线，双击鼠标左键，出现如图 2.31 所示的操控板后，按住键盘“Ctrl”和“Alt”键，然后在要延伸样条曲线的一侧单击鼠标左键。

（2）移动鼠标并依次单击鼠标左键，新增样条曲线端点。

（3）如果要在样条曲线中添加新点，在需要添加新点的位置单击右键（注意，右击后保持按下右键 3s），然后选择【添加点】即可。

（4）如果要在样条曲线中删除点，先选中需要删除的点，然后单击右键（注意，右击后保持按下右键 3s），选择【删除点】即可。

绘制好的样条曲线，还可以通过拖动控制点来修改样条曲线的形状。

图 2.31　样条曲线编辑操控板

2.2.10　使用实体的边和偏移实体的边创建图元

（1）使用实体的边创建图元。可以直接从实体模型上选取边线创建图元。先在【草绘】菜单中选取【边】，接着选取【使用】选项或在右工具箱中单击□按钮，接着选取实体的边线即可，在使用实体边线创建的草绘剖面的各个组成图元上会标出“∽”约束符号。在选取过程中，有三个选项供操作者使用。

- 【单个】：每次选取一条边线，如果同时按下“Ctrl”键，则可以选取多条边线。
- 【链】：在曲面上选取两条边线或选取边界曲线上的两个图元来指定一条光滑连接的边链，系统将加亮显示选取的边链。如果接受系统选取的边链，可以在【选取】菜单中选取【接受】选项，否则可以选取【下一个】选项，此时系统会用加亮显示的方式提示下一个可选取对象，选取菜单中的【先前】选项可以选取上一个边链。
- 【环】：选取封闭的边界曲线。

（2）偏移实体的边来创建图元。先在【草绘】菜单中选取【边】，接着选取【偏移】选项或在右工具箱中单击□按钮，接着选取实体的边线，按照系统指定的方向输入偏移的距离即可。

★注意：与系统指定的方向相同，距离输入正值，如果偏移的方向与系统指定的相反，则距离输入负值即可。

2.2.11　调色板

此功能是从 Pro/E Wildfire 3.0 时新增加的，它为用户提供了一个预先定义形状的定制库，用户可以根据需要很方便地输入到活动（当前）草绘中。这些形状位于调色板中。在活动草绘中使用形状时，可以对其进行调整大小、平移和旋转操作。

使用调色板中的形状类似于在活动截面中输入相应的截面。调色板中的所有形状均以缩略图的形式出现，并带有定义截面文件的名称。这些缩略图以草绘模式几何的默认线型和颜色进行显示。

草绘模式调色板中具有表示截面类别的选项卡，每个选项卡都有唯一的名称，且至少包含某个类别的一种截面，共有 5 种选项卡，如图 2.32 所示。

（1）【多边形】：包含常规多边形，如图 2.32 所示。

（2）【轮廓】：包含常用的轮廓，如图 2.33 所示。

（3）【形状】：包含其他常见形状，如图 2.34 所示。

（4）【星形】：包含常规的星形形状，如图 2.35 所示。

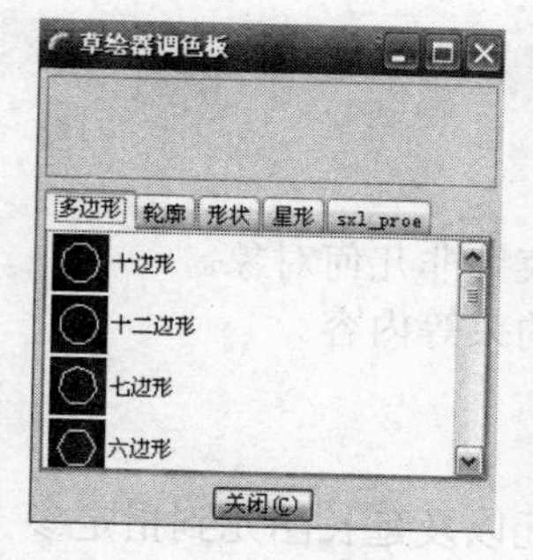

图 2.32　多边形

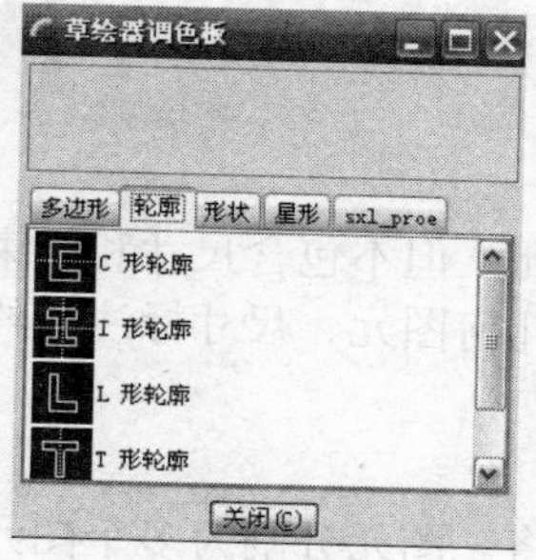

图 2.33　轮廓

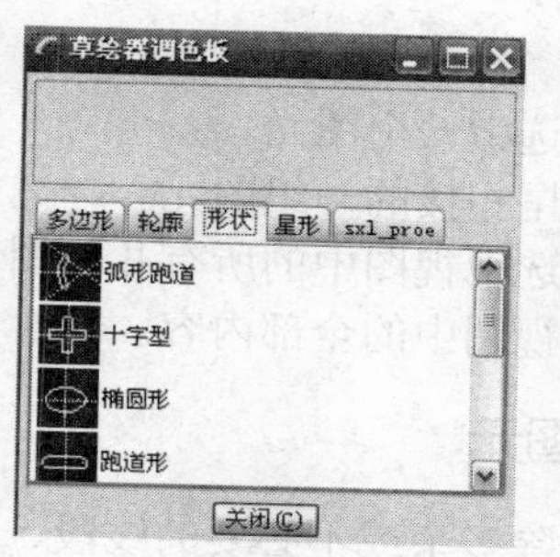

图 2.34　形状

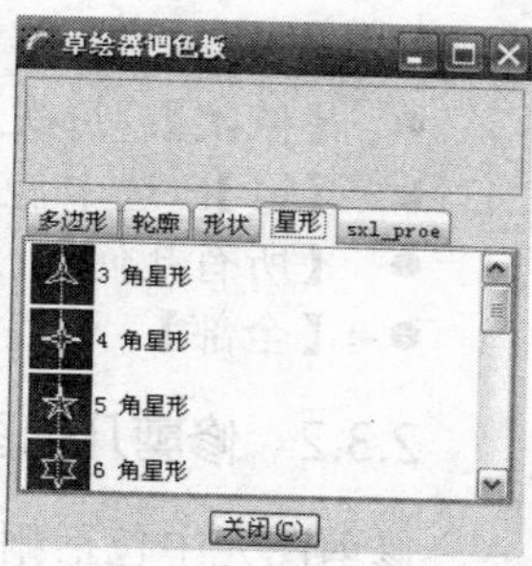

图 2.35　星形

（5）【sxl_proe】：工作目录中已有的后缀为“.sec”的草绘文件，如图 2.36 所示，sxl_proe 是工作目录，根据自己需要创建，工作目录一般情况下不一样。

草绘模式调色板中还有一个预览窗口，如图 2.36 所示。当选中某一个形状缩略图后，在预览窗口中将会出现本形状的预览效果。这些图元可以是草绘模式几何、构建几何、内部尺寸和约束。

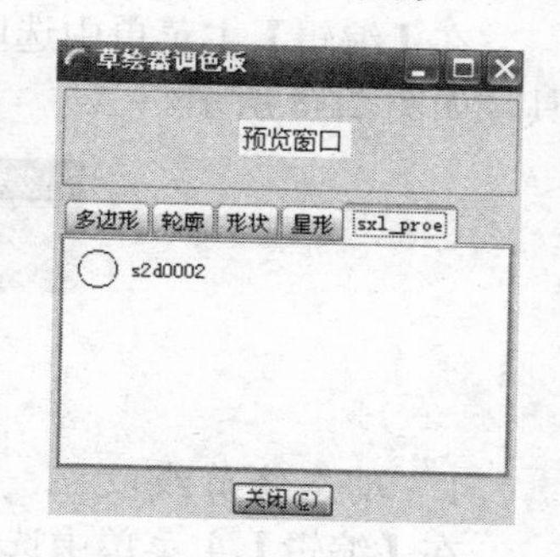

图 2.36　工作目录中的草绘图形

2.3　编辑几何图元

在使用各种基本工具创建各种图元以后，往往还需要使用图元编辑工具编辑图元。借助图元编辑工具可以提高设计效率，还可以对已经存在的图元进行修剪或拼接以获得更加完整的二维图形。

2.3.1　选取几何图元

在编辑图元之前，必须首先选中要编辑的图元对象。Pro/E 提供了丰富的图元选取方法，在设计时根据需要选择使用。

最简单直接的方法是在草绘选取状态下，使用鼠标左键单击要选取的图元，被选中的图元将显示为红色。如不在选取状态，单击右工具箱中的 按钮即可。还有一种更简单的方法，如果还处在草绘或其他编辑状态，单击鼠标中键即可回到选取状态，此时， 按钮被按下，证明此时已经处于选取状态。

★请注意：在很多情况下都需要处于选取状态，如进行单个尺寸的修改等。用鼠标左键单击一次只能选取一个图元，效率较低，还可以使用另一种高效的选取方法，即框选的方法，使用鼠标左键在视图区拖动画一个矩形框，可以选中所有位于矩形框内的图元，但如果某一图元仅有部分位于矩形框内，则不会被选中。

以上 2 种方法要么选中一个，要么整个矩形框内的图元都被选中，如果一次要选取多个不连续的对象，则需要使用键盘辅助。方法是先按住“Ctrl”键，然后使用鼠标左键依次在需要选取的图元上单击即可。

同时按下“Ctrl”+“Alt”+“A”键，可以选中视图内的所有内容。

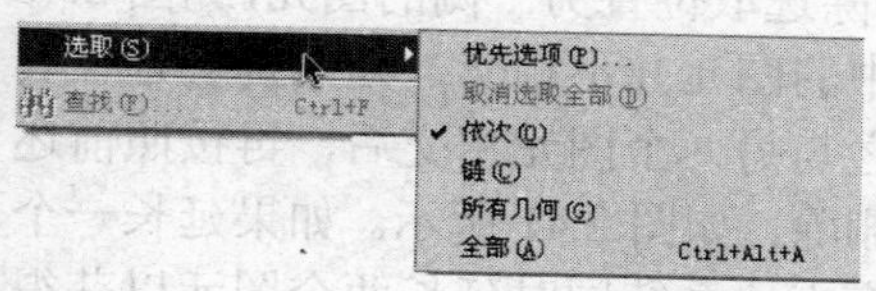

图 2.37　图元选取工具

在【编辑】主菜单中选取【选取】选项，系统弹出如图 2.37 所示的菜单，系统提供了丰富的图元选取工具。

下面介绍这些选择工具的基本用法。

- 【优先选项】：打开【选取优先选项】对话框，进行参数的配置。在二维模式下，这里的大部分配置参数不可更改。

- 【依次】：每次选中一个图元。
- 【链】：选中首尾相接的一组图元。
- 【所有几何】：选中视图中的所有几何图元，但不包含尺寸和约束等非几何对象。
- 【全部】：选取视图中的全部内容。包含几何图元、尺寸标注和约束等内容。

2.3.2 修剪几何图元

修剪图元中包括删除多余或不必要的线段、将一图元分割为多个图元以及延长图元到指定参照等操作。

在【编辑】主菜单中选取【修剪】选项或在右工具箱中选取按钮，都可以选中图元修剪工具，如图 2.38 所示。

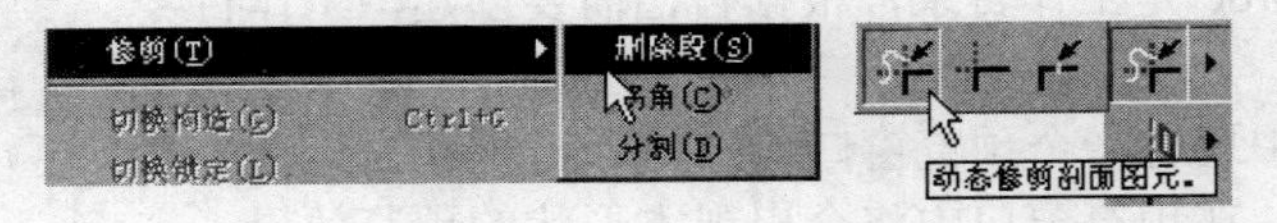

图 2.38 图元修剪工具

1. 动态修剪线段

在【编辑】主菜单中选取【修剪】→【删除段】选项或在右工具箱中选取按钮，选中要删除的线段即可。如果需要删除的图元线段较多，可以按下鼠标左键，拖动鼠标画出一条曲线，如图 2.39（a）所示，与该曲线相交的图元线段均会被删除，如图 2.39（b）所示。

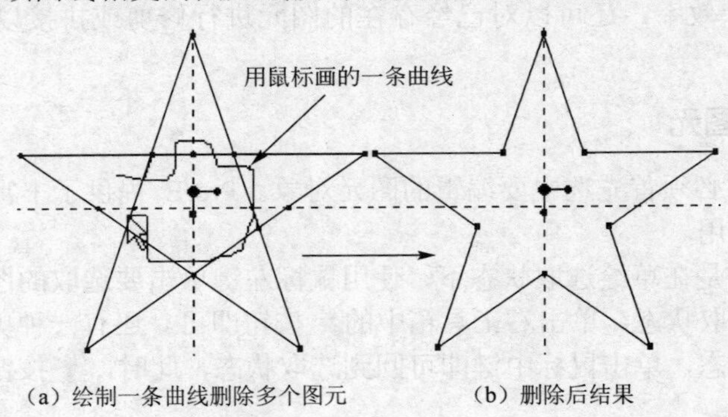

（a）绘制一条曲线删除多个图元　　（b）删除后结果

图 2.39 删除多个图元

★注意：选中图元后，按键盘上的“Delete”键也可以删除图元。中心线的删除必须先选中它，然后按键盘上的“Delete”键才能删除。

2. 拐角

拐角操作是指裁剪或者延伸两个图元以获得顶角的形状。在主菜单中选取【编辑】→【修剪】→【拐角】选项或在右工具箱中选取按钮，系统提示选取两个图元，如果选中的图元已经相交，则以交点为界，删除选取位置另一侧的图元，如图 2.40 所示。如果选中的图元并不相交，则系统会延长其中一个图元使之与另一个图元相交后，再按照前述方法进行拐角删除，如图 2.41 所示。如果延长一个图元不能获得交点，系统同时延长两个图元以获得交点，如图 2.42 所示。

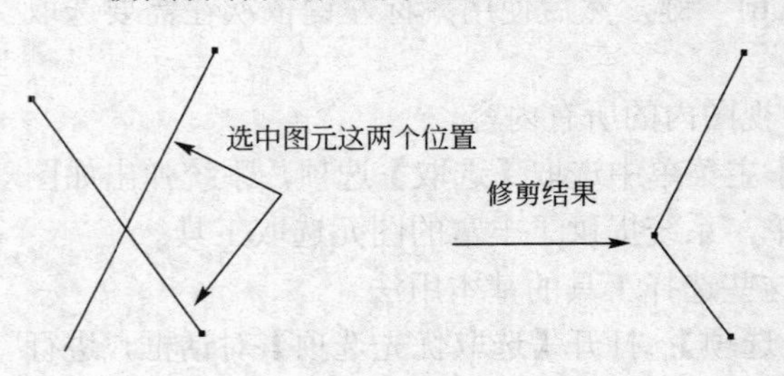

图 2.40 拐角修剪示例 1

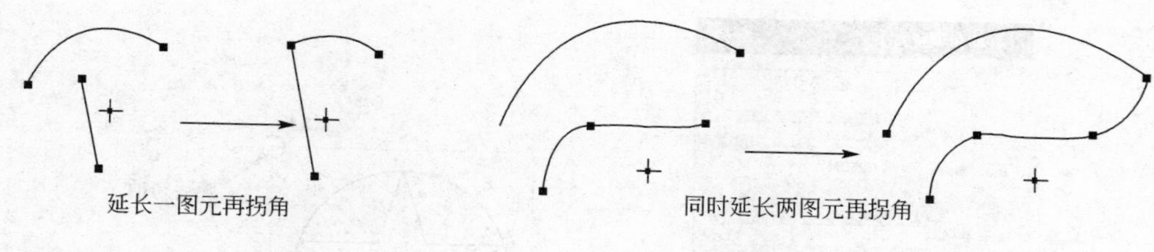

图 2.41　拐角修剪示例 2

图 2.42　拐角修剪示例 3

3. 图元分割

使用分割工具可以将一线段、圆或圆弧分割成数小段，使之成为各自独立的线段，然后可以对每个独立的线段进行编辑。

在主菜单中选取【编辑】→【修剪】→【分割】选项或在如图 2.43 所示右工具箱中选取按钮，选取需要分割的图元，在需要分割的位置插入分割点即可。如图 2.44 所示是一个分割示例，它将一段弧分成 3 段。也可以将整个圆或者线段分成多段。

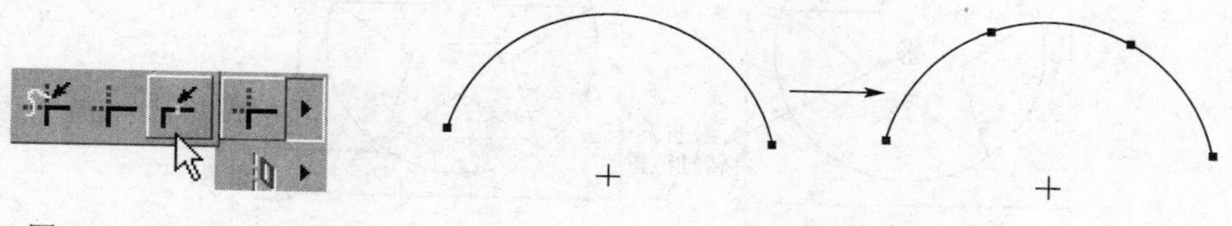

图 2.43　分割工具按钮

图 2.44　分割图元示例

★注意：在实际设计过程中，经常要使用动态修剪、图元拐角和图元分割工具对图元进行编辑，以取得满足设计要求的图形。在使用分割时，一次最多只能分割两条相交的线段，如果有三条线段相交于一点，若在交点处分割，则只有两条线段被分割。

2.3.3　几何图元的复制

当一个二维图形包含许多大小、形状完全相同的图元时，一个一个地画就太浪费时间了。Pro/E 提供了图元的复制操作，可以提高设计效率。

★要点提示：在进行复制操作之前一定要先选中要进行复制操作的图元，对应的复制工具按钮才会加亮。

选中复制工具的方法有 2 种。

- 在【编辑】主菜单中选取【复制】选项。
- 在上工具箱中单击按钮，再在上工具箱中单击按钮（或在绘图区按下右键，在弹出的快捷菜单中选择【粘贴】选项），然后在绘图区中单击，系统会弹出如图 2.45 所示的【移动和调整大小】对话框，在对话框中可以对图元副本的水平和垂直位置进行调整（系统给出了图元几何中心和图元副本几何中心的水平和垂直默认值，修改这 2 个数值即可），也可以对图元副本的大小和放置角度进行设置。在绘图工作区内出现如图 2.46 所示的带有虚线方框的图元副本。单击副本的旋转轴（几何中心），移动鼠标即可拖动图元副本到合适位置，最后在【移动和调整大小】对话框中单击按钮，完成复制工作。

★要点提示：在对图元进行平移、缩放和旋转时都需要指定一个旋转轴，缺省情况下，旋转轴位于虚线方框的几何中心处，单击旋转轴并拖动图形可以移动图形的位置。在旋转轴上单击鼠标右键（保持按下右键），拖动鼠标，可以将旋转轴拖放到新的位置，如图 2.47 所示。

除了通过设置【移动和调整大小】对话框的参数来改变图元的大小和旋转角度以外，还可通过拖动如图 2.47 所示的旋转句柄和缩放句柄来旋转和缩放图形，但此法不能精确确定数值。

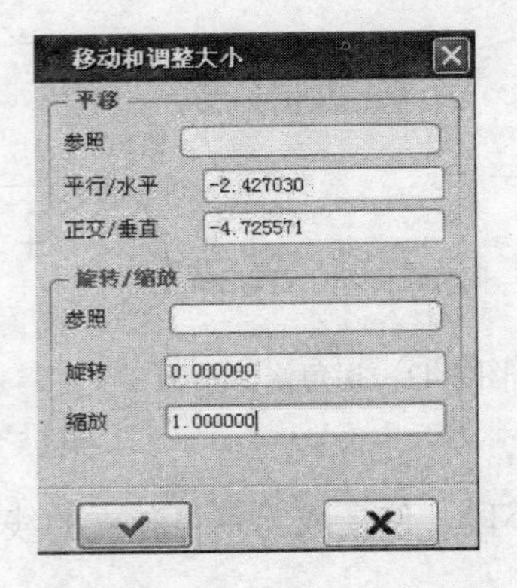

图 2.45 【移动和调整大小】对话框

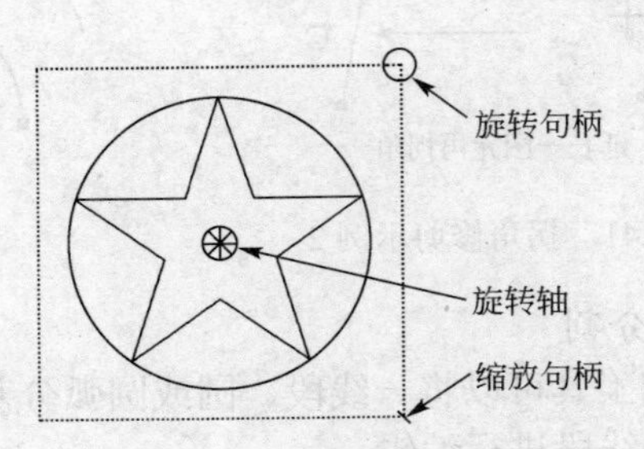

图 2.46 图元副本

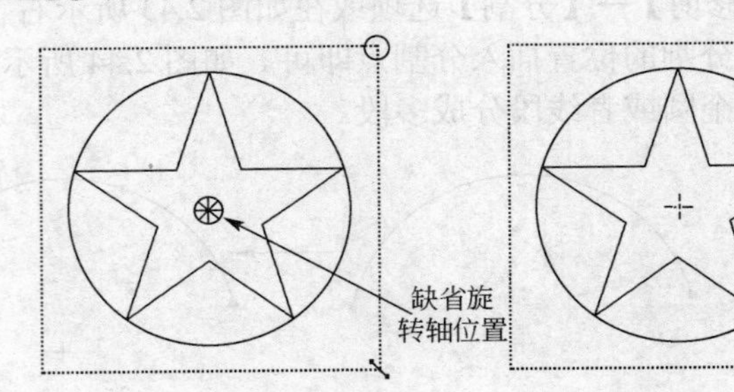

图 2.47 改变旋转轴的位置

2.3.4 几何图元的镜像

镜像用于为选定的图元创建关于指定中心线对称的副本。它以用户指定的中心线为基准，在中心线的另一侧与源图元等距的位置产生一个与源图元完全一致的图元副本。

★要点提示：用户首先必须绘制中心线，其次，必须选中要进行镜像的图元，镜像图标按钮才会加亮。

操作步骤如下。

先选中要镜像复制的图元，然后在【编辑】主菜单中选取【镜像】或在右工具箱中单击按钮，如图 2.48 所示。系统弹出【选取】对话框提示选取参照中心线，选取一条中心线即可进行镜像操作，如图 2.49 所示是镜像后结果。

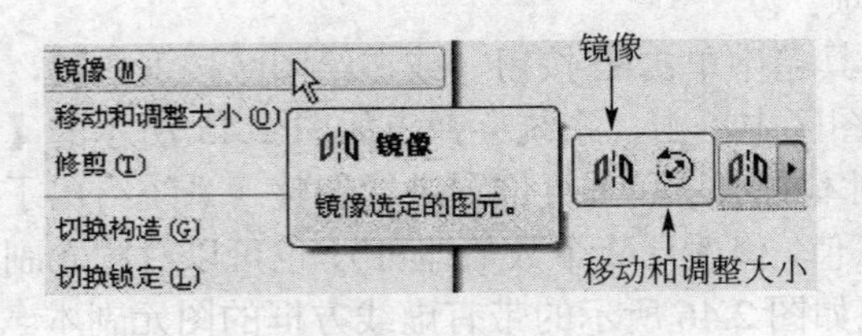

图 2.48 镜像工具

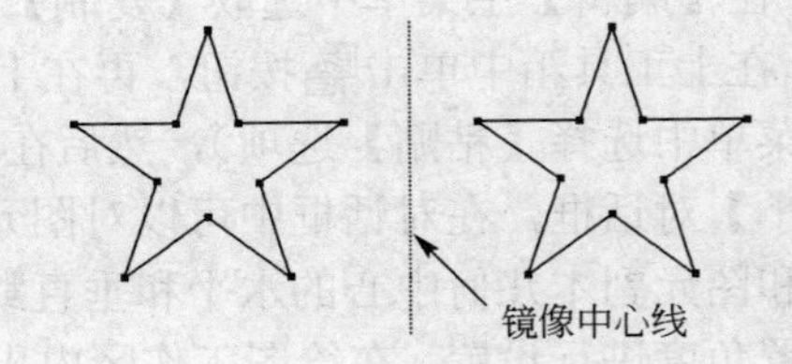

图 2.49 镜像操作示例

2.3.5 几何图元的移动和调整大小

在复制图元时曾经打开了【移动和调整大小】对话框，通过对其中的参数进行设置可以完成图元的平移、缩放与旋转操作，但并不是对选定的图元进行缩放和旋转，而是对其副本进行缩放和旋转。要对选定的图元进行平移、缩放和旋转需要用几何图元的移动和调整大小。

有 2 种方法可以打开图元的移动和调整大小工具。

● 在【编辑】主菜单中选取【移动和调整大小】选项。

● 单击按钮旁边的按钮，再单击按钮。

● 先选取要编辑的图元，然后选取移动和调整大小按钮，系统会弹出和图 2.45 一样的【移动和调整大小】对话框，在【参照】处单击，然后选择合适的参照，在对话框中设置相应的平移、缩放比例和角度即可。可以同时进行平移、缩放和旋转操作，如图 2.50 所示是既设置了旋转角度又设置了缩放比例，也可以单设置平移、比例或角度操作。与复制图元的操作类似，也可以通过拖放图形上的缩放句柄和旋转句柄进行操作，但是不如在对话框中输入数值准确。

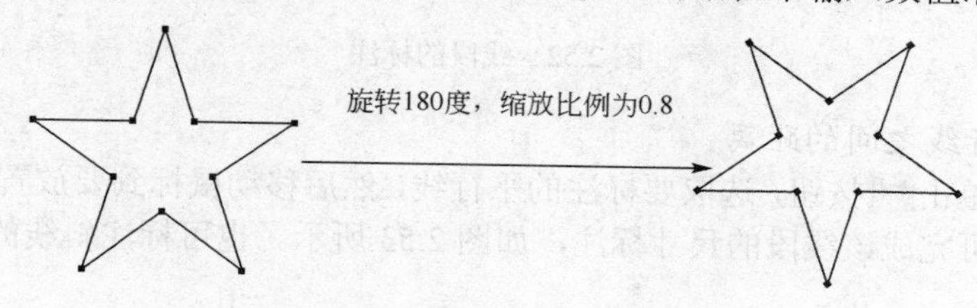

图 2.50　移动和调整大小示例

2.4　尺寸标注

尺寸在 Pro/E 的二维图形中，是作为图形的一个重要组成部分而存在的。尺寸驱动的基本原理就是根据尺寸数值的大小来精确确定模型的形状和大小。尺寸驱动简化了设计过程，增加了设计自由度，使设计者在绘图时不必设计出精确的形状，而只需绘制图形的大致轮廓，然后通过修改尺寸来再生准确的模型。

一个完整的尺寸一般包括尺寸数字、尺寸线、尺寸界限和尺寸箭头等部分。

在【草绘】主菜单中选取【尺寸】选项或在右工具箱中选取按钮，均可以打开尺寸标注工具，如图 2.51 所示。

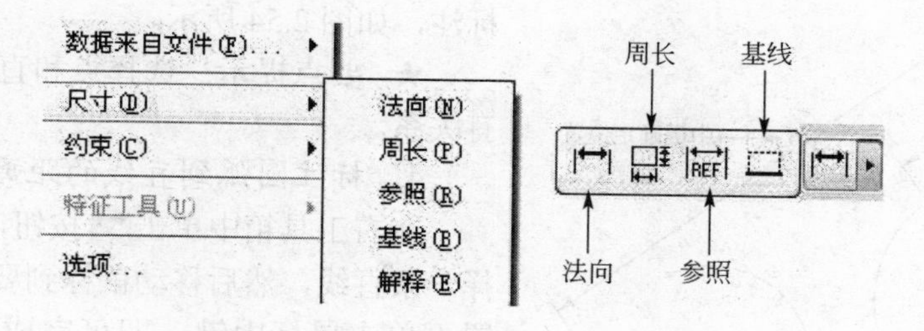

图 2.51　尺寸标注工具

Pro/E 5.0 中新增了周长标注方法。

★要点提示：鼠标中键是放置尺寸数字的位置确认键，再次单击中键可以退出当前标注状态。在标注完尺寸后，如果尺寸的放置位置不美观，可以再次单击鼠标中键退出标注状态或单击按钮，然后左键选取尺寸数字按下鼠标左键拖动数字到合适位置松开左键即可。另外如果不希望系统显示自动标注的弱尺寸，可以选取【草绘】→【选项】选项，打开【草绘器首选项】对话框，在【显示】选项卡中关闭【弱尺寸】显示选项即可。

2.4.1　标注线性尺寸

线性尺寸指线段的长度，或点、线间等图元的距离，标注方法有 6 种。

1. 标注单一线段的长度

在右工具箱中单击按钮，选取要标注的线段，然后移动鼠标到要放置尺寸数字的位置再单击鼠标中键，即可完成该线段的尺寸标注，如图 2.52 所示。也可以标注斜线的长度。

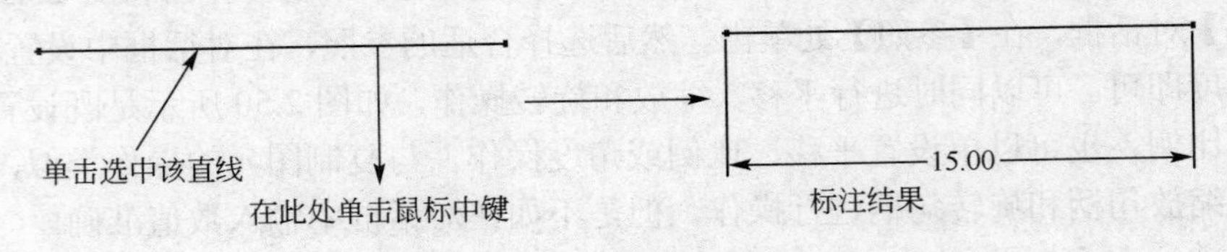

图 2.52 线段的标注

2. 标注两平行线之间的距离

在右工具箱中单击按钮，选取要标注的平行线，然后移动鼠标到要放置尺寸数字的位置再单击鼠标中键，即可完成该线段的尺寸标注，如图 2.53 所示。也可标注斜线的长度。

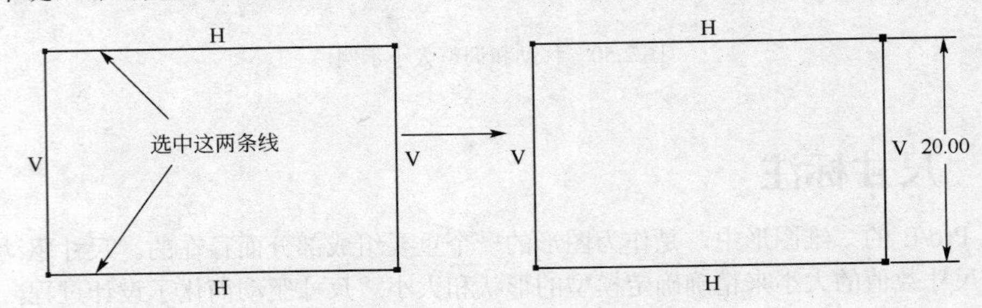

图 2.53 平行线的标注

3. 标注点到直线的距离

在右工具箱中单击按钮，先选择一点，再选择一条直线，然后移动鼠标到要放置尺寸数字的位置再单击鼠标中键，即可完成点到直线的尺寸标注，如图 2.54 所示。

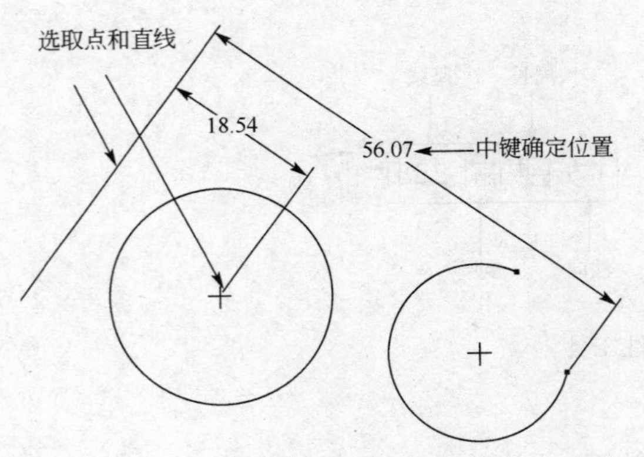

图 2.54 点到直线标注

★ 要点提示：选择点和直线的顺序与结果没有关系。

4. 标注圆弧到直线的距离

在右工具箱中单击按钮，先选择圆弧，再选择一条直线，然后移动鼠标到要放置尺寸数字的位置再单击鼠标中键，即可完成圆弧到直线的尺寸标注。

★要点提示：选择点和圆弧的顺序与结果没有关系，但是圆弧的选择位置与标注结果有很大关系，如图 2.55 所示即为圆弧选择位置不同的标注结果。

5. 标注两点的距离

在右工具箱中单击按钮，先选择一点，再选择另一点，然后移动鼠标到要放置尺寸数字的位置再单击鼠标中键，即可完成两点的尺寸标注。

★要点提示：选择点和点的顺序与结果没有关系，但是鼠标中键的单击位置与标注结果有很大关系，如图 2.56 所示即为中键单击位置不同的标注结果。

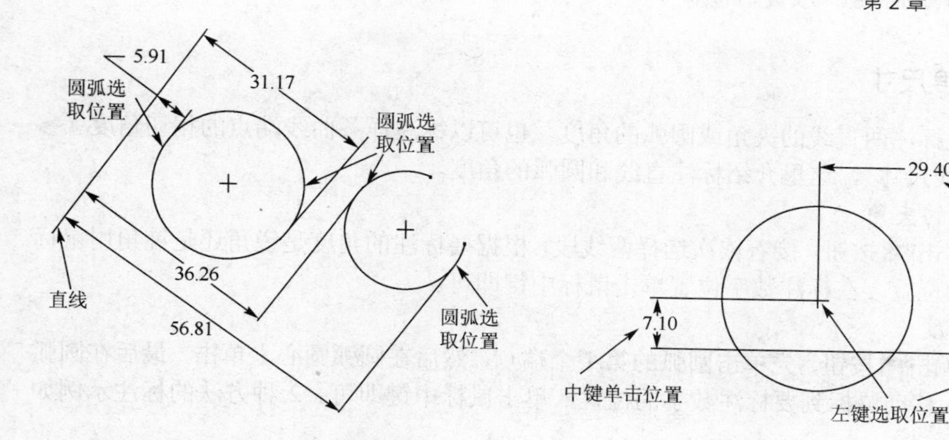

图 2.55　圆弧到直线的距离标准

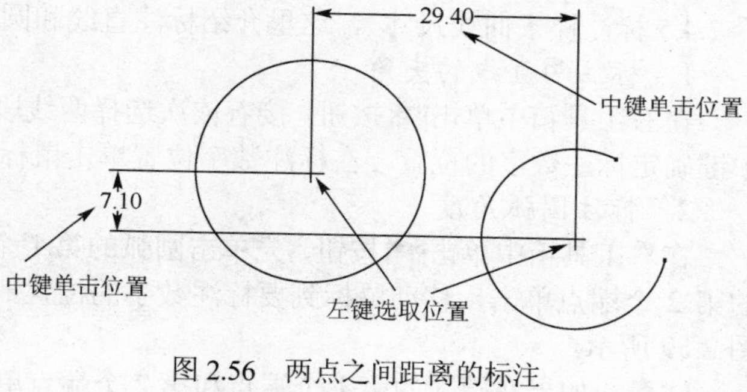

图 2.56　两点之间距离的标注

6. 标注两圆弧之间的距离

在右工具箱中单击按钮，先选择一个圆弧，再选择另一个圆弧，然后移动鼠标到要放置尺寸数字的位置再单击鼠标中键，可以标注水平和垂直尺寸。

如图 2.57 所示是标注结果。

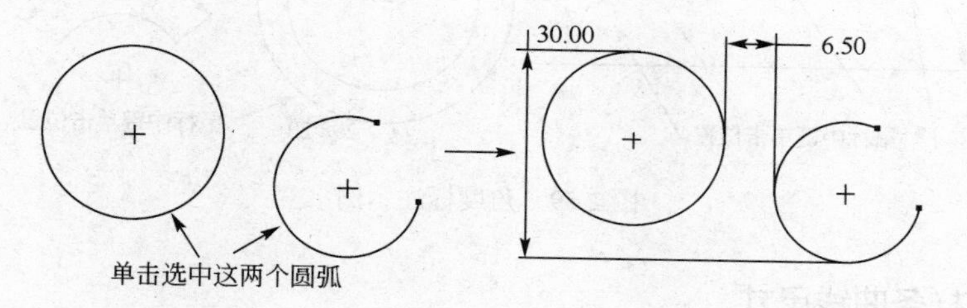

图 2.57　两圆弧之间距离的标注

2.4.2　标注直径尺寸

直径的标注比较简单，鼠标左键双击选中要标注的圆或圆弧，在圆或圆弧外适当位置单击中键即可。通常大于 180° 的圆弧进行直径标注。圆和圆弧的直径标注结果如图 2.58 所示。

注意：直径标注尺寸线有 2 个箭头，而半径标注只有 1 个箭头。

2.4.3　标注半径尺寸

半径的标注和直径相似，鼠标左键单击选中要标注的圆或圆弧，在圆或圆弧外适当位置单击中键即可，通常小于 180° 的圆弧进行半径标注。圆和圆弧的半径标注如图 2.58 所示。

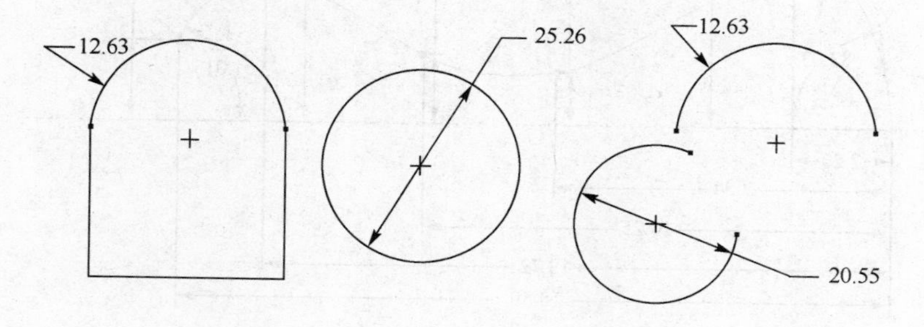

图 2.58　圆和圆弧直径与半径标注

2.4.4 标注角度尺寸

角度标注指的是标注两直线的夹角或圆弧的角度，也可以标注样条曲线端点的相切角度（参看 2.4.5 标注样条曲线尺寸），这里介绍标注直线和圆弧的角度。

1. 标注两直线的夹角

在右工具箱中单击 按钮，接着依次选择两线段，根据要标注的角度是锐角还是钝角用鼠标中键确定标注数字的位置，在标注数字位置单击鼠标中键即可。

2. 标注圆弧角度

在右工具箱中单击 按钮，先单击圆弧的第 1 个端点，然后在圆弧圆心上单击，最后在圆弧的第 2 个端点单击，移动鼠标到要标注数字的位置，单击鼠标中键即可。2 种方法的标注示例如图 2.59 所示。

注意：如果在圆弧的第 1 个端点和第 2 个端点单击，然后单击圆弧本身，移动鼠标到要标注数字的位置，单击鼠标中键，则标注的是圆弧的长度（弧长）。

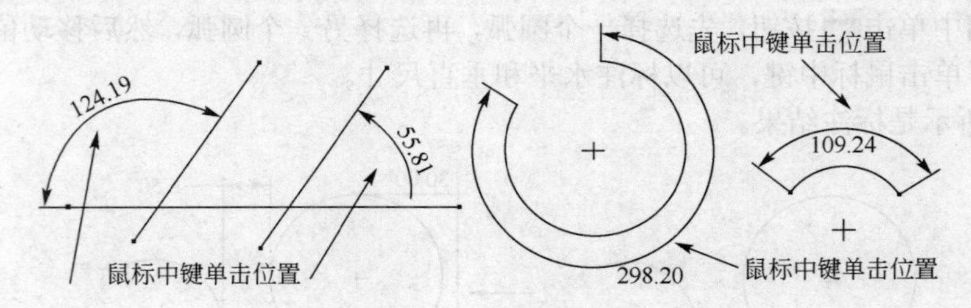

图 2.59 角度标注示例

2.4.5 标注样条曲线尺寸

样条曲线是由多个控制点所产生的曲线，标注样条曲线通常是标注样条曲线上各控制点的距离，以及起点和终点的相切角度。

（1）控制点距离标注 在右工具箱中单击 按钮，接着依次选择样条曲线的起点及第一个控制点，然后移动鼠标到要放置尺寸数字的位置，单击鼠标中键即可。重复刚才的步骤，标注其他控制点和终点的距离。根据需要，也可以标注控制点之间的距离。

（2）端点相切角度的标注 左键单击样条曲线、样条曲线端点、线条中心线或几何中心线（不分顺序），在尺寸数字的放置处单击鼠标中键即可标注切线角度。样条曲线的标注结果如图 2.60 所示。

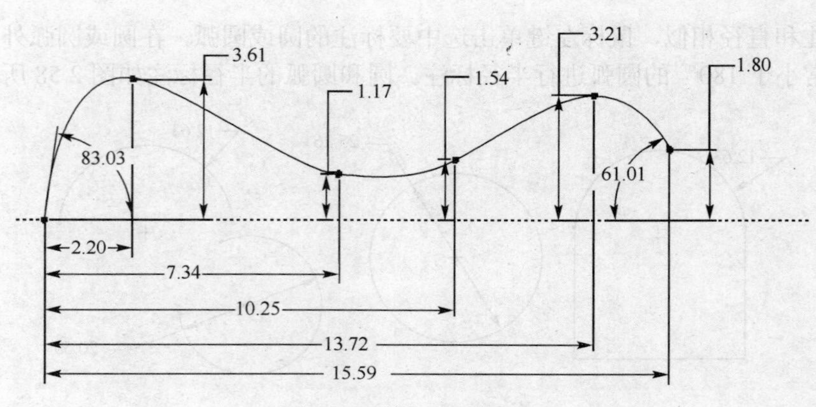

图 2.60 样条曲线的标注

2.4.6 对称标注

可以对一条中心线或几何中心线进行对称标注,步骤如下（图 2.61 是一个对称标注的示例）。

（1）鼠标左键单击选择要标注的图元。

（2）鼠标左键单击对称的中心线。

（3）鼠标左键再次单击选择要标注的图元。

（4）单击鼠标中键确定数字放置的位置。

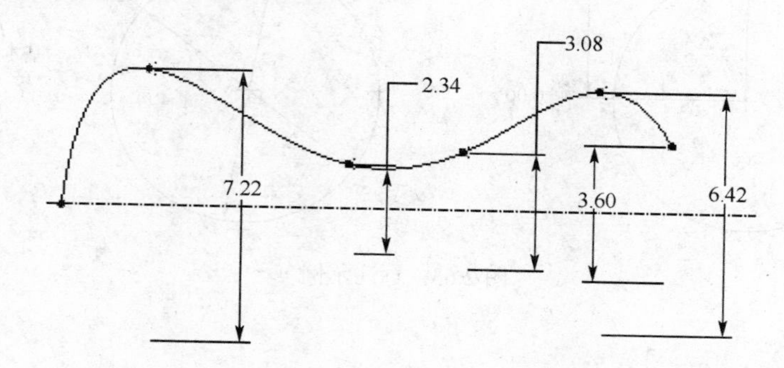

图 2.61　对称标注示例

2.4.7 其他尺寸标注

在【草绘】菜单中选取【尺寸】选项，如前面图 2.51 所示，在其下层菜单中有 5 个选项【法向】、【周长】、【参照】、【基线】和【解释】供用户使用。

1. 【法向】选项

使用该选项运用前面所介绍的方法进行尺寸标注。

2. 【周长】选项

使用该选项可以创建周长尺寸。单击周长标注指令后，选择要标注周长的线段（多选要按下“Ctrl”键），然后单击一个尺寸（作为变量尺寸），即可标注周长。

例如：要控制一个矩形的周长尺寸。单击周长标注指令后，按下“Ctrl”键，单击矩形的四条边，选择完后，单击中键确认，然后单击一个尺寸。这时周长尺寸便标出来了，尺寸后面跟“周长”,单击的尺寸将会在数值后面加上“变量”，这个尺寸由周长控制，不能更改其尺寸，周长标注示例如图 2.62 所示。

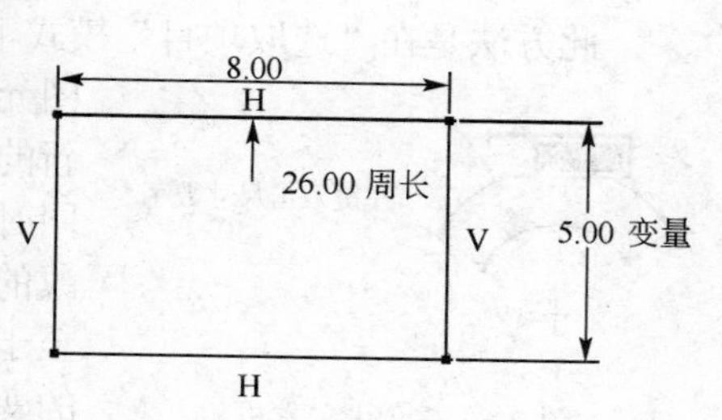

图 2.62　周长标注示例

3. 【参照】选项

使用该选项可以创建参照尺寸。参照尺寸仅用于显示模型或图元的尺寸信息，而不能像基本尺寸那样驱动尺寸，且不能直接修改该尺寸，但在修改模型尺寸后参照尺寸将自动更新。参照尺寸的创建与基本尺寸类似，为了与基本尺寸区别，在参照尺寸后面添加“参照”的符号。

4. 【基线】选项

基线用来作为一组尺寸标注的公共基准线，一般来说基准线都是水平或竖直的。在直线、圆弧的圆心以及线段端点处均可以创建基线，方法是选择直线或参考点后，单击鼠标中键，对于水平或竖直的直线，系统直接创建与之重合的基线；对于参考点，系统弹出【尺寸定向】对话框，该对话框用于确定是创建经过该点的水平基线还是竖直基线。基线上有“0.00”标记。

5. 【解释】选项

单击某一尺寸标注后，系统在消息区给出该尺寸的功能解释。例如单击一条竖直线段，系统在消息区给出解释："●此尺寸控制加亮图元的长度"。如图 2.63 所示是一些标注的示例。

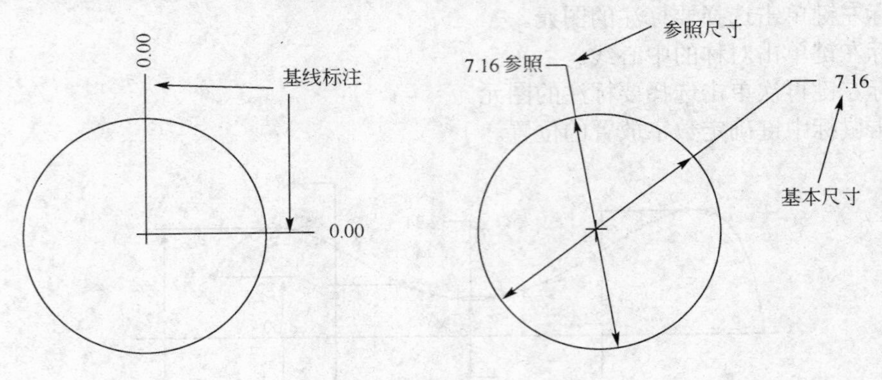

图 2.63 标注示例

2.5 图元尺寸操作

参数化设计方法是 Pro/E 的核心设计理念之一，其中最明显的体现就是在初步创建图元时不必过多考虑图元的尺寸，而只需绘出大致的轮廓，然后通过修改尺寸再生即可完成图形的绘制。

★草绘要点：在草绘时，最好在绘制完第一个图元（素）时，立即修改尺寸为所要设计的正确尺寸。如先绘制第一个圆，立即修改圆的直径为正确值。或者先绘制第一条线段，立即修改线段值为正确值，然后再绘制其他图元。这样草绘的绘制和编辑会比较方便。

2.5.1 尺寸修改

对尺寸的修改有 4 种方法。

1. 双击修改尺寸

此方法是在"选取项目"模式下，单击按钮，或连续单击鼠标中键，使其被按下。直接在图元尺寸数字上双击鼠标左键，然后在打开的尺寸文本框中输入新的尺寸数值，再按下键盘上的"Enter"键即可完成尺寸的修改，同时系统立即对图元基线再生，如图 2.64 所示。这种方法适合修改的尺寸不太多，图元形状比较简单，一个一个进行尺寸修改不至于引起图形大的变形。如果修改的尺寸很多，可能会引起图形的变形，推荐使用第 2 种方法。

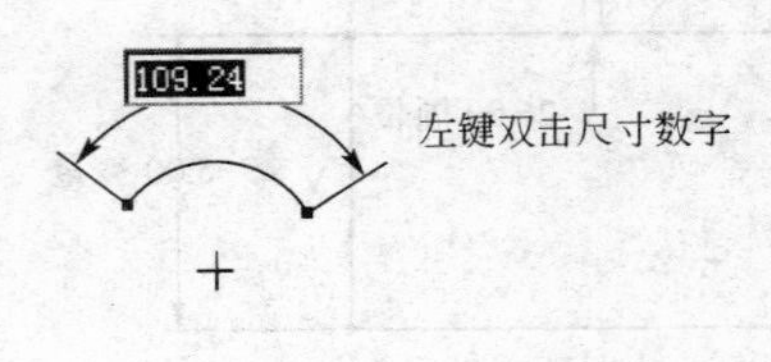

图 2.64 尺寸文本框

2. 使用修改工具

使用此种方法可以修改尺寸值、样条曲线和文本，可以一次修改多个尺寸。在右工具箱单击按钮，系统弹出如图 2.65 所示的【修改尺寸】对话框。

【修改尺寸】对话框用法如下。

- 修改尺寸数值：在尺寸文本框输入新的数值，移动鼠标到下一个文本框或按下键盘"Enter"键即可。也可以调节尺寸修改滚轮修改尺寸，但不精确。要选取多个要修改的尺寸，先单击按钮，然后在要修改的尺寸上单击鼠标左键。
- 调节灵敏度：调节滚轮灵敏度调节滑块，可以改变尺寸修改滚轮修改尺寸时尺寸数值增减量的大小。

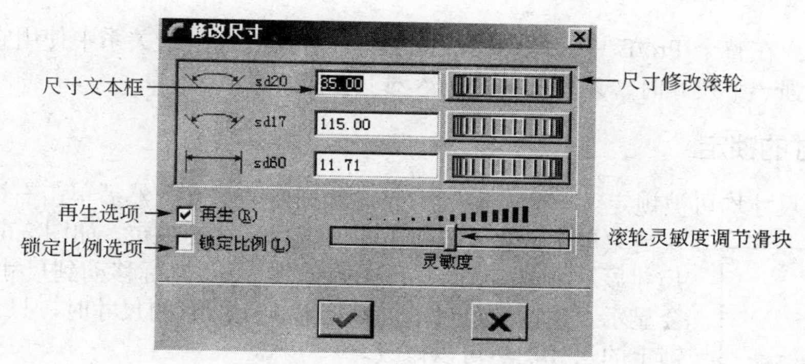

图 2.65 【修改尺寸】对话框

● 【再生】：选中该选项，每修改一个尺寸，系统会立即使用新尺寸动态再生图元，否则，将在单击✔按钮关闭【修改尺寸】对话框后再生图形。

● 【锁定比例】：选中该选项，在调整一个尺寸的大小后，图形上其他同种类型尺寸同时被自动以同等比例进行调整，从而使整个图形上的同类尺寸被等比例缩放。一般情况下不选中该选项。

★要点提示：在实际使用中，动态再生图形既有优点也有缺点，优点是修改尺寸后可以立即看到修改效果，缺点是当一个尺寸修改前后的数值相差较大时，图形再生后变形严重，这不利于对图形的继续编辑，一般情况下建议不选中此选项。

3. 使用右键快捷菜单

在选定的尺寸上单击鼠标右键，然后在弹出的右键快捷菜单中选中【修改】选项，也可以打开【修改尺寸】对话框。

4. 使用【编辑】主菜单中的【修改】选项

在【编辑】主菜单中选取【修改】选项，然后选中要进行修改的尺寸，也可以打开【修改尺寸】对话框。

2.5.2 尺寸强化

在进行二维草绘设计时，系统会自动标注尺寸，这些尺寸为弱尺寸。在选择状态下，鼠标移动到弱尺寸上，停顿几秒，尺寸后面会显示“弱”字。弱尺寸系统显示为灰色，并且不能被删除(可以通过设置不显示弱尺寸)，但可以被用户转换成强尺寸，这就是尺寸强化，强尺寸显示为黄色。双击选中要进行强化的弱尺寸，修改尺寸，即可强化。

弱尺寸和强尺寸参看图 2.66 所示。

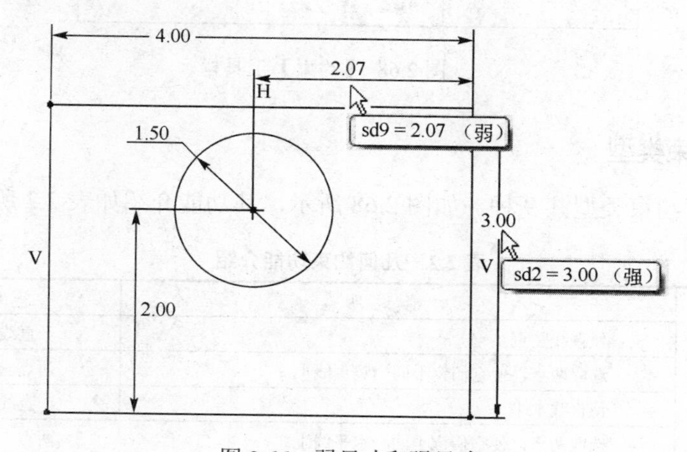

图 2.66　弱尺寸和强尺寸

★要点提示：在整个 Pro/E 中，每当修改一个弱尺寸值或在一个关系中使用它时，该尺寸就变为强尺寸。加强一个尺寸时，系统按四舍五入对其圆整。

2.5.3 尺寸的锁定

弱尺寸和强尺寸均可被锁定。单击左键选中要进行锁定的尺寸，然后单击右键在弹出的右键快捷菜单中选择【锁定】即可进行尺寸的锁定，如图 2.67 所示。锁定的尺寸显示为橘红色，并且在选择状态下，鼠标移动到尺寸上停顿几秒时，会显示“锁定”符号。当锁定截面上所有的尺寸时，只允许移动截面。锁定的尺寸仍然可以修改。

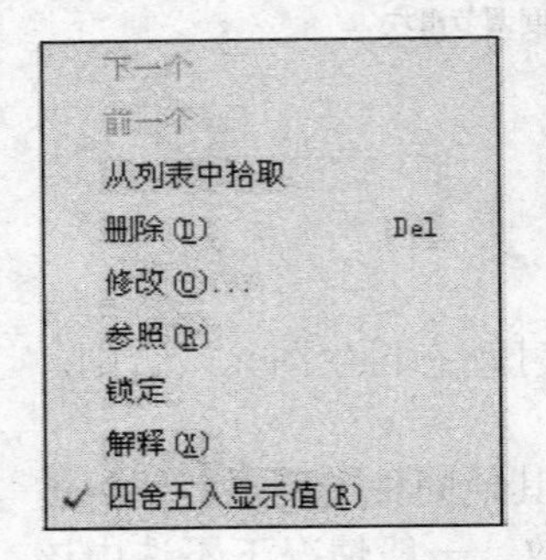

图 2.67 尺寸的锁定和删除

2.5.4 尺寸的删除

系统的弱尺寸不能被删除，只能删除强尺寸。鼠标左键单击选中要删除的尺寸，按键盘上的“Delete”键即可删除。或左键单击选中要删除的尺寸，单击右键在弹出的快捷菜单中选择【删除】即可，如图 2.67 所示。

2.6 几何约束

约束是参数化设计中的一种重要设计工具，它通过在相关图元之间引入特定的关系来制约设计结果。在进行二维草绘设计时，系统会自动标注弱尺寸，同时也显示图形的约束条件。系统会自动判断约束的条件，用户也可以手动设置。

在【草绘】主菜单中选取【约束】或在右工具箱中单击╋按钮，可以打开如图 2.68 所示的【约束】选项或【约束】工具栏按钮。

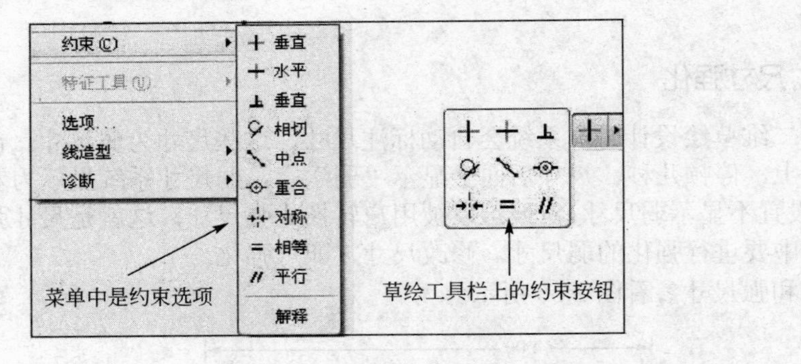

图 2.68 【约束】工具栏

2.6.1 几何约束类型

系统提供的几何约束类型共 9 种，如图 2.68 所示，其功能介绍如表 2.2 所示。

表 2.2 几何约束功能介绍

按钮	显示符号	功 能 说 明	选择的图元
	H	使直线竖直	一直线
		选取两点，使它们位于同一竖直线上	两点
	V	使直线水平	一直线
		选取两点，使它们位于同一水平线上	两点

续表

按钮	显示符号	功能说明	选择的图元
⊥	⊥	使两图元互相垂直	两图元
	T	使直线与圆弧（圆）相切	直线与圆弧（圆）
		使圆弧（圆）与圆弧（圆）相切	圆弧（圆）
	*	将另一个图元的端点或草绘点放置在直线的中点	一直线与一点
	O	使两直线共线	两直线
		使两端点或草绘点共点	两点
		使选择的点在直线的方向向量上	端点或草绘点与一直线
	→ ¦ ←	使直线或端点关于中心线对称	直线或端点
=	L、R	使图元等长、等半径或等曲率	两图元
//	//	使两直线平行	两直线

其中的【解释】功能是：选取某一种约束符号，可以显示约束类型并获取简要说明。

1. 竖直约束示例

单击【约束】工具箱中的╋按钮，选定要竖直的直线，使其竖直，如图 2.69 所示。也可以选定两点，使其过选定的两点的直线处于竖直状态，如图 2.70 所示。

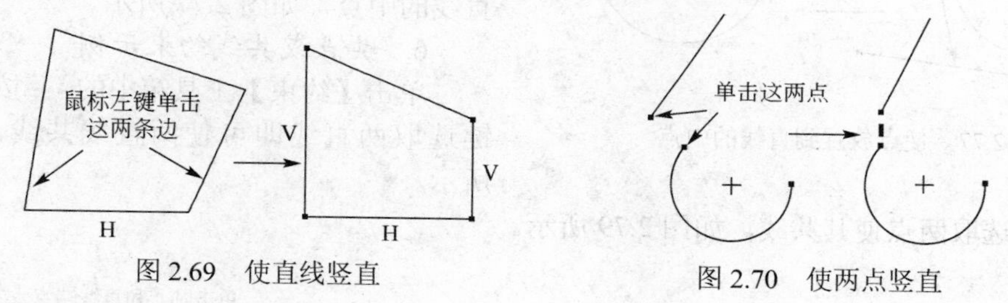

图 2.69　使直线竖直　　　图 2.70　使两点竖直

2. 水平约束示例

单击【约束】工具箱中的╋按钮，选定要水平的直线，使其水平，如图 2.71 所示。也可以选定两点，使其过选定的两点的直线处于水平状态，如图 2.72 所示。

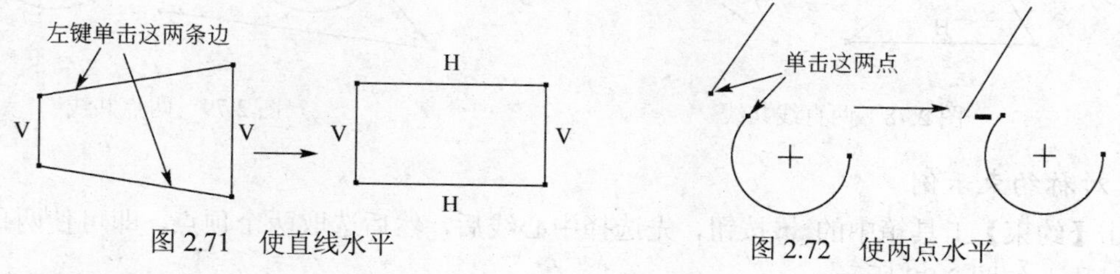

图 2.71　使直线水平　　　图 2.72　使两点水平

3. 垂直约束示例

单击【约束】工具箱中的⊥按钮，选定要相互垂直的直线使其处于垂直（正交）约束，如图 2.73 所示。也可以使一直线与圆弧之间垂直约束，如图 2.74 所示。

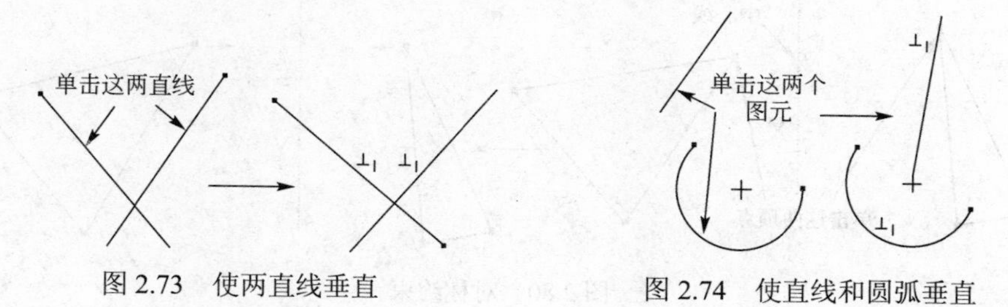

图 2.73　使两直线垂直　　　图 2.74　使直线和圆弧垂直

4. 相切约束示例

单击【约束】工具箱中的按钮，选定要相互相切的直线和圆弧（圆）使其处于相切约束，如图 2.75 所示。也可以在圆弧（圆）与圆弧（圆）之间加入相切约束，如图 2.76 所示。

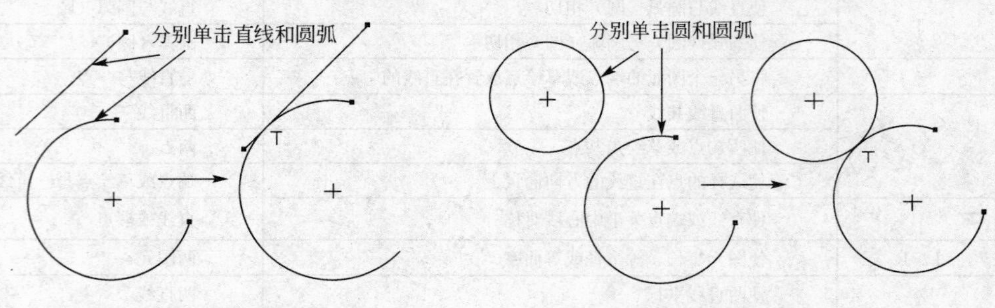

图 2.75 使直线和圆弧相切　　图 2.76 使圆和圆弧相切

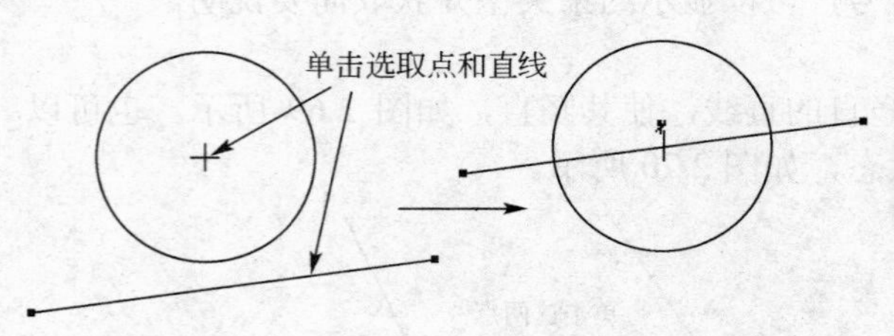

图 2.77 使点放置到直线的中点

5. 中点约束示例

单击【约束】工具箱中的按钮，单击左键选取要放置的点和直线，即可使选定的点位于直线的中点，如图 2.77 所示。

6. 共点或共线约束示例

单击【约束】工具箱中的按钮，单击左键选取两直线即可使两直线共线，如图 2.78 所示。

也可以选取两点使其共线，如图 2.79 所示。

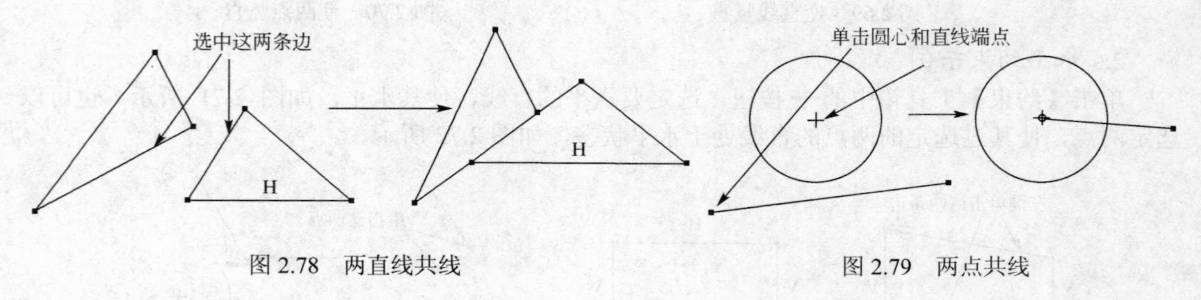

图 2.78 两直线共线　　图 2.79 两点共线

7. 对称约束示例

单击【约束】工具箱中的按钮，先选择中心线后，然后选取两个顶点，即可使两顶点关于中心线对称。如图 2.80 所示。

★要点提示：对称约束对称线必须是中心线和几何中心线。选取顶点和中心线的顺序不影响约束结果。

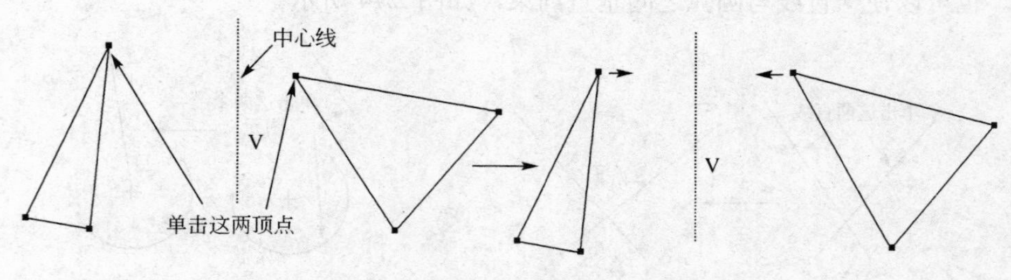

图 2.80 对称约束

8. 相等约束示例

单击【约束】工具箱中的 = 按钮，选择需要进行等长约束的两个图元，如直线。可以选择两个圆弧（圆）使其半径相等，还可以选取两曲线，使其具有相等的曲率半径。如图 2.81 所示。

★要点提示：在添加等长或等半径约束条件时要注意选取图元的先后顺序，系统是以第一个选取的图元为参照图元，后面选取的图元的尺寸将与先选取的（参照图元）图元一致。

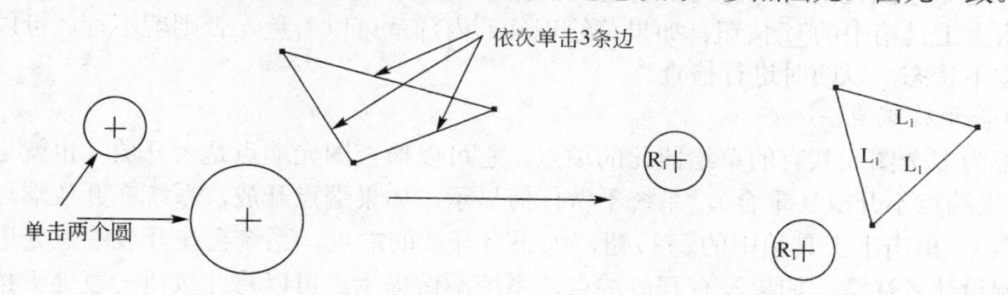

图 2.81　等长约束

9. 平行约束示例

单击【约束】工具箱中的 // 按钮，选择需要进行平行约束的两条直线即添加平行约束。如图 2.82 所示。

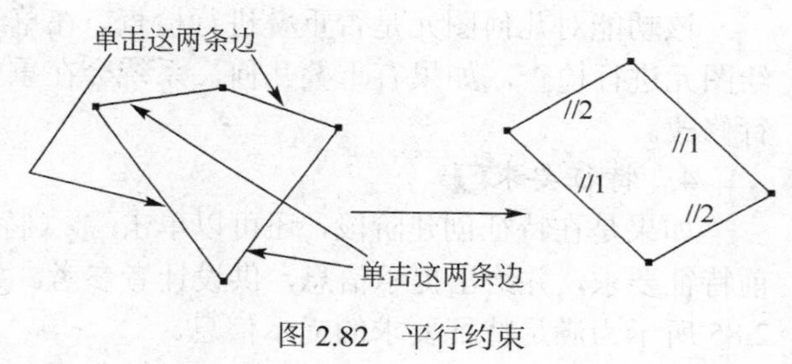

图 2.82　平行约束

2.6.2 取消约束条件

注意：在 Pro/E 设计中，图形不能过度约束（过约束），也不能欠约束（部分约束）。

在绘图时常常会出现多重约束的情况，太多的约束条件有时会互相干扰，这时候就需要取消约束条件。方法是单击左键选中要取消的约束，然后单击右键，在弹出的右键快捷菜单中选取【删除】即可。选中要取消（删除）的约束，按键盘上的“Delete”键也可以取消（删除）约束。

2.6.3 解决过度约束

当图形所有的弱尺寸都被强尺寸所取代，这时如要再添加尺寸标注，就会变成过度约束，系统会出现如图 2.83 所示的【解决草绘】对话框，要求删除多余的约束。可以删除尺寸或几何约束。

解决草绘

加亮的2约束和
2尺寸冲突。
选取其中一个进行删除或转换。

1	尺寸	sd92	= 15.00
2	尺寸	sd89	= 15.00
3	约束	平行	
4	约束	平行	

撤消(U)　删除(D)　尺寸 > 参照(R)　解释(E)

图 2.83 【解决草绘】过度约束对话框

如图 2.83 所示，各个按钮选项说明如下。

- 【撤销】：取消该标注，回到之前的状态。
- 【删除】：选择需要删除的尺寸或约束，然后单击 删除(D) 按钮即可删除。
- 【尺寸>参照】：将选择的尺寸设为参照尺寸，该尺寸后面会出现“参照”字样。参照尺寸不能被修改，只能删除。
- 【解释】：单击此按钮会在绘图区的消息窗口中显示该尺寸或约束的相关说明。

2.7 草绘器诊断工具

这个功能的推出，对初学者帮助很大，他们再也不用为草绘失败找不到原因而浪费时间，可以大大提高设计效率。利用此功能可以对几何图元是否重叠、图元是否有开放端点、图元是否重合进行检查。如果是在特征创建阶段，还可以单击【特征要求】按钮，检查当前草绘是否满足当前特征要求。

1. 着色的封闭环

它可以对草绘图元的封闭链内部着色，以确定草绘是否正确，如果草绘不正确，那么就着色不成。单击上工具箱中的按钮，如果草绘正确，内部就可以着色，否则就不行。可以将此按钮一直处于按下状态，以随时进行检查。

2. 加亮开放端点

加亮部为多个图元共有的草绘图元的顶点。它可以检查图元端点是否开放（也就是端点是否重合），如果端点不开放（重合），系统不做任何显示，如果端点开放，系统在开放端点处加亮显示（红色点）。单击上工具箱中的按钮，如果有开放的端点，系统会在开放端点处进行加亮显示，以提醒设计者注意，如果没有开放端点，系统不做提示。可以将此按钮一直处于按下状态，以随时进行检查。

3. 重叠几何

该功能对几何图元是否重叠进行检查。在草绘完成后，单击上工具箱中的按钮，系统对草绘图元进行检查，如果有重叠几何，系统会在重叠图元的端点处显示一个小圆圈，提示设计者进行修改。

4. 特征要求

如果是在特征创建阶段，还可以单击（特征要求）按钮，系统会判断当前草绘是否满足当前特征要求，并给出提示信息，供设计者参考。如图 2.84 所示为不满足特征要求的提示信息，图 2.85 所示为满足特征要求的提示信息。

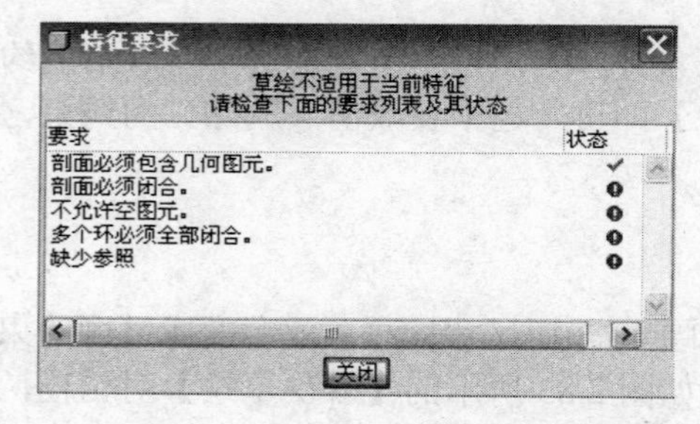

图 2.84　不满足特征要求的提示信息

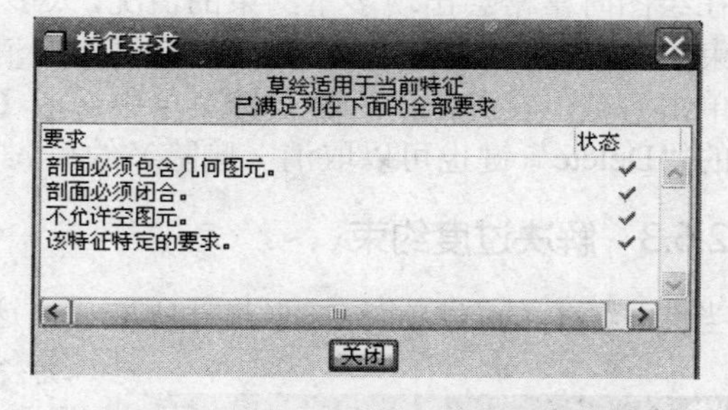

图 2.85　满足特征要求的提示信息

2.8 草绘绘制技巧

虽然 Pro/E 具有捕捉设计者意图和参数化草绘的优点，但是在草绘时还是应该注意培养一些好的习惯，以便设计中减少错误，降低工作量，提高设计效率。

★要点提示：请注意以下几点。

1. 草绘绘制要点

（1）绘制尺寸和形状大致符合实际的草图。如果绘制的草图在尺寸和形状上大致准确，那么在添加、修改尺寸和几何约束时，草图就不会发生大的变化。

（2）在绘制完第一个图元时，建议立即修改尺寸。这样，以后绘制的图元就会与已经修改了尺寸的图元有一定的尺寸参考关系，后面绘制的图元就不会在尺寸上有大的差异，便于草图的绘制。

（3）使用复制或阵列的方法。对于重复简单的几何图元，可以先草绘其中一个图元的草图，特征生成后，采用特征复制或阵列的方法生成其他部分，这样可以减少草图中的几何图元数量。也可以在草绘中采用图元复制的方法生成其他形状相同而比例不同的图元，具体操作参看图元的复制章节。注意，在草绘环境下，没有图元的阵列功能，只能在特征生成后才能使用阵列功能。

（4）一次绘制的图形不要过于复杂。不要试图一次完成一张复杂图形的绘制，最好分几步进行。用单一实体对象的草图比用多个对象的草图更便于以后编辑修改操作，复杂的几何形状可以由简单的实体对象组合而成。

（5）采用夸大画法。绘制小角度时，可以先绘制一个大角度，然后修改成小角度。因为小角度线系统会自动认为是水平或垂直，导致绘不出来。

（6）使用镜像和对称约束时，一定要绘制中心线或几何中心线。

（7）导入已经保存的草绘或其他软件绘制的二维图形。系统能够接受的文件格式如图 2.86 所示。如果原来已经保存了形状相同而比例不同的图形，可以通过单击主菜单【草绘】→【数据来自文件】→【文件系统】，在打开的【类型】对话框中，选取适当格式的文件，在绘图区单击，然后在出现的【缩放比例】对话框中输入合适的比例和旋转角度，单击✔按钮即可。

图 2.86 系统可以接受的文件格式

（8）充分利用草绘诊断工具，解决草绘中出现的问题。

2. *完整草绘截面要点*

在绘制完整的草绘截面时，注意以下 4 个方面。

（1）一般情况下，外轮廓（外截面）一定要封闭，也就是起点和终点重合，且路径只有一条，即从起点出发，沿一条路径转一圈后回到起点。如果回到起点的路径多于一条，则草绘截面不正确。

（2）外轮廓中可以嵌套（包含）内轮廓，内轮廓（内截面）也必须封闭，并且内轮廓不能和外轮廓相交，内轮廓之间也不能相交。

（3）内轮廓中不能再嵌套内轮廓，也就是说只能嵌套 1 层，不能有 1 层以上的嵌套，如果嵌套多于 1 层，在特征生成后会不符合逻辑。

（4）截面内的图元不允许有重合（复）的图元。例如，绘制了两个圆心和半径均一样的圆；绘制了一段长线段，又在长线段上绘制了一段短线段或者和长线段一样长的线段。

2.9 草绘创建实例

1. *五角星的绘制*

（1）单击上工具箱中的按钮，在打开的【新建】对话框中，选择类型为【草绘】，文件名称为“Five_Star”，后缀.sec 不用输入，单击 确定 按钮。

（2）单击右工具箱中的按钮，先大致绘制一个圆，然后修改直径尺寸为 100。

（3）单击右工具箱中的按钮，绘制 5 条边，注意绘制时每条边的端点要约束在圆上，这时在端点处会出现一个小圆圈，结果如图 2.87 所示。

（4）单击右工具箱中的按钮，打开约束工具栏按钮，选取按钮，选取较靠上的一条边，添加水平约束，结果如图 2.88 所示。

（5）选取约束工具栏中的 = 按钮，依次选取 5 条边，注意添加等长约束的选择顺序，先选择参照边，再选择目标边，结果如图 2.89 所示。

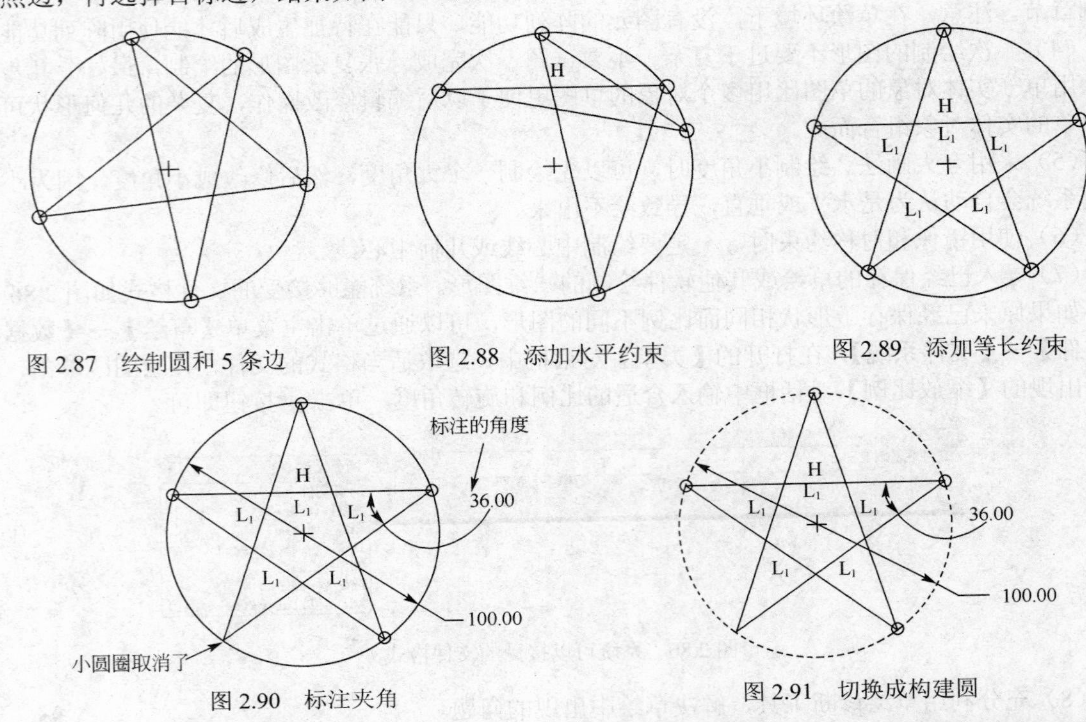

图 2.87 绘制圆和 5 条边

图 2.88 添加水平约束

图 2.89 添加等长约束

图 2.90 标注夹角

图 2.91 切换成构建圆

（6）实际上图形已经是正五角星了。单击右工具箱中的按钮，标注两条边的夹角，显示角度为 36°，此时一条边在圆上的约束取消了，它的端点处小圆圈没有了。如图 2.90 所示。单击外圆，然后单击右键，选取菜单中的【构建】选项，圆变成虚线圆，圆的作用是辅助作图，结果如图 2.91 所示。最后结果文件参看所附光盘“第 2 章\范例结果文件\Five_Star.sec”。

2. 支架的绘制

（1）单击上工具箱中的按钮，在打开的【新建】对话框中，类型为【草绘】，文件名称为“Zhi_Jia”，后缀.sec 不用输入，单击 确定 按钮。

（2）单击右工具箱中的按钮，在绘图区绘制一条竖直几何中心线。

（3）单击右工具箱中的按钮，绘制如图 2.92 所示的图形（不包含圆）。

（4）单击右工具箱中的按钮，绘制一个圆心在竖直中心线上的圆，如图 2.92 所示。

（5）单击右工具箱中的按钮，打开约束工具栏按钮，选取按钮，选取右上的一条边，添加相切约束，再选取按钮，选取最上面的水平线，使圆心和直线共线。结果如图 2.93 所示。

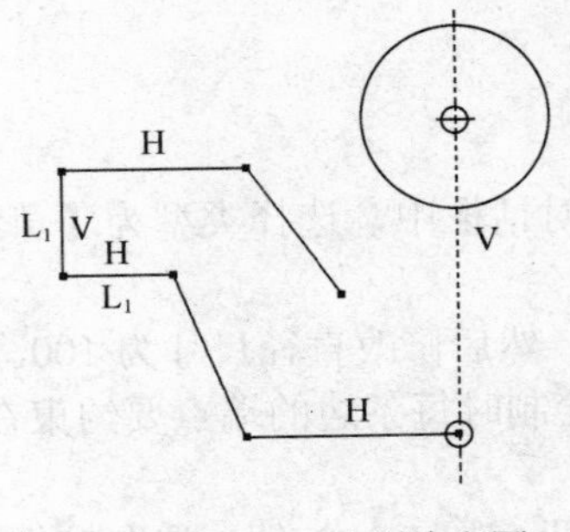

图 2.92 绘制边和圆

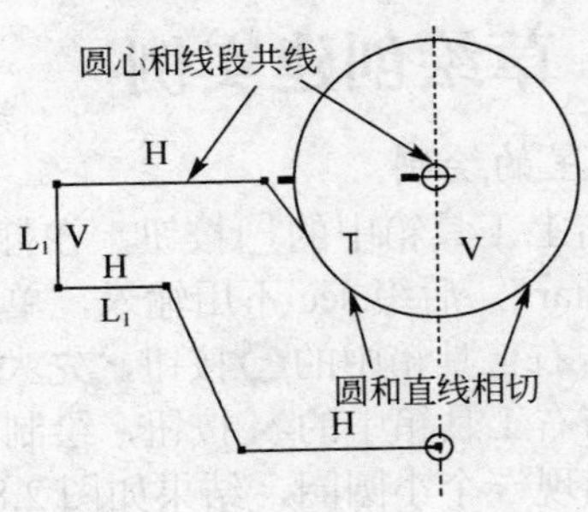

图 2.93 添加约束

（6）单击右工具箱中的按钮，进行图元的修剪，结果如图 2.94 所示。

（7）单击右工具箱中的按钮，在如图 2.94 所示的位置绘制一个点（此点为以后的标注尺寸时使用，此点可以是点或几何点）。

（8）单击右工具箱中的按钮，倒出如图 2.95 所示的各个圆角。

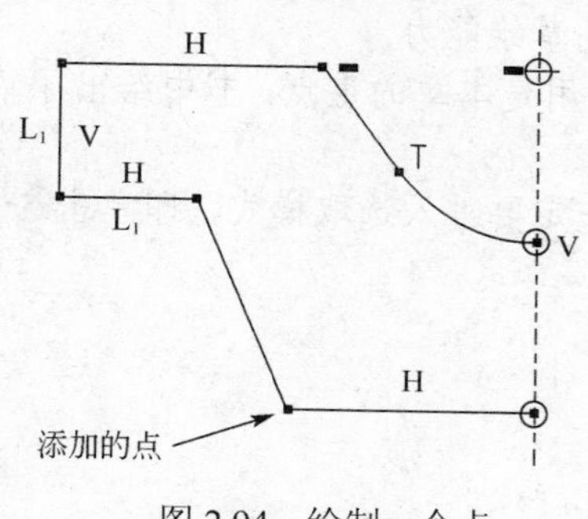

图 2.94　绘制一个点

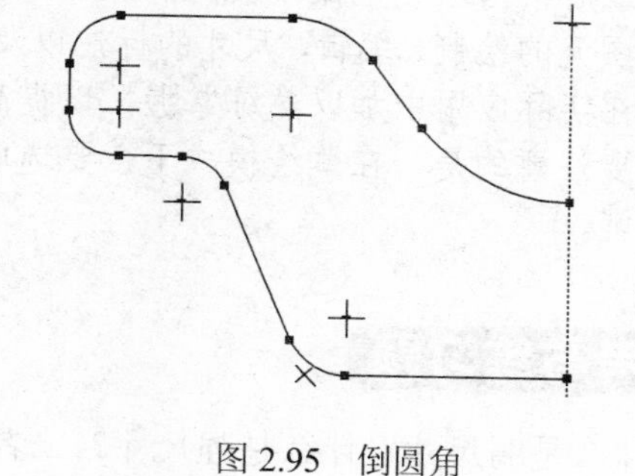

图 2.95　倒圆角

（9）如果尺寸没有显示，单击上工具箱中的按钮（尺寸显示开关）。单击右工具箱中的按钮，选取中心线和前面添加的点，标注点到中心线的距离。

（10）单击右工具箱中的按钮，选中所有要进行修改的尺寸，在【修改尺寸】对话框中，去掉【再生】选项前的“√”，在文本框中按图 2.96 所示的尺寸进行修改，修改完毕后，单击对话框中的按钮退出，结果如图 2.96 所示。

（11）用鼠标左键框选除中心线外的所有图元，然后单击右工具箱中的按钮，接着选取中心线，完成镜像操作，完成后如图 2.97 所示，在上工具栏单击（保存）图标按钮，保存文件。最后结果文件参看所附光盘“第 2 章\范例结果文件\Zhi_Jia.sec”。

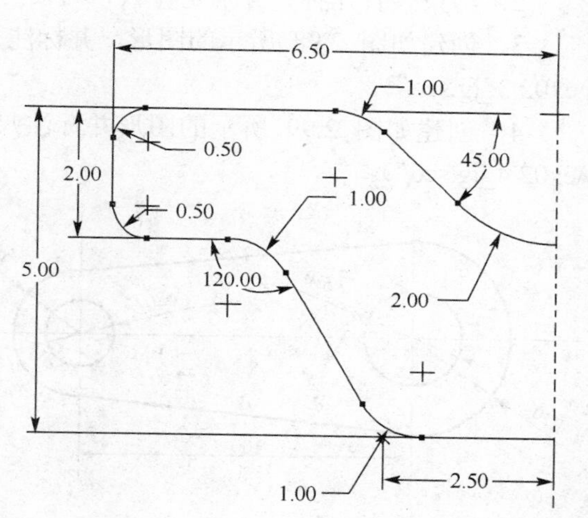

图 2.96　镜像前图形

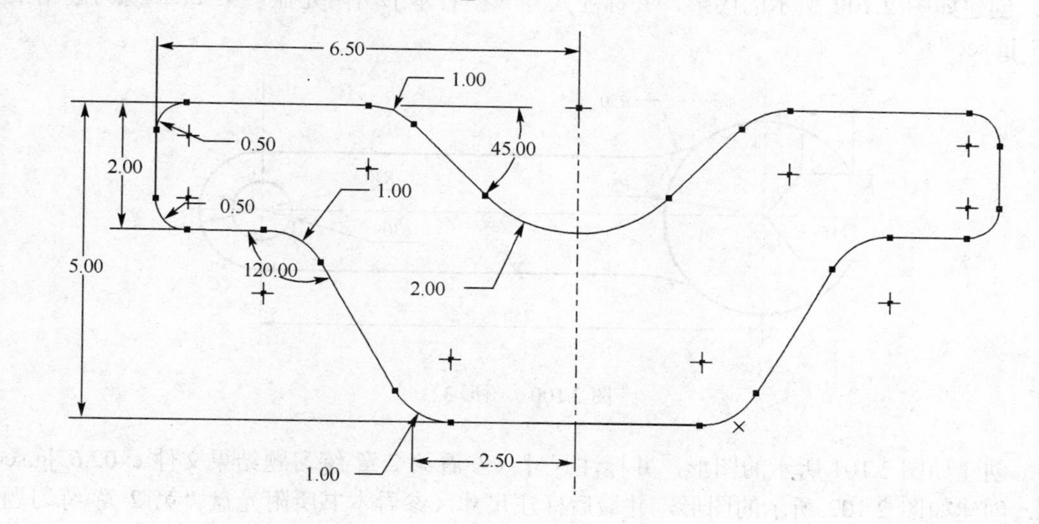

图 2.97　镜像后图形

总结与回顾

本章重点介绍了草绘环境的设置、基本几何图元的绘制、图元的编辑、尺寸的标注以及几何约束。在最后给出了2个操作实例，以加深理解，提高草绘能力。

几何图元的绘制、编辑，尺寸的标注以及约束的使用是本章的重点，书中给出了草绘的技巧，希望读者在实际应用中加以熟练掌握，以提高效率。

特别要注意的是，在草绘模式下，要选取图元，一定要进入选取模式，即单击 按钮或者单击鼠标中键。

思考与练习题

1．什么是弱尺寸？什么是强尺寸？二者有何区别？

2．约束共有几种？分别是什么？约束的作用是什么？

3．创建如图 2.98 所示的图形，并标注尺寸（参看本书所附光盘“第 2 章\练习题结果文件\ex02.3_jg.sec”）。

4．创建如图 2.99 所示的图形并标注尺寸（参看本书所附光盘“第 2 章\练习题结果文件\ex02.4_jg.sec”）。

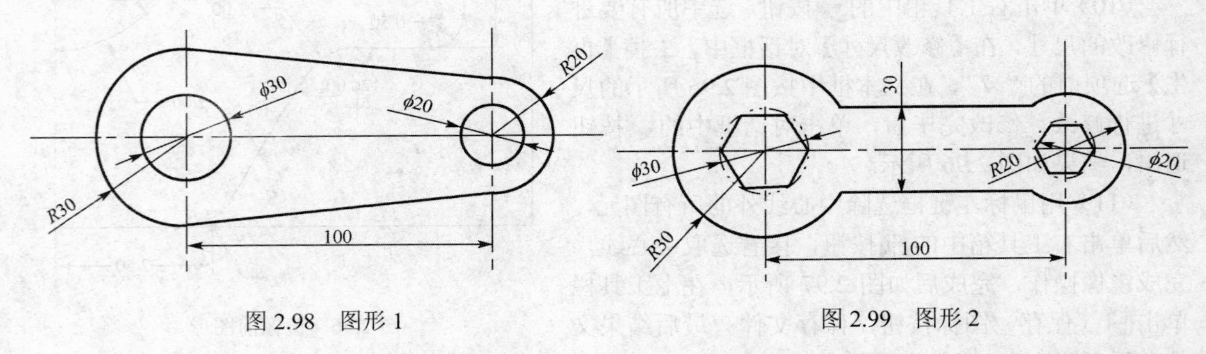

图 2.98　图形 1　　　图 2.99　图形 2

5．创建如图 2.100 所示的图形，并标注尺寸（参看本书所附光盘“第 2 章\练习题结果文件\ex02.5_jg.sec”）。

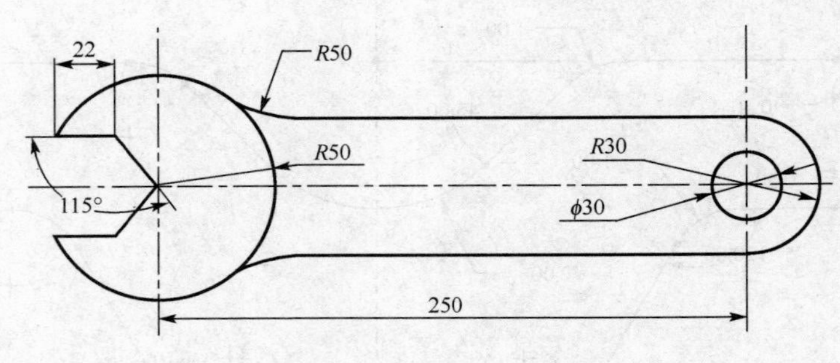

图 2.100　图形 3

6．创建如图 2.101 所示的图形，并标注尺寸（参看第 2 章\练习题结果文件\ex02.6_jg.sec）。

7．创建如图 2.102 所示的图形，并最后标注尺寸（参看本书所附光盘“第 2 章\练习题结果文件\ex02.7_jg.sec”）。

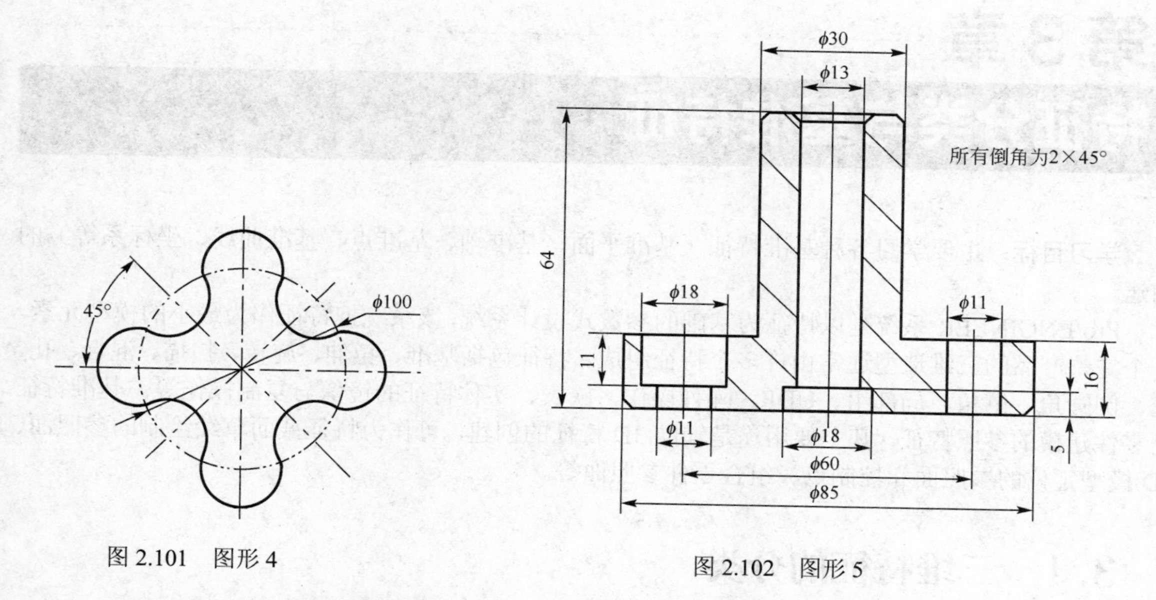

图 2.101　图形 4

图 2.102　图形 5

8．创建如图 2.103 所示的图形，并最后标注尺寸（参看本书所附光盘“第 2 章\练习题结果文件\ex02.8_jg.sec”）。

9．创建如图 2.104 所示的图形，并标注尺寸（参看本书所附光盘“第 2 章\练习题结果文件\ex029_jg.sec”。）

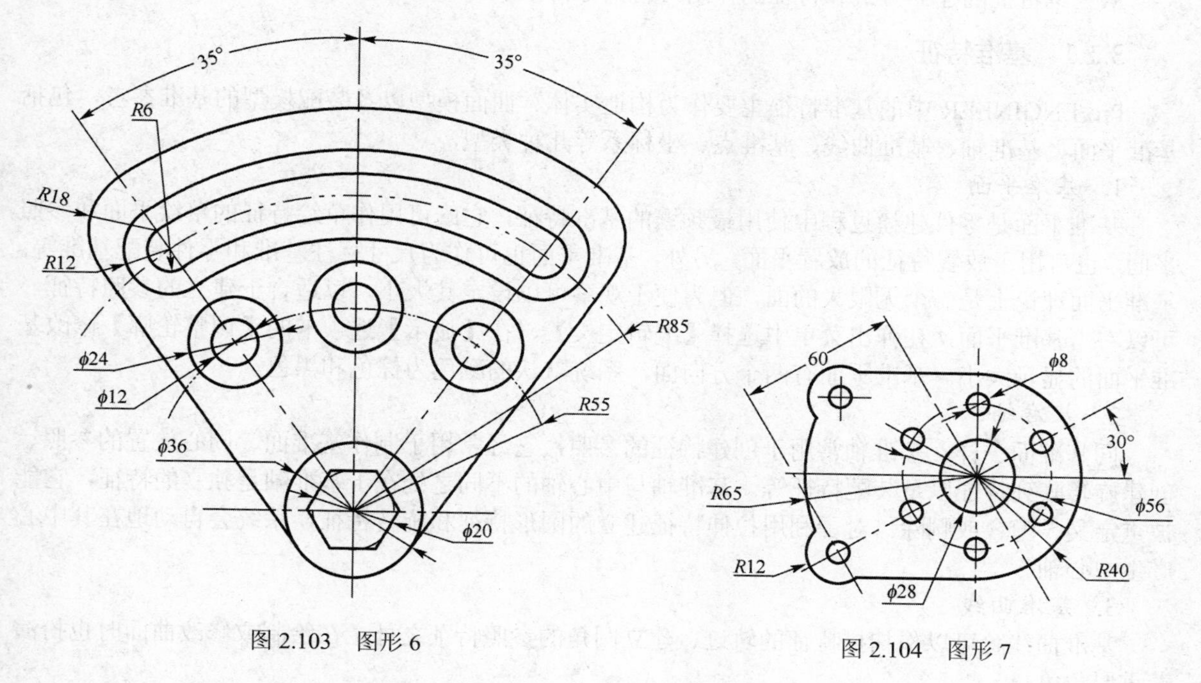

图 2.103　图形 6

图 2.104　图形 7

第 3 章 特征分类与基准特征

学习目标：主要学习各种基准特征（基准平面、基准轴、基准点、基准曲线、坐标系等）的创建。

Pro/ENGINEER 系统是以特征为基础的参数式设计系统，该系统把特征作为最小的模型元素。一个完整产品的三维造型通常由许多个特征组成。特征包括基准、拉伸、旋转、扫描、混合、孔、壳、倒圆角、倒角、局部组、UDF、阵列操作、族表、实体特征的镜像与复制操作等。基准特征是零件建模的参照特征，其主要用途是辅助 3D 特征的创建，可作为特征截面草绘绘制的参照面、3D 模型定位的参照面和控制点、组合零件参照面等。

3.1　三维特征的分类

Pro/ENGINEER 是一个以特征为主的造型系统，对于数据的存取也是以特征为最小单元，所有参数的建立都是以完成一个特征为目的，因此每一个零件都由多个特征组成，在设计过程中，可随时通过特征参数更改特征的形状、位置等设计信息。

从三维特征的建立方式和特征的作用可将其分为基准特征、基础特征及工程特征三类。

3.1.1　基准特征

Pro/ENGINEER 中的基准特征主要作为构造实体、曲面模型以及装配模型的基准参考，包括基准平面、基准轴、基准曲线、基准点、坐标系等几种类型，

1. 基准平面

基准平面是零件建模过程中使用最频繁的基准特征，它既可用作草绘特征的草绘平面和参照平面，也可用于放置特征的放置平面。另外，基准平面也可作为尺寸标注基准和零件装配基准等。基准平面理论上是一个无限大的面，但为便于观察可以设定其大小，以适合于建立的参照特征。可以右击基准平面，在弹出菜单中选择【编辑定义】，在【显示】选项卡的【调整轮廓】修改基准平面的显示大小。基准平面有两个方向面，系统默认的颜色为棕色和黑色。

2. 基准轴

同基准面一样，基准轴常用于创建特征的参照，它经常用于制作基准面、同心放置的参照、创建旋转阵列特征以及装配特征等。基准轴与中心轴的不同之处在于基准轴是独立的特征，它能被重定义、隐含或删除。对于利用拉伸特征建立的圆形特征和旋转特征，系统会自动地在其中心产生中心轴。

3. 基准曲线

基准曲线除可以作扫描特征的轨迹、建立圆角的参照特征之外，在绘制或修改曲面时也扮演着重要角色。

4. 基准点

基准点主要用来进行空间定位，也可用来辅助创建其他基准特征，如利用基准点放置基准轴、基准平面、定义注释箭头指向位置，还可用来放置孔等实体特征，此外还可以用来辅助创建复杂的曲线与曲面。基准点也被认为是零件特征。

Pro/ENGINEER Wildfire 5.0 提供如下四种类型的基准点。

（1）从实体或实体交点或从实体偏离某一点来创建基准点。

（2）通过草绘创建基准点。

（3）通过选定的坐标系偏移坐标系创建基准点。

（4）直接在实体或曲面上单击鼠标左键即可创建基准点（域点），该基准点在行为建模中供分析使用。

5. 坐标系

坐标系可用于在零件装配或进行有限元分析时建立辅助约束条件，在使用加工模块时设定程序原点，也可使用坐标系作为定位参考或辅助建立其他基准特征，辅助计算零件的质量、质心和体积等，坐标系有如图 3.1 所示的三种类型。

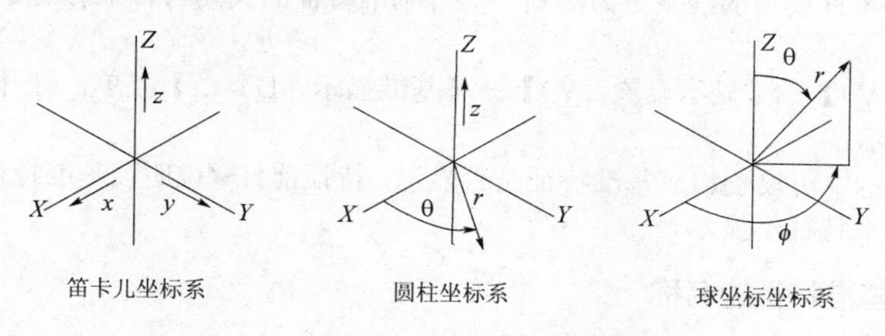

图 3.1　三种坐标系

3.1.2　基础特征

1. 拉伸特征

拉伸特征是由二维草绘截面沿着给定方向（垂直于草绘截面）和给定深度生长而成的三维特征，它适合于等截面的实体特征和曲面特征的创建。拉伸特征有添加材料和去除材料两种方法供设计者使用。

2. 旋转特征

旋转特征是将草绘截面绕一旋转中心线旋转一指定的角度而生成的三维实体特征，旋转实体特征的创建也有添加材料和去除材料两种方法。旋转特征主要用于构建回转体形状零件。

3. 恒定剖面与可变剖面扫描特征

扫描实体特征就是将绘制的二维草绘截面沿着指定的轨迹扫描而生成的三维实体特征。同拉伸和旋转实体特征一样，创建扫描特征也有添加材料和去除材料两种方法。建立扫描实体特征首先要建立一条轨迹线，然后再建立沿轨迹扫描的特征截面。根据扫描过程中截面变化与否，把扫描特征分成恒定剖面扫描和可变剖面扫描。可变剖面扫描可用于创建比较复杂的实体特征。

4. 混合特征

混合特征就是将两个或多个草绘截面在空间上融合所形成的特征。沿实体融合方向截面的形状是渐变的，混合实体特征能够创建比扫描特征更复杂的特征。混合特征有平行、旋转和一般三种创建方式。

3.1.3　工程特征

工程特征主要包括孔、倒圆角、扭曲、管道、抽壳、筋、倒角和拔模等，在机械加工中通常被称为工艺特征，在本书后面的内容中将会详细介绍其创建方法。

3.2 基准特征

基准（Datum）是建立模型的参考，在 Pro/E 中，基准虽然不是实体（Solid）或曲面（Surface）的特征，但也是特征的一种，其主要用途为在进行 3D 几何体设计时作为基准参考，如作为草图绘制面、剖面参考面、3D 模型的定位参考面、组合零件参考面等。

基准可分为基准面（Datum plane）、基准轴（Datum axis）、基准曲线（Datum curve）、基准点（Datum point）、基准坐标系（Datum coordinate system）等。

3.2.1 设置基准特征的显示状态

在建立三维模型时，由于基准特征是一种参考特征，因此当不需要基准特征时，尽量将其关闭，以使绘图区内零件模型的线条更为清晰，另外基准特征的关闭与否不影响零件模型的位置及形状大小。

选择【视图（V）】→【显示设置（Y）】→【基准显示（D）...】菜单，打开【基准显示】对话框，如图 3.2 所示。

在如图 3.2 所示中可设置相应基准特征是否显示，特征前打✔说明该基准特征处于显示状态，没有打✔说明该基准特征不显示。

3.2.2 修改基准特征的名称

用鼠标右键单击零件结构树中需要修改名称的基准特征，如 RIGHT 基准面，并选择右键菜单中的【重命名】菜单项，如图 3.3 所示，进入该基准特征名称的修改状态，此时可以修改该基准特征的名称。另外在需要修改名称的基准特征上面单击鼠标左键两次也可进入名称修改状态。

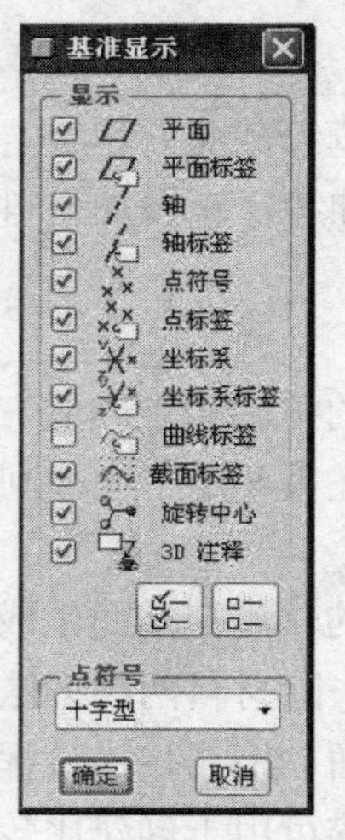

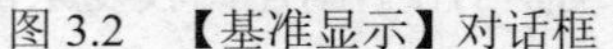
图 3.2 【基准显示】对话框

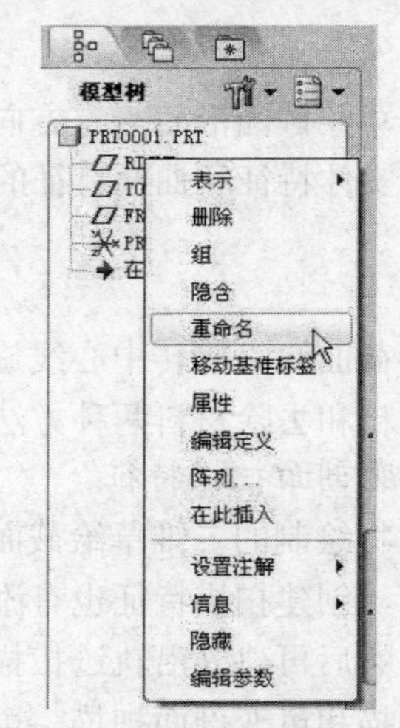

图 3.3 修改基准特征的名称

3.2.3 基准平面的创建

基准平面作为参照用在尚不存在参照或参照不够的零件设计中。例如，当没有其他合适的参考平面时，可以在基准平面上绘制草图或放置特征，也可以以某个基准平面为参照进行特征的尺寸标注，基准平面是无限的，但是可调整其大小，使其与零件、特征、曲面、边或轴相吻合，也可指定基准平面显示轮廓的高度和宽度值。

创建基准平面前必须首先考虑能否完全描述和限制产生唯一平面的必要条件，然后系统会自动产生出符合条件的基准平面。

1. 基准平面的创建步骤

（1）命令的调用：选择菜单【插入（I）】→【模型基准（D）】→【平面（L）...】或直接单击右工具箱中的基准平面按钮创建基准平面，系统将打开【基准平面】对话框，如图3.4所示。下面把对话框中的各个选项卡作说明。

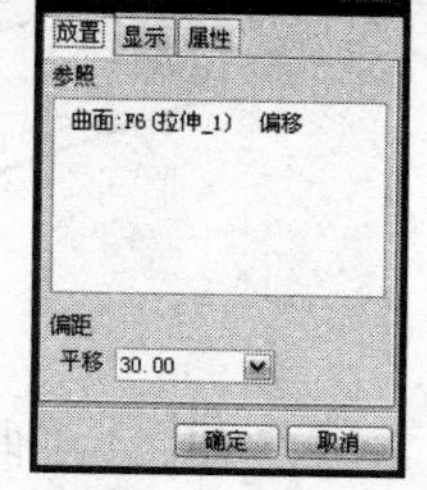

图3.4　【基准平面】对话框

①【放置】：选择当前存在的平面、曲面、边、点、坐标、轴和顶点等作为参照，在平移框内可以输入平移距离，在参照栏内根据选择的参照不同，可能显示如下5种类型的约束。

- 【穿过】：新建的基准平面穿过选择的特征参照。
- 【偏移】：新建的基准平面在距选定的参照一定距离放置。
- 【平行】：新建的基准平面平行于选定参照。
- 【法向】：新建的基准平面垂直于选定的参照。
- 【相切】：新建的基准平面相切于选定的参照。

②【显示】：基准平面实际上是一个无穷大的平面，但在缺省情况下，系统根据模型大小对其进行缩放显示，显示的基准平面的大小随零件尺寸而改变。可调整所有基准平面大小，以在视觉上与零件、特征、曲面、边、轴或半径相吻合。

③【属性】：该面板可修改新建基准平面的名称，在绘图区内为新建的基准平面选择参照，在【基准平面】对话框的【参照】栏内选择合适的约束条件。

（2）若选择多个对象作为参照应按下"Ctrl"键再用鼠标左键选择其他对象。

（3）重复步骤（1）～（2），直到必要的约束建立完毕。

（4）单击确定按钮完成基准平面的创建。

2. 创建基准平面的几种方式

（1）通过两个共面直线创建基准平面：打开本书所附光盘文件"第3章\范例源文件\pinmian_fanli01.prt",选择两个共面的边或轴（但不能共线）作为约束条件，选择特征边1，按下"Ctrl"键再选择边2，单击按钮产生穿过此两条线的基准平面DTM1。如图3.5所示。

（2）通过三个点创建基准平面：选择三个基准点或顶点作为约束条件，先选择点1，按下"Ctrl"键再依次选择点2和点3，单击按钮产生通过三点的基准平面DTM2，如图3.6所示。

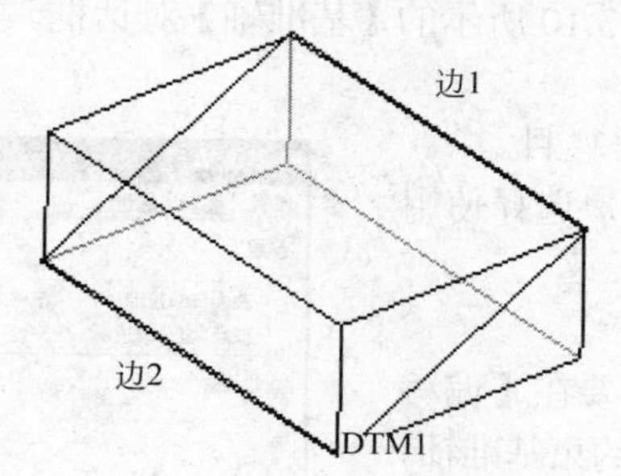

图3.5　用共面的两条边或轴创建基准面

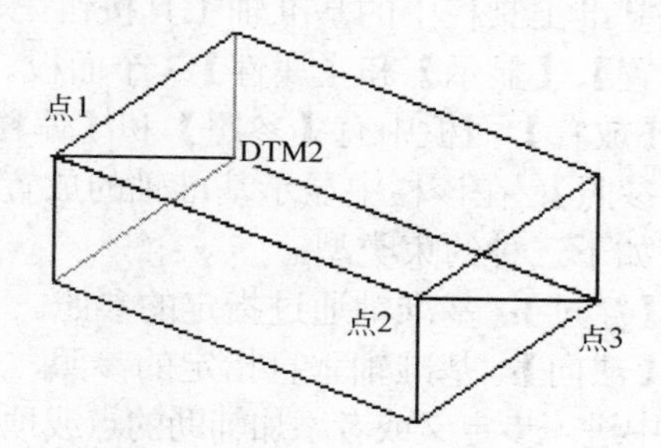

图3.6　用三个基准点创建基准面

（3）用一个平面和两个点创建基准平面：选择一个基准平面或特征平面和两个基准点或顶点，如选择点1，按下"Ctrl"键再选择点2和参照面DTM1，单击按钮产生通过这两点并与参照平面垂直的基准平面DTM3，如图3.7所示。

（4）用一个平面和一个点创建基准平面：选择一个基准平面或特征平面和一个基准点或顶点，如选择点1，按下"Ctrl"键再参照面DTM1，单击按钮产生通过选定点并与参照平面平行的基准平面DTM4，如图3.8所示。

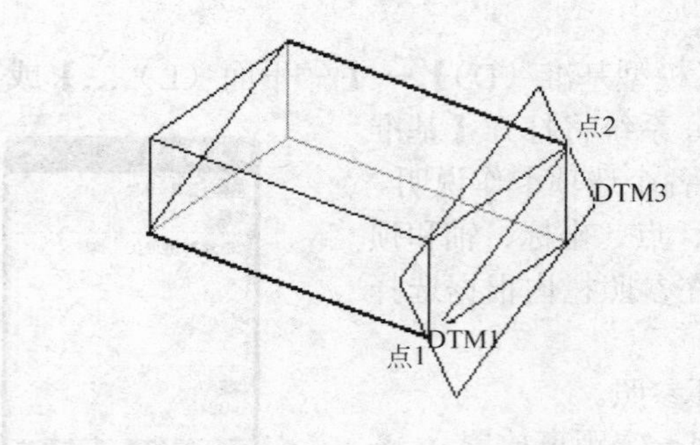

图 3.7 用一个基准平面和两个顶点创建基准面

图 3.8 用现有基准面和基准面外的一点创建基准面

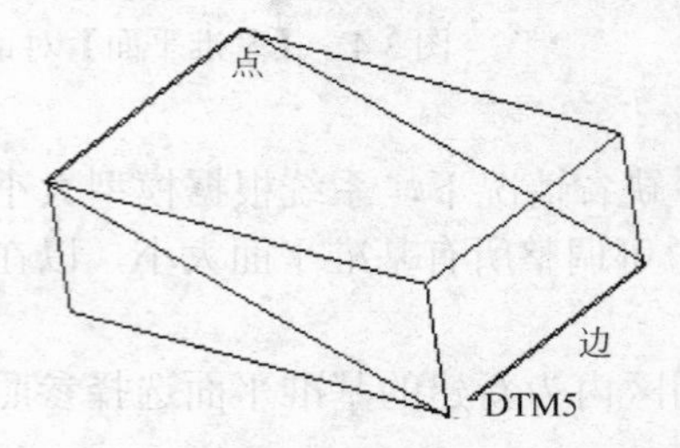

图 3.9 通过一个基准点和一条边创建基准面

（5）通过一个点和一条线创建基准平面：选择一个基准点和一个基准轴或边（点与边不共线），如选择点 1，按下“Ctrl”键再选边 1，单击按钮产生通过选定边和点的基准平面 DTM5，如图 3.9 所示。

上面的方法是先选参照，然后单击按钮进行平面的创建，也可以先单击按钮，然后选取参照进行平面的创建。所有创建的基准平面参看“第 3 章\范例结果文件\pingmian_fanli01_jg.prt”。

3.2.4 基准轴的创建

基准轴可作为圆柱、孔及旋转特征的中心线，也可作为特征创建的参照或同轴特征的参考轴等。基准轴对制作基准平面、同轴放置项目和创建径向阵列特别有用。

基准轴可以作为旋转特征的中心线自动出现，也可以用作具有同轴特征的参考。以下几种特征系统会自动创建基准轴线：拉伸产生圆柱特征、旋转特征和孔特征。创建圆角特征时，系统不会自动创建基准轴。要选取一个基准轴，可选择基准轴线或其名称。

1. 命令的调用

单击基准工具栏中的基准轴工具按钮，显示如图 3.10 所示的【基准轴】对话框。该对话框包括【放置】、【显示】和【属性】3 个面板。

（1）【放置】面板中有【参照】和【偏移参照】两个栏目。

①【参照】：在该栏中显示基准轴的放置参照，供用户选择使用的参照有如下三种约束类型。

● 【穿过】：基准轴通过指定的参照。

● 【法向】：基准轴垂直指定的参照，该类型还需要在【偏移参照】栏中进一步定义或者添加辅助的点或顶点，以完全约束基准轴。

● 【相切】：基准轴相切于指定的参照，该类型还需要添加辅助点或顶点以完全约束基准轴，通常在选择边时自动约束为相切。

②【偏移参照】：在【参照】栏选用【法向】类型时该栏被激活，以选择偏移参照。

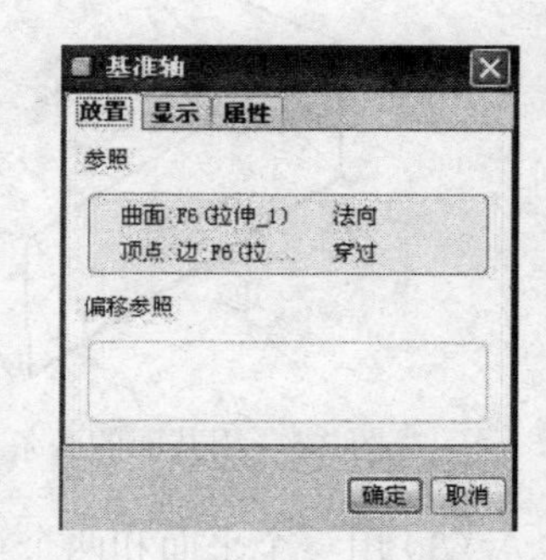

图 3.10 创建【基准轴】对话框

（2）【显示】：基准轴实际上是一个无穷大的直线，但在缺省情况下，系统根据模型大小对其进行缩放显示，显示的基准轴的大小随零件尺寸而改变。可调整所有基准轴的长度，从而使基准轴轮廓与指定尺寸或选定参照相吻合。

（3）【属性】：面板显示基准轴的名称和信息，也可对基准轴进行重新命名。

2. 基准轴创建步骤

（1）单击基准工具栏中的基准轴工具按钮 /，或单击主菜单中的【插入（I）】→【模型基准（D）】→【/ 轴（X）…】，打开【基准轴】对话框，如前面图 3.10 所示。

（2）在图形窗口中为新建基准轴选择至多两个放置参照（即约束条件）。可选择已有的基准轴、平面、曲面、边、顶点、曲线和基准点等，选择的参照显示在【基准轴】对话框中的【参照】栏内。

（3）在参照栏中选择适当的约束类型。

（4）重复步骤（2）～（3），直到完成必要的约束条件。

（5）单击 确定 按钮，完成基准轴的创建。

此外，系统允许用户预先选定参照，然后单击基准轴工具按钮 / 即可直接创建符合当前约束条件的基准轴。

3. 建立基准轴的常用方法

（1）选择一条垂直的边或轴，如选择边 1，单击 / 按钮，创建一个通过选定边或轴的基准轴，如图 3.11 所示。

（2）选择两个顶点或基准点，如选择点 1，按下“Ctrl”键再选择点 2，单击 / 按钮，创建一个通过选定的两个点或基准点的基准轴，如图 3.12 所示。

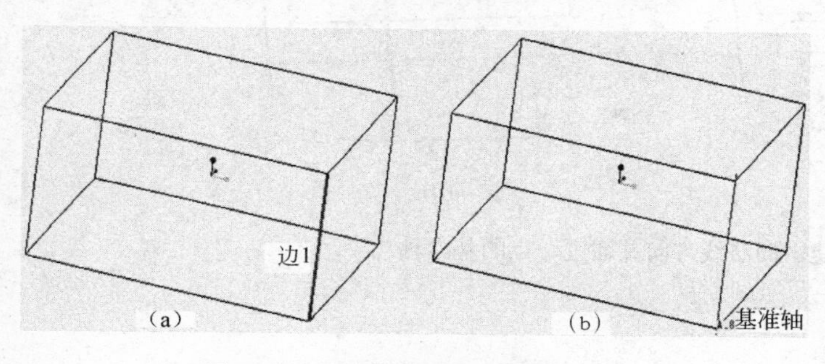

图 3.11　通过边或轴创建基准轴

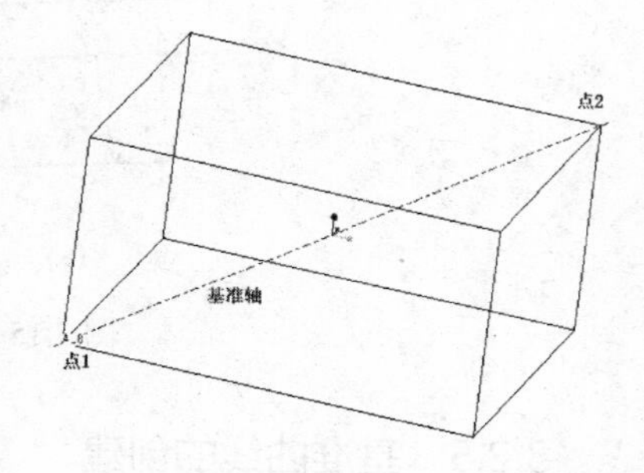

图 3.12　通过两点创建基准轴

（3）选择两个非平行的基准面或特征平面，如选择长方体前表面，按下“Ctrl”键再选择 TOP 基准面，单击 / 按钮，创建一个通过其相交线的基准轴，如图 3.13 所示。

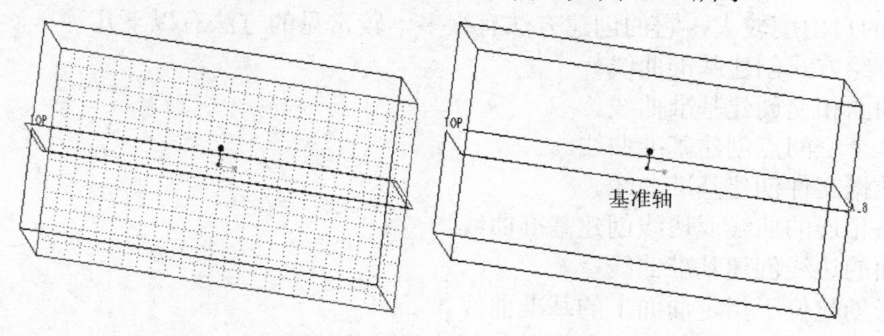

图 3.13　通过两个非平行的基准面的交线创建基准轴

（4）选择一条曲线及其终点，如选择曲线 1，按下“Ctrl”键再选择顶点 1，单击 / 按钮，创建一个通过此终点并且和此曲线相切的基准轴，如图 3.14 所示。

（5）选择一个基准点和一个面。打开附盘文件“第 3 章\范例源文件\jizhunzhou_fanli01.prt”，单击 / 按钮，创建一个通过该点且垂直于该面的基准轴，如图 3.15 所示。结果参看“第 3 章\范例结果文件\jizhunzhou_fanli01_jg.prt”。

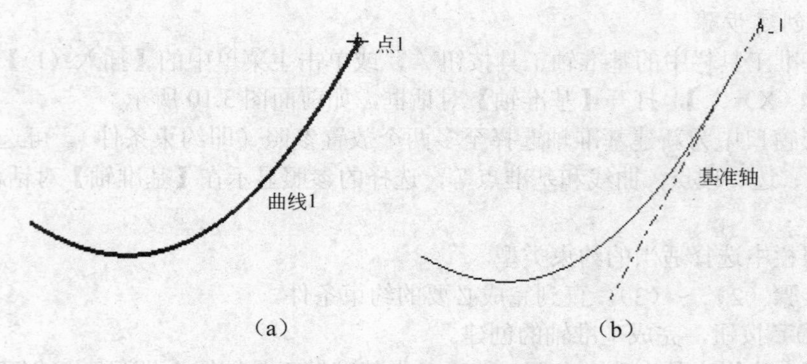

图 3.14　创建于曲线相切的基准轴

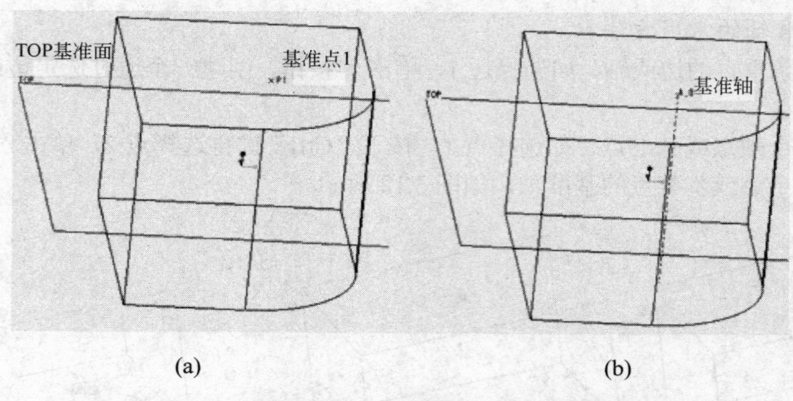

图 3.15　创建平面法线方向并通过一点的基准轴

3.2.5　基准曲线的创建

基准曲线可以用来创建和修改曲面，也可以作扫描特征的轨迹、建立圆角、拔模、骨架和折弯等特征的参照，还可以辅助创建复杂曲面。基准曲线允许创建二维截面，这个截面可以用于创建许多其他特征，例如拉伸和旋转等。

基准曲线的自由度较大，它的创建方法有很多，较常见的方法有以下几种。

- 通过草绘方式创建基准曲线。
- 通过曲面相交创建基准曲线。
- 通过多个空间点创建基准曲线。
- 利用数据文件创建基准曲线。
- 用几条相连的曲线或边线创建基准曲线。
- 用剖面的边线创建基准曲线
- 用投影创建位于指定曲面上的基准曲线。
- 利用已有曲线或曲面偏移一定距离，创建基准曲线。
- 利用公式创建基准曲线。

在基准特征工具栏中单击草绘工具按钮或执行主菜单【插入】→【模型基准】→【草绘】命令，将打开【草绘】对话框。设置完草绘平面与草绘参照后进入草绘环境，此时可绘制草绘基准曲线；如果单击基准特征工具栏中的插入基准曲线工具按钮或执行主菜单【插入】→【模型基准】→【曲线】命令，将打开【曲线选项】菜单，如图 3.16 所示。

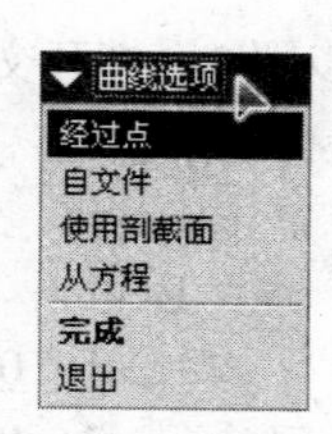

图 3.16　【曲线选项】菜单

【曲线选项】菜单中的各命令功能如下。

- 【经过点】：通过一系列参考点建立基准曲线。
- 【自文件】：通过编辑一个“ibl”文件，绘制一条基准曲线。
- 【使用剖截面】：用截面的边界来建立基准曲线。
- 【从方程】：通过输入方程式来建立基准曲线。

下面介绍几种常用的基准曲线创建方法。

1. 草绘曲线的绘制步骤

（1）选定草绘平面与视图参照。

（2）单击工具栏内的草绘工具按钮，进入草绘工作界面。

（3）利用草绘工具绘制曲线。

（4）单击草绘工具栏中的按钮，退出草绘工作环境，图形窗口显示完成的基准曲线。

2. 基准曲线的绘制

（1）【经过点】方式创建基准曲线。

步骤 1：打开附盘文件“第 3 章\范例源文件\jizhunquxian_fanli01.prt”,单击工具按钮，打开【曲线选项】菜单。

步骤 2：选择【经过点】→【完成】命令，打开【连接类型】菜单，如图 3.17(a)所示。【连接类型】菜单中各命令功能如下。

- 【样条】：使用通过选定基准点和顶点的三维样条构建曲线。
- 【单一半径】：使用贯穿所有折弯的同一半径构建曲线。
- 【多重半径】：通过指定每个折弯的半径来构建曲线
- 【单个点】：选择单独的基准点和顶点，可以单独创建或作为基准点阵列创建这些点。
- 【整个阵列】：以连续顺序，选择“基准点/偏距坐标系”特征中的所有点。
- 【增加点】：向曲线定义增加一个该曲线将通过的现存点、顶点或曲线端点。
- 【删除点】：从曲线定义中删除一个该曲线当前通过的已存在点、顶点或曲线端点。
- 【插入点】：在已选定的点、顶点和曲线端点之间插入一个点，该选项可修改曲线定义要通过的插入点。系统提示需要选择一个要在其前面插入点的点或顶点。

步骤 3：执行【样条】→【整个阵列】→【增加点】命令，选择曲线经过的点，如图 3.17(b)所示。

步骤 4：单击【完成】，退出【连接类型】菜单。

步骤 5：单击【完成】按钮关闭对话框，基准曲线创建完成。结果参看“第 3 章\范例结果文件\jizhunquxian_fanli01_jg.prt”。

（a）

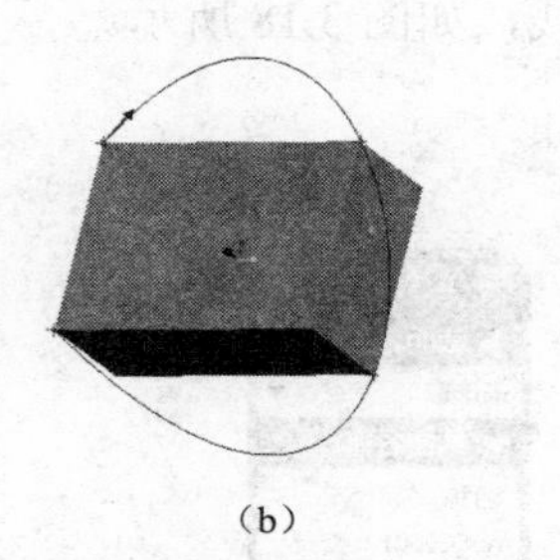

（b）

图 3.17　【连接类型】菜单及点的选取

（2）【自文件】方式创建基准曲线。

步骤 1：首先将系统隐藏的文件扩展名类型打开。

步骤 2：新建一个记事本文件，输入文件名，后缀名“.ibl”。

步骤 3：打开文件，开始编辑文件，文件格式如下：

```
Open      Arclength
Begin     section!
Begin     curve!
    1   0    0    0
    2   8    20   30
    3   20   15   10
    4   50   40   40
    5   60   30   60
```

在文件中，“Open”表示开始曲线，第一列表示点的序号，第二列、第三列、第四列分别表示点坐标的 *X* 值、*Y* 值、*Z* 值。上述格式是创建单条曲线，若是创建多条曲线，则需要在“Begin section!”后面加数字 1；第一条曲线的点输完后，在创建第二条曲线时，须将“Begin section!”后面加数字 2；在创建更多曲线时，就将“Begin section!”后面的数字递增。具体格式如下：

```
Open     Arclength
Begin    section!1
    Begin   curve!1
    1   –2.53   0.59   0
    2   –2.53   0.59   0.35
    3   –2.24   0.59   0.47
    Begin   curve!2
    1   –1.62   0.24   –0.5
    2   –1.69   0.68   1.12
Begin    section!2
    Begin   curve!1
    1   2.62     1.18   0
    2   –2.59    1.18   0.12
    3   –2.47    1.18   0.47
```

（3）【使用剖截面】创建基准曲线。

步骤 1：单击图标按钮，打开【曲线选项】菜单。

步骤 2：选择【Use Xsec(使用剖截面)】→【Done（完成）】命令，选择剖截面的名称，绘图区中立刻出现了截面曲线，如图 3.18 所示。

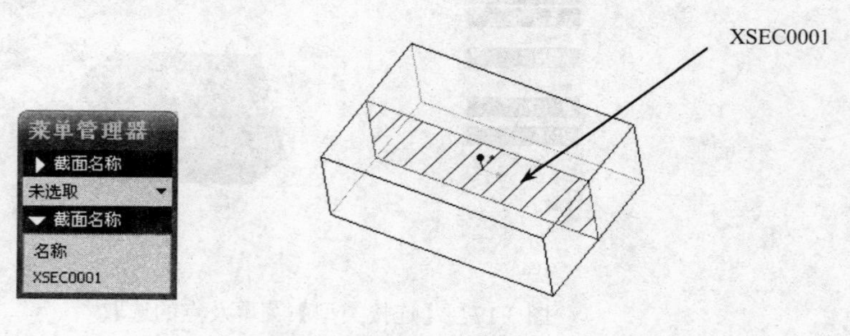

图 3.18　使用剖截面创建基准曲线

（4）【从方程】创建基准曲线：对于复杂的曲线，例如正弦曲线、渐开线等，可以使用此命令来创建。

步骤 1：单击 图标按钮，将打开【曲线选项】菜单。

步骤 2：选择【From Equation(来自方程)】→【Done（完成）】命令，选择坐标系，系统弹出【设置坐标类型】菜单，如图 3.19 所示。

步骤 3：选择坐标系类型，例如选择球坐标系，系统弹出文本编辑器，输入方程，将文件保存，结果如图 3.20 所示。参看“第 3 章\范例结果文件\jizhunquxian_fanli02_jg.prt”。

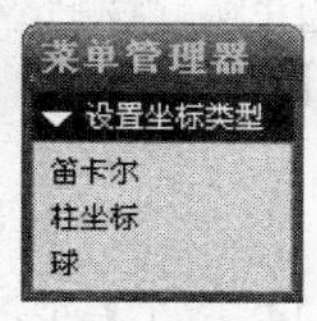

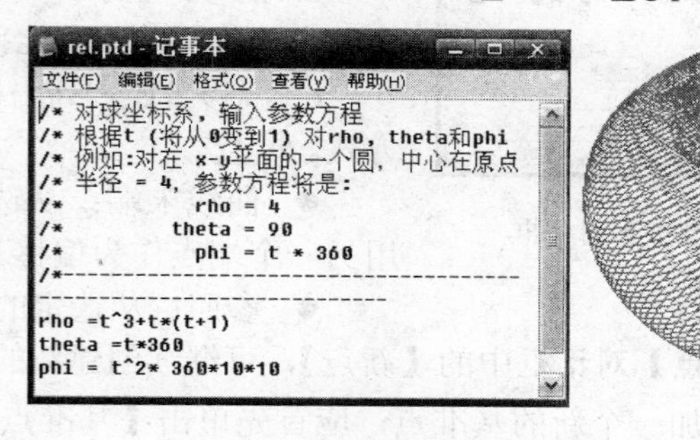

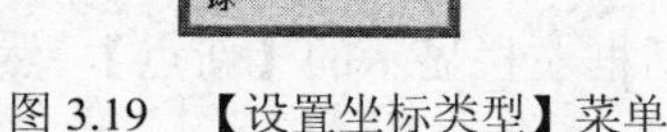

图 3.19　【设置坐标类型】菜单　　　　图 3.20　从方程创建基准曲线

下面列出利用圆柱坐标系、笛卡儿坐标系创建曲线的范例，读者可以按参照练习。

① 圆柱坐标系：

r=5

theta=t*720

z=sin(3.5*theta–90)+2

生成的基准曲线如图 3.21 所示。

② 笛卡儿坐标系：

x=5*cos(t*(5*360))

y=5*sin(t*(5*360))

z=10*t

生成的基准曲线如图 3.22 所示。参看“第 3 章\范例结果文件\jizhunquxian_fanli03_jg.prt”。

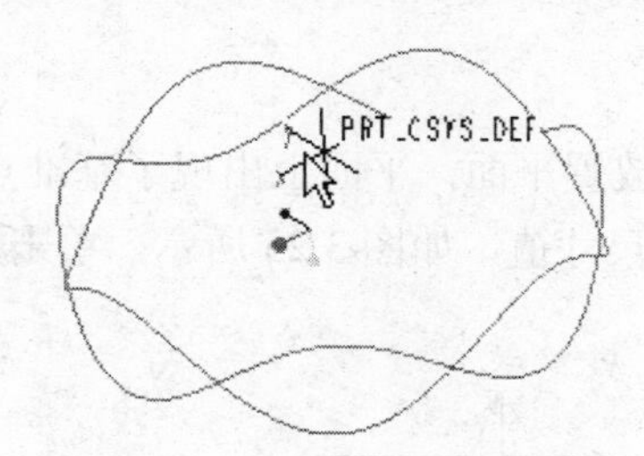

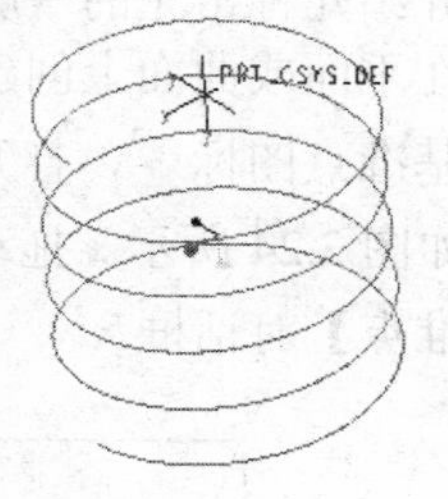

图 3.21　圆柱坐标系下从方程创建基准曲线　　　　图 3.22　在笛卡儿坐标系下从方程创建基准曲线

3.2.6　基准点的创建

基准点的用途非常广泛，在几何建模时可将基准点用作构造元素，或用作进行计算和模型分析的已知点，既可用于辅助建立其他基准特征，也可辅助定义其他特征的位置等。

1. 创建一般基准点

一般基准点是运用最广泛的基准点，使用起来非常灵活。一般基准点的创建过程如下：单击【基准特征】工具栏中的按钮 ，或执行菜单【插入】→【模型基准】→【点】→【 点】命令，弹出如图 3.23 所示的【基准点】对话框。

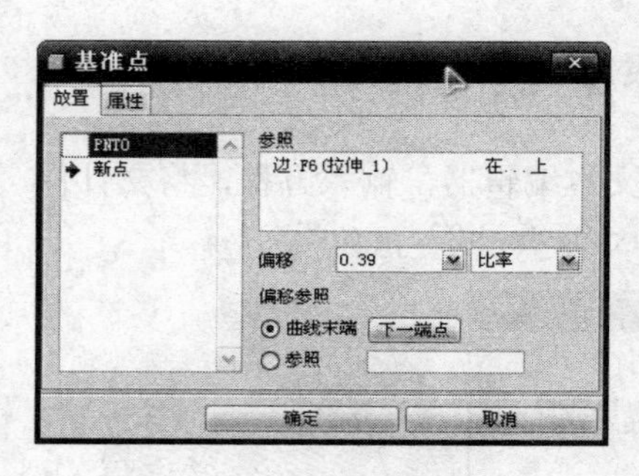

图 3.23 【基准点】对话框

该对话框包含两个面板。

①【放置】面板：定义基准点的位置。

a. 参照：在【基准点】对话框左侧的基准点列表中选择一个基准点，该栏列出生成该基准点的放置参照。

b. 偏移：显示并可以定义点的偏移尺寸。明确偏移尺寸有两种方法：明确偏移比率和明确实数（实际长度）。

c. 偏移参照：列出标注点到模型尺寸的参照，有如下两种方式。

- 曲线末端：从选择的曲线或边的端点测量长度，要使用另一个端点作为偏移基点，则单击【下一端点】按钮。
- 参照：从选定的参照测量距离。

单击【基准点】对话框中的【新点】，可继续创建新的基准点。

注意：要添加一个新的基准点，应首先单击【基准点】对话框左栏显示的【新点】，然后选择一个参照，要添加多个参照，须按下“Ctrl”键进行选择。

要移除（删除）一个参照可使用如下方法：选中【参照】，单击鼠标右键，在弹出的快捷菜单中单击【移除】选项。

②【属性】面板：显示基准点特征信息，可以修改基准点名称。

一般基准点的创建步骤如下。

步骤 1：选择一条边、曲线或基准轴等图素。

步骤 2：单击按钮，一个默认的基准点添加到所指定的实体上，同时打开【基准点】对话框。

步骤 3：通过拖动基准点定位控制柄，手动调节基准点位置，或者设定【放置】面板的相应参数定位基准点。

步骤 4：单击【新点】选项，添加其他基准点，单击确定按钮，完成基准点创建。

下面介绍几种常见的一般基准点创建方法。

（1）在平面或曲面上创建基准点。

单击基准点图标，打开【基准点】对话框，选择放置平面，平面上出现了基准点以及三个控制柄，如图 3.24 所示。拖动控制柄到参照平面并修改尺寸值，如图 3.25 所示。单击确定按钮，关闭【基准点】对话框。

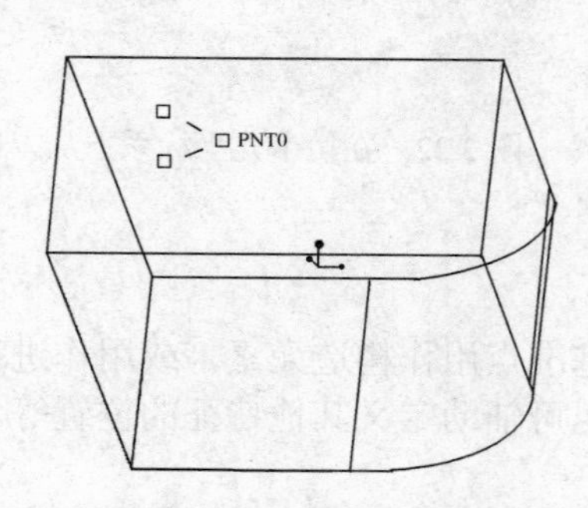

图 3.24 在平面上创建基准点

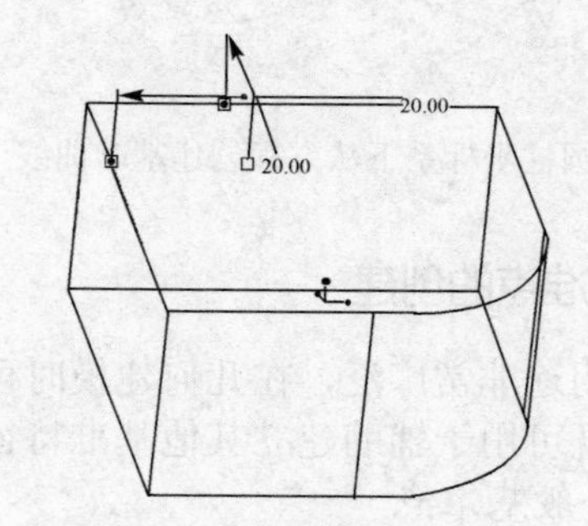

图 3.25 修改基准点位置尺寸

若是在【基准点】对话框的【参照】下拉列表中选择【偏移】，在对话框的【偏移】文本编辑框内输入偏移值就可以创建偏移平面的基准点，如图 3.26 所示。

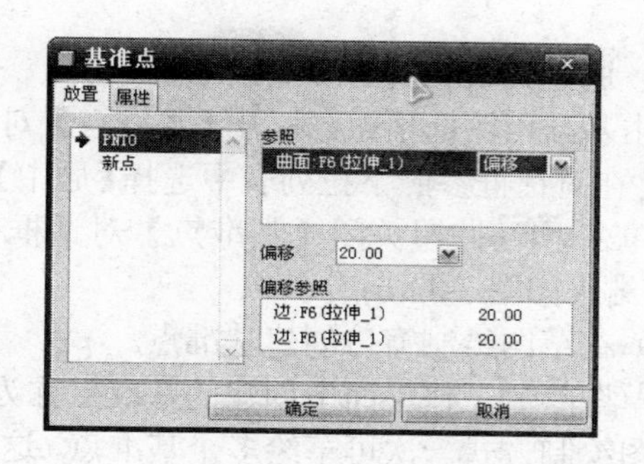

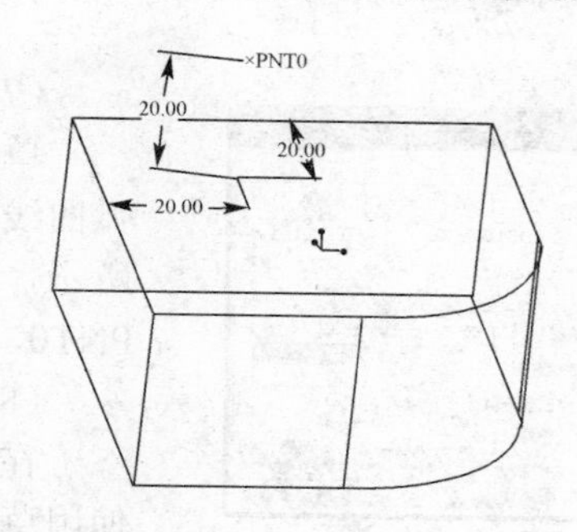

图 3.26　偏移基准点的创建

（2）通过边线与特征面或基准面的交点创建基准点。

单击基准点图标按钮，选取边 1，按住“Ctrl”键选择基准面 FRONT，单击【确定】按钮，关闭【基准点】对话框，如图 3.27 所示。

（3）通过三个彼此相交面的交点创建基准点。

先选择长方体上表面，按下“Ctrl”键再选择 FRONT 基准面和 RIGHT 基准面，如图 3.28 所示，单击基准点图标按钮，弹出【基准点】对话框，单击确定按钮关闭【基准点】对话框，结果如图 3.28 所示。

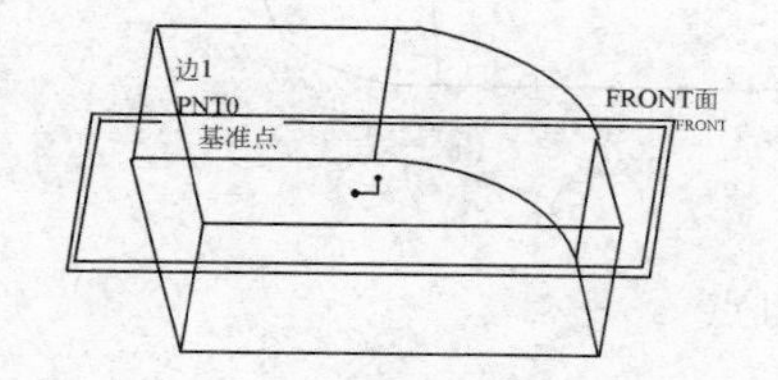

图 3.27　通过边和面的交点创建基准点

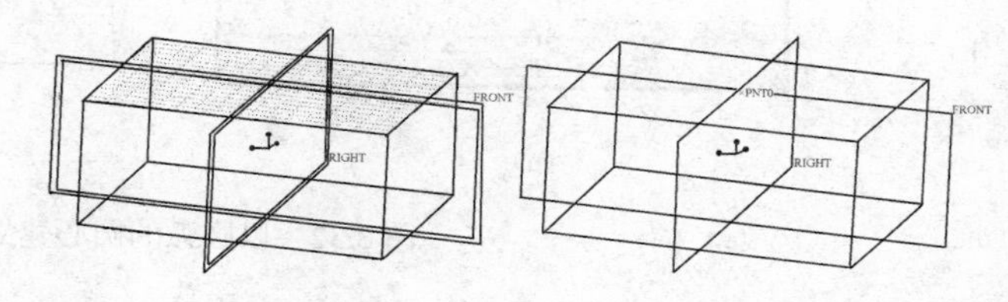

图 3.28　利用三个面的交点创建基准点

（4）通过两条相交的直线或曲线交点创建基准点。

首先选择一条曲线，按下“Ctrl”键再选择另一条直线，单击基准点图标按钮，弹出【基准点】对话框，单击确定按钮关闭【基准点】对话框，结果如图 3.29 所示。

（5）以特征或线的顶点创建基准点。

选择要创建基准点的顶点，单击基准点图标按钮，弹出【基准点】对话框，单击确定按钮关闭【基准点】对话框。至此创建了一个与该顶点重合的基准点。

（6）在直线或曲线上建立基准点。

单击基准点图标按钮，打开【基准点】对话框，选择一条曲线，曲线上出现基准点的控制柄，在对话框中输入尺寸值或直接用鼠标拖动控制点，单击确定按钮关闭【基准点】对话框，结果如图 3.30 所示。

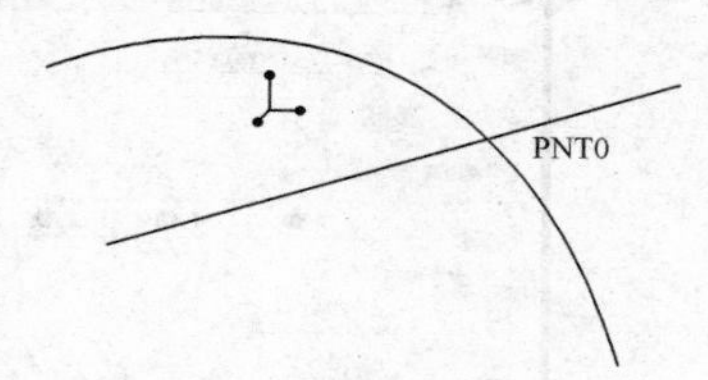

图 3.29　利用两条曲线的交点创建基准点

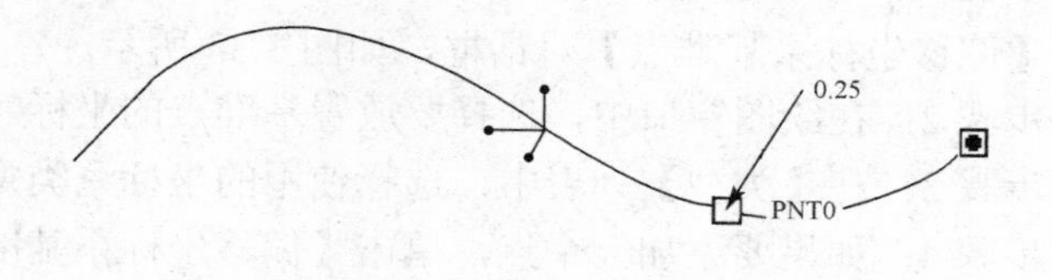

图 3.30　在曲线上建立基准点

除此之外，在对话框下拉列表中可以选择【实数】选项，输入具体尺寸来确定基准点在曲线中的位置，或选择【比率】选项，输入基准点在曲线中的比率来取定其位置，如图 3.31 所示。

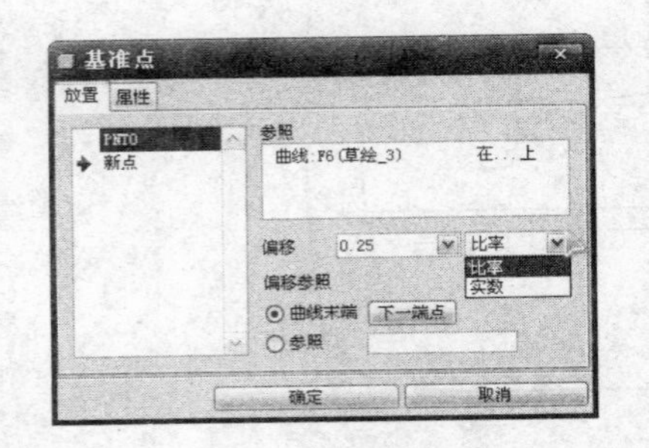

图 3.31　通过比率或实数确定基准点位置

（7）通过圆或弧的圆心点建立基准点。

单击基准点图标按钮，打开【基准点】对话框，选择圆弧曲线，在对话框参照下拉列表中选择【居中】，如图 3.32(a)所示，单击 确定 按钮关闭【基准点】对话框，建立基准点 PNT0，结果如图 3.32(b)所示。

（8）在草图绘制窗口创建基准点。

在草图绘制工作界面中创建的基准点称为草绘基准点。使用草图绘制方式一次可草绘多个基准点，这些基准点位于同一个草绘平面，属于同一个基准点特征。

注意：在模型树上显示的是草绘特征，而不是基准点特征。

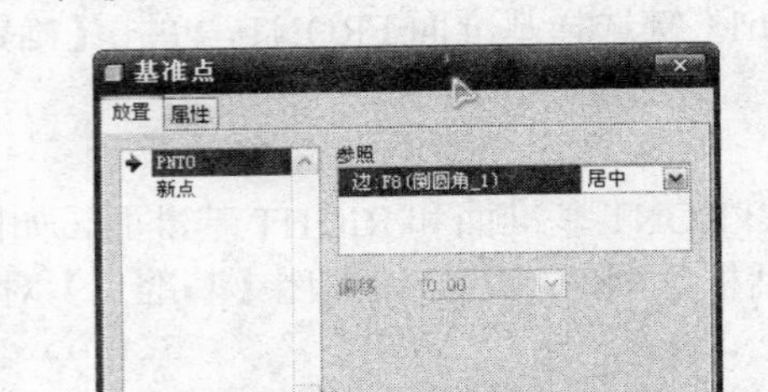

（a）

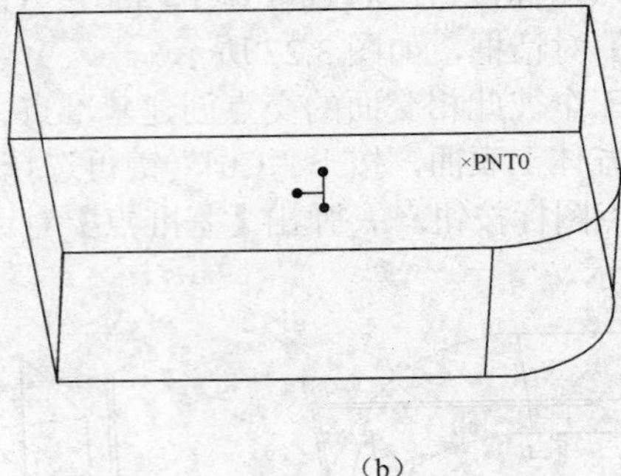

（b）

图 3.32　以圆弧的圆心建立基准点

2. 草绘基准点的创建步骤

步骤 1：选择并定位草绘平面。

步骤 2：单击【草绘】按钮，进入草绘环境。

步骤 3：单击草绘命令工具栏中的按钮 在绘图区创建一个点，根据需要可创建多个点。

步骤 4：单击草绘命令工具栏中的按钮 ，退出草绘工作界面，完成基准点的创建。

注意：以草绘方式建立基准点时，虽然一次可创建多个基准点，但它们同属于一个基准点特征，故在模型树中只显示一个特征名称（显示的是草绘名称）。

3. 创建偏移坐标系基准点

Pro/ENGINEER 允许用户通过指定点坐标系的偏移来产生基准点，可以用笛卡儿坐标系、球坐标系或柱坐标系来实现基准点的建立。一次可以产生多个基准点，这些点属于同一个基准特征。

创建偏移坐标系基准点的步骤如下。

步骤 1：单击基准工具栏上的偏移坐标系工具按钮 ，打开【偏移坐标系基准点】对话框，如图 3.33 所示。

步骤 2：在绘图窗口中，选择要放置基准点的坐标。

步骤 3：在【类型】列表中，选择使用的坐标系类型。

步骤 4：如果要添加一个点，单击【偏移坐标系基准点】对话框，然后输入相应的坐标值。

步骤 5：完成点的添加后，单击【确定】按钮或单击【保存】按钮保存添加的点。

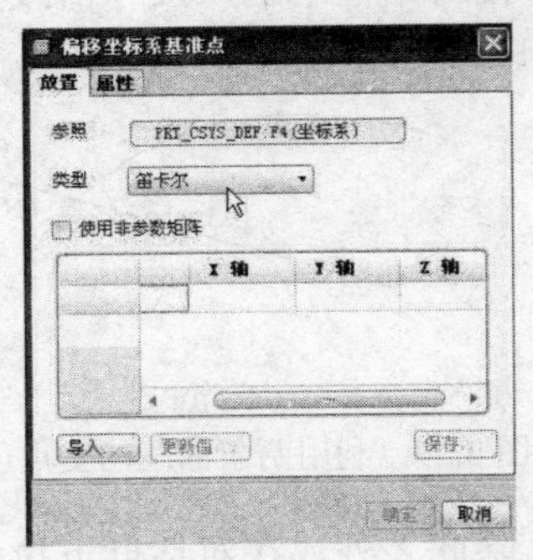

图 3.33　【偏移坐标系基准点】对话框

该对话框各选项的功能介绍如下。

- 【参照】：选定参照坐标系。
- 【类型】：在下拉列表中选择坐标系的类型，坐标系的类型有【笛卡儿】、【球坐标】和【柱坐标】。
- 【输入】：通过从文件读取偏移值来添加点。
- 【更新值】：使用文本编辑器输入坐标，建立基准点。
- 【保存】：将点的坐标存为一个“.pts”文件。
- 【使用非参数矩阵】：移走尺寸并将点数据转换为一个参数化、不可修改的数列。
- 【确定】：完成基准点的创建并退出对话框。

3.2.7　坐标系的创建

在 Pro/E 三维建模中，坐标系用得较少，坐标系常用在以下方面。

- 计算零件的全部属性。
- 进行零件组装的参照。
- 在进行有限元分析放置约束。
- 在 NC 加工中为刀轨迹提供操作参照原点。
- 用作其他特征的参照，如输入的几何特征（IGES、STL 格式）。

创建坐标系的步骤如下。

步骤 1：单击坐标系图标或在下拉菜单中选择【插入】→【模型基准】→【坐标系】命令，打开【坐标系】对话框，如图 3.34 所示。

步骤 2：在【原点】选项的【参照】编辑框中单击鼠标左健，然后在绘图区中选择建立基准坐标系的原点的参考图元。

步骤 3：在【方向】选项卡中定义 X 轴、Y 轴的方向，在【属性】选项卡中修改基准坐标系名称，以及其他相关信息。

步骤 4：在【坐标系】对话框中单击【确定】按钮，结束基准坐标系的创建。

下面介绍几种常用坐标系的创建方法。

（1）三个平面：选取三个平面或实体表面的交点作为坐标系的原点，如果三个平面两两相交，系统会以选定的第一平面的法向作为一个轴的法向，第二个平面的法向作为另一个轴的方向，系统使用右手定则确定第三个轴，如图 3.35 所示。当三个平面不是两两正交时，系统会自动产生近似的坐标系。

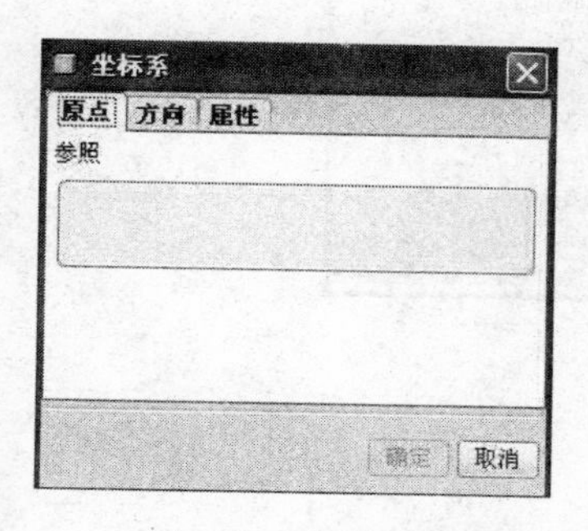

图 3.34　【坐标系】对话框

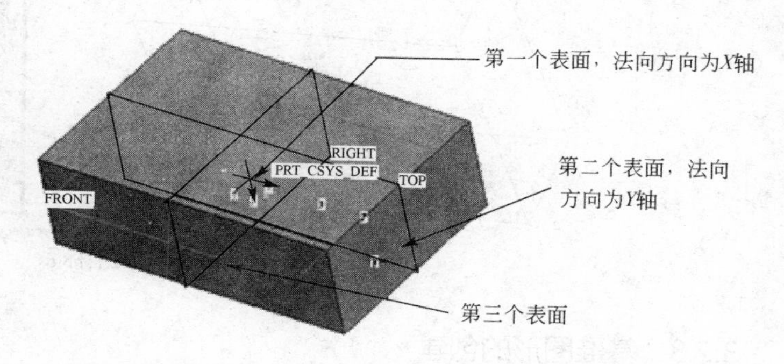

图 3.35　利用三个平面创建坐标系

（2）两条边线：使用两条边或两个轴线来创建坐标系。

单击坐标系图标，弹出【坐标系】对话框，按住“Ctrl”键依次选取两条边线（先选的边默认为 X 轴），如图 3.36 所示，单击【确定】按钮，关闭对话框。

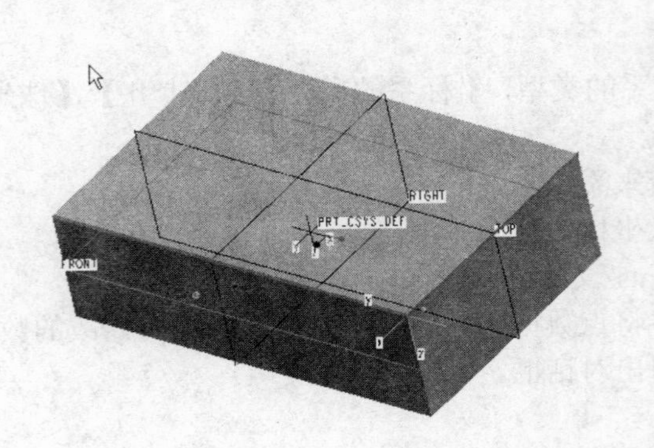

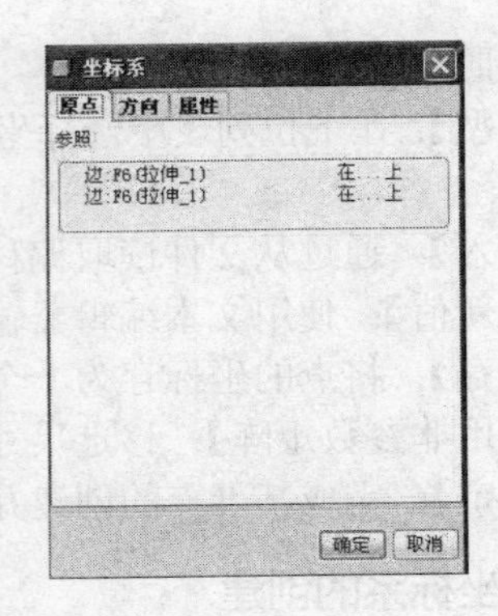

图 3.36　利用两条边创建坐标系

（3）偏距：把原始坐标系作为参照，在空间偏移一定的距离，得到新的坐标系。

单击坐标系图标，弹出【坐标系】对话框，选择参考坐标系，在对话框【偏移类型】中选择坐标系，本例选择【笛卡儿】坐标，在对话框中输入尺寸或是在绘图区中双击尺寸修改，结果如图 3.37 所示。单击【定向】选项卡，可以在偏距的同时旋转坐标系，结果如图 3.38 所示。单击【确定】按钮，关闭对话框。

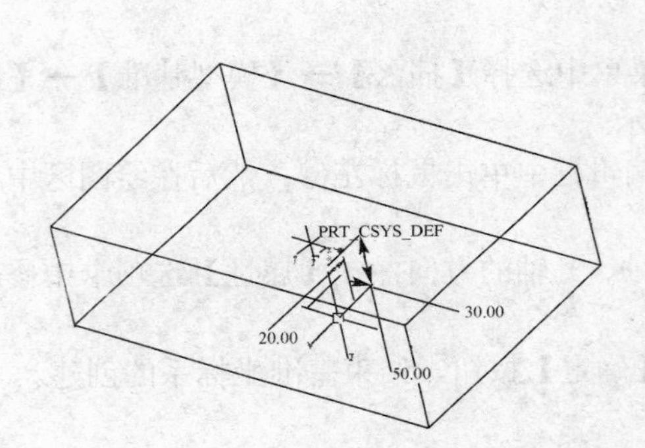

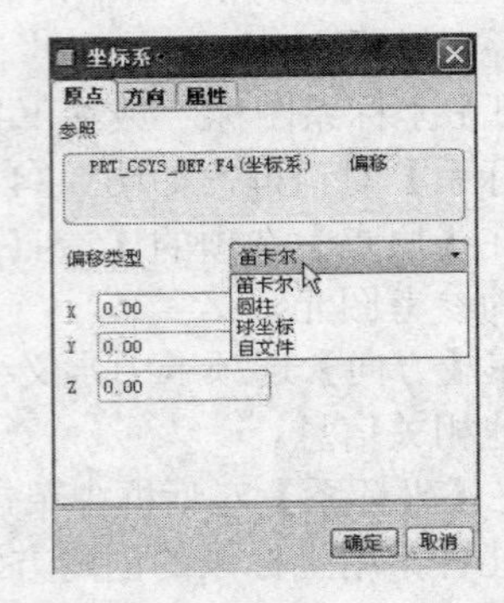

图 3.37　利用偏距创建坐标系

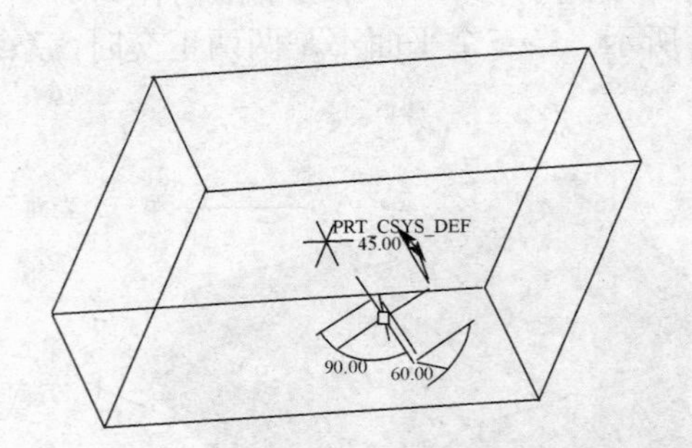

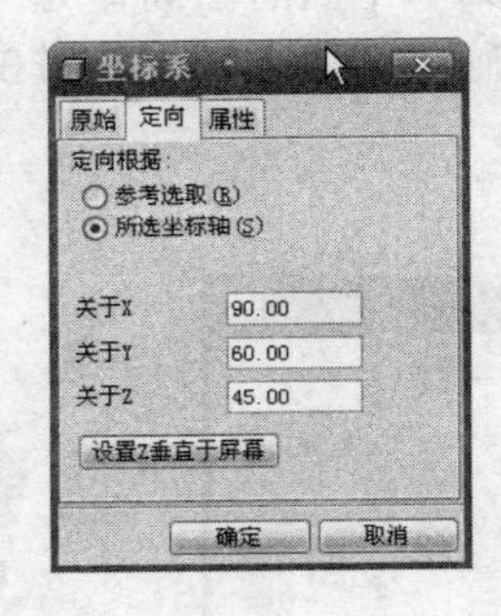

图 3.38　旋转偏距坐标系

3.2.8　基准图形的创建

基准图形是一种数学函数的图形表示，以此来描述 X 值与 Y 值之间的关系。基准图形在创建实体时，多用来创建尺寸的关系约束方程。基准图形的创建方法为：在进入实体零件设计模块后，在下拉菜单中选择【插入】→【模型基准】→【图形】，之后系统提示输入图形的名字，名字可以是中文名字，但是推荐用英文名字。输入图形的名字后单击，系统自动进入草绘器，这时先建立一个坐标系（不是几何坐标系），然后绘制一个开放的图形，如图 3.39 所示。

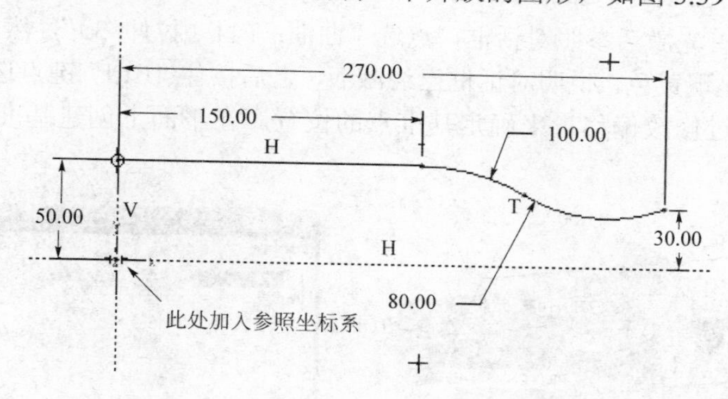

图 3.39　基准图形的绘制

绘制完成后退出草绘器，这时模型树中出现的基准特征，说明基准图形创建成功。
在绘制图形特征时，要注意以下几个问题。

- 图形特征曲线只能是开口的，不能封闭。
- 在图形特征曲线中，对应于每一个 X 值只能有一个 Y 值，不能有多解。
- 绘制图形特征时，必须加入草绘参照坐标系（不是几何坐标系）。

3.3　创建和修改基准特征操作实例

前面章节中介绍了基准特征的创建方法，本节将以图 3.40 为例进一步说明特征创建的操作方法。图 3.40 所示文件在附盘“第 3 章\范例源文件\caozuo_fanli01.prt”。

3.3.1　在模型中创建基准点

1. 创建基准点的一般方法

如图 3.41 所示，单击【基准特征】工具栏中的按钮，或执行菜单【插入】→【模型基准】→【点】→【点】命令，弹出如图 3.41(b)所示的【基准点】对话框。然后在实体零件上选取边 F6，可以看到在【参照】对话框中添加了“边：F6（拉伸_1）　在…上”的参照，可以通过改变【基准点】对话框中的偏移比率来确定基准点在边上的位置。另外可以单击放置对话框中的【新点】来增加基准点的创建。

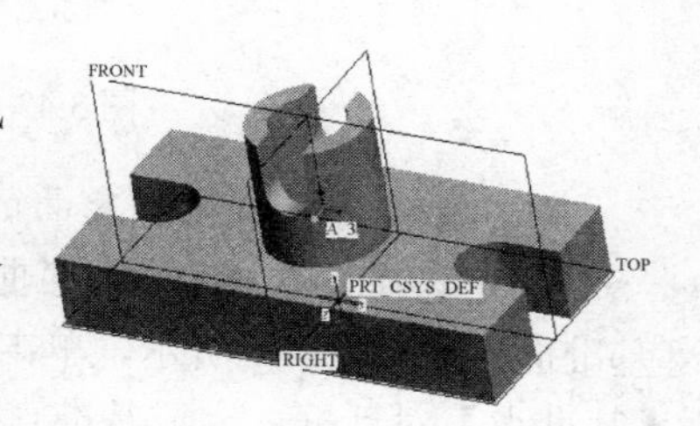

图 3.40　实体零件模型

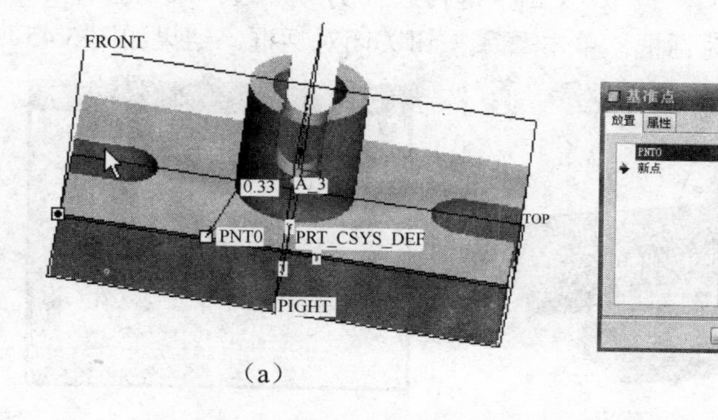

（a）　（b）

图 3.41　基准点创建的一般方法

2. 在平面和曲面上创建基准点

如图 3.42 所示，首先激活参照对话框，点选“曲面：F11（拉伸_3）”，然后单击【偏移参照】对话框，此时对话框呈现黄色，说明对话框已经激活，之后按住“Ctrl”键点选 FRONT 面和 TOP 面作为偏移参照，通过修改偏移量来确定基准点的位置。在平面上创建基准点的方法与此基本相同。

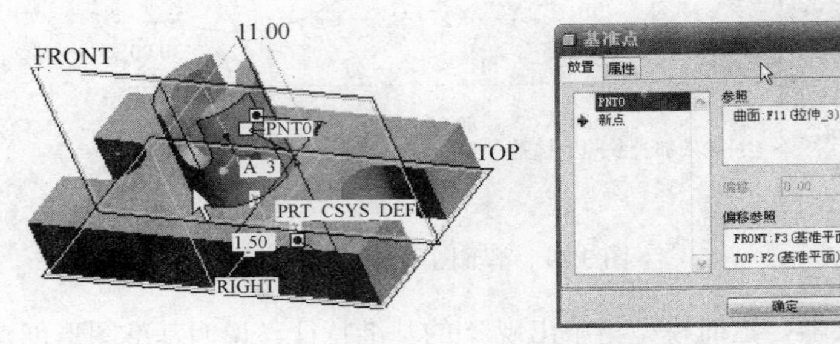

图 3.42 在曲面上创建基准点

3. 通过边线与基准面或特征面的交点创建基准点

如图 3.43 所示，首先点“选边:F9（拉伸_2）”为基本参照，然后在【偏移参照】中点选【参照】选项，激活其复选框，然后点选 FRONT 面作为参照，最后单击确定按钮，完成基准点的创建。

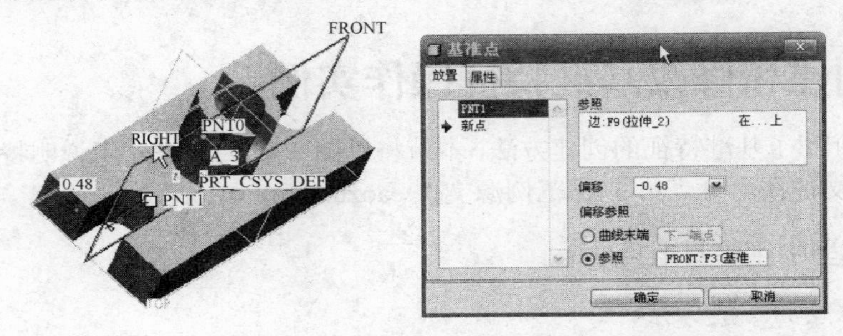

图 3.43 通过边线与基准面或特征面的交点创建基准点

4. 通过三个彼此相交面的交点创建基准点

首先选择长方体上表面“曲面：F6(拉伸_1)”，按下“Ctrl”键再选择 FRONT 基准面和 RIGHT 基准面，如图 3.44 所示，单击基准点图标按钮，弹出【基准点】对话框，单击确定按钮关闭【基准点】对话框，完成基准点的创建。

5. 通过两条相交的直线或曲线交点创建基准点

首先选择“边：F6（拉伸_1）”，按下“Ctrl”键再选择另一“边：F6（拉伸_2）”，单击基准点图标按钮，弹出【基准点】对话框，单击确定按钮关闭对话框，结果如图 3.45 所示。

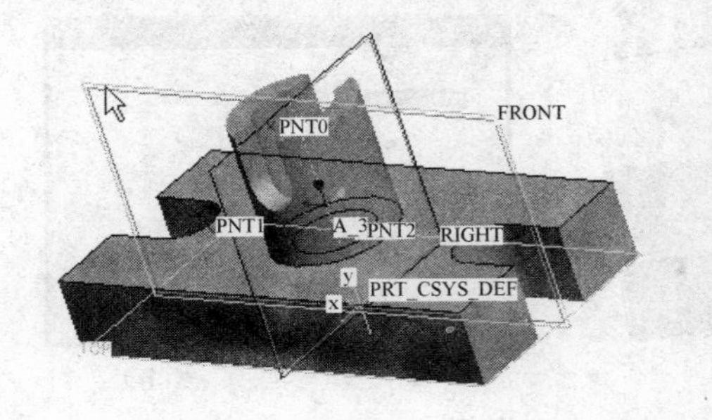

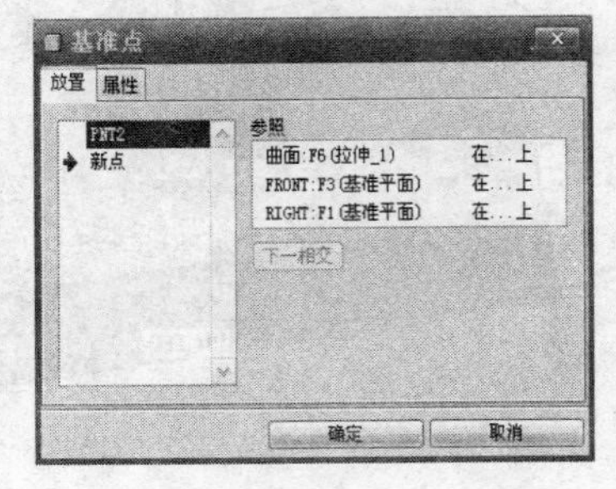

图 3.44 通过三个彼此相交面的交点创建基准点

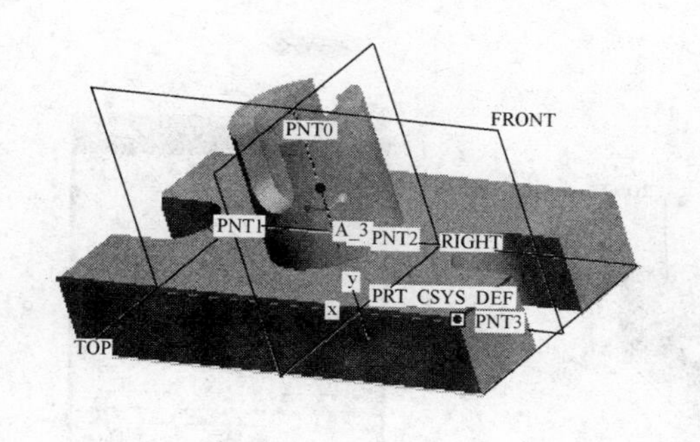

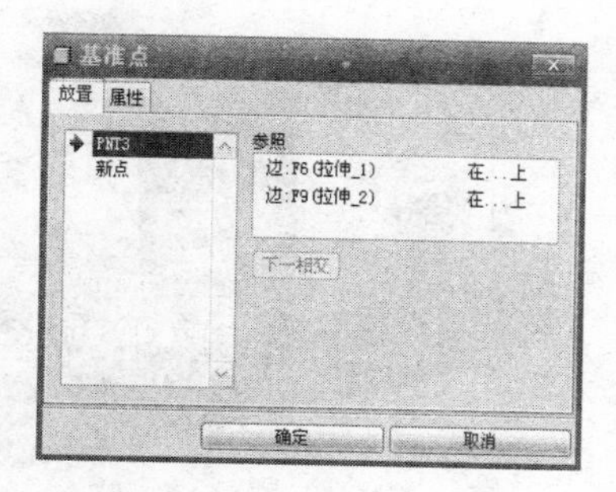

图 3.45　通过两条相交的直线或曲线交点创建基准点

6. 通过圆或弧的圆心点建立基准点

单击基准点图标按钮，打开【基准点】对话框，选择圆弧曲线“边：F13(拉伸_4)”，在对话框参照下拉列表中选择【居中】，如图 3.46 所示，单击 确定 按钮关闭【基准点】对话框，完成基准点 PNT4 的创建。

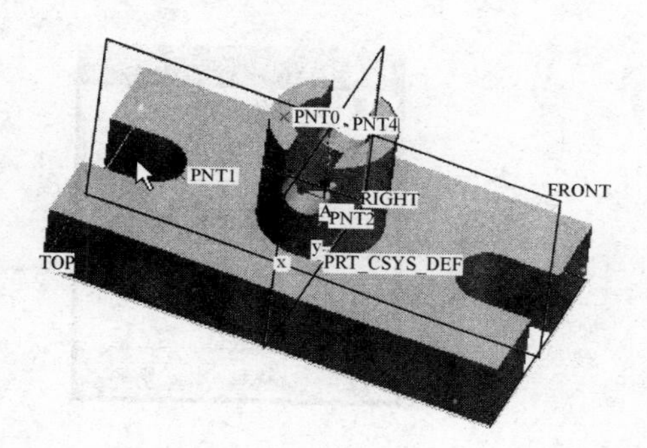

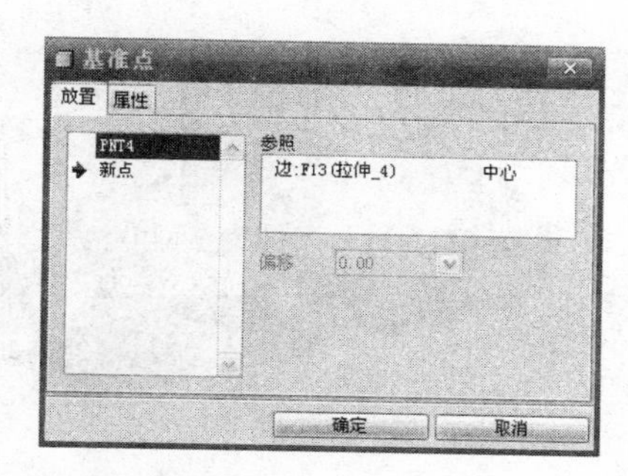

图 3.46　通过圆或弧的圆心点建立基准点

3.3.2 在模型中创建基准轴

基准轴的创建实际上就是确定轴线方位的问题，下面介绍各种轴线创建的方法。

1. 通过实体的边来创建基准轴

如图 3.47 所示，打开【基准轴】对话框后，激活参照选项卡后，点选实体“边：F6（拉伸_1）”，并选择【穿过】属性来创建基准轴。

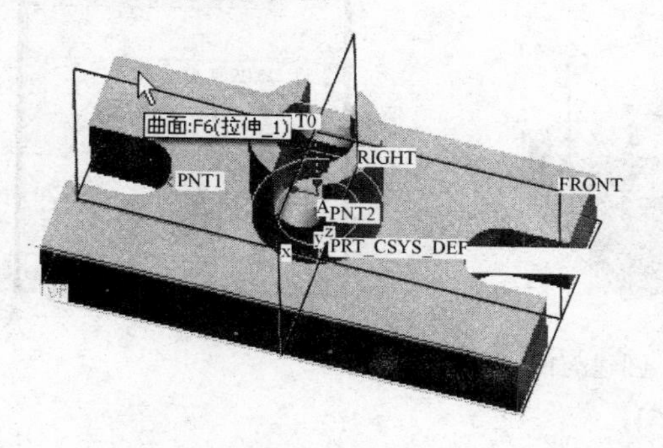

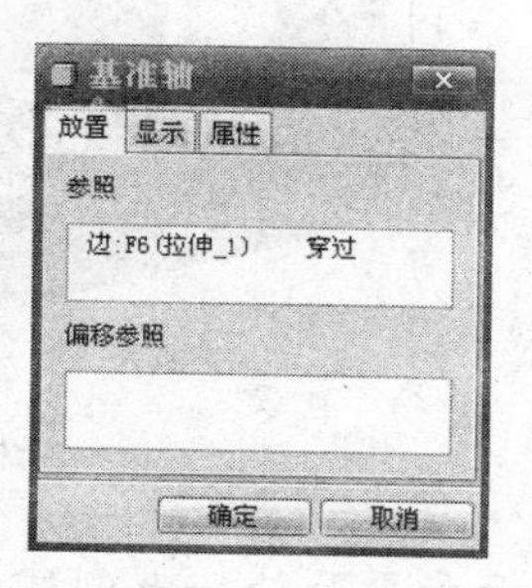

图 3.47　通过实体的边、点来创建基准轴

2. 通过实体的点来创建基准轴

如图 3.48 所示，通过实体的两个顶点（两点确定一条直线）来创建基准轴。

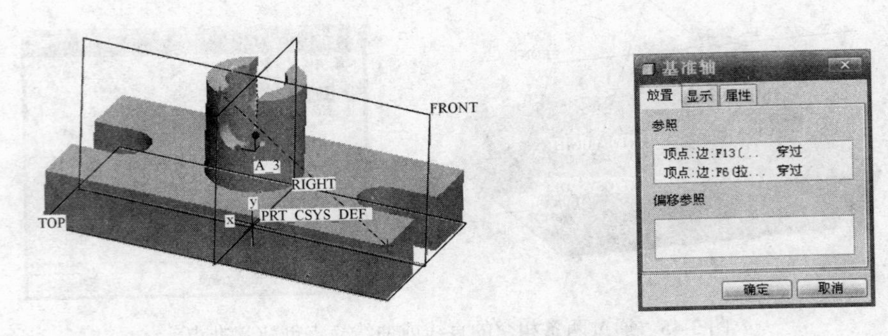

图 3.48　通过实体的边来创建基准轴

3. 通过两个平面或者基准面的交线建立基准轴

如图 3.49 所示，按“Ctrl”键在【基准轴】对话框中添加 FRONT 和 RIGHT 为参照，系统自动将放置方式设定为【穿过】，然后单击 确定 按钮，完成的基准轴如图 3.49 所示。

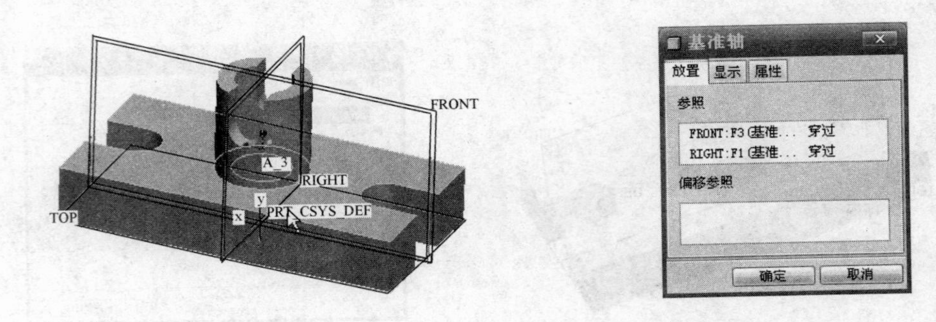

图 3.49　通过两个平面或者基准面的交线建立基准轴

4. 创建与曲线相切的基准轴

如图 3.50 所示，打开【基准轴】对话框后，首先选取“边：F13(拉伸_4)”为放置参照，并把放置方式设定为【相切】；然后按“Ctrl”键添加该曲线的端点为放置参照，并把放置方式设定为【穿过】，单击 确定 按钮完成基准轴的创建，该基准轴与曲线相切于曲线的端点。

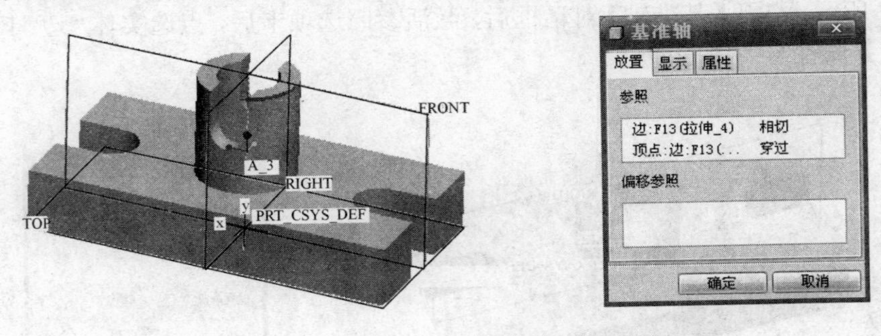

图 3.50　创建与曲线相切的基准轴

5. 用平面和平面外一点创建基准轴

如图 3.51 所示，打开【基准轴】对话框后，点选“曲面:F6(拉伸_1)”为放置参照，并把放置方式设定为【法向】；按住“Ctrl”键添加基准点“PNT0:F14(基准点)”为参照，并把放置方式设定为【穿过】，单击 确定 按钮，完成基准轴的创建。

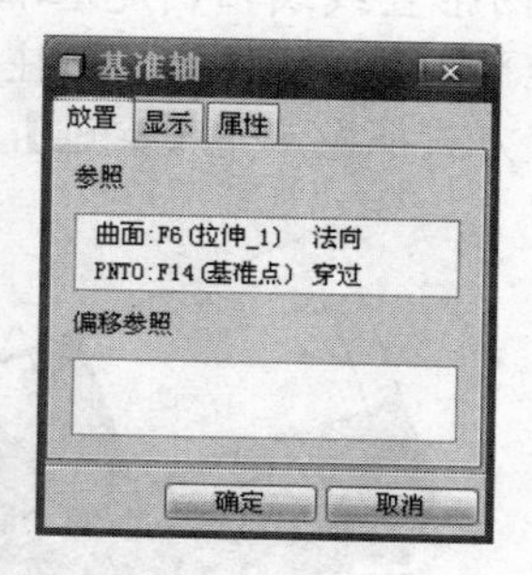

图 3.51　用平面和平面外一点创建基准轴

3.3.3　在模型中创建基准平面

1. 通过对实体平面和现有基准面的偏移建立基准面

首先单击▱，弹出创建【基准平面】对话框，如图 3.52 所示，然后选取“曲面：F6（拉伸_1)”为放置参照，并把放置方式设定为【偏移】，并在【偏距】设置文本框中输入相对选定面偏移的距离 5，并通过输入数值的“+、−”来控制偏移的方向，之后单击 确定 按钮完成基准面 DTM1 的创建。

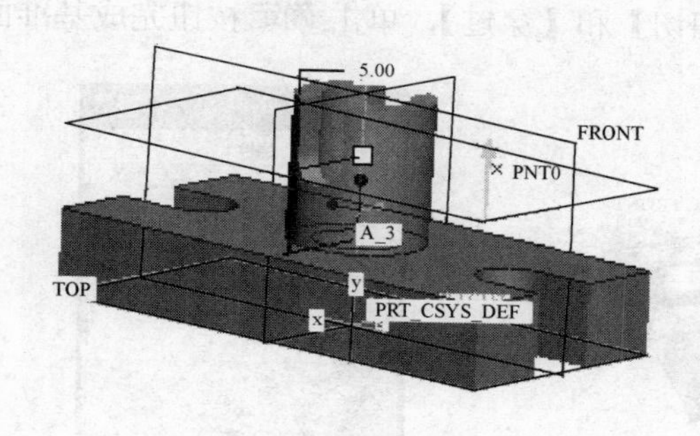

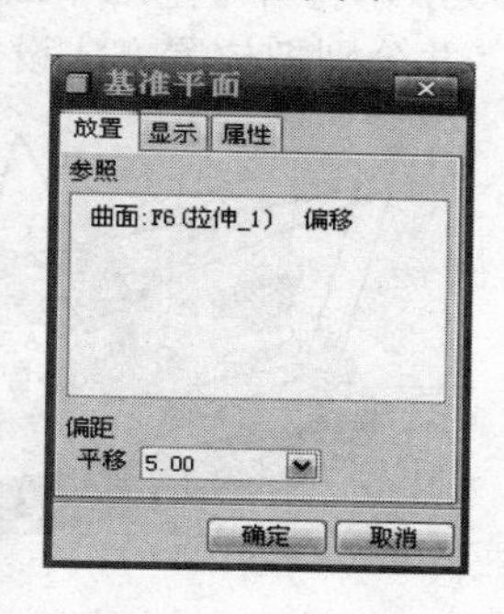

图 3.52　通过对实体平面和现有基准面的偏移建立基准面

2. 通过一条直线和现有平面创建基准面

如图 3.53 所示，在打开【基准平面】对话框后，首先选取“边：F6:(拉伸_1)”为放置参照，并把放置方式设定为【穿过】；按住“Ctrl”点选“曲面：F6(拉伸_1)”为放置参照，并把放置方式设定为【偏移】，这时可以看到【偏距】的设定方式自动显示为【旋转】，输入旋转角度 45，并通过输入数值的“+、-”来控制旋转的方向。单击 确定 按钮即可。

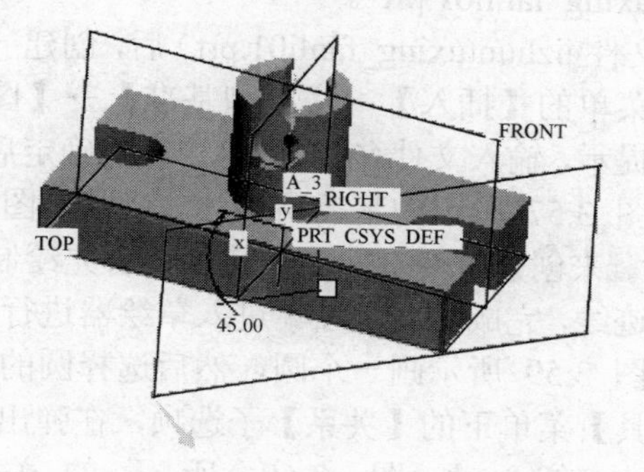

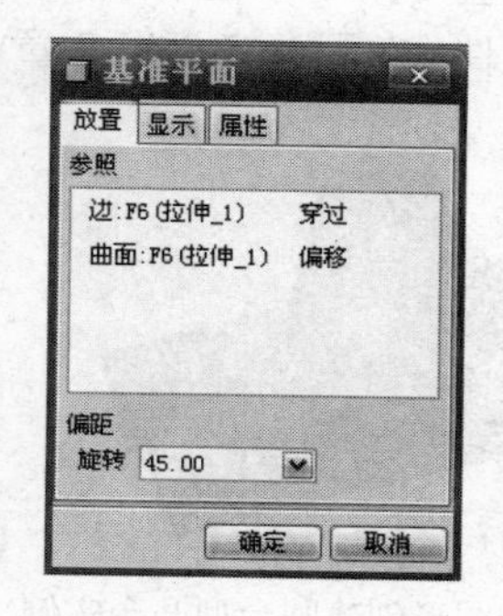

图 3.53　通过一条直线和现有平面创建基准面

3. 通过两条直线或轴创建基准面

在【基准平面】对话框中，按住“Ctrl”键依次选取“边：F6（拉伸_1）”的两条边为放置参照，并把放置方式都设定为【穿过】，之后单击 确定 按钮，完成基准面的创建，如图 3.54 所示。

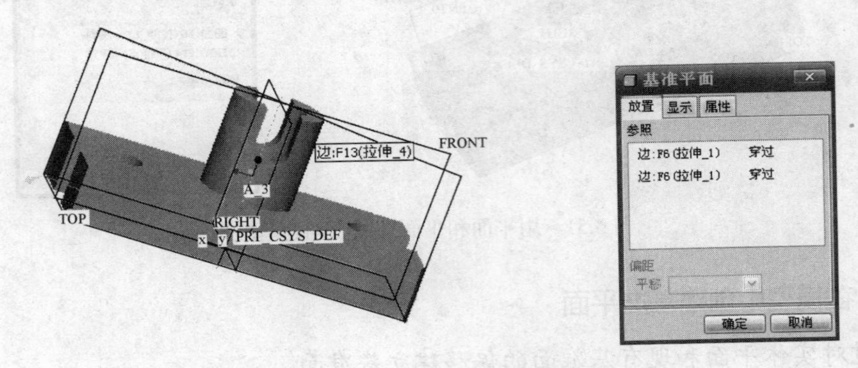

图 3.54　通过两条直线或轴创建基准面

4. 通过一条直线或轴创建与曲面相切的基准面

如图 3.55 所示打开【基准平面】对话框后，选取“曲面：F11(拉伸_3)”和“边：F6(拉伸_1)”为放置参照，并分别把放置方式设定为【相切】和【穿过】，单击 确定 按钮完成基准面的创建。

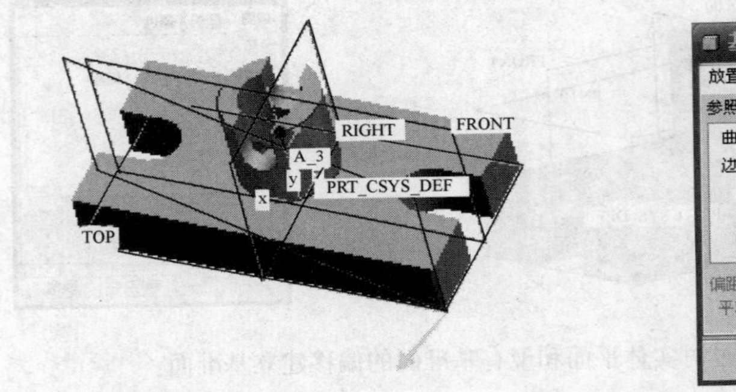

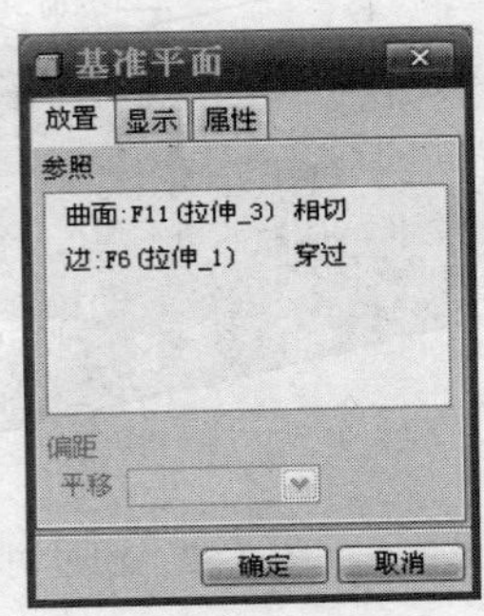

图 3.55　通过一条直线或轴创建与曲面相切的基准面

3.3.4　在模型中创建基准图形

在本节中以图 3.56 所示的凸台创建过程为例，说明基准图形的创建和应用。图 3.56 所示范例源文件在附盘“第 3 章\范例源文件\jizhuntuxing_fanli01.prt”。

打开源文件（在配套光盘第 3 章\范例源文件\jizhuntuxing_fanli01.prt）后，创建一个基准图形：单击主菜单的【插入】→【模型基准】→【图形】，之后根据系统提示，输入文件名“line”，单击确定后进入草绘器，绘制如图 3.57 所示的基准图形，完成基准图形的创建。然后单击来创建可变剖面扫描特征，首先绘制如图 3.58 所示的轨迹线，完成后，单击进入草绘器进行扫描截面的绘制，如图 3.59 所示画一个圆，然后选择圆的直径尺寸，单击【工具】菜单下的【关系】子选项，在弹出的【关系】对话框中输入如图 3.60 所示的关系式，即 sd3=evalgraph("line",trajpar*20)+10，其中“line”就是刚才建

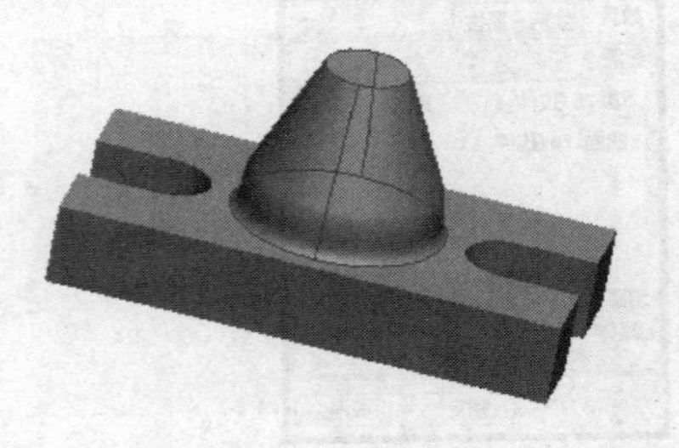

图 3.56　用基准图形创建圆台型凸台实例

立的基准图形的名字，完成后点 确定 按钮，之后退出草绘器，出现扫描特征的预览特征，最后点 ✔，完成如图 3.56 所示凸台特征的创建。结果参看“第 3 章\范例结果文件\jizhuntuxing_fanli01_jg.prt”。

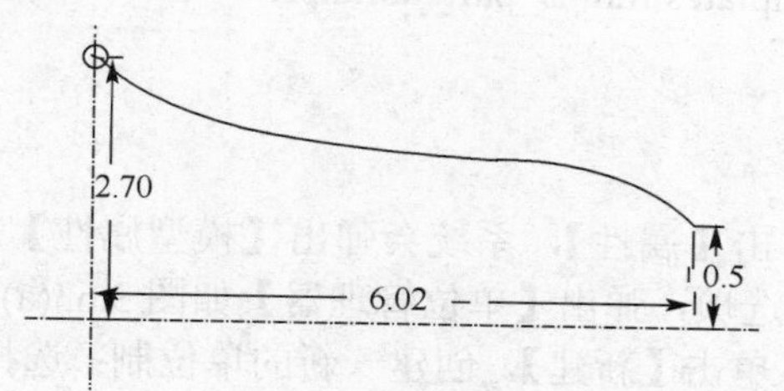

图 3.57　基准图形的绘制

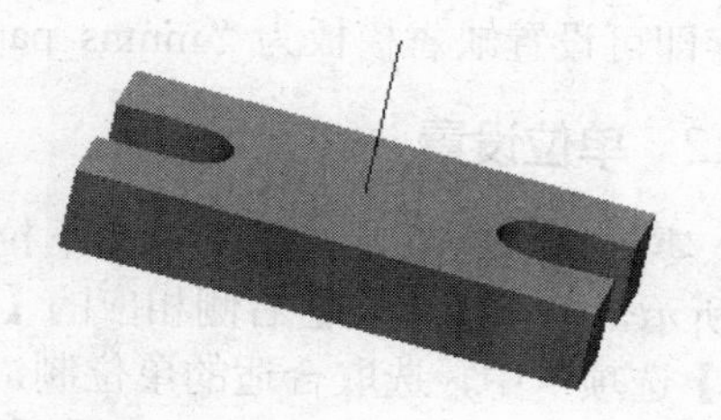

图 3.58　创建扫描轨迹

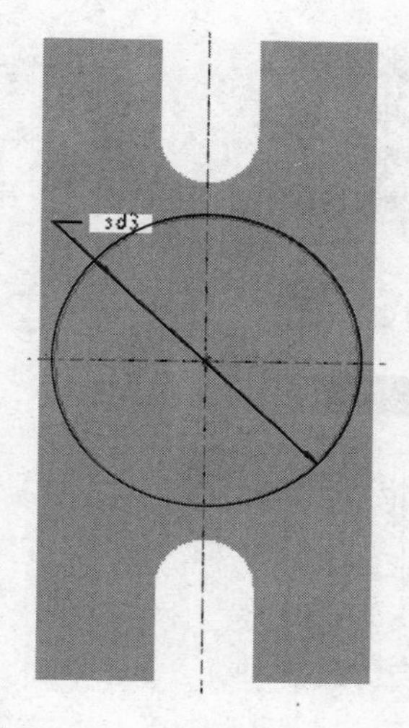

图 3.59　扫描截面的绘制

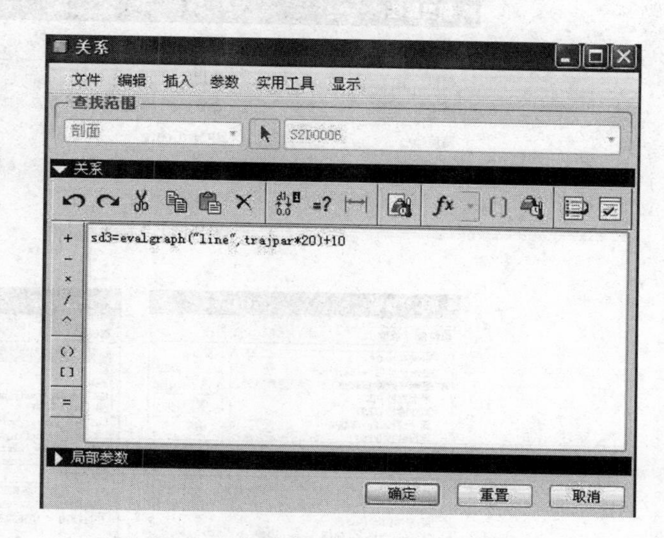

图 3.60　扫描截面直径尺寸约束关系的创建

3.3.5　基准特征的修改

所有创建的基准特征和实体特征都会在【模型树】中列出，当需要修改某个基准特征时，需要在模型树单击对应的特征名称，然后单击鼠标右键（右击），在弹出的对话框中单击【重命名】可以更改基准特征的名字；单击【编辑定义】选项，如图 3.61 所示，这时会重新回到基准特征创建窗口。

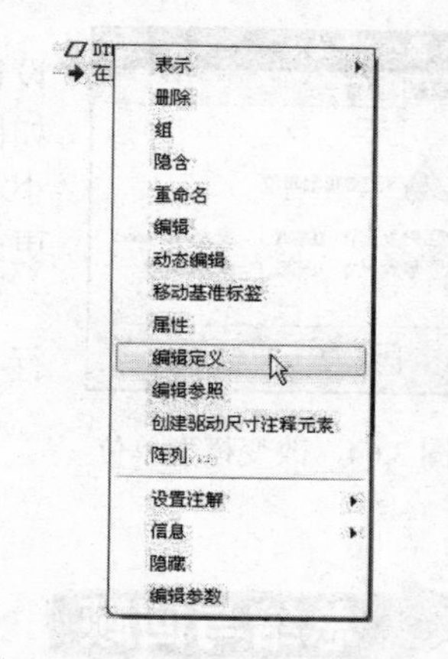

图 3.61　特征的重新编辑定义

3.4　零件建模的设置

3.4.1　模板的设置

创建实体零件时，在新建的对话框中先不要勾选缺省模板选项，在设置好零件名称后单击 确定 按钮，系统会弹出【新文件选项】对话框，在模板选项里选取“mmns_part_solid”，单击对话框中的 确定 按钮，完成零件模板的设置，并进入实体建模界面。

注意：如果系统缺省的实体设计模板已经是“mmns_part_solid”，

则可以勾选缺省模板选项，设置好零件名称后单击**确定**按钮，直接进行设计。

可以在 Pro/E 的安装命令下面的 text 目录下的 config.pro 文件中增加一行（用写字板打开）：

template_solidpart　　$PRO_DIRECTORY\templates\mmns_part_solid.prt

保存即可设置缺省模板为“mmns_part_solid”。

3.4.2　单位设置

进入零件模块之后，在【文件】下拉菜单单击【属性】，系统会弹出【模型属性】对话框如图 3.62 所示，单击【单位】右侧相应的【更改】选项，弹出【单位管理器】如图 3.63(a)所示，在【单位制】选项卡中，选取合适的单位制，也可以单击【新建】，创建一新的单位制；选择【单位】选项卡，如图 3.63（b)所示，可以查看所有的单位属性，用户也可以新建单位。

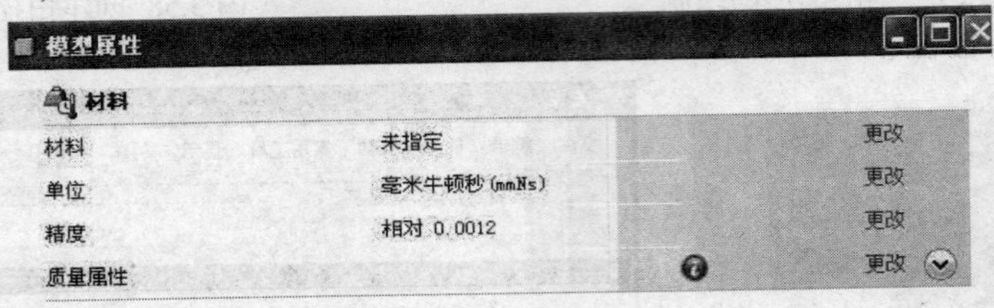

图 3.62　模型属性

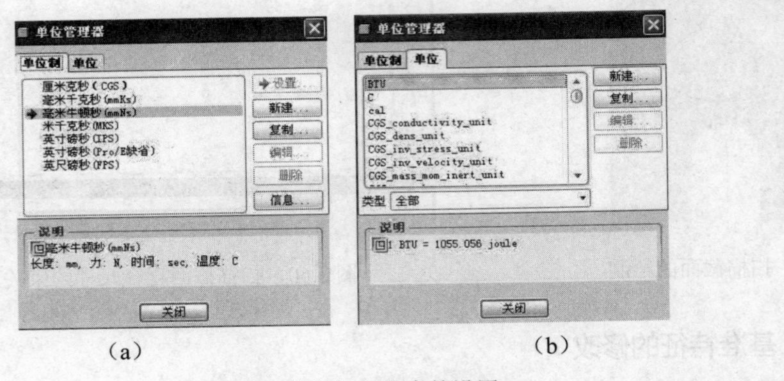

（a）　　　　　　　　　　（b）

图 3.63　单位管理器中的设置

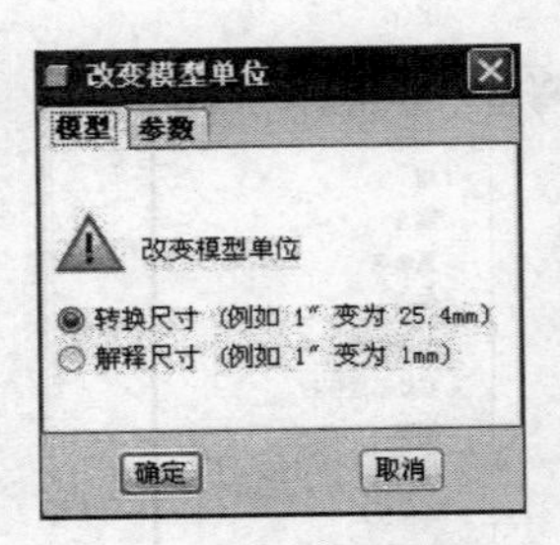

图 3.64　改变模型单位

如果要更改为其他单位制（例如，应该单位为“mm”，但是现在已经设计好了为“英寸”），先选中想要更改的单位制，然后单击【设置】，弹出如图 3.64 所示【改变模型单位】对话框，其中的【转换尺寸】选项模型大小不变，【解释尺寸】选项模型大小会改变，但是显示尺寸一样，适合只是更改设计单位时使用。选择其中一种，单击【确定】按钮即可。

可以在 Pro/E 的安装命令下面的 text 目录下的 config.pro 文件中增加一行（用写字板打开）：

pro_unit_sys　　mmNs。

保存即可设置单位制为“mmNs”。

总结与回顾 ▶▶

本章主要介绍了特征的分类和基准特征的创建，是学习实体零件的创建以及零件的装配模块的基础，希望读者能够重视本章内容的学习。学习完本章后需要熟练掌握基准平面、基准轴、基准点以及基准曲线的创建；了解单位和材料的设置。

思考与练习题 ▶▶

1. 用三种方法完成如图 3.65 所示基准轴(A_1)和基准面(DTM1)的创建。

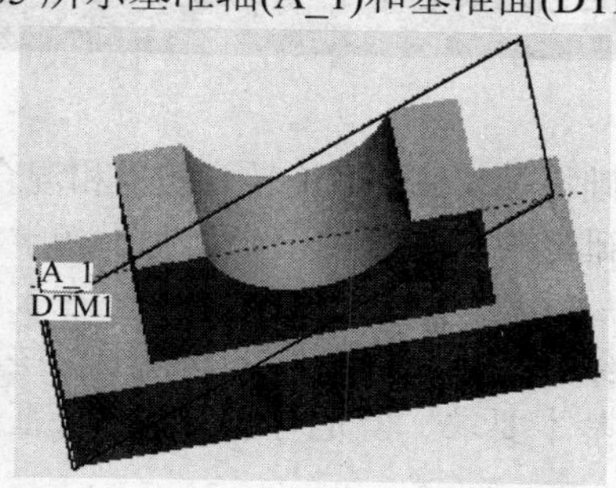

图 3.65　基准轴和基准平面的创建结果

2. 试述各个基准特征使用场合。
3. 总结出创建基准轴、基准点和基准平面的各种方法。
4. 试述基准图形的创建方法，并说明其应用场合。
5. 试述基准曲线创建的几种方式，并尝试用各种方式创建基准曲线。
6. 根据下面方程用圆柱坐标系创建基准曲线（参看“第 3 章\练习题结果文件\ex03-6_jg.prt”）。

r=5

theta= t×3600

z=sin(3.5×theta–90)+24

第 4 章

基础特征的创建

学习目标：本章主要学习基础特征（拉伸、旋转、扫描和混合特征）的创建方法和创建技巧。

基础特征是 Pro/E 系统的基础，也是系统的核心。对于初学者来说，基础特征学好之后，对三维软件有了初步的认识，学习后续章节会相对容易一些。在工程设计中，尽管机械零件、建筑模型千差万别，但经过适当的总结和抽象，总可以将其看成一些简单形体的各种组合。熟练掌握基础特征，是利用 Pro/E 软件的基本要求。但是对于同一种特征，可选的造型方法很多，造型时应根据需要合理选择。

4.1　拉伸特征

拉伸是建立基本实体特征的基本方法之一，通过将二维截面沿直线拉伸到指定位置处实现。Pro/E 会垂直该草绘平面长出一定高度的实体。

4.1.1　拉伸工具操作控制面板

单击下拉菜单【插入】→【拉伸】命令或单击按钮，则开始建立拉伸特征。此时在绘图区的下方会弹出如图 4.1 所示的操作控制面板，简称“操控板”。

图 4.1　拉伸命令操作控制面板

拉伸命令操控面板分为两部分，上层为工具按钮栏，下层部分为对话框。

对话框主要由三项组成，分别为【放置】、【选项】和【属性】。其中【放置】选项用来创建草绘图形，单击【放置】选项后，选择【定义】，会进入【设置绘图平面】对话框，用来打开【草绘器】以创建或修改特征截面。【选项】用来定义拉伸特征深度或选取【封闭端】选项来创建拉伸特征。【属性】用来给操作的拉伸特征命名。

上层工具按钮栏各按钮功能分别如下。

- 用来创建实体特征。
- 用来创建曲面特征。其中创建实体特征和创建曲面特征为开关量，只能二选一。
- 用来反转特征创建方向。
- 文本框 216.51 用来定义拉伸的深度，在以指定深度创建特征时，后一个文本框可以指定要添加的深度值。
- 可以定义拉伸的终止条件。
- 以切减材料方式创建拉伸特征。
- 通过截面轮廓指定厚度创建特征，也就是加厚草绘特征。
- 单击后会暂停命令。
- 用来预览图形，选中会直接显示预览图形。

- 用来完成拉伸命令。
- 用来终止拉伸命令。

4.1.2　拉伸特征类型

使用创建拉伸命令时，可以创建拉伸实体、曲面、具有指定厚度的拉伸实体。

在建立拉伸实体模型时，绘制的草绘图形可以是封闭的，也可以是开放的，但是开放的草绘图形的端点必须在原有实体的边界上，它与实体边界能够组成封闭的图形。

4.1.3　拉伸的深度设置

拉伸的深度主要依靠按钮设置，单击按钮右侧三角“▾”，一共有 6 种拉伸深度的设置方式。

- 按钮“盲”：指定拉伸深度，指定一个负的深度值会反转深度方向。
- 按钮“对称”：在草绘平面的两侧对称拉伸，每侧拉伸深度是总拉伸深度的一半。
- 按钮“穿至”：从草绘面开始拉伸至指定的终止面。注意其选定的终止面，既可以是零件上的曲面或平面，也可以为基准平面（该基准平面可以不平行于草绘平面）；可以是由一个或几个曲面所组成的面组；可以在一个组件中，也可选取另一元件的几何面。
- 按钮“到下一个”：从草绘面开始拉伸到下一个实体特征表面。注意：此时基准平面不能被用作终止曲面。
- 按钮“穿透”：拉伸实体，使其与所有特征相交。
- 按钮“到选定项”：将截面拉伸至一个选定点、曲线、平面或曲面。

4.1.4　拉伸特征的应用

1. 进入拉伸界面、设置草绘平面和参考平面

先在右工具箱中单击按钮，然后在如图 4.1 所示的操控板中单击【放置】→【定义】按钮，绘制草绘图形。此时，系统弹出如图 4.2 所示的【草绘】对话框。在该对话框中，用户可以设置草绘平面、参考平面、特征拉伸方向。

选取“FRONT”平面为草绘平面，系统会自动选取“RIGHT”平面为参考平面。设置完毕后，单击 草绘 按钮退出。单击【草绘（S）】→【参照（R）】，系统弹出如图 4.3 所示的【参照】对话框，用来设置草绘图形参考面，该参考面主要用于草图绘制中的尺寸基准，或者作为轮廓线、对称线来使用。

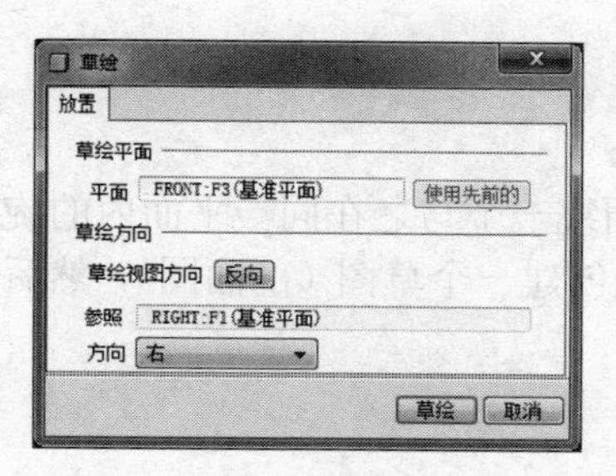

图 4.2　设定【草绘】对话框

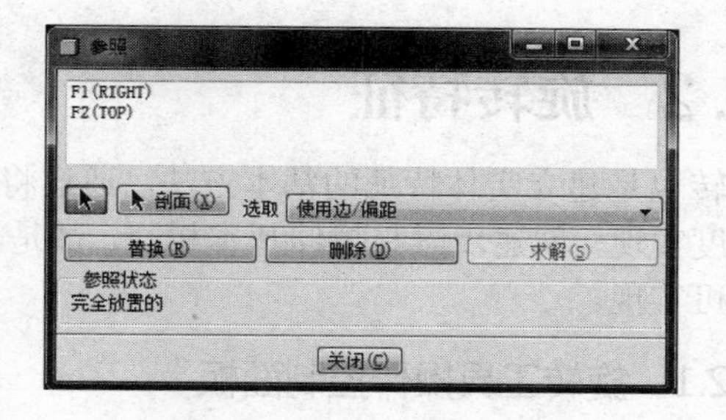

图 4.3　设定【参照】对话框

2. 绘制草绘图形

绘制如图 4.4 所示的草绘，草绘图形结束后，单击按钮则退出草绘界面。单击按钮则取消绘制的草绘。

3. 设定深度、创建拉伸实体特征

在按钮右侧的文本框中输入拉伸深度数值 30，单击预览按钮，进行几何预览和特征预

览，预览结束，单击✓按钮，特征创建结束，如图 4.5 所示。结果零件请参看所附光盘“第 4 章\范例结果文件\lashen_fanli01_jg.prt”。

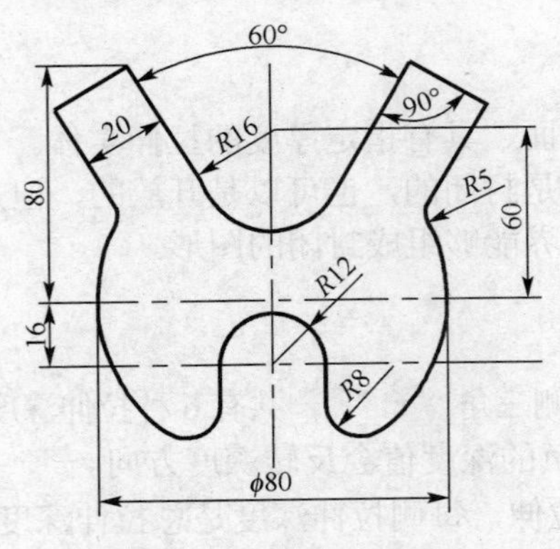

图 4.4　拉伸草图剖面

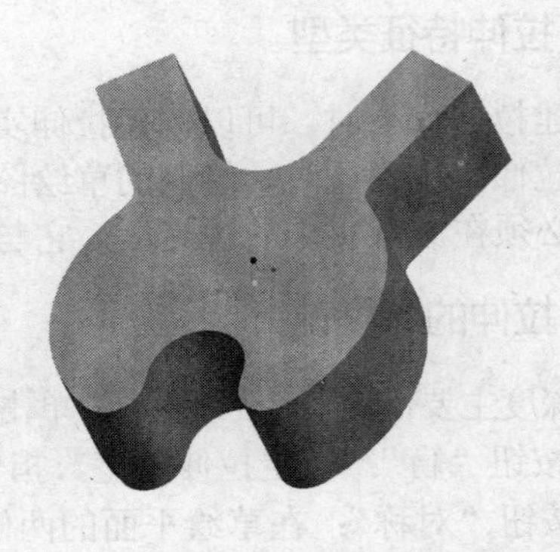

图 4.5　拉伸实体造型

4. 拉伸曲面特征

如果在下层对话框中选择拉伸类型为曲面选项，则拉伸为如图 4.6 所示的曲面。结果零件请参看所附光盘“第 4 章\范例结果文件\lashen_fanli02_jg.prt”。

5. 加厚草绘特征（薄体特征）

如果拉伸选项为▭，即通过截面轮廓指定厚度创建特征。设定壁厚为 3mm。得到如图 4.7 所示的加厚草绘特征。结果零件请参看所附光盘“第 4 章\范例结果文件\lashen_fanli03_jg.prt”。

请注意：如果截面不封闭，则只能生成加厚草绘特征和曲面，而不能生成实体特征。

图 4.6　拉伸曲面特征

图 4.7　加厚草绘特征

4.2　旋转特征

旋转也是建立实体特征的基本方法，通过将二维截面绕一个与之在同一平面内的旋转轴旋转指定角度实现，创建步骤与拉伸基本相同，都是需要首先创建一个草图（剖面图），然后设定旋转参数就可实现。

4.2.1　旋转工具操作控制面板

单击下拉菜单【插入】→【旋转】命令或⌖按钮，则开始建立旋转实体特征。此时，在绘图区的上方，弹出如图 4.8 所示的操控板。

图 4.8　操控板

其中，对话框主要由三项组成，分别为【放置】、【选项】和【属性】。其中【放置】选项用来创建草绘图型，单击【放置】选项后，选择【定义】选项，会进入设置绘图平面对话框，用来打开【草绘器】以创建或修改特征截面。【选项】选项是用来定义旋转角度的。如果选取【选项】中的【封闭端】选项来创建旋转曲面特征，可使生成的曲面特征两端闭合。【属性】用来给操作的旋转特征命名。

4.2.2　旋转特征类型

单击按钮用来创建实体特征。按钮用来创建曲面特征。其中创建实体特征和创建曲面特征为开关量，只能二者选一。

在建立旋转实体模型时，绘制的截面图形必须是封闭的，不封闭的截面图形不能旋转为实体模型。如果封闭的截面图形与旋转轴之间有一段距离，则旋转实体为中空的实体。不封闭的截面图形可以旋转为曲面模型，此时，该不封闭的截面图形必须在旋转轴的一边。

在建立旋转切除材料特征时，绘制的截面图形可以是不封闭的。但此时该图形的端点必须在原有实体的边界上，它与实体边界、旋转轴之间能够组成封闭图形。绘制的图形一端与实体的边对齐，另一端与旋转轴对齐。

对于不封闭的草绘图形，单击按钮也可以生成通过为截面轮廓指定一定厚度的实体特征（薄体特征）。

4.2.3　旋转角度的设置

旋转的角度主要依靠按钮设置，单击按钮右侧三角，一共有三种旋转角度的设置方式。

- “盲”：直接指定旋转角度。
- “对称”：在草绘平面的两侧对称按指定角度旋转。
- “到选定项”：将截面旋转至一个选定点、曲线、平面或曲面。

4.2.4　旋转特征的应用

1. 进入旋转界面、设置草绘平面和参考平面

单击下拉菜单【插入】→【旋转】命令或单击按钮，则开始建立旋转实体特征。单击操控板上的【放置】→【定义】按钮，绘制草绘图形。此时，系统弹出如图 4.2 所示的【草绘】对话框。

在该对话框中，用户可以设置草绘平面、参考平面、特征拉伸方向。

选取“FRONT”平面为草绘平面，系统自动选取“RIGHT”平面为参考平面。设置完毕，单击 草绘 按钮退出。

绘制如图 4.9 所示的草绘图形，草绘图形结束后，单击按钮退出草绘界面。

如果进行切减材料操作，则单击按钮以切减材料方式创建旋转特征。

2. 定义旋转角度

单击按钮指定旋转度数，输入旋转度数值 360。单击预览按钮，进行几何预览和特征预览，预览结束，单击，特征创建结束，结果如图 4.10 所示。结果零件请参看附光盘“第 4 章\范例结果文件\xuanzhuan_fanli01_jg.prt”。

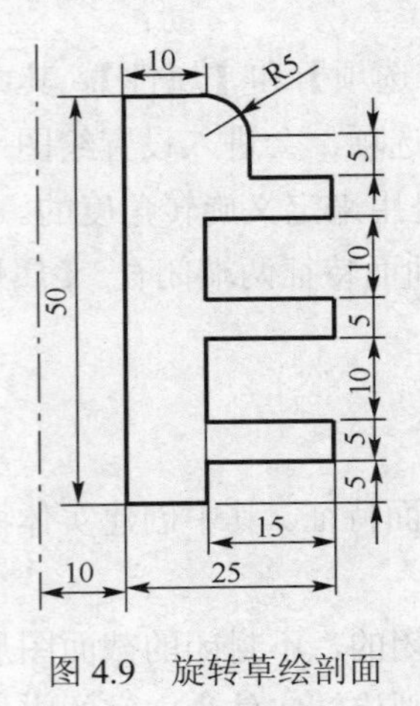

图 4.9 旋转草绘剖面

图 4.10 生成的旋转特征

4.3 扫描特征

扫描实体特征，是截面图形沿着指定轨迹线移动而形成的实体特征。它既可以建立实体特征，也可以建立曲面特征、实体切除材料特征等。

建立扫描特征需要绘制扫描剖面和扫描轨迹线，其中定义轨迹线有草绘轨迹和选择轨迹两种方法。由于草图模式只能绘制二维平面图形，因此草绘轨迹只能绘制平面轨迹线，而选择轨迹可以得到三维实体特征。

在扫描过程中要注意下列 3 种情况会出现扫描特征失败。

（1）轨迹与自身相交。

（2）将截面对齐或标注到固定图元，但在沿三维轨迹扫描时，截面定向改变。

（3）相对于该截面，弧或样条半径太小，并且该特征经过该弧与自身相交。

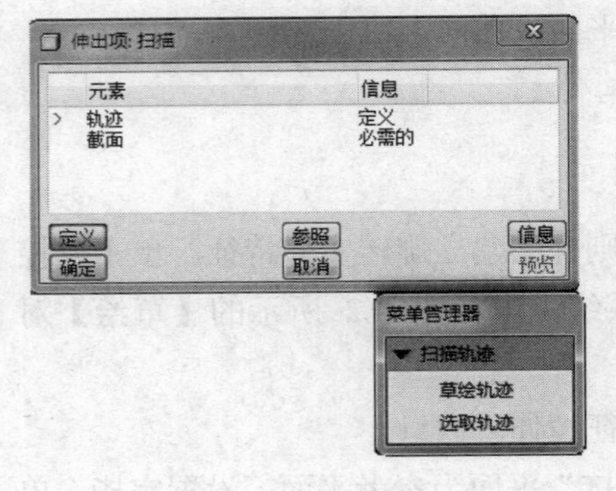

图 4.11 扫描特征定义

4.3.1 扫描实体特征的基本操作

建立扫描实体特征的步骤是：单击下拉菜单【插入】→【扫描】→【伸出项】命令，系统弹出如图 4.11 所示的伸出项定义框和菜单管理器，开始定义扫描的轨迹线。

1. 草绘轨迹

在菜单管理器的扫描轨迹中单击【草绘轨迹】，则可以与草绘图形一样绘制轨迹线。绘制的轨迹线只能是平面图形。

轨迹线可以是封闭的，也可以是开放的，分 2 种情况。

（1）对于开放的轨迹线，如要扫描实体特征，其扫描的截面图形必须是封闭的；如扫描曲面特征，其扫描的截面图形可以封闭也可以开放。

（2）对于封闭的轨迹线，又分下面 2 种情况。

● 如果截面图形封闭，则要通过【属性】选取对话框下的【无内部因素】选项来确定实体内部生成方式，即实体内部生成孔。

● 如果截面图形开放，则要通过【属性】选取对话框下的【增加内部因素】选项来确定实体内部生成方式，即实体内部填充闭合。

2. 选择轨迹

选择轨迹就是选择基准曲线或已有实体的边作为扫描轨迹。选择的扫描轨迹可以是三维的。可以选作轨迹的基准曲线有：草绘、求交曲面、使用剖截面、投影的曲线、成形的曲线、曲面偏距及从位于平面上的曲线的两次投影。

选择的方法有：依次、相切链、曲线链、边界链、曲面链及目的链。

内定的默认选取方式，用来选取暗红色的曲线。

- 依次：用来选取暗红色的曲线，黄色的曲面边界线，白色的实体边界线。同曲线的最大区别就是选取可以分段或有选择地选取，而曲线选取是相切关系的会一次选完。
- 相切链：选取一线条，其相邻的相切线条会被全部连续选中，仅能选黄色的曲面边界线或白色的实体边界线，不可选暗红色的线。
- 曲线链：选取一线条,会自动连续选取相邻的线条,该项仅用于选取曲线,不可选取曲面或实体的边界线。
- 边界链：是选取一个面组，也就是整体面，可以有选择地选取整体边界或从某一处到另一处。
- 曲面链：是对单块面，可以有选择地选取从一处到另一处或整体边界。
- 目的链：是选取一条边以及和它相近似的边全部选上，这个命令在倒圆角选取时非常方便。

如果指定的是开放轨迹（轨迹的起始点和终止点不接触），并且要创建实体扫描，则还需要确定扫描截面在扫描轨迹端点处的属性。有下面 2 种情况。

- 合并端点：把扫描的端点合并到相邻实体，扫描的实体可以和相邻的实体拟合。如图 4.12 所示的咖啡杯，杯体使用旋转特征命令，杯柄使用扫描命令。如图 4.12（a）所示为合并端点效果，如图 4.12（b）所示为自由端点效果。
- 自由端点：不将扫描端点连接到相邻实体。

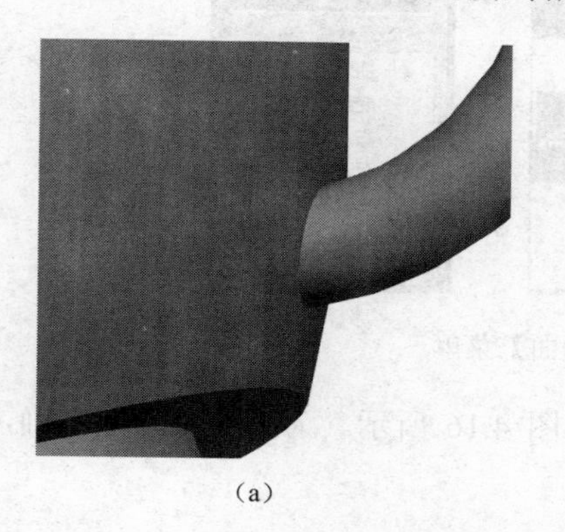
（a）

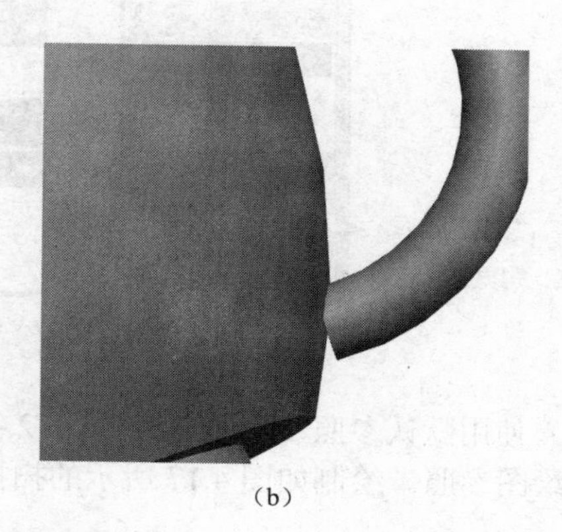
（b）

图 4.12　合并端点与自由端点对比

4.3.2　扫描特征的操作实例

1. 绘制轨迹建立扫描特征

（1）进入旋转界面、设置草绘平面和参考平面。

单击【放置】→【定义】按钮，绘制草绘图形。此时，系统弹出如图 4.2 所示的【草绘】对话框。在该对话框中，用户可以设置草绘平面、参考平面、特征拉伸方向。选取“FRONT”平面为草绘平面，系统自动选取“RIGHT”平面为参考平面。设置完毕，单击 草绘 按钮退出。绘制如图 4.13 所示的草绘图形，草绘图形结束后，单击✓按钮退出草绘界面。

（2）定义创建旋转实体特征按钮，指定旋转度数按钮。

输入旋转度数值 360，单击预览按钮，进行几何预览和特征预览，预览结束，单击☑按钮，咖啡杯体特征创建结束，结果如图 4.14 所示。

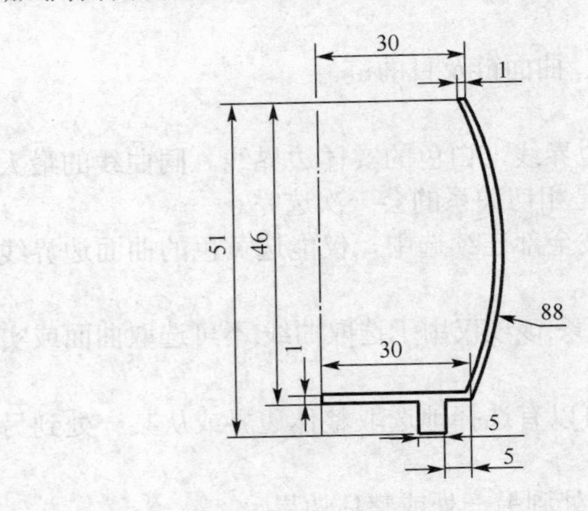

图 4.13 咖啡杯体剖面

图 4.14 咖啡杯体特征

（3）单击下拉菜单【插入】→【扫描】→【伸出】命令，系统弹出如图 4.11 所示的扫描特征定义器，单击【草绘轨迹】，弹出如图 4.15 所示的【设置草绘平面】菜单。选择 FRONT 平面之后，设置草绘平面的方向为【确定】。草绘平面的放置方式单击【缺省】。

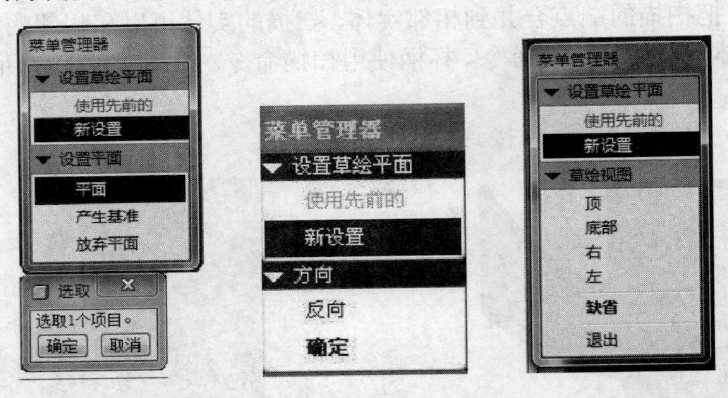

图 4.15 【设置草绘平面】菜单

（4）使用默认参照 F1（RIGHT）、F2（TOP），如图 4.16 所示。为了绘制草图准确，应将杯壁作为绘图参照。绘制如图 4.17 所示的扫描轨迹。

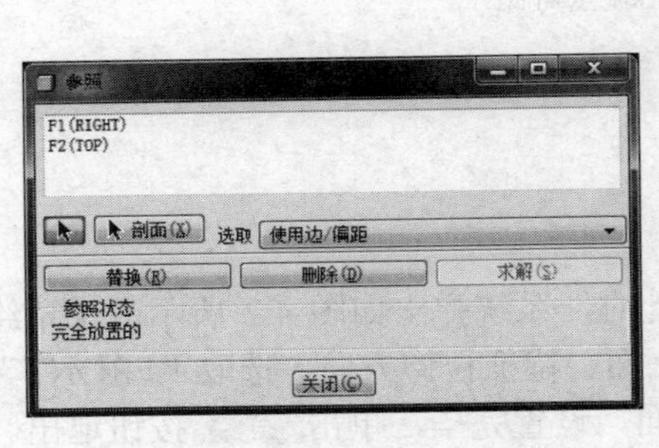

图 4.16 设置绘图参照菜单

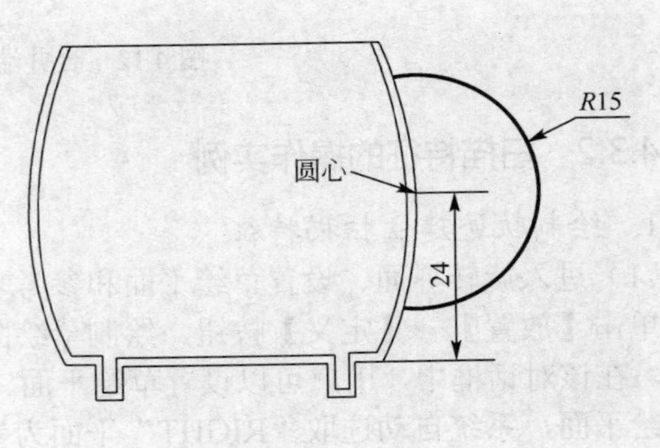

图 4.17 扫描轨迹

（5）单击按钮，表示扫描轨迹绘制结束。系统会自动在轨迹起始位置与轨迹垂直处建立一个草绘平面，在该平面上绘制如图 4.18 所示的扫描截面，绘制完毕单击，表示绘制扫描截面结束。单击图 4.11 中的确定按钮，则建立如图 4.19 所示的扫描实体特征。结果零件请参看所附光盘“第 4 章\范例结果文件\xuanzhuan_saomiao01_jg.prt”。

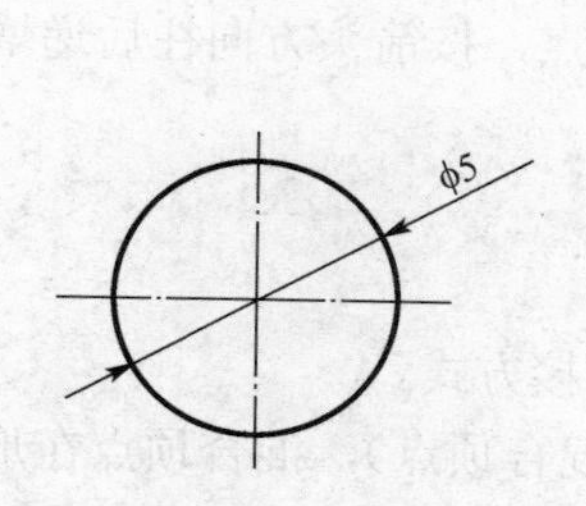

图 4.18　扫描截面

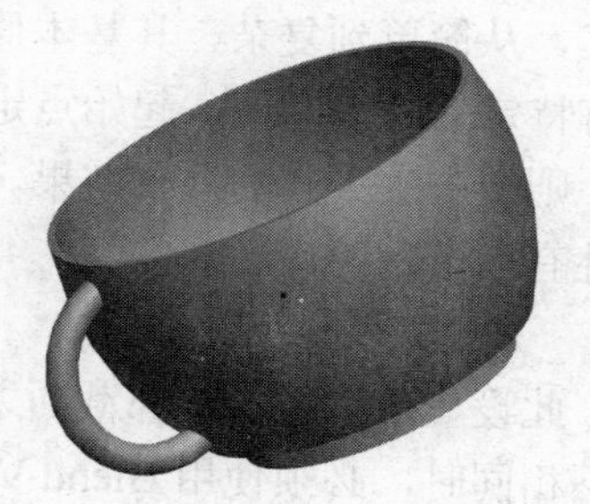
图 4.19　咖啡杯最终特征

2. 选择轨迹建立扫描实体特征

（1）单击按钮，绘制一条三维基准曲线，如图 4.20 所示。绘制基准曲线命令非常灵活，它可以在球坐标系、柱坐标系、笛卡儿坐标系下通过参数方程建立，也可以通过点建立曲线、通过曲线在曲面上的投影得到空间曲线和通过空间实体的交线得到曲线。具体的内容读者可以通过后续章节掌握。本节所用的曲线在本书所附光盘“第 4 章\范例结果文件\saomiao_quxian.prt”。读者可以直接选用。

（2）单击下拉菜单【插入】→【扫描】→【伸出项】命令，单击【选择轨迹】。注意：第一次先选取曲线的上端部，选择结束后单击【完成】。

（3）轨迹选择完毕，系统会自动在轨迹起始位置与轨迹垂直处建立一个草绘平面，在该平面上绘制如图 4.21 所示的扫描截面，绘制完毕单击按钮，表示绘制扫描截面结束。单击图 4.11 中的确定按钮，即可完成上端部的造型。

（4）用步骤（2）的方法造型中间部分。

（5）用步骤（2）的方法造型下端部分，最后建立如图 4.22 所示的扫描实体特征。

结果零件请参看所附光盘“第 4 章\范例结果文件\saomiao_fanli01_jg.prt”。

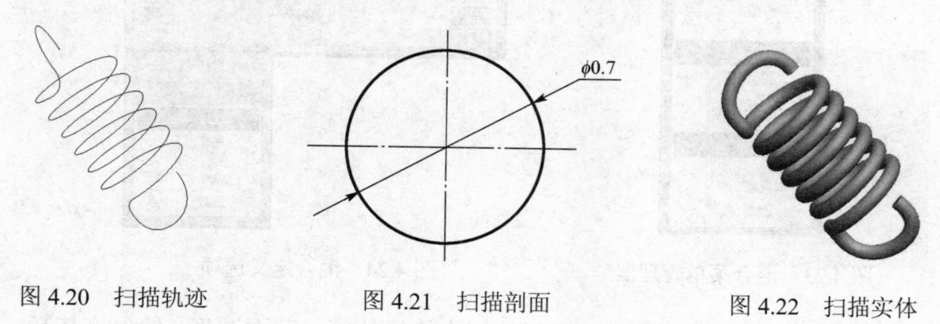

图 4.20　扫描轨迹　　图 4.21　扫描剖面　　图 4.22　扫描实体

4.4　混合特征

混合特征是连接两个或多个截面形成的一种特征，截面之间的渐变形状由截面拟合决定，它是一种比较复杂的实体创建方法。系统提供 3 种不同的混合方式。

（1）平行混合。所有混合截面都位于一个草绘中的多个平行平面上。

（2）旋转混合。混合截面绕 *Y* 轴旋转，最大角度可达 120°。每个截面都单独草绘并用截面坐标系（局部坐标系）对齐。

（3）一般混合。一般混合截面可以绕 *X* 轴、*Y* 轴和 *Z* 轴旋转，也可以沿这三个轴平移。每个截面都单独草绘，并用截面坐标系对齐。

这 3 种混合方式，从简单到复杂，其基本原则相同，就是每一截面的点数（线段数）完全相同，而且两截面间有特定的连接顺序，起始点定为第一点，按箭头方向往后递增编号。改变起始点位置和连接顺序，则会产生不同的混合结果。

混合特征的属性有以下两种。

（1）平直连接。

（2）光滑连接。此设置可以改变相邻截面之间的连接方式。

当截面的点数不相同时，必须使用 Blend Vertex（混合顶点），混合顶点在形成混合特征时同时代表两个点，相邻截面上的两点会连接到指定的混合顶点上。注意，起始点不能设置为混合顶点。

下面以具体的实例说明混合特征。

4.4.1 平行混合特征

（1）单击下拉菜单【插入】→【混合】→【伸出项】命令，系统弹出如图 4.23 所示的【菜单管理器】，依次选择【平行】→【规则截面】→【草绘截面】，单击【完成】。

（2）系统弹出如图 4.24 所示的混合定义框，并在下方的【菜单管理器】中设置混合特征的属性，选择【直的】（平直连接）选项，单击【完成】。进入草绘平面，选择“FRONT”为草绘平面，选择【确定】设置混合特征的长出方向，选择【缺省】设置草绘平面的放置位置，系统自动选择 F1（RIGHT）、F2（TOP）作为草绘图形的参照，单击【关闭】按钮，关闭【参照】设置对话框。

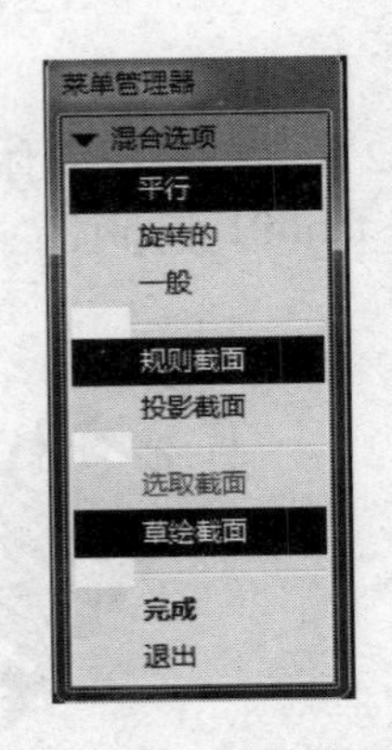

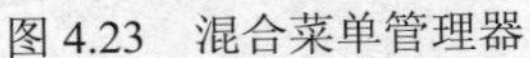
图 4.23　混合菜单管理器

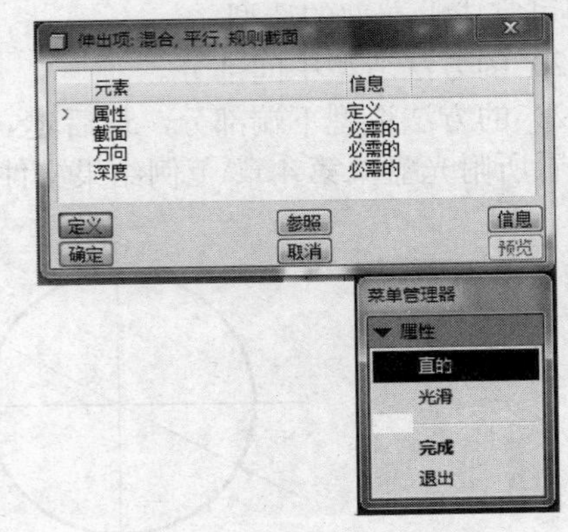

图 4.24　混合定义选项

（3）在草图绘制界面绘制如图 4.25 所示的混合特征的第一截面图形。绘制完毕后，单击下拉菜单【草绘】→【特征工具】→【切换剖面】命令，开始绘制混合特征的第二截面图形。请注意：也可以单击右键，在弹出的右键快捷菜单中，单击【切换剖面】选项，效率更高。

（4）第二截面的剖面如图 4.26 所示，该剖面的截面形状为圆，构成剖面的实体只有一个，不能和第一个剖面拥有 4 个图元的长方形实体混合。可以利用草图中的分割图元按钮，将圆打断为首尾相接的 4 段圆弧。打断点就是和长方形混合的 4 个顶点。

（5）再次使用【草绘】→【特征工具】→【切换剖面】命令，绘制第三截面图形，如图 4.27 所示。当所有的草图截面绘制完成后，单击☑退出草图绘制界面。

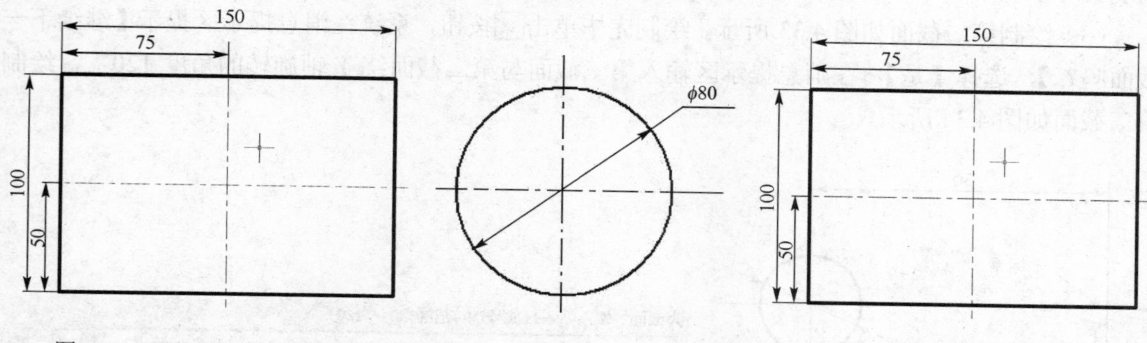

图 4.25　平行混合第一剖面　　图 4.26　平行混合第二剖面　　图 4.27　扫描草图截面

（6）在消息提示区输入平行截面之间的距离，第一截面与第二截面之间为 300，第二截面与第三截面之间为 400，如图 4.28 所示。设置完毕后，单击【确定】，则建立如图 4.29 所示混合实体特征。结果零件请参看所附光盘“第 4 章\范例结果文件\pingxinghunhe_fanli01_jg.prt”。若设置混合特征的属性为【光滑】，则各剖面间实体为曲线混合，如图 4.30 所示。结果零件请参看所附光盘“第 4 章\范例结果文件\pingxinghunhe_fanli02_jg.prt”。

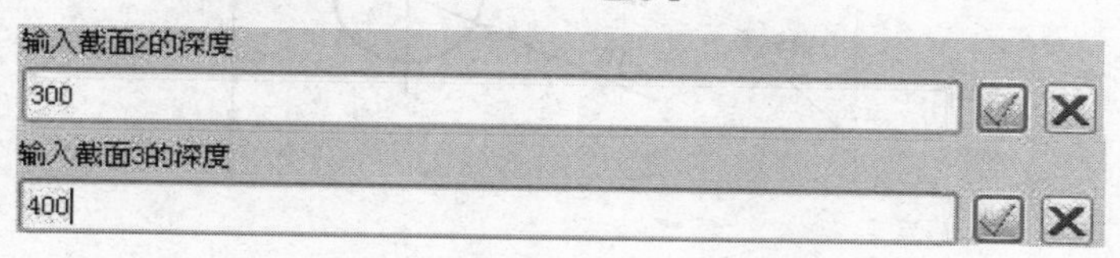

图 4.28　输入参数

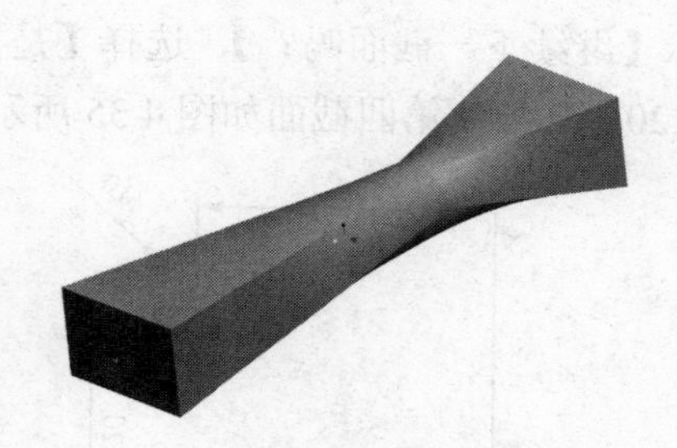

图 4.29　平行混合特征（平直）

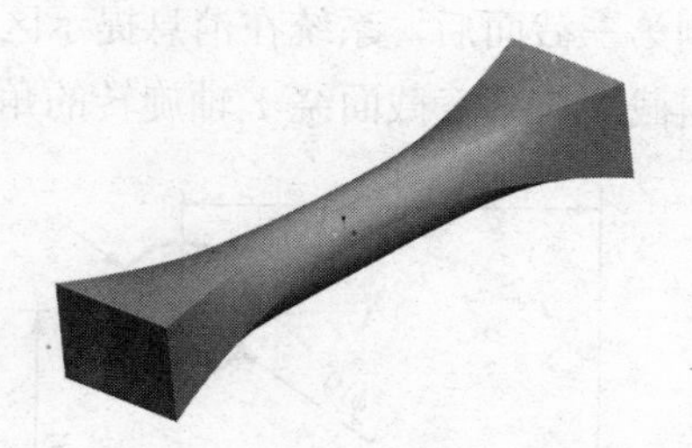

图 4.30　平行混合特征（光滑）

4.4.2　旋转混合特征

（1）单击下拉菜单【插入】→【混合】→【伸出项】命令，系统弹出如图 4.23 所示的【菜单管理器】，选择【旋转的】→【规则截面】→【草绘截面】，单击【完成】，系统弹出如图 4.24 所示的“混合定义框”，并在下方的【菜单管理器】中设置混合特征的属性，选择【光滑】和【开放】选项，单击【完成】。设置草绘平面（如图 4.15 所示），选择“FRONT”为草绘平面，选择【确定】设置混合特征的长出方向，选择【缺省】设置草绘平面的放置位置，选择 F1（RIGHT）、F2（TOP）设置草绘图形的参照，单击【关闭】按钮关闭【参照】设置对话框，在草图绘制界面绘制如图 4.31 所示的旋转混合特征的第一截面，绘制完毕，单击☑按钮结束第一截面草图的绘制，注意该草图一定要建立局部坐标系。

（2）在消息提示区输入第二截面与第一截面绕 *Y* 轴旋转的角度 120°，如图 4.32 所示。旋转的度数可以在 0°～120° 之间选取。

（3）绘制第二截面如图 4.33 所示。绘制完毕单击✔按钮，系统在消息提示区提示【继续下一截面吗？】，选择【是】，在消息提示区输入第三截面与第二截面绕 *Y* 轴旋转的角度 120°，绘制第三截面如图 4.34 所示。

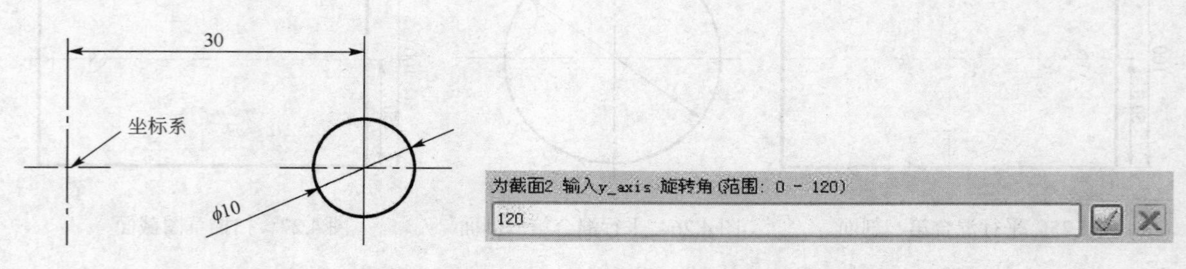

图 4.31　旋转混合第一截面　　图 4.32　混合截面旋转角度设定

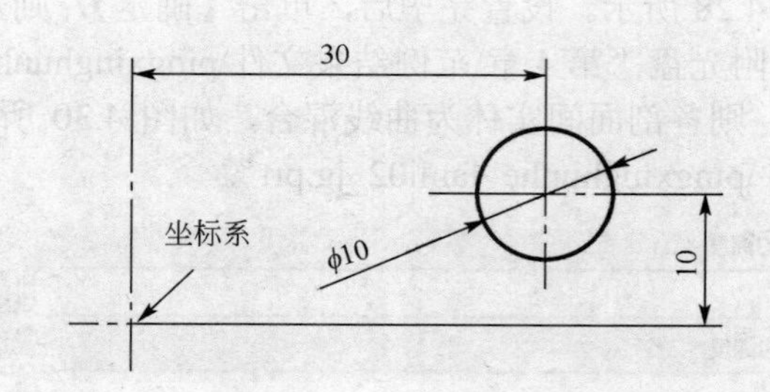

图 4.33　旋转混合第二截面

（4）绘制第三截面后，系统在消息提示区提示【继续下一截面吗？】，选择【是】，在消息提示区输入第四截面与第三截面绕 *Y* 轴旋转的角度 120°，绘制第四截面如图 4.35 所示。

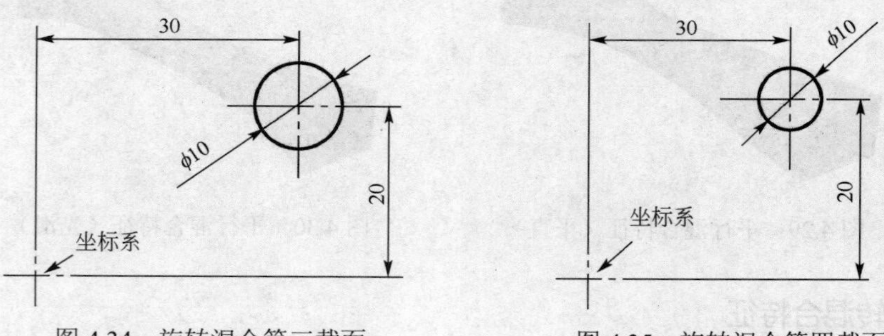

图 4.34　旋转混合第三截面　　图 4.35　旋转混合第四截面

（5）分别重复以上步骤绘制如图 4.36 所示的第五截面和如图 4.37 所示的第六截面。第六截面绘制完毕单击✔按钮，系统在消息提示区提示【继续下一截面吗？】，选择【否】，单击如前面图 4.24 所示旋转混合的定义框中的【确定】按钮，最后建立如图 4.38 所示的旋转混合实体特征。

若将旋转混合特征的属性设置为【平滑】和【开放】，则建立如图 4.40 所示的旋转混合特征，若将旋转混合特征的属性设置为【平滑】和【闭合】，则建立如图 4.39 所示的旋转混合特征。

结果零件请参看所附光盘“第 4 章\范例结果文件\xuanzhuanhunhe_fanli01_jg.prt、xuanzhuanhunhe_fanli02_jg.prt 和 xuanzhuanhunhe_fanli03_jg.prt”。

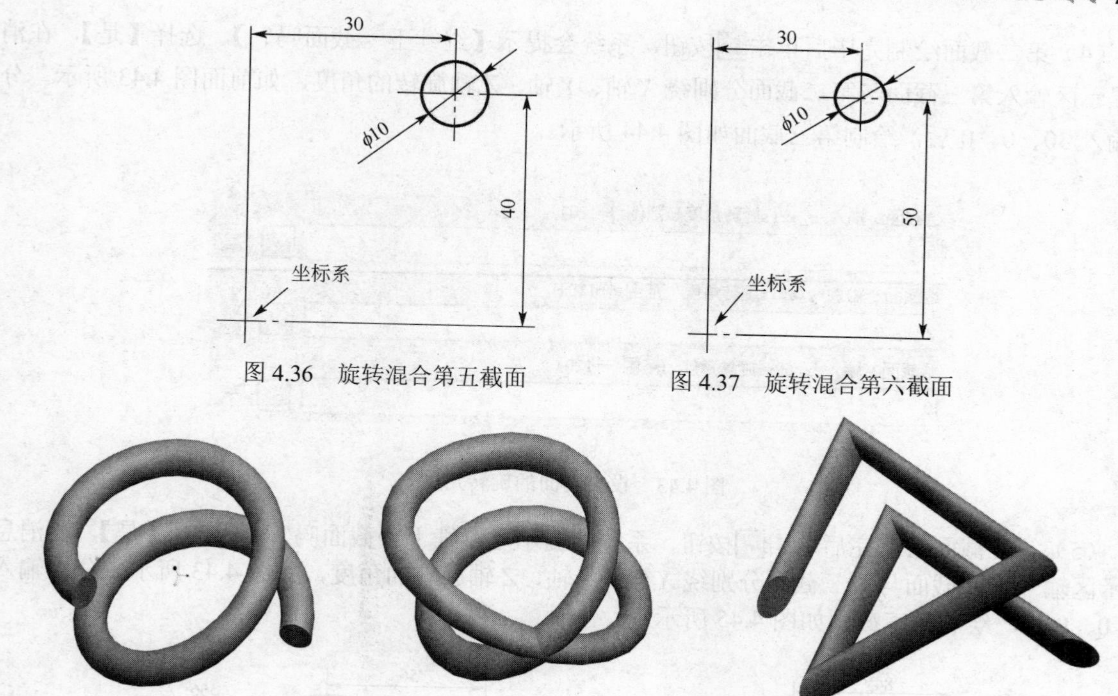

图 4.36　旋转混合第五截面　　图 4.37　旋转混合第六截面

图 4.38　开放光滑旋转混合特征　图 4.39　闭合光滑旋转混合特征　图 4.40　平直、开放的旋转混合特征

4.4.3　一般混合特征

（1）单击下拉菜单【插入】→【混合】→【伸出项】命令，系统弹出如图 4.23 所示的【菜单管理器】，选择【一般】→【规则截面】→【草绘截面】，单击【完成】。

（2）系统弹出如图 4.24 所示的混合定义框，并在下方的【菜单管理器】中设置混合特征的属性，选择【直的】选项，单击【完成】；设置草绘平面（如前面图 4.15 所示），选择“FRONT”为草绘平面，选择【确定】设置混合特征的长出方向，选择【缺省】设置草绘平面的放置位置，选择 F1（RIGHT）、F2（TOP）设置草绘图形的参照，单击【关闭】按钮关闭【参照】设置对话框，在草图绘制界面绘制如图 4.41 所示的一般混合特征的第一截面。

（3）单击✔按钮结束第一截面草图的绘制，在消息提示区中输入第二截面与第一截面绕 X 轴、Y 轴、Z 轴旋转的角度，如图 4.43 所示。分别输入 0、20、0 后，绘制第二截面如图 4.42 所示。

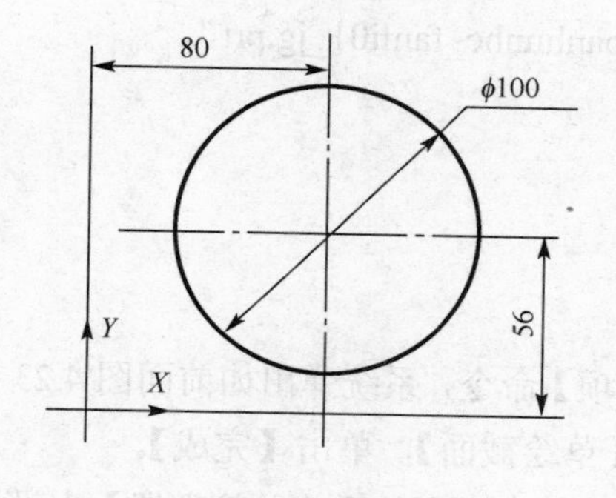

图 4.41　一般混合第一截面

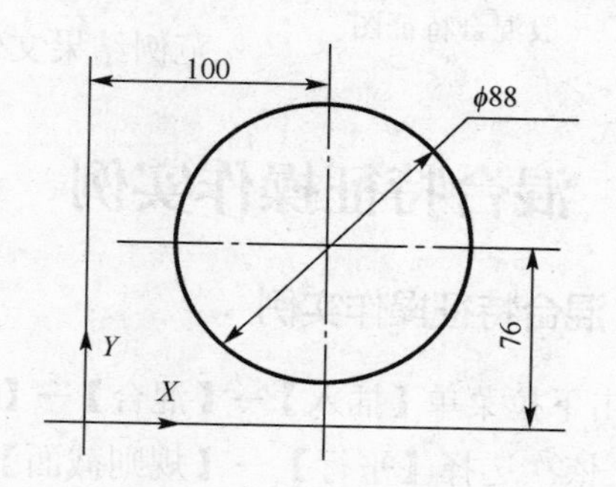

图 4.42　一般混合第二截面

（4）第二截面绘制完毕后单击☑按钮，系统会提示【继续下一截面吗？】，选择【是】，在消息提示区输入第三截面与第二截面分别绕 X 轴、Y 轴、Z 轴旋转的角度，如前面图 4.43 所示。分别输入 30、0、0 后，绘制第三截面如图 4.44 所示。

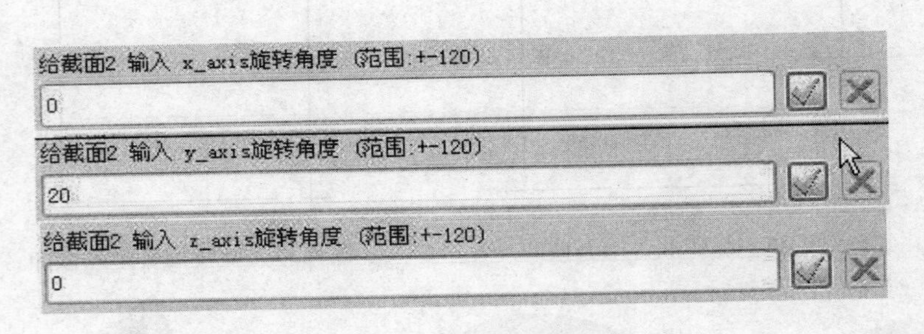

图 4.43　设定剖面的旋转角度

（5）第三截面绘制完后单击☑按钮，系统会提示【继续下一截面吗？】，选择【是】，在消息提示区输入第四截面与第三截面分别绕 X 轴、Y 轴、Z 轴旋转的角度，如图 4.43 所示。分别输入 0、0、0 后，绘制第三截面如图 4.45 所示。

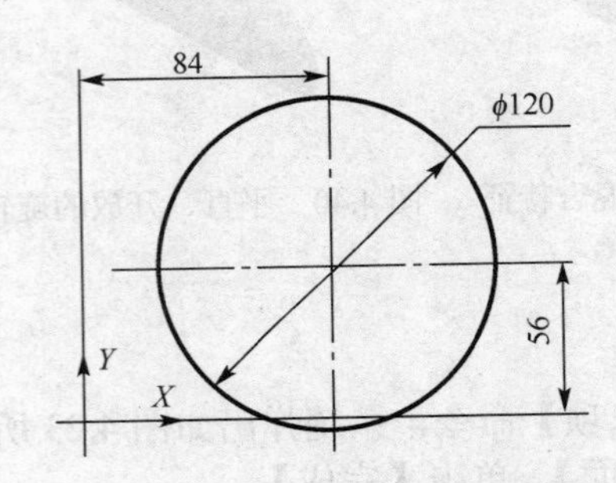

图 4.44　一般混合第三截面

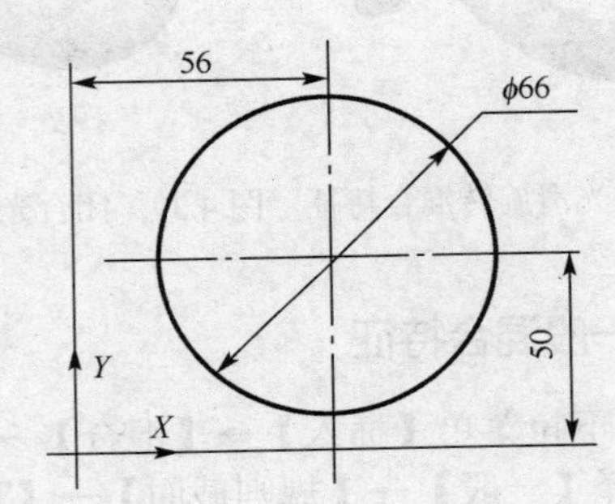

图 4.45　一般混合第四截面

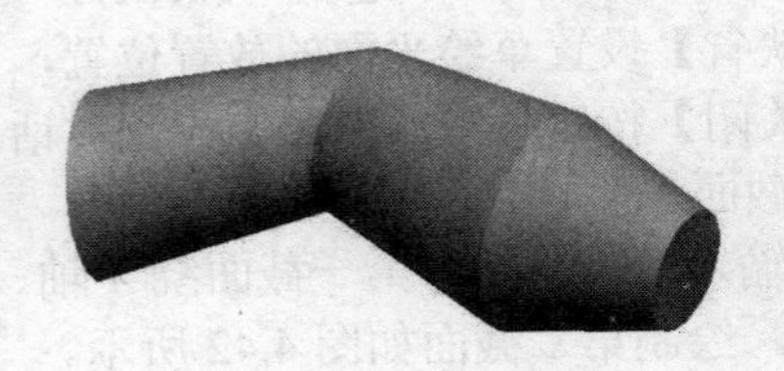

图 4.46　一般混合特征图

（6）绘制第四截面。绘制完成后，系统在消息提示区提示【继续下一截面吗？】，选择【否】，则系统在消息提示区输入第二截面与第一截面之间的距离 100，输入第三截面与第二截面的距离 120，输入第四截面与第三截面的距离 95。系统会建立如图 4.46 所示的特征。结果零件请参看所附光盘“第 4 章\范例结果文件\yibanhunhe_fanli01_jg.prt”。

4.5　混合特征操作实例

4.5.1　混合特征操作实例

（1）单击下拉菜单【插入】→【混合】→【伸出项】命令，系统弹出如前面图 4.23 所示的【菜单管理器】，依次选择【平行】→【规则截面】→【草绘截面】，单击【完成】。

（2）系统弹出如前面图 4.24 所示的混合定义框，并在下方的【菜单管理器】中设置混合特征的属性，选择【直的】（平直连接）选项，单击【完成】。进入草绘平面，选择“FRONT”为草绘平面，选择【确定】设置混合特征的长出方向，选择【缺省】设置草绘平面的放置位置，系统自动选择 F1（RIGHT）、F2（TOP）作为草绘图形的参照，单击【关闭】按钮，关闭【参照】设置对话框。

（3）在草图绘制界面绘制如图 4.47 所示的混合特征的第一截面图形。绘制完毕后，单击下拉菜单【草绘】→【特征工具】→【切换剖面】命令，开始绘制混合特征的第二截面图形。

（4）在第二截面图形绘制中，在可见的第一截面位置处绘制一个点（注意：这个点是普通点，而不是几何点，此时，几何点不可选取）。由于该截面只有一个点，因此第一截面的所有边都混合为一个顶点。单击✓按钮退出草图绘制界面。

（5）在消息提示区输入平行截面之间的距离，第一截面与第二截面之间为 3，设置完毕后，单击 确定 按钮，则建立如图 4.48 所示混合实体特征。参看所附光盘“第 4 章\范例结果文件\pingxinghunhe_fanli03_jg.prt”。

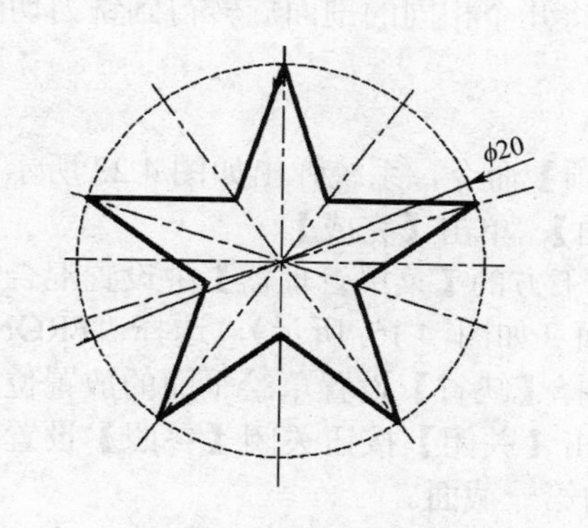

图 4.47　五角星第一截面

图 4.48　五角星实体造型

请注意：对于本例来讲，混合顶点的应用属于一种特例。第二截面只有一个顶点，而一个点可以和任何图形混合得到实体。而对于如图 4.49 所示的截面，在这个混合实体特征中，其第一截面为五边形，第二截面为四边形。由于第一截面有 5 个顶点，第二截面只有 4 个顶点，如果不加处理是无法完成混合命令的。因此，必须使用混合顶点，使第二截面的第 *a* 点同时代表两点。

注意：先选中要作为混合顶点的一个点（不能是起始点），单击右键，在弹出的右键快捷菜单中选取【混合顶点】即可把某一点作为混合顶点。

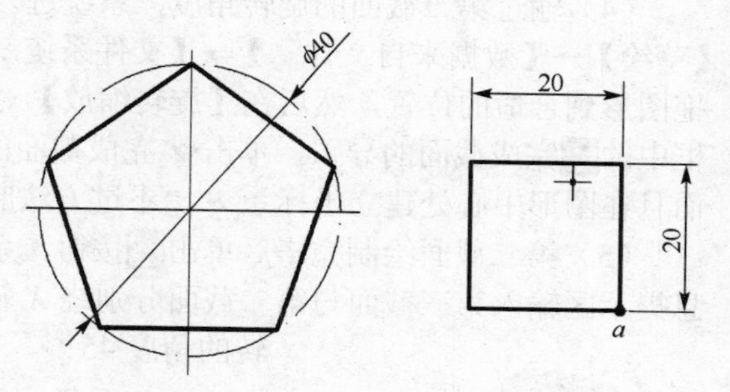

图 4.49　混合顶点应用截面

与上一个例子相同，进入平行混合命令，建立完第二截面后，单击下拉菜单【草绘目的管理器】命令，打开【草绘器】，选择并单击【草绘】→【高级几何】，打开高级几何命令集，单击其中的【混合顶点】命令，选择四边形的 *a* 点，则在 *a* 点上出现一小圆，说明已经将第二角点设置为混合顶点。绘制完毕，单击✓按钮，在消息提示区输入平行截面之间的距离，第一截面与第二截面之间为 100，设置完毕后，单击 确定 按钮，则建立如图 4.50 所示混合实体特征。参看所附光盘“第 4 章\范例结果文件\pingxinghunhe_fanli04_jg.prt”。

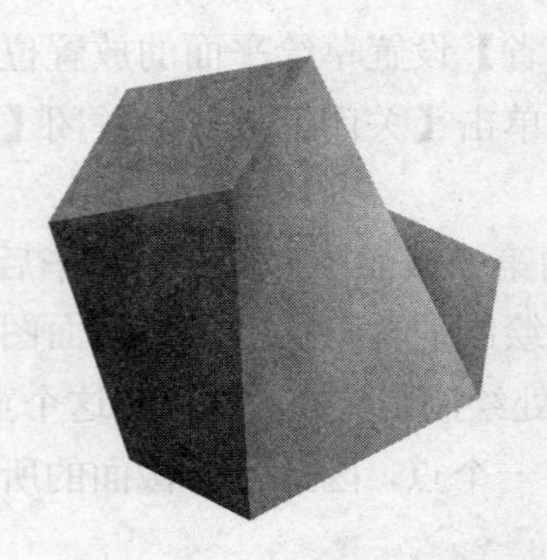
图 4.50　混合顶点实体特征

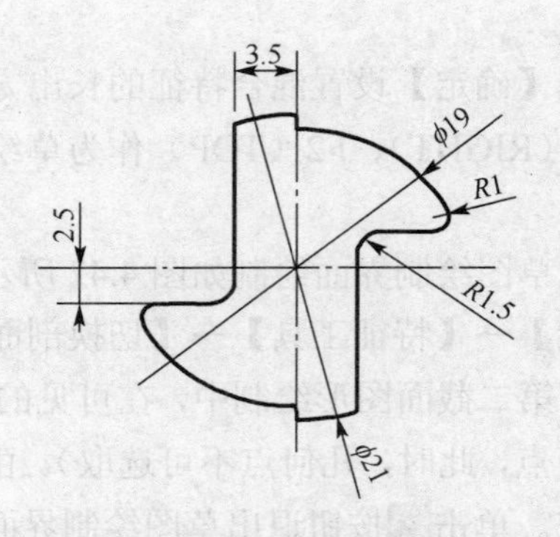

图 4.51　铣刀切削部分剖面图

4.5.2　起始点的应用实例（铣刀）

本例中首先利用一般混合的绕 Z 轴旋转的功能，将几个相同的剖面旋转得到铣刀切削部分的建模。

1. 铣刀切削部分建模

（1）单击下拉菜单【插入】→【混合】→【伸出项】命令，系统弹出如图 4.23 所示的【菜单管理器】，选择【一般】→【规则截面】→【草绘截面】，单击【完成】。

（2）系统弹出如图 4.24 所示的混合定义框，并在下方的【菜单管理器】中设置混合特征的属性，选择【光滑】选项，单击【完成】；设置草绘平面（如图 4.15 所示），选择“FRONT”为草绘平面，选择【确定】设置混合特征的长出方向，选择【缺省】设置草绘平面的放置位置，选择 F1（RIGHT）、F2（TOP）设置草绘图形的参照，单击【关闭】按钮关闭【参照】设置对话框，在草图绘制界面绘制如图 4.51 所示的旋转混合特征的第一截面。

（3）在图形中心处用图标建立坐标系，保存图形截面副本为“xidao.sec”，单击结束第一截面草图的绘制，在消息提示区中输入第二截面与第一截面绕 X 轴旋转的角度 0°、绕 Y 轴旋转的角度 0°、绕 Z 轴旋转的角度 45°。

（4）输过第二截面的旋转角度，系统进入到绘制第二剖面的草图环境。在草绘环境中，单击【草绘】→【数据来自文件…】→【文件系统…】，找到上一步保存的“xidao.sec”，在绘图区单击，拖图形到合适的位置，然后在【旋转缩放】对话框中修改【比例】为 1，单击【旋转缩放】对话框中的完成截面的导入，单击完成截面的绘制。当然也可以再绘制如图 4.51 所示剖面图形，而且在图形中心处建立坐标系，不过方法麻烦。

（5）第二截面绘制完毕后单击按钮，系统会提示【继续下一截面吗？】，选择【是】，在消息提示区输入第三截面与第二截面分别绕 X 轴旋转的角度 0°、绕 Y 轴旋转角度 0°、绕 Z 轴旋转的角度 45°。

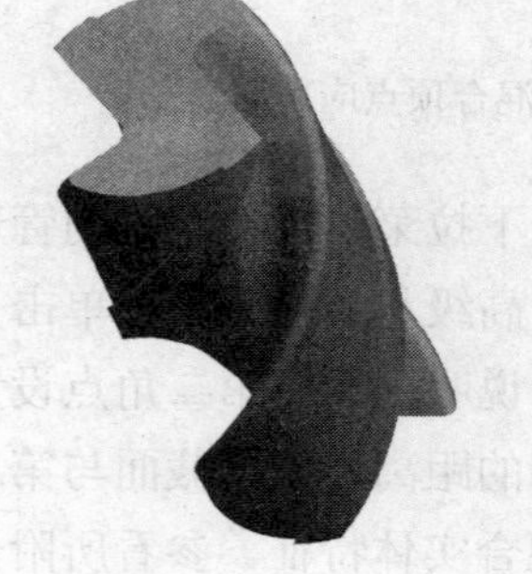
图 4.52　铣刀切削部分造型

（6）重复（4）～（5）的步骤，一共绘制 6 个相同的截面图形。

（7）第六截面绘制完成后，系统在消息提示区提示【继续下一截面吗？】，选择【否】，则系统在消息提示区输入第二截面与第一截面之间的距离 10，输入第三截面与第二截面的距离 10，输入第四截面与第三截面的距离 10，输入第四截面与第五截面的距离 10，输入第五截面与第六截面的距离 10。最后系统建立如图 4.52 所示的特征。

2. 铣刀柄的建模

（1）单击下拉菜单【插入】→【旋转】命令或按钮，则开始建立旋转实体特征。

（2）单击【放置】→【定义】按钮，绘制草绘图形。此时，系统弹出如图 4.2 所示的【草绘】对话框。在该对话框中，用户可以设置草绘平面、参考平面、特征拉伸方向。选取“RIGHT”平面为草绘平面，系统自动选取“TOP”平面为参考平面。设置完毕，单击【草绘】按钮退出。绘制如图 4.53 所示的草绘图形。草绘图形结束后，单击✓按钮退出草绘界面。

（3）定义创建旋转实体特征按钮，指定旋转度数按钮，输入旋转度数值 360，单击预览按钮，进行几何预览和特征预览，预览结束，单击✓按钮，特征创建结束，如图 4.54 所示。

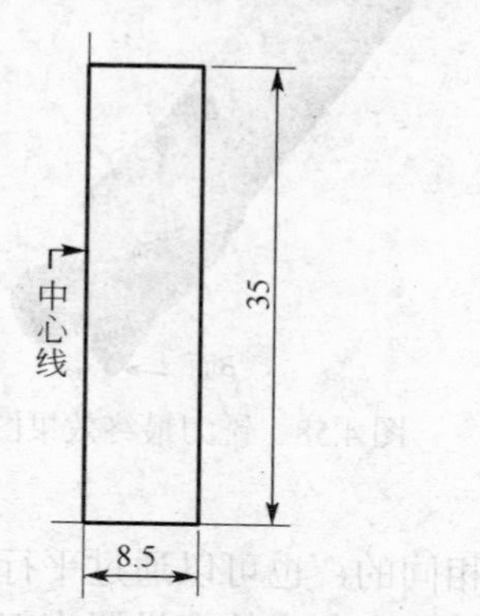

图 4.53　刀柄部分旋转特征草图剖面

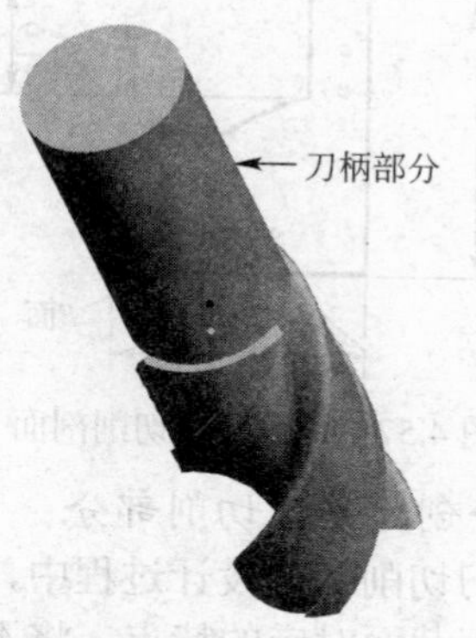

图 4.54　刀柄部分特征

3. 铣刀柄过渡区的建模

（1）单击下拉菜单【插入】→【旋转】命令或按钮，则开始建立旋转实体特征

（2）单击【放置】→【定义】按钮，绘制草绘图形。此时，系统弹出如图 4-2 所示的【草绘】对话框。在该对话框中，用户可以设置草绘平面、参考平面、特征拉伸方向。选取“RIGHT”平面为草绘平面，系统自动选取“TOP”平面为参考平面。设置完毕，单击【草绘】按钮退出。绘制草绘图形，如图 4.55 所示（注意：草绘最上边的一条线 4.82 长线与 *A* 面重合）。草绘图形结束后，单击✓按钮退出草绘界面。

（3）在旋转菜单栏中选择“除料”功能，指定旋转度数按钮，输入旋转度数值 360，单击预览按钮，进行几何预览和特征预览，预览结束，单击✓按钮，特征创建结束，如图 4.56 所示。

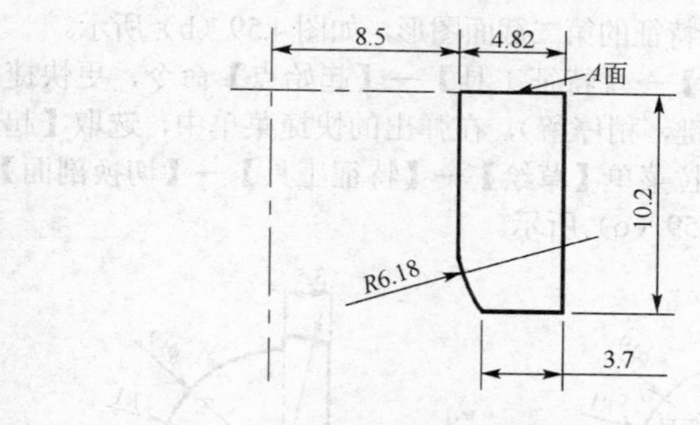

图 4.55　刀柄过渡部分剖面

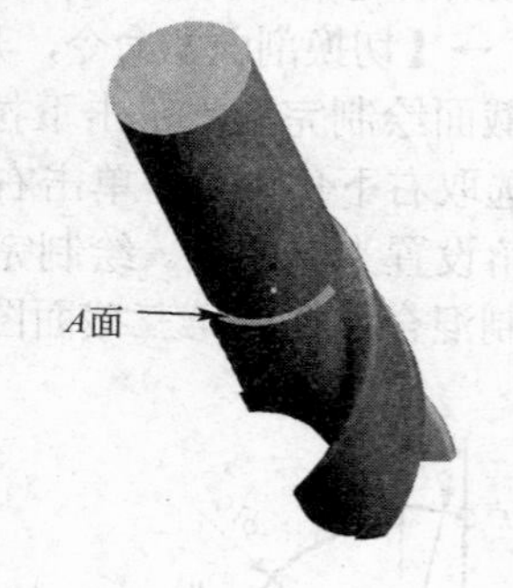

图 4.56　刀柄过渡部分特征

4. 在刀体中心处切削莫氏锥度孔

（1）单击下拉菜单【插入】→【旋转】命令或按钮，则开始建立旋转实体特征。

（2）单击【放置】→【定义】按钮，绘制草绘图形。此时，系统弹出如图 4.2 所示的【草绘】对话框。在该对话框中，用户可以设置草绘平面、参考平面、特征拉伸方向。选取“RIGHT”平面为草绘平面，系统自动选取“TOP”平面为参考平面。设置完毕，单击【草绘】按钮退出。绘制草绘图形，如图 4.57 所示，注意草绘的下底线（长度为 4 的线）要与铣刀底面（*B* 面）对齐。

草绘图形结束后，单击✓按钮退出草绘界面。

（3）在旋转菜单栏中选择◪“除料”功能，指定旋转度数按钮，输入旋转度数值 360，单击预览按钮，进行几何预览和特征预览，预览结束，单击✓按钮，特征创建结束，如图 4.58 所示。参看所附光盘“第 4 章\范例结果文件\yibanhunhe_fanli02_jg.prt”。

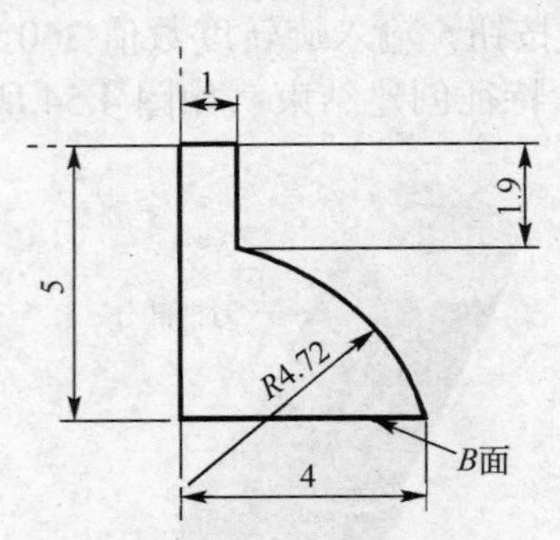

图 4.57　莫式锥孔切削剖面

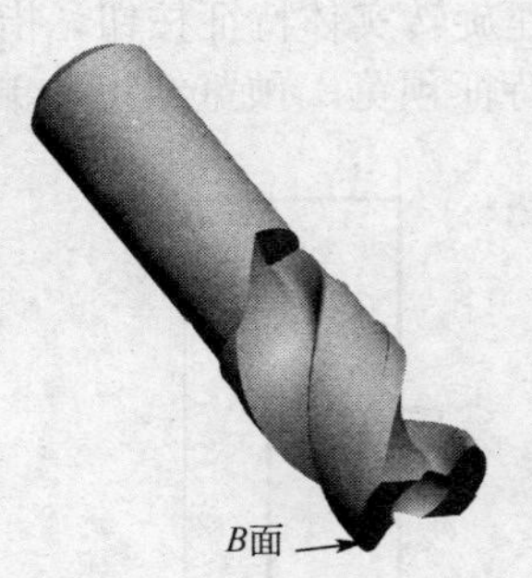

图 4.58　铣刀最终效果图

5. 用平行混合创建铣刀切削部分

在本实例中铣刀切削部分设计过程中，截面都是相同的，也可以通过平行混合命令设定起始点，利用起始点上下截面对应的特点，将不同截面中呈一定角度的点设置为起始点。在截面拟合中，截面旋转为所需的角度。

具体步骤如下。

（1）单击下拉菜单【插入】→【混合】→【伸出项】命令，系统弹出如图 4.23 所示的【菜单管理器】，选择【平行】→【规则截面】→【草绘截面】，单击【完成】。

（2）系统弹出如图 4.24 所示的混合定义框，并在下方的【菜单管理器】中设置混合特征的属性，选择【光滑】选项，单击【完成】；设置草绘平面（如图 4.15 所示），选择“FRONT”为草绘平面，选择【确定】设置混合特征的长出方向，选择【缺省】设置草绘平面的放置位置，选择 F1（RIGHT）、F2（TOP）设置草绘图形的参照，关闭【参照】设置对话框，在草图绘制界面绘制如图 4.59（a）所示的旋转混合特征的第一截面。

（3）第一截面的起始点在绘图起笔位置，不用单独设置。截面绘制完毕，单击下拉菜单【草绘】→【特征工具】→【切换剖面】命令，开始绘制混合特征的第二截面图形，如图 4.59（b）所示。

（4）第二截面绘制完毕，单击下拉菜单【草绘】→【特征工具】→【起始点】命令，更快捷的方法是，先选取右下角一点，单击右键（按住右键，稍停留），在弹出的快捷菜单中，选取【起始点】将右下角设置为起始点。绘制完毕，单击下拉菜单【草绘】→【特征工具】→【切换剖面】命令，开始绘制混合特征的第三截面图形，如图 4.59（c）所示。

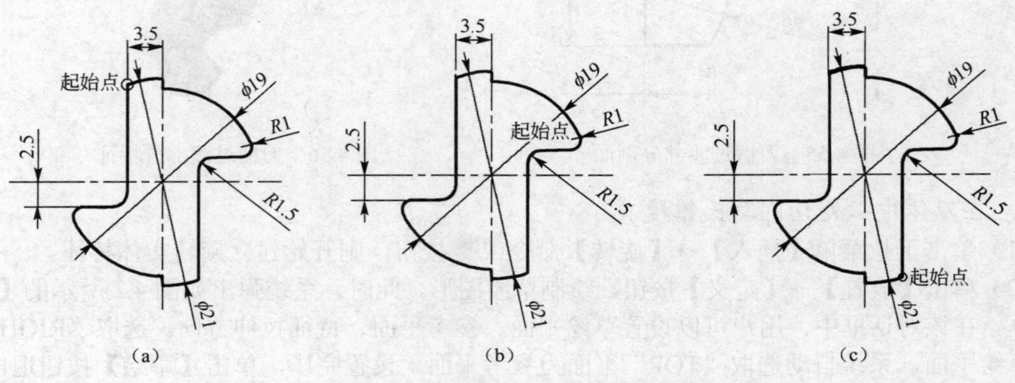

图 4.59　平行混合的三个截面

（5）第三截面绘制完毕，单击下拉菜单【草绘】→【特征工具】→【起始点】命令，将左上角设置为起始点。三个截面绘制完毕，单击确定。当所有的草图截面绘制完成后，单击✔按钮退出草图绘制界面。

（6）在消息提示区输入平行截面之间的距离，第一截面与第二截面之间为20，第二截面与第三截面之间为20，设置完毕后，单击确定，则建立如图4.52所示混合实体特征。与一般混合建立的结果相同。

铣刀刀柄和莫氏锥度孔部分省略。参看所附光盘“第4章\范例结果文件\yibanhunhe_fanli03_jg.prt”。

4.5.3 浴盆实体建模

本实例通过平行混合建立实体，再通过【平行】、【混合】、【切口】建立浴盆的基本材料特征。最后利用扫描得到盆沿。

1. 创建浴盆实体

（1）在工具栏中选择【插入】→【混合】→【伸出项】，在【混合菜单管理器】中选择【平行】→【规则截面】→【草绘截面】，单击【完成】按钮，在【属性】对话框中选择【直的】选项，单击【完成】按钮。在设置【草绘对话框】中选择FRONT面为混合的草绘截面，单击【确定】选择【缺省】，关闭【参照】对话框，进入混合的草绘界面。绘制平行混合的第一个截面图，绘制完成后在【草绘】→【特征工具】→【切换剖面】，绘制混合特征的第二个截面，两截面如图4.60所示。

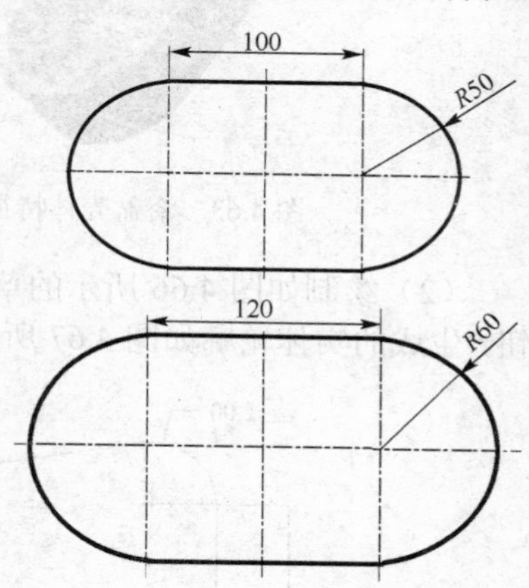

图4.60　浴盆实体剖面

（2）第二截面绘制完成后，单击✔按钮完成截面的绘制。输入第一截面与第二截面的距离60。完成实体的创建。

2. 创建壳体特征

（1）在工具栏中选择【插入】→【混合】→【切口】，在出现的【混合选项】中选择【平行】→【规则截面】→【草绘截面】，单击【完成】按钮，在【属性】对话框中选择【直的】选项，单击【完成】按钮。选择实体较大的面作为混合切口的第一个截面，单击【正向】按钮，选择【缺省】，进入草绘界面，绘制如图4.61所示的第一个混合切口截面。

（2）在下拉菜单中单击【草绘】→【特征工具】→【切换剖面】，绘制“混合切口”的第二个截面如图4.62所示。

（3）单击✔按钮完成混合草绘的绘制。在【方向】对话框中选择【确定】，在两截面深度对话框中输入深度值50，单击确定得到如图4.62所示成壳体特征。

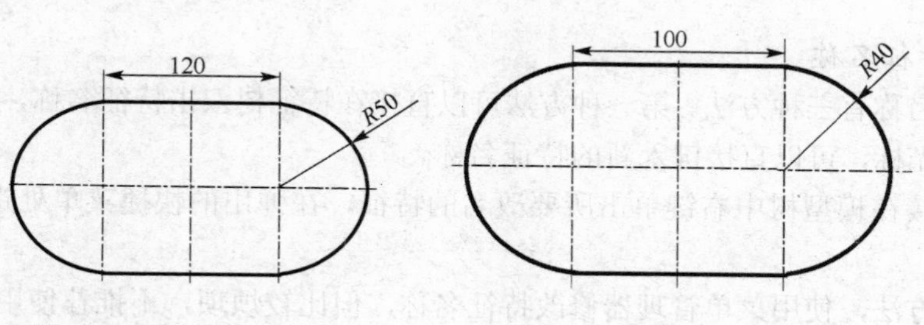

图4.61　浴盆壳体第一截面　　图4.62　浴盆壳体第二截面

3. 浴盆边沿的建模

（1）在工具栏中选择【插入】→【扫描】→【伸出项】，在出现的【扫描定义】对话框中选择【选取轨迹】，在出现如图 4.64 所示的【链】对话框中选择【依次】，选取图 4.63 的壳体口的外边沿为扫描轨迹线（按住“Ctrl”键实现轮廓边沿的多选）。单击【完成】按钮，在出现如图 4.65 所示的【选取】对话框中 选择【接受】，在【方向】定义框中选择【确定】，进入草绘界面。

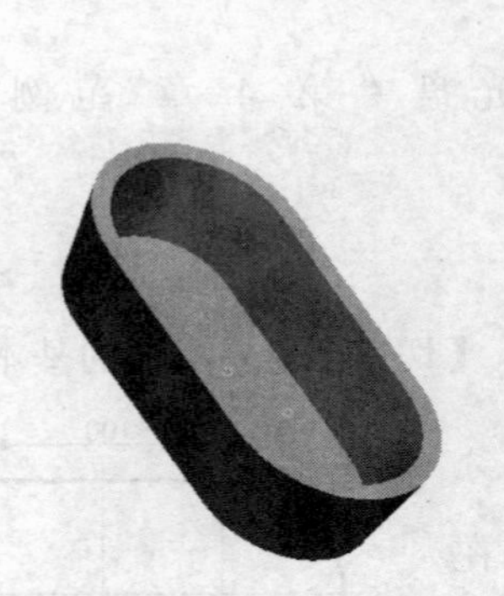

菜单管理器
▼ 链
依次
相切链
曲线链
边界链
曲面链
目的链
选取
撤消选取
修剪/延伸
起始点
完成
退出

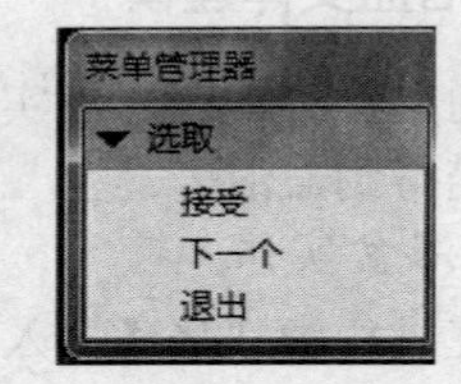

图 4.63 浴盆壳体特征　　图 4.64 曲线选取定义　　图 4.65 曲线选取对话框

（2）绘制如图 4.66 所示的草绘截面。绘制完成后单击 ✓ 完成扫描截面的创建。单击 确定 按钮，生成的实体轮廓如图 4.67 所示。参看所附光盘“第 4 章\范例结果文件\zonghe_fanli01_jg.prt”。

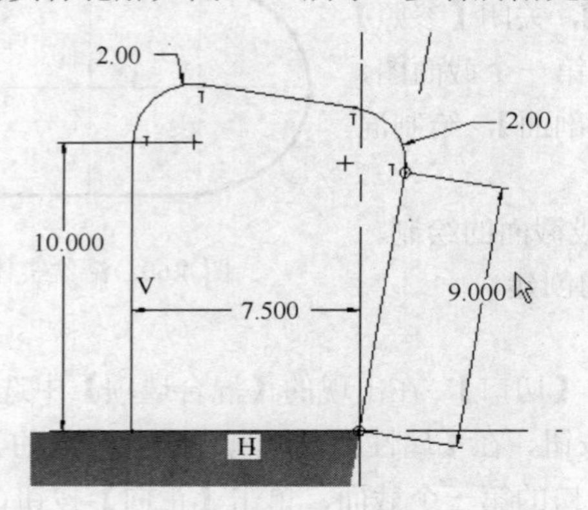

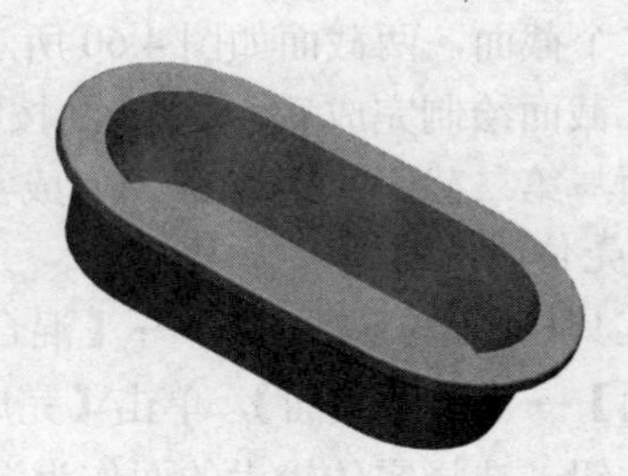

图 4.66 盆沿扫描剖面　　图 4.67 洗浴盆最终效果图

4.6 特征的编辑与修改

4.6.1 修改特征属性

1. 修改特征名称

修改特征名称有三种方法。第一种方法可以直接在特征树双击特征名称，如图 4.68 所示，特征名称处出现光标，可以直接键入新的特征名称。

也可以直接在模型树中右键单击所要改名的特征，在弹出的快捷菜单处选择【重命名】，键入新名称。

还有一种方法，使用菜单管理器修改特征名称，但比较烦琐，不推荐使用。

2. 使特征成为只读

在一个实体特征做好以后，要确保某些特征在稍后不会被误操作而修改，可将其设为只读。再生零件后，尺寸、属性和布置等只读特征不能修改也不能再生。但是，可以添加特征与只读特征。

当使特征成为只读时，Pro/E 使该特征和再生列表中该特征之前的所有特征变为只读。

设置特征只读属性的步骤如下。

（1）单击下拉菜单【编辑】→【只读】命令，出现【菜单管理器】、【只读特征】菜单，如图 4.69 所示。

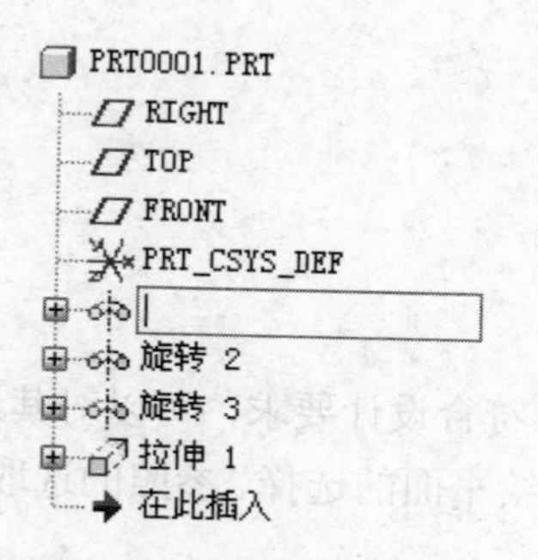

图 4.68　修改特征名称

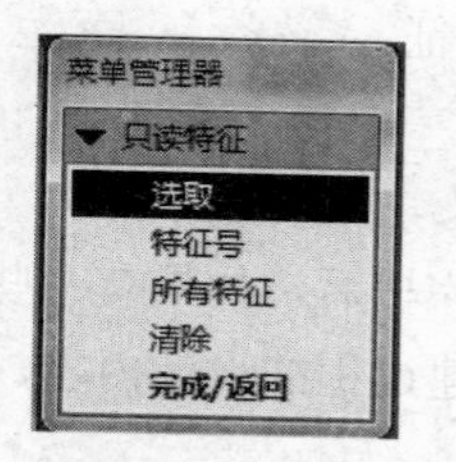

图 4.69　只读特征菜单

（2）按要求对特征进行操作，具体的选项如下。

- 【选取】：选取特征使其变为只读。
- 【特征号】：输入一个特征外部标识符使得它和所有先前的特征成为只读。
- 【所有特征】：使所有特征成为只读。
- 【清除】：选取已经变为只读属性的特征，取消只读设置。

4.6.2　修改特征父子关系

在建立零件的特征过程中，可使用各种类型的特征建立方法，而某些后期建立的特征，必须使用先前所建立的特征作为基体或参照，这就使这些特征从属于先前的特征，这就是所谓的父子关系。这些从属特征称为子特征，而先前建立的作为基体或尺寸和几何参照所定义的特征，称为父特征。

形成特征父子关系的因素有：绘图面与参考面、尺寸标注参考、几何约束条件及特征位置参考（如放置实体特征等）。总的来讲，父子关系是 Pro/E 和参数化建模软件的最强大的功能之一。在整个模型建立过程中，此关系起着重要作用。修改了零件中的某父项特征后，其所有的子项会被自动修改以反映父项特征的变化。如果隐含或删除父特征，Pro/E 会提示对其相关子项进行操作。有时很简单的变更，却会引起一连串因父子关系所产生的问题，所以在修改某一特征却不希望相关的特征受到影响时，则应先断开其父子关系后，才能顺利地进行修改工作。父项特征可没有子项特征而存在，而如果没有父项，则子项特征不能存在。

4.6.3　重定义特征

1. 重定义参照

重定义参照是系统中定义特征建立过程中的草图位置、草图参考等选项重新定义。

【重定义参照】命令的调用方法如下。

（1）单击下拉菜单【编辑】→【参照】命令。

（2）在“模型树”中选取特征，单击鼠标右键，然后选取【编辑参照】。

（3）在图形窗口中选取特征，单击鼠标右键，然后选取【编辑参照】。

（4）在【子项处理】对话框中选取对象，单击右键，然后选取【重新放置参照】命令。

只能在创建外部参照的环境中，对外部参照重定义参照。在此不作过多的阐述。

重定义参照允许改变特征参照以断开父子关系。Pro/E 检测特征的重定义参照情况，以确定新参照和旧参照是否兼容。若不兼容，Pro/E 显示一条警告消息，并继续进行处理。

不能对下列特征重定义参照。

- 具有用户定义过渡的倒圆角。
- 成组的阵列特征。
- 只读特征。

2. 特征重新定义

在实体造型创建完毕后，如果有一些特征不符合设计要求，可以对其进行重新定义。此方法可以全面修改特征创建过程的设计内容，包括草绘平面的选择、参照的选取以及草绘剖面的尺寸，应该熟练掌握此方法。

在模型树窗口中选中修改的特征，然后单击鼠标右键，在弹出的快捷菜单中选取【编辑定义】选项，系统将打开创建该特征的设计操控板，重新设定需要修改的参数即可。

3. 调整特征再生次序

可在再生次序列表中向前或向后移动特征，以改变它们的再生次序。只要这些特征以一定次序出现，就可以在一次操作中对多个特征重新排序。但是父特征不能移动到其子特征之后，而且子特征不能移动到其父特征之前。

调整特征顺序的步骤如下（打开附盘“第 4 章\范例源文件\fanli01.prt”）。

（1）单击【编辑】→【特征操作】命令，出现【特征】菜单，选取【重新排序】命令，如图 4.70 所示。

（2）选取孔特征，如图 4.71 所示，单击【完成】，出现如图 4.72 所示的对话框，选取【之后】选项，然后在模型树中选取最后的特征，单击【确认】。

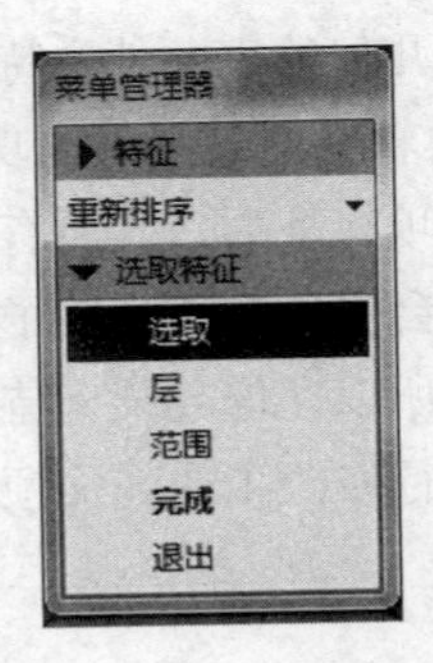

图 4.70　重新排序选择对话框

图 4.71　特征排序前的带轮

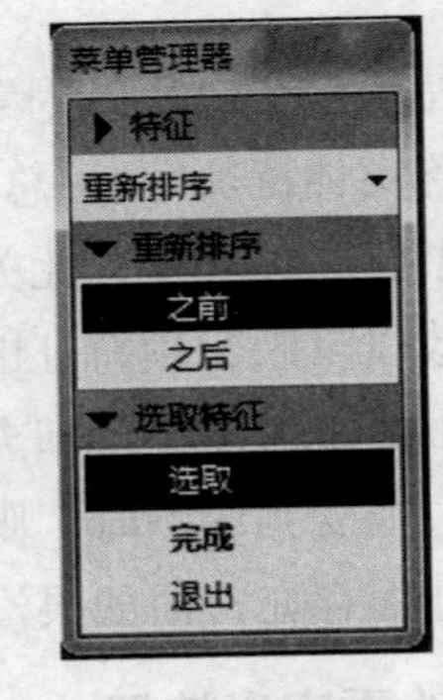

图 4.72　重新排序对话框

（3）单击【菜单管理器】中的【完成】按钮，生成如图 4.73 所示的图形。

请注意：也可以直接在模型树窗口中选中要重排顺序的特征的标识，按住鼠标左键将其拖到其他特征的前面或后面，松开左键即可。如图 4.74 所示。当然，也不能任意移动特征。参看所附光盘“第 4 章\范例结果文件\zonghe_fanli02_jg.prt”。

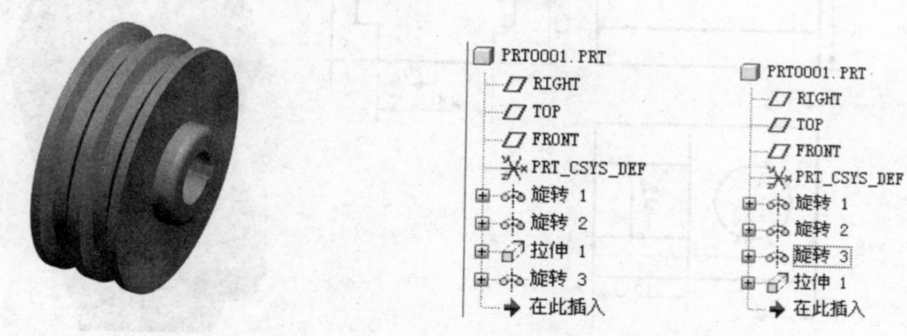

图 4.73　特征排序后的带轮

图 4.74　排序前后图形的变化

总结与回顾

本章主要讲解了 Pro/E 的基础特征，包括拉伸、回转、扫描、混合基本特征。其次介绍了零件的编辑与修改。通过本章的学习，读者应该能够建立中等难度的三维模型，同时养成良好的建模习惯，为以后进行设计打下良好的基础。

思考与练习题

1．建立如图 4.75 所示的零件。参看“第 4 章\练习题结果文件\ex02-1_jg.prt”。

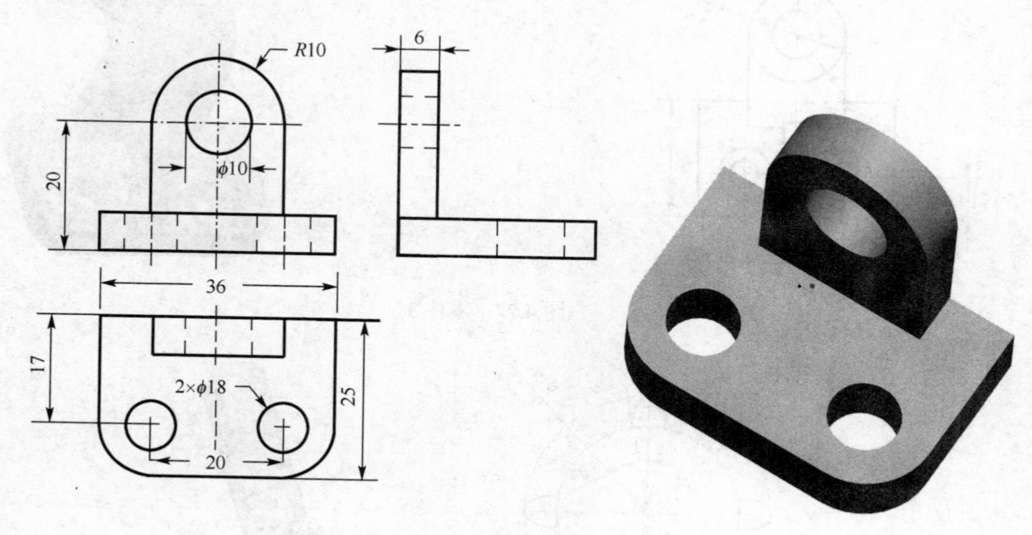

图 4.75　零件 1

2．建立如图 4.76 所示的零件。参看“第 4 章\练习题结果文件\ex02-2_jg.prt”。

3．建立如图 4.77 所示的零件。参看“第 4 章\练习题结果文件\ex02-3_jg.prt”。

4．以如图 4.78 所示的图形为剖面，利用一般混合命令建立如图 4.79 所示的斜齿轮模型。参看“第 4 章\练习题结果文件\ex02-4_jg.prt”。

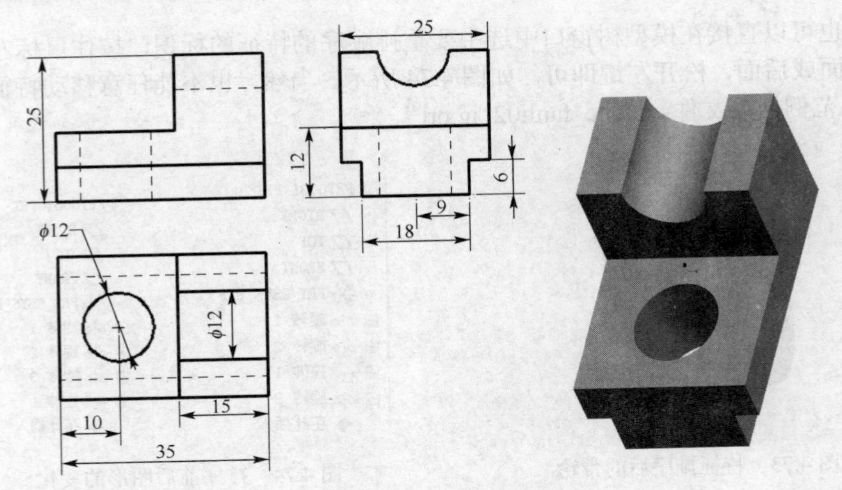

图 4.76　零件 2

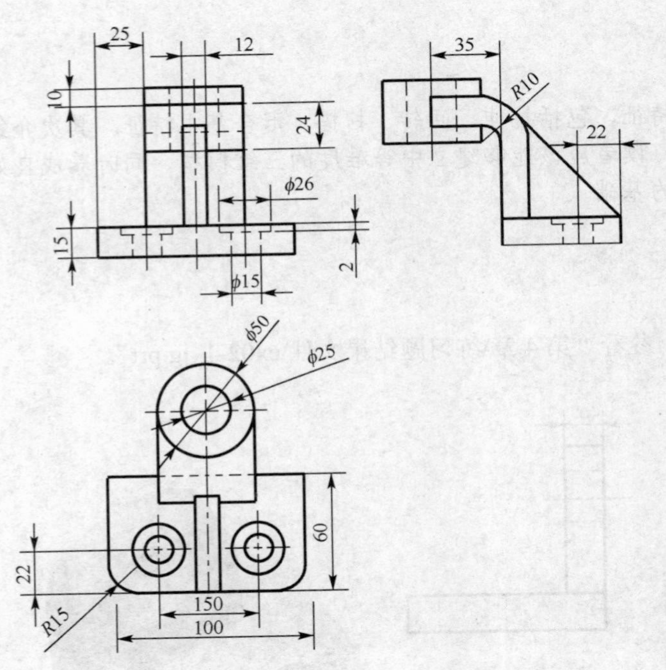

图 4.77　零件 3

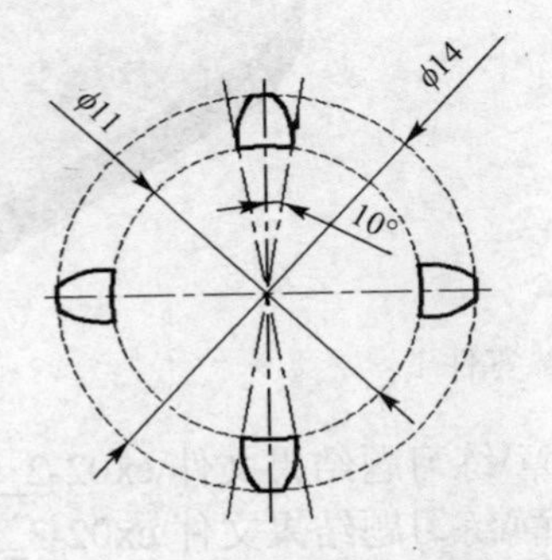

图 4.78　混合剖面

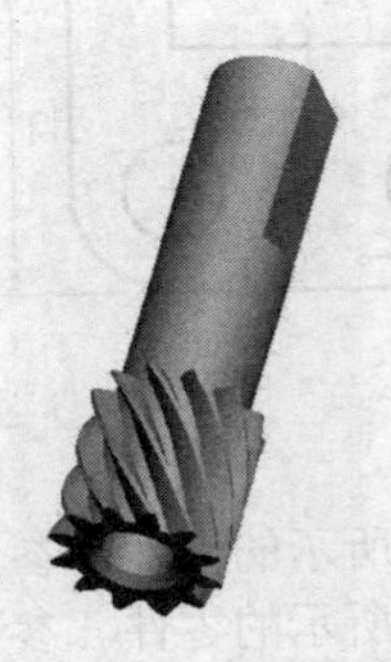

图 4.79　斜齿轮模型

第 5 章 工程特征的创建

学习目标：主要学习各种工程特征（孔、圆角、倒角、筋、抽壳和拔模）的创建。

在实际工作中，创建了基础实体后，还需要继续在其上创建其他各类特征，其中一种重要的特征类型就是本章要介绍的工程特征。工程特征是指具有一定工程应用价值的特征，例如孔特征、倒角特征等，这些特征具有相对固定的形状和结构。本章将依次介绍孔特征、圆角特征、倒角特征、抽壳特征、筋特征和拔模特征。

一般来说，创建一个工程特征的过程就是根据指定的位置在另一个特征上准确放置该特征的过程。要准确生成一个工程特征，需要确定两类参数。第一类是定形参数，它用来确定工程特征形状和大小，如长和宽以及直径等参数；另一类是定位参数，用来确定特征在基础特征上附着的位置。确定定位参数时，通常选取恰当的点、线、面等几何图元作为参照，然后使用相对于这些参照的一组线形或角度尺寸来确定特征的放置位置。

创建工程特征的所有命令都在主菜单中的【插入】菜单下，其快捷方式一般在主界面的右工具栏中。

5.1 孔特征

孔是工程中经常用到的特征，在机械零件中应用非常广泛。孔特征的形式多样，放置位置灵活，一般用于零件模型的固定和形成通道等。孔特征可以认为是某一截面（钻孔轮廓）在实体零件模型中围绕中心轴旋转切减材料而成，Pro/ENGINEER Wildfire 5.0 版提供了两大类孔设计方法：简单孔和标准孔。孔的种类如图 5.1 所示。

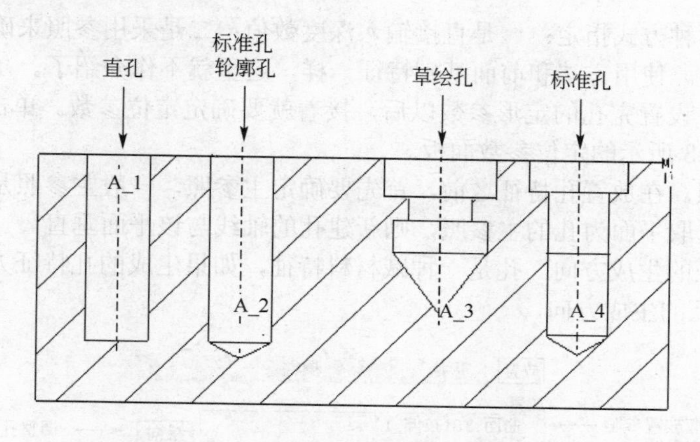

图 5.1　四种不同孔特征的形状

简单孔可以分为如下三类。

- 直孔。孔的直径保持不变，截面为圆形。
- 草绘孔。草绘非标准孔特征，截面可变，锥形孔可以用草绘孔进行创建。
- 标准孔轮廓孔。带顶角的简单孔，孔的前端是钻头留下的锥形顶角，另外可以在孔的放置平面上增加沉孔和埋头孔。

● 标准孔。是指符合相关螺纹标准而形成的标准螺纹孔，是基于相关的工业标准的，可带有不同的末端形状、沉孔和埋头孔。

5.1.1 孔特征创建步骤

1. 直孔

创建时需要指定孔的直径和深度。在主菜单中选取【插入】→【孔】选项或在右工具栏中单击按钮，系统弹出如图 5.2 所示的设计操控板。

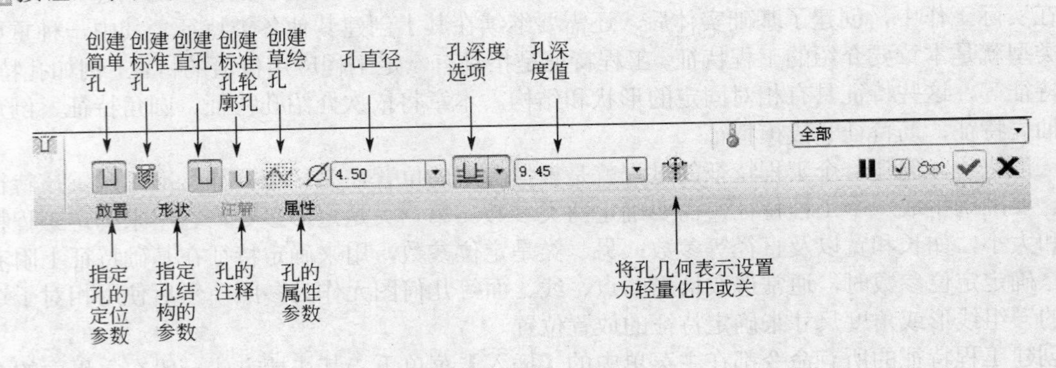

图 5.2 创建孔特征的操控板

在缺省情况下，系统自动选取简单孔按钮，该按钮用来创建直孔、标准孔轮廓孔和草绘孔。下面介绍一下孔的定形参数和定位参数。

（1）定形参数

● 直孔的直径：在操控板的直径文本框中直接输入直径参数或从下拉列表框中选取设计中使用过的直径数值。

● 孔的深度：在孔深度文本框中输入深度参数或从下拉列表框中选取设计中使用过的深度数值。

孔的深度采用两种方式指定：一是直接输入深度数值；二是采用参照来确定孔的深度，孔延伸到指定的参照为止。使用方法和前面基础特征一样，这里就不作介绍了。

（2）定位参数　设置完孔的定形参数以后，接着就要确定定位参数。单击操控板上的放置按钮，系统弹出如图 5.3 所示的定位参数面板。

① 确定主参照。在放置孔特征之前，首先要确定主参照，一般主参照是模型上的平面或回转体的表面。如果选取平面为孔的主参照，则新建孔的轴线与该平面垂直。

② 确定孔特征的生成方向。孔是一种减材料特征，如果生成的孔特征方向不对，可以单击反向按钮改变孔特征的生成方向。

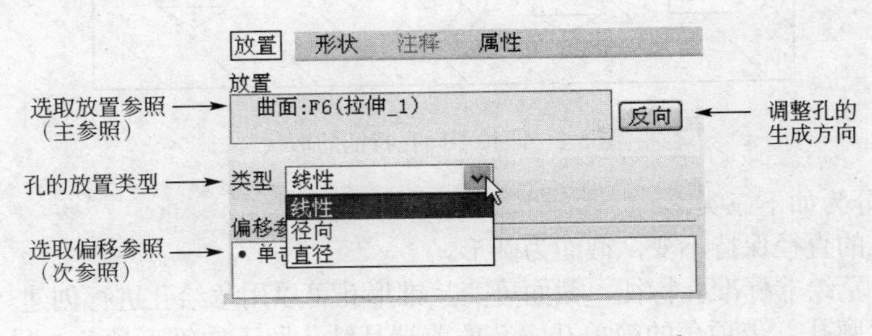

图 5.3 定位参数面板

③　设置孔的放置类型和次参照。仅有主参照还不能唯一确定孔的放置位置，还需要其他的参照。在孔的放置类型中有 3 种供设计者使用。

● 【线性】：选定两个次参照和两个线性尺寸来确定孔在主参照的位置，其中线性尺寸表示孔轴线到两个次参照的距离。注意：此时两个次参照为平面或边。该选项仅当选取平面为主参照时可用。

● 【径向】：指定一个线性尺寸和一个角度尺寸来确定孔的放置位置。此时的两个次参照分别为基准轴和参考平面。其中线性尺寸表示孔轴线到次参照（为基准轴）的半径（距离），角度尺寸为孔轴线与另一个次参照（参考平面）间的夹角。

● 【直径】：指定一个线性尺寸和一个角度尺寸来确定孔的放置位置。此时的两个次参照分别为基准轴和参考平面。其中线性尺寸表示孔轴线到次参照（为基准轴）的直径（距离），角度尺寸为孔轴线与另一个次参照（参考平面）间的夹角。

④　确定孔的定形和定位参数后，单击操控板形状按钮，可以进行孔形状的详细设计，包括孔的直径和深度。注意：孔的深度有多种方式确定。

下面介绍 3 种放置类型的用法。

● 【线性】：如图 5.4 所示，首先选取实体模型的上表面作为主参照，选取【线性】放置类型，选取实体特征的一个侧面（边）作为第一个次参照，按住键盘上的“Ctrl”键，再用鼠标左键选取第二个侧面（边）作为第二个次参照。在选次参照时，可以在参照右侧的约束下拉列表中指定约束方式。一种为【对齐】选项，它使孔轴线与选定表面对齐；另一种是【偏移】选项，指定孔轴线到指定面的距离。此种放置方法多用于长方形零件中孔特征的创建，使用了两个线性尺寸作为次参照。

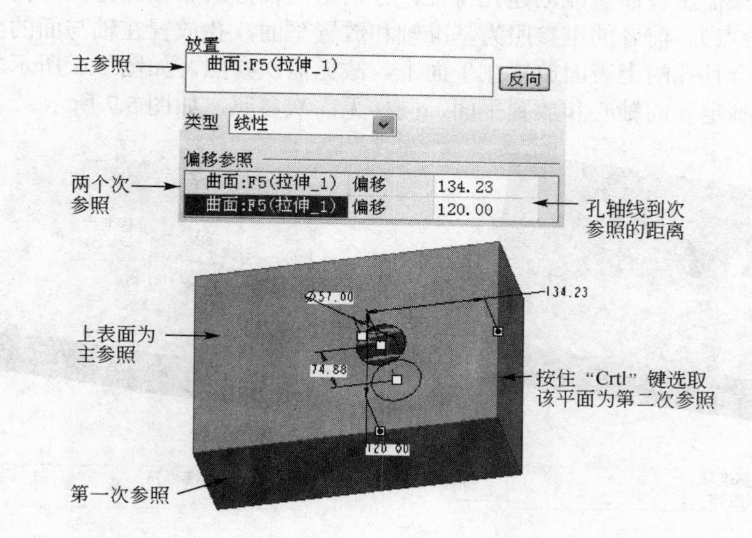

图 5.4 【线性】放置类型

● 【径向】：如图 5.5 所示，首先选取实体模型的上表面作为主参照，选取【径向】放置类型。选取实体上已有的孔轴线（如果没有现成的轴线，需要临时创建）作为第一个次参照，然后在右侧的文本框中输入一个半径数值。新建孔特征的轴线位于以该轴线为轴线，以输入的半径数值为半径的圆周上。按住键盘上的“Ctrl”键，再选取实体侧面作为第二个次参照，然后在右侧的文本框中输入定位的角度值。过第一个次参照轴线且平行于第二个次参照平面创建一个辅助平面，该辅助平面绕第一个次参照轴线转过输入的角度后，与由第一个次参照确定的圆周的交点即为新建孔特征轴线的位置。角度为正时逆时针转动。此种放置方式多用于孔在圆周上的放置，分别使用一个角度尺寸和一个线性尺寸作为次参照。

● 【直径】：它的使用方法与【径向】类似，只是在确定第一个次参照时，使用直径数值确定圆周，而不是半径数值。此种放置方式多用于孔在圆周上的放置。

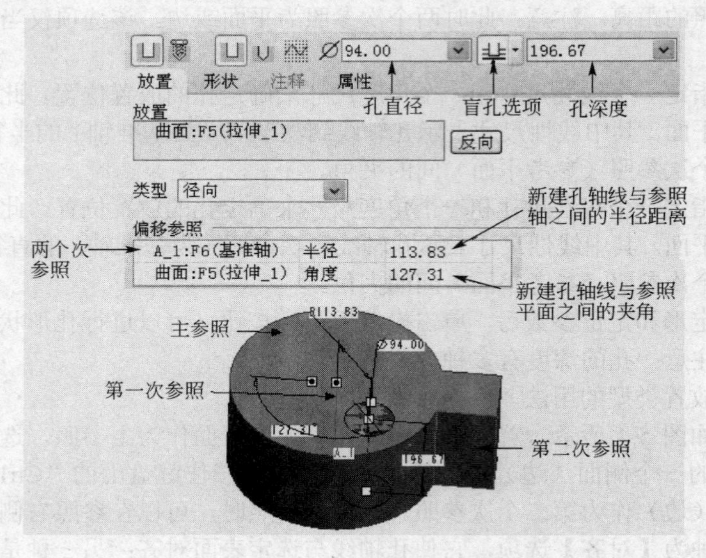

图 5.5 【径向】放置类型

还有两种直孔只需主参照就能创建孔特征，分别是同轴方式放置孔特征和在点上放置孔特征（这个点必须是草绘点）。前者的主参照为基准轴和放置平面，孔放置在轴与面的交点处，孔的中心将与选定的轴重合且孔的上表面放置在平面上，故无需次参照，如图 5.6 所示。点上直接放置孔利用平面上的点确定孔的轴心和放置平面，同样无需次参照，如图 5.7 所示。

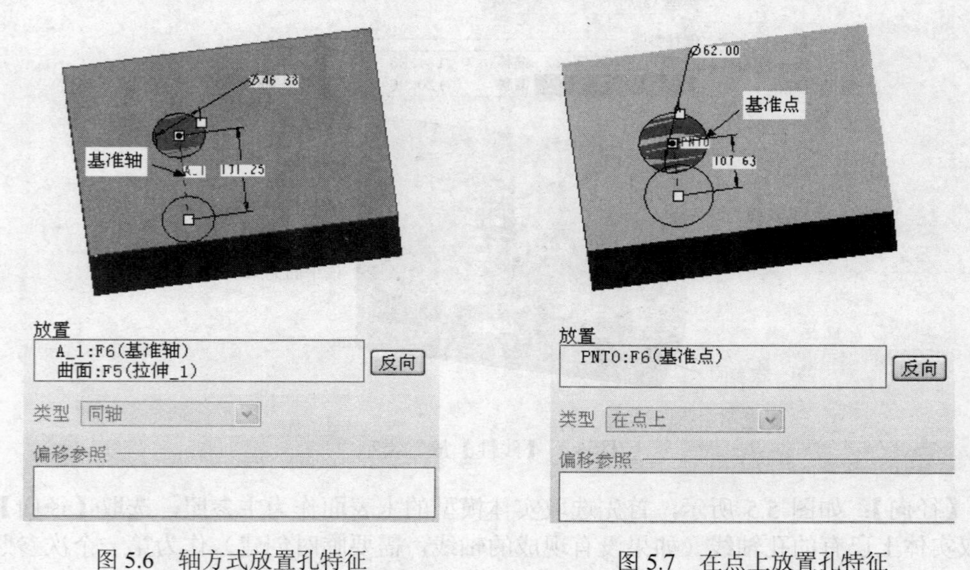

图 5.6 轴方式放置孔特征　　图 5.7 在点上放置孔特征

2. 草绘孔

草绘孔可以创建比较复杂的非标准孔，可产生有锥顶开头和可变直径的圆形断面，比如阶梯轴、沉头孔、锥形孔等。其放置方式与直孔相同，不同的是孔径和孔深都是通过草绘来定义的。在选取按钮情况下，在操控板单击按钮，打开草绘孔设计工具，此时操控板如图 5.8 所示。

创建草绘孔也需要确定定形参数和定位参数。在确定定形参数时，由于草绘孔的形状和尺寸一般比较复杂，需要通过草绘的方法画出孔的剖面图，而确定定位参数的方法和直孔类似。实际上草绘孔的创建类似于旋转切除材料特征。

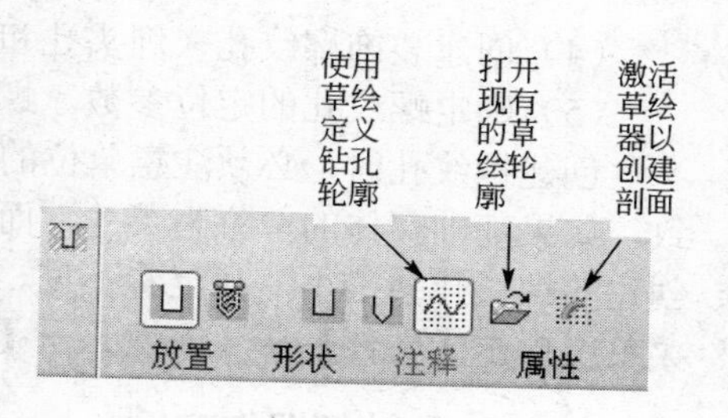

图 5.8　创建草绘孔时的操控板

（1）草绘孔剖面　在操控板中单击按钮，进入二维草绘界面后即可使用草绘工具进行孔剖面的绘制。首先要绘制孔的回转轴线，然后绘制剖面。

绘制孔的剖面时注意以下 3 点。

- 草绘孔剖面必须是闭合（封闭）剖面，组成剖面的各线段必须首尾顺次连接，并且没有交叉和重合。
- 全部剖面必须位于回转轴的一侧。
- 孔剖面中必须至少有一条线段垂直于回转轴线。如果剖面中仅有一条线段与回转轴线垂直，系统自动将该线段对齐到参照平面（主参照或次参照平面）上，如果有多条线段垂直于回转轴线，系统将最上端的线段对齐到参照平面。

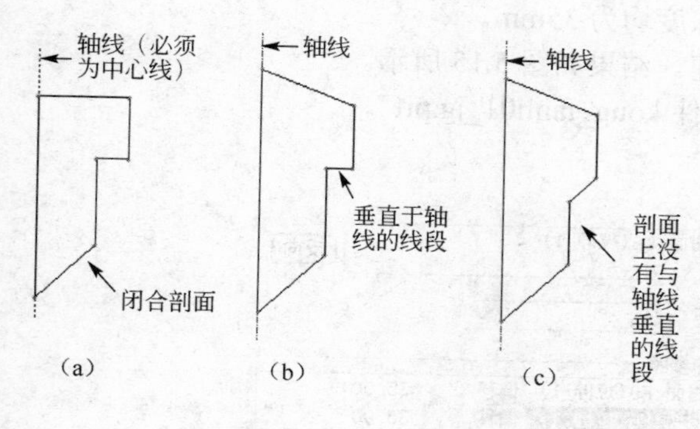

图 5.9　草绘剖面的方法

如图 5.9（a）所示的草绘剖面中有两条线段垂直于回转轴线；如图 5.9（b）所示的草绘剖面中有一条线段垂直于回转轴线；如图 5.9（c）所示的草绘剖面中没有一条线段垂直于回转轴线，这个草绘剖面不正确。

如果在创建草绘孔之前已经有绘制好的草绘剖面图，可以通过操控板上的按钮找到以前保存的剖面，将其导入即可。

（2）设置放置参照　草绘孔的形状和大小在草绘时已经确定，只需设置放置参照即可创建。在实体特征上设置放置参照的方法与创建直孔时类似，不再赘述。

3. 标准孔

标准孔是具有标准结构、形状和尺寸的孔，是基于相关工业标准的，例如螺纹孔等。孔的类型共有 ISO、UNC 和 UNF 三种形式。其中 ISO 为国际标准螺纹，应用最广泛，我国使用此种螺纹；UNC 为粗牙螺纹；UNF 为细牙螺纹。

在操控板上单击按钮，操控板的内容如图 5.10 所示。

图 5.10　创建标准孔时的操控板

标准孔设计过程主要有以下 5 个步骤。

（1）确定孔的螺纹类型。在第一个列表框中选取 ISO、UNC 和 UNF 中的一种，一般选取 ISO。

（2）确定螺纹尺寸。在第二个列表框中选取或输入螺钉的尺寸。如 M16×2 表示外径为 16mm、螺距为 2mm 的标准螺钉。

（3）确定螺纹孔的深度。

（4）创建装饰螺纹孔（埋头孔和沉孔）。

（5）确定螺纹孔的定位参数。螺纹孔的定位参数与前面介绍的直孔特征类似，不再赘述。

创建螺纹孔时，必须注意单位的选定。即基础实体模型的单位要与ISO标准螺纹孔的单位一致。如果基础实体的单位为英寸，而ISO标准螺纹孔的缺省单位为mm，二者单位不匹配，这样创建的螺纹孔会很小，甚至看不见。这时可以通过单位转换将基础实体模型进行单位转换。在主菜单中单击【文件】→【属性】→【模型属性】，然后根据需要进行单位转换。

5.1.2 孔特征操作实例

1. 孔的创建

打开书所附光盘文件“第5章\范例源文件\kong_fanli01.prt”,如图5.11所示。

（1）在右工具箱中单击按钮，确保按钮被按下。

（2）在操控板上单击放置按钮，打开参数面板，放置类型为【线性】。选取长方体上表面为主参照，两个侧表面为次参照。注意：选取第二个次参照时要按住“Ctrl”键。

（3）输入如图5.12所示的参数，孔的直径和深度均为35mm。

（4）单击操控板上的✔按钮，完成直孔的创建。结果如图5.15所示。

最后结果文件请参看附盘“第5章\范例结果文件\kong_fanli01_jg.prt”。

图5.11　原图

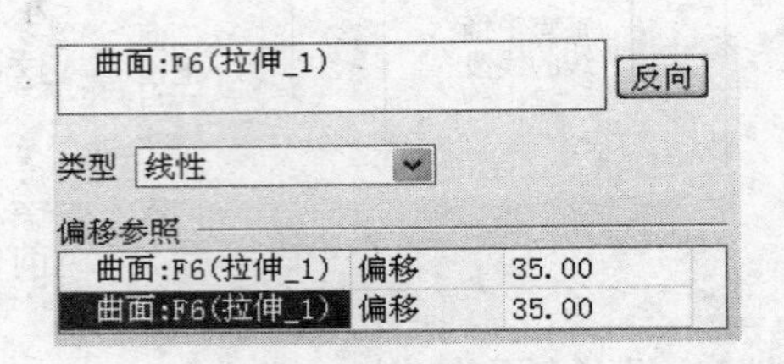

图5.12　参照和参数输入

2. 草绘孔的创建

打开书所附光盘文件“第5章\范例源文件\kong_fanli02.prt”。

（1）在右工具箱中单击按钮，确保按钮被按下。

（2）单击操控板上的按钮，完成如图5.13所示的草绘剖面，然后退出草绘状态。

（3）在操控板上单击放置按钮，打开参数面板。选取圆柱体中心线和圆柱体上表面为主参照，如图5.14所示，放置类型自动变为【同轴】。

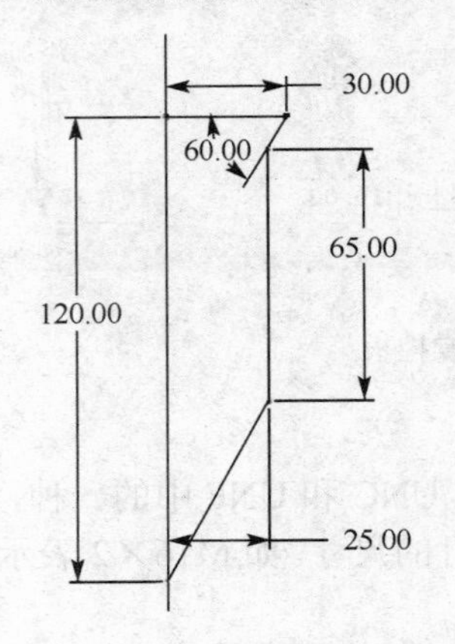

图5.13　创建的草绘孔剖面

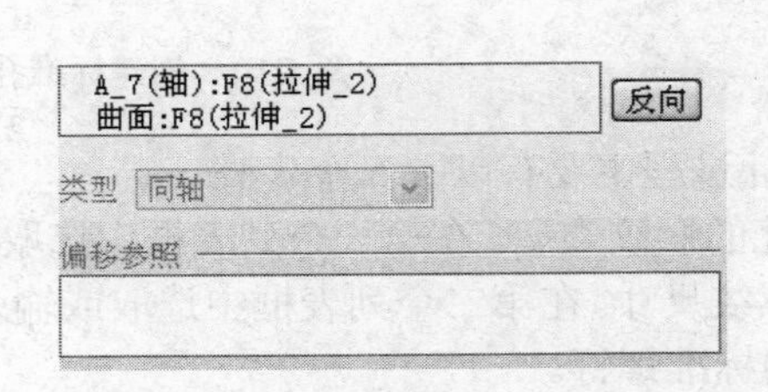

图5.14　圆柱体轴线作为次参照

创建草绘孔也需要确定定形参数和定位参数。在确定定形参数时，由于草绘孔的形状和尺寸一般比较复杂，需要通过草绘的方法画出孔的剖面图，而确定定位参数的方法和直孔类似。实际上草绘孔的创建类似于旋转切除材料特征。

（1）草绘孔剖面　在操控板中单击按钮，进入二维草绘界面后即可使用草绘工具进行孔剖面的绘制。首先要绘制孔的回转轴线，然后绘制剖面。

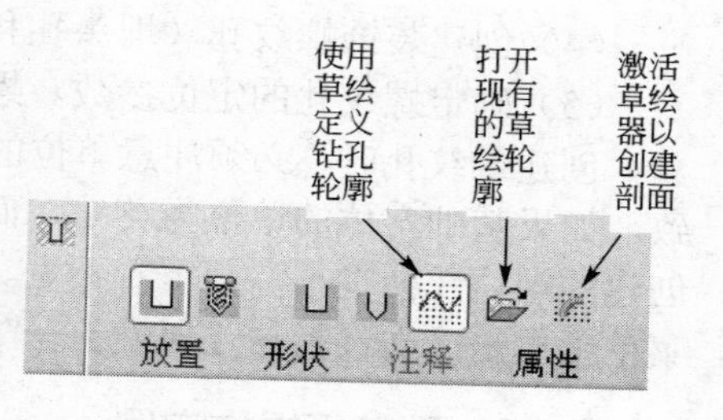

图 5.8　创建草绘孔时的操控板

绘制孔的剖面时注意以下 3 点。

- 草绘孔剖面必须是闭合（封闭）剖面，组成剖面的各线段必须首尾顺次连接，并且没有交叉和重合。
- 全部剖面必须位于回转轴的一侧。
- 孔剖面中必须至少有一条线段垂直于回转轴线。如果剖面中仅有一条线段与回转轴线垂直，系统自动将该线段对齐到参照平面（主参照或次参照平面）上，如果有多条线段垂直于回转轴线，系统将最上端的线段对齐到参照平面。

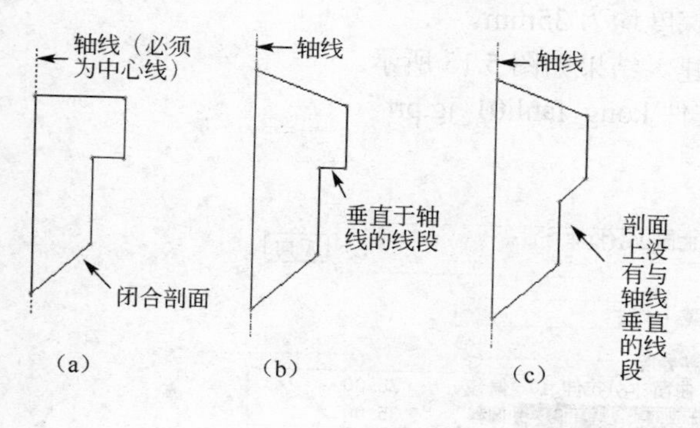

图 5.9　草绘剖面的方法

如图 5.9（a）所示的草绘剖面中有两条线段垂直于回转轴线；如图 5.9（b）所示的草绘剖面中有一条线段垂直于回转轴线；如图 5.9（c）所示的草绘剖面中没有一条线段垂直于回转轴线，这个草绘剖面不正确。

如果在创建草绘孔之前已经有绘制好的草绘剖面图，可以通过操控板上的按钮找到以前保存的剖面，将其导入即可。

（2）设置放置参照　草绘孔的形状和大小在草绘时已经确定，只需设置放置参照即可创建。在实体特征上设置放置参照的方法与创建直孔时类似，不再赘述。

3. 标准孔

标准孔是具有标准结构、形状和尺寸的孔，是基于相关工业标准的，例如螺纹孔等。孔的类型共有 ISO、UNC 和 UNF 三种形式。其中 ISO 为国际标准螺纹，应用最广泛，我国使用此种螺纹；UNC 为粗牙螺纹；UNF 为细牙螺纹。

在操控板上单击按钮，操控板的内容如图 5.10 所示。

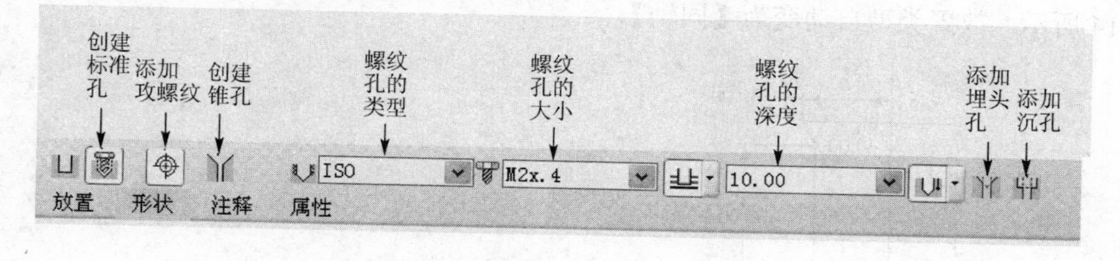

图 5.10　创建标准孔时的操控板

标准孔设计过程主要有以下 5 个步骤。

（1）确定孔的螺纹类型。在第一个列表框中选取 ISO、UNC 和 UNF 中的一种，一般选取 ISO。

（2）确定螺纹尺寸。在第二个列表框中选取或输入螺钉的尺寸。如 M16×2 表示外径为 16mm、螺距为 2mm 的标准螺钉。

（3）确定螺纹孔的深度。

（4）创建装饰螺纹孔（埋头孔和沉孔）。

（5）确定螺纹孔的定位参数。螺纹孔的定位参数与前面介绍的直孔特征类似，不再赘述。

创建螺纹孔时，必须注意单位的选定。即基础实体模型的单位要与ISO标准螺纹孔的单位一致。如果基础实体的单位为英寸，而ISO标准螺纹孔的缺省单位为mm，二者单位不匹配，这样创建的螺纹孔会很小，甚至看不见。这时可以通过单位转换将基础实体模型进行单位转换。在主菜单中单击【文件】→【属性】→【模型属性】，然后根据需要进行单位转换。

5.1.2 孔特征操作实例

1. 孔的创建

打开书所附光盘文件“第5章\范例源文件\kong_fanli01.prt”，如图5.11所示。

（1）在右工具箱中单击 按钮，确保 按钮被按下。

（2）在操控板上单击放置按钮，打开参数面板，放置类型为【线性】。选取长方体上表面为主参照，两个侧表面为次参照。注意：选取第二个次参照时要按住“Ctrl”键。

（3）输入如图5.12所示的参数，孔的直径和深度均为35mm。

（4）单击操控板上的 按钮，完成直孔的创建。结果如图5.15所示。

最后结果文件请参看附盘“第5章\范例结果文件\kong_fanli01_jg.prt”。

图5.11 原图

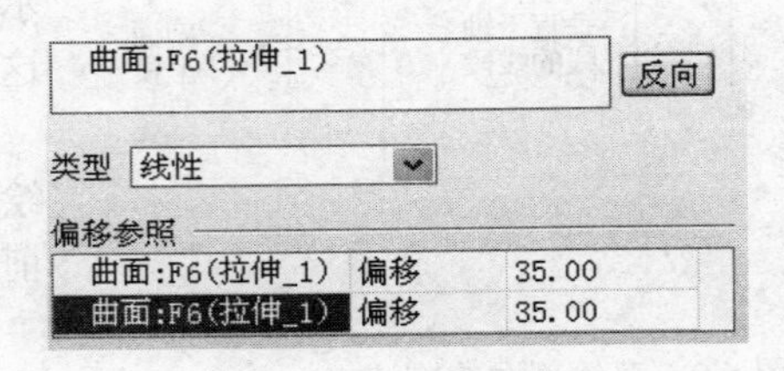

图5.12 参照和参数输入

2. 草绘孔的创建

打开书所附光盘文件“第5章\范例源文件\kong_fanli02.prt”。

（1）在右工具箱中单击 按钮，确保 按钮被按下。

（2）单击操控板上的 按钮，完成如图5.13所示的草绘剖面，然后退出草绘状态。

（3）在操控板上单击放置按钮，打开参数面板。选取圆柱体中心线和圆柱体上表面为主参照，如图5.14所示，放置类型自动变为【同轴】。

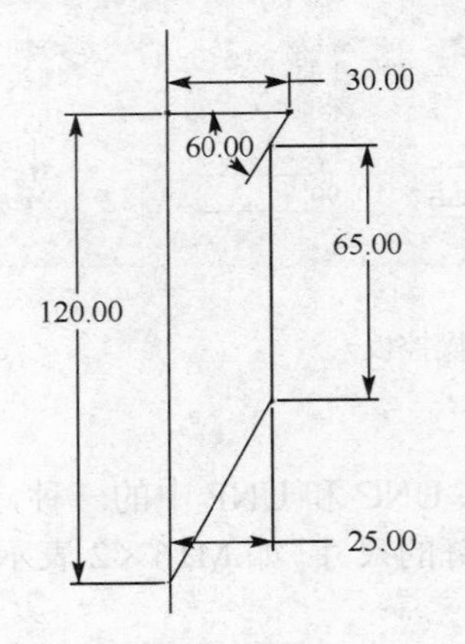

图5.13 创建的草绘孔剖面

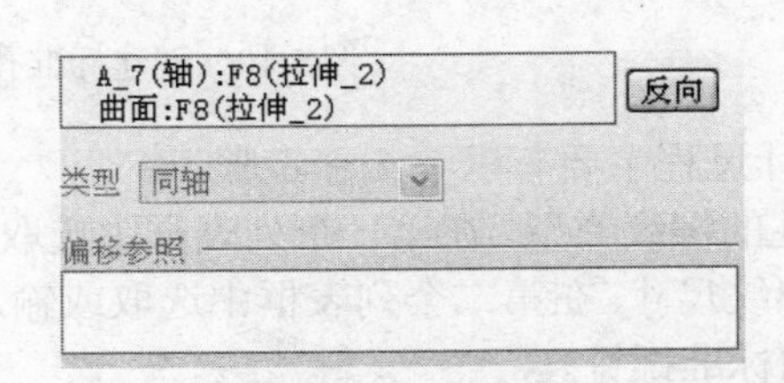

图5.14 圆柱体轴线作为次参照

（4）单击操控板上的✔按钮，完成草绘孔的创建。结果如图 5.15 所示。

最后结果文件请参看“第 5 章\范例结果文件\kong_fanli02_jg.prt”。

3. 螺纹孔

打开书所附光盘文件“第 5 章\范例源文件\kong_fanli03.prt”。

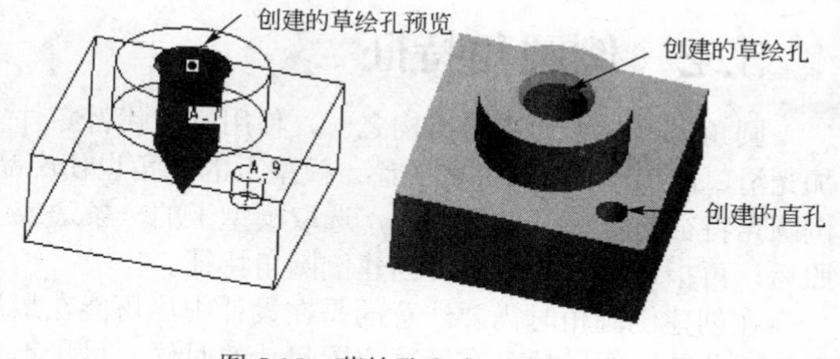

图 5.15　草绘孔和直孔最后结果

（1）在右工具箱中单击按钮，确保按钮被按下，螺纹类型选取 ISO，选取螺纹参数 M16×2，深度为 50mm。

（2）在操控板上单击放置按钮，打开参数面板，放置类型为【径向】。选取圆柱体上表面为主参照，圆柱体轴线为第一个次参照，长方体的一个前平面为第二个次参照。注意：选取第二个次参照时要按住“Ctrl”键。输入如图 5.16 所示的半径和角度参数。

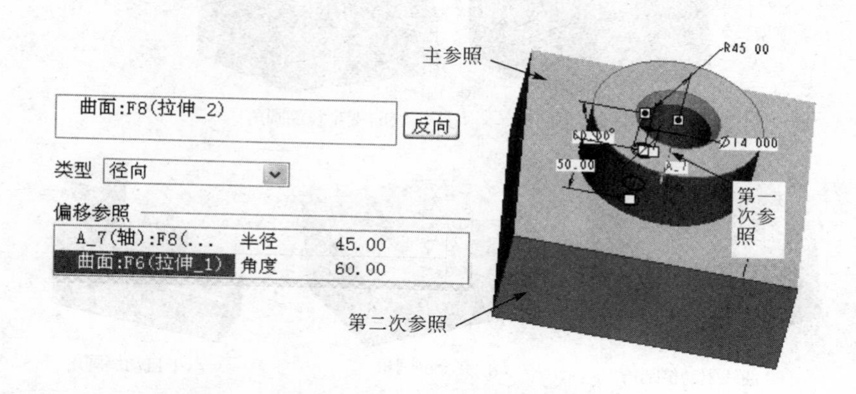

图 5.16　参照和参数设置

（3）单击操控板上的形状按钮，调整螺纹孔的设计参数，如图 5.17 所示。

（4）单击操控板上的✔按钮，完成螺纹孔的创建，结果如图 5.18 所示。本结果是关闭了标准孔的注释。如果要显示注释，在操控板上单击【注释】，在【添加注释】前面的选择框打上“√”即可。

最后结果文件请参看“第 5 章\范例结果文件\kong_fanli03_jg.prt”。

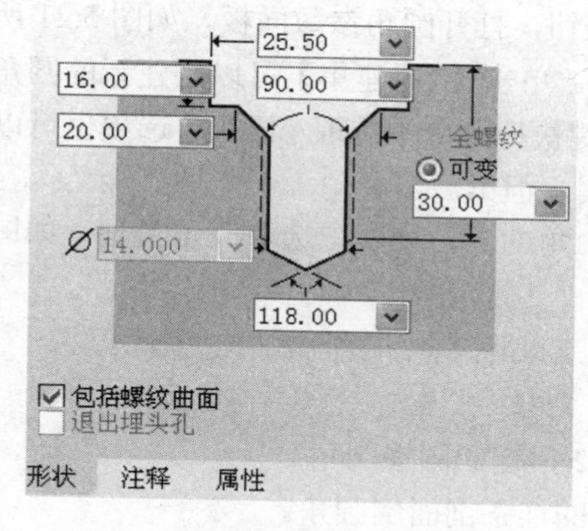

图 5.17　标准孔的定形参数面板

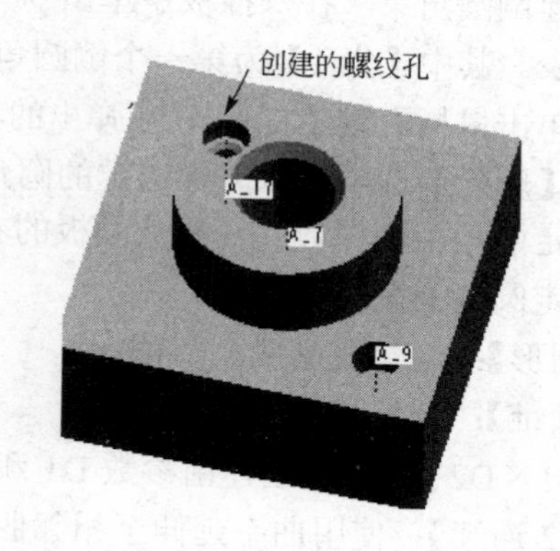

图 5.18　最后的设计结果

5.2 倒圆角特征

圆角是产品上的重要结构之一，使用圆角代替零件上尖锐的棱边，可以使零件表面的过渡更加光滑、自然，增加产品的美感。模型上的圆角也使产品的使用者不容易受伤，体现人性化设计。倒圆角特征是一种边处理特征，选取模型上的一条边或多条边或指定一组曲面作为特征的放置参照后，再指定半径参数即可创建倒圆角特征。

在创建倒圆角时需要注意的是在设计中尽可能在最后阶段建立倒圆角特征，为避免创建从属于倒圆角特征的子项，在标注位置尺寸的时候，尽量不要以边作为参照，以免在以后变更设计时产生麻烦。

倒圆角的方法分为 5 种：固定半径倒圆角、变半径倒圆角、完全倒圆角、通过曲线驱动倒圆角和自动倒圆角，如图 5.19 所示。

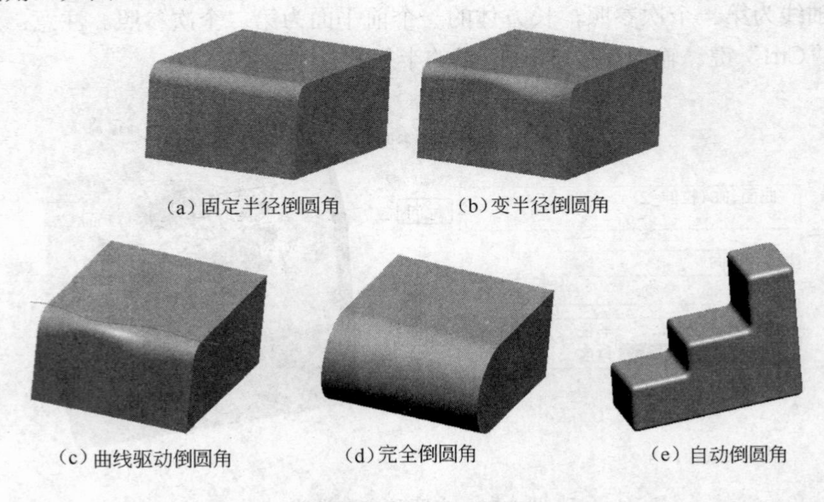

(a) 固定半径倒圆角　(b) 变半径倒圆角

(c) 曲线驱动倒圆角　(d) 完全倒圆角　(e) 自动倒圆角

图 5.19 倒圆角的类型

5.2.1 倒圆角工具简介

在主菜单中选取【插入】→【倒圆角】选项或在右工具箱中单击按钮，都可以进入倒圆角操控板，如图 5.20 所示。

1. 创建倒圆角步骤

(1) 创建倒圆角集　在操控板中单击 集 按钮，打开圆角参数面板，如图 5.21 所示。左上角为圆角集列表。其中【集 1】为第一个倒圆角集，单击【*新建集】可以创建新的圆角集。在选定的圆角集上单击鼠标右键（右击），在弹出的右键快捷菜单中选取【添加】选项也可以创建新的圆角集，选取【删除】选项可以删除选定的圆角集，但第一个圆角集不能被删除。

(2) 设定圆角类型参数　在参数面板的右上角的下拉列表中选取圆角类型，如图 5.22 所示。

① 指定圆角类型。

- 【圆形】：创建圆形截面圆角。
- 【圆锥】：创建圆锥形截面圆角。
- 【D1×D2 圆锥】：创建由参数 D1 和 D2 指定的圆锥圆角。
- 【C2 连续】：使用曲率延伸至相邻曲面的样条剖面倒圆角。
- 【D1×D2 C2】：使用曲率延伸至相邻曲面的具有独立距离的样条剖面进行倒圆角。

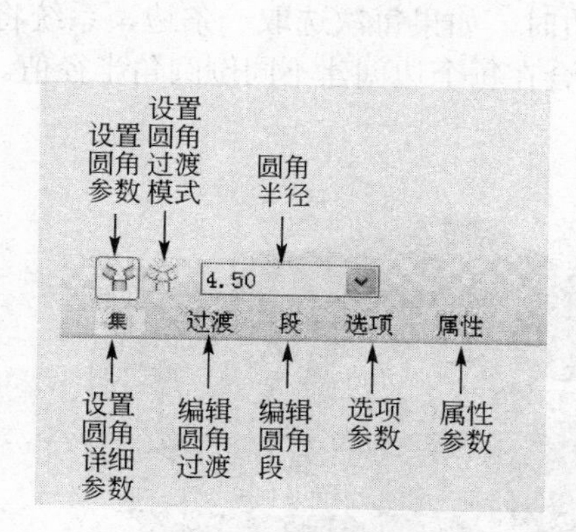

图 5.20　倒圆角操控板

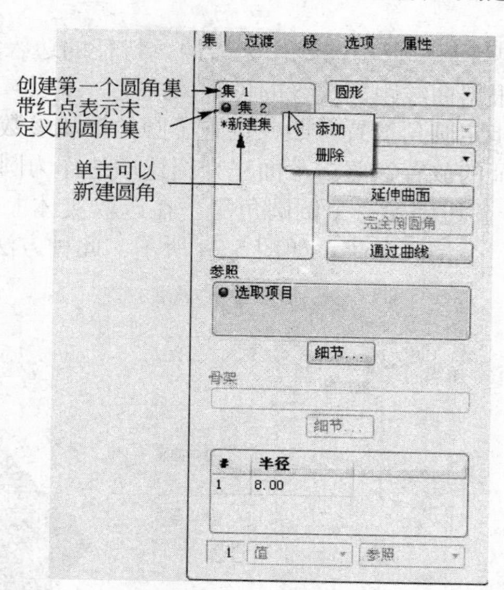

图 5.21　圆角参数面板

如果选取了【圆锥】或【D1×D2 圆锥】选项，在下面的文本框中可以输入数字或选择数字指定控制圆角形状的圆锥参数，参数的取值范围为 0.05～0.95，如图 5.23 所示。

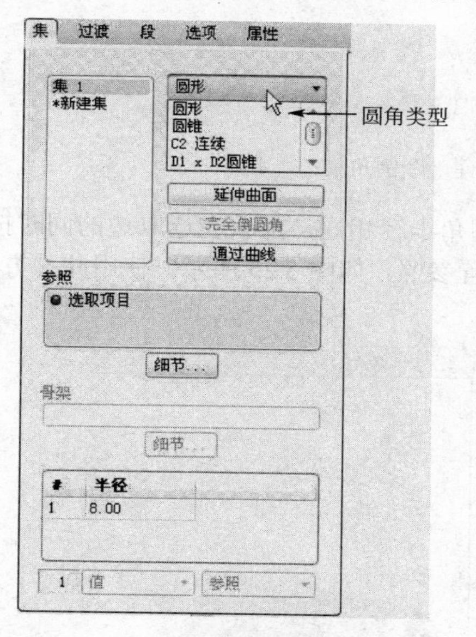

图 5.22　指定圆角类型（形状）

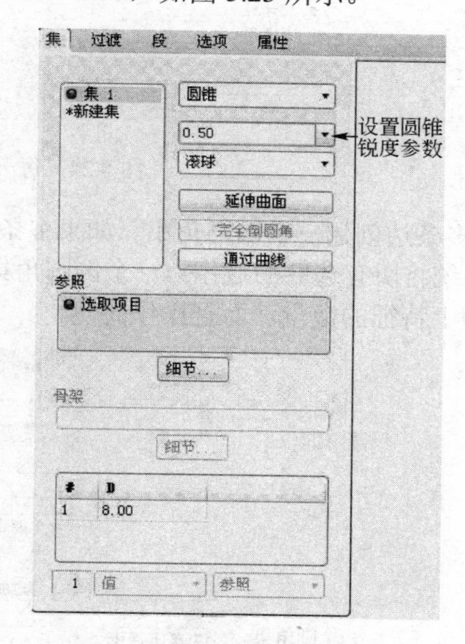

图 5.23　圆锥参数面板

② 指定轨迹生成方式。在第三个下拉列表框中指定圆角轨迹的生成方式。

● 【滚球】：以指定半径的球体在放置圆角的边上滚过的方式生成圆角。

● 【垂直于骨架】：以垂直于骨架线的圆弧或圆锥剖面沿圆角的放置参照扫描的方式生成圆角。如果倒圆角特征使用边线作为放置参照，一般使用第一条边参照作为圆角的骨架线。如果圆角使用两个曲面参照，则需要在参数面板上指定骨架线。

③ 其他选项。当满足一些特殊条件的时候，还有 3 种倒圆角方式。

● 延伸曲面：启用倒圆角以在连接曲面的延伸部分继续展开，而非转换为边至曲面倒圆角。

● 完全倒圆角：使用曲面作为参照，创建与曲面自动拟合的完全倒圆角。

● 通过曲线：使用曲线作为参照，特征的边缘沿着曲线倒圆角，也不需要指定圆角半径。圆角的半径根据曲线距离边缘的位置来决定。

（3）指定圆角放置参照　设置了圆角形状参数后，接着在模型上选取边或指定曲面、曲线作为圆角特征的放置参照。下面先介绍选取边作为圆角放置参照的方法。

① 一条边创建一个倒圆角集。在选取实体上的边时，如果每次选取一条边，系统将为每一条边创建一个倒圆角集，如图 5.24 所示。此种方法适合在每个边创建不同倒圆角半径值。

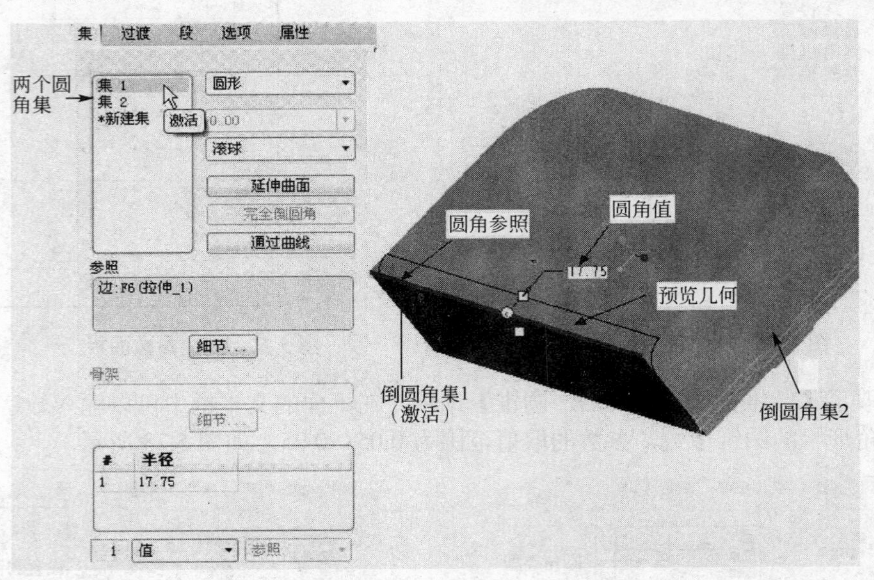

图 5.24　每一条边创建一个圆角集

② 多条边创建一个倒圆角集。如果多条边的圆角半径相同，那么在选取边的同时按住“Ctrl”键，则系统将所有选取的边作为一个倒圆角集的放置参照，如图 5.25 所示。使用此种方法，可以减少模型上特征的数量，而且操作简便。

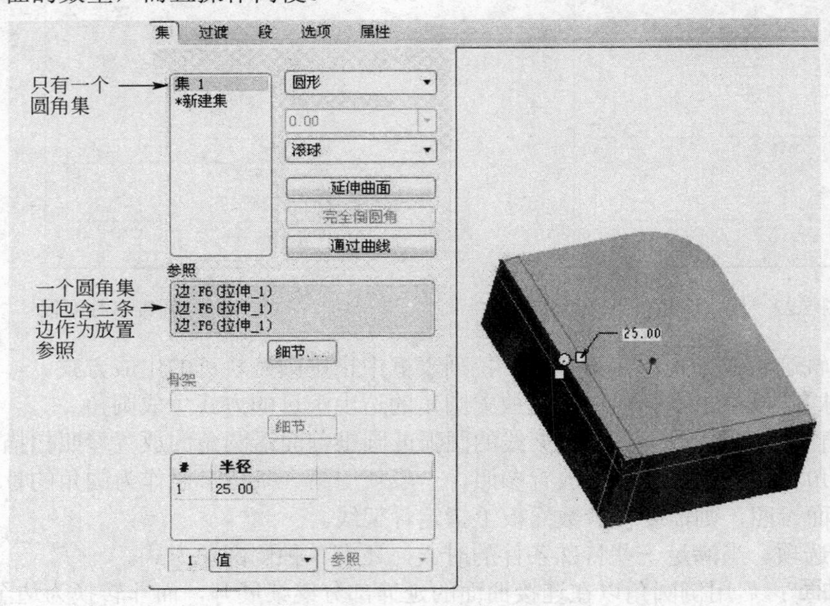

图 5.25　多条边创建一个圆角集

③ 使用边链创建倒圆角集。如果使用一组闭合的边创建倒圆角集，可以使用边链来完成。首先选取一条边，然后按住“Shift”键，再选取该边所在的面，系统自动将该面的整个闭合边链选中作为圆角的放置参照，如图 5.26 所示。

图 5.26　使用边链创建一个圆角集

④ 使用相切链。如果实体上存在各边首尾顺序相切的相切链，系统默认把整个相切链作为圆角的放置参照。任意选取相切链的一条边线即可。若确实只需要其中的一条边进行倒圆角，可以按住“Shift”键再在已经选中并加亮的边上单击一下就可以进入单选模式，这个时候的圆角几何就不会自动选择整条相切链了。如图 5.27 所示。

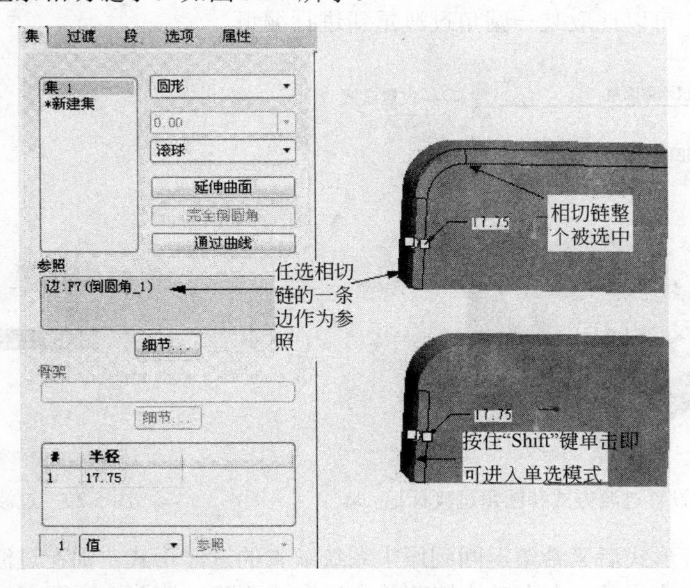

图 5.27　使用相切链创建一个圆角集

（4）编辑圆角参照　在指定圆角参照后，可以根据需要进行参照编辑。

① 向某一倒圆角集添加圆角参照。可以添加新的参照（如边等）到某一个倒圆角集中，首

先选中要编辑的倒圆角集，然后按住“Ctrl”键，接着选取新的参照，新参照会自动添加到选定的倒圆角集中。

② 删除某一倒圆角集中的参照。如果在某一倒圆角集中有不合适的圆角参照（如边等），有两种方法可以将其删除。

● 在参数面板中部的参照列表中选中要删除的参照，然后在其上单击鼠标右键，在弹出的右键快捷菜单中选取【移除】选项即可。如果选取【移除全部】选项，则删除全部参照。

● 按住“Ctrl”键，在模型上左键单击需要删除的参照，即可将其从参照列表中删除。此种方法比较简单直观，建议使用此种方法进行操作。

（5）定义圆角半径　确定了圆角类型和圆角参照之后，接下来确定圆角的半径参数。

① 指定圆角半径。对于圆形圆角，只要确定圆角半径即可。在参数面板底部圆角半径栏中有 2 种方法指定圆角半径。

● 【值】：激活半径参数栏的【半径】文本框，直接输入数值，或从下拉列表值选取曾经使用过的半径数值。

● 【参照】：使用参照来指定圆角的大小，例如圆角通过指定实体顶点或指定基准点。

② 动态调整圆角半径。可以直接在模型上拖动呈绿色的参数句柄动态调节圆角大小。

（6）定义圆角过渡方式　当相交的多个边倒圆角时，可以根据需要定义圆角的过渡方式，从而驱动多个圆角特征在交汇处的几何特征。对于单一圆角段，还可以定义圆角在终止处与实体表面的交接方式。

设置完圆角基本参数后，在操控板上单击按钮，系统将在实体特征上所有圆角段的两端以及圆角交汇处显示圆角过渡标记。选取需要重新编辑过渡方式的过渡标记，在操控板上会增加一个为该圆角过渡设置过渡方式的下拉列表框，如图 5.28 所示，在下拉列表中选取适当的过渡类型即可。对于不同位置的圆角过渡，在下拉列表中提供的可选类型也不一样。

在操控板顶部单击过渡按钮，可以打开如图 5.29 所示的过渡参数面板，这里放置了曾经编辑过的所有圆角过渡，可以选取某一圆角过渡重新进行编辑。

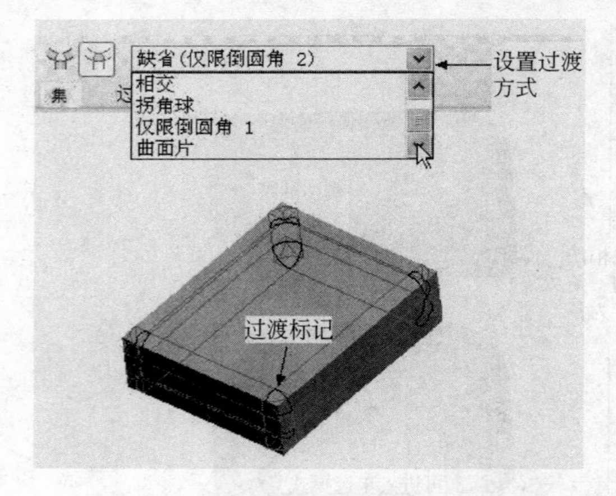

图 5.28　设置过渡方式和圆角过渡标记

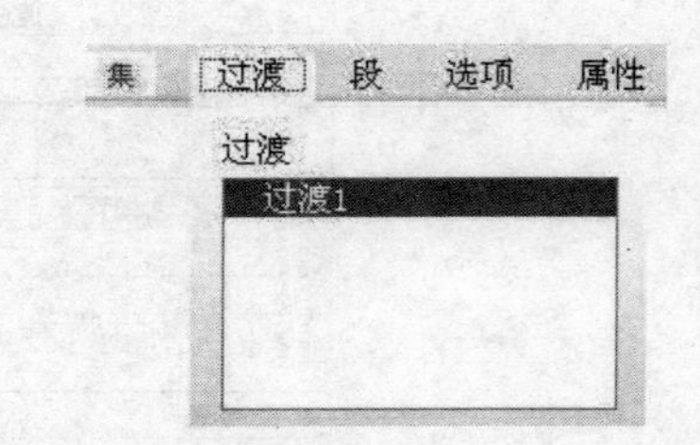

图 5.29　过渡参数面板

如果在设置过渡形式后又希望返回到原来系统缺省的过渡形式，则在过渡参数面板中选取该过渡，然后右键单击该项目，在右键快捷菜单中选取【删除过渡】选项即可。

2. 创建可变半径倒圆角

可变半径倒圆角是指圆角的截面尺寸沿着某一方向渐变的倒圆角特征。它的创建方法与恒定倒圆角方法类似。在选取边的各个端点后，给出不同的半径，也可以增加新的基准点来变更半径。

③ 使用边链创建倒圆角集。如果使用一组闭合的边创建倒圆角集，可以使用边链来完成。首先选取一条边，然后按住“Shift”键，再选取该边所在的面，系统自动将该面的整个闭合边链选中作为圆角的放置参照，如图 5.26 所示。

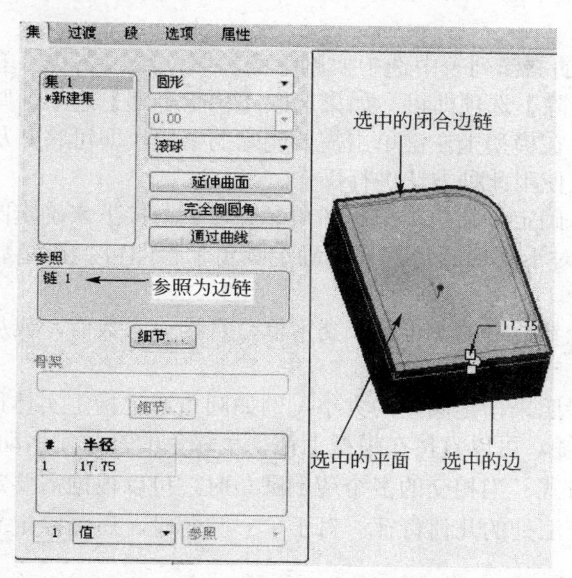

图 5.26　使用边链创建一个圆角集

④ 使用相切链。如果实体上存在各边首尾顺序相切的相切链，系统默认把整个相切链作为圆角的放置参照。任意选取相切链的一条边线即可。若确实只需要其中的一条边进行倒圆角，可以按住“Shift”键再在已经选中并加亮的边上单击一下就可以进入单选模式，这个时候的圆角几何就不会自动选择整条相切链了。如图 5.27 所示。

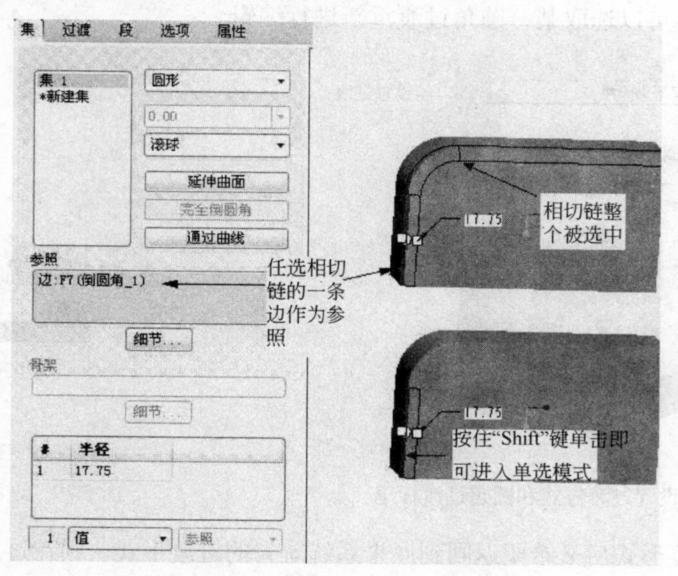

图 5.27　使用相切链创建一个圆角集

（4）编辑圆角参照　在指定圆角参照后，可以根据需要进行参照编辑。

① 向某一倒圆角集添加圆角参照。可以添加新的参照（如边等）到某一个倒圆角集中，首

先选中要编辑的倒圆角集，然后按住“Ctrl”键，接着选取新的参照，新参照会自动添加到选定的倒圆角集中。

② 删除某一倒圆角集中的参照。如果在某一倒圆角集中有不合适的圆角参照（如边等），有两种方法可以将其删除。

- 在参数面板中部的参照列表中选中要删除的参照，然后在其上单击鼠标右键，在弹出的右键快捷菜单中选取【移除】选项即可。如果选取【移除全部】选项，则删除全部参照。
- 按住“Ctrl”键，在模型上左键单击需要删除的参照，即可将其从参照列表中删除。此种方法比较简单直观，建议使用此种方法进行操作。

（5）定义圆角半径　确定了圆角类型和圆角参照之后，接下来确定圆角的半径参数。

① 指定圆角半径。对于圆形圆角，只要确定圆角半径即可。在参数面板底部圆角半径栏中有 2 种方法指定圆角半径。

- 【值】：激活半径参数栏的【半径】文本框，直接输入数值，或从下拉列表值选取曾经使用过的半径数值。
- 【参照】：使用参照来指定圆角的大小，例如圆角通过指定实体顶点或指定基准点。

② 动态调整圆角半径。可以直接在模型上拖动呈绿色的参数句柄动态调节圆角大小。

（6）定义圆角过渡方式　当相交的多个边倒圆角时，可以根据需要定义圆角的过渡方式，从而驱动多个圆角特征在交汇处的几何特征。对于单一圆角段，还可以定义圆角在终止处与实体表面的交接方式。

设置完圆角基本参数后，在操控板上单击按钮，系统将在实体特征上所有圆角段的两端以及圆角交汇处显示圆角过渡标记。选取需要重新编辑过渡方式的过渡标记，在操控板上会增加一个为该圆角过渡设置过渡方式的下拉列表框，如图 5.28 所示，在下拉列表中选取适当的过渡类型即可。对于不同位置的圆角过渡，在下拉列表中提供的可选类型也不一样。

在操控板顶部单击过渡按钮，可以打开如图 5.29 所示的过渡参数面板，这里放置了曾经编辑过的所有圆角过渡，可以选取某一圆角过渡重新进行编辑。

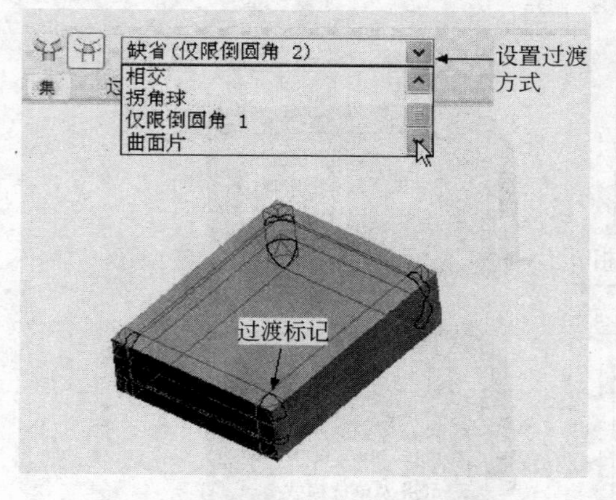

图 5.28　设置过渡方式和圆角过渡标记

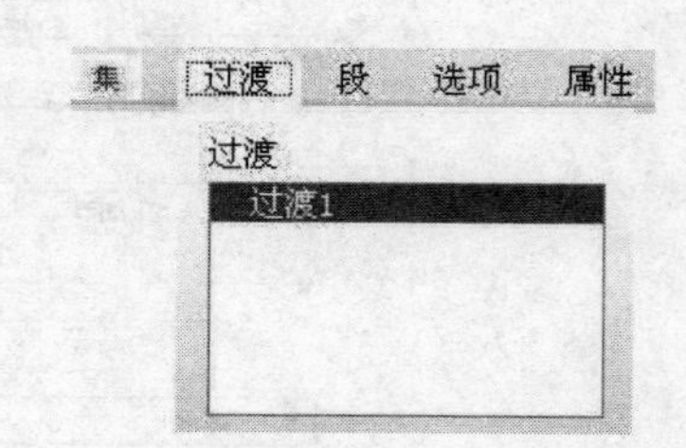

图 5.29　过渡参数面板

如果在设置过渡形式后又希望返回到原来系统缺省的过渡形式，则在过渡参数面板中选取该过渡，然后右键单击该项目，在右键快捷菜单中选取【删除过渡】选项即可。

2. 创建可变半径倒圆角

可变半径倒圆角是指圆角的截面尺寸沿着某一方向渐变的倒圆角特征。它的创建方法与恒定倒圆角方法类似。在选取边的各个端点后，给出不同的半径，也可以增加新的基准点来变更半径。

在圆角参数面板中选取圆角类型和圆角放置后，在参数面板圆角半径栏右击【半径】文本框，如图 5.30 所示，然后单击【添加半径】。这时，系统将捕捉该圆角集中圆角参数的所有控制点，并将这些点处的圆角参数在圆角参数栏中一一列出，如图 5.31 所示。

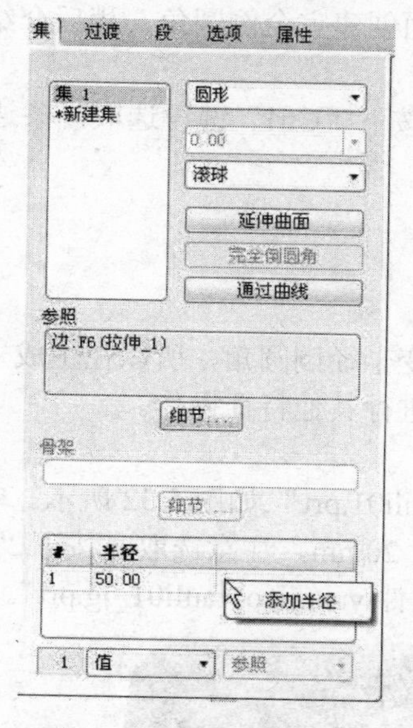

图 5.30　添加新的半径

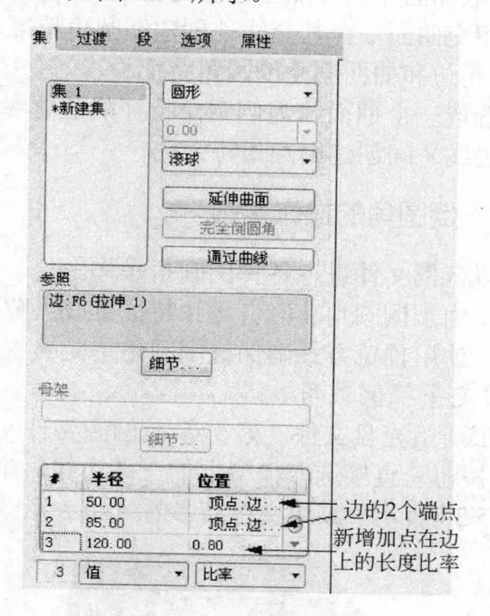

图 5.31　添加新点

在实体模型上，系统将显示这些参数控制点处的圆角半径，并在这些控制点处添加拖动句柄，可以通过句柄调节每个控制点的半径大小，也可以在参数面板中分别设置每一个控制点的圆角半径。在参数面板中，当鼠标指向某一参数控制点的编号时，模型上相应控制点的句柄将显示为实心状态。

如果要将可变圆角恢复为恒定圆角，可以在参数面板的圆角参数栏中任意选取一个参数控制点，然后在该控制点对应的参数栏中单击鼠标右键，在右键快捷菜单中选取【成为常数】选项即可。

可变圆角的其他设置与恒定圆角相同。具体示例请参看 5.2.2 倒圆角的操作实例。

3. *使用其他参照创建倒圆角特征*

除了使用边线或边链作为倒圆角特征的放置参照外，还可以使用曲线以及曲面等参照创建倒圆角特征。

① 创建完全倒圆角。

完全倒圆角是一种根据设计添加自动确定圆角参数的倒圆角特征，它将整个曲面用圆弧代替，而且不需要指定圆角的半径。选取的方式有 3 种：曲面-曲面、边-曲面和边-边。

● 曲面-曲面：首先选取两个曲面，倒圆角特征将与该曲面相切，然后指定一个曲面作为驱动曲面，圆角曲面的顶部将与该曲面相切，驱动曲面用于决定倒圆角的位置和圆角大小。

注意：只有先选取两个曲面后，参数面板上的完全倒圆角按钮才能加亮。

● 边-曲面：选取一个曲面和一条边线即可。注意：必须先选取曲面。

● 边线-边线：这两条边线必须位于同一公共曲面上，设计完成后，将该公共曲面用倒圆角特征代替。

② 使用曲线作为参照创建倒圆角。

首先选取实体边线作为圆角特征的放置参照，然后选取驱动曲线来确定圆角半径。单击参数面板上的通过曲线按钮，然后去选取曲线，曲线一般应预先绘制好。

③ 自动倒圆角。

从 Pro/ENGINEER Wildfire 4.0 开始，系统提供了自动倒圆角的功能，可以在模型中迅速生成许多边的圆角特征。该功能无快捷按钮，需运行【插入】→【自动倒圆角】。

④ 选取曲面作为参照创建倒圆角。

对于相交曲面，在其交线处创建倒圆角特征。使用曲面创建完全倒圆角，稍后介绍。

⑤ 使用边和曲面创建倒圆角特征。

首先选取一个曲面作为倒圆角特征的放置参照，然后按下“Ctrl”键再选取一条边线，可以在曲面和边线之间创建倒圆角特征。

5.2.2 倒圆角的操作实例

下面以范例文件进行各种倒圆角操作。

注意：由于倒圆角有时会导致特征生成失败，特别是变半径倒圆角，所以在生成一个倒圆角特征集时，使用预览方式确保该倒圆角集能够生成，然后进行其他特征操作。

1. 固定半径倒圆角

打开书所附光盘文件“第 5 章\范例源文件\yuanjiao_fanli01.prt”,如图 5.32 所示。单击右工具箱中的按钮，直接选取模型上的三条边线，半径设置为 20mm，注意选取时按下“Ctrl”键，结果如图 5.33 所示。结果文件请参看“第 5 章\范例结果文件\yuanjiao_fanli01_jg.prt”。

图 5.32 原图

图 5.33 结果图

2. 可变半径倒圆角

打开书所附光盘文件“第 5 章\范例源文件\yuanjiao_fanli02.prt”，最后倒圆角效果如图 5.34 所示。单击右工具箱中的按钮，接着单击【集】按钮，选取上表面的一条边线，然后按图 5.35 和图 5.36 所示的半径尺寸修改各个控制点半径（起始点半径为 23），结果如图 5.36 所示。结果文件请参看“第 5 章\范例结果文件\yuanjiao_fanli02_jg.prt”。

注意：在选取第二个参照（边或曲面）时，按住“Ctrl”键。

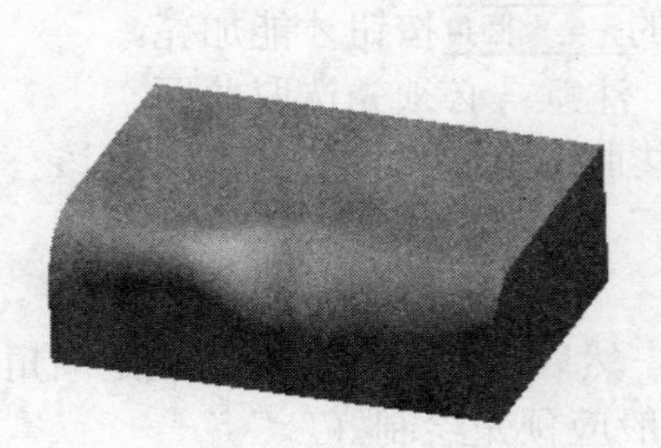

图 5.34 着色效果图

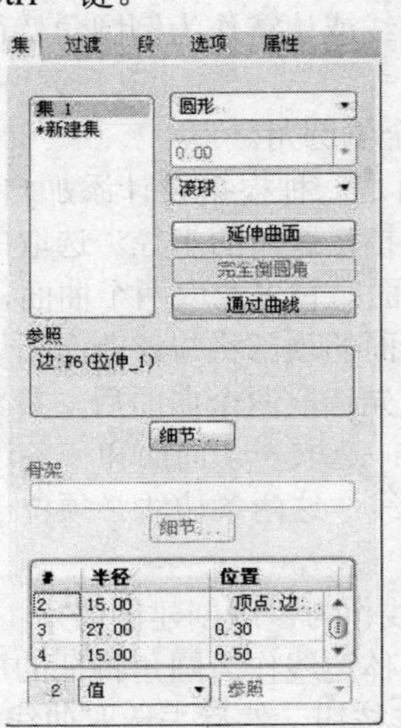

图 5.35 半径参数

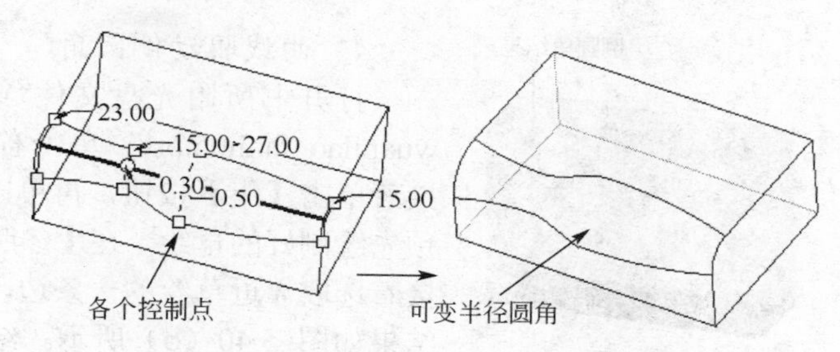

图 5.36　控制点半径值及结果图

3. 完全倒圆角

（1）打开书所附光盘文件“第 5 章\范例源文件\yuanjiao_fanli03.prt”，进行边-边完全倒圆角。单击右工具箱中的按钮，接着单击【集】按钮，选取如图 5.37（a）所示上表面的一条边线和下表面的一条边线，此时，完全倒圆角按钮加亮，按下此按钮即可，结果如图 5.37（b）所示。结果文件请参看“第 5 章\范例结果文件\yuanjiao_fanli03_jg.prt”。

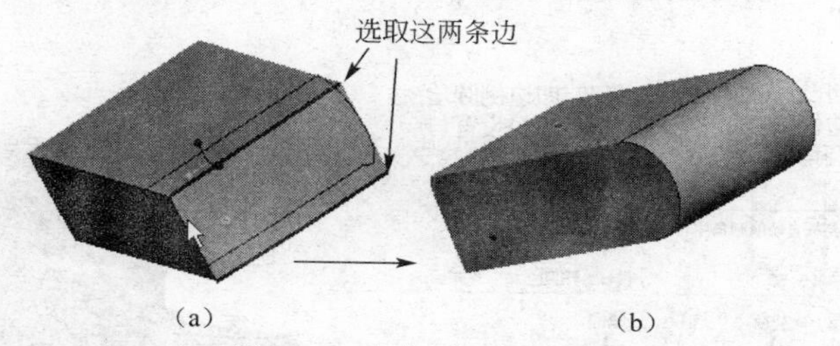

图 5.37　完全倒圆角范例 1

（2）打开书所附光盘文件“第 5 章\范例源文件\yuanjiao_fanli04.prt”，进行曲面-曲面和边-曲面完全倒圆角。

- 曲面-曲面：单击右工具箱中的按钮，接着单击【集】按钮，选取如图 5.38（a）所示的上表面和下表面为参照，侧面为驱动曲面，结果如图 5.38（b）所示。
- 边-曲面：单击右工具箱中的按钮，接着单击【集】按钮，先选取如图 5.39（a）所示的曲面，然后选取一条边线，最后结果如图 5.39（b）所示。结果文件请参看“第 5 章\范例结果文件\yuanjiao_fanli04_jg.prt”。

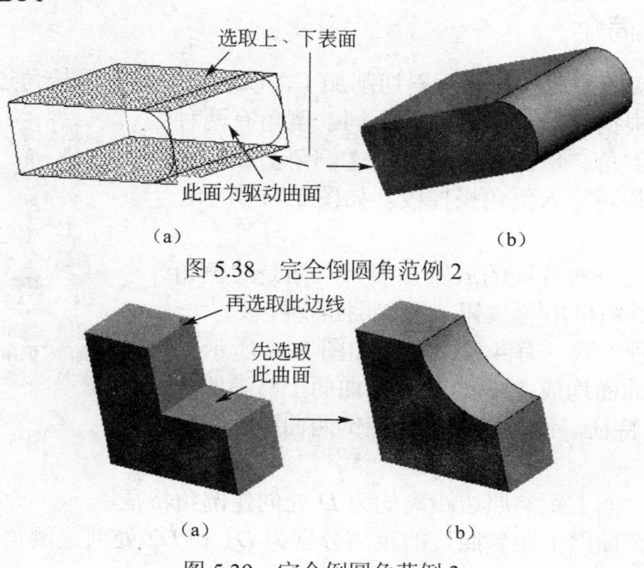

图 5.38　完全倒圆角范例 2

图 5.39　完全倒圆角范例 3

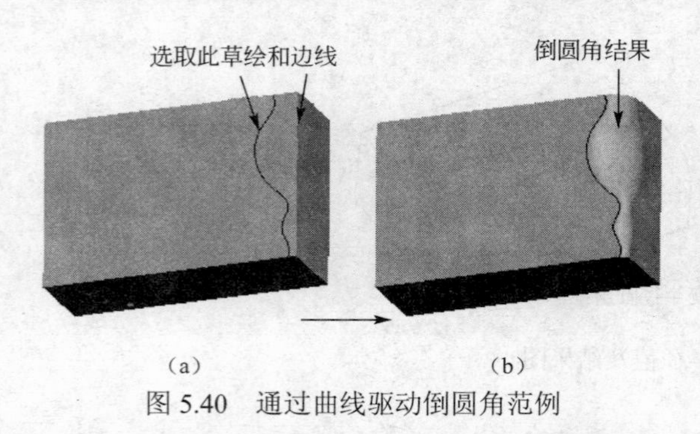

图 5.40　通过曲线驱动倒圆角范例

4. 曲线驱动倒圆角

打开书所附光盘文件“第 5 章\范例源文件\yuanjiao_fanli05.prt”。单击右工具箱中的按钮，接着单击【集】按钮，再单击通过曲线按钮，选取预先绘制好的草绘，在【参照】下面的框中单击，接着选取靠近草绘的一条边，如图 5.40（a）所示，结果如图 5.40（b）所示。结果文件请参看“第 5 章\范例结果文件\yuanjiao_fanli05_jg.prt”。

5. 自动倒圆角

打开书所附光盘文件“第 5 章\范例源文件\yuanjiao_fanli06.prt”。选择【插入】→【自动倒圆角】，系统打开自动倒圆角的操控板，如图 5.41 所示。将凸边的倒圆角半径设为 10.00，凹边的设为相同，此时预览按钮为不可见状态，只有单击确认，在系统计算圆角生成的顺序后，才出现自动倒圆角的结果，如图 5.42 所示。结果文件请参看“第 5 章\范例结果文件\yuanjiao_fanli06_jg.prt”。

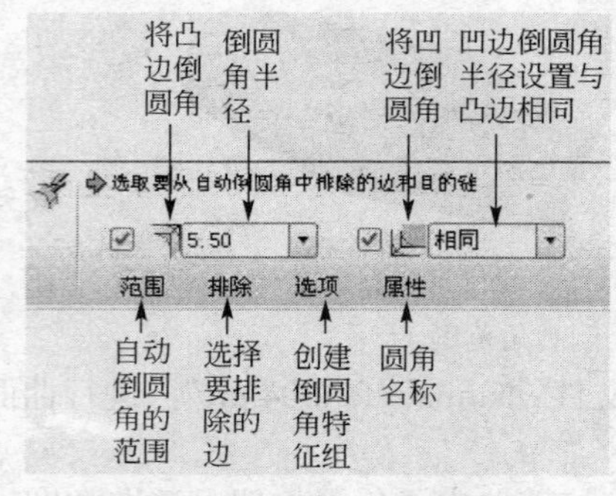

图 5.41　自动倒圆角操控板

图 5.42　自动倒圆角范例

5.3 倒角特征

5.3.1 倒角工具简介

倒角是对模型的实体边或拐角进行斜切削加工，以避免产品周围棱角过于尖锐，或是为了配合造型设计的需要。根据所选放置参照的不同，倒角有两种方式：边倒角和拐角倒角。单击【插入】→【倒角】或在右工具箱单击按钮，均可进入倒角操控板。如图 5.43 所示。

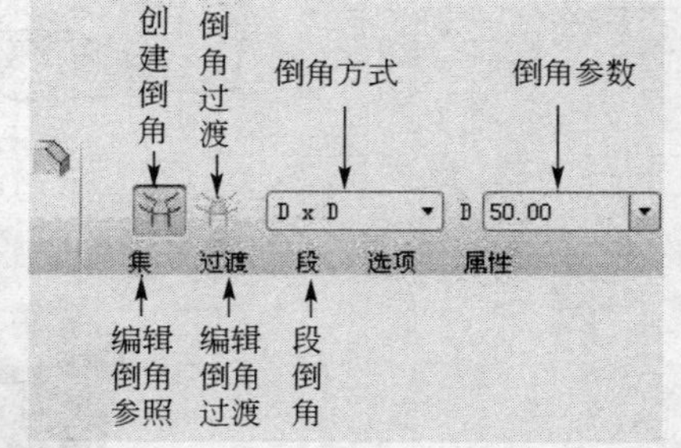

图 5.43　倒角操控板

1. 边倒角

它选取实体边作为倒角特征的放置参照。下面是边倒角的创建步骤，在右工具箱单击按钮，进入倒角操控板。

（1）边倒角的放置方式　有 4 种方式，如图 5.44 所示。

【45×D】：与两个曲面均成 45° 角且在两曲面上与参照边距离为 *D* 处创建倒角特征。注意：此项只能倒两曲面互相垂直的边。

【D×D】：在两个曲面上距参照边距离均为 *D* 处创建倒角特征。

【D1×D2】：在两个曲面上距参照边的距离分别为 *D*1 和 *D*2 处创建倒角特征。

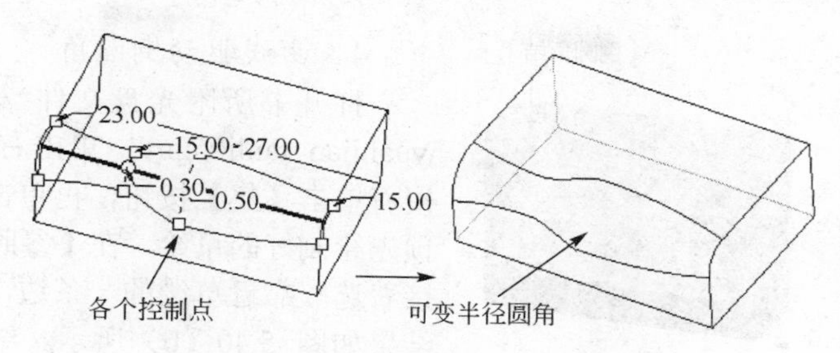

图 5.36　控制点半径值及结果图

3. 完全倒圆角

（1）打开书所附光盘文件“第 5 章\范例源文件\yuanjiao_fanli03.prt”，进行边-边完全倒圆角。单击右工具箱中的按钮，接着单击【集】按钮，选取如图 5.37（a）所示上表面的一条边线和下表面的一条边线，此时，完全倒圆角按钮加亮，按下此按钮即可，结果如图 5.37（b）所示。结果文件请参看“第 5 章\范例结果文件\yuanjiao_fanli03_jg.prt”。

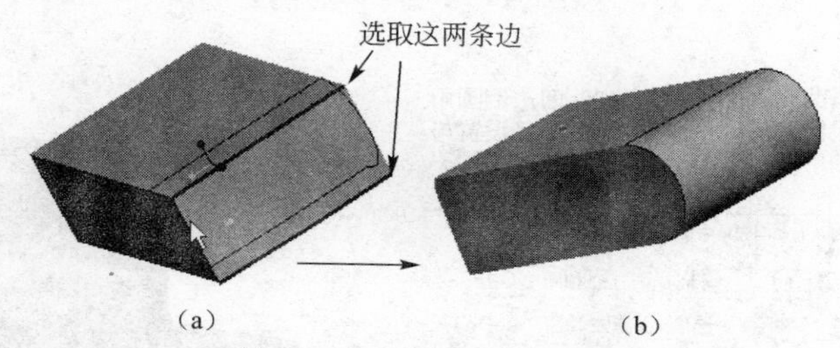

图 5.37　完全倒圆角范例 1

（2）打开书所附光盘文件“第 5 章\范例源文件\yuanjiao_fanli04.prt”，进行曲面-曲面和边-曲面完全倒圆角。

- 曲面-曲面：单击右工具箱中的按钮，接着单击【集】按钮，选取如图 5.38（a）所示的上表面和下表面为参照，侧面为驱动曲面，结果如图 5.38（b）所示。
- 边-曲面：单击右工具箱中的按钮，接着单击【集】按钮，先选取如图 5.39（a）所示的曲面，然后选取一条边线，最后结果如图 5.39（b）所示。结果文件请参看“第 5 章\范例结果文件\yuanjiao_fanli04_jg.prt”。

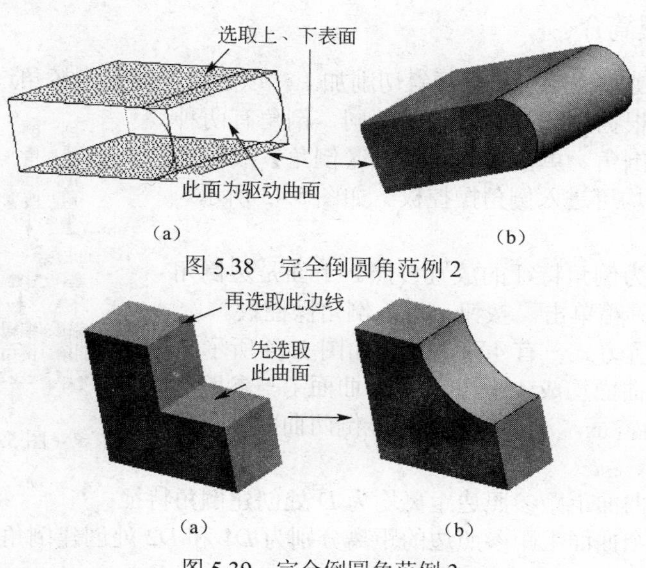

图 5.38　完全倒圆角范例 2

图 5.39　完全倒圆角范例 3

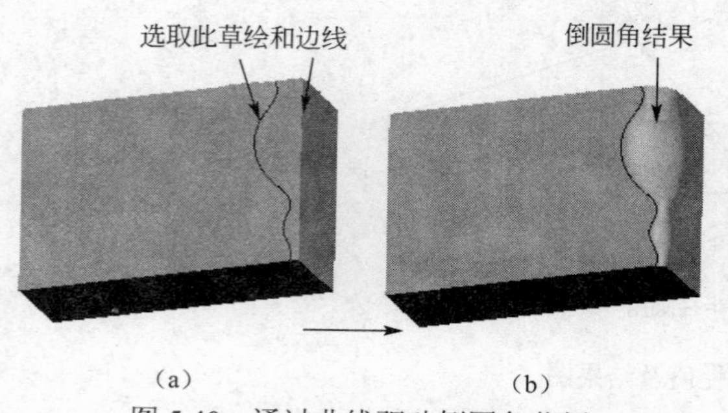

图 5.40 通过曲线驱动倒圆角范例

4. 曲线驱动倒圆角

打开书所附光盘文件"第 5 章\范例源文件\yuanjiao_fanli05.prt"。单击右工具箱中的按钮，接着单击【集】按钮，再单击通过曲线按钮，选取预先绘制好的草绘，在【参照】下面的框中单击，接着选取靠近草绘的一条边，如图 5.40（a）所示，结果如图 5.40（b）所示。结果文件请参看"第 5 章\范例结果文件\yuanjiao_fanli05_jg.prt"。

5. 自动倒圆角

打开书所附光盘文件"第 5 章\范例源文件\yuanjiao_fanli06.prt"。选择【插入】→【自动倒圆角】，系统打开自动倒圆角的操控板，如图 5.41 所示。将凸边的倒圆角半径设为 10.00，凹边的设为相同，此时预览按钮为不可见状态，只有单击确认，在系统计算圆角生成的顺序后，才出现自动倒圆角的结果，如图 5.42 所示。结果文件请参看"第 5 章\范例结果文件\yuanjiao_fanli06_jg.prt"。

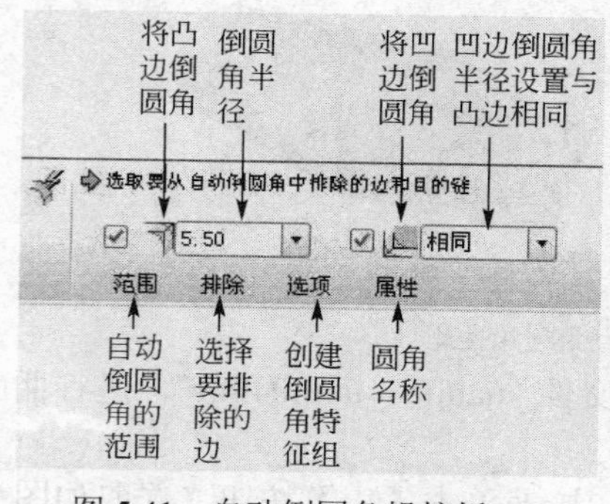

图 5.41 自动倒圆角操控板

图 5.42 自动倒圆角范例

5.3 倒角特征

5.3.1 倒角工具简介

倒角是对模型的实体边或拐角进行斜切削加工，以避免产品周围棱角过于尖锐，或是为了配合造型设计的需要。根据所选放置参照的不同，倒角有两种方式：边倒角和拐角倒角。单击【插入】→【倒角】或在右工具箱单击按钮，均可进入倒角操控板。如图 5.43 所示。

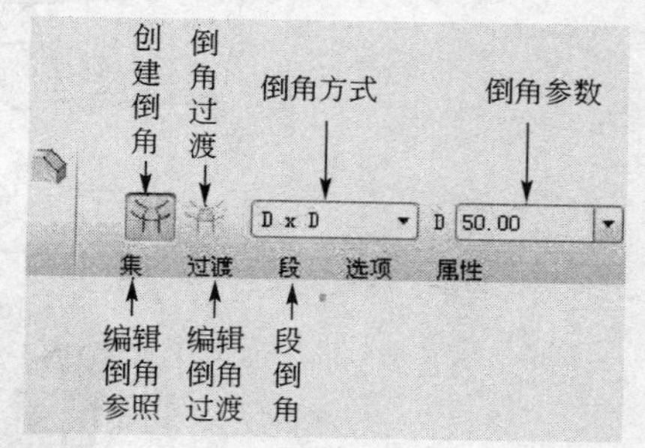

图 5.43 倒角操控板

1. 边倒角

它选取实体边作为倒角特征的放置参照。下面是边倒角的创建步骤，在右工具箱单击按钮，进入倒角操控板。

（1）边倒角的放置方式 有 4 种方式，如图 5.44 所示。

【45×D】：与两个曲面均成 45° 角且在两曲面上与参照边距离为 *D* 处创建倒角特征。注意：此项只能倒两曲面互相垂直的边。

【D×D】：在两个曲面上距参照边距离均为 *D* 处创建倒角特征。

【D1×D2】：在两个曲面上距参照边的距离分别为 *D1* 和 *D2* 处创建倒角特征。

【角度×D】：在一个曲面上距参照边距离为 D，同时与另一个曲面成指定角度创建倒角特征。

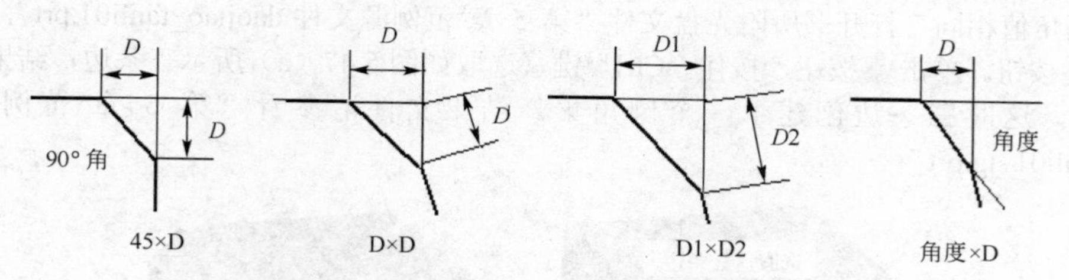

图 5.44　倒角的 4 种方式

（2）创建倒角集　单击集按钮，出现如图 5.45 所示的倒角参数面板，如果每次选取单条边，将为每条边创建一个倒角集；如果在选取时，按住“Ctrl”键，将为一组边创建一个倒角集；如果选取一条边后，按住“Shift”键，再选取该边所在的平面，系统将选取该平面所包含的整个封闭链作为倒角参照，并创建一个倒角集。

（3）输入倒角数值　输入倒角数值来确定倒角的位置。

（4）编辑参照　如果不满意，可以再单击边参照列表，选中参照，单击右键，在右键快捷菜单中选取【移除】选项。如果需要添加，按住“Ctrl”键，在模型上选取边线，即可添加。

2. 拐角倒角

选取实体顶点作为倒角特征的放置参照，然后输入倒角数值，步骤如下。

（1）单击【插入】→【倒角】→【拐角倒角】，出现如图 5.46 所示的属性框。

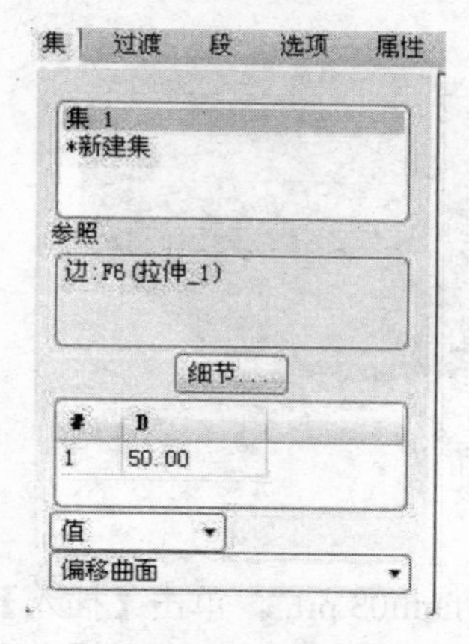

图 5.45　倒角参数面板

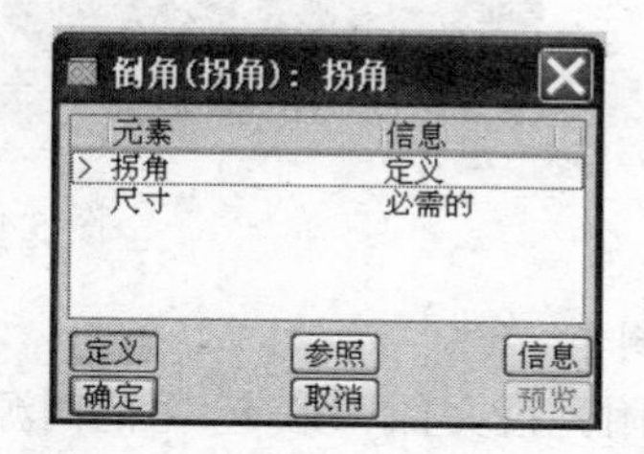

图 5.46　拐角倒角属性框

（2）在顶角附件的边上单击鼠标左键。

（3）在出现的【菜单管理器】中选择【输入】。

（4）在信息栏输入第一条边要切除的距离，按“Enter”键或单击信息栏右边的✔按钮。

（5）重复（3）～（4）的方法，输入第二条边要切除的距离，按“Enter”键或单击信息栏右边的✔按钮。

（6）重复（3）～（4）的方法，输入第三条边要切除的距离，按“Enter”键或单击信息栏右边的✔按钮。

（7）单击属性窗口中的预览按钮，查看结果，单击确定按钮完成拐角倒角。

5.3.2　倒角操作实例

下面通过具体实例操作，讲述倒角的各种用法。

1. 边倒角

（1）倒角值相同　打开书所附光盘文件“第 5 章\范例源文件\daojiao_fanli01.prt”，单击右工具箱上的按钮。单击集按钮，按住“Ctrl”键，选取如图 5.47（a）所示三条边，结果如图 5.47（b）所示。这时三条边创建了一个倒角集。结果文件请参看“第 5 章\范例结果文件\daojiao_fanli01_jg.prt”

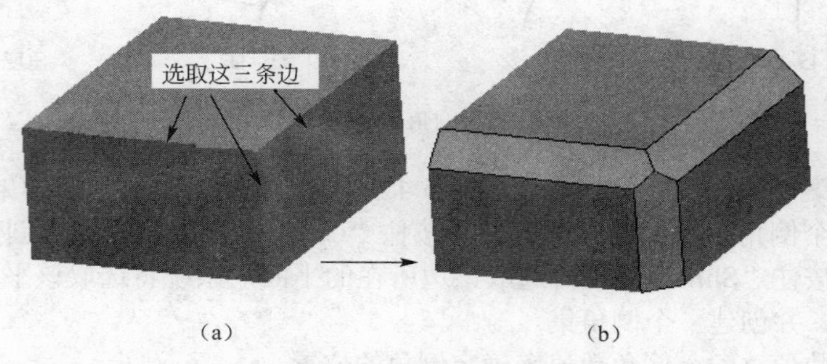

图 5.47　倒角值相同

（2）倒角值不同　如果倒角值不同，那么只能为每一条边创建一个倒角集。打开书所附光盘文件“第 5 章\范例源文件\daojiao_fanli02.prt”，单击集按钮，再单击它下面的【*新建集】，就可以添加新的倒角集。每选取一条边，修改倒角值，倒角值分别为 10mm、15mm 和 25mm。创建了三个倒角集，结果如图 5.48 所示。结果文件请参看“第 5 章\范例结果文件\daojiao_fanli02_jg.prt”。

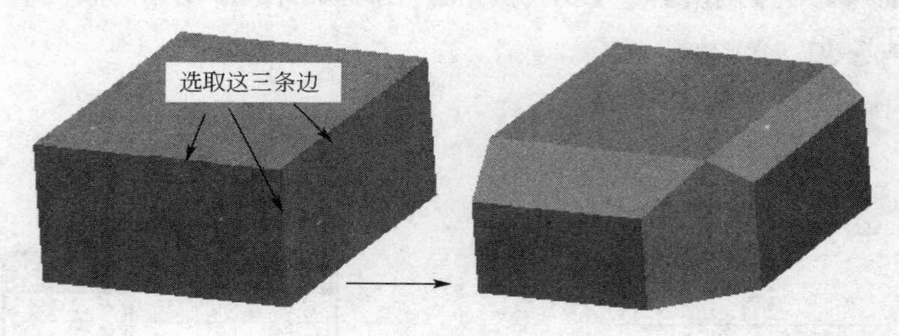

图 5.48　创建三个倒角集

2. 拐角倒角

打开书所附光盘文件“第 5 章\范例源文件\daojiao_fanli03.prt”，单击【插入】→【倒角】→【拐角倒角】，在如图 5.49 所示靠近顶点的第一边上单击鼠标左键，在出现的【菜单管理器】中选择【输入】，在信息栏输入第一条边要切除的距离 25mm，按“Enter”键或单击信息栏右边的按钮。重复操作，分别输入另两条边要切除的距离 35mm 和 40mm，单击属性框中的确定按钮完成拐角倒角。结果如图 5.49 所示。结果文件请参看“第 5 章\范例结果文件\daojiao_fanli03_jg.prt”。

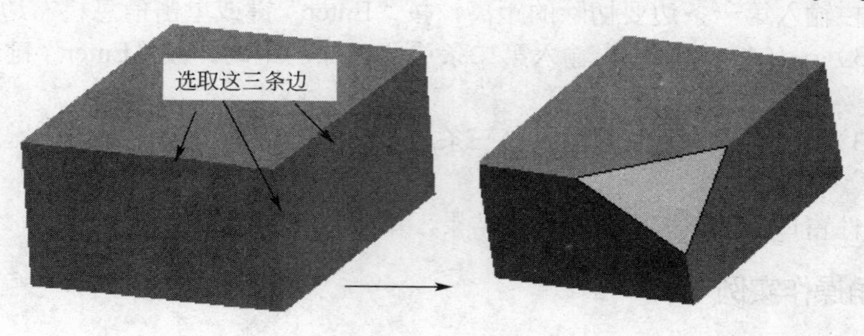

图 5.49　创建拐角倒角集

5.4　抽壳特征

壳特征通过挖去实体特征的内部材料，获得指定厚度的薄壁，从而建立箱体等空心实体。薄壁厚度可以相等也可以不等。

5.4.1　抽壳工具简介

1. 壳特征的创建方法

在主菜单单击【插入】→【壳】或在右工具箱中单击回按钮，均可打开壳设计操控板，如图 5.50 所示。

单击操控板上的参照按钮，系统弹出如图 5.51 所示的放置参数面板。在参照面板中选择【移除的曲面】用来选取创建壳特征时在实体上移除的曲面，如果没有选取移除曲面，则会在零件的内部掏空创建一个完全封闭壳。如果要选取多个移除面，则选取时要按住“Ctrl”键，这样形成有多个开口的模型。

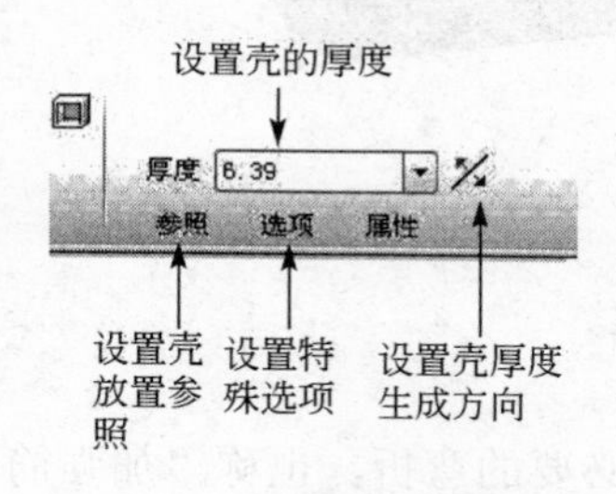

图 5.50　壳设计的操控板

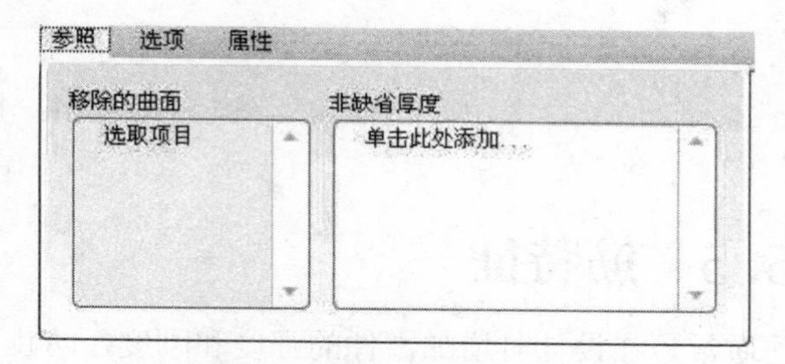

图 5.51　放置参数面板

【非缺省厚度】选项用于选取要指定不同厚度的曲面，然后分别为这些曲面单独指定厚度。其余的曲面将统一使用缺省厚度。

在操控板上单击【厚度】文本框，在其中输入缺省厚度值。单击✗按钮可以调整生成壳的厚度方向，默认的是生成在模型内部，切换后可以生成在模型外部。

2. 壳特征的设计要点

（1）Pro/ENGINEER Wildfire 4.0 之前的版本在创建壳特征时，被移除的曲面不能具有与之相切的相邻曲面，否则将会导致壳特征创建失败，在本版本中则解除了这一限制。

（2）注意特征的创建顺序。一般来说，壳特征应该安排在倒圆角特征和拔模特征之后创建。另外，倒圆角特征也应该安排在拔模特征之后进行，否则拔模特征不能正常创建。

5.4.2　抽壳操作实例

下面以范例文件进行操作。打开书所附光盘文件“第 5 章\范例源文件\chouke_fanli01.prt”。在右工具箱中单击回按钮，单击操控板上的参照按钮，选取零件的下底面为移除面，厚度设置为 5mm，先预览一下，然后单击✔按钮即可。结果文件请参看“第 5 章\范例结果文件\chouke_fanli01_jg.prt”。

如果要设置不同厚度，在如图 5.52 所示的参数面板中，【非缺省厚度】下面单击，在右边输入其他厚度值，如 20mm，先预览一下，然后单击✔按钮即可。最后结果如图 5.53 所示。结果文件请参看“第 5 章\范例结果文件\chouke_fanli01_hdbd_jg.prt”。

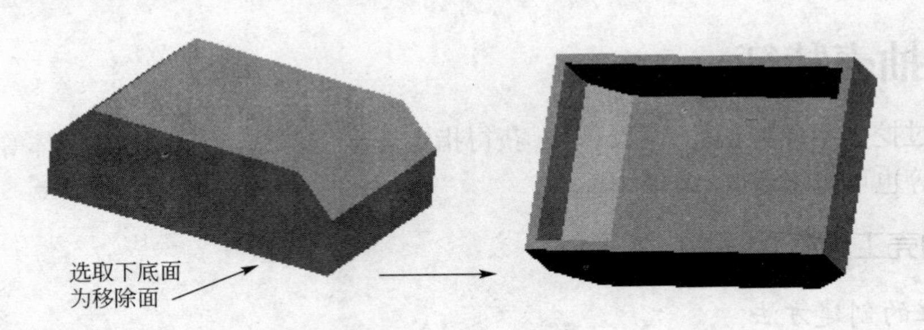

图 5.52　厚度一样的壳

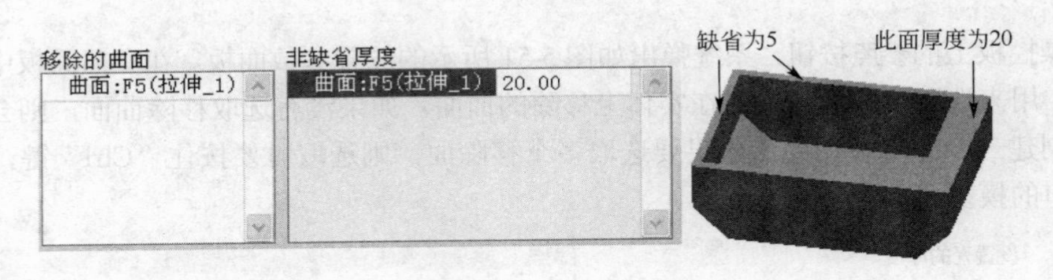

图 5.53　厚度不一样的壳

5.5　筋特征

筋通常是在设计时增加零件的强度和刚度，防止其出现不必要的弯折，也称“加强筋”。与筋特征接触的实体表面只能是平面、圆柱面和球面。

在创建了筋所依附的实体特征之后，在主菜单中单击【插入】→【筋】或在右工具箱中单击右边的小三角按钮，会出现筋设计类型按钮，如图 5.54 所示。

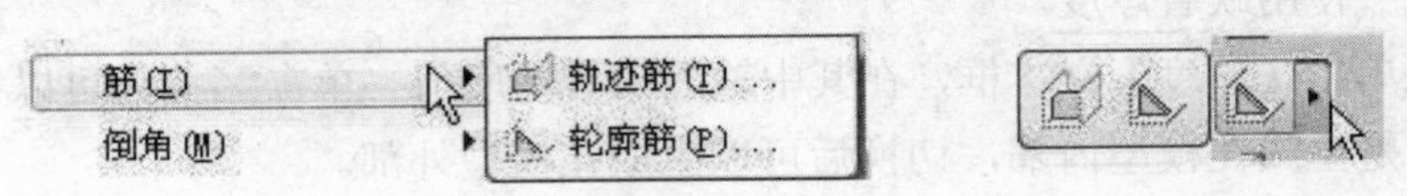

图 5.54　筋设计类型

有两种筋的形式：轮廓筋和轨迹筋。

其中轮廓筋还可以分为直筋和旋转筋。设计时不必指定筋的种类是直筋或旋转筋，系统会根据其连接的实体是直面还是曲面自动设置筋的类型。

设计要点：筋的截面一般是从侧视图草绘的开放截面，旋转筋的草绘截面必须通过所依附旋转曲面的中心轴，草绘截面的端点要对齐到父特征的表面上。筋特征的生长方向可以通过面板上的反向按钮来调整，一般情况下只有一个生长方向能够正确创建筋特征。筋特征与拉伸特征相类似，也可以通过拉伸特征来创建。

5.5.1　筋特征创建步骤

创建筋特征主要有 3 个步骤。

（1）绘制筋截面　筋截面可以临时绘制，也可以打开预先做好的草绘截面。在操控板上单击参照按钮，系统弹出如图 5.55 所示的操控板，单击定义...按钮，先设置草绘平面，然后绘制筋截面。

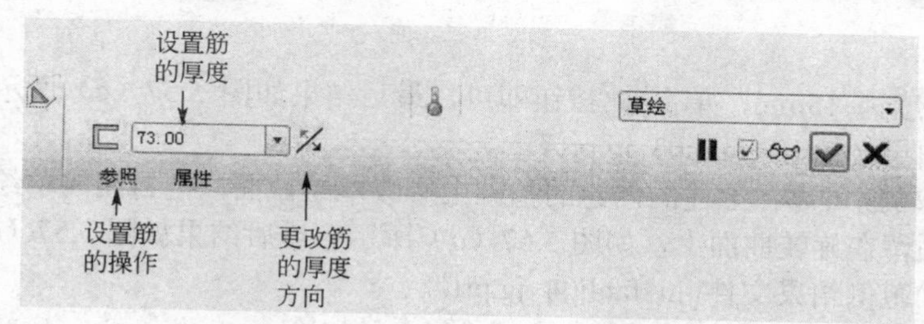

图 5.55 轮廓筋操控板

（2）确定筋特征相对于草绘平面的生成侧 即确定筋的生成方向，也就是确定筋特征在草绘平面的哪一侧生成。缺省情况下，筋将在草绘平面两侧对称草绘平面生成，每侧厚度是操控板上指定厚度的一半。单击按钮可以调节材料侧。该按钮是一个三态按钮，依次单击它，筋特征将会在草绘平面两侧、草绘平面左侧和草绘平面右侧切换。

（3）设置筋特征的厚度尺寸 在操控板的文本框中输入需要的数值即可。

5.5.2 筋特征操作实例

下面以范例文件方式进行操作介绍。

1．轮廓筋中的直筋

打开书所附光盘文件“第 5 章\范例源文件\jin_fanli01.prt”，如图 5.56（a）所示。

（1）在右工具箱中单击按钮，打开操控板，在操控板上单击参照按钮，单击定义...按钮，先设置模型上 FRONT 平面为草绘平面，RIGHT 平面为参照面。

（2）绘制如图 5.56（b）所示的筋截面。注意：截面两端的图元端点一定要对齐到原有实体的表面上。

（3）输入筋厚度为 15mm，单击按钮即可，最后结果如图 5.56（c）所示。结果文件请参看“第 5 章\范例结果文件\jin_fanli01_jg.prt”。

（4）中空的直筋可以在上述的创建的基础上修改草绘截面，把封闭的草绘截面留一处开放的边即可,如图 5.56（d）所示。最后结果如图 5.56（e）所示。结果文件请参看“第 5 章\范例结果文件\jin_fanli02_jg.prt”。

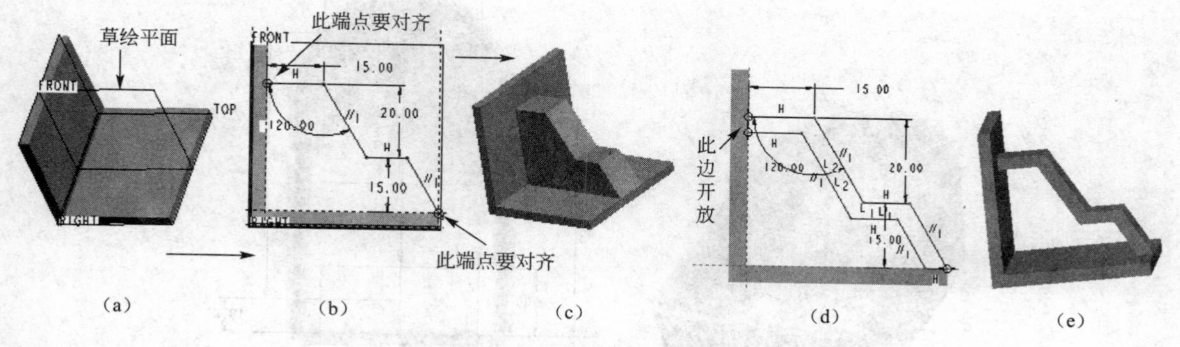

图 5.56 轮廓筋的设计实例 1

2．轮廓筋中的旋转筋

打开书所附光盘文件“第 5 章\范例文件\jin_fanli02.prt”，如图 5.57（a）所示。

（1）在右工具箱中单击按钮，打开操控板，在操控板上单击参照按钮，单击定义...按钮，先设置模型上 FRONT 平面为草绘平面，RIGHT 平面为参照面。

（2）然后绘制如图 5.57（b）所示的筋截面。注意：截面两端的图元端点一定要对齐到原有实体的表面上。

（3）输入筋厚度为 15mm，单击✔按钮即可，最后结果如图 5.57（c）所示。结果文件请参看“第 5 章\范例结果文件\jin_fanli03_jg.prt”

（4）中空的旋转筋可以在上述的创建的基础上修改草绘截面，把封闭的草绘截面留一处开放的边,并且该边必须留在旋转曲面上，如图 5.57（d）所示。最后结果如图 5.57（e）所示。结果文件请参看“第 5 章\范例结果文件\jin_fanli04_jg.prt”。

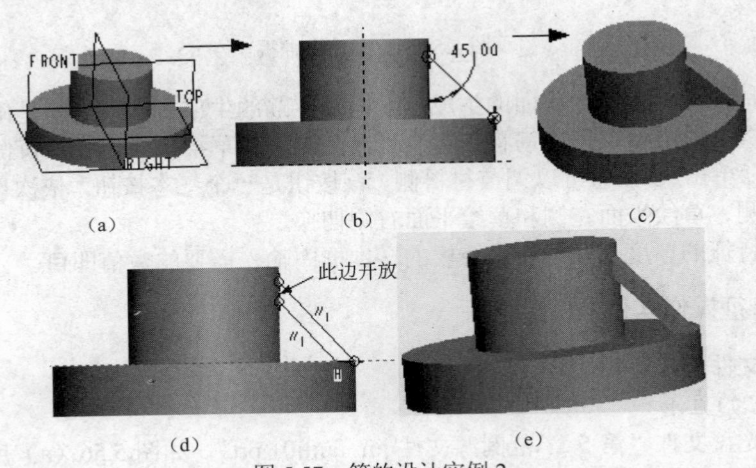

图 5.57　筋的设计实例 2

3. 轨迹筋

这是 Pro/E Wildfire 5.0 新增加的功能。轨迹筋的功能允许同时完成多个类似加强筋的设计并且辅助有拔模和倒圆角功能。这是一个专门用来处理在模型内部添加各种类型的加强筋的专用工具。运用轨迹筋工具可以方便在模型内部创建加强筋并大大提高设计效率。

打开书所附光盘文件“第 5 章\范例文件\jin_fanli03.prt”，如图 5.58（a）所示。

（1）偏移 TOP 面（向下）10，做出 DTM1 面，

（2）以 DTM1 面为草绘平面绘制如图 5.58（b）所示草绘 3。

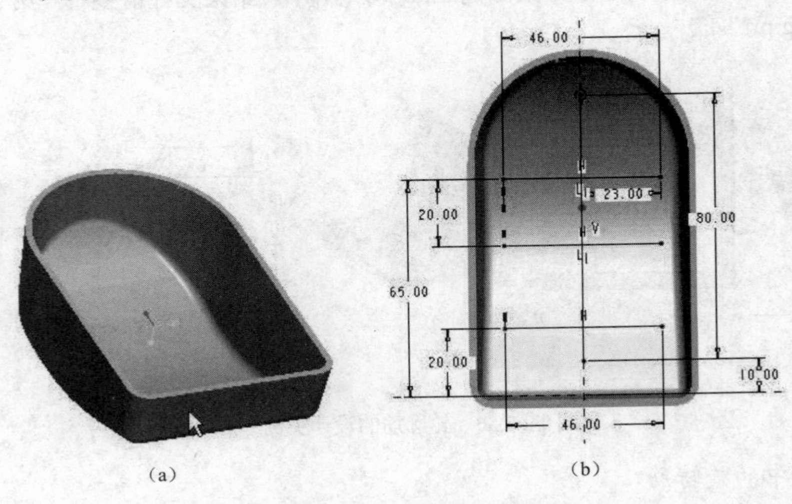

图 5.58　轨迹筋原图及筋草绘尺寸

（3）单击右工具箱中的轨迹筋按钮，出现如图 5.59 所示操控板，在放置中选择草绘 3，设置筋厚度为 5，确定即可。最后结果如图 5.60 所示。可以看到此功能会自动延伸草绘到各个实体

边界，然后生成轨迹筋。

图 5.59　轨迹筋操控板

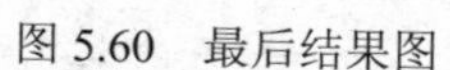

图 5.60　最后结果图

5.6　拔模特征

注塑件和铸造件等利用模具来制造的产品往往需要一个拔模斜面才能顺利脱模，拔模特征是在模型表面引入的结构斜度，用于将实体模型上的圆柱面或平面转换为斜面从而有利于脱模，此外也可以在曲面上创建拔模特征。

在创建了实体特征之后，在主菜单中单击【插入】→【拔模】或在右工具箱中单击按钮，均可以进入拔模设计操控板，如图 5.61 所示。

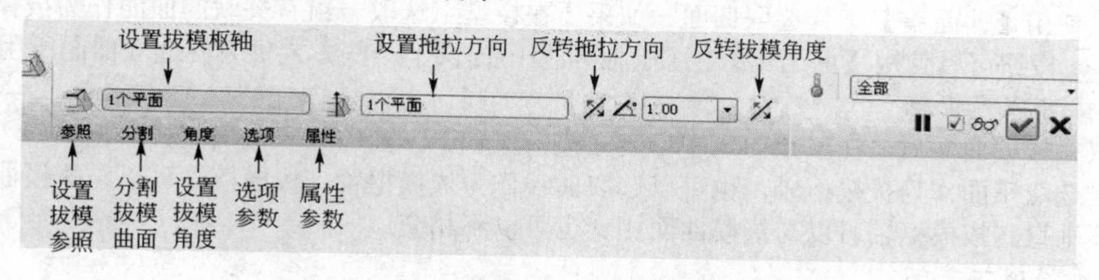

图 5.61　拔模特征的操控板

下面先介绍一下拔模术语。

（1）拔模曲面　在模型上加入拔模特征的曲面，可以是平面或圆柱面，简称拔模面。

（2）拔模枢轴　从创建原理来讲，拔模特征可以看做是拔模曲面绕直线或曲线转过一定角度后生成的。拔模枢轴是创建拔模特征的重要参照之一，用来指定拔模曲面的中性直线或曲线，拔模曲面绕该直线或曲线旋转生成拔模特征。通常选取平面或曲线链作为拔模枢轴，如果选取平面作为拔模枢轴，拔模曲面围绕其与该平面的交线旋转生成拔模特征。此外，还可以直接选取拔模曲面上的曲线链来定义拔模枢轴。

（3）拔模角度　拔模曲面绕拔模枢轴所确定的直线或曲线转过的角度，决定了拔模特征中结构斜度的大小。它的取值范围为–30°～30°，并且该角度的方向可调，调整角度的方向可以决定在创建拔模特征时是在模型上添加材料还是去除材料。

（4）拖拉方向　用来指定测量拔模角度所用的方向参照。可以选取平面、边、基准轴、两点或坐标系来设置拖拉方向。如果选取平面作为拔模枢轴，拖拉方向将垂直于该平面。在创建拔模特征时，系统使用箭头标示拖拉方向的正向，设计时可以根据需要进行调整其正向的指向。在模具设计中，拖拉方向通常是模具的开模方向。

5.6.1　拔模特征创建步骤

（1）进入拔模设计操控板　在主菜单中单击【插入】→【斜度】或在右工具箱中单击拔模

按钮，均可以进入拔模设计操控板。

（2）设置拔模参照　在操控板上单击参照按钮，系统弹出如图 5.62 所示的拔模参数面板。单击【拔模曲面】下面的列表框，选取要创建拔模特征的曲面，被选中的拔模曲面会用红色网格线显示。如果要选取多个拔模面，要按住“Ctrl”键并依次选取。

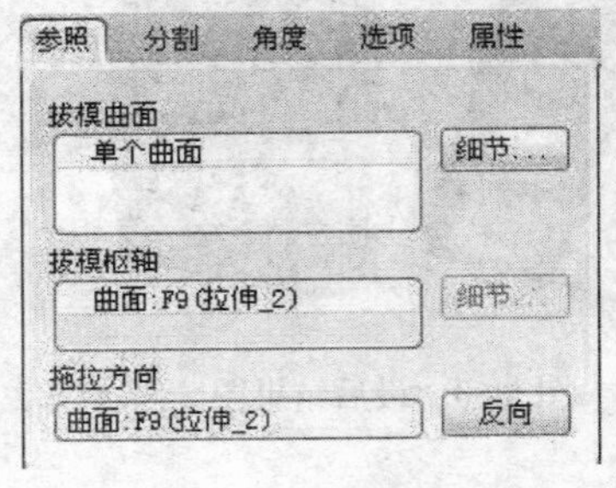

图 5.62　拔模参照面板

选取了拔模曲面后，单击如图 5.62 所示【拔模枢轴】下面的列表框，选取拔模枢轴。最后单击如图 5.62 所示【拖拉方向】下面的列表框选取适当的参照来决定拖拉方向，单击列表框右侧的反向按钮可以调整拖拉方向的指向。

（3）设置拔模角度　在正确设置了拔模参数后，如果创建基本拔模特征，可以直接在操控板上设置拔模角度；如果创建可变拔模特征，则需要单击操控板上的角度按钮，打开角度参数面板来详细设置拔模角度。

5.6.2　基本拔模特征创建

基本拔模特征是指所有的拔模曲面具有单一的拔模角度。

1. 选取拔模曲面

（1）选取单一曲面或几个曲面作为拔模面　选取一个曲面直接用鼠标左键单击即可。选取几个曲面时，先选取一个曲面，然后按住“Ctrl”键，继续选取其他曲面即可。

（2）使用【曲面集】工具选取曲面　如果要在模型上选取一组有关联的曲面作为拔模曲面，单击细节...按钮可以使用【曲面集】工具。曲面集中提供了一些方式供方便选取曲面所用。

2. 指定拔模枢轴

选取完拔模曲面后，在参数面板中单击【拔模枢轴】下面的列表框确定拔模枢轴。

通常选取平面作为拔模枢轴，也可以选取曲线作为拔模枢轴。拔模枢轴可以与拔模曲面垂直也可以不垂直。拔模枢轴可以与拔模曲面相交也可以不相交。

3. 确定拖拉方向

在参数面板中单击【拖拉方向】列表框设置拖拉方向参照来确定拔模特征的创建方向。拖拉方向的参照有下面 4 种类型。

- 平面：其法线方向为拖拉方向。
- 轴线：轴线方向为拖拉方向。
- 两个点：两点连线方向为拖拉方向。
- 指定的坐标系：坐标系中坐标轴的方向为拖拉方向。

注意：在确定了拖拉方向后，单击操控板上【拖拉方向】列表框后面的%按钮可以反转拖拉方向指向，从而确定拔模特征的斜度方向，也间接确定了拔模特征的加材料或减材料属性。

4. 设置拔模角度

在列表框中输入需要的拔模角度即可。注意其取值范围。单击操控板上【拔模角度】列表框后面的%按钮可以反转拔模角度。

5. 指定分割类型

通过对拔模曲面进行分割的方法可以在同一拔模曲面上创建多种不同形式的拔模特征，在操控板上部单击分割按钮，系统打开如图 5.63 所示的分割参数面板。

（1）分割拔模曲面的方法　有 3 种分割方法。

- 【不分割】：不分割拔模曲面，在拔模面创建单一参数的拔模特征。
- 【根据拔模枢轴分割】：使用拔模枢轴来分割拔模面，然后在拔模面的两个分割区域分别指定参数创建拔模特征。

● 【根据分割对象分割】：使用基准平面或曲线等来分割拔模面，然后在拔模面的两个分割区域分别指定参数创建拔模特征。

（2）分割工具　如果选取【根据分割对象分割】选项，在参数面板中部将激活【分割对象】文本框。可以选取已经存在的基准曲线作为分割对象，也可以单击右侧的定义...按钮使用草绘的方法临时创建分割对象。

（3）分割属性　在如图 5.63 所示的【侧选项】下拉列表中提供了分割后拔模面两侧的处理方法，如图 5.64 所示。

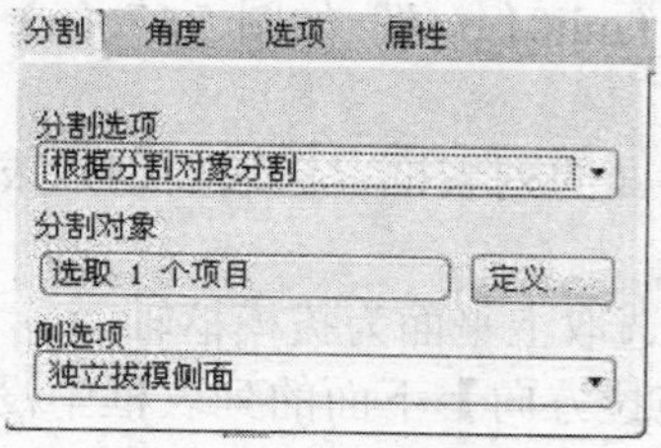

图 5.63　分割参数面板

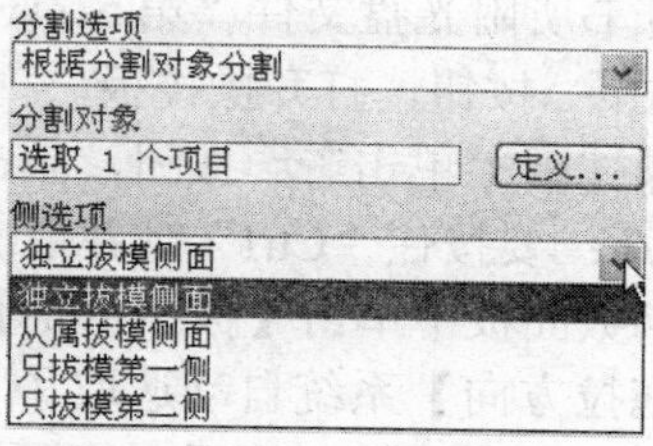

图 5.64　分割两侧的处理方法

● 【独立拔模侧面】：为拔模面的每一侧指定独立的拔模角度。此时在操控板上将添加确定第二侧拔模角度和方向的文本框和操作按钮。此时可以单独编辑任一侧的拔模角度和角度方向。

● 【从属拔模侧面】：为第一侧指定一个拔模角度后，在第二侧以相同角度、相反方向创建拔模特征，此选项仅在拔模面以拔模枢轴分割和使用两个拔模枢轴分割拔模面时可用。

● 【只拔模第一侧】：仅在拔模面的第一侧（由拖拉方向指向的一侧）创建拔模特征，第二侧保持中性位置。

● 【只拔模第二侧】：仅在拔模面的第二侧（拖拉方向指向的反侧）创建拔模特征，第一侧保持中性位置。

5.6.3　可变拔模特征创建

可变拔模特征创建是在一个拔模面中由多个角度控制的拔模结构。创建方法与创建恒定拔模类似，主要区别在拔模角度的指定方式上。在设置完拔模参照后，在操控板上单击角度按钮，打开如图 5.65 所示的角度参数面板并在拔模面上设置一组可变角度值即可。下面介绍添加可变角度的方法。

在面板的角度编号上单击右键，在右键快捷菜单中选取【添加角度】选项，如图 5.66 所示，此时参数面板上将新增一行参数，参数面板中的参数包括 5 列。从左到右第 1 列为角度编号，首先单击激活第 4 列（参照），在模型上选取基准点、顶点或实体边线作为确定拔模角度的参照，在第 5 列（位置）中使用一个大于等于 0 小于等于 1.00 的数字来确定参照点在参照边线上的准确位置（长度比例）。最后在第 2 列和第 3 列设置该基准点处拔模角度值。此处的例子是拔模枢轴在中间的一条曲线，【侧选项】设置为【独立拔模侧面】，所以可以设置角度 1 和角度 2。

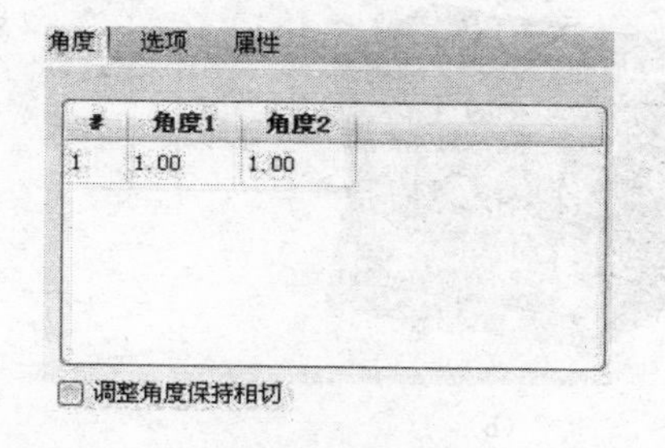

图 5.65　原有角度

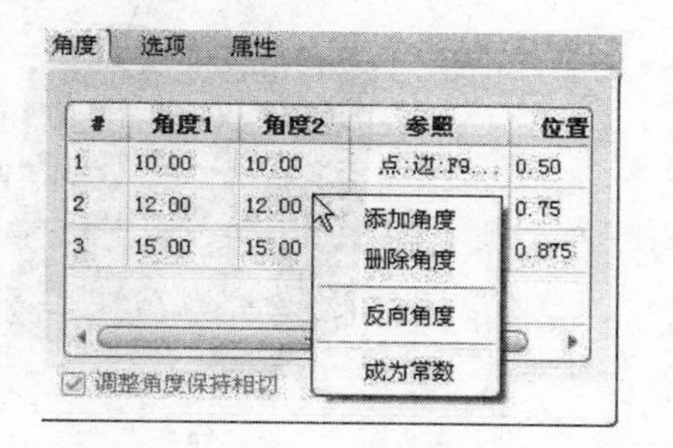

图 5.66　添加新的角度

如果拔模枢轴在最上面或在最下面，那么将只有一个角度需要设置。如果有角度参考点不合适，可以选中要删除的行，单击鼠标右键，在右键快捷菜单中选取【删除角度】选项即可。选取【反向角度】选项可以反转角度方向；选取【成为常数】选项，可以创建恒定拔模特征。

5.6.4 拔模特征操作实例

1. 创建恒定拔模特征

（1）不分割拔模曲面

● 打开书所附光盘文件“第 5 章\范例源文件\bamo_fanli01.prt”，如图 5.67（a）所示。在右工具箱中单击按钮，打开操控板。

● 在操控板上单击参照按钮，单击【拔模曲面】下面的列表框，选取要创建拔模特征的 4 个侧面。注意：要按住“Ctrl”键并依次选取。

● 在参数面板中单击【拔模枢轴】下面的列表框，选取上平面为拔模枢轴。

● 【拖拉方向】系统自动选取了上平面。如果【拖拉方向】下面的列表框中没有参照，则单击列表框，然后在模型中选取上平面即可。

● 在操控板角度文本框中输入角度值 15°，单击按钮，调节拔模角度方向，单击按钮即可。结果如图 5.67（b）所示。结果文件请参看“第 5 章\范例结果文件\bamo_fanli01_jg.prt”。

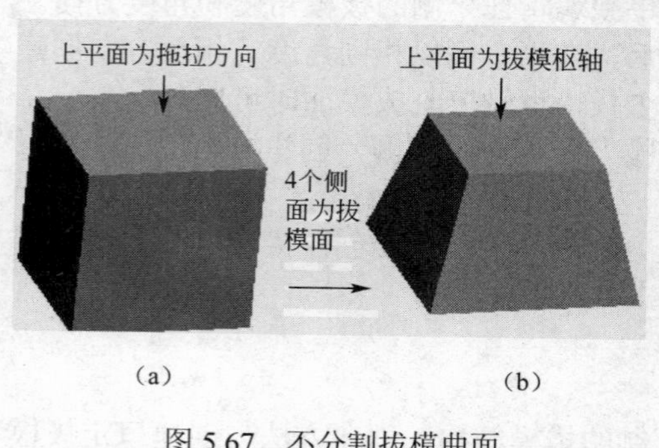

（a）　　（b）

图 5.67　不分割拔模曲面

（2）分割拔模曲面

① 根据拔模枢轴分割（拔模枢轴为平面）

● 打开书所附光盘文件“第 5 章\范例源文件\bamo_fanli02.prt”，如图 5.68（a）所示。在右工具箱中单击按钮，打开操控板。

● 在操控板上单击参照按钮，单击【拔模曲面】下面的列表框，选取要创建拔模特征的 4 个侧面。注意：要按住“Ctrl”键并依次选取。

● 在参数面板中单击【拔模枢轴】下面的列表框，选取“TOP”面为拔模枢轴。

● 【拖拉方向】系统自动选取了“TOP”面，如果【拖拉方向】下面的列表框中没有参照，则单击列表框，然后在模型中选取“TOP”面即可。

● 在【分割选项】中选取【根据拔模枢轴分割】，【侧选项】中选取【独立拔模侧面】选项。

● 在操控板上的第一个角度文本框中输入角度值 10°，第二个角度文本框中输入角度值 5°，根据需要单击按钮，调节拔模角度方向，单击按钮即可。结果如图 5.68（b）所示。

注意：也可以在参数面板中单击角度按钮，在参数面板中设置“角度 1”和“角度 2”的数值。结果文件请参看“第 5 章\范例结果文件\bamo_fanli02_jg.prt”。

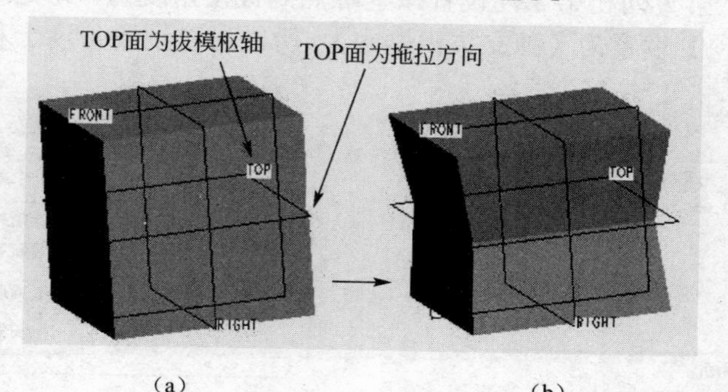

（a）　　（b）

图 5.68　根据拔模枢轴分割实例 1

② 根据拔模枢轴分割（拔模枢轴为曲线）

● 打开书所附光盘文件“第 5 章\范例源文件\bamo_fanli03.prt”，如图 5.69（a）所示。在右工具箱中单击按钮，打开操控板。

● 在操控板上单击参照按钮，单击【拔模曲面】下面的列表框，选取要创建拔模特征的 1 个侧面。

● 在参数面板中单击【拔模枢轴】下面的列表框，在实体模型上选取“草绘 1”曲线为拔模枢轴。“草绘 1”曲线可以预先作好，也可以临时定义。

● 在参数面板中单击【拖拉方向】下面的列表框，然后在模型中选取上表面为拖拉方向参照。

● 在【分割选项】中选取【根据拔模枢轴分割】，【侧选项】中选取【独立拔模侧面】选项。

● 在操控板上的第一个角度文本框中输入角度值 11°，第二个角度文本框中输入角度值 12°，根据需要单击按钮，调节拔模角度方向，单击按钮即可。最后结果如图 5.69（b）所示。

注意：也可以在参数面板中单击角度按钮，在参数面板中设置“角度 1”和“角度 2”的数值。结果文件请参看“第 5 章\范例结果文件\bamo_fanli03_jg.prt”。

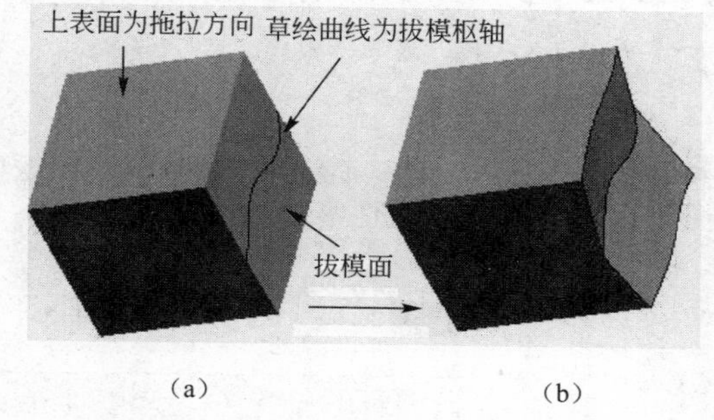

图 5.69　根据拔模枢轴分割实例 2

拔模面、拖拉方向和曲线的选取参看图 5.69（a）。

③ 根据分割对象分割

● 打开书所附光盘文件“第 5 章\范例源文件\bamo_fanli04.prt”，如图 5.70（a）所示。在右工具箱中单击按钮，打开操控板。

● 在操控板上单击参照按钮，单击【拔模曲面】下面的列表框，选取要创建拔模特征的 1 个侧面。

● 在参数面板中单击【拔模枢轴】下面的列表框，在实体模型上选取上表面与选定的拔模面交线为拔模枢轴。

● 在参数面板中单击【拖拉方向】下面的列表框，然后在模型中选取上表面为拖拉方向参照。

● 在【分割选项】中选取【根据分割对象分割】，在模型上选取“草绘 1”曲线作为分割对象。“草绘 1”曲线可以预先作好，也可以临时定义。【侧选项】中选取【独立拔模侧面】选项。

● 在操控板上的第一个角度文本框中输入角度值 11°，第二个角度文本框中输入角度值 12°，根据需要单击按钮，调节拔模角度方向，单击按钮即可。结果如图 5.70（b）所示。

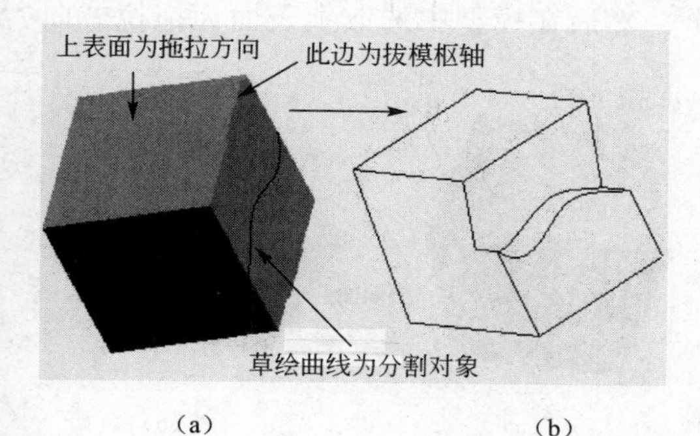

图 5.70　根据分割对象分割

结果文件请参看“第 5 章\范例结果文件\bamo_fanli04_jg.prt”。

注意：也可以在参数面板中单击角度按钮，在参数面板中设置“角度 1”和“角度 2”的数值。拔模枢轴、拖拉方向和曲线的选取参看图 5.70（a）。

2. 创建可变拔模特征

（1）不分割拔模面。

● 打开书所附光盘文件“第 5 章\范例文件\bamo_fanli05.prt”，如图 5.71（a）所示。在右工具箱中单击按钮，打开操控板。

● 在操控板上单击参照按钮，单击【拔模曲面】

下面的列表框，选取要创建拔模特征的 1 个侧面。

● 在参数面板中单击【拔模枢轴】下面的列表框，选取上平面为拔模枢轴。

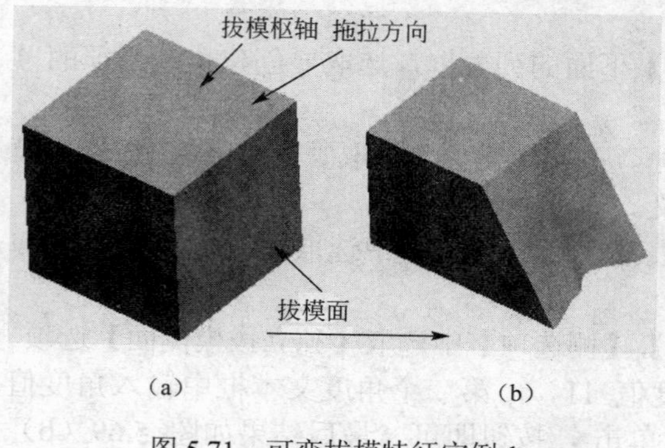

图 5.71 可变拔模特征实例 1

● 【拖拉方向】系统自动选取了上平面。如果【拖拉方向】下面的列表框中没有参照，则单击列表框，然后在模型中选取上平面即可。

● 参数面板中单击角度按钮，在参数面板中单击第一行，再单击右键，在弹出的快捷菜单中选取【添加角度】，参看图 5.72。在如图 5.72（a）所示的角度参数面板中分别设置“角度 1”的数值和位置的长度比例参数，各控制点参见图 5.72（b）。单击按钮，调节拔模角度方向，单击按钮即可。最后结果如图 5.71（b）所示。结果文件请参看“第 5 章\范例结果文件\bamo_fanli05_jg.prt”。

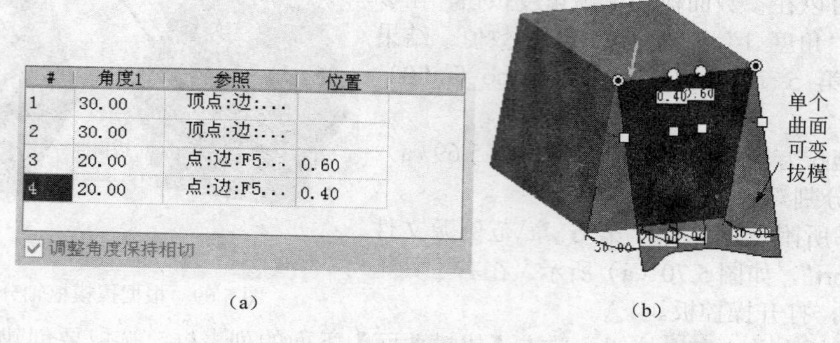

#	角度1	参照	位置
1	30.00	顶点:边:...	
2	30.00	顶点:边:...	
3	20.00	点:边:F5...	0.60
4	20.00	点:边:F5...	0.40

☑ 调整角度保持相切

（a） （b）

图 5.72 设置控制点的角度参数

（2）分割拔模面。

根据拔模枢轴分割（拔模枢轴为曲线）。

● 打开所附光盘文件“第 5 章\范例源文件\bamo_fanli06.prt”，如图 5.73（a）所示。在右工具箱中单击按钮，打开操控板。

● 在操控板上单击参照按钮，单击【拔模曲面】下面的列表框，选取要创建拔模特征的 1 个侧面。

● 在参数面板中单击【拔模枢轴】下面的列表框，在实体模型上选取“草绘 1”曲线为拔模枢轴。“草绘 1”曲线可以预先作好，也可以临时定义。

● 在参数面板中单击【拖拉方向】下面的列表框，然后在模型中选取上表面为拖拉方向参照。

● 在【分割选项】中选取【根据拔模枢轴分割】；【侧选项】中选取【独立拔模侧面】选项。

参数面板中单击角度按钮，在如图 5.74（a）所示的角度参数面板中分别设置“角度 1”和“角度 2”的数值，各控制点参见图 5.74（b）。单击按钮，调节拔模角度方向，单击按钮即可。最后结果如图 5.73（b）所示。结果文件参看“第 5 章\范例结果文件\bamo_fanli06_jg.prt”。拔模面、拖拉方向和曲线的选取参看图 5.73（a）。

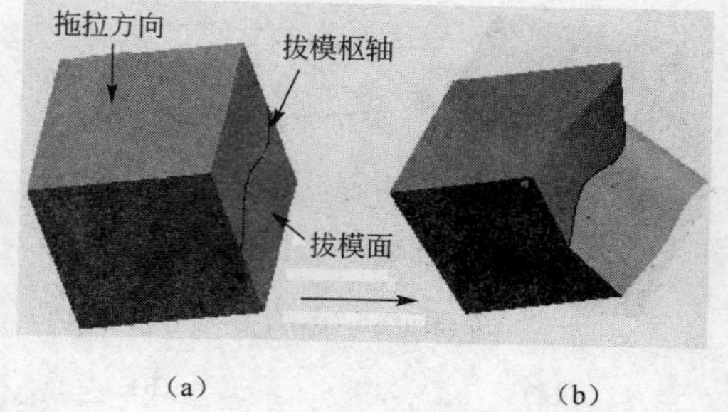

（a） （b）

图 5.73 可变拔模特征实例 2

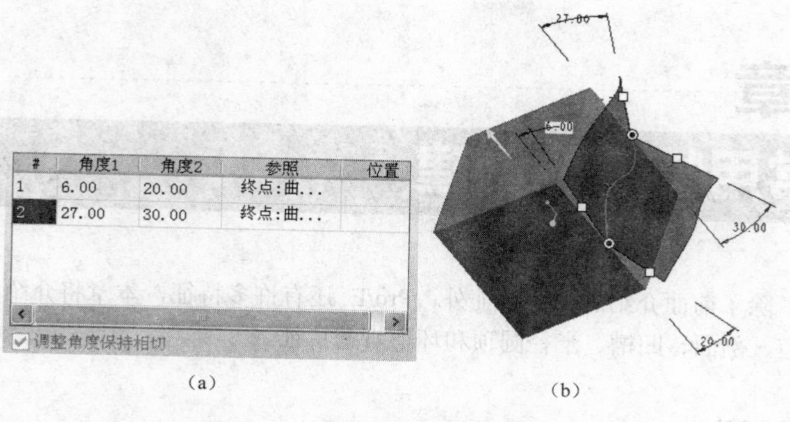

（a）　　　　　　　　　　（b）

图 5.74　设置控制点的角度参数

总结与回顾

在创建了基础实体之后，可以在模型上添加具有实际意义的工程特征。本章详细介绍了各种常用工程特征的用法。这些工程特征包括孔特征、倒圆角特征、倒角特征、抽壳特征、筋特征和拔模特征。

工程特征必须以基础实体特征为载体，它不能是零件的第一个特征。在创建工程特征时，主要是确定特征本身形状、大小的定形参数以及确定工程特征放置位置的定位参数。

思考与练习题

1. 在创建工程特征时必须指定哪两类参数？
2. 可以创建哪几种孔特征？筋有几种方式？
3. 在创建筋特征时，其截面有什么要求？
4. 在一个倒圆角特征中是否可以包含半径大小不同的几种圆角？
5. 打开书所附光盘文件“第 5 章\练习题源文件\ex05-7.prt”，练习草绘孔特征和筋特征。结果文件请参看“第 5 章\练习题结果文件\ex05-7_jg.prt”。见图 5.75。
6. 打开书所附光盘文件“第 5 章\练习题源文件\ex05-8.prt”，练习圆角、壳和筋特征。结果文件请参看“第 5 章\练习题结果文件\ex05-8_jg.prt”。见图 5.76。

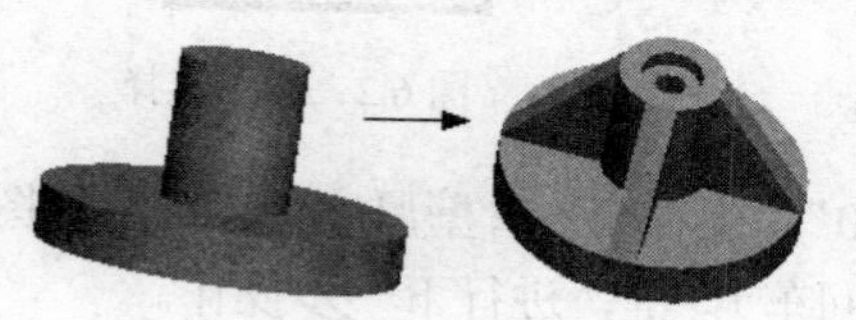

图 5.75　思考与练习 5 图

图 5.76　思考与练习 6 图

第6章 其他常用特征的创建

学习目标：除了前面介绍的一些特征外，Pro/E 还有许多特征，本章将介绍以下其他常用的特征，包括管道、剖面、凹槽、半径圆顶和环形折弯特征。

6.1 管道

管道是经由连接各基准点或顶点，形成一条中心线，此中心线作为管道的路径，然后指定管道的直径及转折处的半径，如果为空心管，还要指定管壁的厚度，最后，根据指定的直径、转折处的半径和路径形成管道特征。

下面通过一个范例介绍建立管道的步骤。

1. 空心常数半径

（1）打开本书所附光盘文件“第6章\范例源文件\guandao_fanli01.prt”，如图6.1所示。范例源文件已经把基准点建好了，如果事先没有建立基准点的话，需要自己建立。

（2）从主菜单选择【插入】→【高级】→【管道】。

（3）在菜单管理器中选择【几何】、【空心】选项，接着选择【常数半径】选项，如图6.2所示。单击【完成】选项。

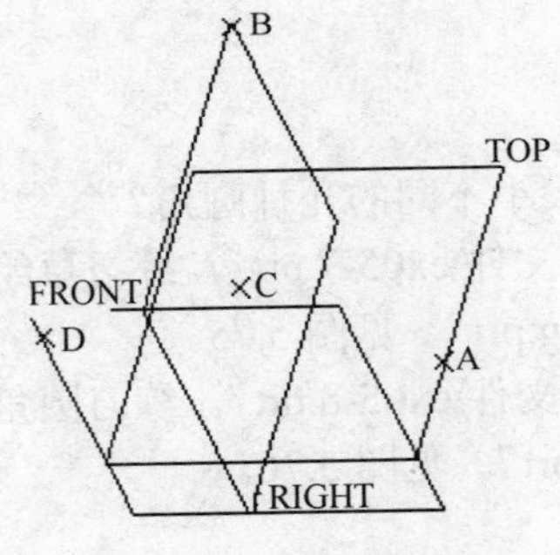

图6.1 已经建立好的基准点

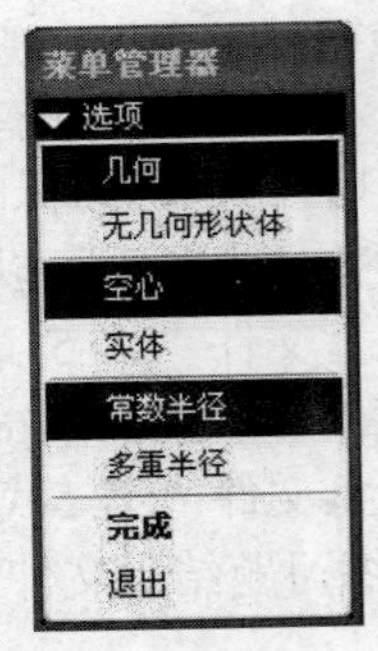

图6.2 选项选择

（4）在信息栏输入管道的外部直径为“20”，接着输入管壁厚度为“2”，如图6.3所示，单击操控板中的✔按钮，或按键盘上的“Enter（回车）”键，进行下一步操作。

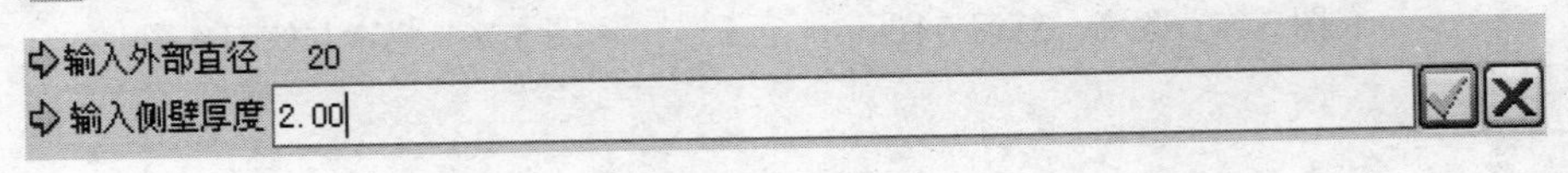

图6.3 参数输入

（5）在出现的【菜单管理器】中，选择【单一半径】、【整个阵列】、【增加点】选项。

（6）在绘图区依次选择管道经过的点。依次选择A、B、C三点，在信息栏中输入B点处的转折半径为“20”。

（7）在绘图区选择 D 点后，出现如图 6.4 所示的轨迹预览图形。在菜单管理器中选择【完成】，最后结果如图 6.5 所示，请参看“第 6 章\范例结果文件\guandao_fanli01_jg.prt”。

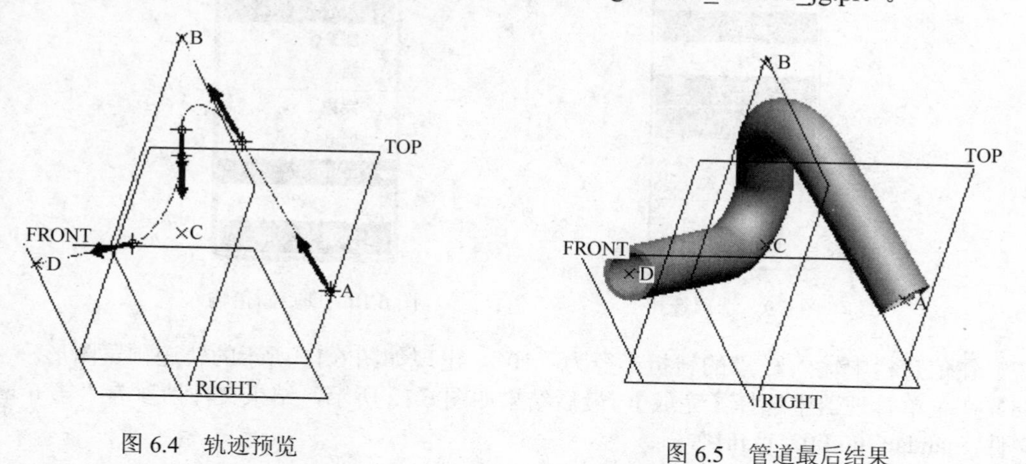

图 6.4　轨迹预览　　　　图 6.5　管道最后结果

2. 空心多重半径

（1）打开本书所附光盘文件“第 6 章\范例源文件\guandao_fanli02.prt”，如图 6.6 所示。在范例源文件中已经把基准点建好了，如果事先没有建立基准点的话，需要自己建立。

（2）从主菜单选择【插入】→【高级】→【管道】。

（3）在菜单管理器中选择【几何】、【空心】选项，接着选择【多重半径】，如图 6.7 所示。单击【完成】选项。

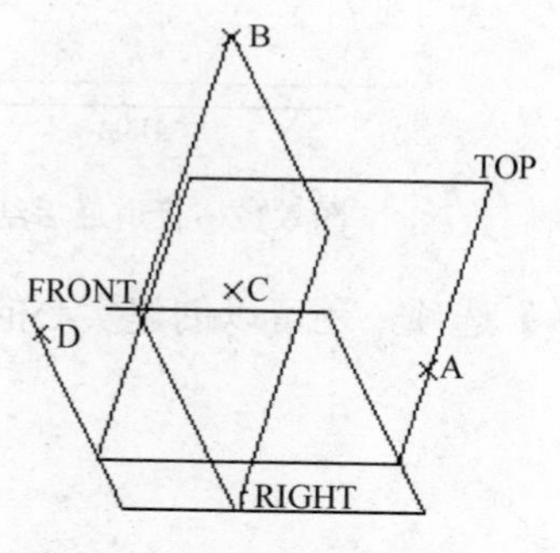

图 6.6　已经建立好的基准点

图 6.7　选项选择

（4）在信息栏输入管道的外部直径为“20”，接着输入管壁厚度为“2”，如图 6.8 所示。单击操控板中的✔按钮，或按键盘上的“Enter（回车）”键，进行下一步操作。

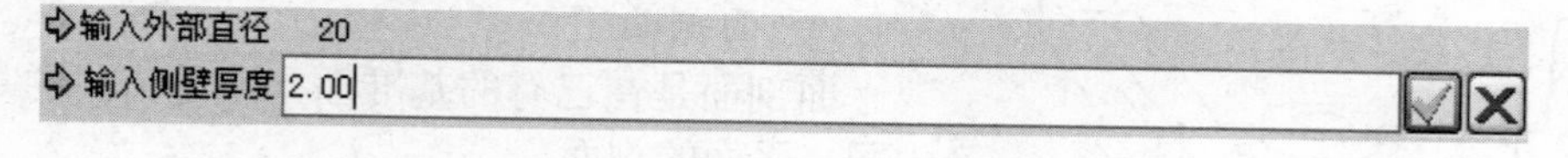

图 6.8　参数输入

（5）出现如图 6.9 所示的【菜单管理器】，按图 6.9 所示选择选项。接着在绘图区依次选择管道经过的点。依次选择 A、B、C 三点，在信息栏中输入 B 点处的转折半径为“30”。

（6）接着选择 D 点，再在菜单管理器中选择【新值】选项，如图 6.10 所示。

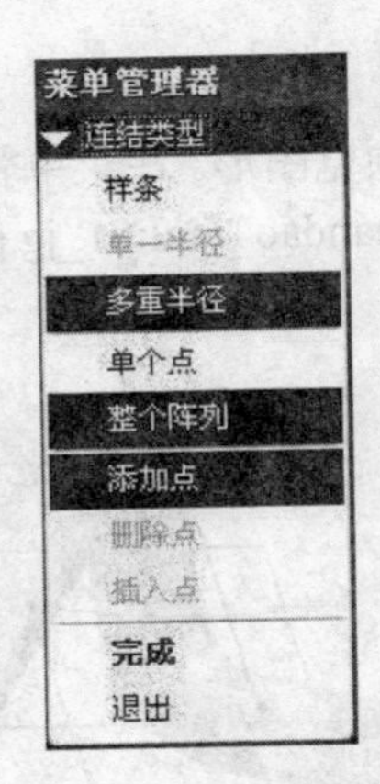

图 6.9　选项选择

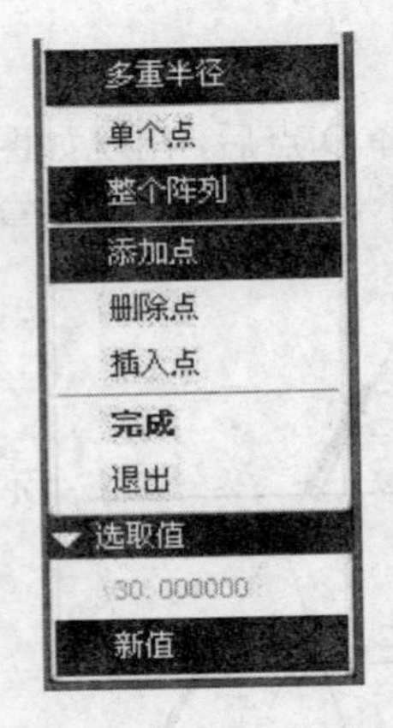

图 6.10　D 点新值输入

（7）在信息栏中输入 C 点的转折半径为“10”，出现如图 6.11 所示的轨迹预览图形。

（8）在菜单管理器中选择【完成】，最后结果如图 6.12 所示，结果文件请参看“第 6 章\范例结果文件\guandao_fanli02_jg.prt”。

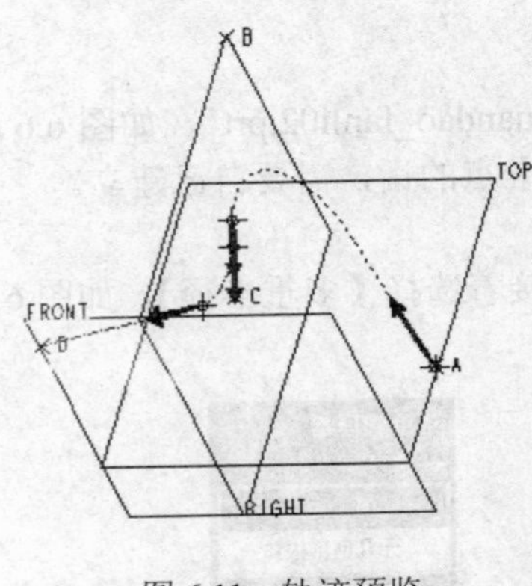

图 6.11　轨迹预览

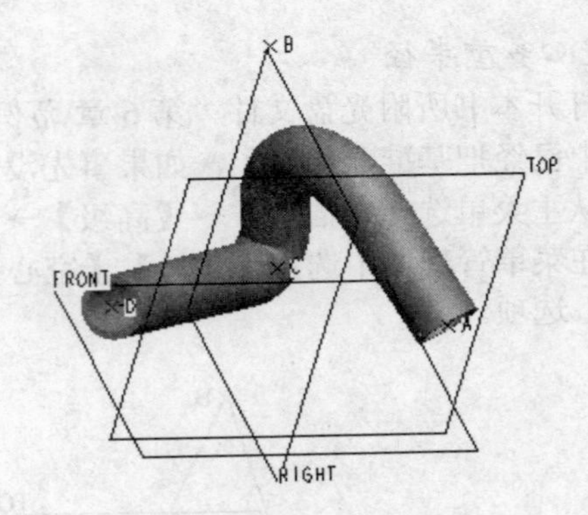

图 6.12　管道最后结果

另外，如果在【菜单管理器】中选择【实体】选项，还可以创建实心的管道特征。

6.2　剖面

在 Pro/E 中建立的剖面可以用来检查特征的厚度、斜度以及观察特征间的相对位置。在 3D 模型中建立的剖面，将来在 2D 工程图中可以用来产生剖面的辅助视图。

Pro/E 提供建立剖面的方法有两种：平面和偏距。下面分别介绍这 2 种剖面的特性及建立方法。

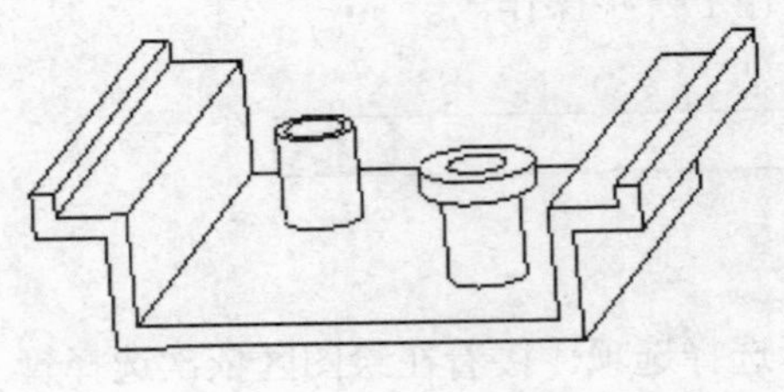

图 6.13　平面剖面原图

1. 平面剖面

平面剖面是在已有的基准面，或是新建的基准面上，产生同一平面的剖面。

建立平面剖面的步骤如下。

（1）打开本书所附光盘文件“第 6 章\范例源文件\poumian_fanli01.prt”，如图 6.13 所示。

（2）从主菜单栏中选择【视图】→【视图管理器】。

（3）在弹出如图 6.14 所示的【视图管理器】对话框中，单击【剖面】选项卡，单击**新建**按钮，接着输入剖面的名称（也可以采用系统缺省名称“Xsec0001”），如图 6.15 所示，然后按“Enter（回车）”键。

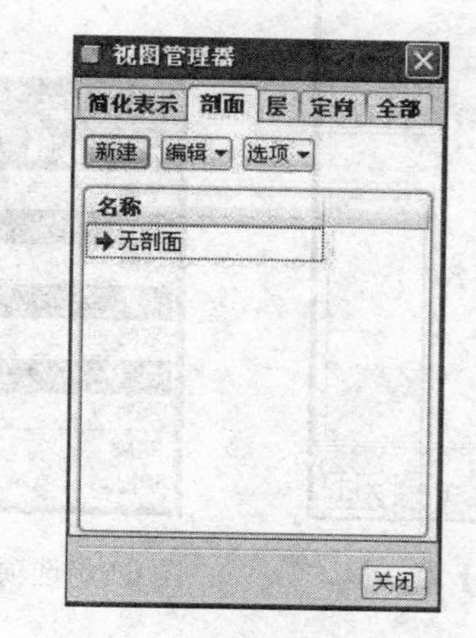

图 6.14 【剖面】对话框

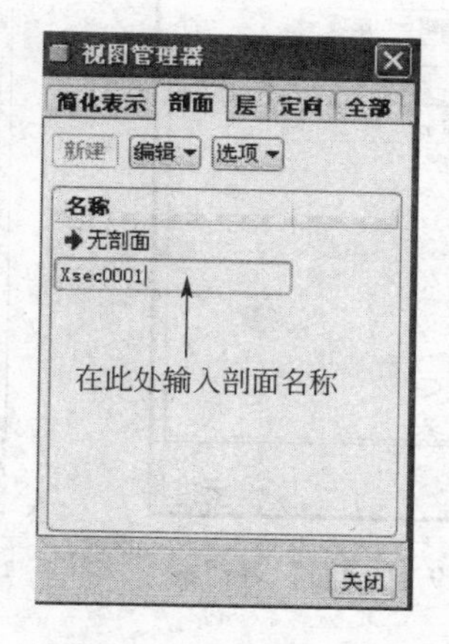

图 6.15 【新建】对话框

（4）在【菜单管理器】中选择【平面】选项，接着选择【单一】选项，然后选择【完成】，如图 6.16 所示。

（5）在绘图区中选择 DTM1 为参考基准面，系统即在此基准面上产生剖面，如图 6.17 所示。最后的结果文件请参看光盘“第 6 章\范例结果文件\poumian_fanli01_jg.prt”。

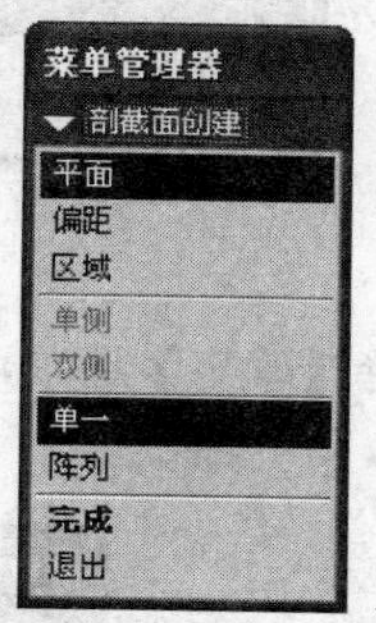

图 6.16 选项选择

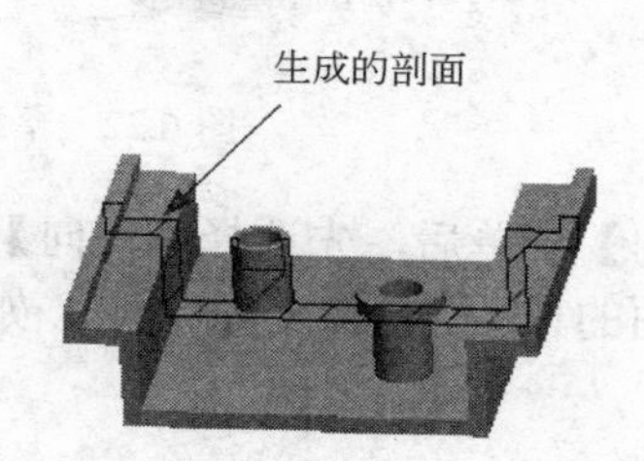

图 6.17 产生的剖面

2. 偏距剖面

偏距剖面是用户自己绘制剖面的路径，然后根据绘制的路径生成的剖面。

★要点提示：绘制的截面必须是开放的，而且起点和终点的线段都必须是直线。

建立偏距剖面的步骤如下。

（1）打开本书所附光盘文件“第 6 章\范例源文件\poumian_fanli02.prt”，如图 6.18 所示。

（2）从主菜单栏中选择【视图】→【视图管理器】。

（3）在弹出如图 6.19 所示的【视图管理器】对话框中，单击【剖面】选项卡，单击新建按钮，接着输入剖面的名称（也可以采用系统缺省名称），如图 6.20 所示，然后按“Enter（回车）”键。

（4）在菜单管理器中选择【偏距】选项，接着选择【单侧】选项，然后选择【完成】，如图 6.21 所示。

（5）在绘图区选择 TOP 平面为绘图面，如图 6.22 所示。

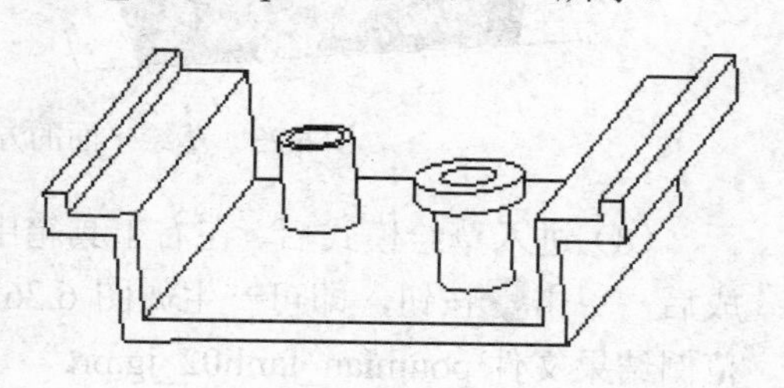

图 6.18 偏距剖面原图

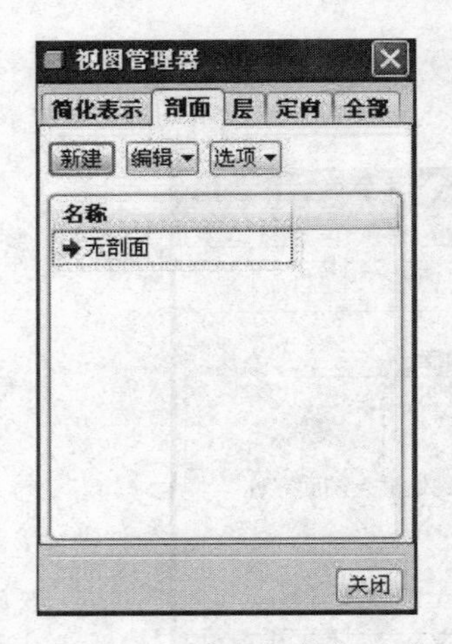

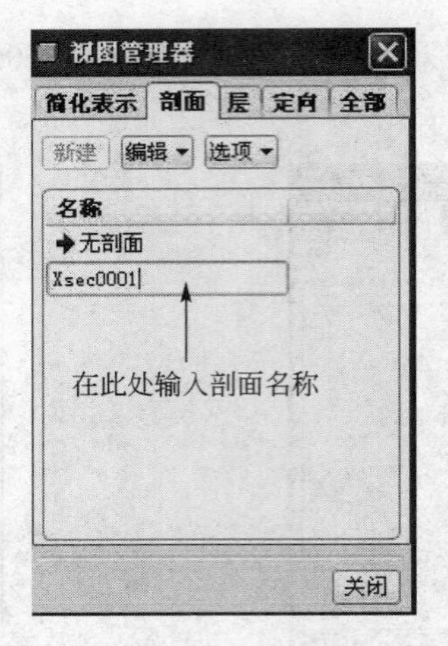

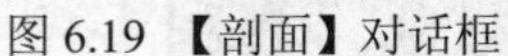

图 6.19 【剖面】对话框　　图 6.20 【新建】对话框　　图 6.21 选项选择

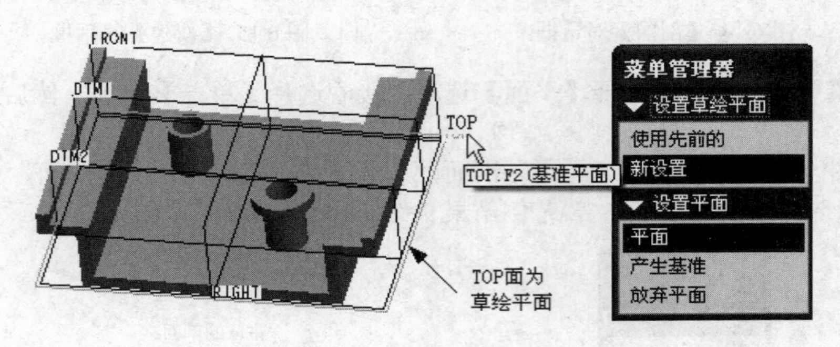

图 6.22 草绘平面的选择

（6）出现【方向】菜单后，先选择【反向】选项，再选择【确定】选项，如图 6.23 所示。

（7）选择参考面的方向为【缺省】选项，如图 6.24 所示。

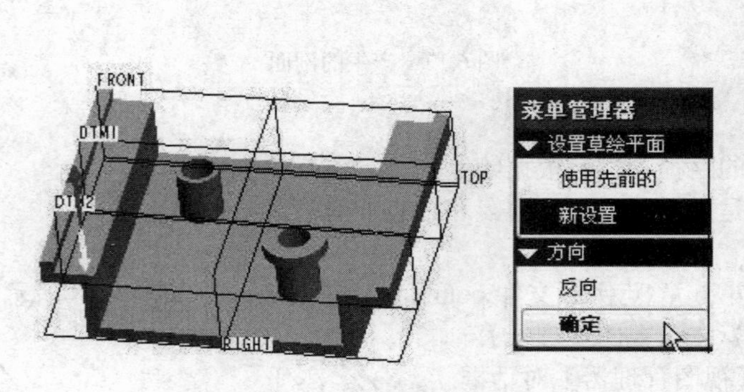

图 6.23 草绘平面的方向选择

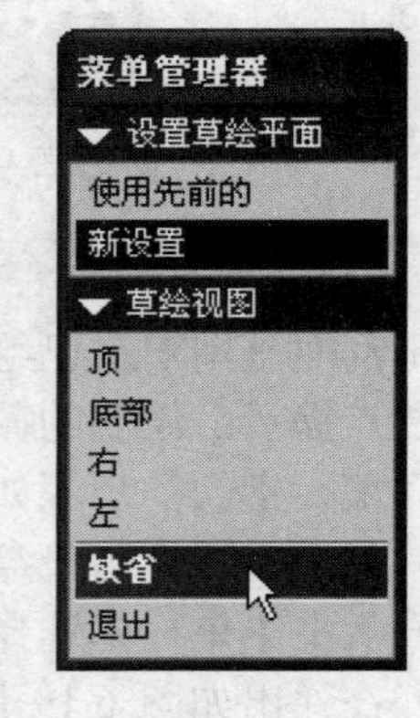

图 6.24 参考面的方向选择

（8）进入草绘模式后，在右工具箱中单击按钮，然后绘制如图 6.25 所示的截面线，绘制完成后，单击按钮，即可产生如图 6.26 所示的偏距剖面。最后的结果文件请参看光盘“第 6 章\范例结果文件\poumian_fanli02_jg.prt”。

在上述步骤（3）的【视图管理器】选项卡中的【剖面】对话框中，共有 3 个按钮，分别说明如下。

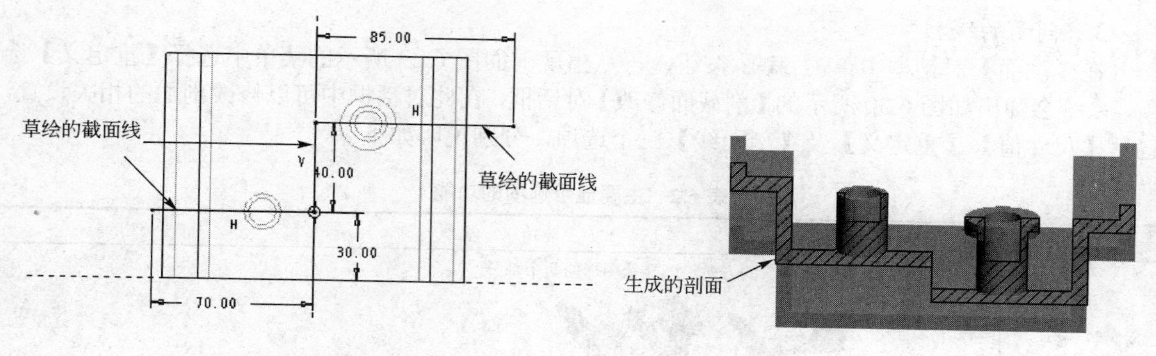

图 6.25　草绘的截面线

图 6.26　最后生成的剖面

● 新建按钮：建立新的剖面。

● 编辑按钮：选择此按钮后，会出现如图 6.27 所示的菜单，此菜单中有【重定义】、【移除】等 5 个选项，各选项的说明如表 6.1 所示。

表 6.1　编辑选项的功能

选项	功　能
重定义	重定义所选取的剖面，包括尺寸、剖面线、属性、方向和截面等
移除	删除所选取的剖面
重命名	重新命名剖面的名称
复制	将其他档案中的剖面复制到此
说明	打开说明窗口，建立对此剖面的说明

● 选项按钮：设置剖面的显示状态，共有如图 6.28 所示的几个选项，主要选项的功能说明如表 6.2 所示。

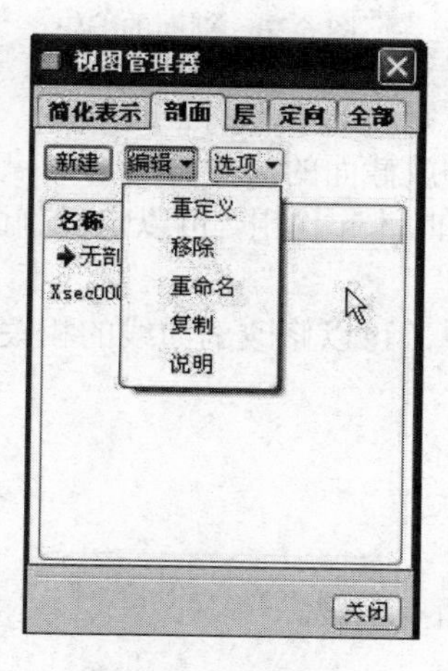

图 6.27　编辑内容

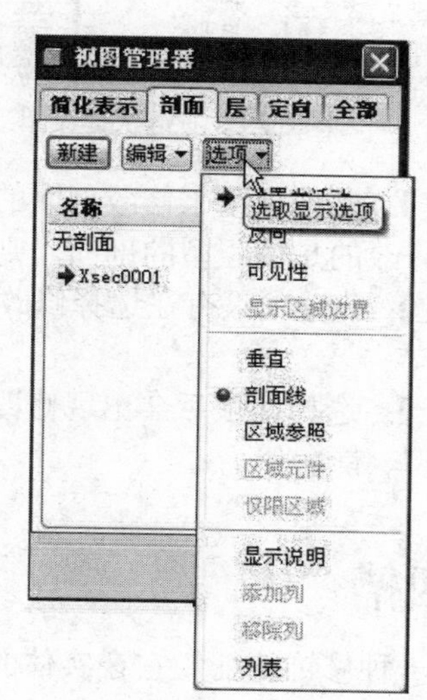

图 6.28　选项内容

另外，选中要进行编辑的截面，单击鼠标右键，会弹出如图 6.29 所示的右键快捷菜单，此菜单可以设置剖面的【可见性】、【重定义】、【移除】功能以及其他编辑功能。在【名称】下的“Xsec0001”上双击鼠标左键，可以显示用剖面修剪的部分图形，单击选项按钮下的【反向】选项，可以显示用剖面修剪的另一部分图形。

3. 剖面的编辑

在【剖面】对话框中单击 编辑 按钮，再从出现前面图 6.27 所示的菜单中选择【重定义】选项，系统会弹出如图 6.30 所示的【剖截面修改】对话框，在此对话框中可以修改剖面的相关设置，包括【尺寸值】、【重定义】及【剖面线】三个选项，分别说明如下。

表 6.2　主要显示选项的功能

选项	功　能
反向	反转剖面修剪的方向，以显示图形的两个部分 一个方向修剪　反向后另一个方向修剪
可见性	设置剖面的可见性
垂直（正常）	以一般模式显示模型（不显示剖面），软件翻译为“垂直”是错误的，应该翻译为“正常”
剖面线	显示选取的剖面

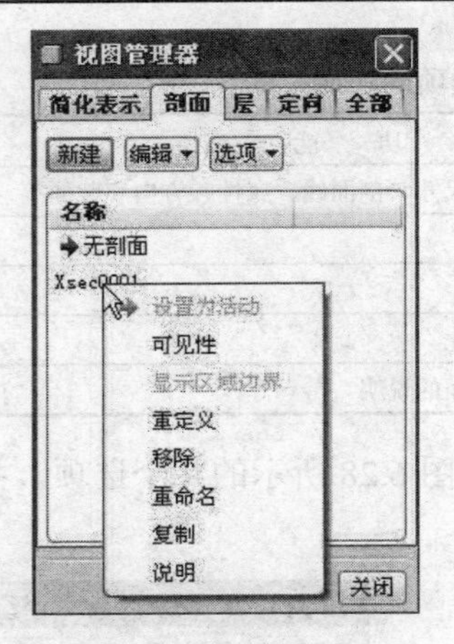

图 6.29　右键快捷菜单

图 6.30　剖面的编辑

（1）【尺寸值】：此选项用来修改剖面的范围。若要修改的是平面型的剖面，是改变基准面的相关参数；若要修改的是偏距型的剖面，则是修改其开放截面的尺寸。

（2）【重定义】：此选项只有在选择修改偏距型剖面时才起作用，可以定义剖面的属性、方向、截面等参数。

（3）【剖面线】：选择此项后会出现修改剖面线菜单，可以修改剖面线的相关参数，如间距、角度、偏距及线型、颜色等。

6.3　凹槽

凹槽特征是一种修饰特征，它在实体的表面或曲面上生成。

凹槽特征的创建步骤如下。

（1）打开本书所附光盘文件“第 6 章\范例源文件\aocao_fanli01.prt”。

（2）从主菜单栏中选择【插入】→【修饰】→【凹槽】，出现如图 6.31 所示的【菜单管理器】。系统提示：选取凹槽的一个面组或一组曲面。

（3）在图形工作区中选取实体的上表面作为凹槽特征的放置参考，然后在图 6.31 中单击【完成参考】。

（4）系统弹出如图 6.32 所示的【设置草绘平面】菜单，系统提示选取或创建一个草绘平面。在图形工作区中选取图形上表面为草绘平面。

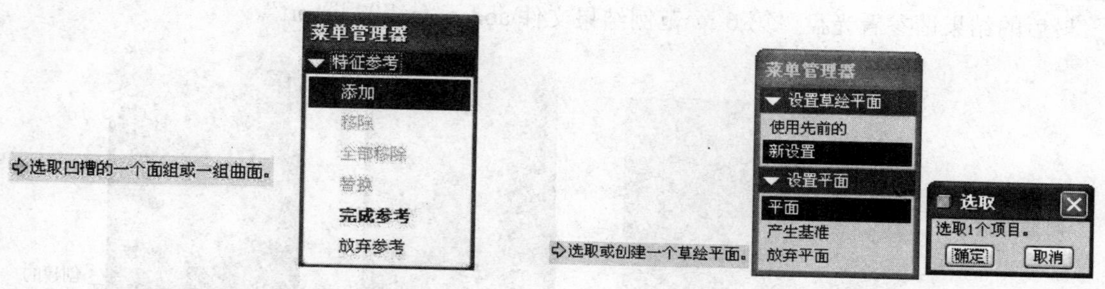

图 6.31　凹槽【菜单管理器】

图 6.32　设置草绘平面

（5）系统弹出如图 6.33 所示的【设置草绘平面】菜单，系统提示“选取查看草绘平面的方向”。直接在图 6.33 中单击【确定】或单击鼠标中键。

（6）系统弹出如图 6.34 所示的【草绘视图】菜单，系统提示“为草绘选取或创建一个水平或垂直的参照”。直接在图 6.34 中单击【缺省】或单击鼠标中键。

（7）进入草绘环境，根据要求绘制凹槽草绘图形。绘制如图 6.35 所示的草绘。

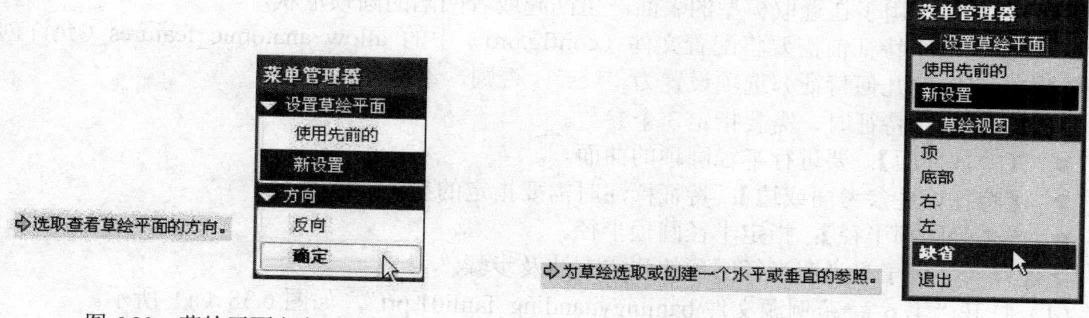

图 6.33　草绘平面方向

图 6.34　草绘参照设置

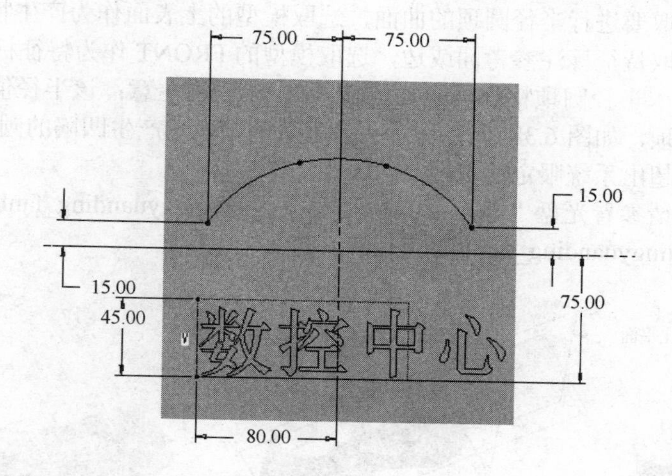

图 6.35　草绘的绘制

（8）单击右工具箱中的✔按钮，完成凹槽特征的绘制，最后结果如图 6.36 所示。最后的结果文件请参看光盘“第 6 章\范例结果文件\aocao_fanli01_jg.prt”。

另外一个范例文件是在曲面上生成凹槽特征，请读者自己打开“第 6 章\范例源文件\aocao_fanli02.prt”，然后在曲面上生成凹槽特征，参考结果如图 6.37 所示。

最后的结果请参看光盘“第 6 章\范例结果文件\aocao_fanli02_jg.prt”。

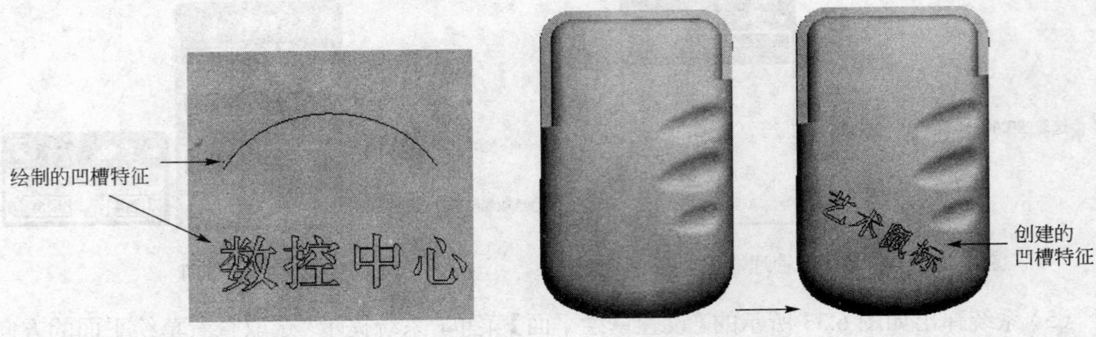

图 6.36　生成的凹槽特征　　　图 6.37　曲面上生成的凹槽特征

6.4　半径圆顶

半径圆顶特征用于在选取模型的表面产生凸起或者凹陷的圆顶形状。

注意：使用本特征前需要将配置文件（config.pro）中的 allow_anatomic_features（允许创建 Pro/E 2000i 之前的几何特征）选项设置为“yes”，否则，不能创建本特征。

建立半径圆顶特征时，需要指定 3 个参数。

- 【特征曲面】：要进行半径圆顶的曲面。
- 【特征标注参考面或边】：特征标注时需要指定的参考面或边线。
- 【半径圆顶半径】：指定半径圆顶半径。

下面以一个例子来说明半径圆顶的建立方法及步骤。

（1）打开“第 6 章\范例源文件\banjingyuanding_fanli01.prt”，如图 6.38（a）所示。

（2）从主菜单栏中选择【插入】→【高级】→【半径圆顶】。

（3）系统提示选取要进行半径圆顶的曲面，选取模型的上表面作为产生特征的曲面。

（4）系统提示选取特征标注参考面或边，选取模型的 FRONT 作为特征标注参考面。

（5）系统提示输入半径圆顶特征的半径，输入“75”。请注意：该半径值可正可负，如为正值表示产生凸起的圆顶，如图 6.38（b）所示；如为负值则表示产生凹陷的圆顶，如图 6.38（c）所示，但是该值不能超出系统限定的范围。

最后的结果文件请参看光盘“第 6 章\范例结果文件\banjingyuanding_fanli01_jg.prt”和“第 6 章\范例结果文件\banjingyuanding_fanli02_jg.prt”。

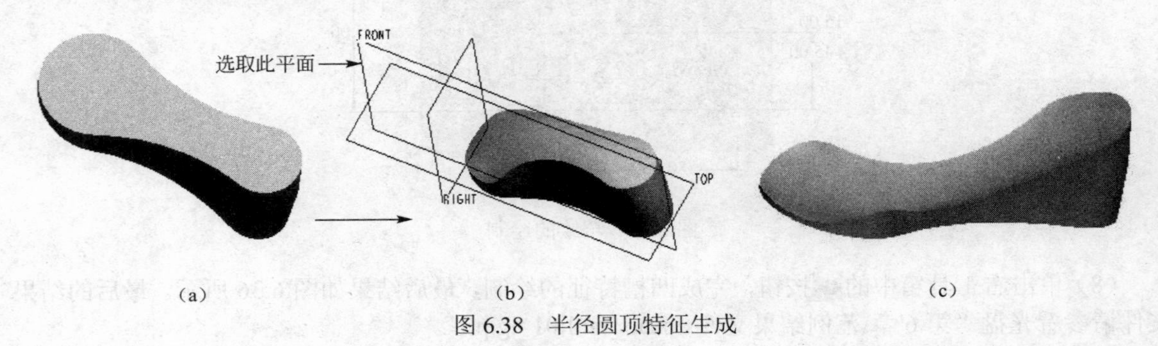

图 6.38　半径圆顶特征生成

6.5　环形折弯

环形折弯特征的用途是系统根据设计者所指定的折弯径向剖面，自动将实体、曲面或曲线折弯成环状物。下面用一个范例介绍环形折弯的操作步骤，实体的结果如图 6.39 所示。

（1）新建一个零件，名字为“huanxingzhewan_fanli01.prt”。

（2）建立拉伸特征。草绘截面尺寸如图 6.40 所示，拉伸高度为 1210。

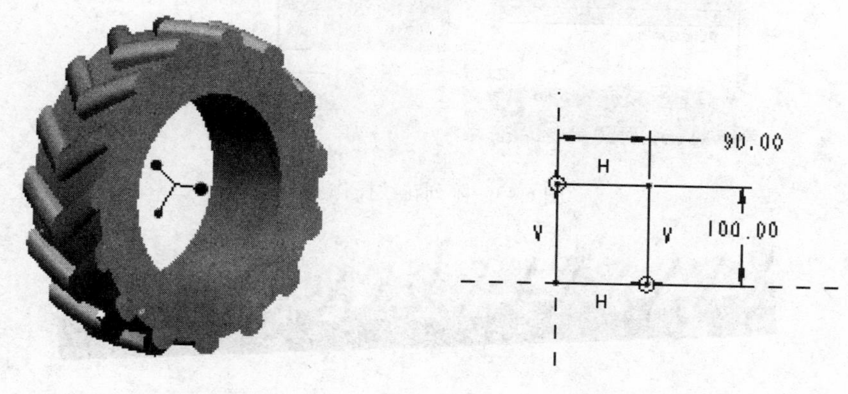

图 6.39　最后结果图　　图 6.40　草绘截面

（3）建立轮胎花纹。以第（2）步拉伸特征的右侧面为草绘平面，按如图 6.41 所示的尺寸绘制草绘截面，拉伸高度为 40。轮胎花纹结果如图 6.42 所示。

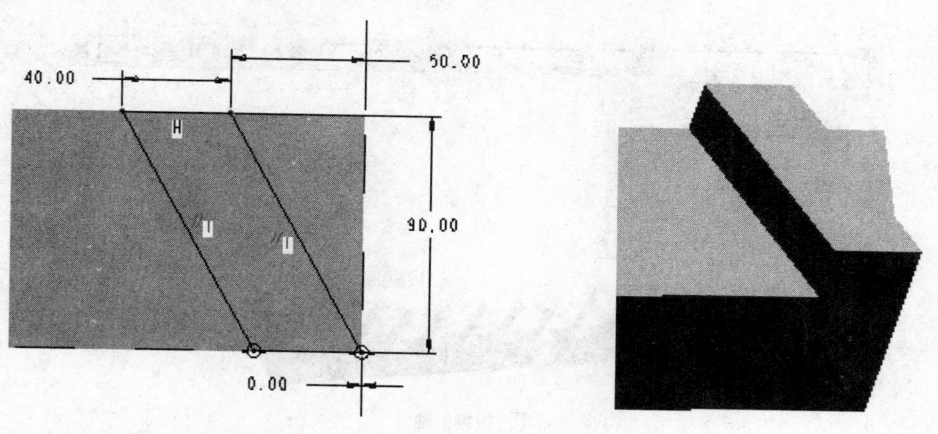

图 6.41　花纹截面尺寸　　图 6.42　生成的花纹

注意：一定要有截面中的尺寸 0.00，否则在后面的花纹阵列中就没有可以选择的尺寸；或者更简单方法是使用方向阵列就不用标注尺寸 0.00，但是需要约束草绘端点一定要重合在实体上，如图 6.41 所示。阵列的具体应用请参考本书第 7 章相关内容。

（4）阵列花纹特征。选择阵列方式为【尺寸阵列】，单击 尺寸 按钮，在对话框下面的方向 1 选取框中，先选取尺寸“0.00”，然后按下“Ctrl”键再选取“50.00”作为阵列可变尺寸，数值为“15”，操作界面如图 6.43 所示，最后阵列的结果如图 6.44 所示。

注意：此处也可以使用【方向】阵列，操作相对简单一些。方法如下：进入阵列操控板，使用【方向】阵列方法，接着选取宽度 90 的右侧面为方向参照，确定阵列生成方向向左，数值为 15 即可。

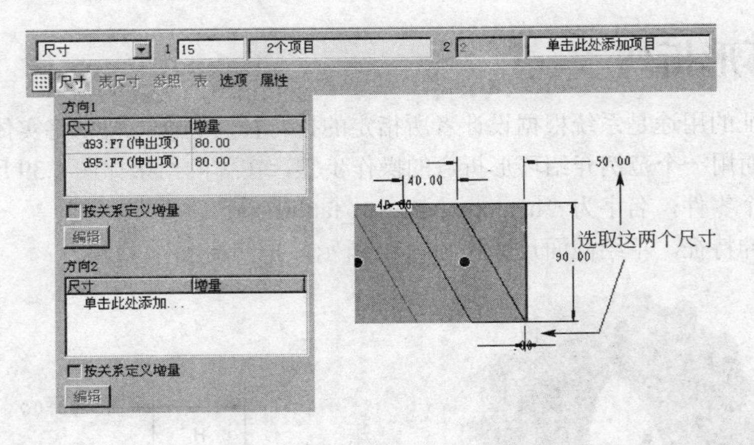

图 6.43 阵列花纹操作界面

图 6.44 阵列花纹结果

（5）拔模花纹特征。选取第一个生成的花纹拉伸特征上表面，按照图 6.45 所示的操作界面，拔模角度设置为 8°，拔模结果如图 6.46 所示。从图中可以看到拔模后平面比没有拔模的平面低了一些。

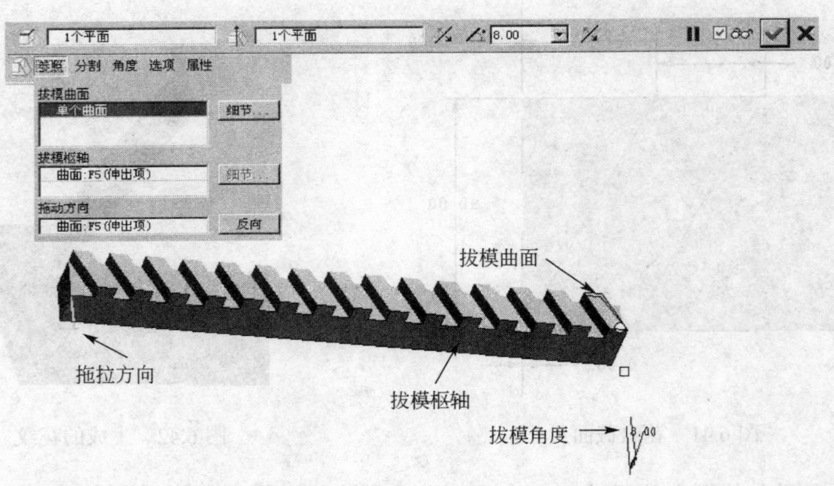

图 6.45 拔模花纹表面操作界面

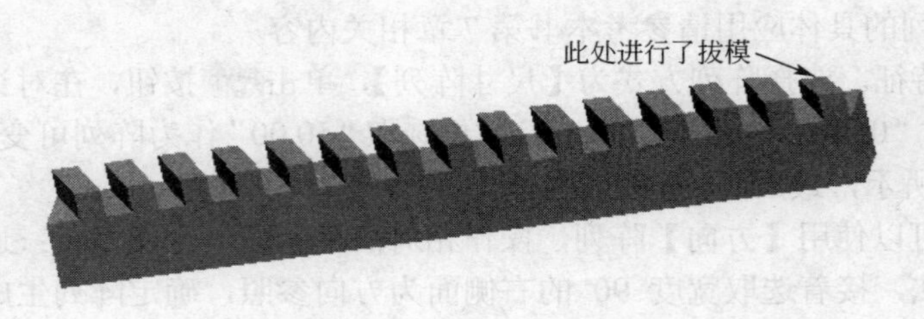

图 6.46 拔模花纹上表面

（6）阵列拔模花纹特征。先在模型树中选中拔模花纹特征，然后在右工具箱中单击▦按钮，系统自动选择【参照】的方法生成阵列拔模花纹特征，结果如图 6.47 所示。

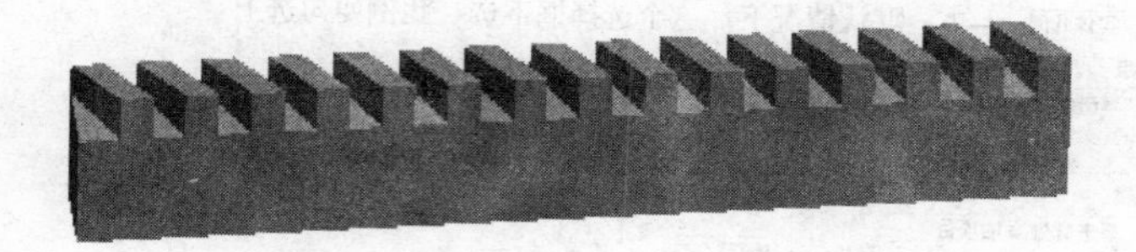

图 6.47　阵列拔模花纹上表面

（7）花纹倒圆角。选取第一个阵列拔模花纹特征，按图 6.48 所示选取两条边，倒圆角半径为 20，结果如图 6.49 所示。

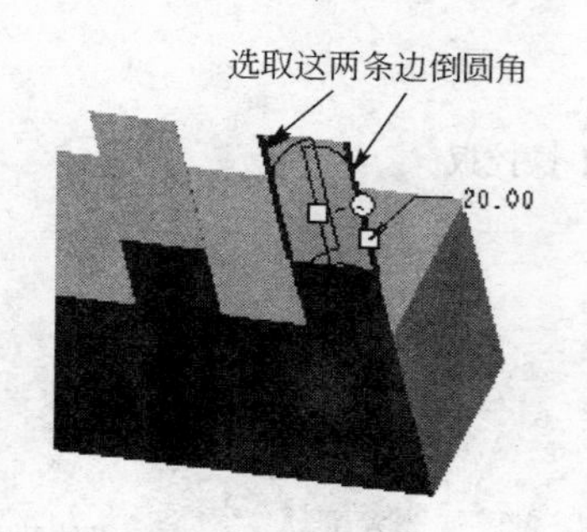

图 6.48　倒圆角操作

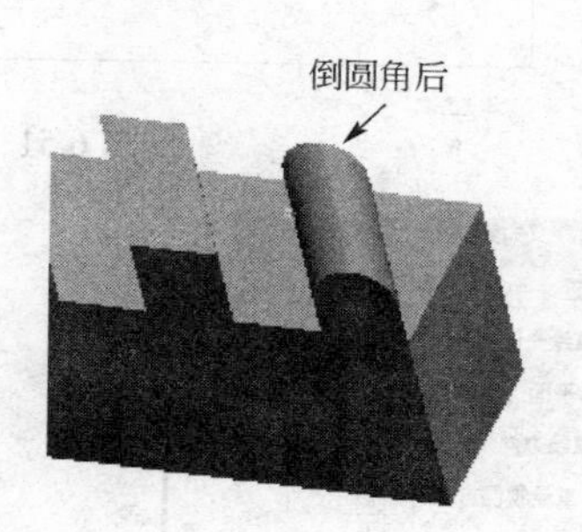

图 6.49　倒圆角后结果

（8）阵列花纹倒圆角。先在模型树中选中花纹倒圆角特征，然后在右工具箱中单击▦按钮，系统自动选择【参照】的方法生成花纹倒圆角特征，结果如图 6.50 所示

图 6.50　阵列倒圆角特征后

（9）环形折弯特征。

- 单击【插入】→【高级】→【环形折弯】，出现如图 6.51 所示的操控板，勾选【实体几何】选择框，单击【轮廓截面】右侧的【定义】按钮。
- 选取右侧的端面作为草绘平面，参照面为【RIGHT】，方向为【右】，如图 6.52 所示。单击【草绘】进入草绘界面。
- 绘制如图 6.53 所示的草绘截面，就是一条线（和实体边重合），可以通过右工具箱中的□按钮来创建。注意：一定要加上几何坐标系（不是坐标系）。单击草绘工具栏中的✔按钮，完成草绘截面的绘制。
- 在如图 6.54 所示的操控板中，选择【360 度折弯】，这时实际上是要选取两个平行平面定义折弯长度。系统提示【选取要定义折弯长度的第一个平面】，先选择右侧端面，接着在操控板上【● 单击此处添加项目】单击，选择左侧对面，单击操控板上的✔，生成如图 6.55 所示的环形折弯特征实体。

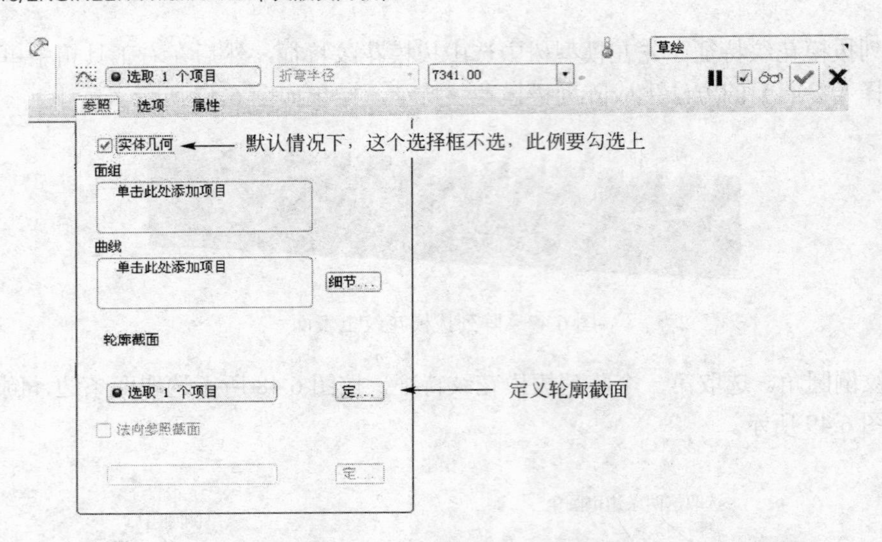

图 6.51 【环形折弯】操控板

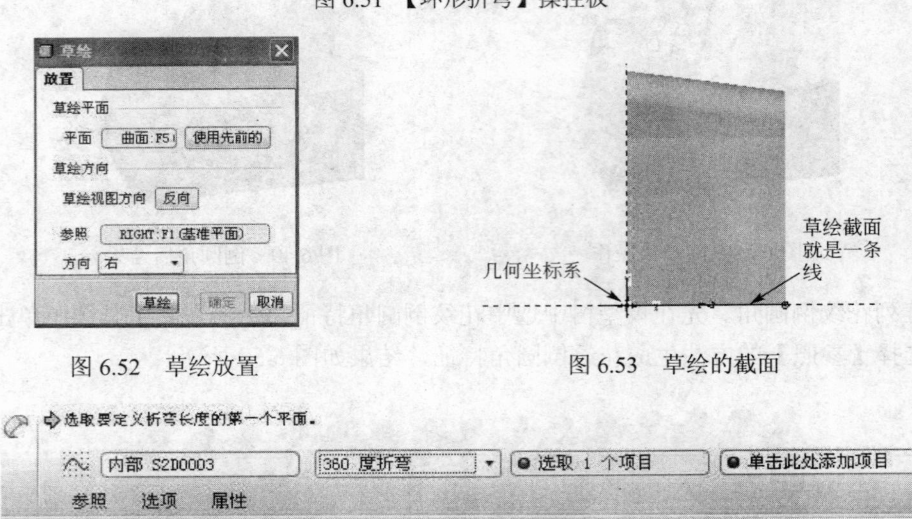

图 6.52 草绘放置

图 6.53 草绘的截面

图 6.54 折弯方法【360 度折弯】

（10）镜像所有特征。在模型树选中“huanxingzhewan_fanli01.prt”（也就是选中文件名），然后在右工具箱中单击 （镜像工具）按钮，接着选取实体的一个侧面作为镜像平面，注意选取镜像平面时，要选取花纹高的一侧平面，本例中也可以选择 RIGHT 面，这两个面是重合的。最后的结果如图 6.39 所示。结果文件请参看光盘“第 6 章\范例结果文件\huanxingzhewan_fanli01_jg.prt”。

注意：因为平板沿着曲线进行折弯时，平板的长度与曲线的长度并不相等，此时平板必须做比例收缩，而草绘的几何坐标系是折弯的转轴点，即可视为比例缩放的原点。

图 6.55 进行环形折弯后结果

本章简要介绍了管道、剖面、凹槽和环形折弯等几种常用特征的创建，重点是通过范例文件

的操作来讲解这几种特征的创建步骤和方法，希望能对读者能有所帮助。

思考与练习题

1. 剖面有几种类型？分别是什么？
2. 偏距剖面的截面有什么要求？
3. 环形折弯的主要用途是什么？

第 7 章

特征操作

学习目标：本章主要学习特征操作，掌握各种特征操作（如复制、阵列、镜像等）的方法及技巧。

使用 Pro/E 创建的零件模型，特征是其基本的组成和操作单元。以特征为单位，可以对模型进行修改和重定义，从而完善模型的设计。同时，在许多情况下，可以在选定特征之后，使用特征的各种操作方法（如阵列、复制、镜像等）快速、方便地创建该选定特征的副本。本章将结合实例讲述创建特征副本的方法以及特征的修改、编辑、插入和删除等基本操作方法。

7.1 特征复制

7.1.1 复制特征菜单命令

特征复制方法可以快速复制模型上已有的特征，达到提高设计效率的目的。在 Pro/E 中，还可以在复制特征的同时，对设计内容，如特征参照、特征的尺寸值以及特征的放置位置等进行修改和重定义，从而获得与原有特征在形状上相同或相似、位置上有一定变化或较大变化的新特征。

在 Pro/E 主界面中单击【编辑】主菜单，并在如图 7.1 所示下拉菜单中选取【特征操作】选项，弹出如图 7.2 所示【特征】菜单。菜单中各选项含义如下。

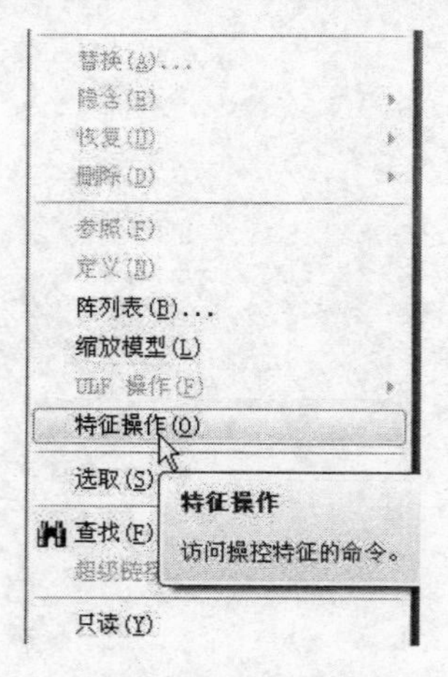

图 7.1 【编辑】菜单

图 7.2 【特征】菜单

- 【复制】：使用多种特征复制方法，创建选定特征的一个或多个副本。
- 【重新排序】：重新调整特征的创建顺序。
- 【插入模式】：进入插入模式，在选定特征之后插入一些新特征。
- 【完成】：完成操作并关闭菜单管理器。

1.【复制特征】菜单

在如图 7.2 所示【特征】菜单中选取【复制】选项，弹出如图 7.3 所示【复制特征】菜单，选取菜单中的相应选项可以选择特征复制的方法、设定特征选取的方式并设置复制后特征与原特征之间的关系。各选项的作用及含义如下。

（1）特征复制方法栏

- 【新参照】：通过重新设定特征的所有参照（包括放置位置、放置参照、标注参照等）来复制特征。
- 【相同参考】：使用与原特征相同的放置、标注参照来复制特征。复制时需要改变特征的定形或定位尺寸。
- 【镜像】：通过选定镜像参照来创建原有特征关于选定镜像参照的对称特征。
- 【移动】：将原有特征以指定方式沿指定参照所示方向进行平移或旋转来复制特征。

（2）特征选取栏

- 【选取】：直接从图形区或模型树中选取欲复制的对象。
- 【所有特征】：选取模型上的所有特征作为欲复制的对象。该项仅在复制方法为【镜像】或【移动】时可用。
- 【不同模型】：从不同零件模型中选取特征作为欲复制对象。该项仅在复制方法为【新参照】时可用。
- 【不同版本】：从模型的不同版本中选取特征作为欲复制对象。该项仅在复制方法为【新参照】和【相同参考】时可选。
- 【自继承】：选取继承特征进行特征的复制。

（3）新特征与原特征关系栏

- 【独立】：复制后的特征与原特征独立。对原特征的操作不会影响复制特征；反之，对复制后特征的操作也不会影响到原特征。原特征和复制特征之间无父子关系。
- 【从属】：复制后的特征与原特征相互关联，对原特征所进行的进一步修改会影响到复制特征。原特征和复制特征间存在父子关系。

2. 特征复制的一般步骤

特征复制的一般步骤如下。

（1）选取特征复制的方法　复制特征时，可采用特征复制方法栏中的 4 种复制方法之一：【新参照】、【相同参考】、【镜像】和【移动】。

（2）选取欲复制的特征　选取特征时，系统将弹出如图 7.4 所示【选取特征】菜单，菜单各选项含义如下。

- 【选取】：直接在模型树或图形区中选取欲复制的对象。
- 【层】：将打开如图 7.5 所示图层，在图层上选取特征作为欲复制对象。

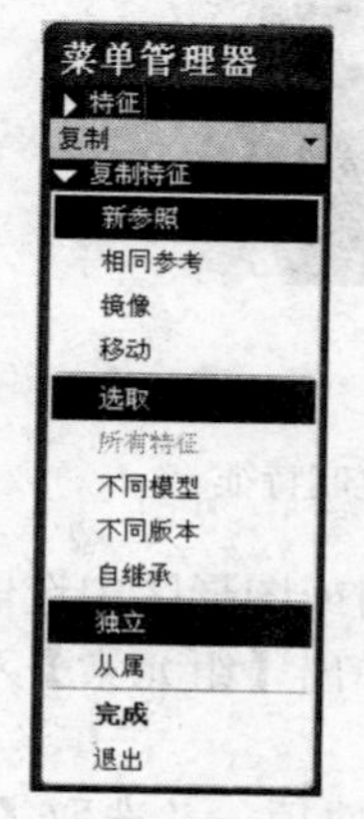

图 7.3 【复制特征】菜单

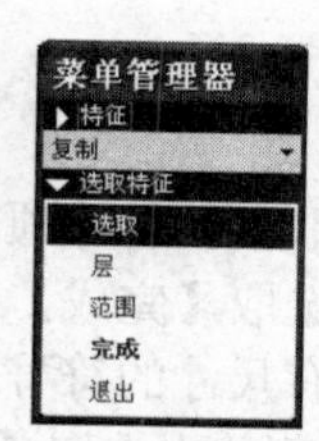

图 7.4 【选取特征】菜单

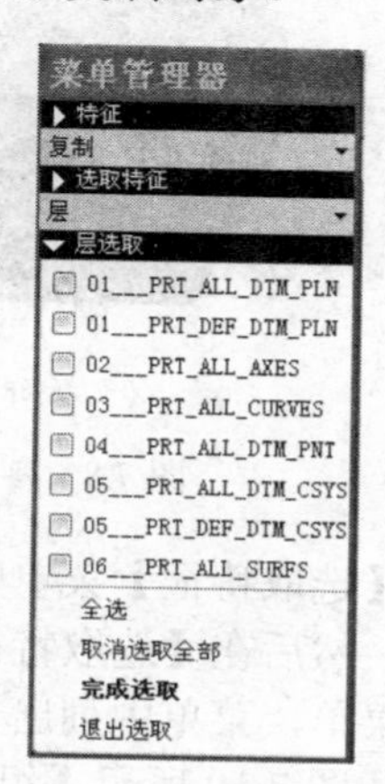

图 7.5 【层】菜单

● 【范围】：通过在弹出的消息框中输入起始特征和终止特征的再生顺序号，从而将这一范围内的所有特征都作为欲复制的对象。

（3）选取复制特征的定位参照　根据所采用的不同的特征复制方法，定位参照的设置将有所不同，方法参见后续内容。

（4）修改复制特征的定形参数　复制后的特征可以和原特征在形状和尺寸上保持一致。此时可在如图 7.6 所示的【组可变尺寸】菜单中直接选取【完成】选项即可。也可以在上述菜单中选取欲变更的尺寸项，并在随后的消息框中给出新的参数值，如图 7.7 所示，从而使复制后的特征与原特征在形状上和/或位置上有所差异。

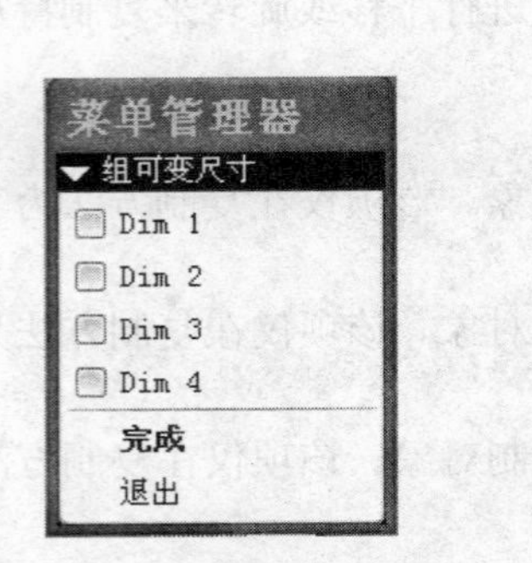

图 7.6 【组可变尺寸】菜单

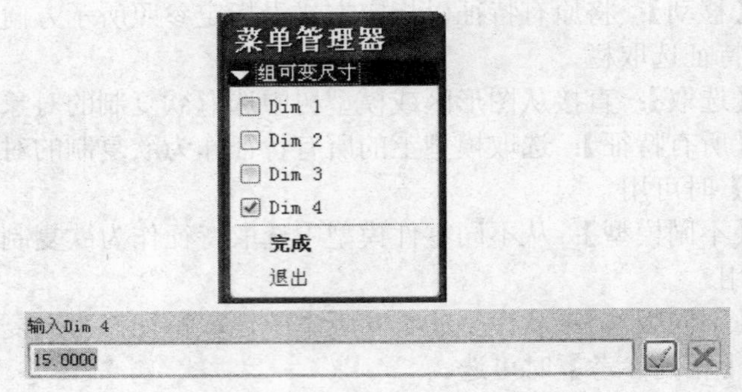

图 7.7 【组可变尺寸】菜单和消息框

7.1.2 以新参照方式创建复制特征

打开本书所附光盘文件“第 7 章\范例源文件\fuzhi_fanli01.prt”，零件模型如图 7.8 所示。以下使用【新参照】特征复制方式在模型的邻侧复制出耳状特征，如图 7.9 所示。

特征复制步骤如下。

（1）在主菜单中选取【编辑】→【特征操作】选项，弹出【特征】菜单。

（2）在【特征】菜单中选取【复制】选项，并在随后弹出的【复制特征】菜单中选取【新参照】、【选取】、【独立】、【完成】选项。此处选取【独立】选项可使复制后的特征与原特征互不关联。

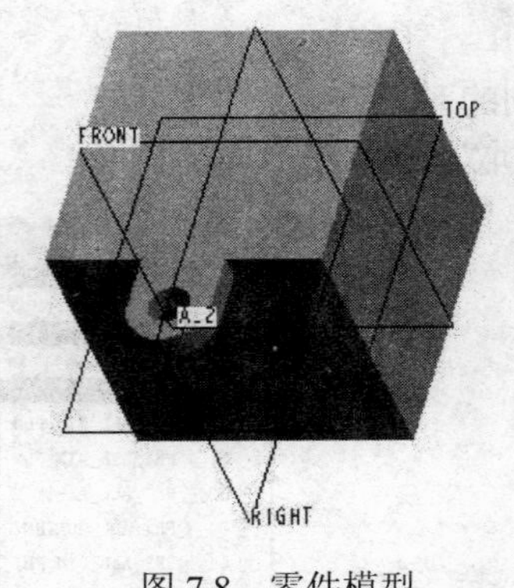

图 7.8　零件模型

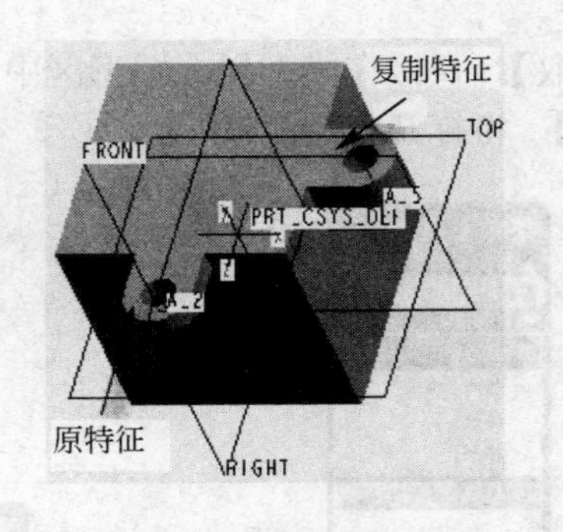

图 7.9　复制特征

（3）在【选取特征】菜单中接受【选取】缺省选项，并在模型树或图形区中选取欲进行复制的耳状特征，然后在【选取特征】菜单中选取【完成】选项。此时弹出【组元素】对话框和【组可变尺寸】菜单，菜单中列出了原特征所有尺寸的符号表示。

（4）在如图 7.10 所示【组可变尺寸】菜单中选取【Dim1】尺寸选项，并选取【完成】选项。

选取的尺寸项目可进行重定义，此处要重新定义的是耳状特征的厚度值。注意：当鼠标在【组可变尺寸】菜单中移动至某一尺寸选项（如 Dim1）时，在图形区中将会看到该尺寸（尺寸值 10mm）呈红色显示。

（5）在弹出的如图 7.11 所示的消息框中输入复制特征对应的尺寸值“30.00”，并单击文本框右侧的确定图标按钮☑。此操作表明复制后的耳状特征的厚度值为 30mm。

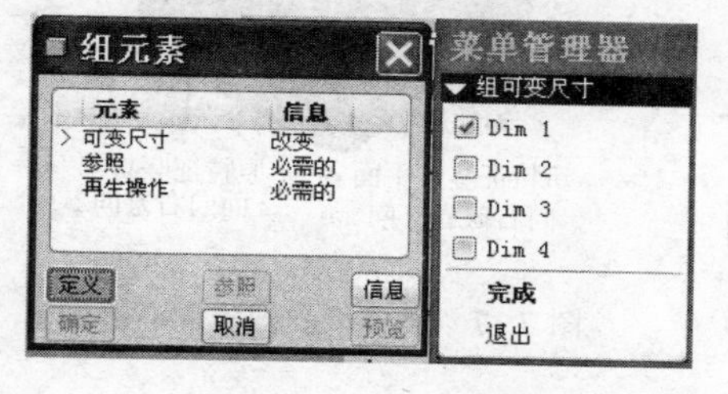

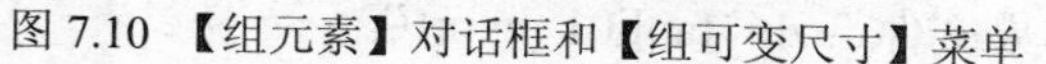

图 7.10 【组元素】对话框和【组可变尺寸】菜单

图 7.11　消息框

（6）此时弹出如图 7.12 所示【参考】菜单，可为复制特征选定新的参考。菜单中各选项含义如下。

- 【替换】：选定一个新的参考替换原有参考。被替换的参考在图形区中将加亮（缺省情况呈红色）显示。
- 【相同】：复制特征的参考与原有特征的参考完全相同。
- 【跳过】：跳过该参考的选取。
- 【参照信息】：选取后弹出信息窗口，给出图形区中加亮显示参考的相关信息。

（7）在弹出【参考】菜单同时，图形区中模型上表面加亮显示，如图 7.13 所示。根据系统提示，要求为新特征选取草绘平面以对应于加亮显示的参照。此时，可选取【参考】菜单中的【相同】选项，使复制特征的草绘平面与原特征的草绘平面相同。

（8）接着，如图 7.14 所示，作为原特征垂直草绘参照的标准基准平面 RIGHT 加亮显示。根据系统提示，在图形区选取标准基准平面 FRONT 作为新特征的垂直草绘参照。

图 7.12　【参考】菜单

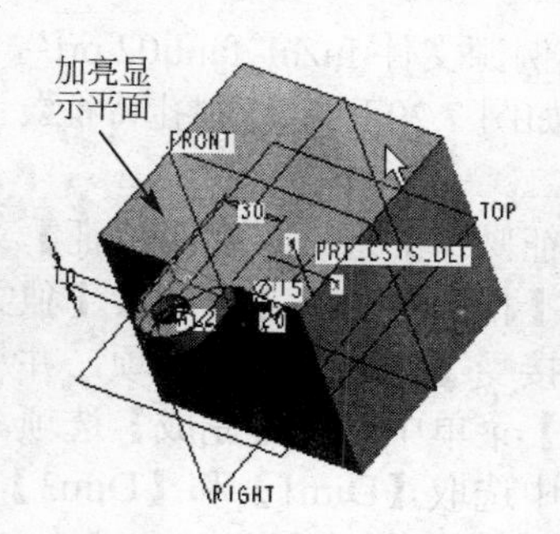

图 7.13　草绘平面参照

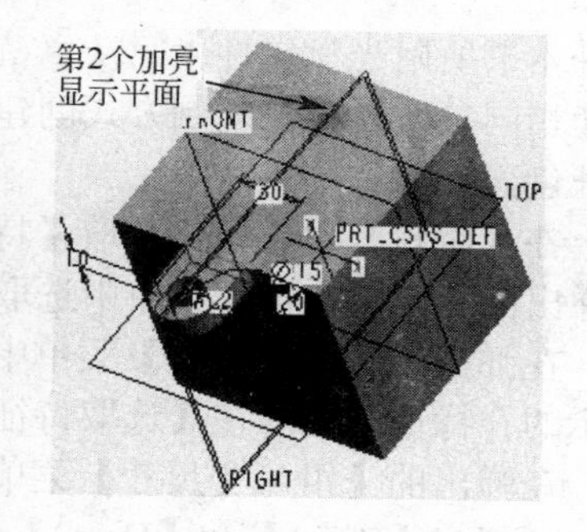

图 7.14　垂直草绘参照

（9）随后，加亮平面如图 7.15 所示，根据系统提示，选取与加亮参照对应的复制特征的标注参照——A 平面。系统将弹出如图 7.16 所示【方向】菜单，要求给出竖直平面的向右方向，如图 7.17 所示（图中两个箭头，一个为原特征竖直平面的向右方向，另一个为新特征竖直平面的向右方向）。

（10）在【方向】菜单中选取【反向】、【确定】选项，改变竖直平面（即 FRONT 标准基准平面）的向右方向，弹出如图 7.18 所示的【组放置】菜单。

（11）在【组放置】菜单中选取【完成】选项，在【复制】菜单中选取【完成】选项得到如图 7.9 所示复制特征。

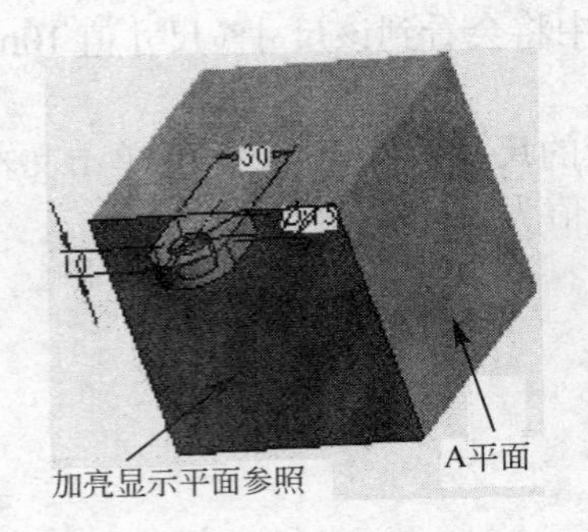

图 7.15 标注参照

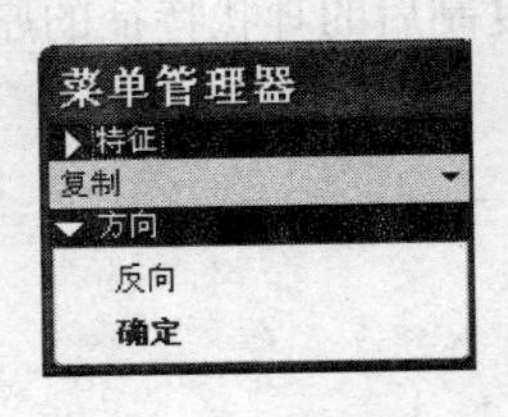

图 7.16 【方向】菜单

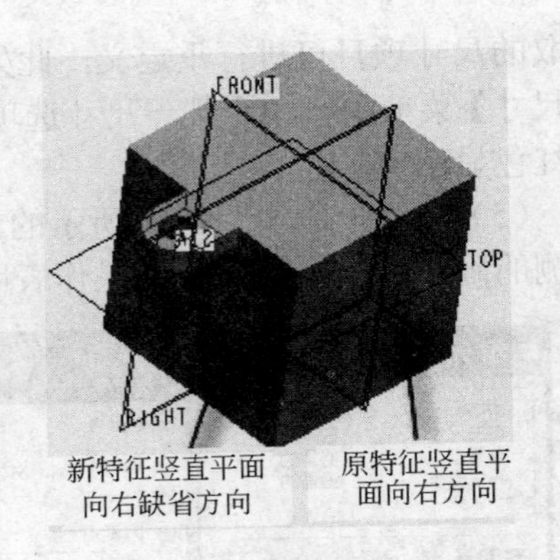

图 7.17 竖直平面缺省向右方向

最后结果参看本书所附光盘文件“第 7 章\范例结果文件\fuzhi_fanli01_jg.prt”。

注意：采用新参照复制方式时，必须了解原特征的各参照，然后通过选取新的参照将原特征复制到其他位置处。

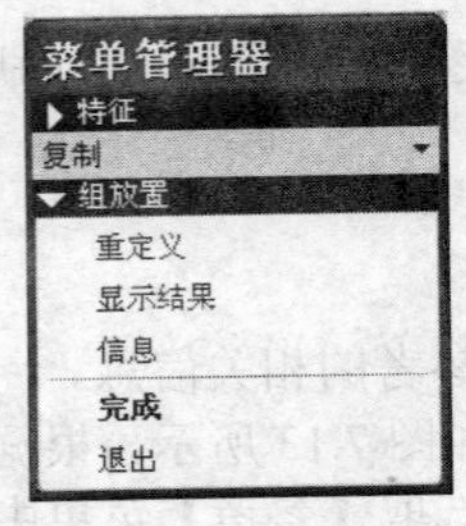

图 7.18 【组放置】菜单

图 7.19 零件模型

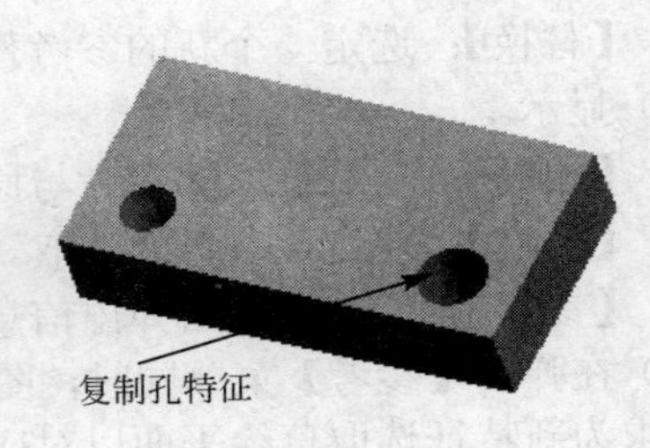

图 7.20 复制孔特征

7.1.3 以相同参考方式创建复制特征

打开本书所附光盘文件“第 7 章\范例源文件\fuzhi_fanli02.prt”，零件模型如图 7.19 所示。以下使用【相同参考】特征复制方式创建如图 7.20 所示复制孔特征。

特征创建步骤如下。

（1）在【编辑】主菜单中选取【特征操作】选项；在【特征】菜单中选取【复制】选项，并在随后弹出的【复制特征】菜单中选取【相同参考】、【选取】、【独立】、【完成】选项。

（2）在弹出的【选取特征】菜单中接受【选取】缺省选项，并从图形区或模型树中选取如图 7.19 所示的孔特征，然后在【选取特征】菜单中选取【完成】选项。

（3）在弹出的【组可变尺寸】菜单中选取【Dim1】和【Dim3】两个复选框及【完成】选项，如图 7.21 所示。【Dim1】和【Dim3】分别为孔的直径尺寸和孔距参考平面 A 的定位尺寸，如图 7.22 所示。

（4）在弹出的消息框中，依次输入 Dim1 和 Dim3 尺寸的新值：“30.00”和“170.00”。

（5）在如图 7.23 所示【组元素】对话框中单击【确定】，最后得到的复制孔特征如图 7.20 所示。

最后结果参看本书所附光盘文件“第 7 章\范例结果文件\fuzhi_fanli02_jg.prt”。

7.1.4 以镜像方式复制特征

打开本书所附光盘文件“第 7 章\范例源文件\fuzhi_fanli03.prt”，零件模型如图 7.9 所示。以下使用【复制】菜单中的【镜像】选项创建如图 7.24 所示的镜像特征。

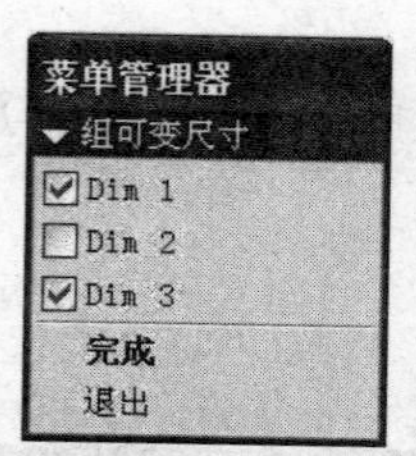

图 7.21 【组可变尺寸】菜单

图 7.22　孔可变尺寸

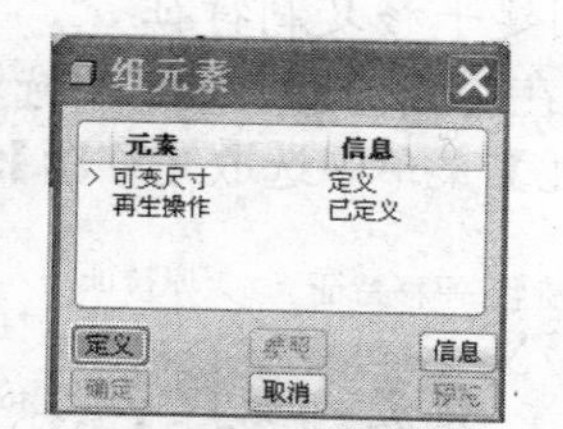

图 7.23 【组元素】对话框

创建步骤如下。

（1）在【编辑】主菜单中选取【特征操作】选项；在【特征】菜单中选取【复制】选项，在随后弹出的【复制特征】菜单中选取【镜像】、【选取】、【独立】、【完成】选项。

（2）在【选取特征】菜单中接受【选取】缺省选项，并从图形区或模型树中选取模型中的两个凸台特征（可在选取一个特征后，按下“Ctrl”键选取另一特征），并在【选取特征】菜单中选取【完成】选项。

（3）弹出如图 7.25 所示的【设置平面】菜单，接受缺省选项【平面】，根据系统提示选取标准基准平面 TOP 作为镜像平面，最后得到的镜像特征如图 7.24 所示。

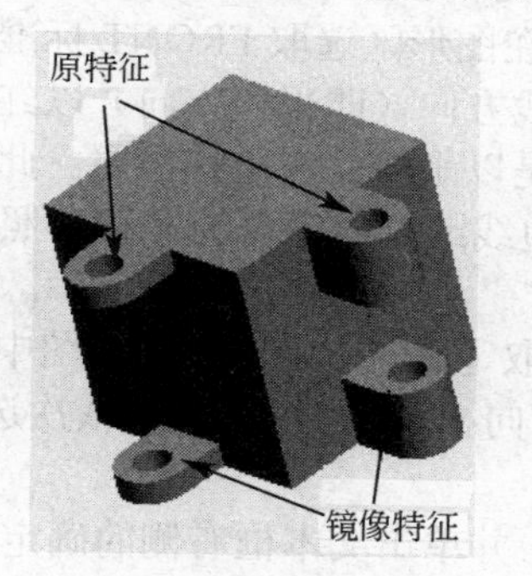

图 7.24　镜像特征

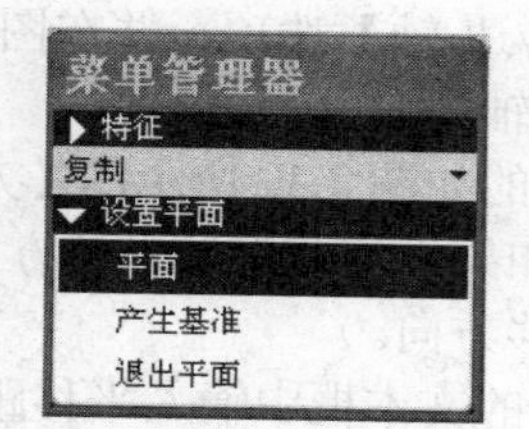

图 7.25 【设置平面】菜单

最后结果参看本书所附光盘文件“第 7 章\范例结果文件\fuzhi_fanli03_jg.prt”。

7.1.5　以移动方式复制特征

移动复制方式包括平移和旋转两种功能，复制时需要给出特征的移动方向（或旋转方向）和移动距离（或旋转角度）。

打开本书所附光盘文件“第 7 章\范例源文件\fuzhi_fanli04.prt”，零件模型如图 7.26 所示。以下使用【移动】特征复制方式创建如图 7.27、图 7.28 和图 7.29 所示平移、旋转以及旋转+平移复制特征。

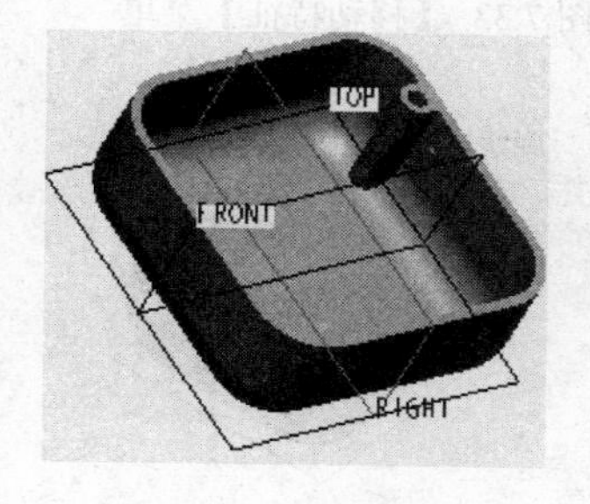

图 7.26　零件模型

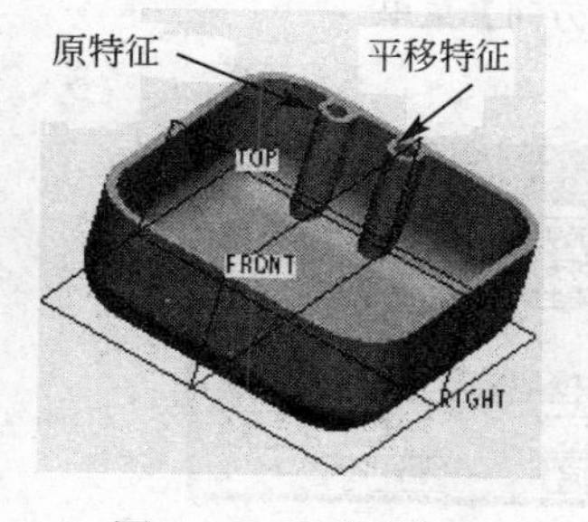

图 7.27　平移特征

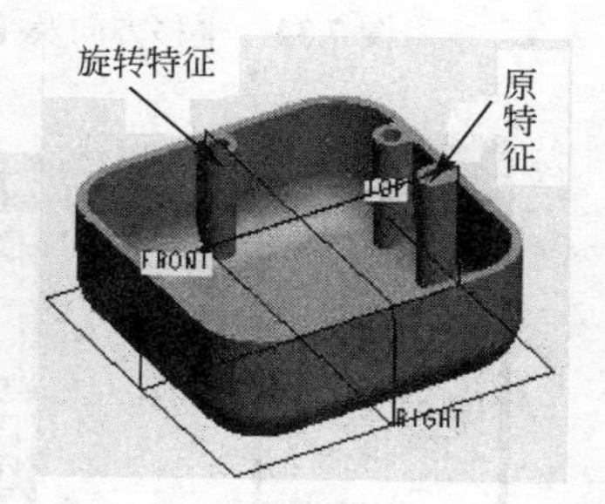

图 7.28　旋转特征

1. 创建平移复制特征

（1）在【编辑】主菜单中选取【特征操作】选项，在【特征】菜单中选取【复制】选项，在【复制特征】菜单中选取【移动】、【选取】、【独立】、【完成】选项。

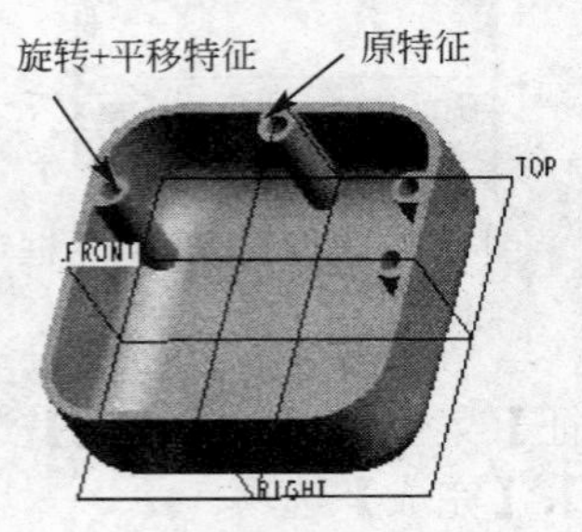

图 7.29 旋转＋平移特征

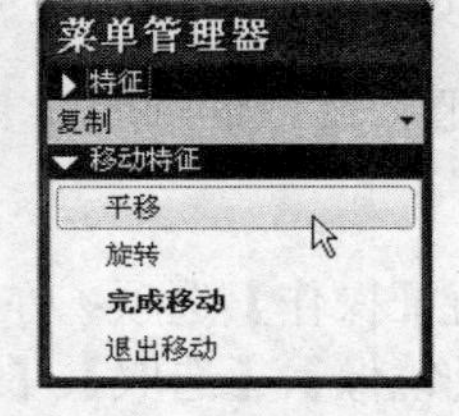

图 7.30 【移动特征】菜单

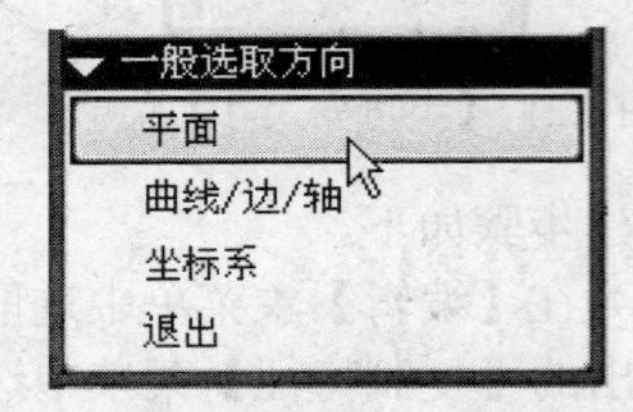

图 7.31 【一般选取方向】菜单

（2）在【选取特征】菜单中接受【选取】缺省选项，并从图形区选取如图 7.27 所示原特征（选取对象包含两个特征：凸台特征和孔特征，可按下"Ctrl"键选取），完成后在【选取特征】菜单中选取【完成】选项。

（3）在如图 7.30 所示的【移动特征】菜单中选取【平移】选项，弹出如图 7.31 所示的【一般选取方向】菜单，接受菜单中缺省选项【平面】，并在图形区选取 FRONT 标准基准平面作为方向参照。此时，可在图形区中看到 FRONT 平面的法线方向（即平移方向）以红色箭头表示，如图 7.32 所示。（注意：在【选取方向】菜单中，本例是以平面作为平移参照。此外，还可以选取菜单中的【曲线/边/轴】选项，并在图形区选取实体边线或轴线等作为平移参照，此时平移的方向将沿着边线或轴的方向。）

（4）在弹出的如图 7.32 所示的【方向】菜单中选取【确定】选项，接受图中箭头所示方向作为平移方向。（如果设计要求的平移方向与箭头所示方向相反，可在菜单中依次选取【反向】、【确定】，以改变平移方向。）

（5）在弹出的文本框中输入平移距离值"23.00"，并单击文本框右侧的确定图标按钮☑。

（6）在如图 7.33 所示【移动特征】菜单中选取【完成移动】选项，弹出如图 7.34 所示【组可变尺寸】菜单。在菜单中选取【完成】选项，不改变特征形状和尺寸。最后，在如图 7.35 所示【组元素】对话框中单击【确定】按钮，得到的平移特征如图 7.27 所示。

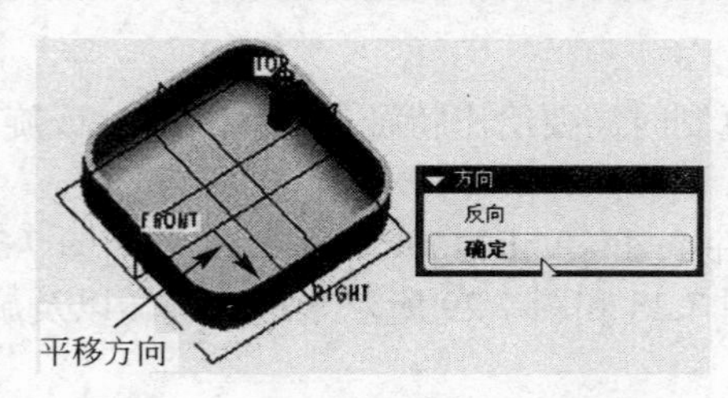

图 7.32 平移方向及【方向】菜单

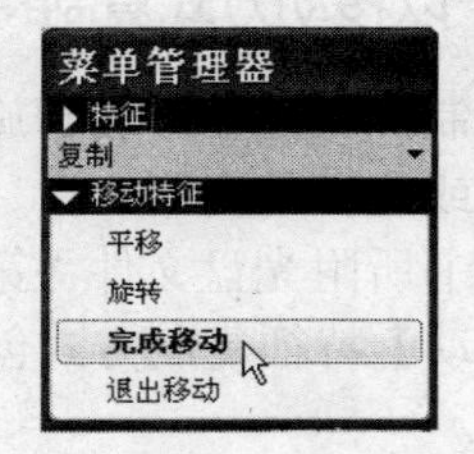

图 7.33 【移动特征】菜单

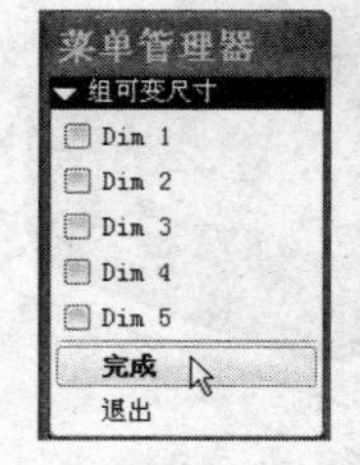

图 7.34 【组可变尺寸】菜单

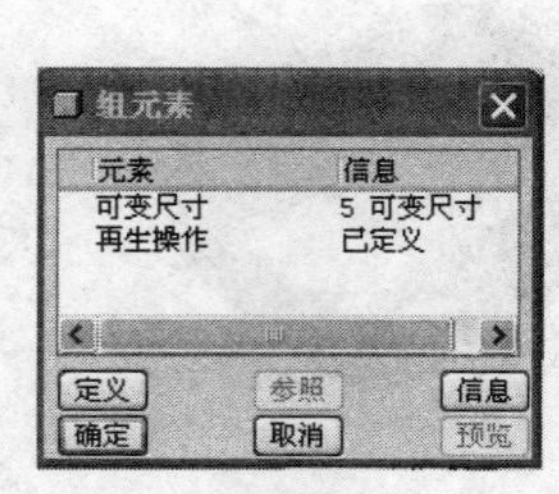

图 7.35 【组元素】对话框

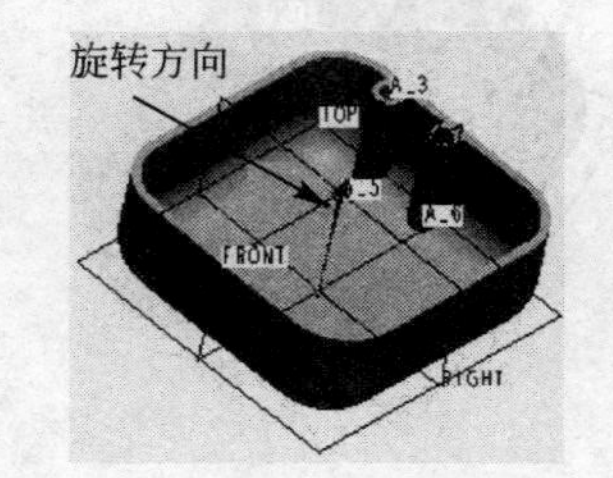

图 7.36 旋转方向

2. 创建旋转复制特征

（1）在【特征】菜单中选取【复制】选项，在【复制特征】菜单中选取【移动】、【选取】、【独立】、【完成】选项。

（2）在【选取特征】菜单中接受【选取】缺省选项，并选取如图7.28所示原特征（即步骤1中创建的平移复制特征）作为复制对象，然后在【选取特征】菜单中选取【完成】选项。

（3）在【移动特征】菜单中选取【旋转】选项，在【选取方向】菜单中选取【曲线/边/轴】选项，在图形区选取如图7.36所示基准轴A-5作为旋转参照。此时，可在图形区中看到以红色箭头表示的旋转方向。

（4）在弹出的【方向】菜单中选取【反向】选项，使旋转方向如图7.36红色箭头方向所示，然后选取【确定】选项。

（5）在弹出的文本框中输入旋转角度值“90.00”并确定。

（6）在【移动特征】菜单中选取【完成移动】选项，在【组可变尺寸】菜单中选取【完成】选项，不改变特征尺寸值。然后在【组元素】对话框中单击【确定】按钮，得到如图7.28所示旋转特征。

3. 创建旋转+平移复制特征

（1）继续在【特征】菜单中选取【复制】选项，在【复制特征】菜单中选取【移动】、【选取】、【独立】、【完成】选项。

（2）选取如图7.29所示原特征（即步骤2中创建的旋转复制特征）作为复制对象，并在【选取特征】菜单中选取【完成】选项。

（3）在【移动特征】菜单中选取【旋转】选项，在【选取方向】菜单中，选取【曲线/边/轴】选项，并选取基准轴A-5作为旋转参照。

（4）在弹出的【方向】菜单中选取【反向】、【确定】选项，使旋转方向如图7.37红色箭头方向所示。

（5）在弹出的文本框中输入旋转角度值“90.00”并确定。若此时结束操作则旋转后的特征应位于如图7.37所示位置。

（6）在【移动特征】菜单中继续选取【平移】选项，在【选取方向】菜单中选取【平面】选项，并选取标准基准平面FRONT作为平移参照。

（7）在【方向】菜单中选取【反向】选项，使平移方向如图7.38所示红色箭头方向，然后选取【确定】选项。

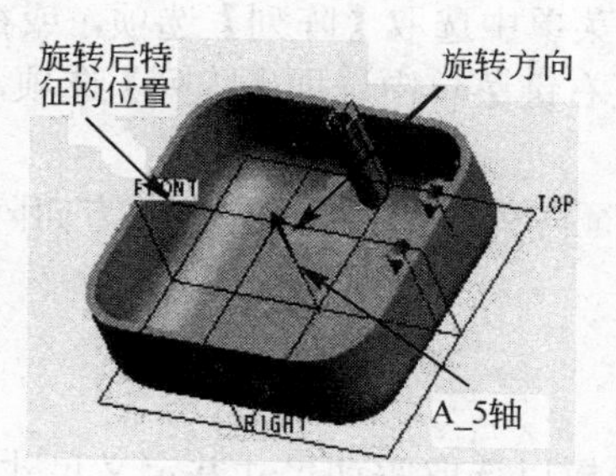

图7.37　旋转方向及旋转后特征位置

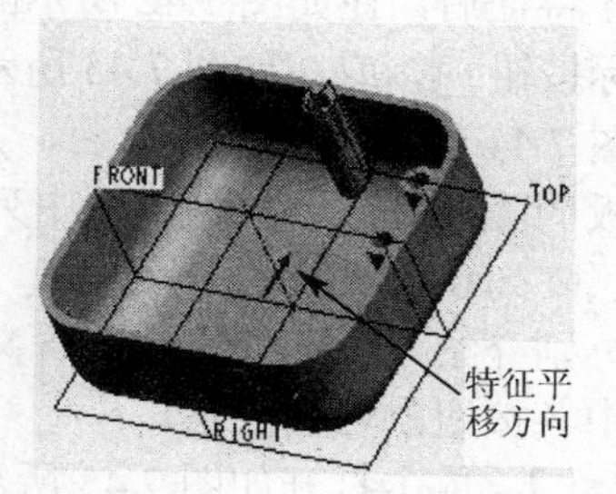

图7.38　特征平移方向

（8）在弹出的文本框中输入平移距离“23.00”并确定。

（9）在【移动特征】菜单中选取【完成移动】选项；在【组可变尺寸】菜单中选取【完成】选项；在【组元素】对话框中单击【确定】按钮。最后得到的旋转＋平移特征如图7.29所示。（此处得到的特征可看作是将原特征绕逆时针方向先旋转90度至位置1，然后又平移23mm至位置2得到的，如图7.39所示。）

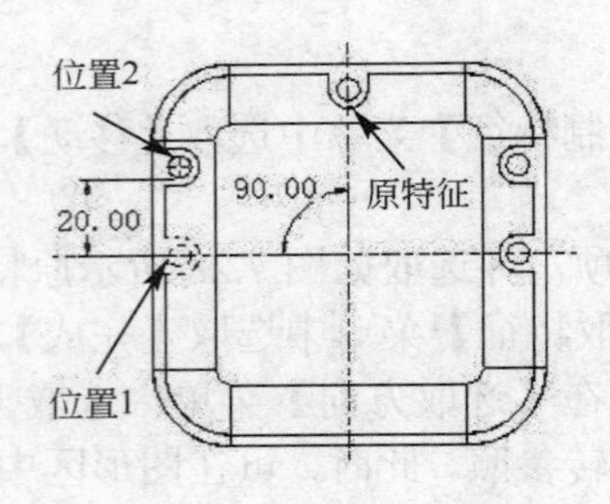

图 7.39 旋转+平移分解

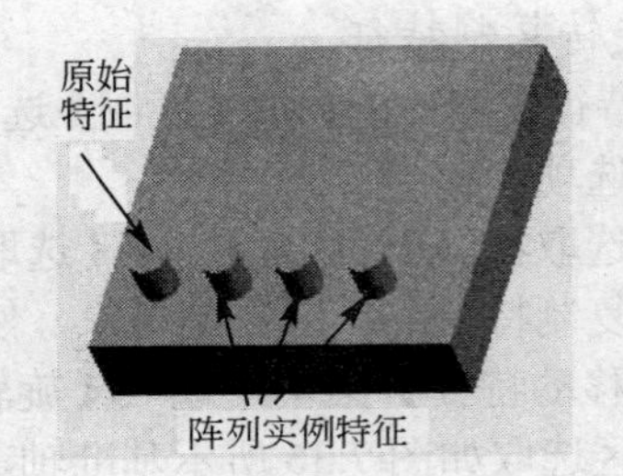

图 7.40 原始特征与实例特征

最后结果参看本书所附光盘文件“第 7 章\范例结果文件\fuzhi_fanli04_jg.prt”。

7.2 阵列特征

7.2.1 特征阵列操控板

1. 特征阵列

特征阵列是一种高效率的特征复制方式。使用特征阵列方法，可以快速地在模型上创建出多个与原始特征结构相同且位置上排列规则的副本特征。这些副本特征通常被称作是原始特征的一组实例特征，如图 7.40 所示。

阵列特征受到阵列参数的影响与控制。这些参数包括阵列实例的数目、实例间的距离、原始特征的尺寸参数等。通过改变阵列参数可获得不同的阵列效果。

原始特征和实例特征间具有父子关系，对原始特征的修改可自动反映到实例特征上。同时，在删除阵列特征时，若在如图 7.41 所示的右键菜单中选取【删除】选项，则由于父子关系的影响，系统将删除实例特征和原始特征。当需要保留原始特征时，可选取如图 7.41 所示右键菜单中的【删除阵列】选项。

创建阵列时，可对一个单独的特征进行阵列，也可对多个特征进行阵列。对多个特征进行阵列时，可以先创建一个局部组，然后对组进行阵列。创建完成后，如果需要对阵列实例进行单独修改，可以采用取消阵列或取消局部组操作。

2. 特征阵列操控板

选取某一特征后，在如图 7.42 所示的【编辑】主菜单中选取【阵列】选项，或在右工具箱中单击阵列图标按钮▦，或在如图 7.43 所示的原始特征右键菜单中选取【阵列】选项，系统打开阵列操控板如图 7.44 所示。

在操控板的阵列方法下拉列表框中列出了 6 种特征阵列方法：尺寸阵列、方向阵列、轴阵列、表阵列、参照阵列和填充阵列。

稍后将分别介绍各种阵列方法的含义及创建原理。

操控板中各按钮的含义如下。

- 【尺寸】：单击打开如图 7.45 所示【尺寸】面板以选取驱动尺寸并定义尺寸增量。
- 【表尺寸】：在表阵列方式下，单击后打开如图 7.46 所示的【表尺寸】面板，然后在图形区中选取原始特征的尺寸参数以将其加入到参数面板中以创建阵列表。
- 【参照】：在填充阵列方式下，单击后打开【草绘】面板，以定义填充区域。
- 【表】：表阵列方式下，单击后打开【表】面板，可添加、移除或编辑阵列表。
- 【选项】：单击后打开如图 7.47 所示【选项】面板以定义阵列方式。

【选项】面板中各再生选项的含义如下。

● 【相同】：阵列创建的实例特征与原始特征尺寸相同，放置在同一平面内，且实例特征不能超出放置平面的范围，同时各个特征之间也不允许出现干涉，如图 7.48（a）所示。

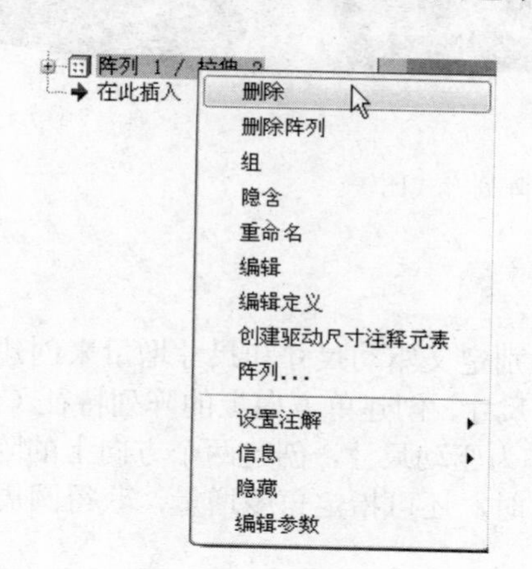

图 7.41　右键菜单

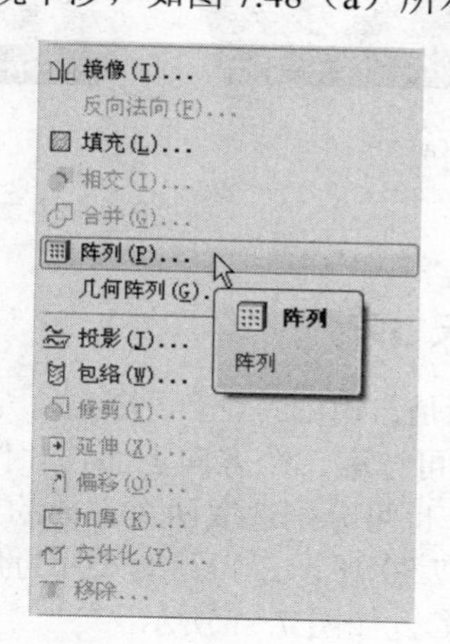

图 7.42 【编辑】主菜单

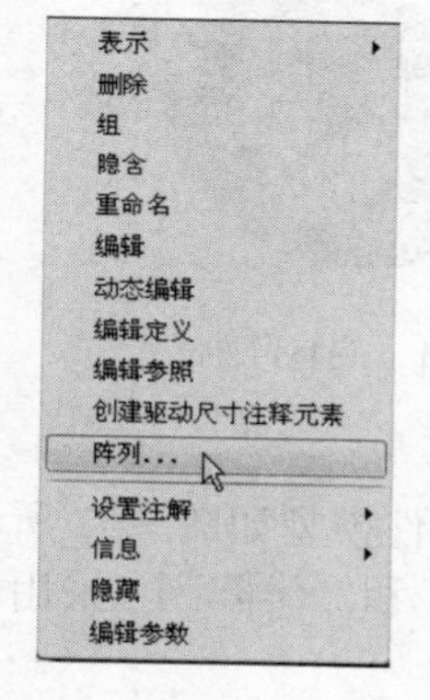

图 7.43　特征右键菜单

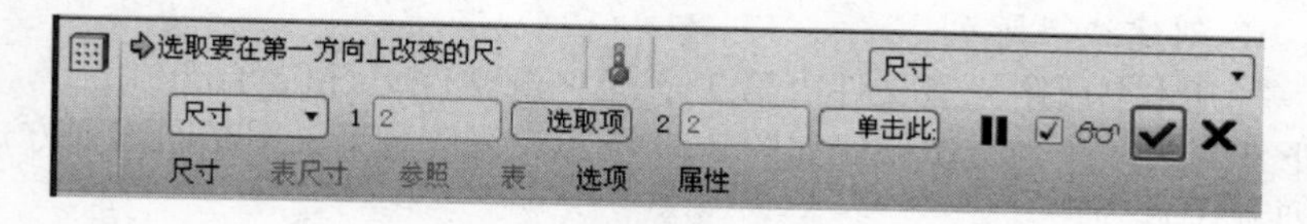

图 7.44　阵列操控板

● 【可变】：阵列创建的实例特征与原始特征的尺寸及放置平面均可有变化，但各特征间不允许有干涉，如图 7.48（b）所示。

● 【一般】：阵列时的缺省选项。阵列的实例特征与原始特征的尺寸及放置平面均可不同，并且特征之间也允许出现干涉现象，如图 7.48（c）所示。

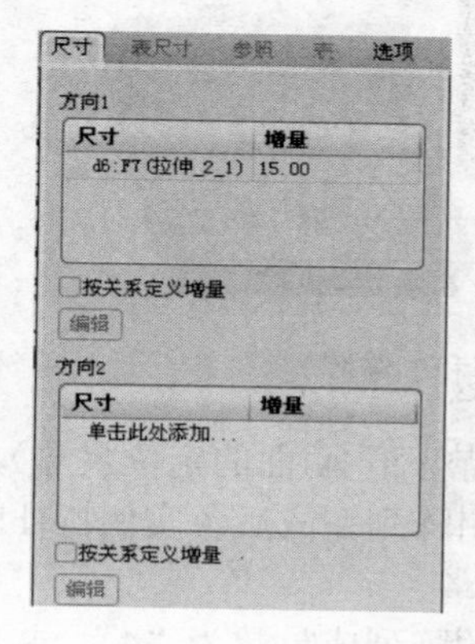

图 7.45 【尺寸】面板

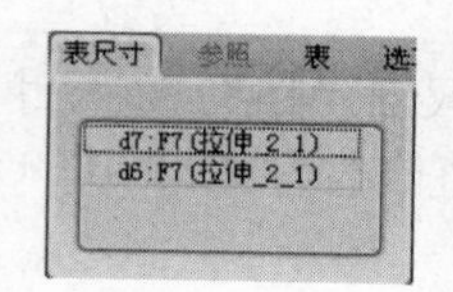

图 7.46 【表尺寸】面板

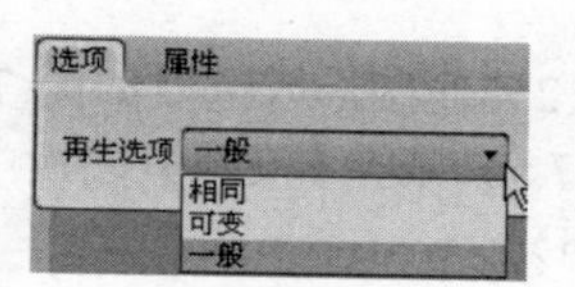

图 7.47 【选项】面板

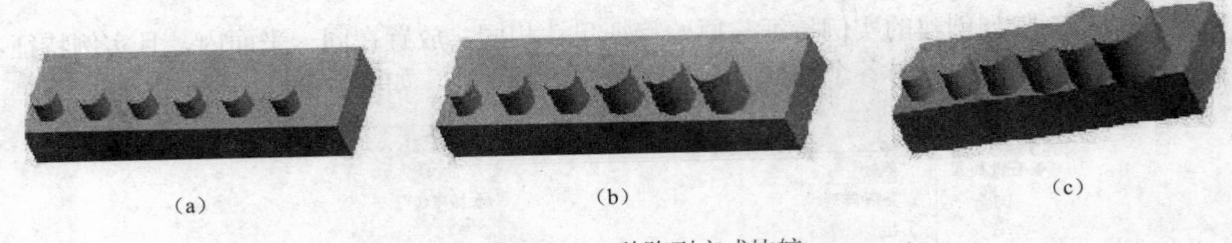

图 7.48 三种阵列方式比较

7.2.2 尺寸阵列

尺寸阵列是常用的特征阵列方法，它通过分别定义驱动尺寸和尺寸增量来创建阵列特征。根据设计需要，可选取一个方向上的尺寸作为驱动尺寸，创建单方向上的阵列特征（一维阵列），如图 7.49 所示。也可分别选取两个方向的尺寸均作为驱动尺寸，创建两个方向上的阵列特征（二维阵列），如图 7.50 所示。当驱动尺寸为角度尺寸时，还可指定角度增量，获得圆周分布的阵列特征（旋转阵列），如图 7.51 所示。

图 7.49 一维阵列

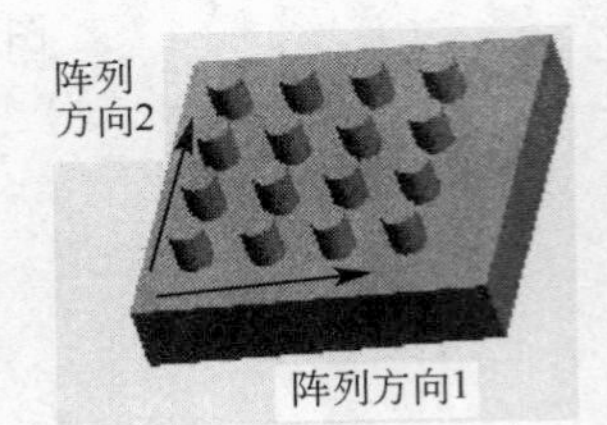

图 7.50 二维阵列

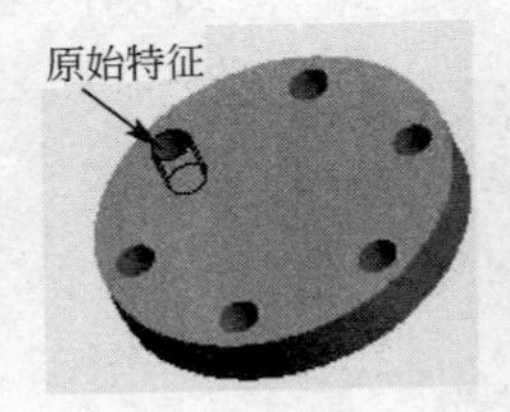

图 7.51 旋转阵列

1. 创建线性阵列

打开本书所附光盘文件“第 7 章\范例源文件\zhenlie_fanli01.prt”，零件模型如图 7.52 所示。以下使用尺寸阵列方法创建如图 7.53 所示一维阵列（采用相同阵列方式）和二维阵列（采用一般阵列方式）。

创建步骤如下。

（1）选取如图 7.52 所示原始特征，在右键菜单中选取【阵列】选项，弹出阵列操控板。在面板的阵列类型下拉列表框中接受【尺寸】缺省阵列方式；单击面板的【选项】按钮，在【选项】面板中选取【相同】选项；单击面板的【尺寸】按钮，打开【尺寸】面板。（此时，【尺寸】面板【方向 1】文本框呈绿色，说明此文本框为激活状态，可在图形区选取方向 1 上的驱动尺寸。）

图 7.52 零件模型　　图 7.53 一维和二维阵列

（2）在图形区选取如图 7.54 所示尺寸“15”（该尺寸为原始特征距 A 面的定位尺寸），并在如图 7.55 所示【尺寸】面板中将增量值修改为“20.00”（此处表明阵列完成后各实例特征间距为 20mm）。

（3）在阵列操控板中【1】后的文本框中输入阵列方向 1 上的阵列成员数为“4”，并单击操控板右侧的确定图标按钮☑，完成一维阵列的创建。

（4）在【文件】菜单中选取【保存副本】选项，输入模型名称为“zhenlie_fanli01_jg1”。

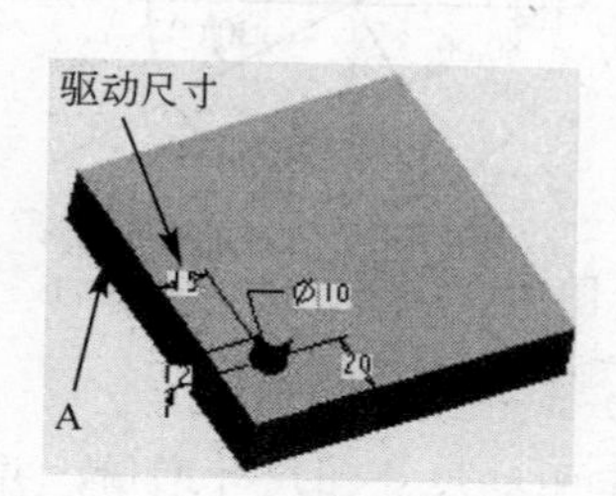

图 7.54　驱动尺寸选取

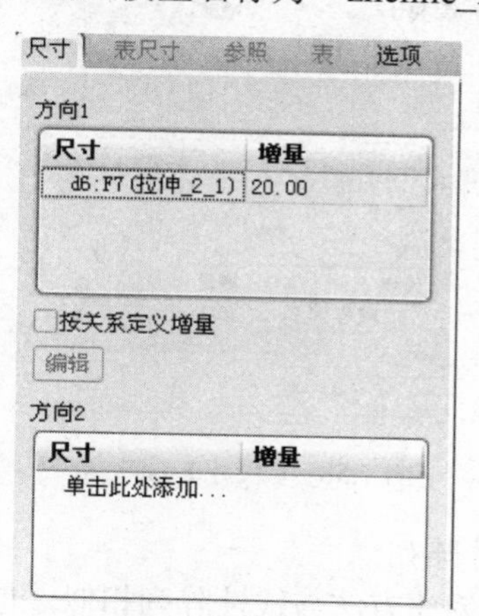

图 7.55　【尺寸】面板

（5）选取上步创建的阵列特征，在右键菜单中选取【编辑定义】选项，系统重新打开阵列操控板。

（6）在操控板中单击【选项】按钮，在弹出的面板中将再生选项设为【一般】。

（7）单击【尺寸】面板按钮，系统打开图 7.55 所示面板。按下“Ctrl”键，在图形区再选取如图 7.56 所示尺寸 1（原始特征直径尺寸）作为方向 1 上的另一驱动尺寸，并将增量值设为“3.00”（此增量值将使实例特征的直径依次递增 3mm，如果要求直径值减少，可将增量值设为负值）；鼠标单击方向 2 文本框将其激活（文本框呈绿色），然后在图形区选取如图 7.56 所示尺寸 2（原始特征距离 B 面的定位尺寸）和尺寸 3（原始特征高度尺寸）作为方向 2 上的驱动尺寸，并将尺寸增量分别设为“30.00”和“5.00”。设定完成的【尺寸】面板如图 7.57 所示。

（8）在操控板中【2】后的文本框中输入方向 2 上阵列成员的数目“3”，单击操控板右侧的【确定】图标按钮☑，生成如图 7.53 所示二维线性阵列。

（9）在【文件】主菜单中选取【保存副本】选项，模型名称为“zhenlie_fanli01_jg2”。

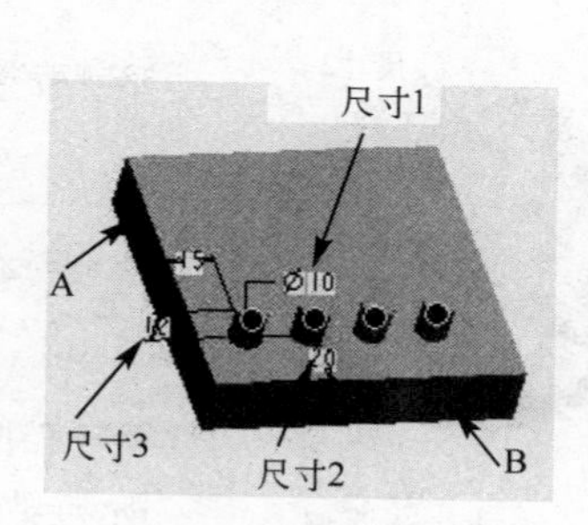

图 7.56　驱动尺寸选取

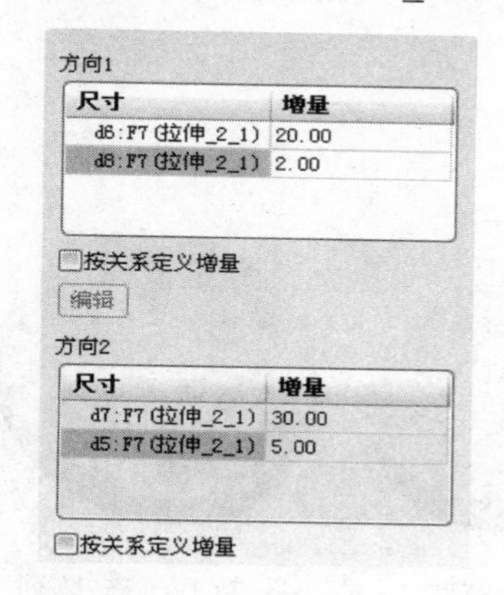

图 7.57　【尺寸】面板

上例创建的二维阵列特征，在方向 1 上特征的直径逐次增加，在方向 2 上特征的高度逐次增加。如果要创建实例特征的直径和高度均不发生变化的二维阵列，则仅选取原始特征的定位尺寸“15.00”（图 7.56 中原始特征距平面 A 的距离）和“20.00”（图 7.56 中原始特征距平面 B 的距离）分别作为方向 1 和方向 2 上的驱动尺寸即可，此时的【尺寸】面板如图 7.58 所示。

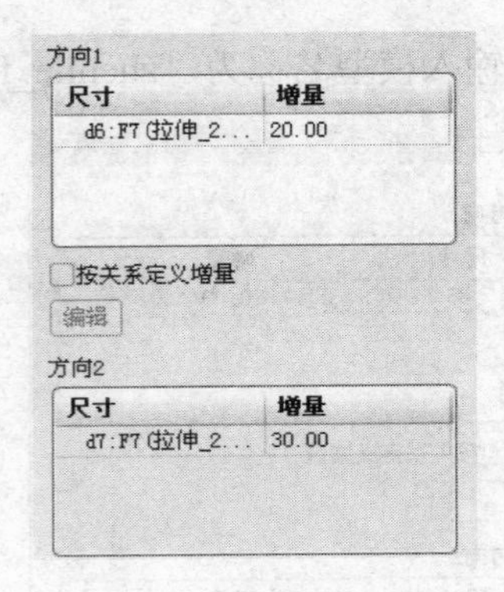

图 7.58 【尺寸】面板

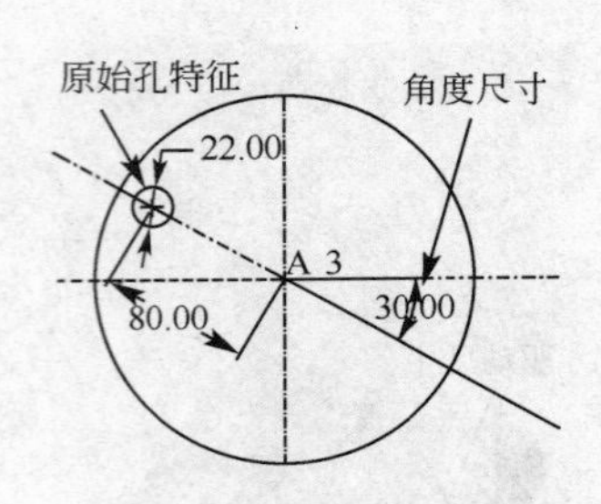

图 7.59 旋转阵列尺寸标注

2. 创建旋转阵列

旋转阵列的创建方法与线性阵列相似，也需要设定驱动尺寸和尺寸增量，并给出阵列成员的数目。不同之处在于：创建旋转阵列时，选取的驱动尺寸中必须有角度类型尺寸。因此，对于要创建旋转阵列的原始特征要求标注有角度尺寸，如图 7.59 所示。

打开本书所附光盘文件“第 7 章\范例源文件\zhenlie_fanli02.prt”，零件模型如图 7.60 所示。以下使用尺寸阵列方法创建如图 7.61 所示二维旋转阵列。

创建步骤如下。

（1）选取如图 7.60 所示原始特征，在右工具箱中选取【阵列】图标按钮，弹出阵列操控板。在面板的阵列类型下拉列表框中选取【尺寸】选项；单击【尺寸】按钮，打开【尺寸】面板。

（2）在图形区选取图 7.62 所示尺寸 1（该尺寸为角度尺寸），并在【尺寸】面板中将其增量值修改为“60.00”（阵列完成后各实例特征在方向 1 上的角度间隔将为 60°）。

（3）鼠标单击尺寸面板的【方向 2】文本框，在图形区选取如图 7.62 所示的尺寸 2（该尺寸为原始特征距坐标系的距离尺寸 80.00），并在【尺寸】面板中将该驱动尺寸增量值设为“−30.00”（增量值设为负值，可使方向 2 上的阵列特征向特征内部生成）。设定好的【尺寸】面板如图 7.63 所示。

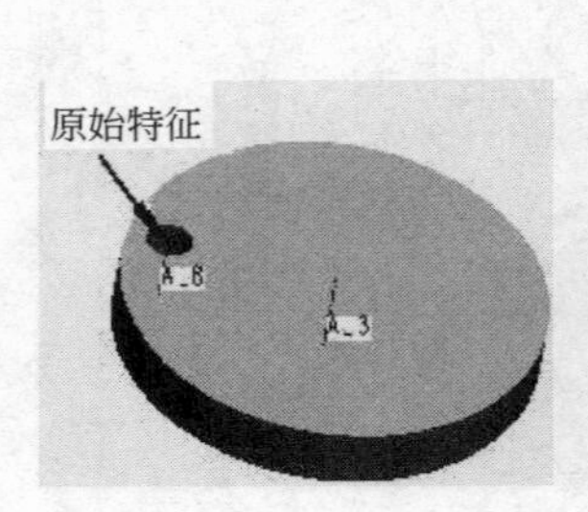

图 7.60 零件模型

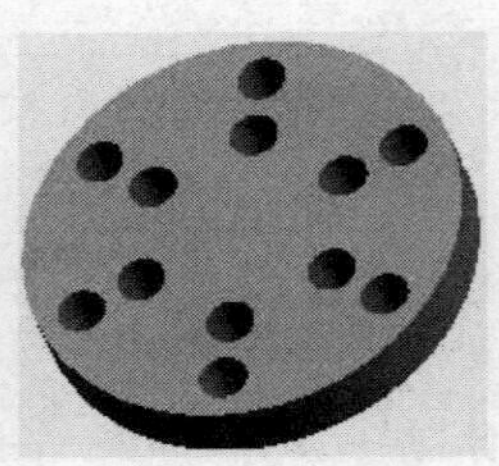

图 7.61 旋转阵列

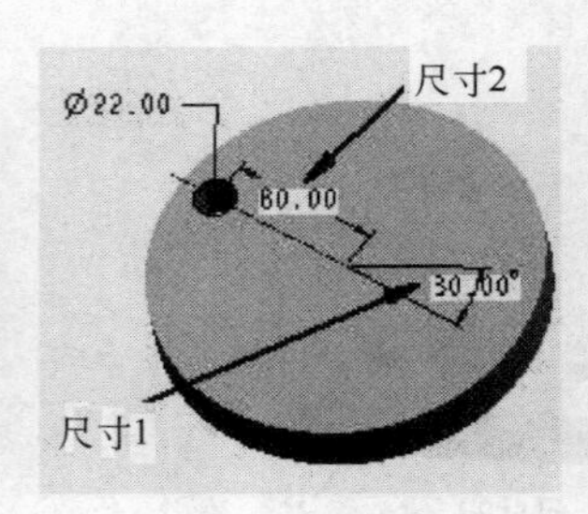

图 7.62 驱动尺寸选择

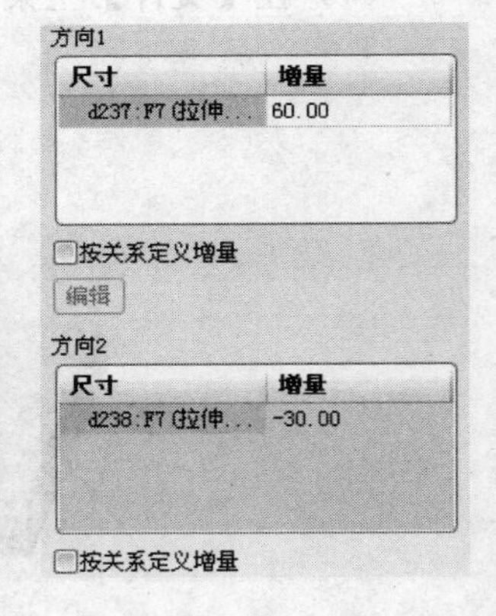

图 7.63 【尺寸】面板

（4）在阵列操控板【1】后的文本框中输入阵列方向 1 上的阵列成员数目“6”，在【2】后的文本框中输入阵列方向 2 上的阵列成员数目“2”。单击操控板右侧的【确定】图标按钮，完成旋转阵列的创建，如图 7.61 所示。

最后结果参看本书所附光盘文件“第 7 章\范例结果文件\zhenlie_fanli02_jg.prt”。

上例创建的是二维旋转阵列特征。如果要创建一维旋转阵列，则仅需选取原始特征的角度或径向尺寸作为方向 1 上的阵列驱动尺寸即可。

7.2.3　方向阵列

使用尺寸阵列方式时，需要选定驱动尺寸，将该驱动尺寸的标注方向作为特征阵列的方向。当原始特征缺乏所要求方向上的尺寸标注时，尺寸阵列的使用则较复杂。而主要用于创建线性阵列的方向阵列方法，可以通过选定阵列的方向参照来确定阵列的方向，从而避免尺寸阵列方法对尺寸标注的过分依赖。

使用方向阵列时，需要指定方向参照。可作为方向参照的有：平面、基准轴、实体边线、线性曲线和坐标系等。

打开本书所附光盘文件“第 7 章\范例源文件\zhenlie_fanli03.prt”。以下使用方向阵列方法创建二维线性阵列。

创建步骤如下。

（1）选取零件中的圆柱凸台特征，在右工具箱中选取【阵列】图标按钮，弹出阵列操控板。

（2）在操控板的阵列类型下拉列表框中选取【方向】选项，操控板的各项目如图 7.64 所示。此时，第一方向上的参照文本框为选定状态（绿色），在图形区选取如图 7.65 所示平面 A 为第一方向的参照，并在阵列操控板中将第一方向特征总数设为“4”，第一方向的尺寸增量设为“18.00”。图形区中将会以红色箭头形式表示阵列方向，以实心黑点形式给出阵列特征的预览，如图 7.66 所示；在操控板中单击改变阵列方向图标按钮，使特征生成在实体内部。

（3）在如图 7.64 所示操控板中单击第二方向上的参照文本框，将其激活，并在图形区中选取如图 7.65 所示平面 B 为第二方向的阵列参照，单击改变第二方向阵列方向图标按钮，设定特征总数为“3”，尺寸增量为“24.00”。此时阵列操控板如图 7.67 所示。

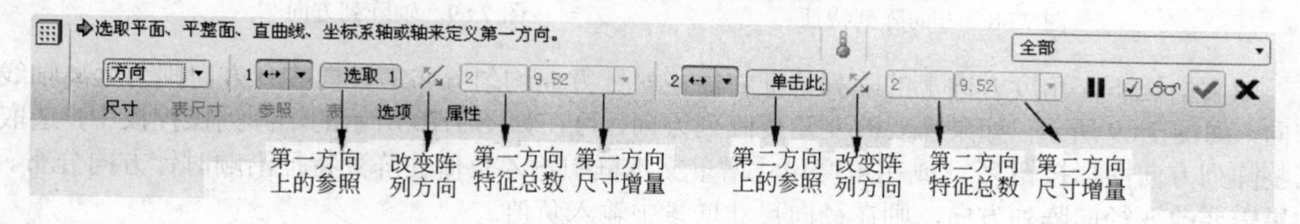

图 7.64　阵列操控板

（4）单击操控板右侧的图标按钮，完成二维方向阵列的创建，如图 7.68 所示。

最后结果参看本书所附光盘文件“第 7 章\范例结果文件\zhenlie_fanli03_jg.prt”。

上例选取实体表面作为方向参照，实际应用中可根据情况选取实体边线、基准平面、坐标系等作为方向参照创建方向阵列。此外，当阵列方向与设计要求不一致时，既可以按照上述方法选取操控板中的改变阵列方向图标按钮 改变阵列方向，也可以在尺寸增量文本框中输入负值从而反转阵列方向。

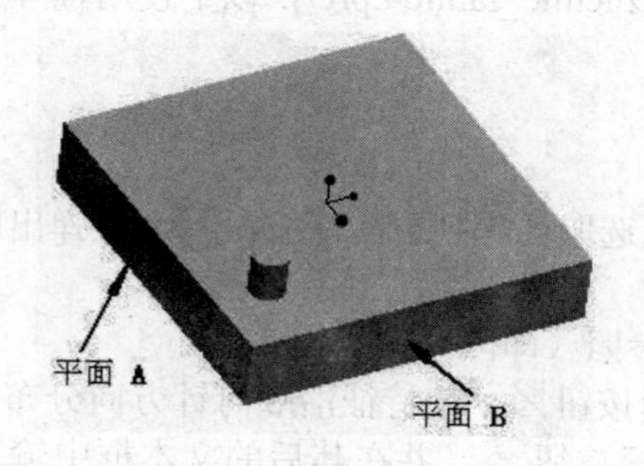

图 7.65　方向阵列参照

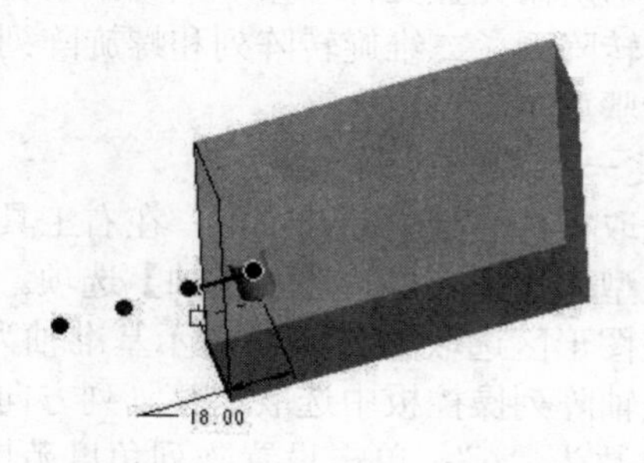

图 7.66　阵列方向及特征预览

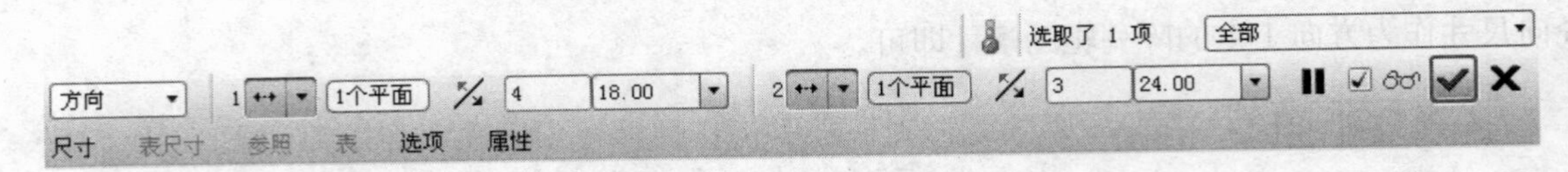

图 7.67　设定完成的阵列操控板

7.2.4　轴阵列

使用轴阵列方式可以创建一维或二维旋转阵列。创建一维旋转阵列时，只需选取一条轴线作为参照，并设定围绕该轴的阵列特征总数及角度尺寸增量即可。而创建二维旋转阵列时，还需要给定沿径向方向的阵列特征总数及尺寸增量。

由上可知，创建轴阵列时，阵列特征可在两个方向上生成：角度方向和径向方向，如图 7.69 所示。在角度方向上，阵列特征将围绕选定的轴参照呈圆周分布。在径向方向上阵列特征将沿着通过参考轴的径向方向呈直线分布。

图 7.68　方向阵列特征

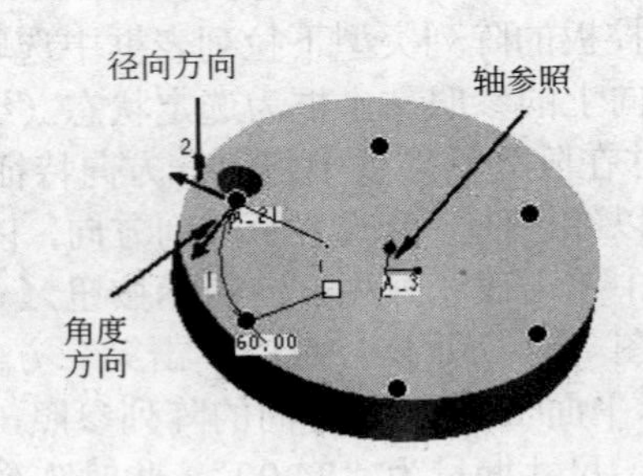

图 7.69　轴阵列方向

缺省情况下，角度方向上的阵列特征将沿逆时针方向均匀分布，径向阵列方向则为远离轴线方向，如图 7.69 所示。如果需要改变角度阵列方向，可在如图 7.70 所示的轴阵列操控板中，选取调整阵列方向图标按钮，或在角度尺寸增量文本框中输入负值使阵列特征沿顺时针方向分布。如果需要改变径向阵列方向，则在径向尺寸增量中输入负值。

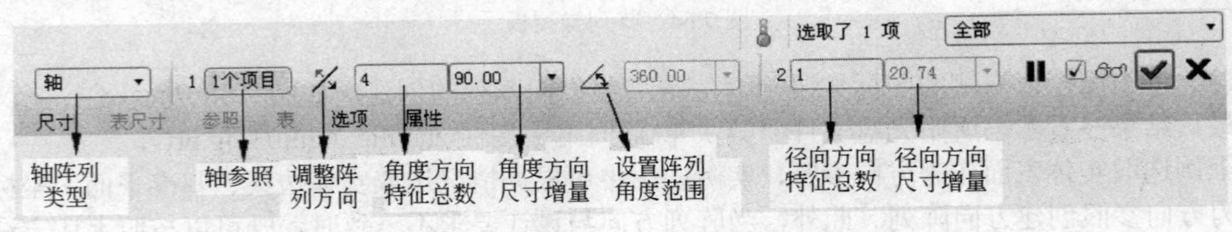

图 7.70　轴阵列操控板

打开本书所附光盘文件“第 7 章\范例源文件\zhenlie_fanli04.prt”，以下使用轴阵列方法分别创建一维旋转阵列、二维旋转阵列和螺旋阵列。

创建步骤如下。

1. 创建一维旋转阵列

（1）选取零件模型中的孔特征，在右工具箱中选取【阵列】图标按钮，在弹出的阵列操控板的阵列类型下拉列表框中选取【轴】选项。

（2）在图形区选取如图 7.71 所示基准轴为轴参照（即阵列中心）。

（3）在轴阵列操控板中选取调整阵列方向图标按钮，使特征沿顺时针方向分布；设定角度方向特征总数为“6”；单击设置阵列角度范围图标按钮，并在其后的文本框中输入角度范围

“180.00”。阵列特征的预览如图 7.72 所示。

（4）单击操控板右侧的【确定】图标按钮☑，完成一维轴阵列的创建，如图 7.73 所示。

（5）在【文件】主菜单中选取【保存副本】选项，模型名称为“zhenlie_fanli04_jg1”。

2. 创建二维旋转阵列

（1）在模型树中选取步骤 1 创建的阵列特征，在如图 7.74 所示右键菜单中选取【删除阵列】选项，删除上步创建的一维轴阵列特征。

（2）选取孔特征为原始特征，在右工具箱中选取【阵列】图标按钮▦，在阵列操控板的阵列类型下拉列表框中选取【轴】选项。

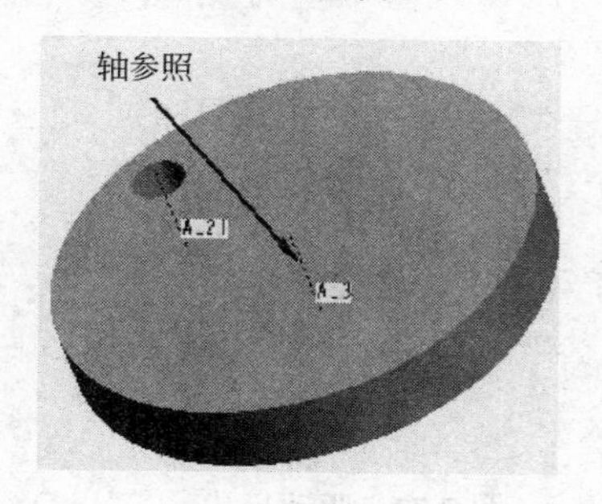

图 7.71　轴参照

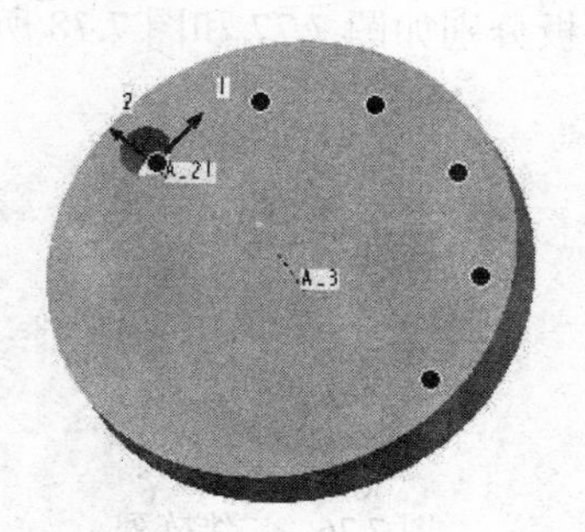

图 7.72　阵列特征预览

（3）在图形区选取如图 7.71 所示基准轴为轴参照。在轴阵列操控板中设定角度方向特征总数为“8”，角度方向尺寸增量为“45.00”。径向方向特征总数为“2”，径向方向尺寸增量为“−35.00”。设定完成的阵列操控板如图 7.75 所示。

（4）单击操控板右侧的【确定】图标按钮☑，完成二维轴阵列的创建，如图 7.76 所示。

（5）在【文件】主菜单中选取【保存副本】选项，模型名称为“zhenlie_fanli04_jg2”。

图 7.73　一维阵列

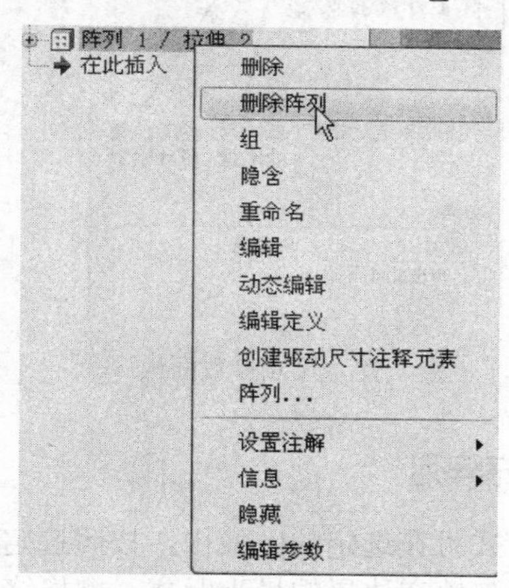

图 7.74　阵列特征右键菜单

图 7.75　阵列特征操控板

3. 创建螺旋阵列

（1）在模型树中选取步骤 2 所创建的阵列特征，在右键菜单中选取【删除阵列】选项。

（2）选取孔特征，在右工具箱中选取【阵列】图标按钮▦。在弹出的阵列操控板的阵列类型下拉列表框中选取【轴】选项，并在图形区选取如图 7.77 所示基准轴 A_3 为轴参照。

（3）在轴阵列操控板中设定角度方向特征总数为“12”，角度方向尺寸增量为“30.00”。

（4）单击操控板的【尺寸】图标按钮尺寸，打开【尺寸】参数面板。在图形区选取孔特征的径向位置尺寸为方向 1 上的驱动尺寸，并设定尺寸增量为“−5.00”；按下“Ctrl”键，在图形区选取孔特征直径尺寸为驱动尺寸，并设定尺寸增量为“−1.00”。选取的驱动尺寸以及选取完成后的【尺寸】参数面板分别如图 7.77 和图 7.78 所示。

图 7.76　二维阵列

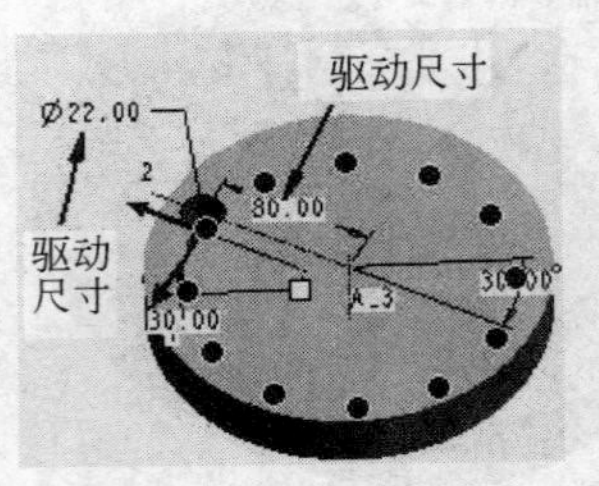

图 7.77　驱动尺寸

（5）单击操控板右侧的【确定】图标按钮☑，完成螺旋阵列的创建，如图 7.79 所示。

（6）在【文件】主菜单中选取【保存副本】选项，模型名称为“zhenlie_fanli04_jg3”。

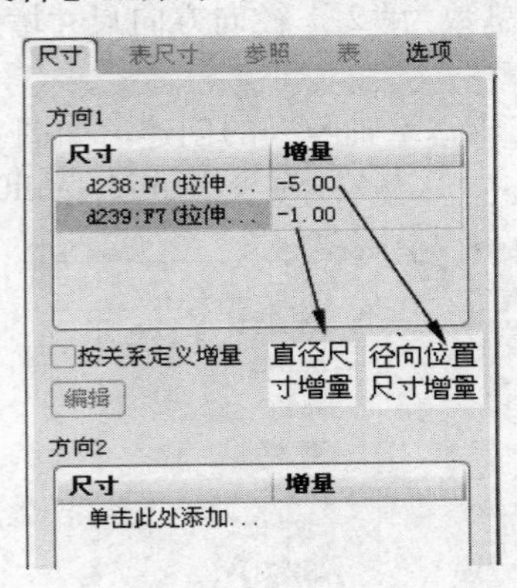

图 7.78　尺寸参数面板

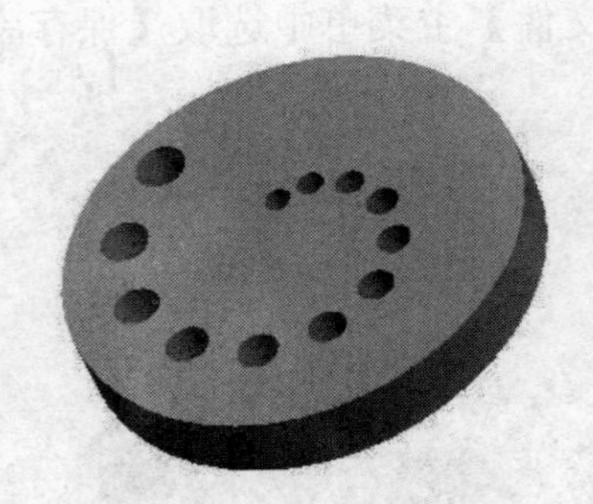

图 7.79　螺旋阵列

7.2.5　填充阵列

填充阵列方式可在选定的区域内，按照选定的填充格式（栅格模板）和填充参数（阵列实例间距、阵列实例与填充边界的最小距离、栅格绕原点的旋转角度等）来创建阵列特征。

在原始特征的右键菜单中选取【阵列】选项，或单击阵列图标按钮▦，并在弹出的阵列操控板中选取【填充】阵列类型，此时的操控板如图 7.80 所示。

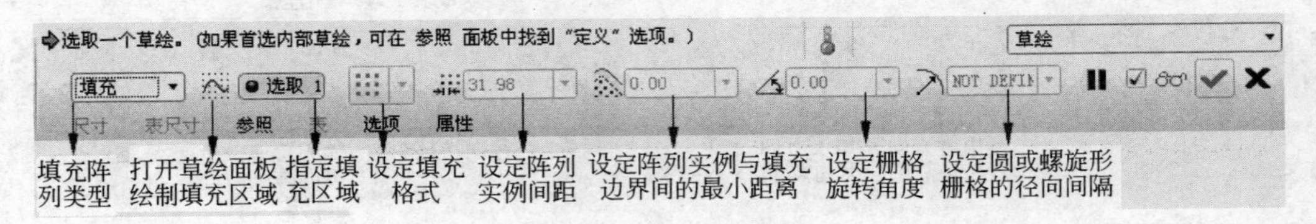

图 7.80　填充阵列操控板

创建填充阵列时，首先需要定义填充区域。定义时，可在图形区直接选取已有曲线，也可以选取阵列操控板中的【参照】按钮，并在打开的【草绘】面板中选取【定义】按钮，然后在选取草绘平面后进入二维草绘环境中绘制内部草绘曲线作为填充区域。

系统提供的填充格式有 6 种：正方形、菱形、六边形、圆、螺旋和曲线，如图 7.81 所示。各种填充格式的比较如图 7.82 所示。

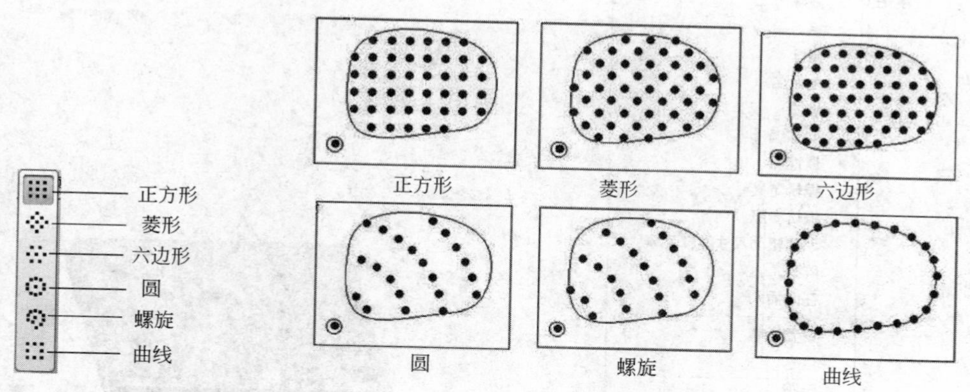

图 7.81　填充格式列表

图 7.82　各种填充格式的比较

定义完填充区域和填充格式后，可在阵列操控板的相应文本框中输入数值，以调整填充参数。这些参数包括阵列实例中心之间的间距、阵列实例中心与填充边界间的最小间距、栅格绕原点的旋转角度等。对于圆形和螺旋形填充还可以设定阵列栅格的径向间隔。

打开本书所附光盘文件“第 7 章\范例源文件\zhenlie_fanli05.prt”，零件模型如图 7.83 所示，以下使用填充阵列方法分别创建圆形填充阵列和曲线填充阵列，如图 7.84 所示。

创建步骤如下。

1. 创建圆形填充阵列

（1）选取如图 7.83 所示孔特征，在右工具箱中选取【阵列】图标按钮，在阵列操控板的阵列类型下拉列表框中选取【填充】选项。

（2）根据系统提示，在图形区选取如图 7.83 所示草绘曲线为填充区域。

（3）在阵列操控板的填充格式列表框中选取圆形填充图标，并设定阵列实例间距为“45.00”，阵列实例与填充边界间距为“10.00”，栅格绕原点的旋转角度为“0.00”，圆形栅格的径向间隔为“40.00”。设定完成后的操控板如图 7.85 所示。

（4）单击操控板右侧的【确定】按钮，完成圆形填充阵列的创建。

最后结果参看本书所附光盘文件“第 7 章\范例结果文件\zhenlie_fanli05_jg1.prt”。

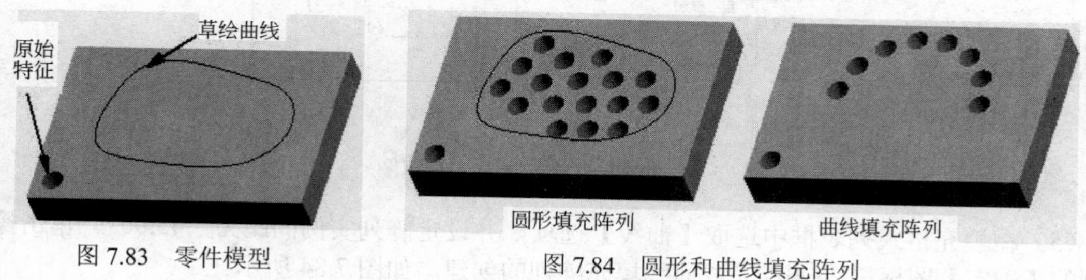

图 7.83　零件模型

图 7.84　圆形和曲线填充阵列

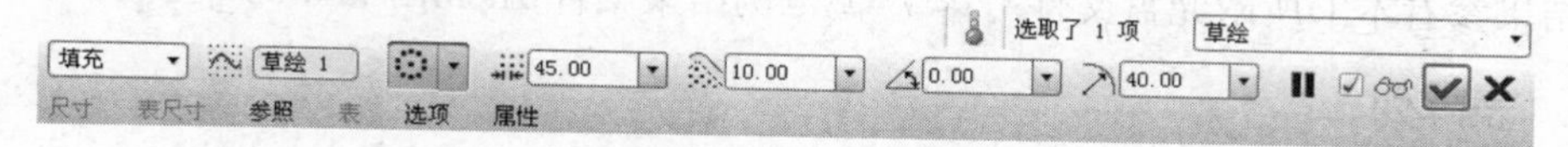

图 7.85　填充阵列操控板

2. 创建曲线填充阵列

（1）在模型树中选取上步创建的填充阵列特征，在特征右键菜单中选取【删除阵列】选项，删除实例特征，保留原始特征。

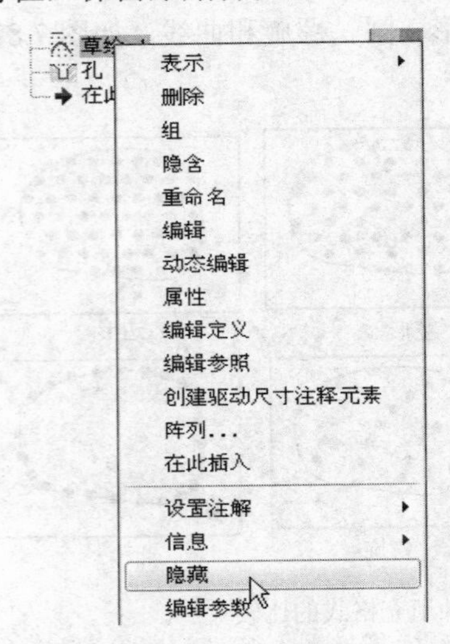

图 7.86 【草绘 1】右键菜单

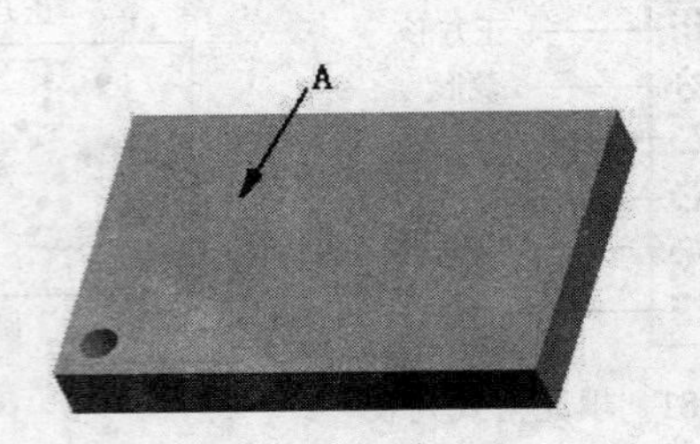

图 7.87 草绘平面选取

（2）在模型树中选取草绘曲线 1，并在如图 7.86 所示右键菜单中单击【隐藏】选项，隐藏该曲线。

（3）选取如图 7.83 所示孔特征，在右工具箱中选取【阵列】图标按钮，在阵列操控板的阵列类型下拉列表框中选取【填充】选项。

（4）在阵列操控板中单击【参照】按钮，在打开的【草绘】面板中单击【定义】按钮，在弹出的【草绘】对话框中选取如图 7.87 所示平面 A 为草绘平面，接受系统缺省的草绘视图方向和草绘参照，进入草绘模式。在如图 7.88 所示【草绘】主菜单中选取【参照】选项，弹出【参照】对话框。在图形区选取 FRONT 和 RIGHT 标准基准平面为标注与约束参照，单击【参照】对话框中的【关闭】按钮，关闭对话框。然后在右工具箱中选取圆心和端点画弧工具绘制如图 7.88 所示二维草图，完成后确定。

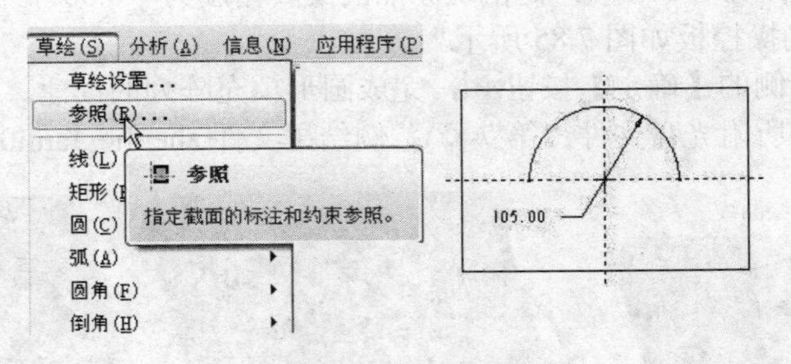

图 7.88 菜单选择及二维草图

（5）在填充格式列表框中选取【曲线】选项，并设定阵列实例间距为“45.00”。单击操控板右侧的【确定】图标按钮，完成曲线填充阵列的创建，如图 7.84 所示。

最后结果参看本书所附光盘文件“第 7 章\范例结果文件\zhenlie_fanli05_jg2.prt”。

7.2.6 表阵列

表阵列是一种灵活的阵列方式，可以创建位置分布不规则的复杂阵列特征。创建时，首先需要创建一个可编辑的阵列表，表中包含了创建阵列实例特征的尺寸参数，然后通过编辑阵列表，为每个实例特征指定尺寸参数来创建阵列特征。

在原始特征右键菜单中选取【阵列】选项，并在弹出的阵列操控板中选取【表】阵列方式，此时的阵列操控板如图 7.89 所示。

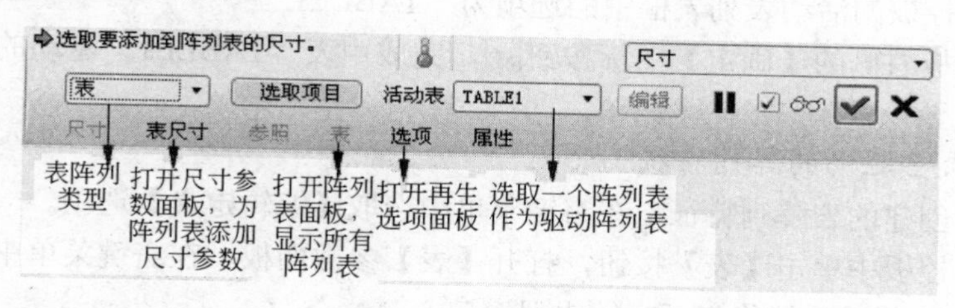

图 7.89　表阵列操控板

创建表阵列时，还可以为一个阵列建立多个阵列表。然后，在操控板的【活动表】下拉列表框中选取不同的表作为活动表来变换创建阵列的驱动表，从而获得不同的阵列特征。

打开本书所附光盘文件“第 7 章\范例源文件\zhenlie_fanli06.prt”，零件模型如图 7.90 所示。以下使用表阵列方法分别创建如图 7.91 所示由不同表驱动的阵列特征。

创建步骤如下。

1. 创建表 1 驱动的阵列特征

（1）选取图 7.90 所示原始特征，在右工具箱中选取【阵列】图标按钮，在阵列操控板的阵列类型下拉列表框中选取【表】选项。此时图形区给出该原始特征的定形、定位尺寸。

（2）在主菜单中选取【信息】选项，并在如图 7.92 所示下拉菜单中选取【切换尺寸】选项，使图形区尺寸为符号显示，如图 7.93 所示。

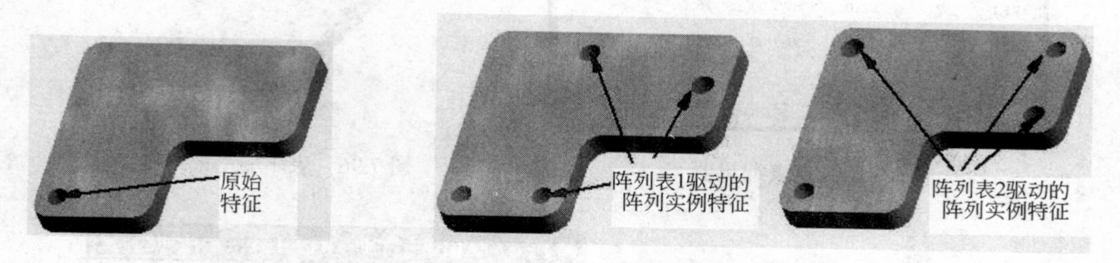

图 7.90　零件模型　　　　图 7.91　表阵列特征

（3）在阵列操控板中单击【表尺寸】按钮，并在图形区按照如图 7.93 所示顺序依次选取尺寸（选择多个尺寸需要按下“Ctrl”键），完成后的【表尺寸】参数面板如图 7.94 所示。其中 d6 为孔直径尺寸，d8 和 d9 为孔的线性定位尺寸。

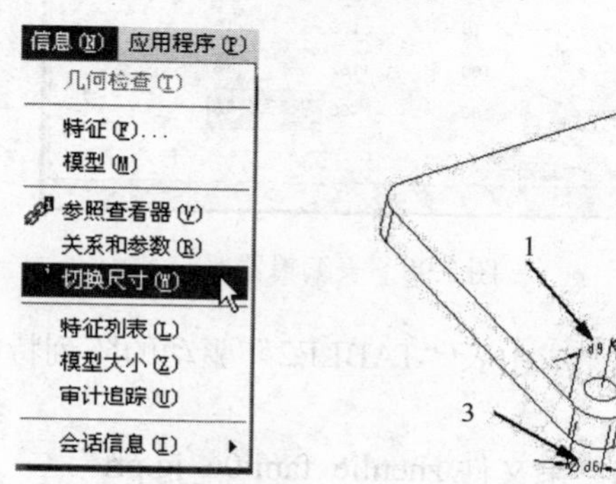

图 7.92 【信息】主菜单

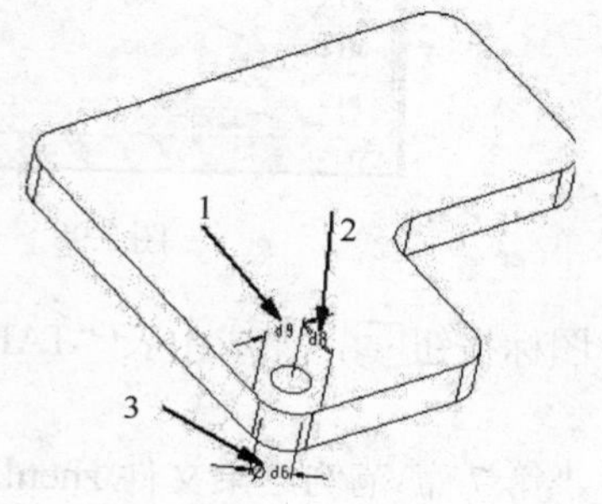

图 7.93　表尺寸选取

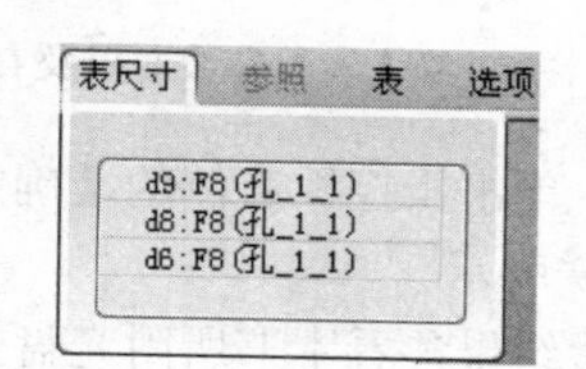

图 7.94 【表尺寸】参数面板

（4）在阵列操控板中单击【编辑】按钮，打开表编辑器窗口。窗口包含一个索引列和三个参数列（对应于上步选取的参数）。在表中为“TABLE1”的每一个实例特征添加索引号（索引号从1开始，必须唯一），并设定对应列的参数值。参数值设定如图7.95所示。设定完成后，关闭编辑器窗口。此时，操控板的活动表列表框中的选项为“TABLE1”。

（5）单击操控板右侧的【确定】图标按钮，完成由表“TABLE1”驱动的阵列特征创建，如图7.96所示。

2. 创建阵列表2驱动的阵列特征

（1）选取上步创建的表阵列特征，在右键菜单中选取【编辑定义】选项。

（2）在阵列操控板中单击【表】按钮，打开【表】参数面板，在右键菜单中选取【添加】选项，如图7.97所示。此时系统将打开表编辑器窗口。

（3）在表编辑器窗口中为“TABLE2”的每一个实例特征添加索引号并设定对应列的参数值。参数值设定如图7.98所示。设定完成后关闭编辑器窗口。

（4）在操控板的【活动表】下拉列表框中选取【TABLE2】选项，使TABLE2为阵列驱动表。

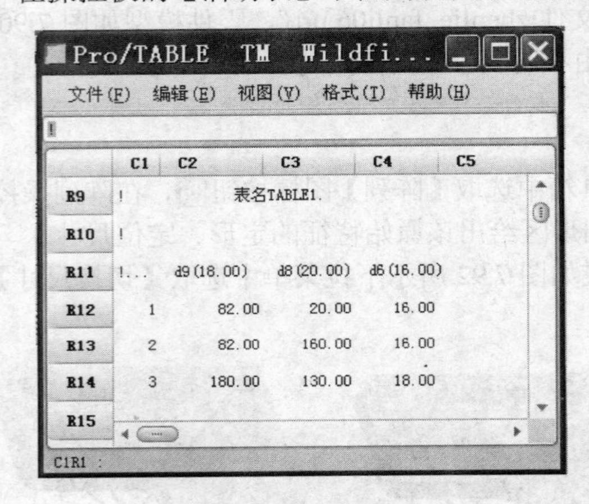

图7.95 表编辑器

图7.96 表1驱动的阵列特征

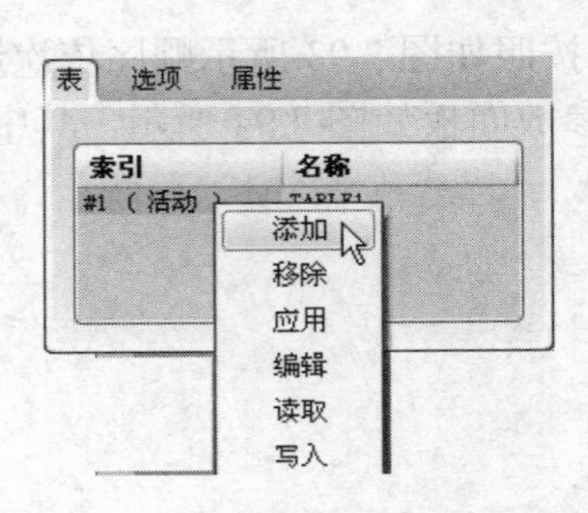

图7.97 【表】参数面板及右键菜单

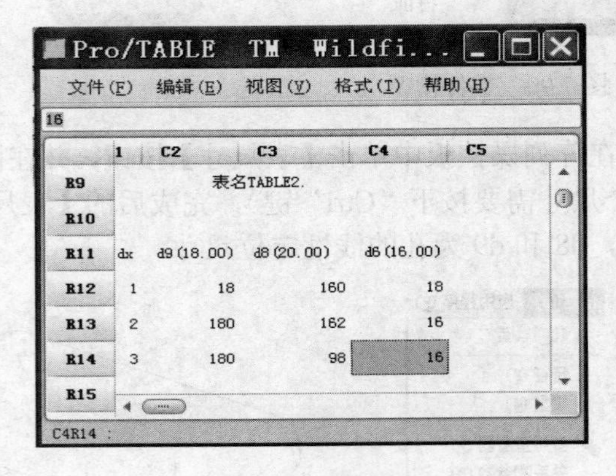

图7.98 表编辑器

（5）单击操控板右侧的【确定】图标按钮，完成由表“TABLE2”驱动的阵列特征创建，如图7.99所示。

最后结果参看本书所附光盘文件“第7章\范例结果文件\zhenlie_fanli06_jg.prt”。

图 7.99　表 2 驱动的阵列特征

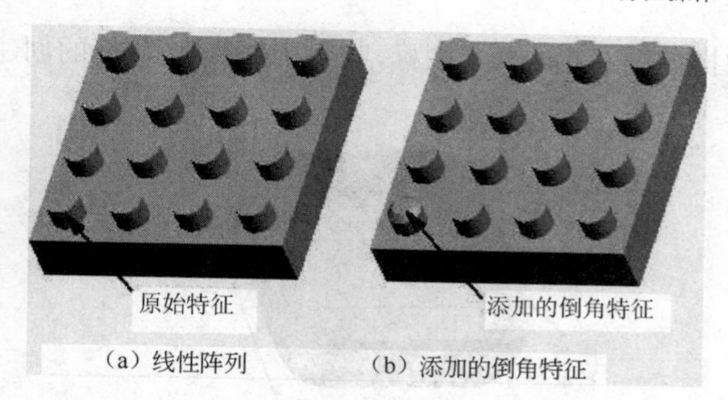

（a）线性阵列　　（b）添加的倒角特征

图 7.100　线性阵列及倒角特征

7.2.7　参照阵列

参照阵列是一种建立在原有阵列基础上的阵列方式，可在创建了一个特征阵列之后，方便地将已有阵列原始特征上的新增加特征添加到各个实例特征之上。

在创建参照阵列时，新添加特征必须是添加在原有阵列的原始特征上，在实例特征上创建的新特征不能采用参照阵列类型。

此外，如果新增加特征属于如倒角、倒圆角等无法用其他方式进行阵列的特征类型，则系统自动采用【参照】阵列类型进行阵列。否则，系统将打开阵列操控板，由操作者选取合适的阵列类型。

如图 7.100（a）所示为一组线性阵列特征，图 7.100（b）所示为在原始特征上所添加的倒角特征。如果要将倒角特征同样添加到各个实例特征上，可以采用参照阵列方法。方法是：选中倒角特征，在右键菜单中选取【阵列】选项，系统则自动地采用参照阵列类型将倒角特征阵列到所有的实例特征之上。完成的参照阵列如图 7.101 所示。

图 7.101　参照阵列示例一

7.3　镜像

7.3.1　特征镜像

特征镜像是将特征对某一平面投影，从而产生与原选定特征具有相同外形，且关于选定平面对称的特征。

创建镜像特征时，可以选取一个特征或按下“Ctrl”键选取多个特征作为要镜像的对象。图 7.102 所示为以凸台和孔两个特征作为原特征，以 FRONT 平面作为镜像平面创建的镜像特征。另外，对于需要对多个特征进行镜像的情况，也可以选取多个选项后，在如图 7.103 所示的右键菜单中选取【组】选项，将多个特征放在一个局部组中，对局部组进行操作。

镜像平面是特征镜像的重要组成部分，它作为原特征和镜像后特征的对称平面，既可以是基准平面，也可以是实体上的任一平面，可根据设计要求进行相应选择。

对特征进行镜像时可采取以下三种方式。

1. 使用右工具箱中的镜像图标按钮

选定特征后在右工具箱中选取镜像图标按钮，弹出如图 7.104 所示镜像操控板。根据系统提示，在图形区或模型树中选取镜像平面。在【选项】面板中，系统缺省的选项为【复制为从属项】（即对原特征的修改将反映到镜像后的特征上）。如果要求镜像后的特征与原特征之间相互独立，则打开操控板中的【选项】按钮，去掉【复制为从属项】复选框前的对勾，如图 7.105 所示。

最后选取操控板右侧的确定图标，即可完成镜像特征的创建。

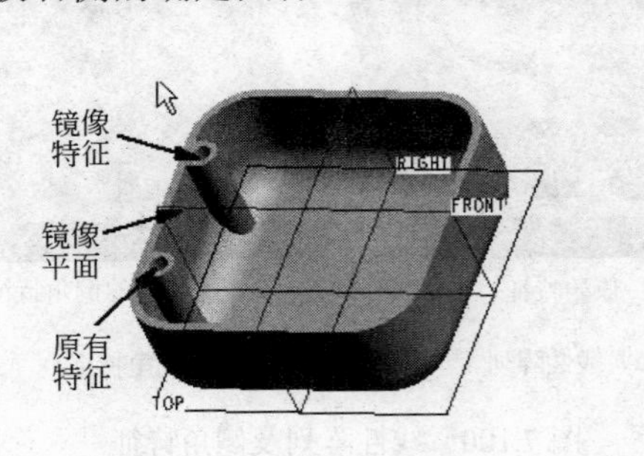

图 7.102　镜像特征

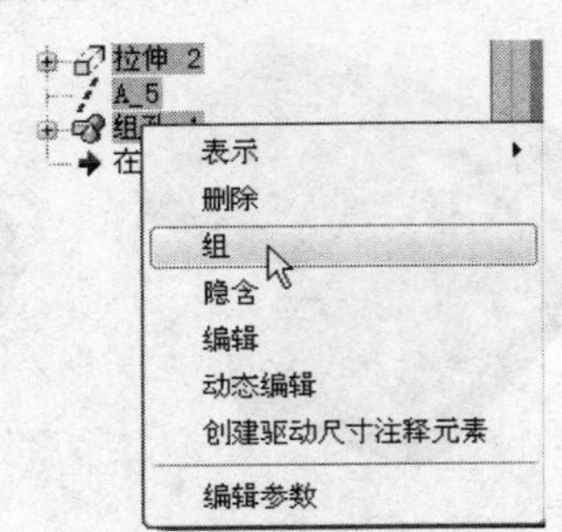

图 7.103　右键菜单

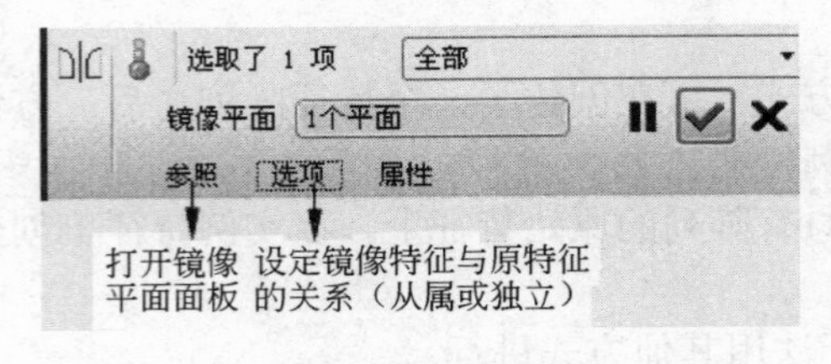

图 7.104　镜像操控板

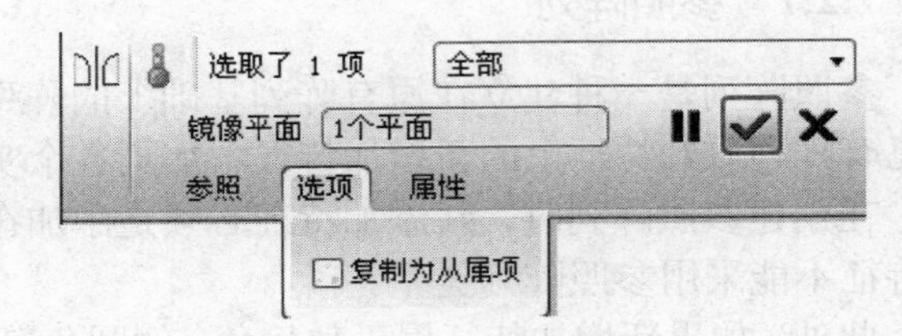

图 7.105　【选项】下滑面板

2. 使用【编辑】主菜单下的【镜像】选项

在【编辑】主菜单中选取【镜像】选项，系统同样打开如图 7.104 所示操控板，操作步骤同上。

3. 使用【复制特征】菜单下的【镜像】选项

在【编辑】主菜单中选取【特征操作】选项，在【特征】菜单中选取【复制】选项；在如图 7.106 所示的【复制特征】菜单中选取【镜像】选项；选取特征的选取方式（【选取】、【所有特征】等）以及镜像特征与原特征间的关系选项（【独立】或【从属】）；完成后根据系统提示选取要镜像的对象；最后在图形区或模型树中选取一个平面作为镜像平面即可完成特征的镜像。

7.3.2　镜像操作实例

打开本书所附光盘文件“第 7 章\范例源文件\jingxiang_fanli01.prt”，零件模型如图 7.107 所示。镜像后的零件模型如图 7.108 所示。

创建步骤如下。

（1）按下“Ctrl”键在模型树中选取图 7.107 所示特征 1、特征 2 和特征 3 作为要镜像特征。

（2）在右工具箱中选取【镜像】图标按钮，弹出镜像操控板，根据提示选取如图 7.109 所示 RIGHT 标准基准平面为镜像平面（注意选取特征后，右工具箱中镜像图标按钮才为可选状态）。

（3）打开操控板上的【选项】按钮，在【选项】面板中【复制为从属项】选项为选定状态，表明生成的镜像特征与原特征将保持关联。接受缺省选项，并单击操控板的确定图标按钮，完成如图 7.108 所示镜像特征。

（4）在模型树中选取图 7.107 所示的特征 1（拉伸凸台特征），在特征的右键菜单中选取【编辑定义】选项，系统打开拉伸操控板。在面板中将拉伸深度文本框中的值更改为“35.00”，单击操控板的确定图标按钮。再生模型后观察到原特征与镜像特征的拉伸凸台厚度均发生了变化。

（5）在模型树中选取上述镜像特征，在右键菜单中选取【编辑定义】选项，打开镜像操控板，在面板中单击【选项】按钮，去掉选项面板中【复制为从属项】前的对勾，并单击操控板的确定图标按钮。

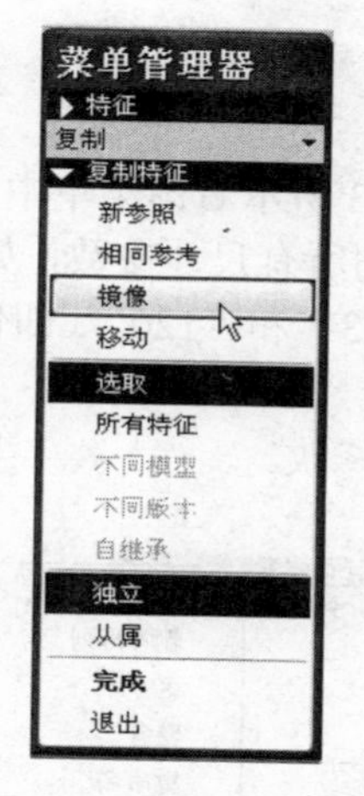

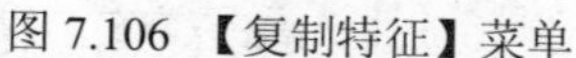
图 7.106 【复制特征】菜单

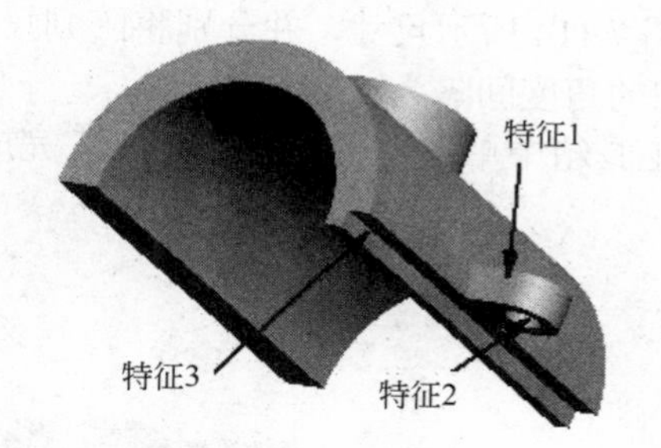

图 7.107 零件模型

（6）重复（4）中的操作，但将原特征的拉伸凸台厚度设定为“15.00”，再生模型后发现原凸台特征厚度发生了变化，而镜像特征的凸台厚度保持不变，如图 7.110 所示。

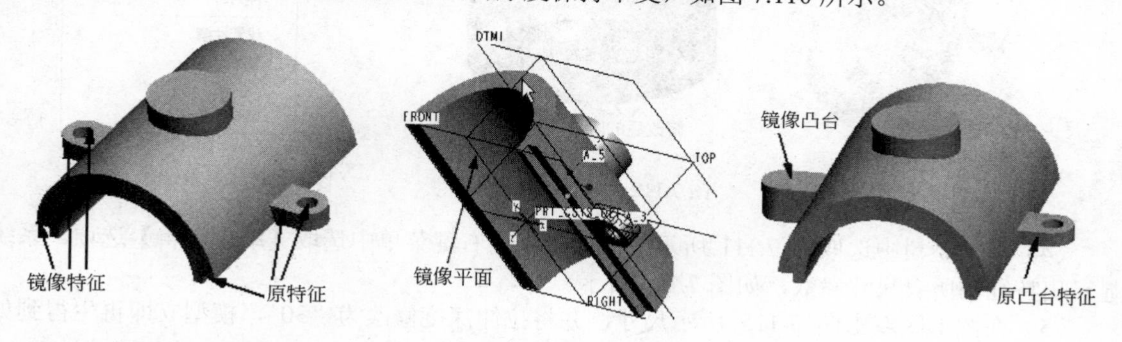

图 7.108 镜像特征　　图 7.109 镜像平面选取　　图 7.110 独立镜像特征

最后结果参看本书所附光盘文件“第 7 章\范例结果文件\jingxiang_fanli01_jg.prt”。

7.4 特征修改

7.4.1 特征编辑与编辑定义

Pro/E 是一种参数化的、以特征为基本操作单元的三维软件。模型设计完成后，如果设计者对设计模型不满意，可以使用系统提供的特征修改工具对特征进行修改。Pro/E 5.0 中用来修改特征的方法有三种：编辑、动态编辑和编辑定义。编辑定义可以回到特征的创建过程，对特征的剖面形状、剖面尺寸、特征的定形和定位尺寸、参照以及属性等进行重定义。特征编辑可修改特征的尺寸、轨迹等，但尺寸修改完成后模型不会自动再生，需要单击上工具箱的再生图标按钮，使模型按照新尺寸重新生成。动态编辑功能则在尺寸修改完成后立即再生，从而能够立刻看到尺寸修改对于几何模型的影响。

1. 特征编辑和动态编辑

在使用 Pro/E 进行建模时，经常需要对特征的尺寸进行修改。此时可以使用特征右键菜单中的【编辑】命令或【动态编辑】命令来修改尺寸。

打开本书所附光盘文件“第 7 章\范例源文件\xiugai_fanli01.prt”，零件模型如图 7.111 所示。

编辑后的零件模型如图 7.112 所示。

修改步骤如下。

（1）在模型树中选取图 7.111 所示阵列孔特征，在如图 7.113 所示右键菜单中选取【编辑】选项，或者在图形区中双击该特征，此时在图形区将显示该特征的所有尺寸参数，如图 7.114 所示。

（2）双击图 7.114 所示尺寸，并分别将阵列尺寸值修改为“3”和“120”（即修改阵列孔总数为 3，阵列实例的角度间隔为 120°。

（3）在上工具箱中单击再生图标按钮，完成阵列特征的修改。

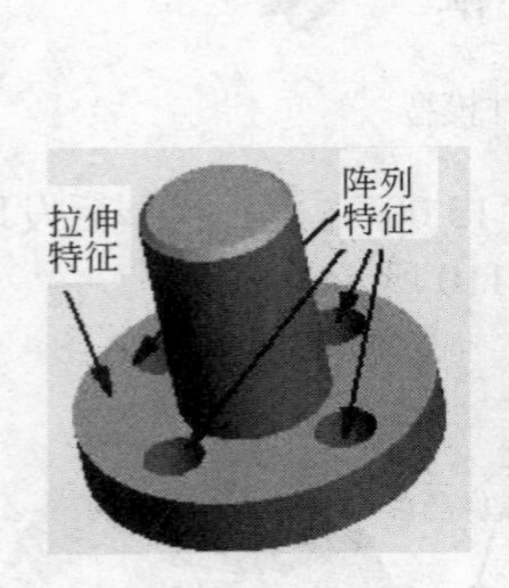

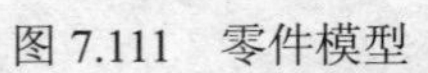

图 7.111 零件模型

图 7.112 编辑后的模型

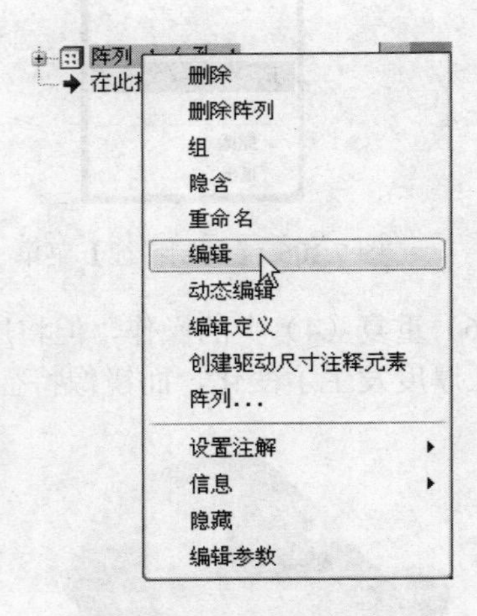

图 7.113 右键菜单

（4）在模型树中选取图 7.111 所示拉伸特征，在右键菜单中选取【动态编辑】选项，系统将显示出特征的所有尺寸参数，如图 7.115 所示。

（5）在图形区双击图 7.115 所示尺寸，并将拉伸深度修改为“30”，模型立即再生得到如图 7.112 所示模型。

最后结果参看本书所附光盘文件“第 7 章\范例结果文件\xiugai_fanli01_jg.prt”。

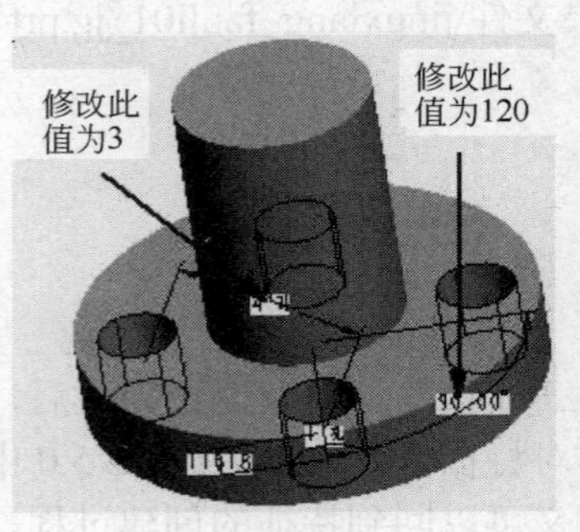

图 7.114 阵列尺寸

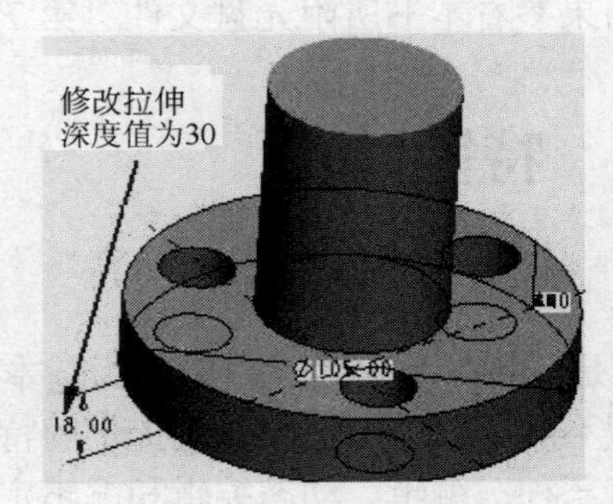

图 7.115 拉伸尺寸

2. 特征的编辑定义

特征编辑方法可以快速进行特征尺寸的修改。但是，在模型结构复杂时，常常会难以找到要修改的尺寸。并且在某些情况下，设计者还需要对特征的草绘平面、参考平面、定形和定位尺寸以及属性等内容进行修改，此时则可以使用特征的编辑定义方法。

选取特征并在右键菜单中选取【编辑定义】选项后，如果所选特征是拉伸、旋转等通过操控板创建的特征，系统将打开特征设计时的操控板，此时可选择相应选项重新创建特征。如果修改的特征为基准特征，则系统将弹出该基准特征创建时的相应对话框。而修改的特征如果是扫描、混合等由菜单管理器所创建的特征，系统则将打开模型定义对话框，设计者可从对话框中选取相应项目进行修改。

打开本书所附光盘文件“第 7 章\范例源文件\xiugai_fanli02.prt”，零件模型如图 7.116 所示。以下分别对图中的旋转特征、基准平面和扫描特征进行编辑定义。

编辑定义步骤如下。

（1）在模型树中选取图 7.116 所示旋转特征，在右键菜单中选取【编辑定义】选项，打开旋转特征操控板。

（2）在操控板中单击【放置】按钮，在如图 7.117 所示面板中单击【编辑】按钮，进入二维草绘状态。

（3）在草绘环境下将旋转截面修改为同心圆，修改后的截面图如图 7.118 所示。绘制完成后单击右工具箱中的确定图标按钮✓。

（4）在旋转操控板中单击确定图标按钮✓，完成旋转特征的修改。

（5）在模型树中选取图 7.116 所示基准平面 DTM1，选取右键菜单中的【编辑定义】选项，弹出如图 7.119 所示【基准平面】对话框。

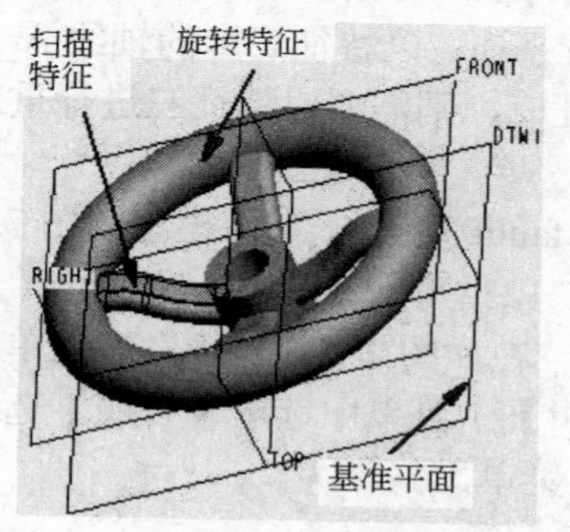

图 7.116　零件模型

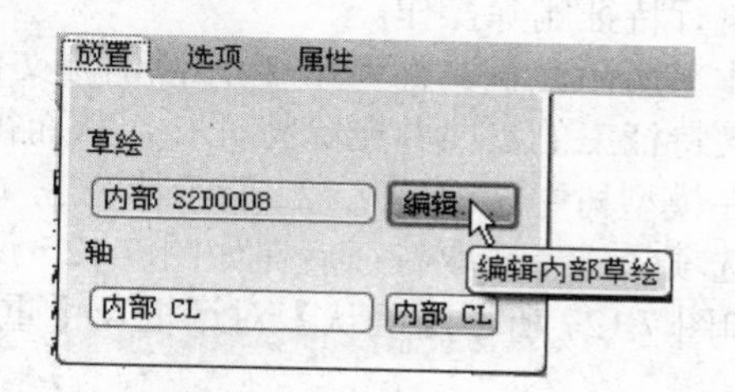

图 7.117　【放置】面板

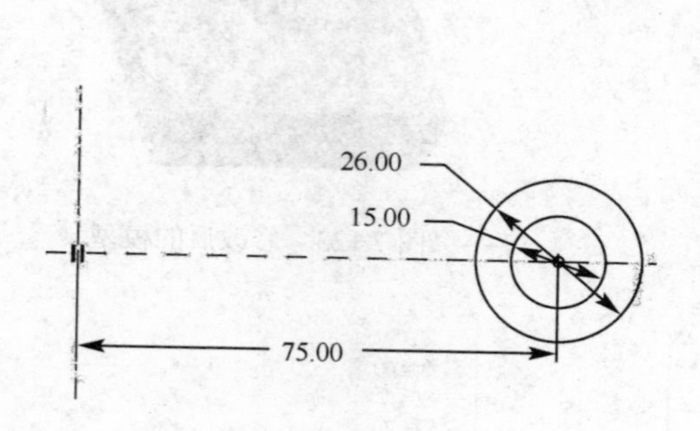

图 7.118　修改截面图

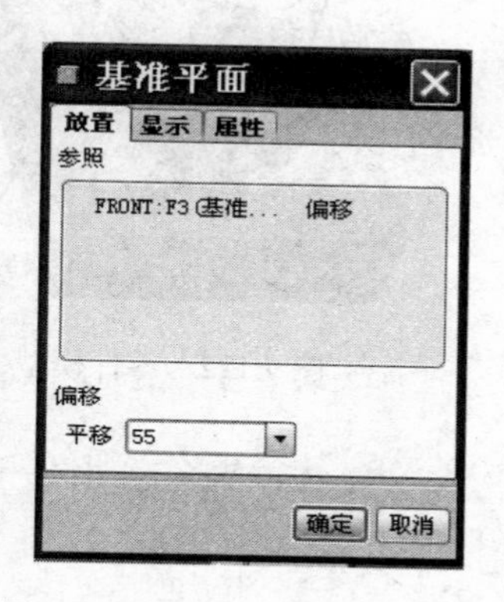

图 7.119 【基准平面】对话框

（6）将【基准平面】对话框【平移】文本框中的数值修改为“55.00”，并单击【确定】按钮，完成基准平面的修改。

（7）在模型树中选取图 7.116 所示扫描特征，在特征右键菜单中选取【编辑定义】选项，弹出如图 7.120 所示的【扫描】特征定义对话框。在对话框中选取【属性】项目栏，并单击【定义】按钮，弹出【属性】菜单。

（8）在如图 7.121 所示【属性】菜单中选取【自由端】、【完成】选项。

（9）在扫描特征定义对话框中单击【确定】按钮，完成扫描特征属性的修改。

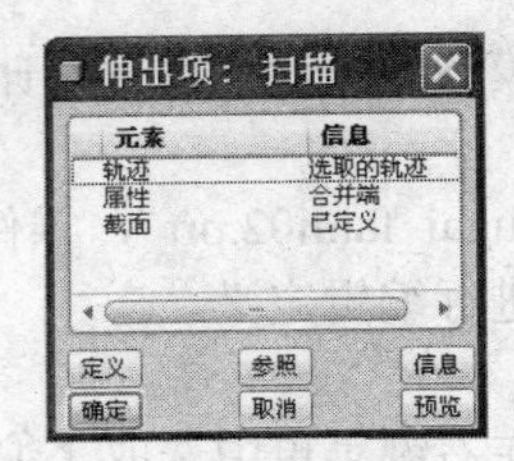

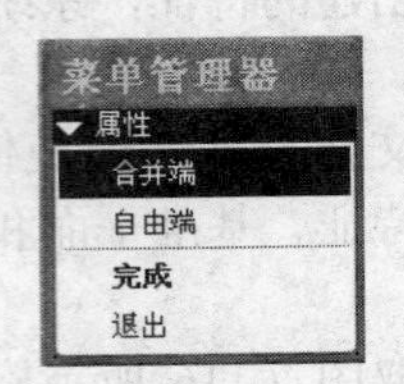

图 7.120 【扫描】特征定义对话框　　　图 7.121 【属性】菜单

最后结果参看本书所附光盘文件“第 7 章\范例结果文件\xiugai_fanli02_jg.prt”。

7.4.2 编辑特征参照

Pro/E 零件模型的创建是以特征为单位的。一个特征的创建需要选取其他已有特征上的平面、轴线等元素作为参照。同时，该特征本身也可能会被用作后续特征的参照对象。

在建模过程中有时需要对特征参照进行修改，此时可以采用编辑参照操作，重新设定特征的参照。例如：在如图 7.122 所示零件模型中，特征二是以特征一上的 A 平面为草绘平面拉伸得到的；而特征三（孔特征）又是以特征二上的 B 平面为放置平面，以特征二上的轴线 A_2 为放置参照创建的。假定在建模过程中需要删除特征二而保留特征三，则需要对特征三进行重新定义参照后，才能执行特征删除操作。

打开本书所附光盘文件“第 7 章\范例源文件\xiugai_fanli03.prt”，零件模型如图 7.122 所示。以下重定义特征三的参照并删除特征二，从而得到如图 7.123 所示模型。步骤如下。

（1）在模型树中选取图 7.122 所示特征三（孔特征），在如图 7.124 所示右键菜单中选取【编辑参照】选项，或者选取特征后在如图 7.125 所示【编辑】主菜单中选取【参照】选项，弹出如图 7.126 和图 7.127 所示【确认】对话框及【重定参照】菜单。

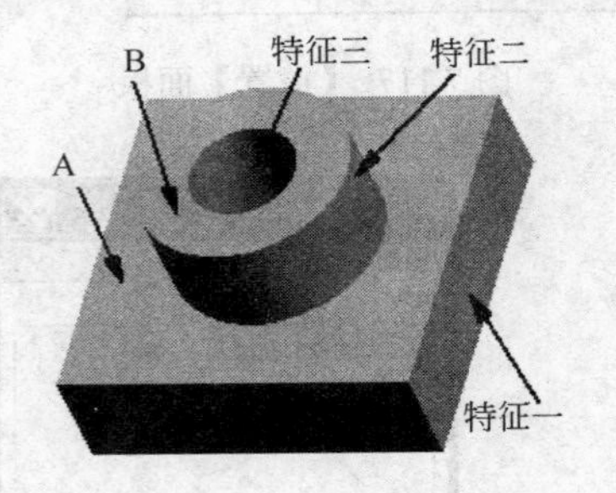

图 7.122 零件模型

图 7.123 修改后的模型

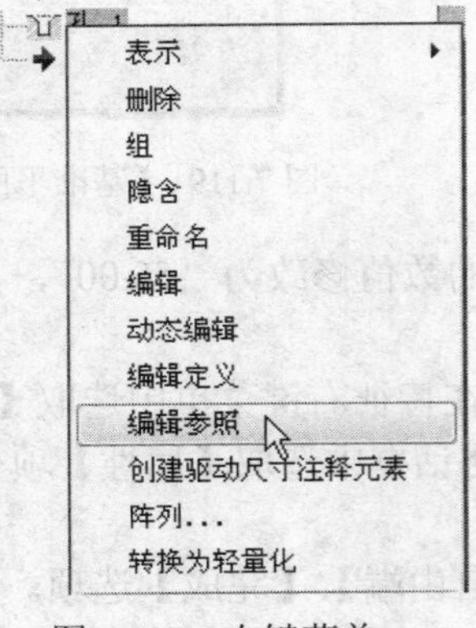

图 7.124 右键菜单

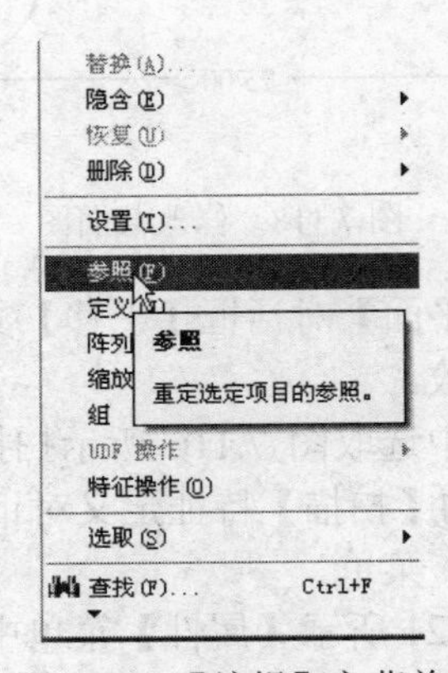

图 7.125 【编辑】主菜单

图 7.126 【确认】对话框

图 7.127 【重定参照】菜单

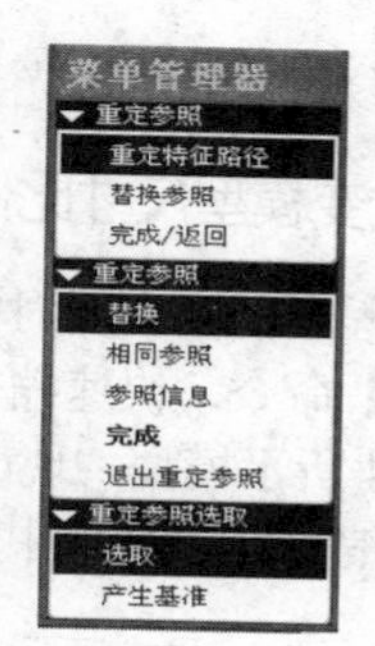

图 7.128 【重定参照】和【重定参照选取】菜单

（2）在确认对话框中选取按钮【否】，不恢复模型。这样被修改特征之后的特征仍会显示，但不能选作编辑参照时的参考。若在对话框中选取【是】按钮，则所修改特征之后创建的特征将会暂时隐藏。

（3）在弹出的如图 7.128 所示的【重定参照】和【重定参照选取】菜单中接受缺省选项【替换】和【选取】。

（4）根据系统提示，要求选取一个曲面替代图形区中加亮显示的曲面。该加亮曲面为特征三的放置平面，此时可选取图 7.129 所示平面 C 为新参考。

（5）接着，孔特征的同轴参照——轴线 A_2 加亮显示，如图 7.130 所示。由于没有合适的替代轴，可在如图 7.131 所示右工具箱中单击基准轴工具图标按钮，弹出【基准轴】对话框。按下“Ctrl”键在图形区依次选取 FRONT 和 RIGHT 标准基准平面为参照，如图 7.132 所示，完成后单击【基准轴】对话框上的【确定】按钮，将在两参照平面交线处创建一条基准轴线。

（6）系统自动再生模型，如图 7.133 所示。此时孔特征的放置参照为图 7.129 平面 C 和上步新建的基准轴。

（7）在模型树中选取图 7.122 所示特征二，在右键菜单中选取【删除】选项，得到如前面图 7.123 所示模型。

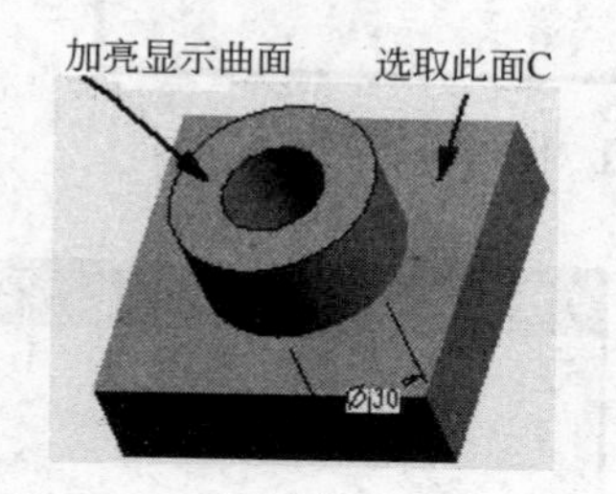

图 7.129 参考选择

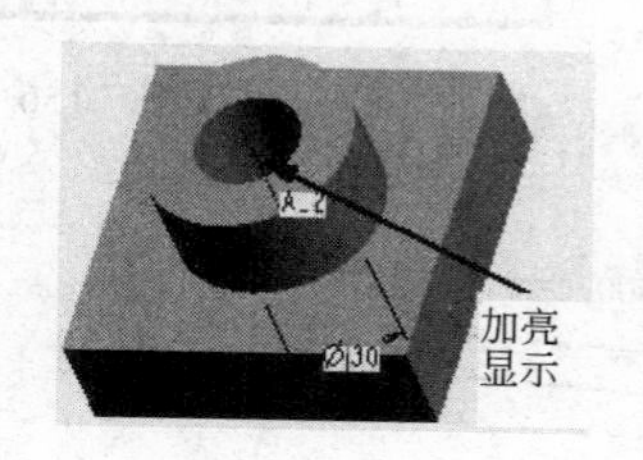

图 7.130 加亮显示轴

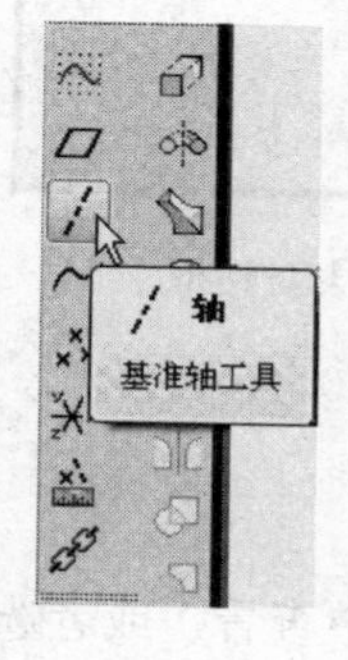

图 7.131 右工具箱

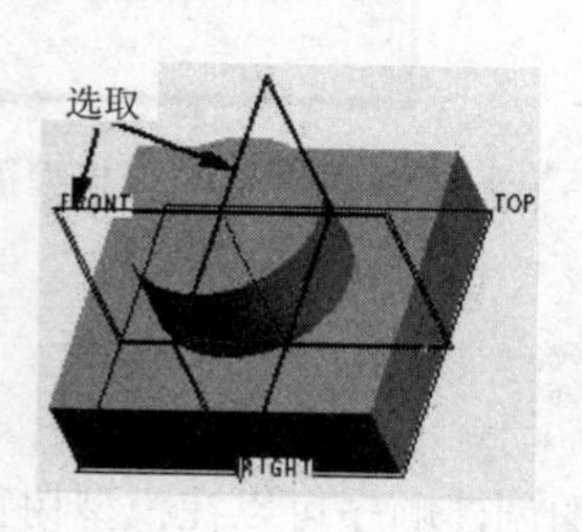

图 7.132 参考面选择

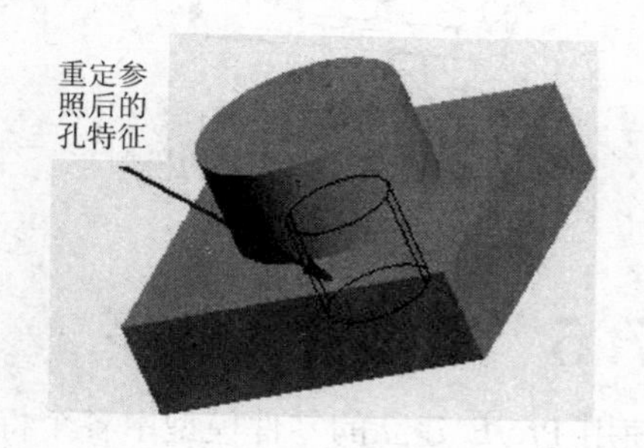

图 7.133 重定参照后的孔特征

最后结果参看本书所附光盘文件“第 7 章\范例结果文件\xiugai_fanli03_jg.prt”。

7.4.3 改变模型尺寸比例

在建模过程中，当需要对模型的所有尺寸进行按比例缩放时，则可以使用【编辑】主菜单下的【缩放模型】命令，快速缩放特征尺寸。

如图 7.134 所示模型，现改变模型的比例尺寸。具体操作步骤如下。

（1）在【编辑】主菜单中选取【缩放模型】选项，弹出如图 7.135 所示消息框。

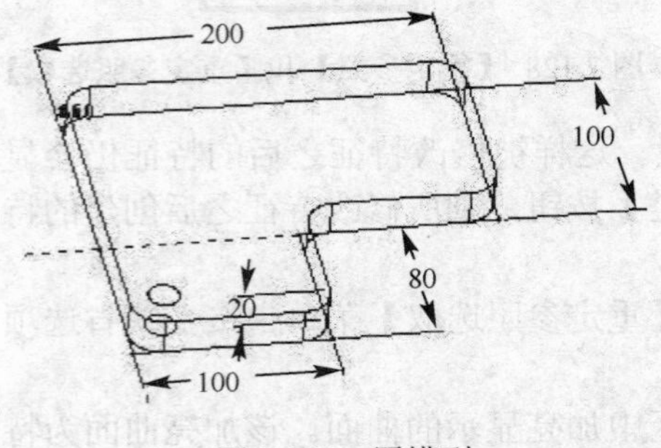

图 7.134 原模型

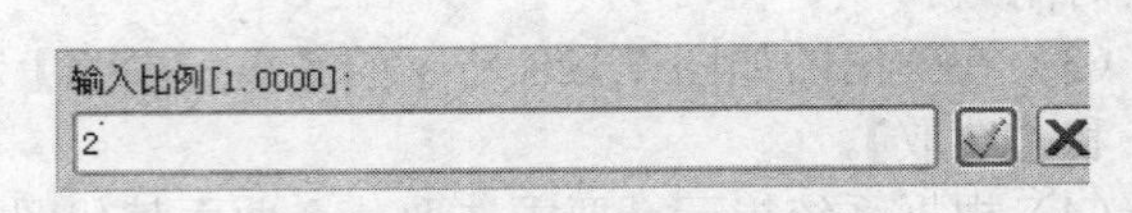

图 7.135 消息窗口

（2）在消息框中输入模型缩放的比例“2”，并单击消息框右侧确定图标按钮☑。

（3）弹出如图 7.136 所示【确认】对话框，在对话框中单击确定图标按钮[是]，进行模型的缩放和再生。（注意，在对模型进行缩放后，在图形区看到的模型大小并没有发生变化，但是，模型的尺寸已经按照设定的比例再生了，如图 7.137 所示。）

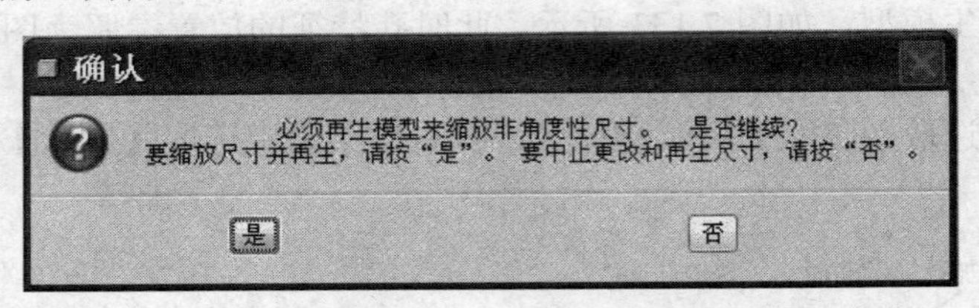

图 7.136 【确认】对话框

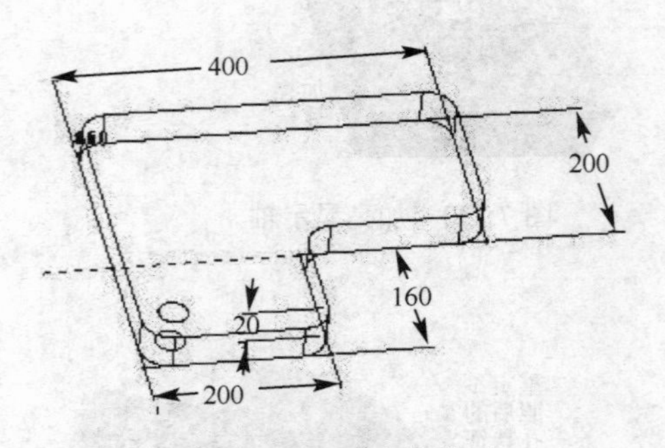

图 7.137 缩放后的模型

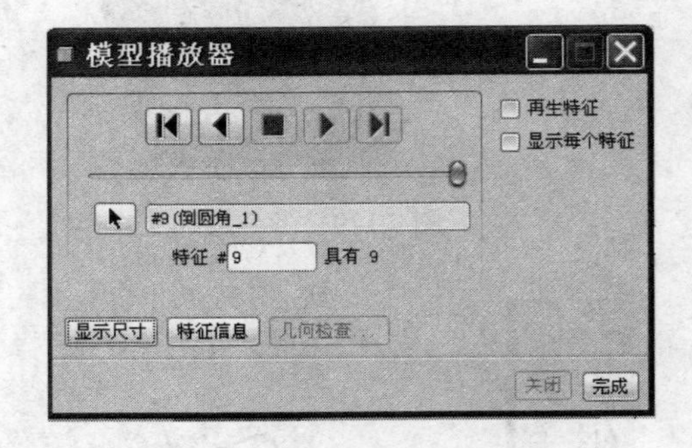

图 7.138 【模型播放器】对话框

7.5 重排特征顺序

使用 Pro/E 建立的零件模型中各个特征的创建顺序可以在模型树窗口中查看，或者选取【工具】主菜单的【模型播放器】选项，在如图 7.138 所示的【模型播放器】对话框中查看特征的创建过程。

使用 Pro/E 建立零件模型时，特征创建的先后次序将会直接影响到最终的设计结果。因此，在不违背特征间基本关系的前提下，可以调整模型中特征创建的先后顺序，从而快速地更改设计意图。这里所说的基本关系通常是指特征间的父子关系，因为子特征不允许移动至父特征之前。因此，通常情况下只调整相互独立的多个特征之间的创建顺序。

重排特征顺序时，可以采用两种方法。

（1）在【编辑】主菜单中选取【特征操作】选项，并在弹出的【菜单管理器】中依次选取【重新排序】选项，然后选取欲重排顺序的特征及其放置位置，即可实现特征顺序的重排。

（2）在模型树中选定要排序的特征，并拖动该特征至合适位置后放开鼠标来调整特征顺序。

打开本书所附光盘文件“第 7 章\范例源文件\reorder_fanli01.prt”，零件模型如图 7.139 所示。现分别介绍如何使用上述两种方法重排特征顺序，得到如图 7.140 所示零件模型。

1. 使用菜单管理器重新排序

（1）在【编辑】主菜单中选取【特征操作】选项，弹出如图 7.141 所示【特征】菜单。

（2）在【特征】菜单中选取【重新排序】选项，在弹出【选取特征】菜单中接受缺省【选取】选项，并在模型树中选取如图 7.139 所示切减材料特征，然后选取如图 7.142 所示【选取特征】菜单中的【完成】选项。

（3）在如图 7.143 所示【重新排序】菜单中接受缺省选项【之前】，并在模型树或图形区选取如图 7.139 所示拉伸加材料特征，图形自动再生得到如图 7.140 所示模型。

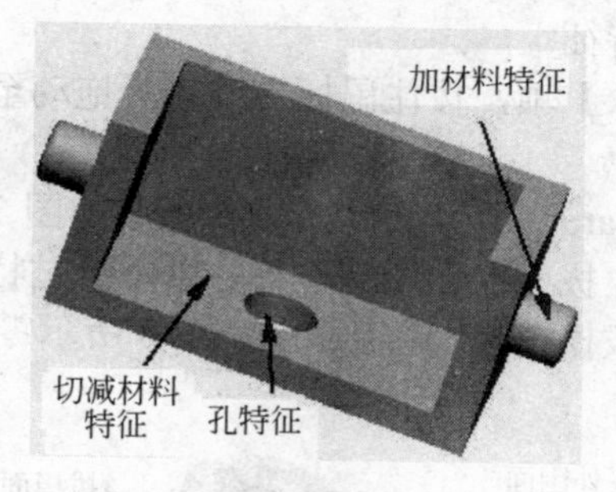

图 7.139 零件模型

图 7.140 重排顺序后模型

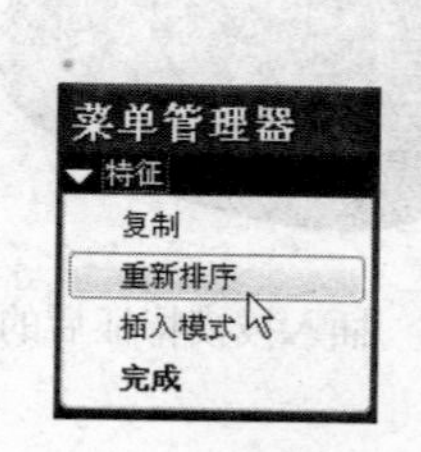

图 7.141 【特征】菜单

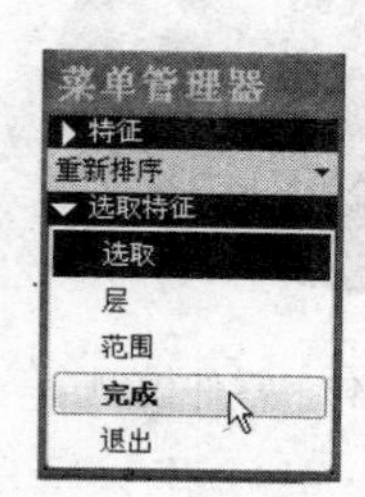

图 7.142 【选取特征】菜单

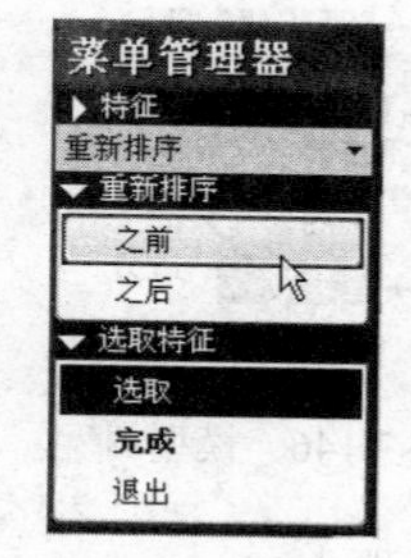

图 7.143 【重新排序】菜单

最后结果参看本书所附光盘文件“第 7 章\范例结果文件\reorder_fanli01_jg.prt”。

2. 使用模型树重新排序

（1）打开本书所附光盘文件“第 7 章\范例源文件\reorder_fanli01.prt”。

（2）在如图 7.144 所示模型树中选取欲改变顺序的拉伸特征 2，然后按住鼠标左键将其拖动至拉伸特征 3 之后的位置，

（3）松开鼠标左键，系统再生后得到如图 7.140 所示模型。此时的模型树如图 7.145 所示。

从图 7.144 和图 7.145 中可以看出特征的顺序已经改变。

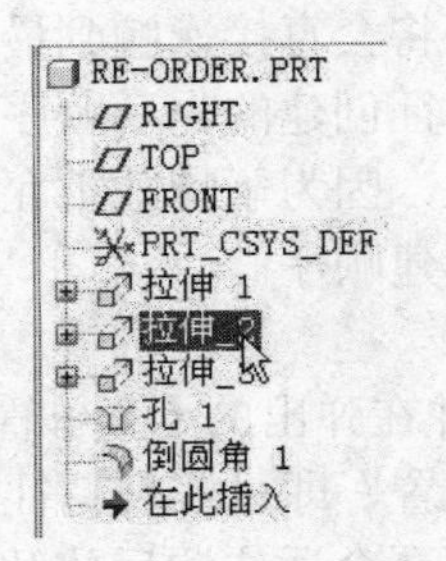

图 7.144　重排序前模型树

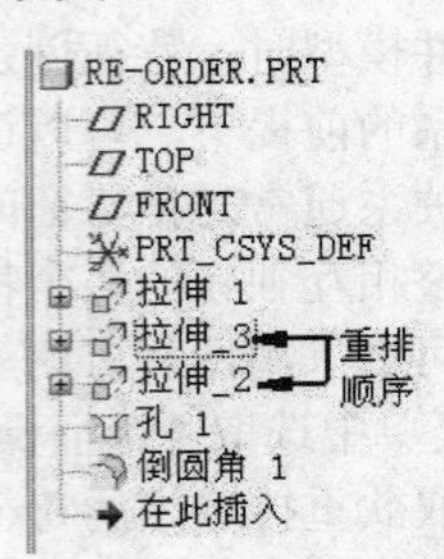

图 7.145　重排序后模型树

7.6　插入特征

使用 Pro/E 进行特征建模时，系统会自动地将新添加的特征建立在已有特征之后。然而，有些情况下，设计者还需要在已经创建好的两个特征之间添加一个或多个新特征，此时可以使用插入特征方法。

在模型中插入特征可采用以下两种方法。

（1）在【编辑】主菜单中选取【特征操作】选项，并在【特征】菜单中选取【插入模式】选项，激活插入模式，然后选取欲在其后插入特征的特征。

（2）在模型树中选取如图 7.146 所示【在此插入】项，按住鼠标左键将其拖动至欲插入特征位置。

打开本书所附光盘文件“第 7 章\范例源文件\charu_fanli01.prt”，零件模型如图 7.147 所示。由于该图所示外围面的邻接面已经做了倒圆角处理，拔模操作无法进行。以下通过特征插入方法将拔模特征插入在倒圆角操作之前，实现外围面的拔模操作，得到如图 7.148 所示零件模型。

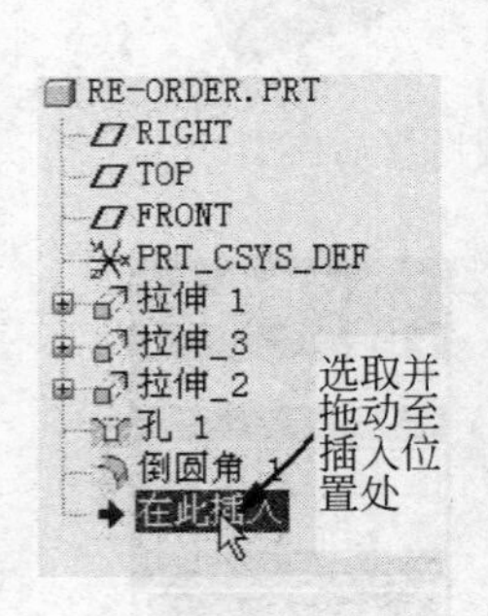

图 7.146　模型树

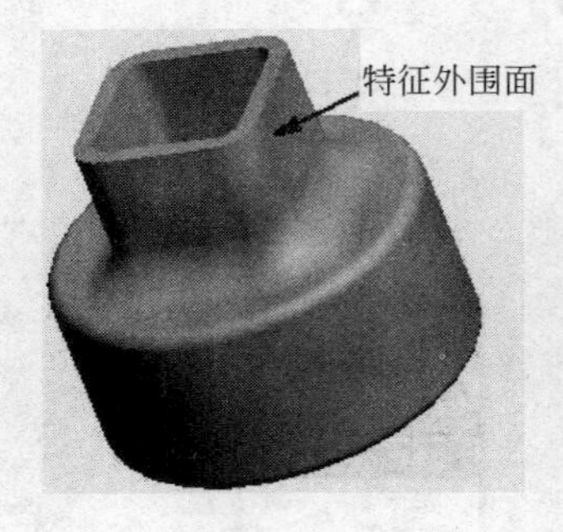

图 7.147　零件模型

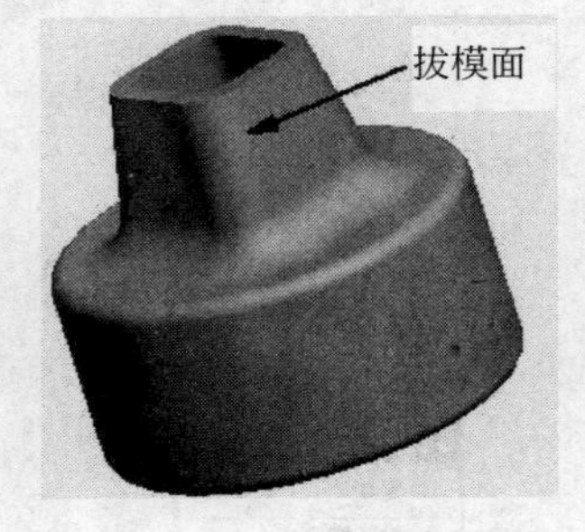

图 7.148　插入拔模特征后的模型

操作步骤如下。

1. 进入插入模式

（1）在【编辑】主菜单中选取【特征操作】选项，在【特征】菜单中选取【插入模式】选项，在【插入模式】菜单中接受缺省的【激活】选项，激活插入模式。也可以在模型树中选取 **在此插入** 图标项，并将其拖动至需要插入特征的位置。

（2）系统提示要求选取一个特征，系统将在此特征之后插入新特征。可在模型树中选取【拉伸 2】项，则图标 **在此插入** 将插入在拉伸 2 特征之后，如图 7.149 所示。在图形区，拉伸 2 特征之后所创建的所有特征都被隐藏，如图 7.150 所示。

2. 创建拔模特征

（1）在右工具箱中选取拔模图标按钮，系统打开拔模操控板。

（2）单击操控板中的【参照】按钮，弹出【参照】面板。

（3）根据系统提示，按下“Ctrl”键在图形区选取如图 7.151 所示四个平面为拔模曲面，选取平面 B 为拔模枢轴参照，接受系统给出的拔模方向参照（如图 7.151 所示平面 B），单击拔模方向文本框之后的【反向】按钮，改变拔模方向。设定完成的拔模参照面板如图 7.152 所示。

（4）在操控板的拔模角度文本框中输入拔模角度值“8.00”，并单击面板右侧的【确定】图标按钮，完成拔模特征的创建，如图 7.153 所示。

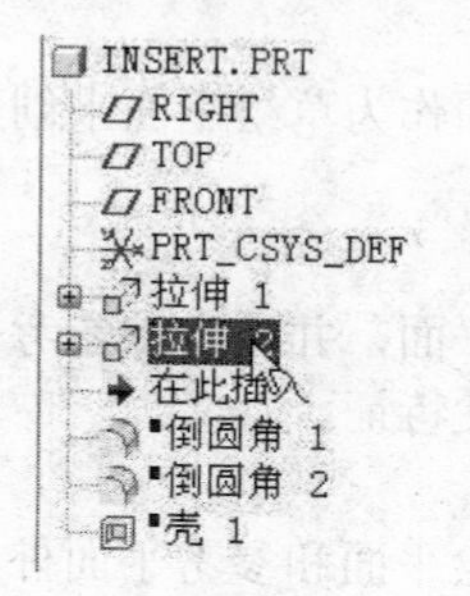

图 7.149　插入模式下模型树

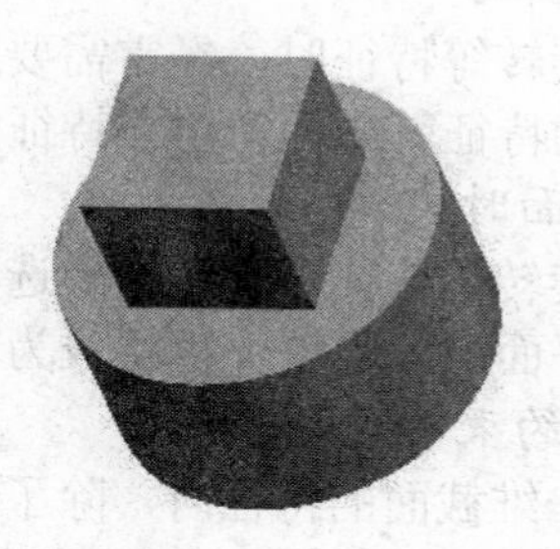

图 7.150　插入模式下零件模型

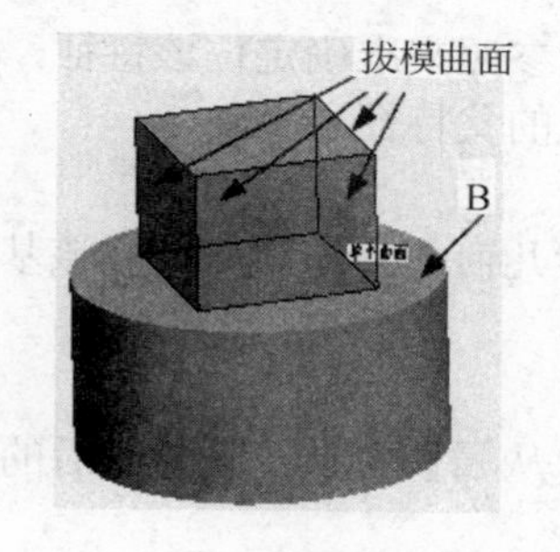

图 7.151　拔模参照选择

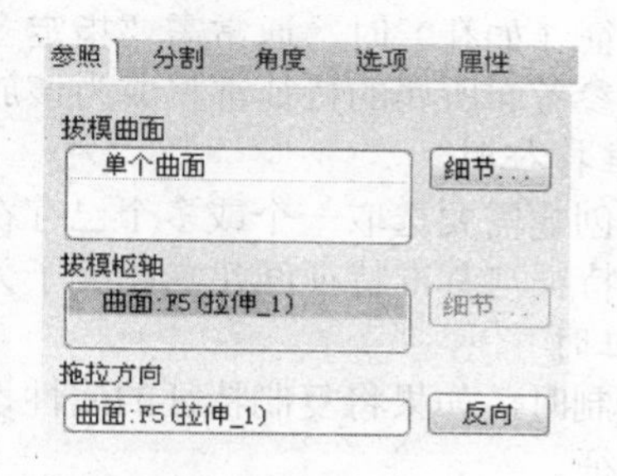

图 7.152　【参照】面板

3. 取消插入模式

（1）在【编辑】主菜单中选取【特征操作】选项，在【特征】菜单中选取【插入模式】选项。

（2）在如图 7.154 所示【插入模式】菜单中选取【取消】选项，弹出【是否恢复隐藏特征】消息框，单击消息框右侧的图标按钮是，恢复隐藏特征并退出插入模式。模型再生后得到如图 7.148 所示模型。也可以在模型树中选取 在此插入 图标，并将其拖动至模型树的最下端，退出插入模式。

图 7.153　拔模特征

图 7.154　【插入模式】菜单

最后结果参看本书所附光盘文件“第 7 章\范例结果文件\charu_fanli01_jg.prt”。

7.7 删除特征

7.7.1 特征之间的父子关系

使用 Pro/E 进行建模时，一些特征是在另外一些特征的基础上创建的，它们需要选取已有的一些特征作为参照。这将会在新特征和所参照的特征之间建立起一种主从关系，这种主从关系被形象地称为特征间的父子关系。被参照的特征被称为父特征，而建立在已有特征基础上的特征被称作子特征。以下几种情况都会在特征间引入父子关系。

1. 选取草绘平面时

在创建拉伸、旋转等特征时，经常需要选取一个平面作为草绘平面来创建特征的二维截面，则选取的平面所在的特征就成为新建立特征的父特征。

2. 选取参考平面时

在创建拉伸、旋转等特征时，还需要选取一个参考平面，并设定该参考平面的方向来放置草绘平面，则该参考平面所属的特征也将成为新建特征的父特征。

3. 选取标注和约束参照时

创建需要绘制二维截面的特征时，除了需要选取草绘平面和参考平面外，还需要选取已存在特征的参考几何来作为标注和约束参照，则已存在特征也会成为新建特征的父特征。

4. 选取放置参照时

创建放置特征（如孔）时，通常需要指定多个放置参照来准确定位该特征，则作为特征放置参照的放置面和参考面所属的特征都将成为该放置特征的父特征。

5. 创建基准特征时

基准特征的创建需要选取一个或多个已存在的参考几何作为参照来定位该基准特征，这也会在参考几何所属特征与基准特征间建立起父子关系。

6. 复制特征时

进行特征复制时，如果将复制特征的属性设定为【从属】类型，则复制后的副本特征将会成为原特征的子特征。

7. 特征阵列时

进行特征阵列时，选取的原始特征将成为父特征，而各个实例特征则成为其子特征。

父子关系在特征间建立起的依赖关系，在很大程度上影响着设计的变更。一方面当在对父特征进行修改时，所有的子特征也随之更改，从而实现参数化设计；另一方面，父子关系的约束和限制将会导致设计变更的失败。如图 7.155 所示，拉伸 1 是拉伸 2 的父特征，而拉伸 2 是减材料特征的父特征。当删除拉伸 2 时，其子特征——减材料特征也将被删除。

因此，在对特征进行删除等操作时，需要了解该特征与其他特征间的父子关系，以便对其子项进行相应的处理。可以在选取特征后，在如图 7.156 所示【信息】主菜单中选取【参照查看器】选项，在弹出的对话框中查看该特征的所有父项和子项，如图 7.157 所示。

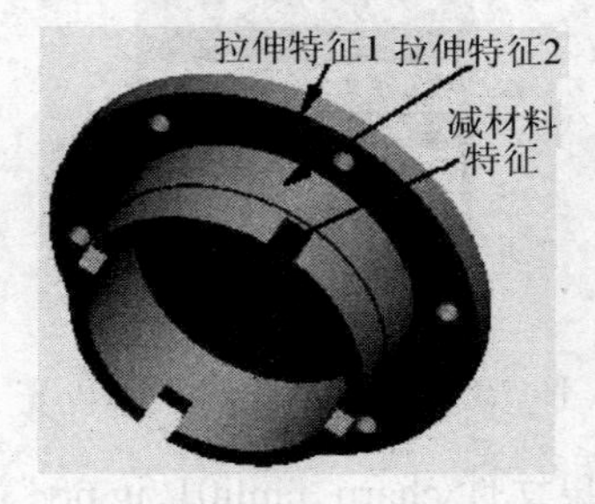

图 7.155 父子关系

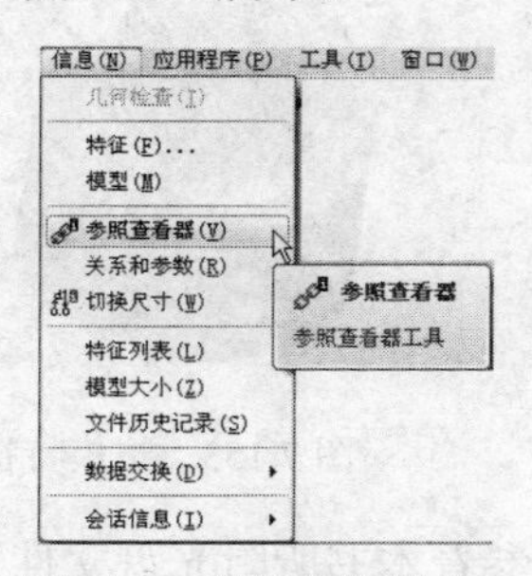

图 7.156 【信息】菜单

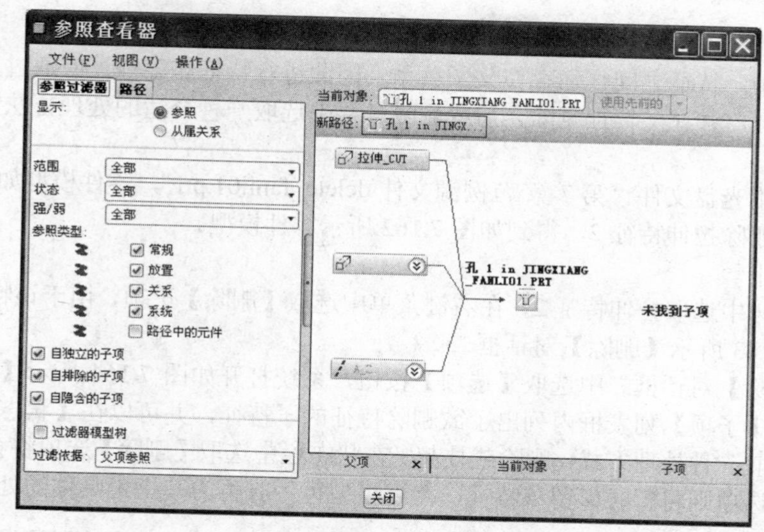

图 7.157　【参照查看器】

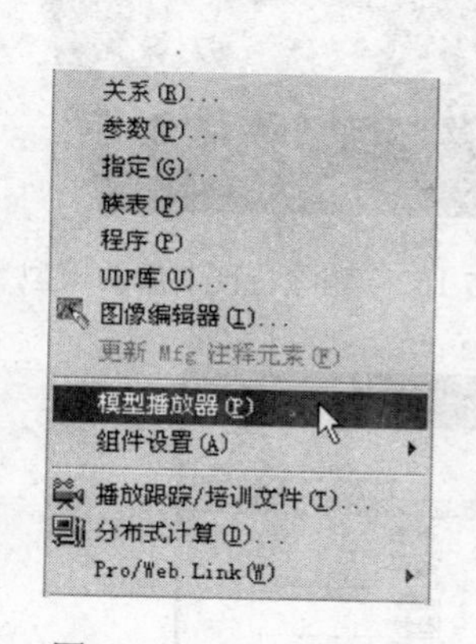

图 7.158　【工具】菜单

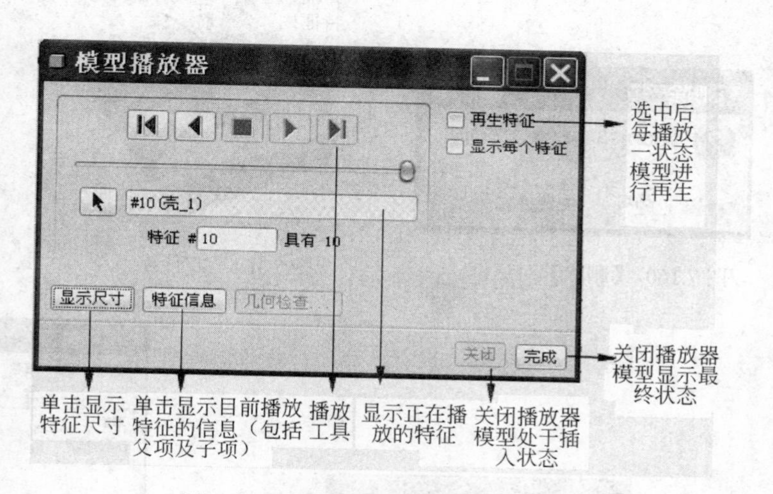

图 7.159　【模型播放器】对话框

此外也可以在如图 7.158 所示【工具】主菜单中选取【模型播放器】选项，打开如图 7.159 所示的【模型播放器】来查看特征的创建顺序以及特征间的父子关系。

在【模型播放器】中查看特征间的父子关系时，首先选取播放工具，当播放至欲查看其父子关系的特征时，单击【模型播放器】对话框中的【特征信息】按钮，系统将弹出浏览器窗口。在浏览器窗口中将列出该特征的父项、子项、特征元素数据、截面数据、层、特征尺寸等信息。

7.7.2　特征的删除方法

在创建模型过程中，有时需要删除某一个或多个特征，此时可使用特征删除工具。

删除特征可以采用以下两种方式。

1. 使用“Delete”键

在图形区或模型树中选取欲删除的特征，然后按下键盘上的“Delete”键，此时弹出如图 7.160 所示【删除】对话框一，单击对话框中的【确定】按钮，即可删除选定特征。

2. 使用右键菜单

在模型树中选取欲删除的对象，在右键菜单中选取【删除】选项，系统同样弹出【删除】对话框，单击其中的【确定】按钮删除选定特征。

在建模过程中，特征之间往往存在父子关系。因此进行特征删除前，应通过上节提到的方法查看特征的子特征，并在父特征删除之前或删除过程中选取一种合适的处理方法解除它们之间的父子关系。

打开本书所附光盘文件“第 7 章\范例源文件\delete_fanli01.prt”，零件模型如图 7.161 所示。现使用删除工具删除拉伸特征 2，得到如图 7.162 所示零件模型。

删除步骤如下。

（1）在模型树中选取拉伸特征 2，在右键菜单中选取【删除】选项，由于该特征具有子特征，因此弹出如图 7.163 所示【删除】对话框二。

（2）在【删除】对话框二中选取【选项】按钮，系统打开如图 7.164 所示【子项处理】对话框。在对话框的【子项】列表框内列出了欲删除特征的子特征，并可以在【状态】栏中为欲删除特征的子特征选取一种处理方式：删除或挂起。在状态栏中选取【删除】选项将会删除该子特征，而选取【挂起】选项则将暂时保留该特征，待到模型再生时再为其指定具体的处理方式。

图 7.160 【删除】对话框一

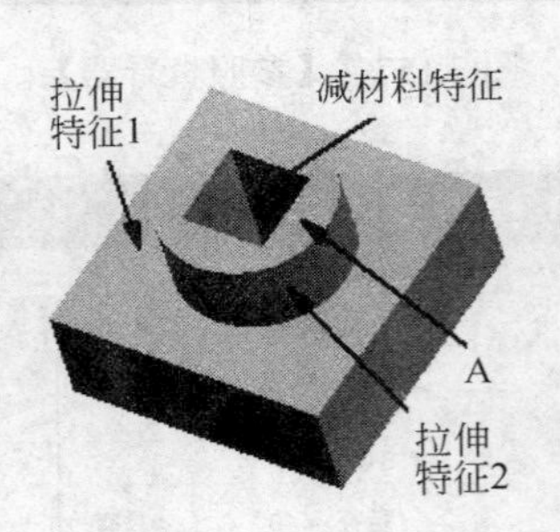

图 7.161 零件模型

图 7.162 删除特征 2 后的模型

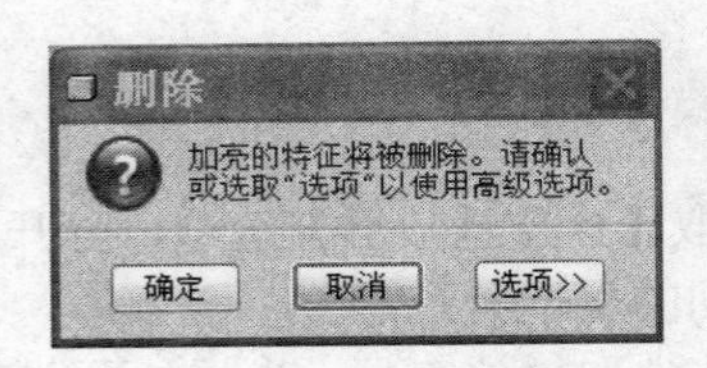

图 7.163 【删除】对话框二

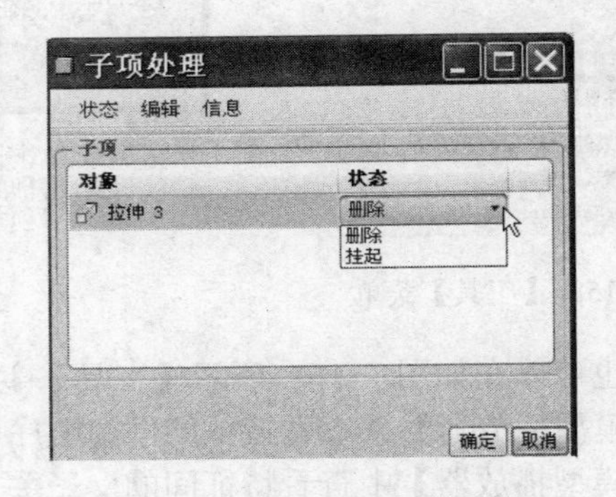

图 7.164 【子项处理】对话框

（3）在【子项】列表框的【状态】栏中为子特征拉伸 3 选取【挂起】处理方式，并单击对话框中的【确定】按钮。系统进行模型的再生，并弹出如图 7.165 所示特征失败确认对话框。在对话框中单击【确定】按钮。模型树中失败特征红色显示，如图 7.166 所示。

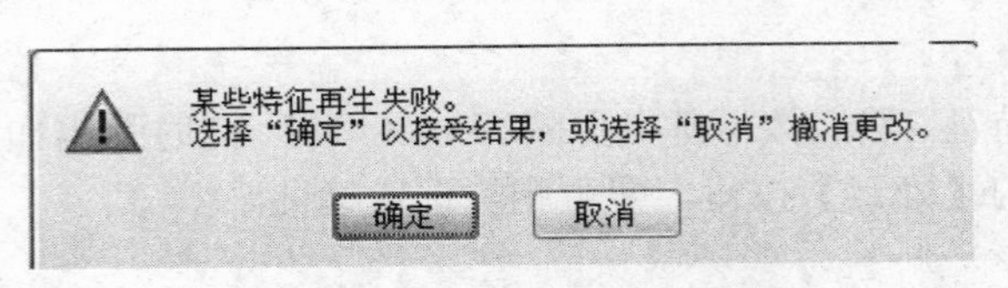

图 7.165 确认特征失败对话框

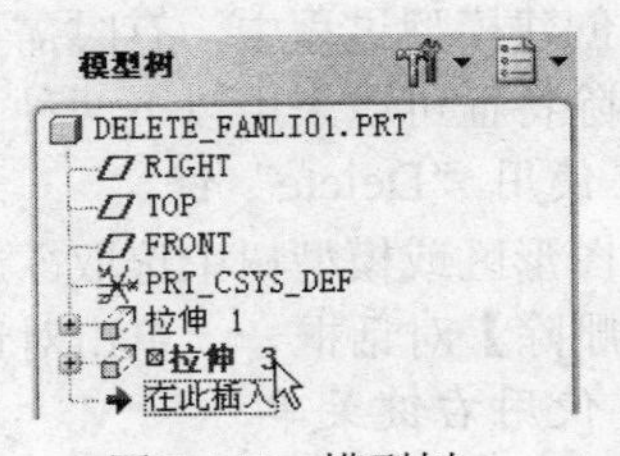

图 7.166 模型树

（4）在模型树中选取失败特征拉伸 3，在右键菜单中选择【编辑定义】选项，打开特征创建操控板。在操控板中单击【放置】按钮，在【草绘】下滑面板中单击【编辑】按钮，弹出如图 7.167 所示【草绘】对话框。对话框中草绘平面参照为失败项，因为拉伸 3 是以被删除的拉伸 2 上的面为草绘平面创建的，拉伸 2 的删除，造成拉伸 3 缺少草绘平面。

（5）在图形区选取如图 7.168 所示平面 A 作为替代草绘平面，在【草绘】对话框中单击【确定】按钮，并在操控板中单击确定图标，得到如图 7.162 所示模型。

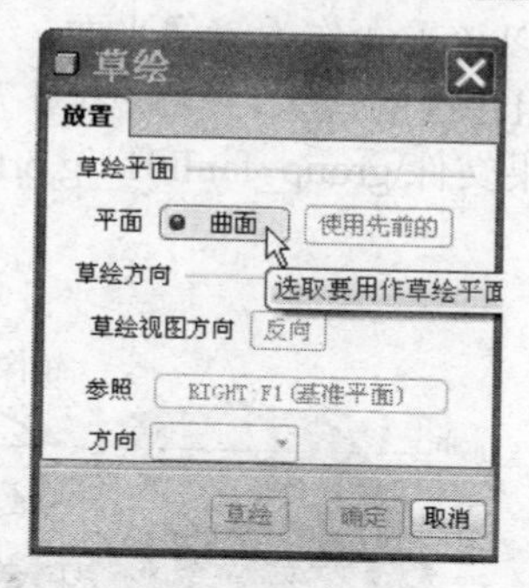

图 7.167 【草绘】对话框

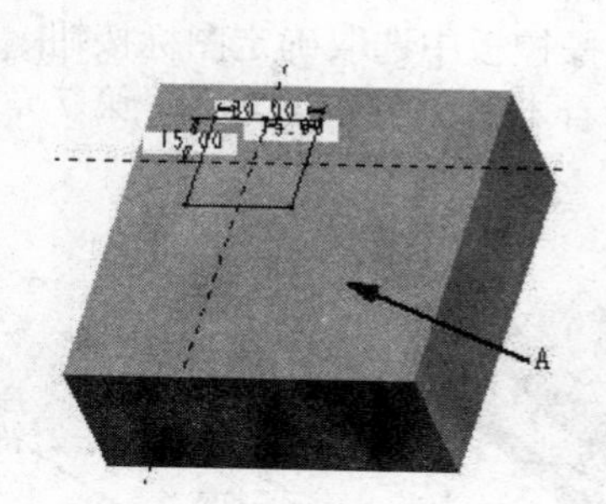

图 7.168 替代参照选取

7.8 特征组

在 Pro/E 建模过程中，有时需要对多个特征执行相同的操作，如将图 7.169 所示三个特征以 FRONT 平面为镜像平面，创建其镜像特征。此时可以使用组命令将这三个特征合并为一个局部组特征，然后执行镜像操作。

组特征是为了便于同时对多个特征执行相同的操作，而将模型中的多个特征合并为一个整体，从而可以将其作为一个特征来进行处理。系统提供两种类型的组特征：用户自定义特征（UDF）组和局部组特征。用户自定义特征组保存在用户自定义特征（UDF）库中，在创建模型时可以将其放置在模型中，从而成为模型中的一个组特征。而局部组只在当前模型中有效，并且组成局部组的多个特征必须是模型树中相邻的特征。

可以采用以下方法建立局部组：在模型树中选取欲放在一个局部组中的多个特征（按下“Ctrl”键选取），在右键菜单中选取【组】选项，如图 7.170 所示。

当需要取消创建的某个局部组时，可选取该局部组特征，在如图 7.171 所示右键菜单中选取【分解组】选项即可取消组特征中的合并关系。

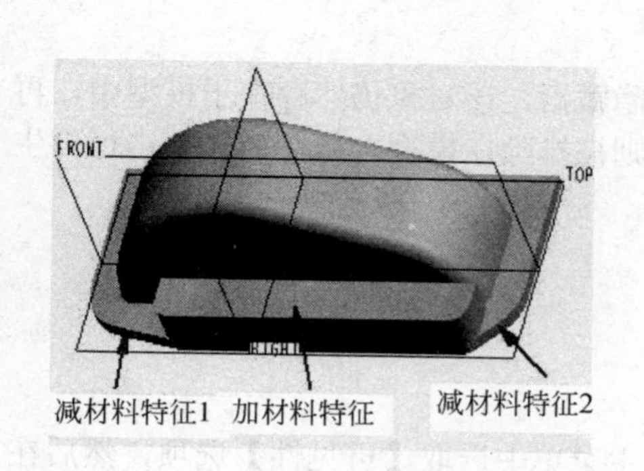

图 7.169 组镜像

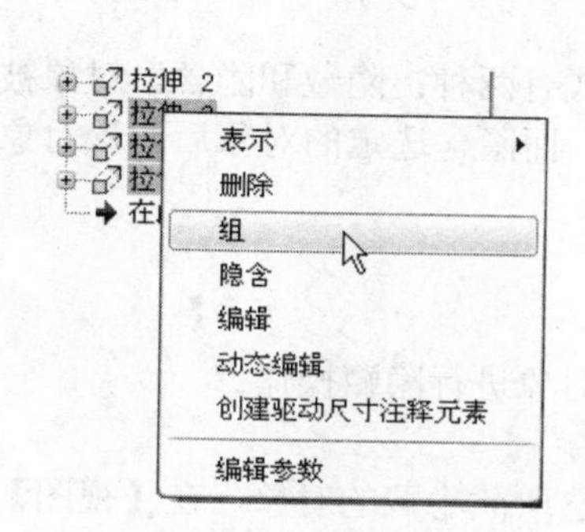

图 7.170 右键菜单创建组

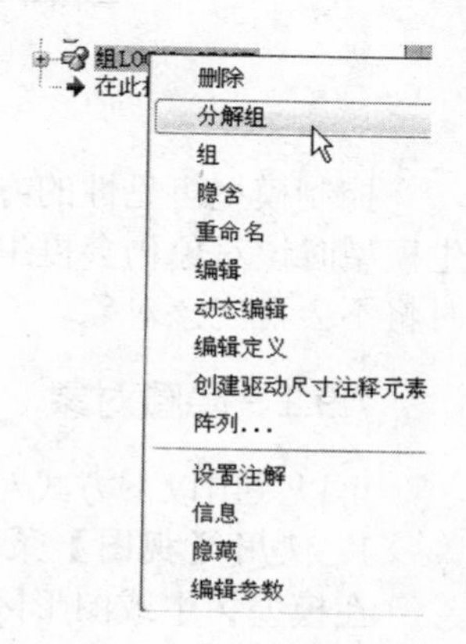

图 7.171 右键菜单分解组

打开本书所附光盘文件“第 7 章\范例源文件\group_fanli01.prt”，零件模型如图 7.169 所示。以下通过建立局部组并对局部组进行镜像得到如图 7.172 所示模型。

操作步骤如下。

（1）按下“Ctrl”键在模型树中选取图 7.169 所示三个特征，并在右键菜单中选取【组】选项，创建一个局部组如图 7.173 所示。

（2）选取上步创建的局部组特征，在右工具箱中选取镜像工具图标，根据提示在图形区或模型树中选取如图 7.174 所示 FRONT 标准基准平面，以该平面作为镜像平面。

（3）在镜像操控板中选取确定图标按钮，完成组特征的镜像，得到如图 7.172 所示模型。

最后结果参看本书所附光盘文件“第 7 章\范例结果文件\group_fanli01_jg.prt”。

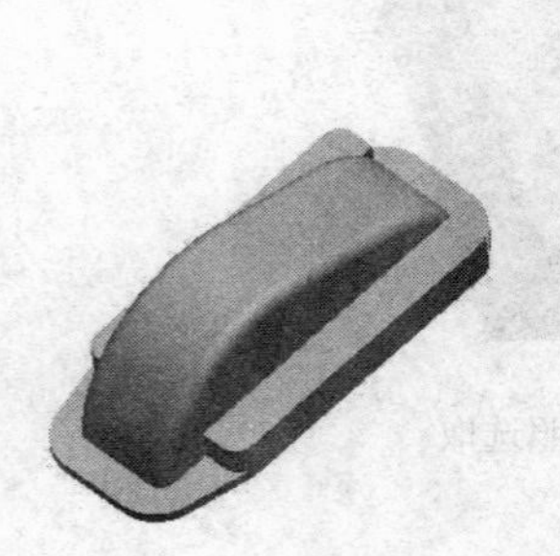

图 7.172　镜像后的模型

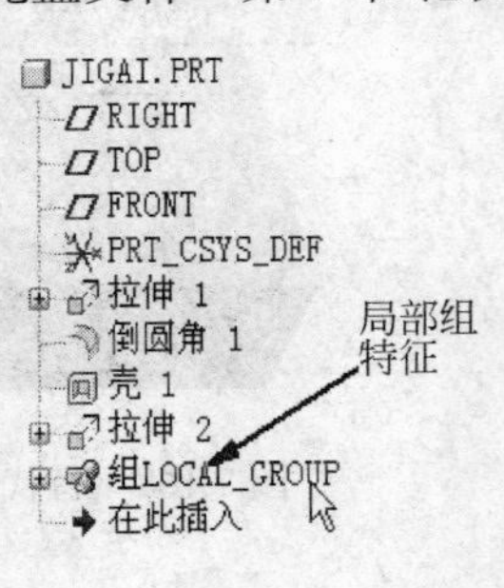

图 7.173　局部组特征

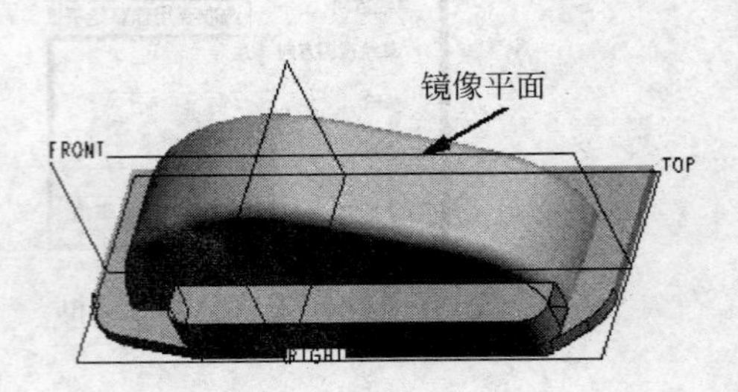

图 7.174　镜像平面选取

7.9　模型的可见性控制

在使用 Pro/E 进行建模时，经常需要创建一些基准特征作为建模的辅助工具。然而，模型创建完成后，这些基准特征的显示将会造成模型显示的杂乱无章，如图 7.175 所示。为此可以使用特征隐藏的方法将这些基准特征隐藏起来。此外，在组件模式下，有时会出现已装配元件阻碍后面元件装配的现象，此时也可以将已装配的元件隐藏起来，以方便后装配元件参照的选取。

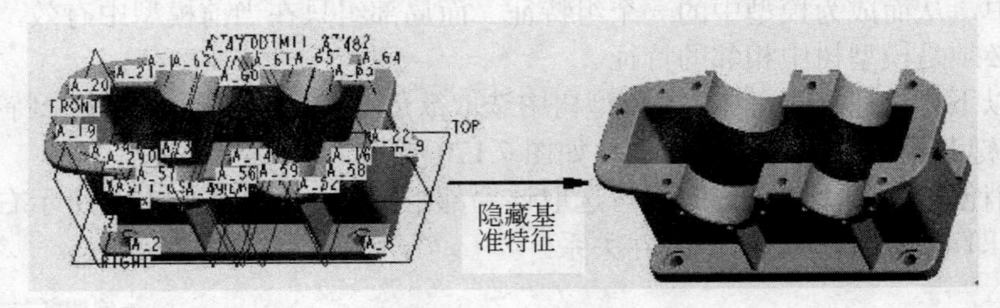

图 7.175　隐藏基准特征

控制模型可见性的方式有两种：隐藏和隐含。对象被隐藏后，该对象仍然存在于模型中，再生模型时该对象仍会再生。而隐含选定的对象后，该对象则被排除在模型之外，对模型进行再生时将不会再生该对象。

7.9.1　隐藏对象

可以采用以下方式对对象进行隐藏操作。

1. 使用【视图】菜单

在模型树中或图形区选取欲隐藏的对象，在【视图】主菜单中选取【可见性】选项，然后在下级菜单中选取【隐藏】选项，选取过程如图 7.176 所示。

2. 使用右键菜单

在模型树中选取欲隐藏的对象，并在弹出的右键菜单中选取【隐藏】选项，即可完成对象的隐藏。

在零件模式下，隐藏对象方式主要用于对基准特征的可见性进行控制。此外，也可以对模型中含有轴、平面、坐标系的特征进行隐藏（如孔特征），但隐藏后实体特征在模型区仍可见，不可见的只是特征中所包含的基准特征。如图 7.177 所示模型，在隐藏了孔特征之后，仅孔轴线不可见。

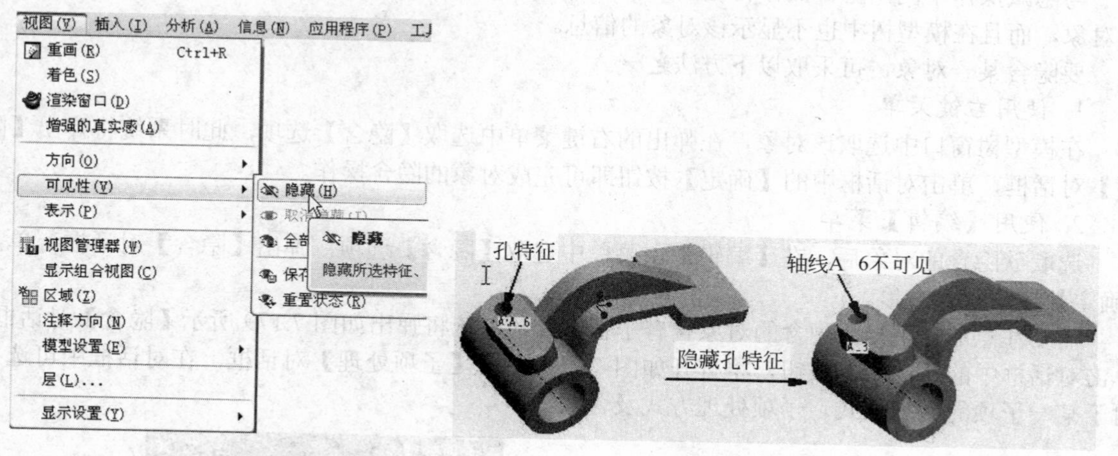

图 7.176 隐藏对象菜单选取

图 7.177 隐藏孔特征

在组件模式下，隐藏对象方式可用于控制选定元件的可见性以及基准特征的可见性。例如装配轴承外圈时，由于较多的基准特征以及已装配的滚动体元件的影响，造成装配约束参照选取困难，此时可将滚动体和保持架特征隐藏，如图 7.178 所示。

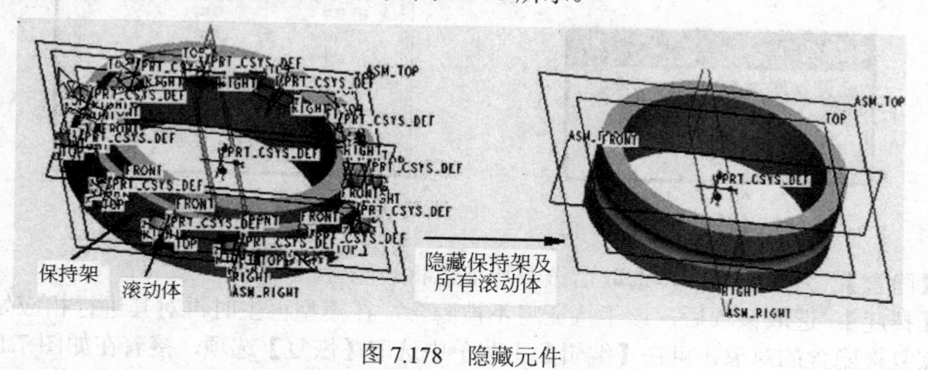

图 7.178 隐藏元件

当将某特征设为隐藏后，该隐藏状态仅在当前情况下存在。如果希望特征的隐藏状态被保存起来，则可以在【视图】主菜单中选取【可见性】选项，然后在下级菜单中选取【保存状态】选项。这样当下次打开该模型时，特征的这种隐藏状态将仍然存在。

某特征或元件被隐藏后，可以通过以下方法取消其隐藏状态。

1. 使用视图菜单

在模型树中或图形区选取被隐藏的对象，在【视图】主菜单中选取【可见性】选项，然后在下级菜单中选取【全部取消隐藏】选项。该操作将取消当前视图中所有被隐藏的对象的隐藏状态。

2. 使用右键菜单

在模型树中选取被隐藏的对象，并在弹出的右键菜单中选取【取消隐藏】选项。该操作仅取消该选定对象的隐藏状态。

7.9.2 隐含对象

上述隐藏操作可使被隐藏的基准特征在图形区不可见，但在模型树中仍保留该特征，只是特征的图标呈灰色显示。而被隐藏的含有基准轴、平面和坐标系的实体特征在图形区仍然可见，只是它所包含的基准特征不可见。

与隐藏操作不同，隐含操作将使被隐含的对象被排除在模型之外，因此不仅在图形区看不到该对象，而且在模型树中也不显示该对象的信息。

要隐含某一对象，可采取以下方法之一。

1. 使用右键菜单

在模型树窗口中选取该对象，在弹出的右键菜单中选取【隐含】选项，此时系统将弹出【隐含】对话框，单击对话框中的【确定】按钮即可完成对象的隐含操作。

2. 使用【编辑】菜单

选取欲隐含的对象后，在【编辑】主菜单中选取【隐含】选项，弹出【隐含】对话框，单击【确定】按钮隐含对象。

需要注意的是，当欲隐含的对象含有子特征时，系统将弹出如图 7.179 所示【隐含】对话框，单击对话框中的【选项】按钮，将打开如图 7.180 所示【子项处理】对话框，在对话框中可选择对于某一子项的处理方式。子项处理方式及含义如下。

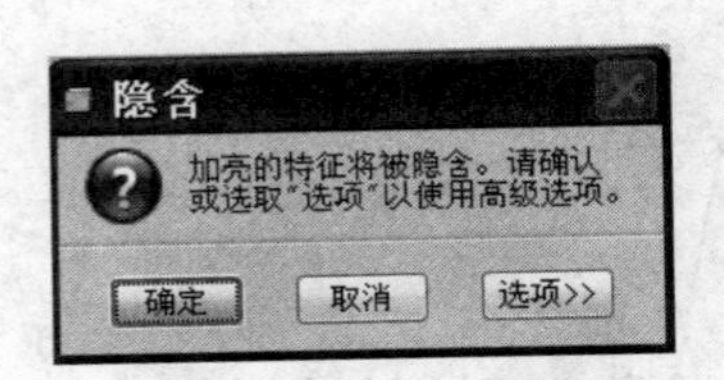

图 7.179 【隐含】对话框

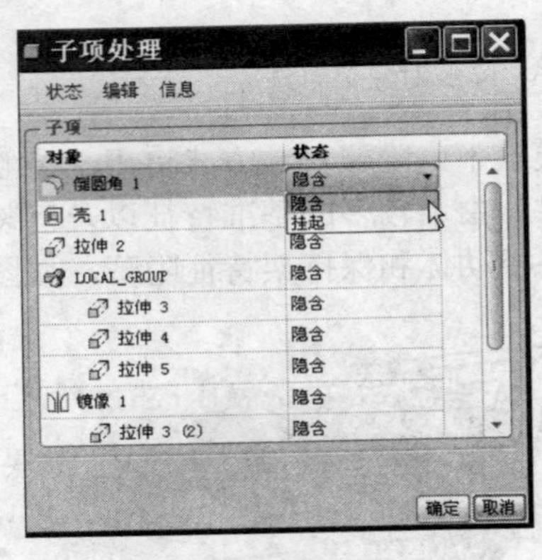

图 7.180 【子项处理】对话框

- 【隐含】：为缺省选项，选取后该子特征也将被隐含。
- 【挂起】：选取该项后，该子特征将不被隐含，在模型再生时再对其进行相应处理。

要恢复被隐含的对象，可在【编辑】主菜单中选取【恢复】选项，接着在如图 7.181 所示下级菜单中选取相应选项以恢复模型，各选项意义如下。

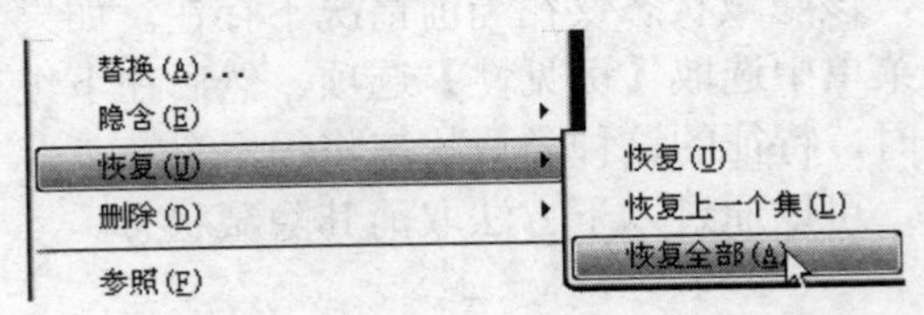

图 7.181 【恢复】对象菜单

- 【恢复】：选取后将仅恢复选定的项目。
- 【恢复上一个集】：选定后将仅恢复上一个隐含的特征集。

- 【恢复全部】：选取后将恢复所有的隐含特征。

7.10　特征再生失败及处理

7.10.1　特征再生失败的原因

创建特征或对特征进行重新定义、删除和隐含等操作时，有时会遇到特征再生失败的情况。引起特征再生失败的原因主要有以下几个方面。

1. 缺少设计参照

当对特征进行删除、重新排序或重新定义操作后，使子特征所依赖的设计参照不存在或发生较大变化。

2. 指定了不恰当的方向参数

创建特征时，如果指定了不恰当的方向参数也会造成特征失败。如在创建筋特征时指定了如图 7.182 所示的材料侧方向。

3. 设定了不合适的尺寸参数

例如在创建扫描特征时，如果扫描轨迹不合适，或者扫描截面的尺寸过大，都会引起特征的失败。

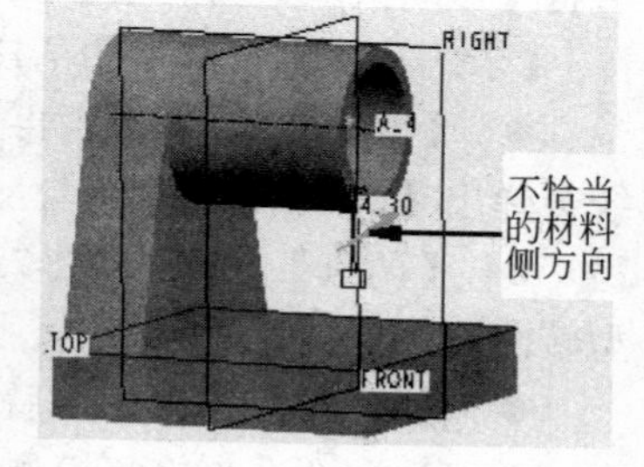

图 7.182　不恰当的材料侧方向

在默认情况下，Pro/E 5.0 再生失败时的模式设置为非解决模式。因此，如果使用的是特征设计工具来创建特征，则在特征失败后系统将弹出如图 7.183 所示【故障排除器】对话框，在该对话框中给出了特征再生失败的相关信息。错误诊断完成后，可以单击操控板上的退出暂停模式图标按钮▶，以进一步修改设计参数或参照。如果正在进行的操作引起其他特征出现失败，完成该操作后弹出如图 7.184 所示特征再生失败对话框。单击对话框中的【确定】按钮，可看到模型树中失败特征名称呈红色。之后可选中失败特征，右键菜单选取【编辑定义】选项对失败特征进行处理。

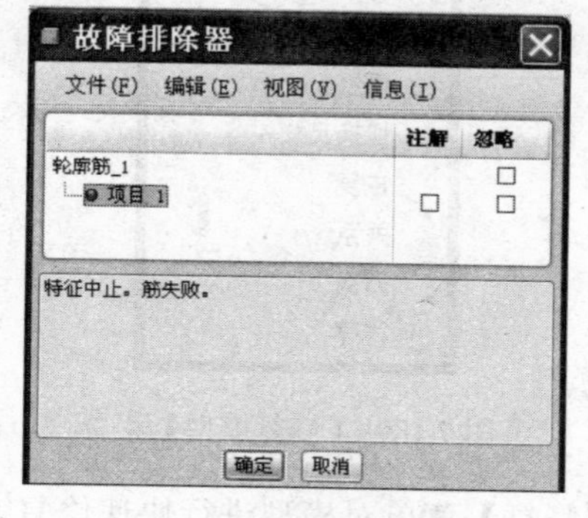

图 7.183　【故障排除器】对话框

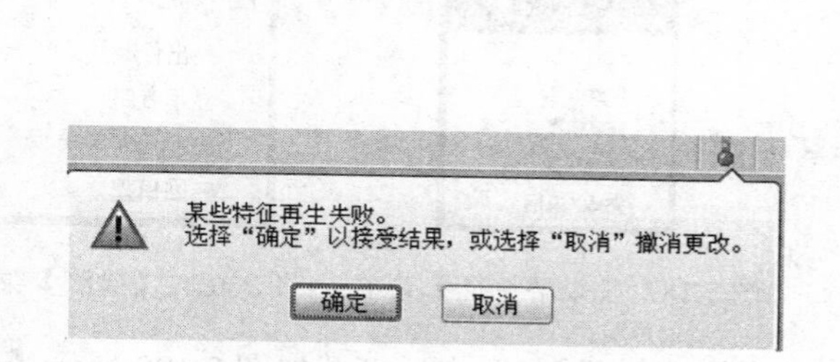

图 7.184　特征再生失败菜单

特征失败时，单击图形区上方的图标，打开如图 7.185 所示再生管理器。在管理器对话框中依次单击【首选项】→【失败处理】→【解决模式】，然后在对话框中单击【再生】按钮，则直接打开如图 7.186 所示【诊断失败】对话框和图 7.187 所示【求解特征】菜单来解决特征的再生失败问题。

特征再生失败后，失败的特征及其后面的所有特征均不会再生，在图形区仅显示失败特征在其最后一次再生成功时的状态。并且【文件】主菜单下的保存功能不能使用，必须在特征失败解

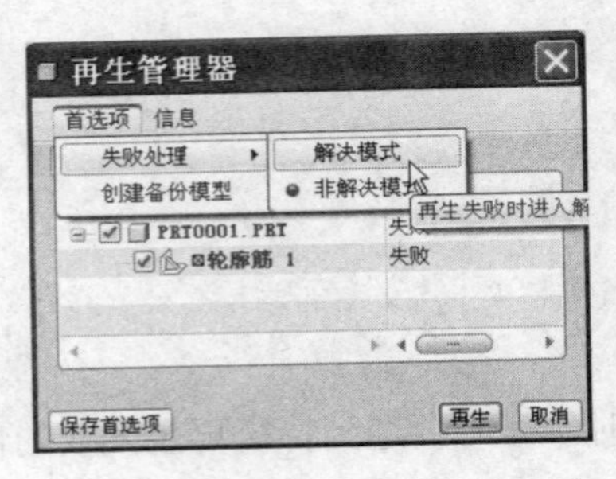

图 7.185 【再生管理器】对话框

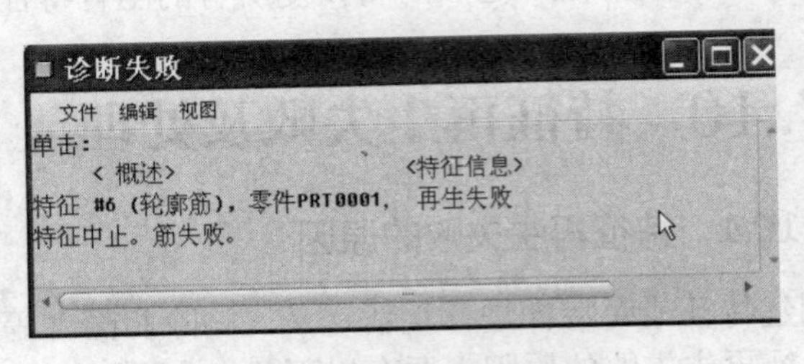

图 7.186 【诊断失败】窗口

决后才可保存文件。

7.10.2 特征失败诊断及解决

特征失败后，可以在如图 7.186 所示的【诊断失败】窗口中了解特征再生失败的原因。然后可将【诊断失败】窗口最小化，并使用【求解特征】菜单中的相应选项修复失败特征。

【求解特征】菜单如图 7.187 所示，菜单中各选项含义如下。

- 【取消更改】：取消再生失败的操作，返回到模型最后成功再生的状态。选取此选项后系统会弹出【确认信息】菜单，选取【确认】选项即可取消失败的操作。
- 【调查】：打开如图 7.188 所示【检测】菜单以调查再生失败原因、显示参照信息或将模型转回至选定位置。
- 【修复模型】：单击后弹出如图 7.189 所示【修复模型】菜单，将模型修复到失败前的状态，并可选取命令来修复模型中存在的问题。

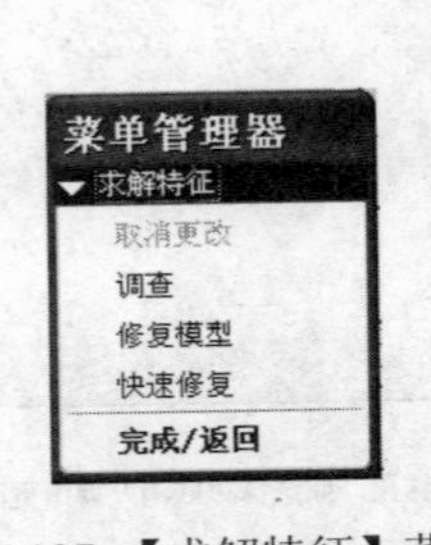

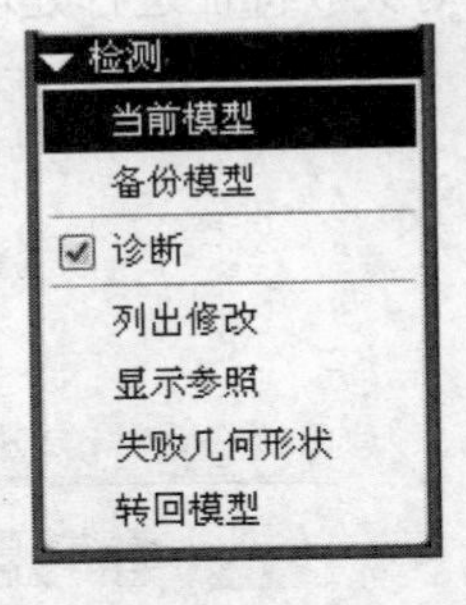

修复模型
当前模型
备份模型
特征
修改
再生
切换尺寸
恢复
关系
剖面
程序

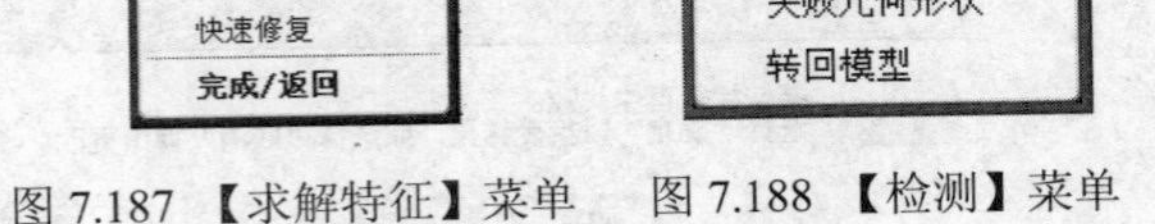

图 7.187 【求解特征】菜单　图 7.188 【检测】菜单　图 7.189 【修复模型】菜单

- 【快速修复】：单击后打开如图 7.190 所示【快速修复】菜单对模型进行快速修复。

图 7.189 所示【修复模型】菜单中各选项含义如下。

- 【当前模型】：选取后将对当前打开的失败模型执行修复操作。
- 【备份模型】：对备份模型执行修复操作，当前模型将在另一个单独的窗口中显示。
- 【特征】：选取后将打开如图 7.191 所示【特征】菜单对模型进行相应操作。
- 【修改】：选取后打开如图 7.192 所示【修改】菜单修改特征尺寸。
- 【再生】：再生修改后的模型。
- 【切换尺寸】：在尺寸的数值显示和符号显示之间进行切换。

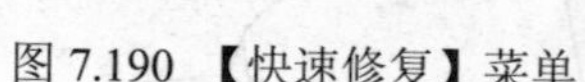

图 7.190 【快速修复】菜单

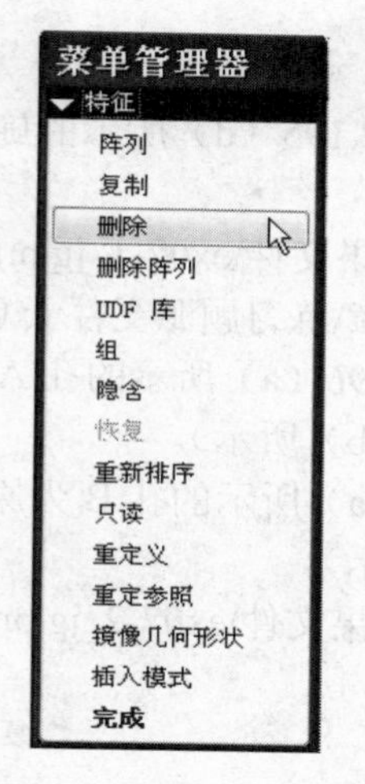

图 7.191 【特征】菜单

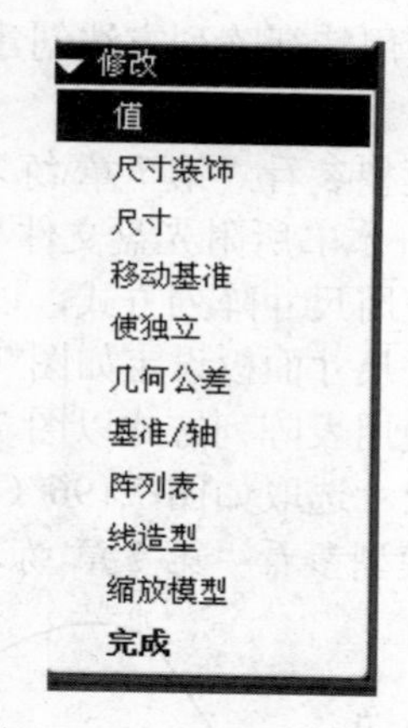

图 7.192 【修改】菜单

- 【恢复】：将模型的尺寸、参数、关系等恢复到失败前的状况。
- 【关系】：添加、删除或修改模型中的关系，以再生模型。
- 【剖面】：选取后打开【视图管理器】对话框以创建、修改或删除模型中的剖截面。
- 【程序】：选取后打开【程序】菜单以访问 Pro/PROGRAM 模块。

在实际对于特征失败进行处理时，常使用如图 7.190 所示【快速修复】菜单选项进行模型的修复。各选项含义如下。

- 【重定义】：重新进入失败特征的创建过程以定义失败特征。
- 【重定参照】：弹出重定参照菜单，重新定义失败特征的所有参照或缺少的参照。
- 【隐含】：隐含失败的特征及其子特征。
- 【修剪隐含】：隐含失败的特征及其随后的所有特征。
- 【删除】：删除失败的特征。

对失败特征修复完成后，系统将弹出如图 7.193 所示是否退出解决特征模式的【YES/NO】菜单，选取其中的【Yes】选项将退出解决特征模式。

图 7.193 【YES/NO】菜单

总结与回顾

本章主要介绍特征的各种操作方法，包括特征的复制、阵列、修改、插入、删除、模型可见性控制以及特征失败的诊断与处理等。如果设计人员能将这些特征操作的知识和技巧与各种特征工具的熟练使用相结合，就可以高质、高效地完成复杂的设计任务。

思考与练习题

1. 打开本书所附光盘文件“第 7 章\练习题源文件\ex07-1.prt”，零件模型如图 7.194（a）所示。

（1）使用特征复制方式复制 7.194（a）图中的孔特征，得到图 7.194（b）、（c）所示孔特征。

（2）将如图 7.195（a）所示孔特征合并为一个组特征，创建如图 7.195（b）所示的镜像特征。

（3）使用平移复制方法复制如图 7.195（c）所示孔特征，得到如图 7.195（c）所示平移孔特征。

（4）使用旋转复制方法（旋转 30°）复制如图 7.195（c）所示的平移孔特征，得到如图 7.195

（d）所示特征。

（5）使用特征阵列方法创建如图 7.195（d）所示的旋转复制孔特征，得到如图 7.195（e）所示模型。

最终模型参看“第 7 章\练习题结果文件\ex07-1_jg.prt”。

2. 打开本书所附光盘文件“第 7 章\练习题源文件\ex07-2.prt”，零件模型如图 7.196（a）所示。

（1）使用尺寸阵列方式，以图 7.196（a）所示的孔 A 为原始特征创建图 7.196（c）所示二维旋转阵列（尺寸面板设定如图 7.196（b）所示）。

（2）使用表阵列方式以图 7.196（a）所示的孔 B 为原始特征创建图 7.196（e）所示的表阵列特征（表尺寸选取如图 7.196（d）所示）。

最终模型参看“第 7 章\练习题结果文件\ex07-2_jg.prt”。

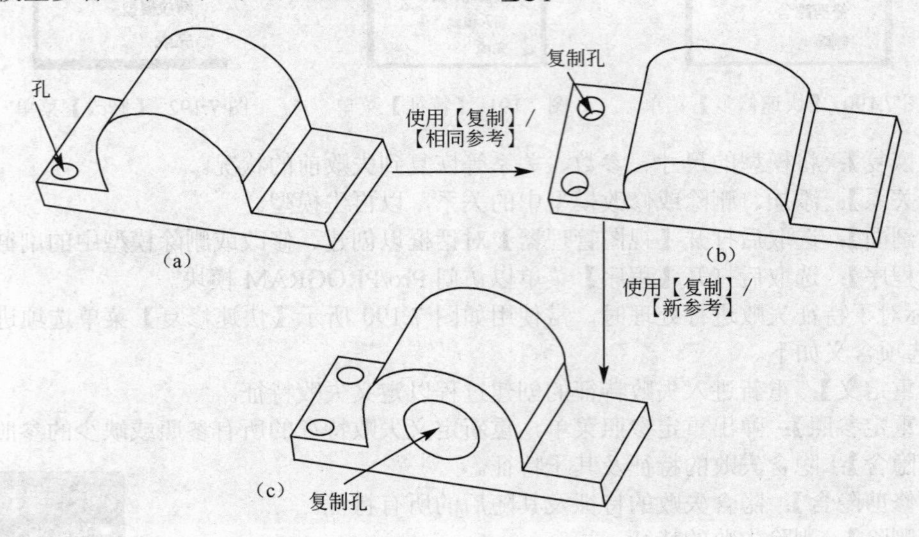

图 7.194 特征复制

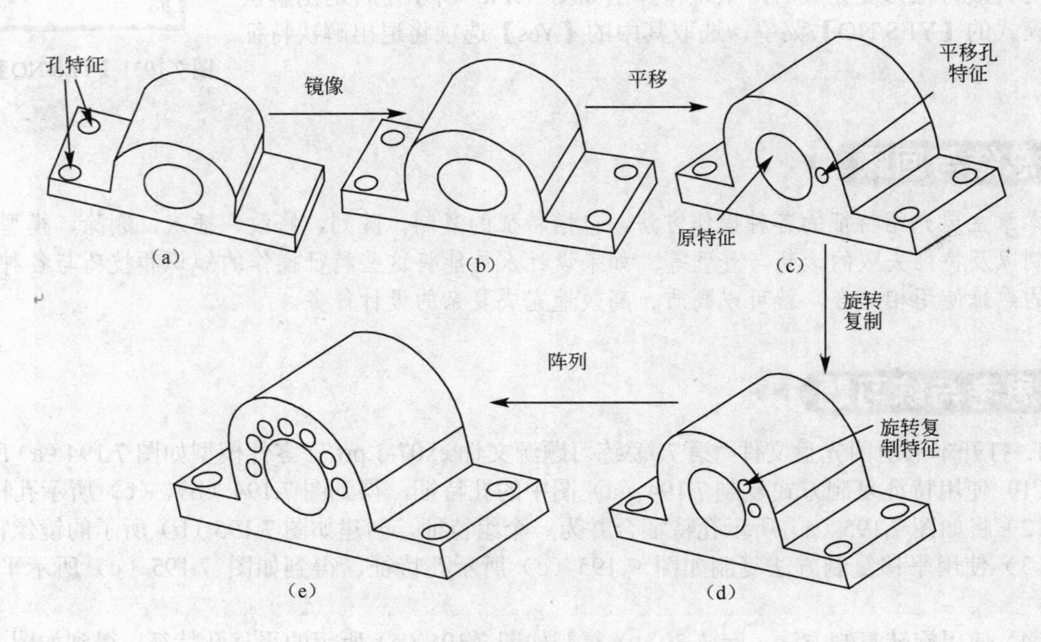

图 7.195 特征复制阵列

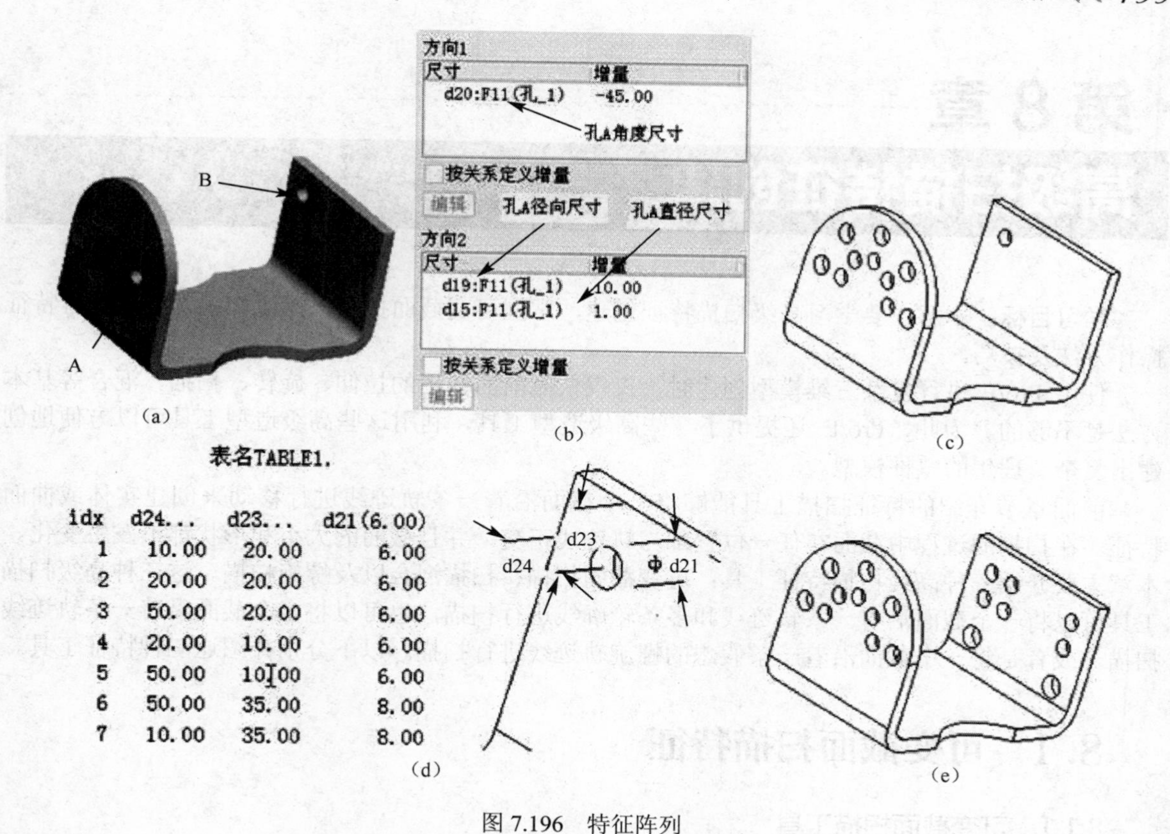

表名TABLE1.

idx	d24...	d23...	d21(6.00)
1	10.00	20.00	6.00
2	20.00	20.00	6.00
3	50.00	20.00	6.00
4	20.00	10.00	6.00
5	50.00	10.00	6.00
6	50.00	35.00	8.00
7	10.00	35.00	8.00

图 7.196　特征阵列

第 8 章 高级扫描特征创建

学习目标：本章主要学习高级扫描特征创建，掌握可变截面扫描、螺旋扫描和扫描混合特征操作方法及技巧。

使用 Pro/E 进行复杂三维模型创建时，仅仅依靠前面介绍的拉伸、旋转、扫描、混合等基本方法是不够的。为此，Pro/E 还提供了一些高级造型工具，利用这些高级造型工具可以方便地创建出复杂、理想的零件模型。

前面章节介绍的特征扫描工具能够将一个截面沿着一条轨迹线进行移动来创建实体或曲面特征。在扫描的过程中截面在任一位置都与轨迹线正交，并且截面的大小和形状都不发生变化。本章主要介绍三种高级扫描特征工具：可变截面扫描、扫描混合以及螺旋扫描。这三种高级扫描工具可以将一个截面沿着一条轨迹线和多条轮廓线进行扫描，也可以将多个截面沿着一条轨迹线扫描，或者是将一个截面沿着一条假想的螺旋轨迹线进行扫描。以下分别介绍这三种特征工具。

8.1 可变截面扫描特征

8.1.1 可变截面扫描工具

可变截面扫描工具可以创建截面变化的扫描特征。该特征是由一个截面沿着一条原点轨迹线和一条或多条链轨迹线进行扫描得到的。在扫描的过程中，如果扫描截面的边界通过扫描轨迹线、链轨迹线与草绘平面交点的话，则扫描截面的形状和大小将随原点轨迹及链轨迹的变化而变化，如图 8.1 所示。此外，将关系式、trajpar 参数以及图形模型基准相结合也可以创建截面形状、尺寸随关系式、图形模型基准变化而变化的扫描特征。

在如图 8.2 所示的【插入】主菜单中选取【可变截面扫描】选项，或者在右工具箱中单击可变截面扫描工具图标，打开如图 8.3 所示的可变截面扫描操控板。操控板中各图标按钮含义如下。

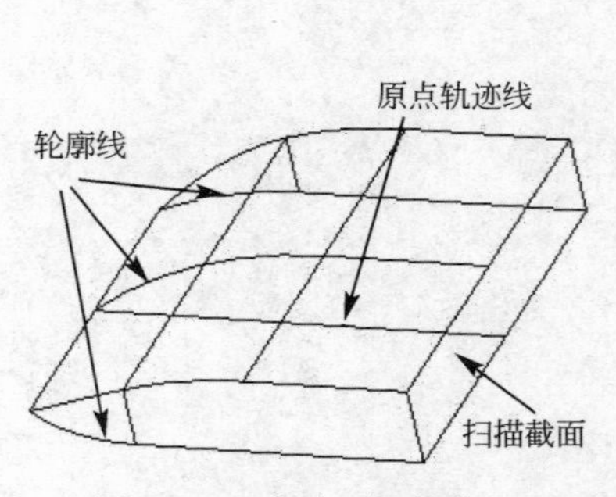

图 8.1 可变截面扫描特征 1

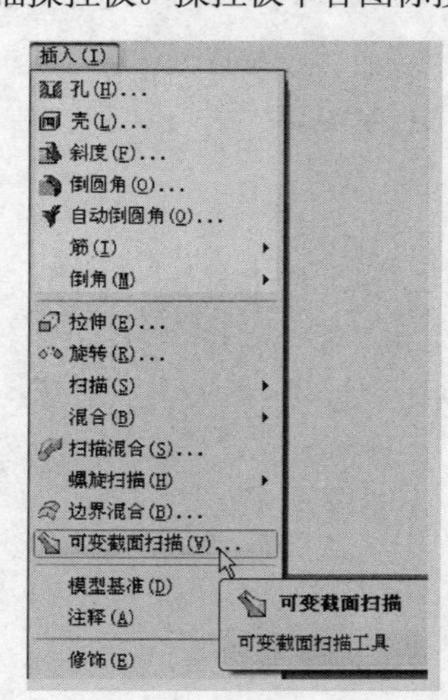

图 8.2 【插入】菜单

□：创建可变截面实体特征。

□：创建可变截面曲面特征。

□：进入二维草绘模式，创建或编辑扫描截面。

□：创建可变截面切减材料特征。

□：创建薄壁可变截面扫描特征。

□：当创建薄壁或切减材料特征时，单击可调整切减材料特征的材料侧方向或薄壁特征加厚材料的方向。

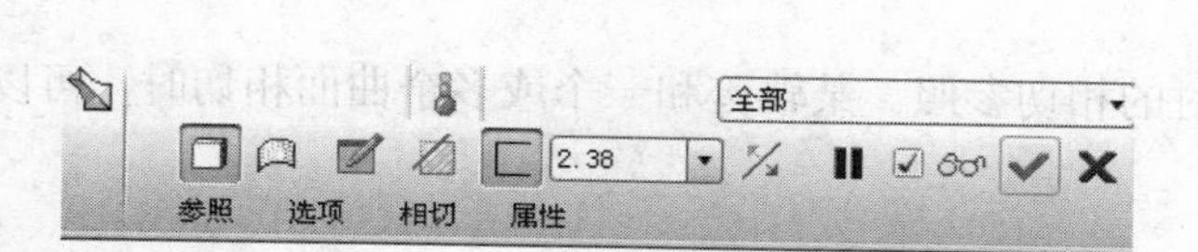

图 8.3　可变截面扫描操控板

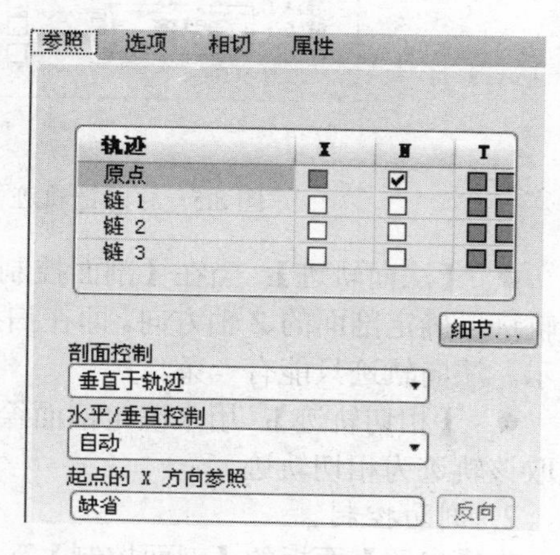

图 8.4　【参照】面板

在如图 8.3 所示操控板中单击【参照】按钮，打开如图 8.4 所示【参照】面板，在该面板中可以选取用于控制扫描截面大小和形状的扫描轨迹，定义扫描过程中的剖面控制方式、水平/垂直控制方式以及起点的 X 轴参照。

【参照】：单击打开参照面板以选取扫描轨迹线、链轨迹，设定剖面控制方式等。

【选项】：单击打开选项面板以设置截面类型及草绘放置点。

【相切】：选取相切轨迹以控制可变截面扫描曲面特征。

【属性】：可重命名可变截面扫描特征，并可查看该特征信息。

1. 扫描轨迹

扫描轨迹包括两类：原点轨迹和链轨迹。

原点轨迹用于引导截面进行移动，在移动过程中截面的原点始终落在该轨迹上。也就是说原点轨迹是扫描截面原点的运动路径。原点轨迹可以由多段线条组成，但这些线条之间必须是相切的。原点轨迹不可以删除，但可以在轨迹列表中选中原点轨迹后，在图形区再选取另外一条曲线，就可以用所选曲线替换原来的原点轨迹。

链轨迹用于控制扫描过程中截面的变化，它和截面的交点形成控制点，以控制截面的形状和大小。对于不是 X 轨迹、法向轨迹或相切轨迹的链轨迹，可以在右键菜单中选取【移除】选项，或按下“Ctrl”键的同时在图形区单击该轨迹将其移除，如图 8.5 所示。

打开【参照】面板后，选取的第一条轨迹为原点轨迹。链轨迹的选取需要按下“Ctrl”键依次选取。在轨迹列表中可以通过单击轨迹旁的【X】、【N】复选框，将该轨迹设定为 X 轨迹或法向轨迹。如果某轨迹和一个或多个曲面相切，还可以选中轨迹后的【T】复选框，使其成为切向轨迹。上述三种轨迹属性的含义如下。

● 【X 轨迹】：当在【剖面控制】栏中选取【垂直于轨迹】或【恒定法向】选项，并在【水平/垂直控制】栏中选取【X 轨迹】选项时，需要选取某链轨迹作为 X 轨迹以确定剖面的 X 轴方向，即截面的 X 轴通过选定的 X 轨迹和扫描截面的交点，如图 8.6 所示。注意，原点轨迹不可以为 X 轨迹，并且 X 轨迹只能有一条。

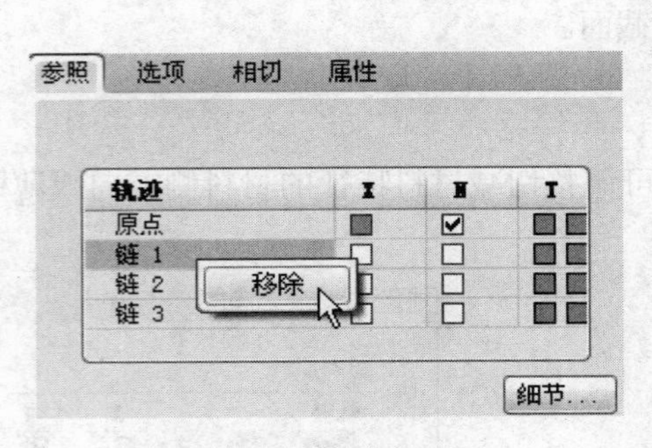

图 8.5　移除链轨迹

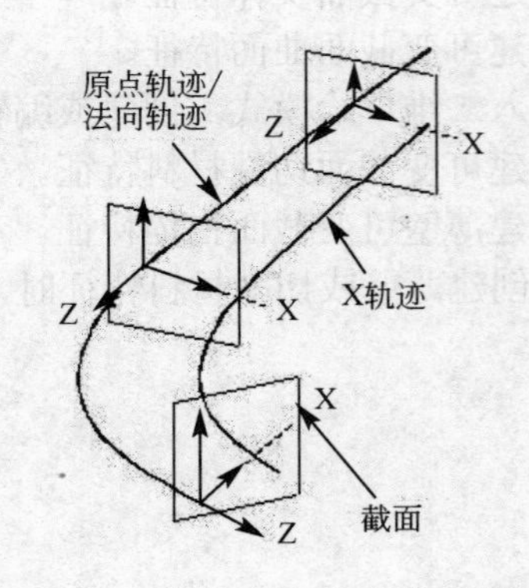

图 8.6 【垂直于轨迹】+【X 轨迹】

● 【法向轨迹】：当在【剖面控制】栏中选取【垂直于轨迹】方式时，需要选取某轨迹为法向轨迹以确定剖面的 Z 轴方向。即在扫描过程中扫描截面将始终与选定的法向轨迹垂直，如图 8.6 所示。法向轨迹只能有一条。

● 【相切轨迹】：用来确定剖面绘制时的相切参照。某轨迹和一个或多个曲面相切时，可以选取该轨迹为相切轨迹。

2. 剖面控制

在【参照】面板的【剖面控制】下拉列表框中可以选取扫描剖面的定向方式，如图 8.7 所示。

● 【垂直于轨迹】：剖面在扫描过程中与法向轨迹线保持垂直。即剖面的 Z 轴方向沿着法向轨迹的切线方向，如图 8.8 所示。

● 【垂直于投影】：剖面的 Y 轴垂直于指定的投影参照平面，Z 轴沿着原点轨迹在投影参照上的投影曲线的切向方向，如图 8.9 所示。

● 【恒定法向】：剖面的 Z 轴方向始终沿着指定参照所指定的方向，如图 8.10 所示。

3. 水平/垂直控制

【水平/垂直控制】栏用于控制截面扫描时的扭转形状。在【参照】面板的【水平/垂直控制】下拉列表框中可选取相应方式。

● 【自动】：自动定位剖面的旋转方向，该方法可使扫描特征有最低程度的扭曲。如果原点轨迹没有任何参照曲面，该项为缺省选项。

● 【X 轨迹】：剖面的 X 轴通过指定的 X 轨迹与扫描截面的交点。

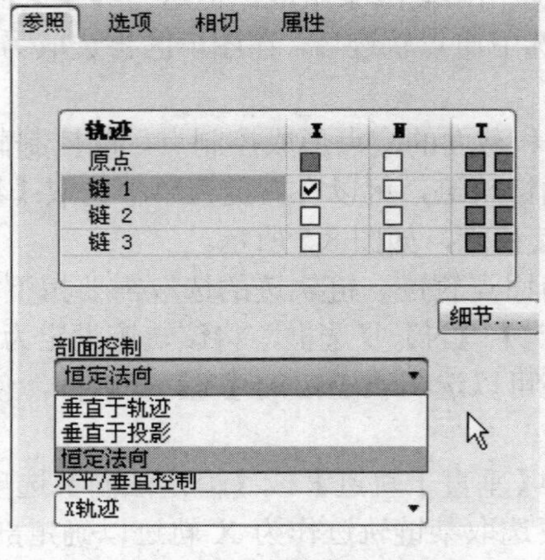

图 8.7 【剖面控制】方式

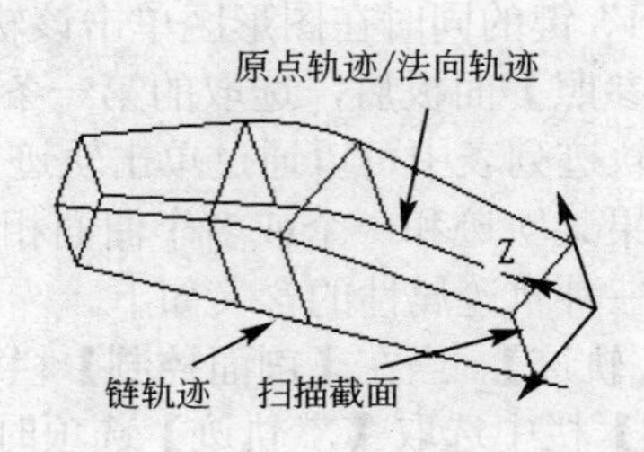

图 8.8 【垂直于轨迹】方式

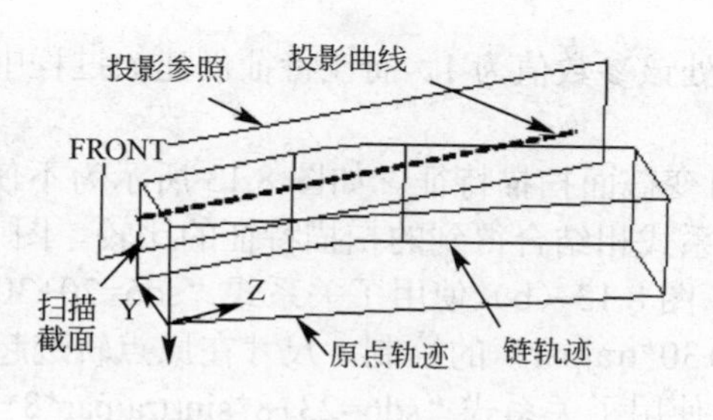

图 8.9 【垂直于投影】方式

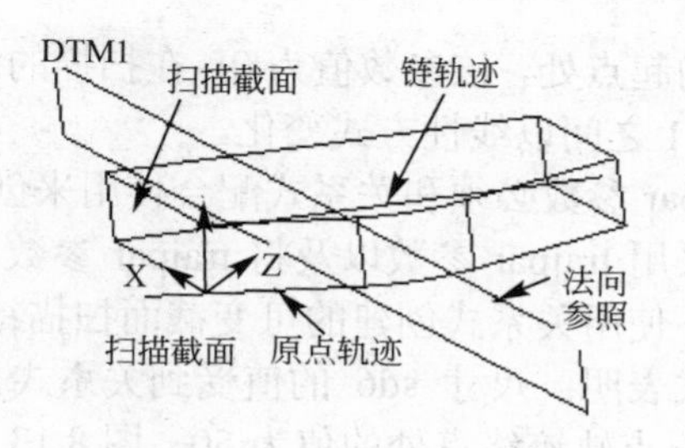

图 8.10 【恒定法向】方式

4. 起点的 X 方向参照

激活【参照】面板【起点的 X 方向参照】栏的文本框，并选取一个参照，则将以参照所定义的方向作为起点剖面的 *X* 轴方向。

5.【选项】面板

如果创建的是可变截面曲面特征，则单击【可变截面扫描】操控板中的【选项】按钮，将弹出如图 8.11 所示【选项】面板，在面板中可以设定扫描的类型以及草绘截面的放置点。如果创建的是实体特征，则在面板中没有【封闭端点】选项。面板中各项含义如下。

- 【可变截面】：选取该选项后，可以通过链轨迹来限制截面的形状，或者使用 trajpar 参数设置的截面关系来控制截面的变化，从而创建可变截面扫描特征。
- 【恒定剖面】：选取该选项后，扫描截面的形状将不随链轨迹的变化而变化。
- 【封闭端点】：仅在创建曲面特征时有此项。选中该项后，扫描曲面特征的首尾两端将会是封闭的，否则是开放的，如图 8.12 所示。
- 【草绘放置点】：系统缺省将草绘截面放置在原点轨迹的起点上。可以通过激活【草绘放置点】文本框，并在图形区选取相应的点，从而将草绘截面的绘制点放在选定的点处。

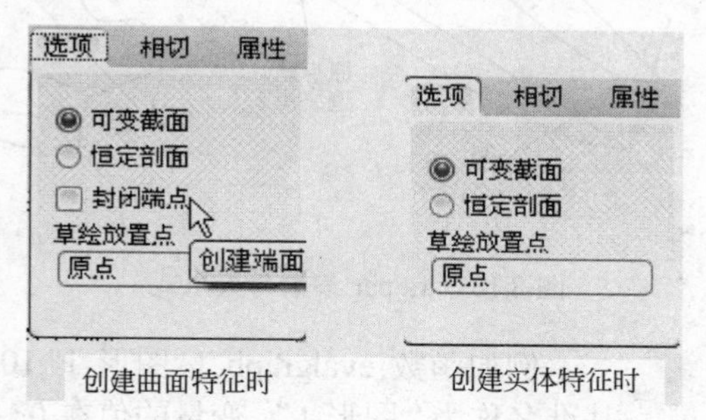

图 8.11 【选项】面板

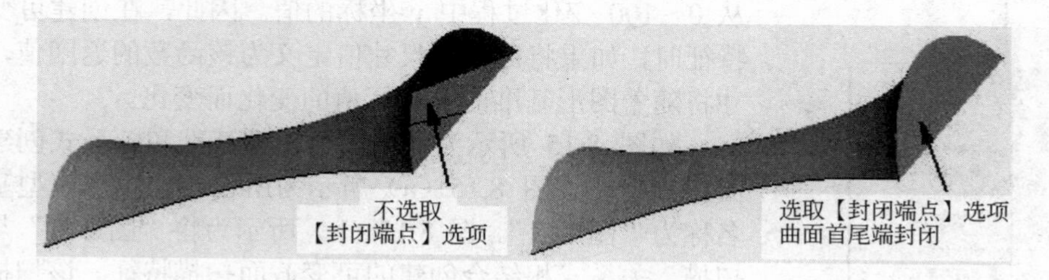

图 8.12 【封闭端点】选项比较

8.1.2 trajpar 参数和关系式的应用

在 Pro/E 中提供了一个被称为“trajpar”的轨迹参数。该参数是一个介于 0～1 之间的变量。

在扫描的起点处，该参数值为 0，在扫描的终点处该参数值为 1。而在特征创建的过程中，参数值将在 0～1 之间以线性方式变化。

trajpar 参数必须和关系式配合使用来创建可变截面扫描特征。如图 8.13 所示为不使用 trajpar 参数、采用 trajpar 参数以及将 trajpar 参数与关系式相结合得到的扫描特征的比较。图 8.13（a）所示为不使用关系式创建的可变截面扫描特征。图 8.13（b）使用了关系式“sd6=20+30*trajpar”。该关系式表明：尺寸 sd6 的值受到关系式“20+30*trajpar”的控制，尺寸在原点轨迹起点处的值为 20，原点轨迹终点处的值为 50。图 8.13（c）使用了关系式“sd6=23+8*sin(trajpar*3*360)”。该关系式表明：尺寸 sd6 的值将以正弦规律进行变化，尺寸的最大值为“31.00”，最小值为“15.00”，尺寸的变化周期为“3”。

除了将 trajpar 参数和关系式搭配使用来创建可变截面扫描特征外，还可以将 trajpar 参数、关系式以及图形模型基准相结合来控制可变截面扫描特征的形成。使用该方法时，首先需要在如图 8.14 所示的【插入】主菜单下依次选取【模型基准】、【图形】选项，为创建的图形模型基准输入名称后，进入二维草绘模式，创建一个“图形”模型基准。然后使用可变截面扫描与关系式，将扫描特征与创建的图形模型基准相结合。

将图形模型基准和可变截面扫描特征相结合时，将用到计算函数 evalgraph（“graphname”, *x*）。函数中“graphname”是创建的图形模型基准的名称，“*x*”是沿着图形模型基准 *X* 轴的坐标值。而函数的返回值是图形模型基准 *y* 坐标的值。

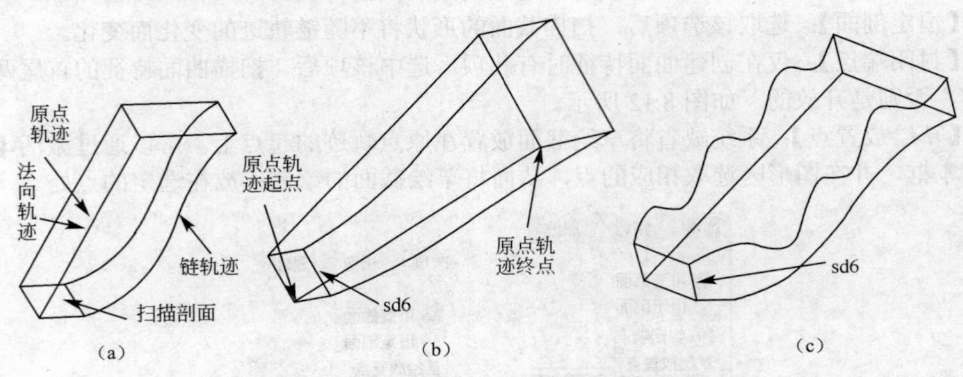

图 8.13　trajpar 参数与关系式

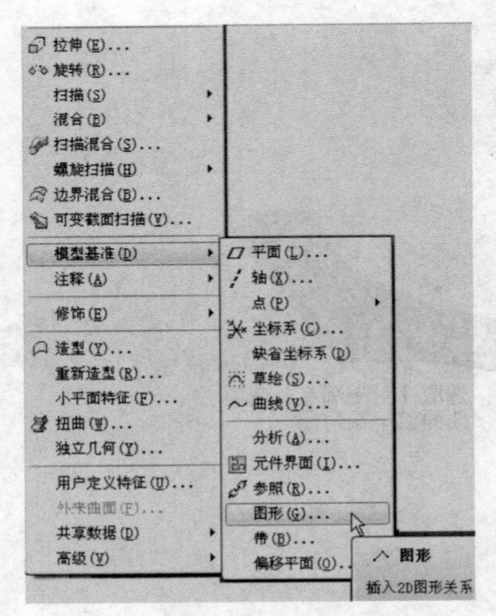

图 8.14　创建图形时的菜单选项

例如函数 evalgraph（"图形 1",100*trajpar）表明：图形模型基准名称为“图形 1”，变量的值在 0～100 之间变化（因为 trajpar 参数的值在 0～1 间变化），函数的返回值是“图形 1”在 *x* 坐标从 0～100 变化过程中 *y* 坐标的值。因此，在创建可变截面扫描特征时，如果将截面的尺寸值定义为该函数的返回值，则截面尺寸将随着图形基准的纵坐标值的变化而变化。

如图 8.15 所示为使用图形模型基准和关系式创建的可变截面扫描特征。图 8.15（a）所示为所创建的图形模型基准特征，名称为“图形 1”。图 8.15（b）所示为将“图形 1”与可变截面扫描、关系式相结合创建的可变截面扫描特征。该扫描特征的截面尺寸“sd4”的值为计算函数 evalgraph（“图形 1”，100*trajpar）的返回值。由于计算函数的返回值随着图形 1 的 *y* 坐标值的变化而变化，从而使得模型的高度尺寸也随之进行变化。

上述两种情况下可变截面扫描特征的创建将在 8.1.3 节中做

详细介绍。

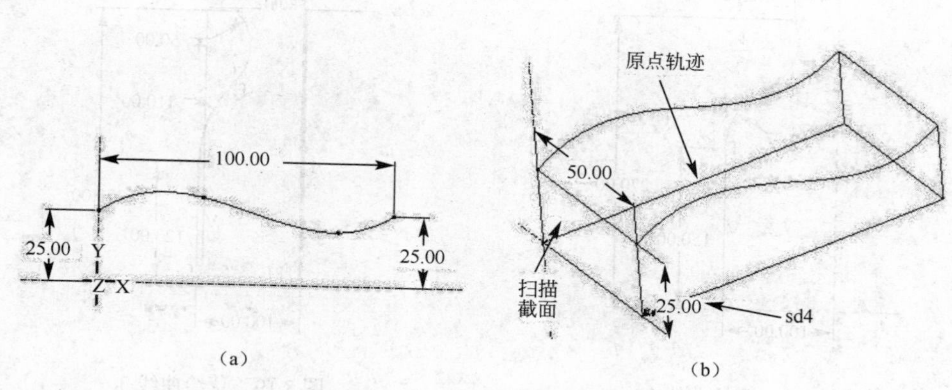

图 8.15　图形与关系式配合使用

8.1.3　创建可变截面扫描特征

本节将通过几个实例介绍可变截面扫描特征的创建过程。

1. 可变截面扫描（垂直于轨迹）

以下使用垂直于轨迹截面控制方式创建图 8.16 所示模型，创建步骤如下。

（1）新建一个零件类型的文件，名称为“kebian_fanli01_jg”，使用“mmns_part_solid”模板。

（2）在右工具箱中单击草绘基准曲线图标，弹出【草绘】对话框。在图形区选取 FRONT 标准基准平面为草绘平面，接受系统缺省的草绘视图方向和草绘视图放置参照，并在【草绘】对话框中单击【草绘】按钮，进入二维草绘环境。

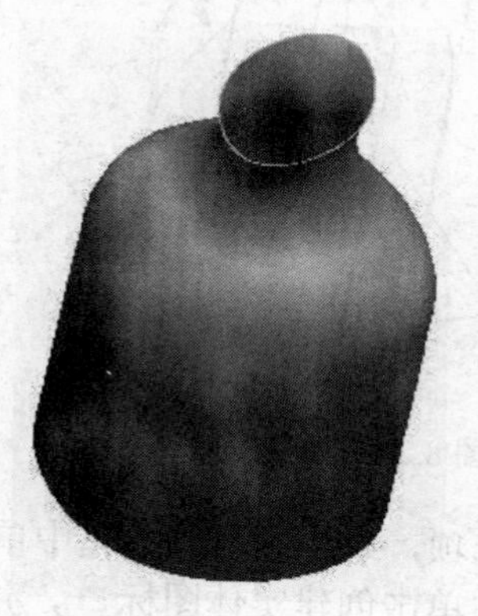

图 8.16　零件模型

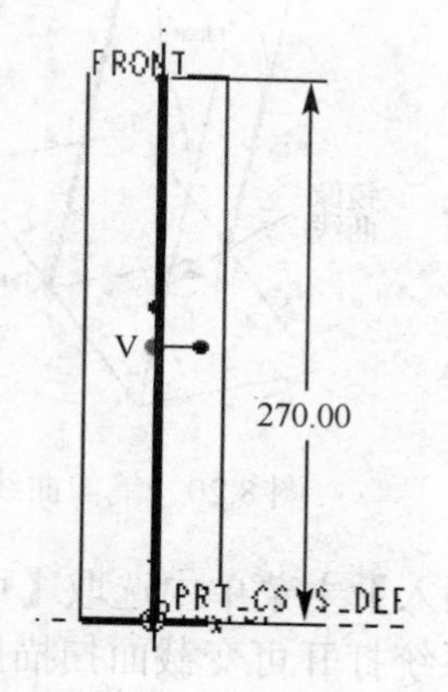

图 8.17　草绘曲线 1

（3）在图形区绘制如图 8.17 所示直线，单击右工具箱中的确定图标按钮，完成草绘曲线 1 的创建。该曲线将作为稍后创建的可变截面扫描特征的原点轨迹。

（4）重复上述步骤（2），进入二维草绘模式，绘制如图 8.18 所示曲线，单击右工具箱中的确定图标，完成草绘曲线 2 的创建。该曲线为可变截面扫描特征的链轨迹之一。

（5）在右工具箱中单击草绘基准曲线图标，在图形区选取 RIGHT 标准基准平面为草绘平面，接受系统缺省的草绘视图方向以及草绘视图放置方式，在【草绘】对话框中单击【草绘】按钮，进入二维草绘环境。

（6）在图形区绘制如图 8.19 所示曲线，单击右工具箱中的确定图标按钮，完成草绘曲线 3 的创建。该曲线为可变截面扫描特征的另一条链轨迹。

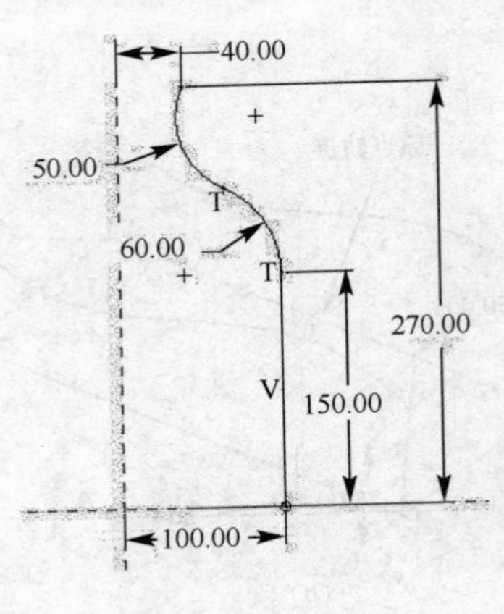

图 8.18　草绘曲线 2

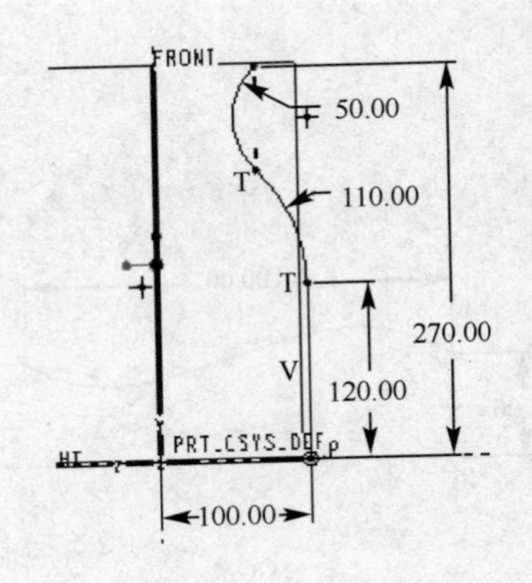

图 8.19　草绘曲线 3

（7）在图形区或模型树中选取步骤（4）中创建的草绘曲线 2，在右工具箱中单击镜像工具图标，打开镜像操控板。根据系统提示选取标准基准平面 RIGHT 为镜像平面，完成后单击镜像操控板中的确定图标按钮，得到可变截面扫描特征的第三条链轨迹，如图 8.20 所示。

（8）在图形区或模型树中选取步骤（6）中创建的草绘曲线 3，在右工具箱中单击镜像工具图标，选取标准基准平面 FRONT 为镜像平面，完成后单击操控板中的确定图标按钮，得到可变截面扫描特征的第四条链轨迹，如图 8.21 所示。

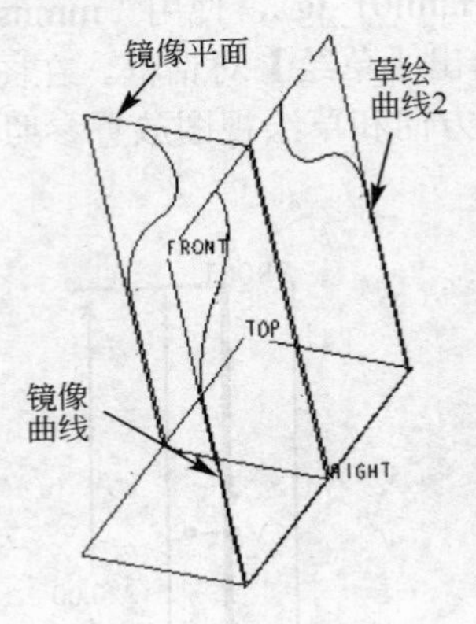

图 8.20　镜像曲线

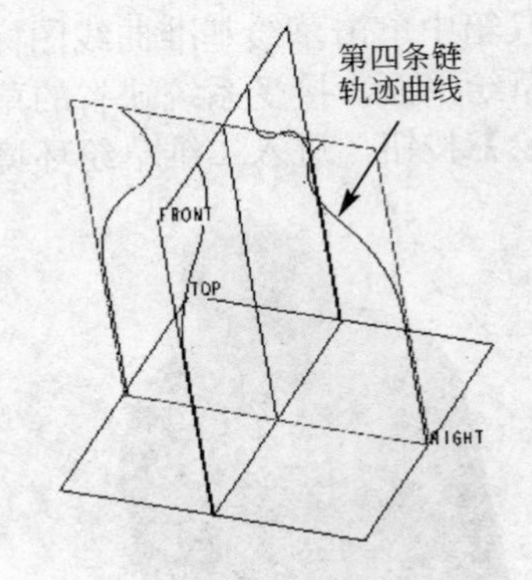

图 8.21　第二条镜像曲线

（9）在【插入】主菜单中选取【可变截面扫描】选项，或者在右工具箱中单击可变截面扫描工具图标，系统打开可变截面扫描操控板。在面板中单击创建实体图标，并单击【参照】按钮，弹出【参照】面板。

（10）在图形区选取步骤（3）中创建的草绘曲线 1 为原点轨迹，按下“Ctrl”键依次选取步骤（4）、（6）、（7）、（8）中创建的曲线作为链轨迹，选取的曲线如图 8.22 所示。然后，在【剖面控制】下拉列表中选取【垂直于轨迹】选项，在【水平/垂直控制】下拉列表框中选取【自动】选项，在【起点的 X 方向参照】栏中接受【缺省】选项，设定完成的【参照】面板如图 8.23 所示。

（11）在可变截面扫描操控板中单击创建或编辑扫描剖面图标，进入二维草绘模式。在草绘模式下使用样条曲线工具绘制如图 8.24 所示扫描截面图。注意，选取链轨迹的端点作为样条曲线的控制点，这样才能使扫描截面随着链轨迹形状的变化而变化。

（12）截面绘制完成后，单击右工具箱中的确定图标，并在可变截面扫描操控板中单击确定按钮，完成可变截面扫描实体特征的创建，如图 8.25 所示。

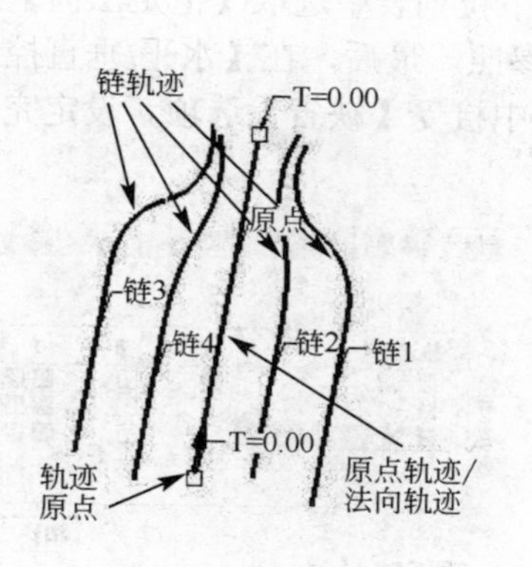

图 8.22　轨迹选取

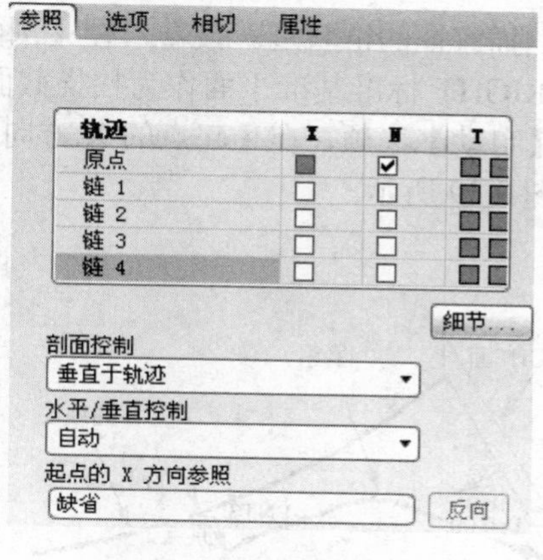

图 8.23 【参照】面板 2

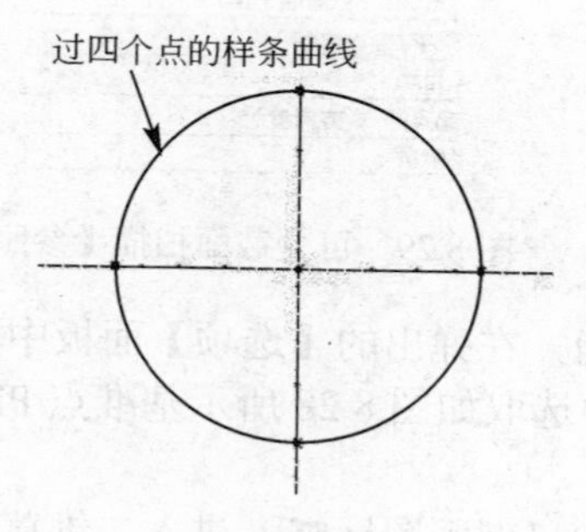

图 8.24　扫描截面 1

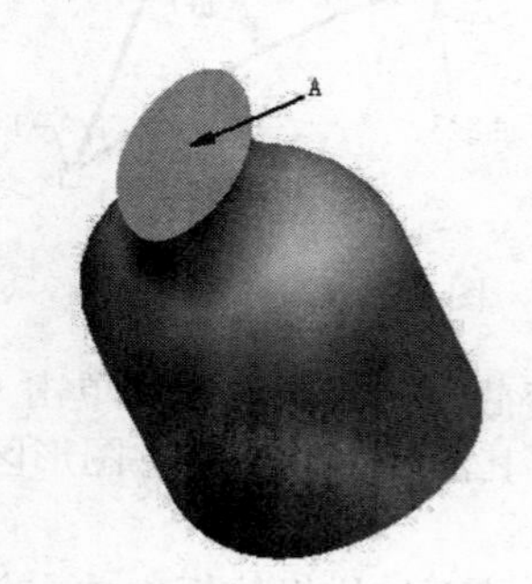

图 8.25　可变截面扫描特征 2

（13）在【插入】主菜单中选取【壳】选项，或者在右工具箱中单击壳特征工具图标，打开壳特征操控板。在操控板的【厚度】文本框中输入壳特征的厚度值“5.00”，并在图形区选取图 8.25 所示 A 平面作为移除的面。最后，在操控板中单击确定图标，完成壳特征的创建。最后完成的模型如图 8.16 所示。

（14）保存文件。

最后结果请参看本书所附光盘文件“第 8 章\范例结果文件\kebian_fanli01_jg.prt”。

2. 可变截面扫描（恒定法向）

打开本书所附光盘文件“第 8 章\范例源文件\kebian_fanli02.prt”，文件中有如图 8.26 所示三条曲线和三个基准点。以下使用这三条曲线创建如图 8.27 所示可变截面扫描特征。创建步骤如下。

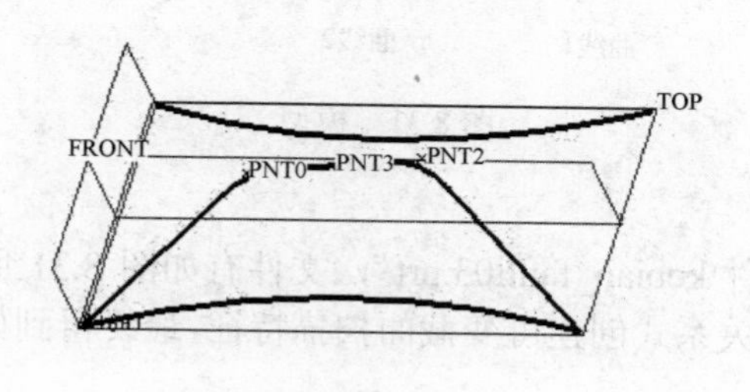

图 8.26　零件模型 2

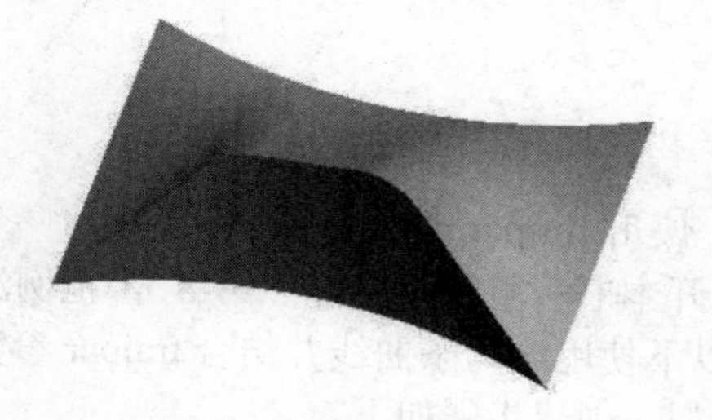

图 8.27　可变截面扫描特征 3

（1）在右工具箱中单击可变截面扫描工具图标，打开可变截面扫描操控板。在操控板中单击创建实体图标，并单击【参照】按钮，打开【参照】面板。

（2）在图形区选取如图 8.28 所示曲线 1 为原点轨迹，按下“Ctrl”键依次选取曲线 2、曲线 3

为可变截面扫描特征的链轨迹。接着，在【剖面控制】下拉列表中选取【恒定法向】选项，并在图形区选取 RIGHT 标准基准平面作为扫描截面的法向参照。最后，在【水平/垂直控制】下拉列表框中选取【自动】选项，在【起点的 X 方向参照】栏中接受【缺省】选项。设定完成后的【参照】面板如图 8.29 所示。

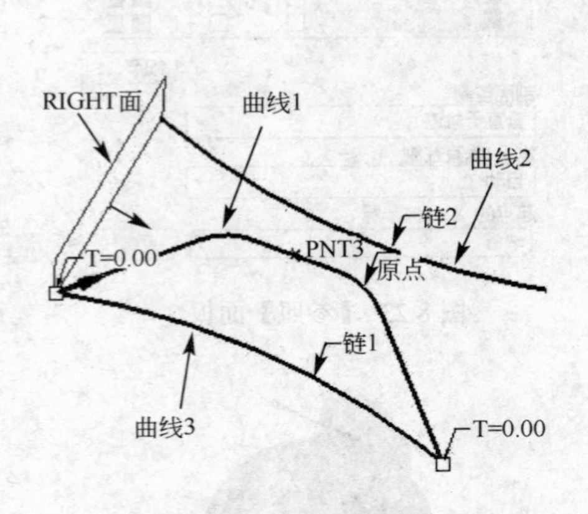

图 8.28　零件模型 3

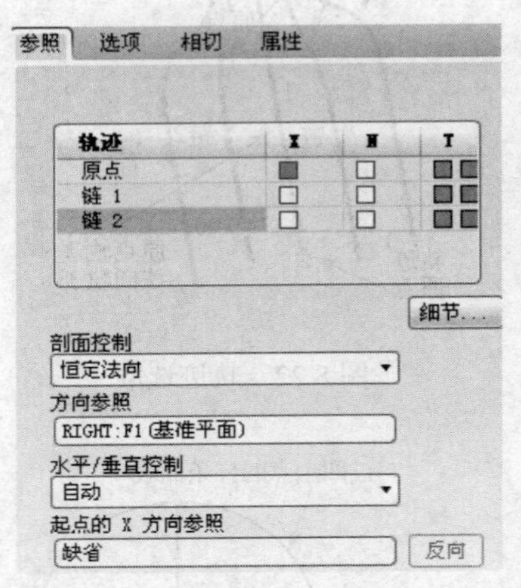

图 8.29　可变截面扫描【参照】面板

（3）在可变截面扫描操控板中单击【选项】按钮，在弹出的【选项】面板中单击【草绘放置点】文本框，将其激活。然后，在图形区或模型树中选取如图 8.28 所示基准点 PNT3 作为扫描剖面绘制的放置点。

（4）在可变截面扫描操控板中单击创建或编辑扫描剖面图标，进入二维草绘模式。在草绘模式下使用直线工具绘制如图 8.30 所示扫描截面图，完成后单击右工具箱中的确定图标。注意：此时草绘平面放置点为上步选取的 PNT3，而不是原点。绘制扫描截面时只需连接草绘平面与三条轨迹线的交点即可。

（5）在操控板中单击确定图标，完成可变截面扫描特征的创建，如图 8.27 所示。

最后结果请参看本书所附光盘文件“第 8 章\范例结果文件\kebian_fanli02_jg.prt”。

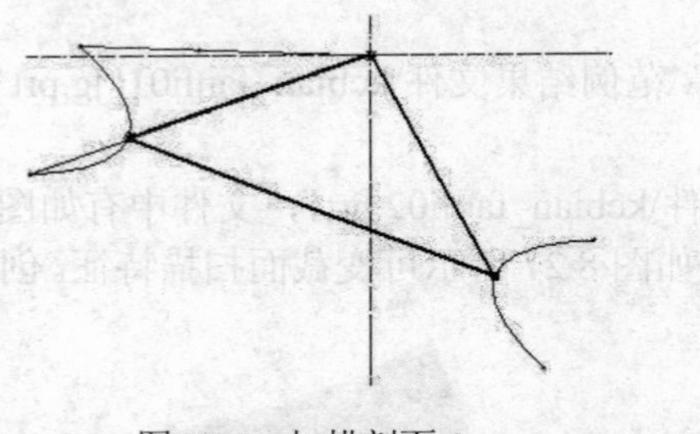

图 8.30　扫描剖面 1

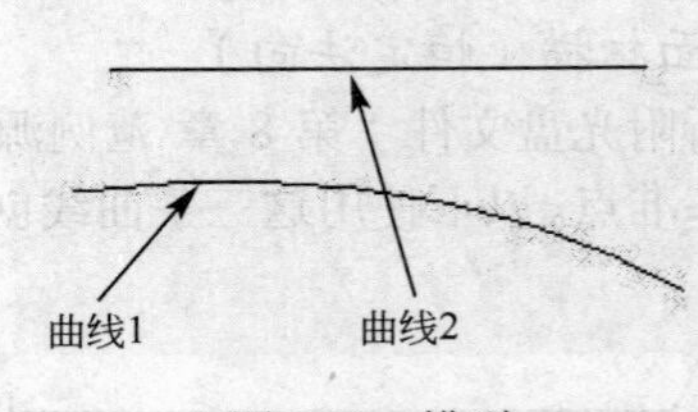

图 8.31　模型

3. 使用 trajpar 参数和关系式

打开本书所附光盘文件“第 8 章\范例源文件\kebian_fanli03.prt”，文件有如图 8.31 所示两条曲线。以下使用这两条曲线并结合 trajpar 参数和关系式创建可变截面扫描特征，最终得到如图 8.32 所示模型。创建步骤如下。

（1）在右工具箱中单击可变截面扫描工具图标，打开可变截面扫描操控板。在面板中单击创建实体图标，单击【参照】按钮，打开【参照】面板。

（2）在图形区选取如图 8.31 所示曲线 2 为原点轨迹，按下“Ctrl”键选取曲线 1 为链轨迹。在【剖面控制】下拉列表中选取【垂直于轨迹】选项，在【水平/垂直控制】下拉列表框中选取【自动】选项，在【起点的 X 方向参照】栏中接受【缺省】选项。

（3）在可变截面扫描操控板中单击创建或编辑扫描剖面图标，进入二维草绘模式。在草绘模式下使用矩形工具绘制如图 8.33 所示扫描截面。注意：绘制的矩形截面是以扫描轨迹线与草绘面的交点为顶点的。

图 8.32　最终模型

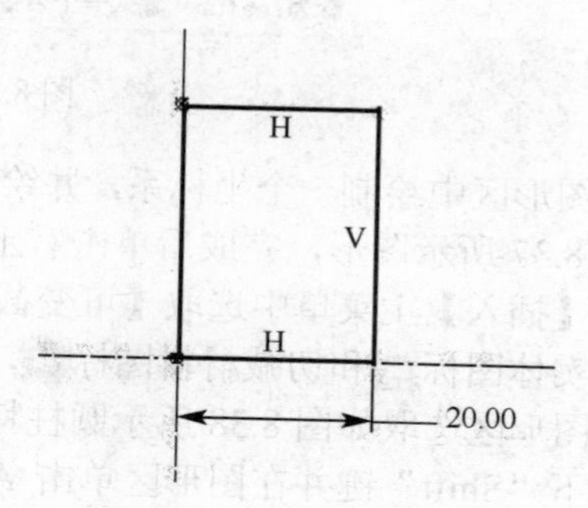

图 8.33　扫描剖面 2

（4）在【工具】主菜单中选取【关系】选项，打开【关系】对话框。在对话框中输入关系式："sd4=10*sin(trajpar*360)+20"，完成后单击【关系】对话框中的【确定】按钮，并在右工具箱中单击确定图标。关系式中的 sd4 是图 8.33 所示扫描剖面图尺寸值"20.00"的符号显示。

（5）在操控板中单击确定图标，完成可变截面扫描特征的创建。最后完成的零件模型如图 8.32 所示。

（6）保存文件。

最后结果请参看本书所附光盘文件"第 8 章\范例结果文件\kebian_fanli03_jg.prt"。

上例中链轨迹的长度与原点轨迹的长度不一致，在这种情况下，特征在扫描的过程中仅扫描到最短的轨迹为止。

4. 使用图形、关系式和 trajpar 参数

以下将图形模型基准、关系式、trajpar 参数相结合创建可变截面扫描特征，并最终得到如图 8.34 所示圆柱凸轮模型。创建步骤如下。

（1）新建一个零件类型的文件，使用"mmns_part_solid"模板，名称为"kebian_fanli04_jg"。

（2）在右工具箱中单击拉伸特征工具图标，打开拉伸操控板。在操控板中单击【放置】按钮，在弹出的【草绘】下拉面板中单击【定义】按钮，弹出【草绘】对话框。在图形区选取 TOP 标准基准平面为草绘平面，接受缺省的草绘视图方向和草绘视图参照，单击【草绘】对话框中的【草绘】按钮，进入二维草绘环境。

（3）在图形区绘制如图 8.35 所示截面图，完成后单击右工具箱中的确定图标。在拉伸操控板中选取两侧对称拉伸特征生成方式图标，在文本框中输入拉伸深度值"200.00"。最后，单击面板中的确定图标，完成拉伸特征的创建。

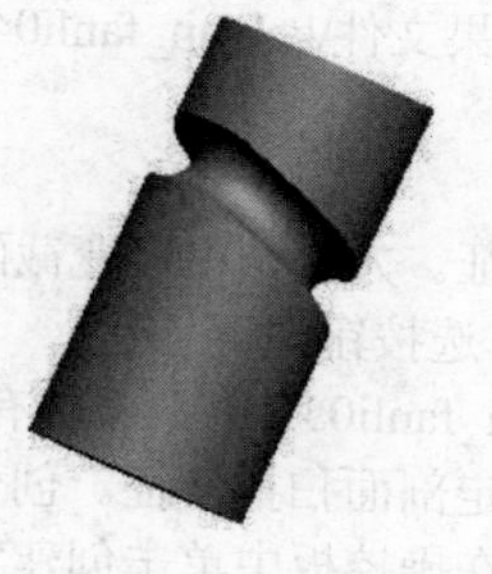

图 8.34　零件模型 4

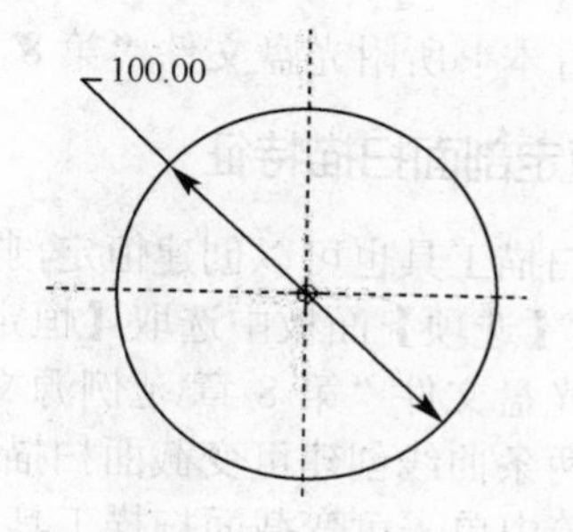

图 8.35　拉伸截面图

（4）在【插入】主菜单中依次选取【模型基准】、【图形】选项，系统弹出如图 8.36 所示消息框，在消息框中输入图形模型特征的名称“G1”，然后单击消息框右侧的确定图标，系统进入二维草绘模式。

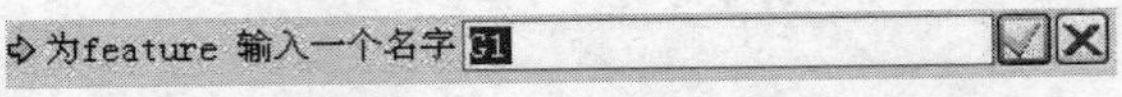

⇨为feature 输入一个名字 G1

图 8.36　图形消息框

（5）在图形区中绘制一个坐标系，并绘制过坐标系的中心线作为图形特征的 *X* 轴和 *Y* 轴，然后绘制如图 8.37 所示图形，完成后单击右工具箱中的确定图标，完成图形模型基准的创建。

（6）在【插入】主菜单中选取【可变截面扫描】选项，打开可变截面扫描操控板。在操控板中单击创建实体图标和切减材料图标，并单击【参照】按钮，弹出【参照】面板。

（7）在图形区选取如图 8.38 所示圆柱特征的边界曲线为原点轨迹（注意选取时，先选取半圆弧，然后按下“Shift”键并在图形区单击 A 表面，从而选中整个圆弧线），在【剖面控制】下拉列表中选取【垂直于轨迹】选项，在【水平/垂直控制】下拉列表框中选取【自动】选项，在【起点的 X 方向参照】栏中接受【缺省】选项。

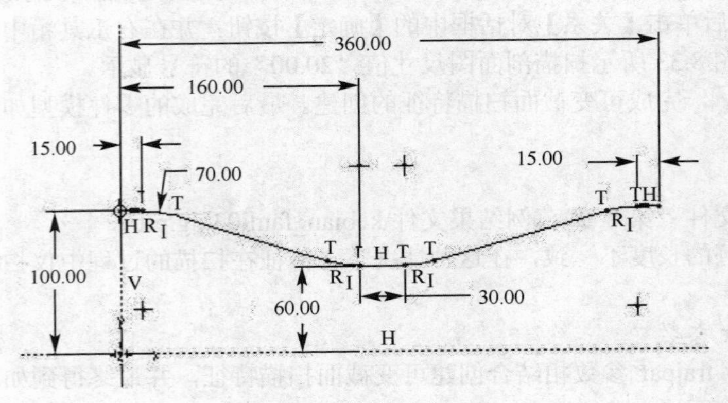

图 8.37　草绘图形

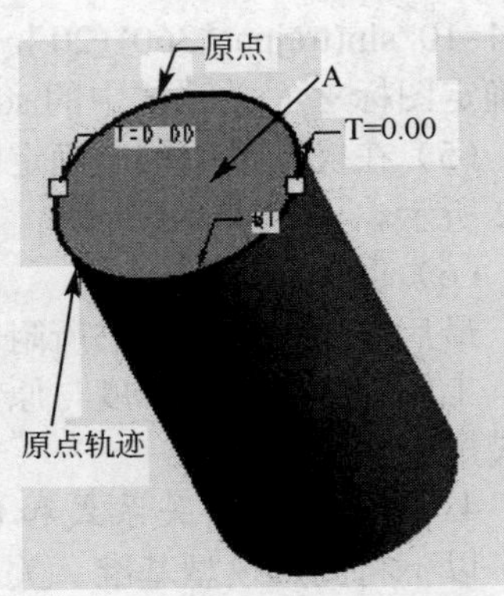

图 8.38　原点轨迹选取

（8）在可变截面扫描操控板中单击创建或编辑扫描剖面图标，进入二维草绘模式。在草绘模式下绘制如图 8.39 所示扫描截面图。

（9）在【工具】主菜单中选取【关系】选项，打开【关系】对话框。在对话框中输入关系式：“sd4=evalgraph("G1",trajpar*360)”，完成后单击【关系】对话框中的【确定】按钮。然后，在右工具箱中单击确定图标。关系式中的 sd4 是图 8.39 所示扫描截面图尺寸值“100.00”的符号显示。

（10）在操控板中单击确定图标，完成可变截面扫描切减材料特征的创建。最后完成的模型如图 8.34 所示。

（11）保存文件。

最后结果请参看本书所附光盘文件“第 8 章\范例结果文件\kebian_fanli04_jg.prt”。

8.1.4　创建恒定剖面扫描特征

使用可变截面扫描工具也可以创建恒定剖面扫描特征。方法是在可变截面扫描操控板中单击【选项】按钮，并在【选项】面板中选取【恒定剖面】单选按钮即可。

打开本书所附光盘文件“第 8 章\范例源文件\kebian_fanli05.prt”，文件有如图 8.40 所示两条曲线。以下使用这两条曲线创建可变截面扫描特征和恒定剖面扫描特征。创建步骤如下。

（1）在右工具箱中单击可变截面扫描工具图标，在操控板中单击创建实体图标，并单击【参照】按钮，弹出【参照】面板。

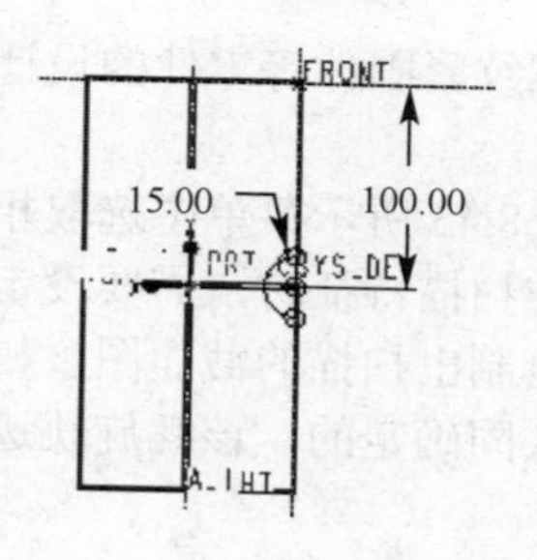

图 8.39　扫描截面 2

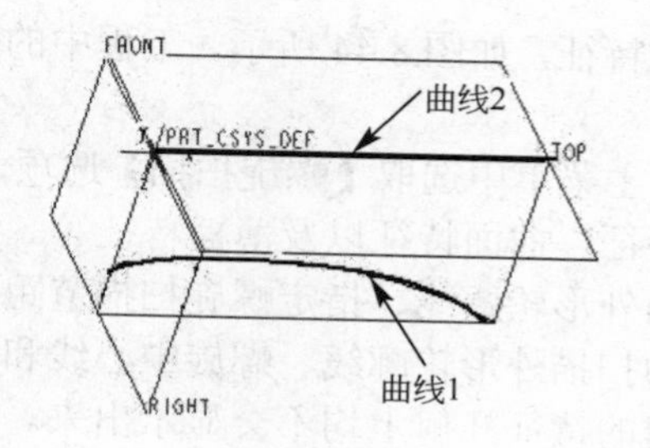

图 8.40　零件模型 5

（2）在图形区选取如图 8.40 所示曲线 1 为原点轨迹，按下“Ctrl”键选取曲线 2 为链轨迹。然后，在【剖面控制】下拉列表中选取【恒定法向】选项，并选取 RIGHT 标准基准平面为法向参照；在【水平/垂直控制】下拉列表框中选取【自动】选项；在【起点的 X 方向参照】中接受【缺省】选项。

（3）在可变截面扫描操控板中单击创建或编辑扫描剖面图标，进入二维草绘模式。在草绘模式下使用矩形工具绘制如图 8.41 所示扫描剖面图。绘制完成后，在右工具箱中单击确定图标。

（4）在操控板中单击预览图标按钮，得到如图 8.42 所示可变截面扫描特征。

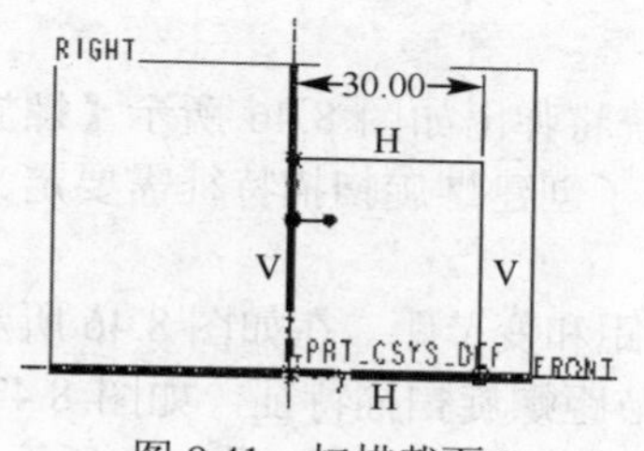

图 8.41　扫描截面 3

图 8.42　可变截面扫描特征 4

（5）在操控板中单击退出暂停模式图标按钮，退出暂停模式，并在操控板中单击【选项】按钮，在弹出的【选项】面板中选取【恒定剖面】单选按钮，完成后单击操控板中的确定按钮15，得到如图 8.43 所示恒定剖面扫描特征。

（6）保存文件。

最后结果请参看本书所附光盘文件“第 8 章\范例结果文件\kebian_fanli05_jg.prt”。

图 8.43　恒定剖面扫描特征

图 8.44　螺旋扫描特征

8.2　螺旋扫描特征

8.2.1　创建螺旋扫描的方法

使用螺旋扫描工具可以将一个截面沿着一条假想的螺旋轨迹线进行扫描，从而得到一个螺旋状的实体或曲面特征，如图 8.44 所示。工程中的弹簧、螺纹紧固件等零件的设计均可用螺旋扫描工具创建。

在【插入】主菜单中选取【螺旋扫描】选项，在如图 8.45 所示菜单中选取相应选项可以创建螺旋扫描实体特征、曲面特征以及薄板特征等。创建螺旋扫描特征时，需要设定螺旋扫描属性、绘制螺旋扫描的外形轮廓线、指定螺旋扫描节距值，并绘制出扫描的截面图。扫描的假想螺旋轨迹线是由绘制的扫描外形轮廓线、螺旋中心线和节距值共同确定的，该螺旋轨迹线在绘图的过程中以及最后创建的特征几何上均不会显示出来。

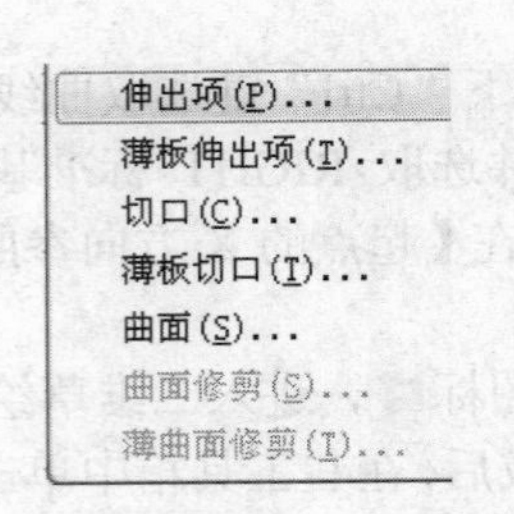

图 8.45 【螺旋扫描】选项

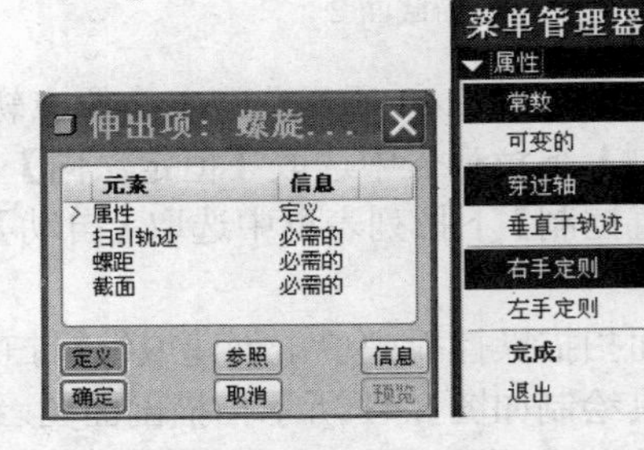

图 8.46 【螺旋扫描】特征定义对话框和【属性】菜单

1. 属性设定

在如图 8.45 所示菜单中选取【伸出项】选项，系统将弹出如图 8.46 所示【螺旋扫描】特征定义对话框和【属性】菜单。在特征定义对话框中列出了创建螺旋扫描特征需要定义的各项。而【属性】菜单中则包含以下几项。

（1）节距类型　螺旋扫描的节距类型有两类：常节距和变节距。在如图 8.46 所示菜单中选取【常数】选项将创建一个各螺旋间的螺距值为定值的常节距螺旋扫描特征，如图 8.47 所示。而选取【可变的】选项将创建一个螺旋间的螺距值是变化的变节距特征，如图 8.48 所示。

（2）截面放置　螺旋扫描的截面放置方式有【穿过轴】和【垂直于轨迹】。使用穿过轴方式创建螺旋扫描特征时，扫描截面所在的平面必须通过旋转轴。而采用垂直于轨迹方式创建螺旋扫描特征时，扫描截面的法线方向将指向假想扫描轨迹的切线方向，即扫描截面始终垂直于假想的螺旋轨迹线。两种方式的比较如图 8.49 所示。

（3）螺旋旋向　螺旋扫描的旋向属性包括【右手定则】和【左手定则】两种，可分别创建右旋或左旋的螺旋扫描特征，如图 8.50 所示。

图 8.47　常节距螺旋扫描特征

图 8.48　变节距螺旋扫描特征

2. 绘制螺旋扫描轮廓线

设定完螺旋扫描属性后，需要绘制螺旋扫描的轮廓线。轮廓线的起点即为螺旋扫描的起始点。当需要改变扫描起点时，可以选取欲作为起点的某一点，并在如图 8.51 所示的右键菜单中选取【起点】选项，从而方便地更改扫描起点位置。

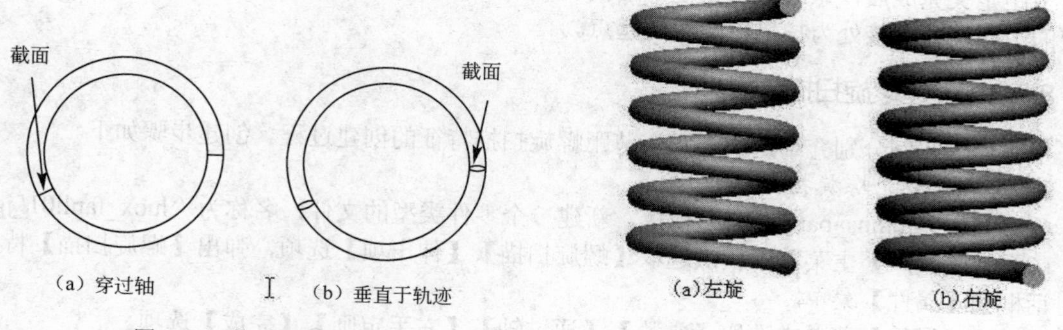

图 8.49　截面放置方式

图 8.50　螺旋方式

绘制螺旋扫描轮廓线时需注意的问题如下。

（1）必须绘制中心线，该中心线将作为螺旋扫描的旋转轴。

（2）绘制的轮廓线必须为开放截面。

（3）轮廓线任意点的切线不能与中心线垂直，如图 8.52 所示为错误的轮廓线。

3. 变节距螺旋扫描

如果在属性设置中选取【可变的】选项，则在绘制完螺旋扫描轮廓线后需要依次输入轮廓线起点和终点处的节距值，而中间部分的节距值将以线性方式进行变化。当然，也可以在节距图中通过定义轮廓线中间某点处的节距值，使中间部分的节距呈非线性变化。其中的中间点可以是轮廓线上的点，也可以是通过添加点或设置断点方式新建立的点。

变节距方式下中间节距值的创建步骤如下。

（1）选取螺旋扫描工具，选取【可变的】属性，绘制螺旋扫描轮廓线。

（2）若需要将轮廓的起点和中点之间的螺距变化设定为非线性变化，可以单击右工具箱中的断点工具或点工具，在轮廓线上添加相应的点。完成后单击右工具箱中的确定图标。

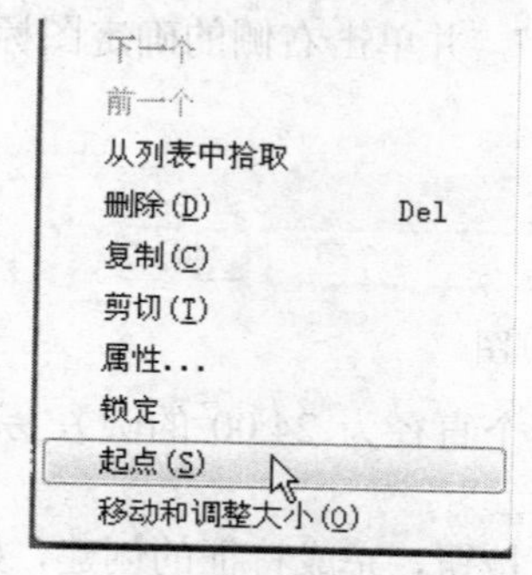

图 8.51　右键菜单

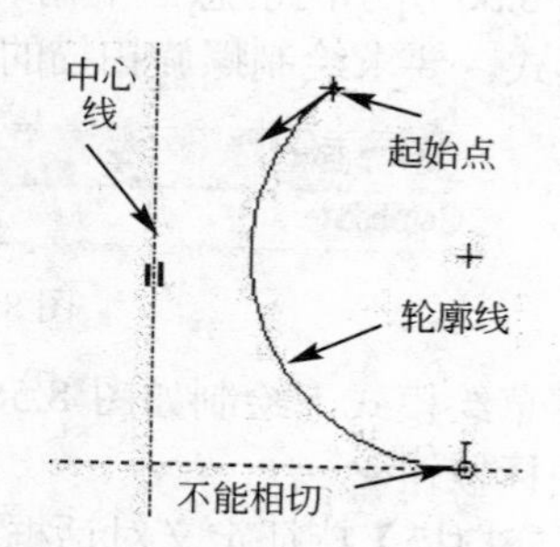

图 8.52　错误的轮廓线

（3）根据系统提示，在消息框中依次输入轮廓线起点和终点处的节距值。

（4）系统弹出如图 8.53 所示【PITCH_GRAPH】（节距图）窗口和【定义控制曲线】菜单。如果不需要定义轮廓线中间点的节距，则直接选取菜单中的【完成】选项；否则在图形区拾取轮廓线上的相应点，并在弹出的消息框中输入相应的节距值。需要删除不需要的中间节距值点时，可选取【定义控制曲线】菜单中的【删除】选项，并在图形区中拾取该点。改变某点处的节距值可选取菜单中的【改变值】选项，拾取点后再输入新节距值。

4. 螺旋扫描截面

节距定义完成后，系统将切换至草绘模式，以绘制螺旋扫描截面。注意截面需要绘制在两条正交的中心线处，该处为扫描轮廓线的起点。

8.2.2 创建螺旋扫描特征

以下通过实例分别介绍定节距和变节距螺旋扫描特征的创建过程。创建步骤如下。

1. 创建定节距螺旋扫描特征

（1）使用“mmns_part_solid”模板，新建一个零件类型的文件，名称为“luox_fanli01_jg”。

（2）在【插入】主菜单中依次选取【螺旋扫描】、【伸出项】选项，弹出【螺旋扫描】特征定义对话框和【属性】菜单。

（3）在【属性】菜单中选取【常数】、【通过轴】、【右手定则】、【完成】选项。

（4）在图形区选取 TOP 标准基准平面为草绘平面，在【方向】菜单中选取【确定】选项，在【草绘视图】菜单中选取【缺省】选项，进入二维草绘模式。

（5）在图形区绘制如图 8.54 所示螺旋扫描轮廓线（注意绘制中心线，并使用点工具绘制一个点，此点将在创建变节距螺旋扫描特征时使用）。完成后单击右工具箱中的确定图标✓。

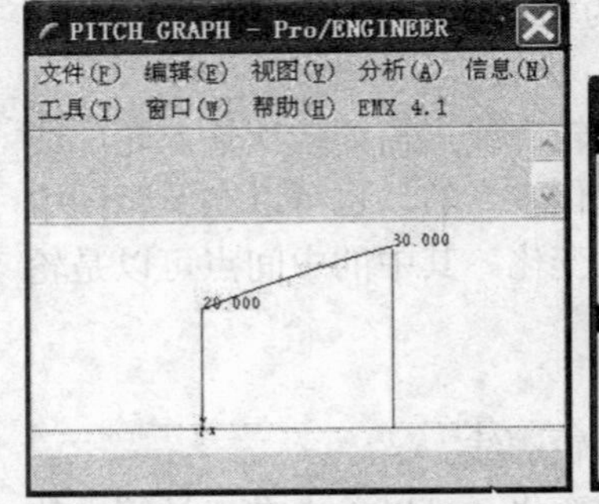

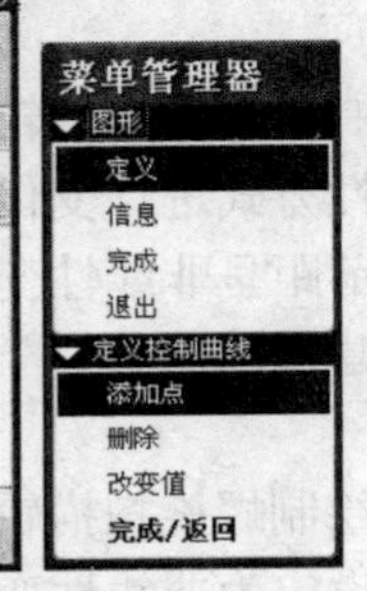

图 8.53 节距图及【控制曲线】菜单

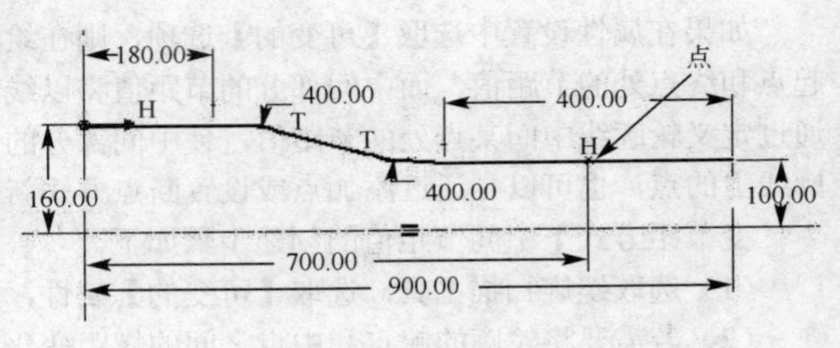

图 8.54 扫描轮廓

（6）在如图 8.55 所示的消息框中输入节距值“60.00”，并单击右侧的确定图标按钮✓，系统自动进入二维模式，要求绘制螺旋扫描的截面图。

图 8.55 节距值消息框图

（7）在二维草绘模式下绘制如图 8.56 所示截面（一个直径为 24.00 的圆），完成后单击右工具箱中的确定图标按钮✓。

（8）在【螺旋扫描】特征定义对话框中单击【确定】按钮，完成特征的创建，如图 8.57 所示。

（9）保存文件。

最后结果请参看本书所附光盘文件“第 8 章\范例结果文件\luox_fanli01_jg.prt”。

2. 更改为变节距螺旋扫描特征

（1）选取步骤 1 中创建的定节距螺旋扫描特征，在右键菜单中选取【编辑定义】选项，打开【螺旋扫描】特征定义对话框。

（2）在特征定义对话框的项目列表框中选取【属性】项，并单击如图 8.58 所示对话框中的【定义】按钮，弹出【属性】菜单。

（3）在【属性】菜单中选取【可变的】、【通过轴】、【右手定则】、【完成】选项。

（4）在弹出的消息框中依次输入扫描轮廓线起点和终点处的节距值为“25.00”和“300.00”。

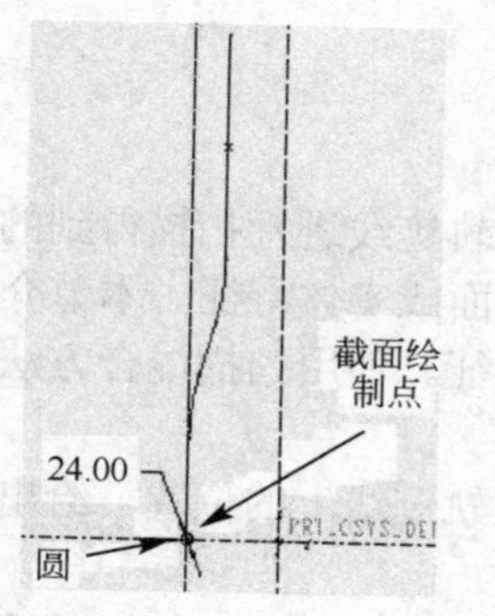

图 8.56　螺旋扫描截面图

8.57　定节距螺旋扫描特征

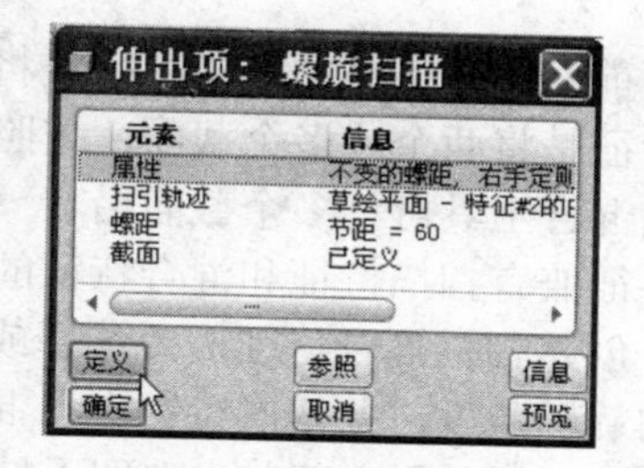

图 8.58 【螺旋扫描】特征定义对话框

（5）系统弹出【PITCH_GRAPH】(节距图)窗口和【控制曲线】菜单，如图 8.59 所示。接受【控制曲线】菜单中的缺省选项【增加点】，在图形区依次选取扫描轮廓线上的点 A、B、C、D、E，如图 8.60 所示，并在弹出的消息框中分别输入节距值“25.00”、“50.00”、“80.00”、“95.00”、“150.00”、“300.00”。设定完成后的节距图如图 8.61 所示。注意：如果要更改某点的节距值，可在【定义控制曲线】菜单中选取【改变值】选项，然后在图形区选取相应点，并在弹出的消息框中输入新的节距值。

（6）在【控制曲线】菜单中选取【完成】选项，在【螺旋扫描】特征定义对话框中单击【确定】按钮，得到如图 8.62 所示变节距螺旋扫描特征。

（7）保存文件副本。

最后结果请参看本书所附光盘文件“第 8 章\范例结果文件\luox_fanli02_jg.prt”。

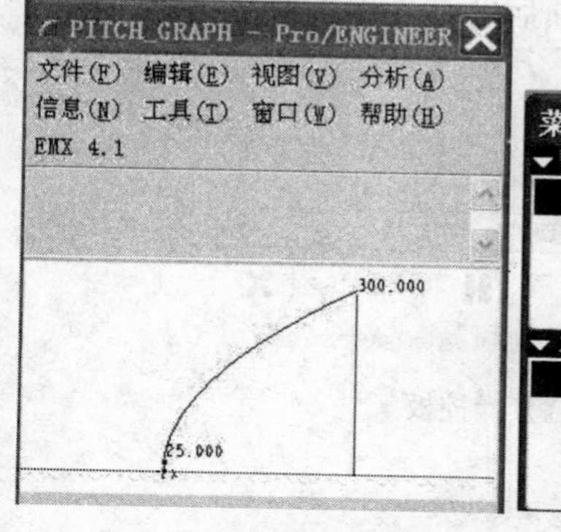

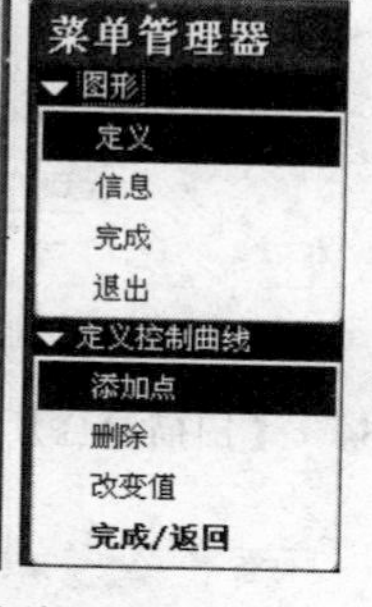

图 8.59　螺距图及【控制曲线】菜单

A B C D E
PRT_CSYS_DEF

图 8.60　节距控制点

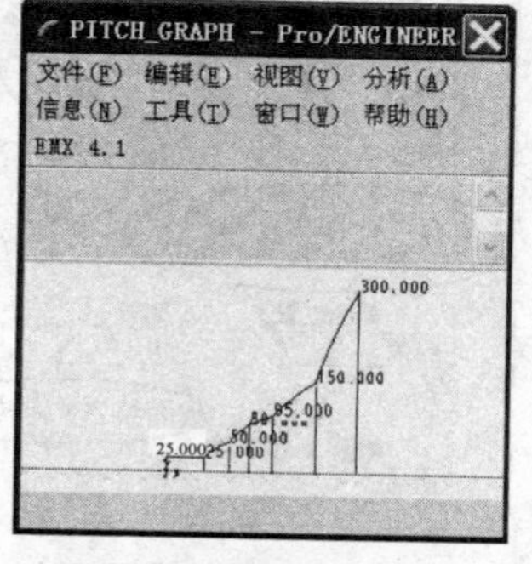

图 8.61　设定完成的节距图

图 8.62　变节距螺旋扫描特征

8.3 扫描混合特征

8.3.1 创建扫描混合特征的方法

前面章节讲到的扫描特征是将一个二维截面沿着一条平面或空间轨迹线进行扫描得到的；混合特征是将两个或多个截面，按照一定的混合方式依次连接形成的曲面或实体特征。本节介绍的扫描混合工具可将多个截面沿着一条轨迹线扫描来创建实体或曲面特征。使用扫描混合方法得到的特征兼有扫描特征和混合特征的特点，如图 8.63 所示。

创建扫描混合特征需要选择或草绘一条轨迹线、指定各个截面在轨迹线上的位置，给出各截面的旋转角度，并依次绘制出各混合截面。

在【插入】主菜单中选取【扫描混合】选项，打开如图 8.64 所示扫描混合操控板以创建扫描混合实体、曲面及薄板特征。操控板中各按钮含义如下。

□：创建扫描混合实体特征。

□：创建扫描混合曲面特征。

□：创建扫描混合切减材料特征。

□：创建扫描混合薄壁特征。

％：调整切减材料的材料侧方向或薄壁特征材料侧方向。

参照：单击打开如图 8.65 所示下滑面板以定义扫描轨迹、剖面控制方式、水平/垂直控制方式及起点的 X 方向参照（该面板各项含义同可变截面扫描特征的参照面板）。

截面：单击打开截面下滑面板以定义扫描截面、截面绕 X 轴的旋转角度以及截面的 X 轴方向。面板中各选项含义如下。

【草绘截面】：草绘各个混合截面，选取该项后的截面面板如图 8.66 所示。

【所选截面】：选取已经绘制的各截面作为混合截面，选取该选项后的截面面板如图 8.67 所示。

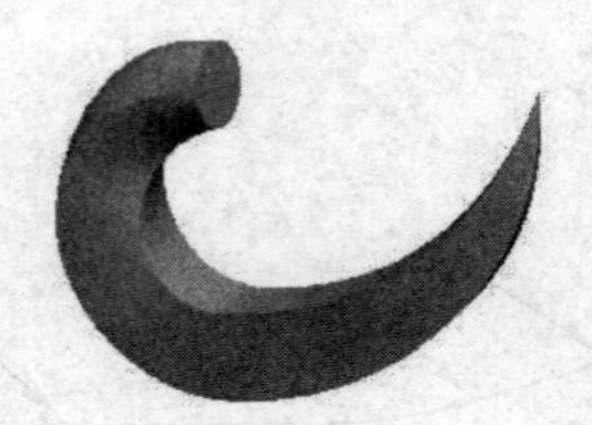

图 8.63 扫描混合特征

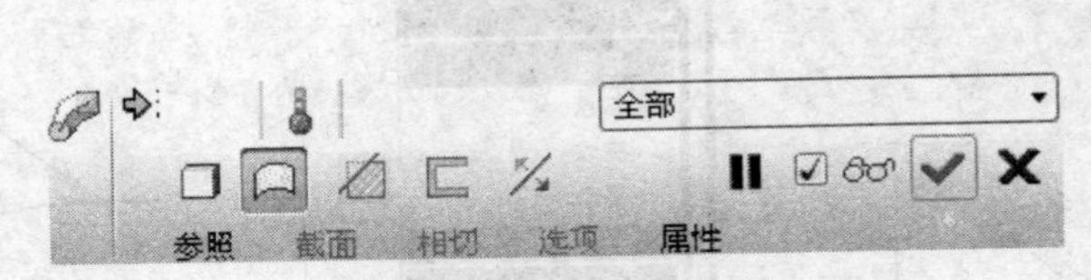

图 8.64 【扫描混合】操控板

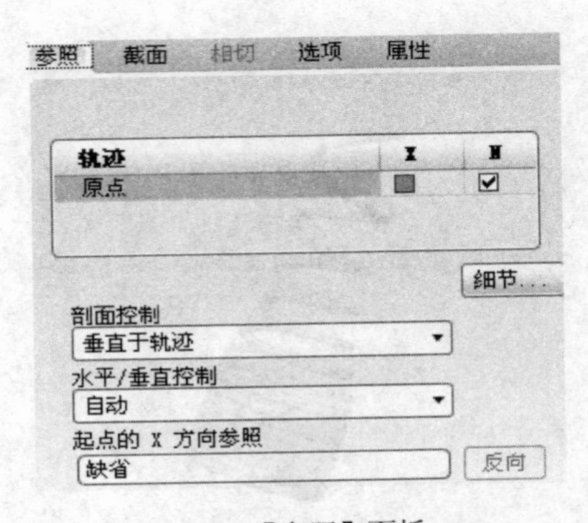

图 8.65 【参照】面板

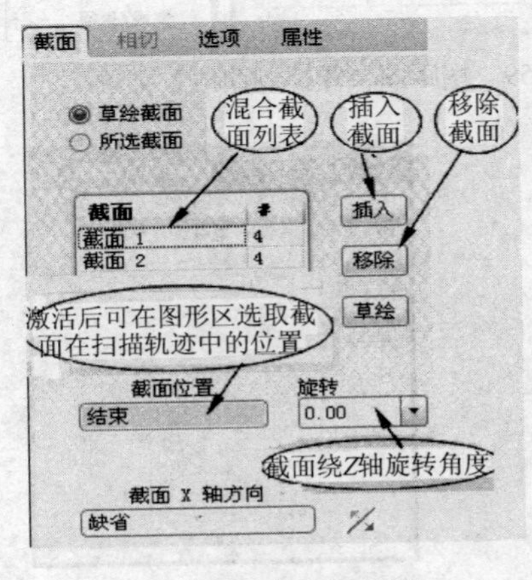

图 8.66 【截面】面板

相切：单击打开如图 8.68 所示【相切】面板，定义开始和终止截面与相邻曲面间的关系（自由、相切和垂直）。如果开始或终止截面为点截面则可选的条件关系为尖点和光滑，如图 8.69 所示。两种约束条件的模型比较如图 8.70 所示。

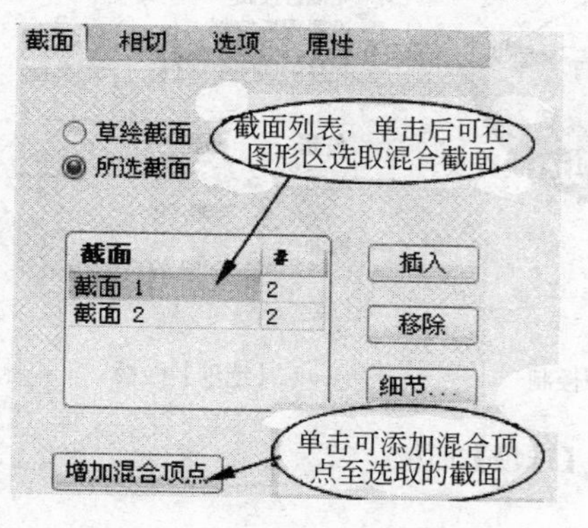

图 8.67 【剖面】面板 2

相切 选项 属性

边界	条件
开始截面	自由
终止截面	自由

图元	曲面
图元 1	
图元 2	

图 8.68 【相切】面板 1

选项：单击打开如图 8.71 所示【选项】面板，选取相应选项控制扫描混合剖面之间部分的形状。

【封闭端点】：当创建扫描混合曲面时，如果混合截面为闭合截面，可选取该选项将两端封闭，如图 8.72 所示。

【无混合控制】：不定义混合控制集。

【设置周长控制】：选取该项后，特征在各草绘剖面（或选取的剖面）之间混合时，混合截面的周长将以线性方式进行变化。

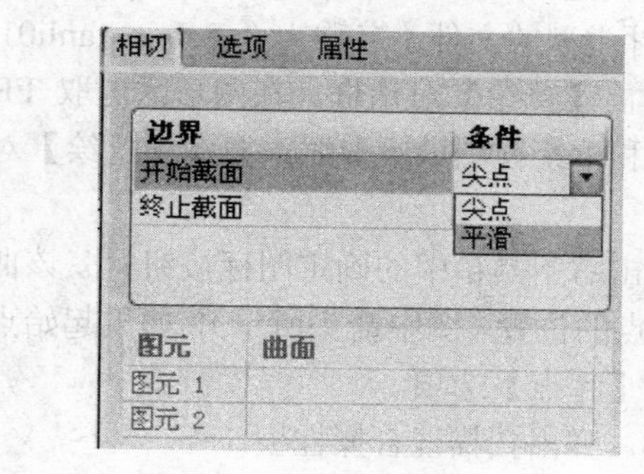

图 8.69 【相切】面板 2

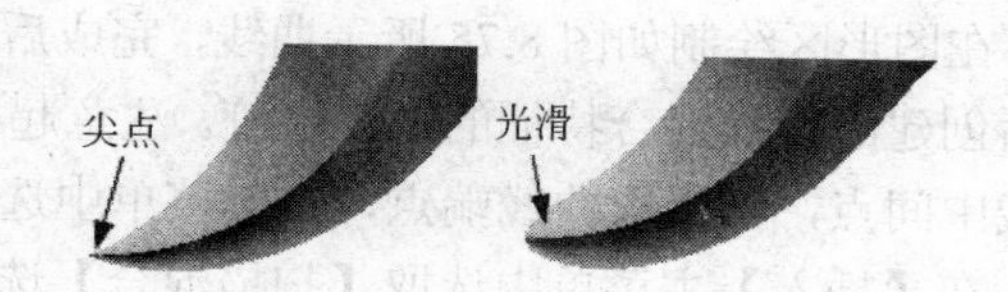

图 8.70 【尖点】与【光滑】

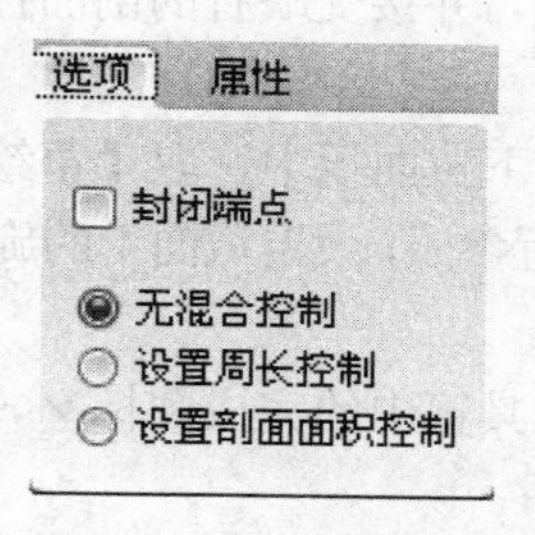

图 8.71 【选项】面板

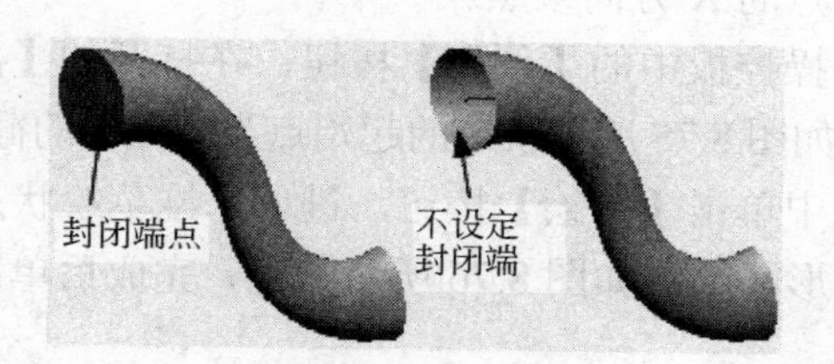

图 8.72 【封闭端点】效果比较

【设置剖面面积控制】：在扫描混合的指定位置指定该处剖面的面积来控制扫描混合特征。如图 8.73 所示为【无混合控制】与【设置剖面面积控制】两种模型的比较及设定完成的【选项】面板。

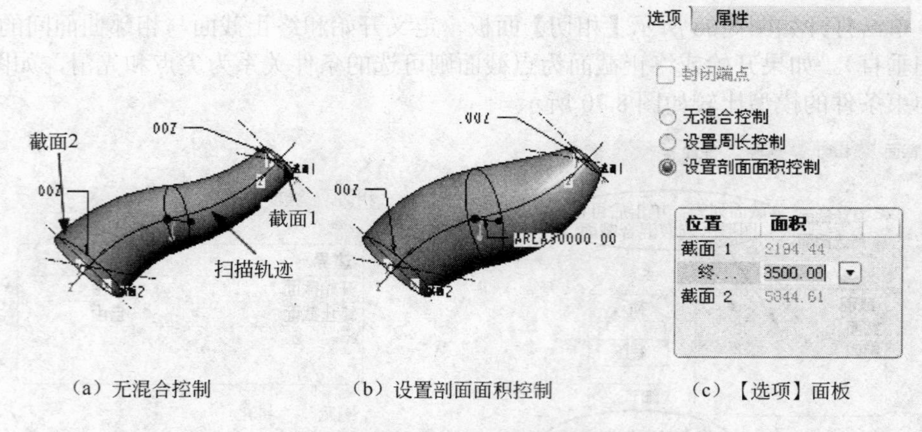

（a）无混合控制　　（b）设置剖面面积控制　　（c）【选项】面板

图 8.73　模型比较及【选项】面板

创建扫描混合特征时需要注意以下几点。

（1）扫描轨迹可以是多段曲线组成的开放曲线，也可以是封闭曲线。但是以封闭曲线为轨迹时，轨迹上必须有两个以上的断点以放置混合截面。

（2）扫描轨迹起点和终点处的截面参照是动态的，在对轨迹进行修剪时会更新。

（3）和混合特征一样，扫描混合特征的所有剖面必须具有相同的图元数，且起点位置必须一致。

8.3.2　创建扫描混合特征

以下通过实例介绍如图 8.74 所示扫描混合特征的创建过程。创建步骤如下。

（1）使用“mmns_part_solid”模板，新建一个零件类型的文件，名称为“saohun_fanli01_jg”。

（2）在右工具箱中单击草绘基准曲线图标，弹出【草绘】对话框。在图形区选取 FRONT 标准基准平面为草绘平面，接受缺省的草绘视图方向和草绘视图放置参照，并在【草绘】对话框中单击【草绘】按钮，进入二维草绘环境。

（3）在图形区绘制如图 8.75 所示曲线，完成后单击右工具箱中的确定图标按钮。该曲线将作为稍后创建的扫描混合特征的扫描轨迹。注意起始点的位置（图中箭头所示），如果起始点位置位于曲线中间点，可选取曲线端点，右键菜单中选择【起点】选项。

（4）在【插入】主菜单中选取【扫描混合】选项，弹出扫描混合操控板。

（5）在操控板中单击生成实体图标和薄壁特征图标，接着单击【参照】按钮，弹出【参照】下滑面板，然后在图形区选取第（3）步创建的草绘曲线，并接受缺省的剖面控制、水平垂直控制方式和起点的 X 方向参照。

（6）单击操控板中的【剖面】按钮，在打开的【剖面】下拉面板中选取【草绘截面】选项，在图形区选取如图 8.75 所示轨迹的起始点为剖面 1 的截面位置参照，设定截面 1 的旋转角度为 0°，并在下拉面板中单击【草绘】按钮，进入二维草绘状态。

（7）在图形区绘制如图 8.76 所示截面，完成后单击右工具箱中的完成图标，完成混合截面 1 的创建。

（8）单击【剖面】下拉面板中的【插入】按钮以添加另一截面，并在图形区选取如图 8.75 所示扫描轨迹的终点为剖面 2 的截面位置参照，接着设定截面 1 的旋转角度为 0°，最后，单击面板中的【草绘】按钮，进入二维草绘状态。

（9）在图形区绘制如图 8.77 所示截面，完成后单击右工具箱中的完成图标☑，完成混合截面 2 的绘制。

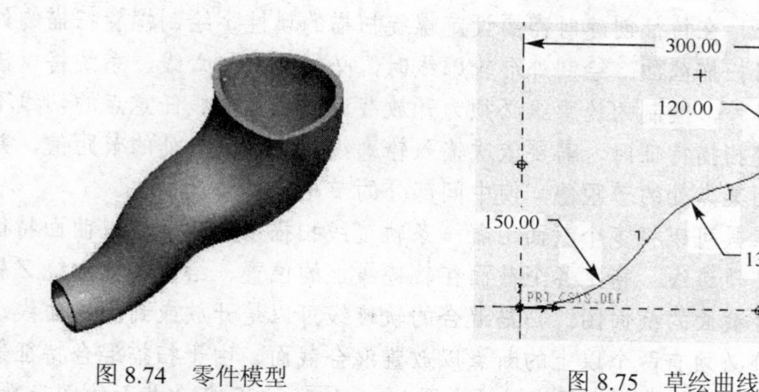

图 8.74　零件模型　　图 8.75　草绘曲线

（10）在操控板中的薄壁厚度文本框中输入厚度值"10.00"，然后单击操控板中的确定图标☑，得到如图 8.74 所示零件模型。

（11）保存文件。

最后结果请参看本书所附光盘文件"第 8 章\范例结果文件\saohun_fanli01_jg.prt"。

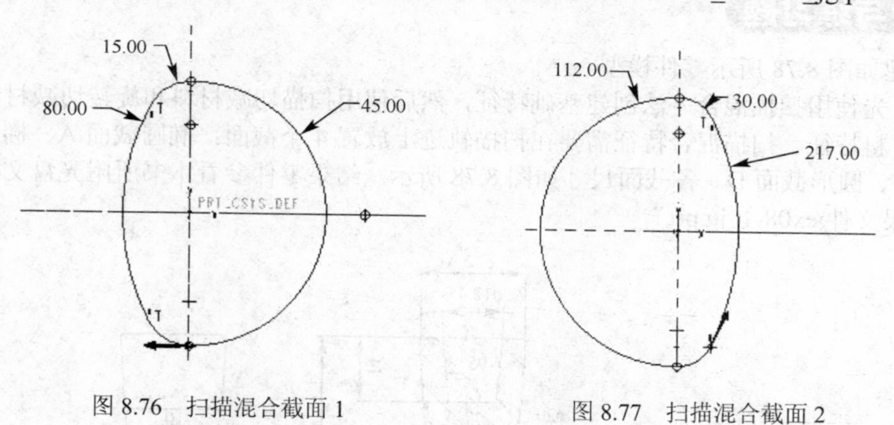

图 8.76　扫描混合截面 1　　图 8.77　扫描混合截面 2

总结与回顾

本章介绍了三种高级扫描特征工具：可变截面扫描、螺旋扫描和扫描混合。

可变截面扫描是由一个截面沿着一条原点轨迹线和多条轮廓线（链轨迹）进行扫描来创建实体或曲面特征的。在扫描的过程中，需要将截面的边界与扫描轨迹线、扫描轮廓线对齐，以便使扫描截面的形状和大小随着原点轨迹以及轮廓线进行变化。扫描轨迹可以分为两类：原点轨迹和链轨迹。原点轨迹用于引导截面进行移动，在移动过程中截面的原点始终落在该轨迹上。链轨迹用于控制扫描过程中截面的变化，它和截面的交点形成控制点，以控制截面的形状和大小。多条轨迹的选取需要按下"Ctrl"键来进行，选取的第一条轨迹为原点轨迹。Pro/E 中提供了一个"trajpar"参数，它是一个介于 0 ~ 1 之间的变量。在扫描的起点处，该参数的值为 0，终点处该参数的值为 1。在可变截面扫描特征形成的过程中，该参数的值将在 0 ~ 1 之间以线性方式变化。可以将 trajpar 参数和关系式配合使用来创建可变截面扫描特征。除此之外，图形模型基准也可用于可变截面扫描特征的创建。

螺旋扫描特征工具可以将一个截面沿着一条假想的螺旋轨迹线进行扫描，从而得到一个螺旋状的实体或曲面特征。在特征创建时需要设定螺旋扫描的属性、绘制螺旋扫描的外形轮廓线、指定节距值，并绘制出扫描截面。绘制外形轮廓线时，必须绘制中心线，系统将以该中心线作为螺旋扫描的旋转轴。另外，绘制的轮廓线必须为开放截面，且轮廓线任意点的切线不能与中心线垂直。创建变节距螺旋扫描特征时，需要依次输入轮廓线起点和终点处的节距值，并可以通过节距图来定义轮廓线中间某点处的节距值，使中间部分的节距呈非线性变化。

扫描混合特征工具可以将多个截面沿着一条轨迹线扫描来创建实体或曲面特征。创建扫描混合特征时，需要定义轨迹线、指定各个截面在轨迹线上的位置、给出各截面绕 Z 轴的旋转角度，并依次绘制出各混合截面的截面图。扫描混合的轨迹线可以是开放或封闭的曲线。如果轨迹为封闭曲线，则要求轨迹必须有两个以上的断点以放置混合截面。由于扫描混合特征兼有扫描和混合特征的特点，因此要求各个混合截面的起始点要一一对应，并且各个截面的图元数目也必须相同。

本章介绍的高级扫描特征工具可以创建出外形较复杂的零件模型，熟练掌握和运用这几种高级特征工具可以为复杂三维模型的创建提供有力的帮助。

思考与练习题

1. 创建如图 8.78 所示零件模型。

提示：先使用扫描混合方法创建基础特征，然后使用扫描切减材料和旋转切减材料方式创建两个切减材料特征。扫描混合特征需要在扫描轨迹上放置 4 个截面：椭圆截面 A、椭圆截面 B、圆形截面 C、圆形截面 D。各截面尺寸如图 8.78 所示。结果零件参看本书所附光盘文件“第 8 章\练习题结果文件\ex08-1_jg.prt”。

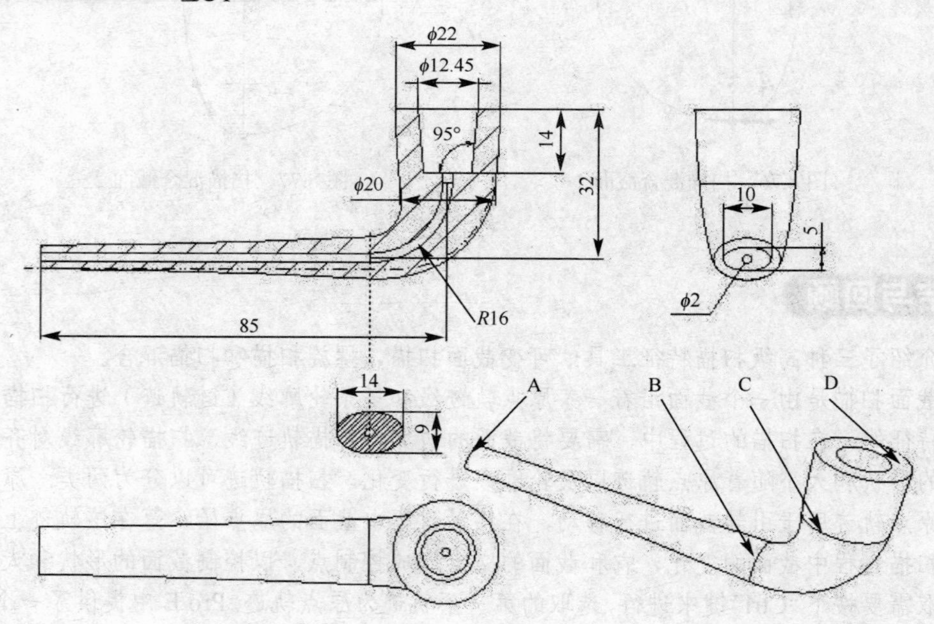

图 8.78　烟斗零件

2. 创建如图 8.79 所示零件模型。

提示：先使用拉伸、旋转特征工具创建螺栓基体，然后使用螺旋扫描减材料方式创建螺纹部分特征，最后使用扫描混合减材料方法创建螺栓收尾部分特征。结果文件参见本书所附光盘文件“第 8 章\练习题结果文件\ex08-2_jg.prt”。

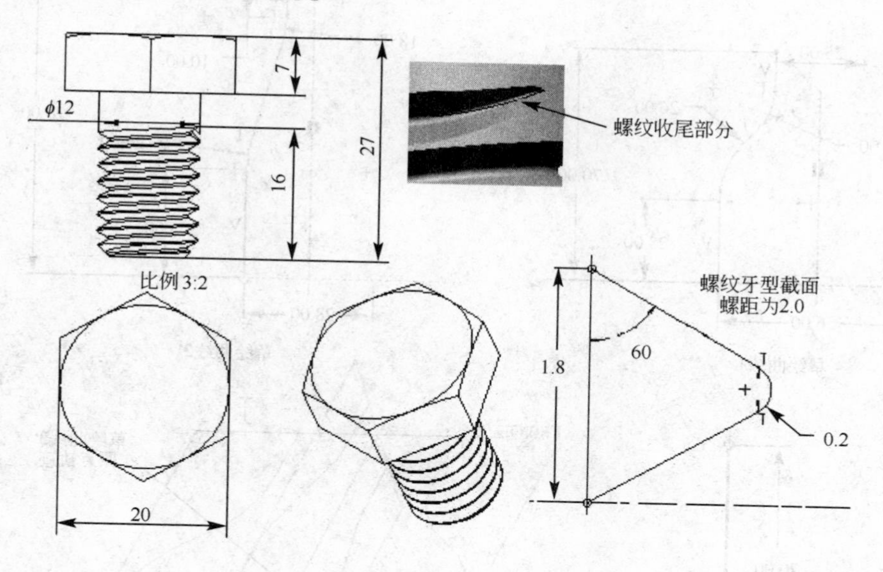

图 8.79 螺栓零件

3. 创建如图 8.80 所示零件模型。

提示：先用可变截面扫描特征工具创建瓶子基础体，然后使用拉伸特征工具创建底部凸台特征。在对底板倒圆角后，使用壳特征工具得到最终零件模型。创建可变截面扫描特征时的轨迹选取如图 8.81 所示。结果零件参见本书所附光盘文件“第 8 章\练习题结果文件\ex08-3_jg.prt”。

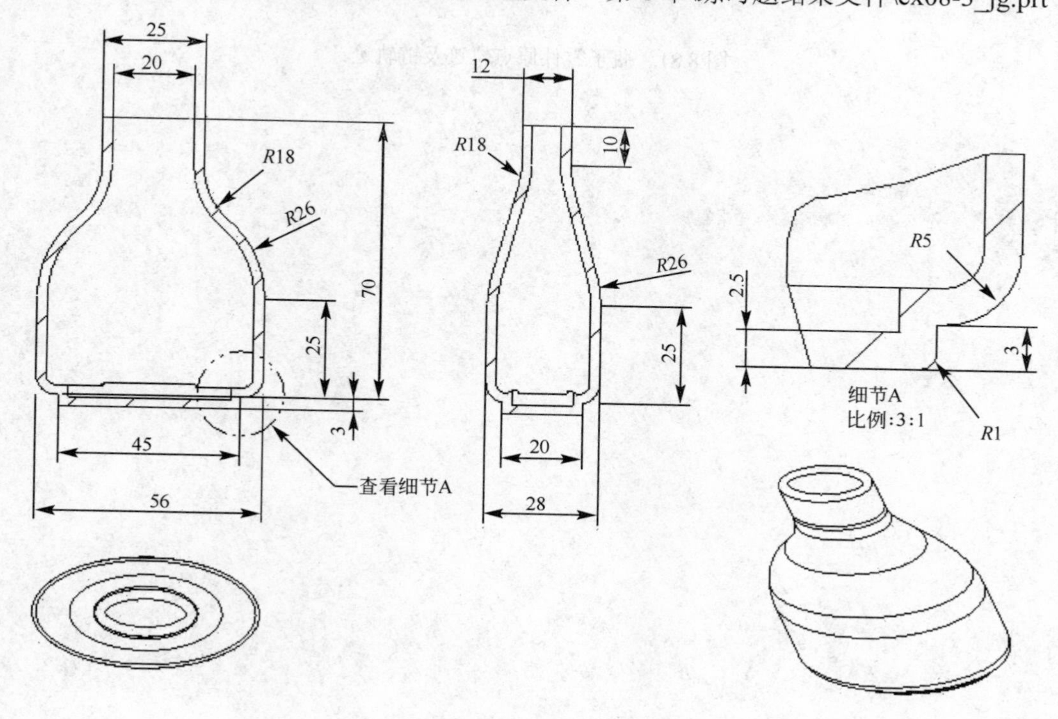

图 8.80 瓶子零件

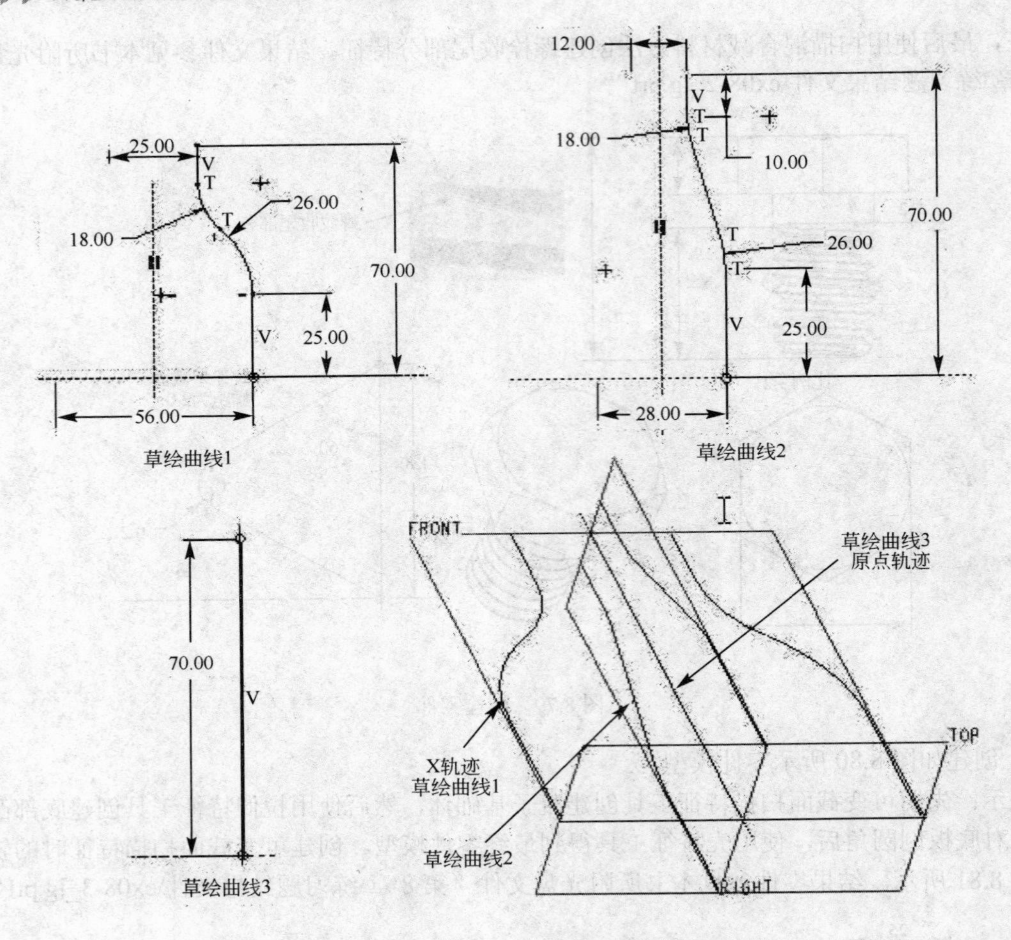

图 8.81　瓶子零件原点轨迹及链轨迹

第9章 基本曲面特征创建与编辑

学习目标：本章主要介绍常用的基本曲面（拉伸曲面、旋转曲面、扫描曲面、混合曲面、扫描混合曲面、边界混合曲面和可变截面扫描曲面）以及曲面的编辑等。学习后，应能熟练进行曲面造型和曲面编辑。

曲面造型是用曲面来表达物体形状的造型方法。曲面造型方法灵活，造型工具多，因此 Pro/E 在进行工业设计过程中多数运用曲面造型。

9.1 基本曲面特征创建

9.1.1 拉伸曲面

拉伸曲面是指在草图平面上的直线或者曲线向垂直于绘图平面的一个或相对两个方向拉伸所生成的曲面。

1. 拉伸曲面的基本操作

单击下拉菜单【插入】→【拉伸】命令或按钮，则开始建立拉伸曲面特征。此时在绘图区的下方会弹出如图 9.1 所示的操控板。

图 9.1 拉伸命令操控板

对话框主要由三项组成，分别为【放置】、【选项】和【属性】。其中【放置】选项用来创建草绘图形，单击【放置】选项后，选择【定义】，会进入【设置绘图平面】对话框，用来打开“草绘器”以创建或修改特征截面。【选项】用来定义拉伸特征深度，其中包括选取【封闭端】选项来创建拉伸特征。【属性】用来给操作的拉伸特征命名。

下层工具按钮栏各按钮功能分别为：用来创建实体特征。用来创建曲面特征。其中创建实体特征和创建曲面特征为开关量，只能二选一。用来反转特征创建方向。文本框 216.51 用来定义拉伸的深度，在以指定厚度创建特征时，后一个文本框可以指定要添加的厚度值。点选可以定义拉伸的终止条件。以切减材料方式创建拉伸特征。通过截面轮廓指定厚度创建特征。单击后会暂停命令。用来预览图形，对号选中会直接显示预览图形。用来完成拉伸命令。用来终止拉伸命令。

2. 拉伸曲面的深度控制

拉伸的深度主要依靠按钮设置，单击按钮右侧三角，一共有 6 种拉伸深度的设置方式。

“盲孔”：直接指定拉伸深度，指定一个负的深度值会反转深度方向。

“对称”：在草绘平面的两侧对称拉伸。

“穿至”：从草绘面开始拉伸至指定的终止面。注意其选定的终止面，既可以是零件上曲面或平面，也可以为基准平面（该基准平面可以不平行于草绘平面）；可以是由一个或几个曲面所组成的面组；可以在一个组件中，也可选取另一元件的几何面。

“到下一个”：从草绘面开始拉伸到下一个实体特征表面。注意：此时基准平面不能被用作终止曲面。

“穿透”：拉伸实体，使其与所有特征相交。

“到选定项”：将截面拉伸至一个选定点、曲线、平面或曲面。

3. 拉伸曲面实例

（1）进入拉伸界面、设置草绘平面和参考平面。

单击【放置】→【定义】按钮，绘制草绘图形。此时，系统弹出如图 9.2 所示的【草绘】对话框。在该对话框中，用户可以设置草绘平面、参考平面、特征拉伸方向。选取“FRONT”平面为草绘平面，系统会自动选取“RIGHT”平面为参考平面。设置完毕，单击【草绘】按钮退出。系统弹出如图 9.3 所示的【参照】对话框，用来设置草绘图形参考面，该参考面主要用于草图绘制中的尺寸基准，或者作为轮廓线、对称线来使用。

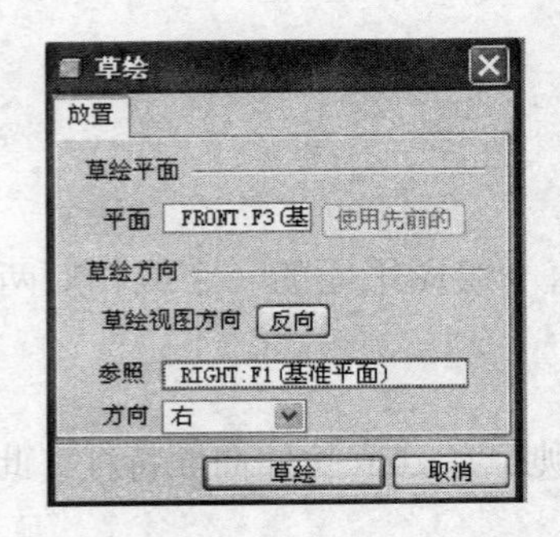

图 9.2　设定【草绘】对话框

图 9.3　设定【参照】对话框

（2）绘制草绘图形，如图 9.4 所示。草绘图形结束后，单击 则退出草绘界面。

（3）在操作面板中单击拉伸类型为曲面选项，指定拉伸深度按钮，输入拉伸深度数值 30，单击预览按钮，进行几何预览和特征预览，预览结束，单击 ，特征创建结束，如图 9.5 所示。结果零件请参看所附光盘“第 9 章\范例结果文件\lashen_fanli01_jg.prt”。

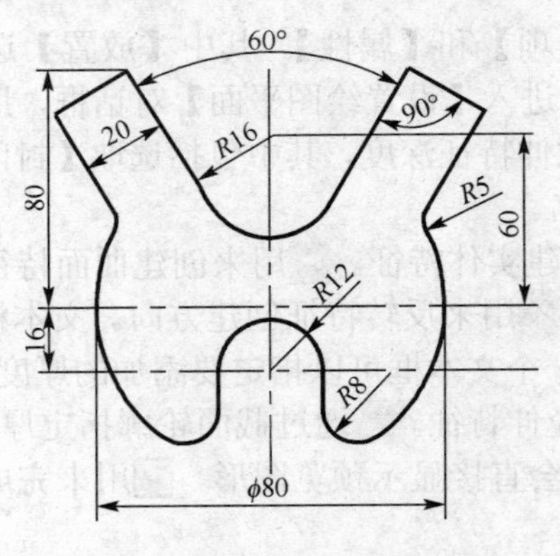

图 9.4　拉伸草图剖面

图 9.5　拉伸曲面特征

9.1.2　旋转曲面

旋转曲面是指一条直线或曲线绕一条中心轴线，按特定的角度旋转所形成的曲面。创建步骤与拉伸基本相同，都是需要首先创建一个草图（剖面图），设定旋转参数就可实现。

1. 旋转工具操作面板

单击下拉菜单【插入】→【旋转】命令或按钮，则开始建立旋转曲面特征。此时，在绘图区的下方，弹出如图9.6所示的操控板。

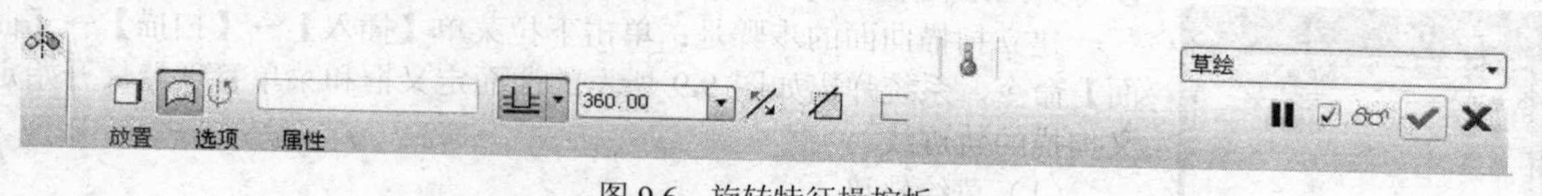

图9.6　旋转特征操控板

操控板主要由三项组成，分别为【放置】、【选项】和【属性】。其中【放置】选项用来创建草绘剖面，单击【放置】选项后，选择【定义】，会进入【设置绘图平面】对话框，用来打开“草绘器”创建或修改特征截面。【选项】用来定义拉伸特征深度或选取【封闭端】选项来创建旋转特征。【属性】用来给操作的旋转特征命名。用来创建曲面特征。其中创建实体特征和创建曲面特征为开关量，只能二选一。

2. 旋转角度的设置

旋转的角度主要依靠按钮设置，单击按钮右侧三角，一共有三种旋转角度的设置方式。

“变量”：直接指定旋转角度。

“对称”：在草绘平面的两侧对称按指定角度旋转。

“到选定的”：将截面旋转至一个选定点、曲线、平面或曲面。

3. 旋转曲面的应用

（1）进入旋转界面，设置草绘平面和参考平面。

单击下拉菜单【插入】→【旋转】命令或按钮，则开始建立旋转曲面特征。

（2）单击【放置】→【定义】按钮，绘制草绘图形。此时，系统弹出如图9.2所示的【剖面】对话框。在该对话框中，用户可以设置草绘平面、参考平面、特征拉伸方向。选取“FRONT”平面为草绘平面，系统自动选取“RIGHT”平面为参考平面。设置完毕，单击【草绘】按钮退出。绘制草绘图形，如图9.7所示。草绘图形结束后，单击则退出草绘界面。

（3）单击图标，单击旋转度数按钮，输入旋转度数值360，单击预览按钮，进行几何预览和特征预览，预览结束，单击，特征创建结束，如图9.8所示。结果零件请参看本书所附光盘“第9章\范例结果文件\xuanzhuan_fanli01_jg.prt”。

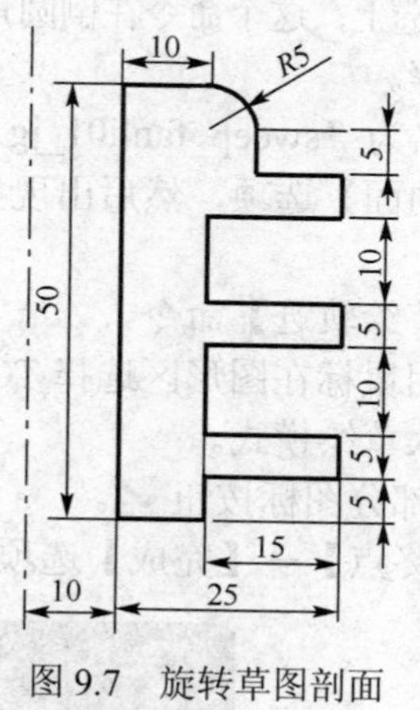

图9.7　旋转草图剖面

图9.8　旋转曲面特征

9.1.3　扫描曲面

扫描曲面是截面图形沿着指定轨迹线移动而形成的曲面特征。

建立扫描曲面需要绘制扫描剖面和扫描轨迹线，其中定义轨迹线有草绘轨迹和选择轨迹两种方法。由于草图模式只能绘制二维平面图形，因此草绘轨迹只能绘制平面轨迹线，而选择轨迹可以得到三维轨迹。

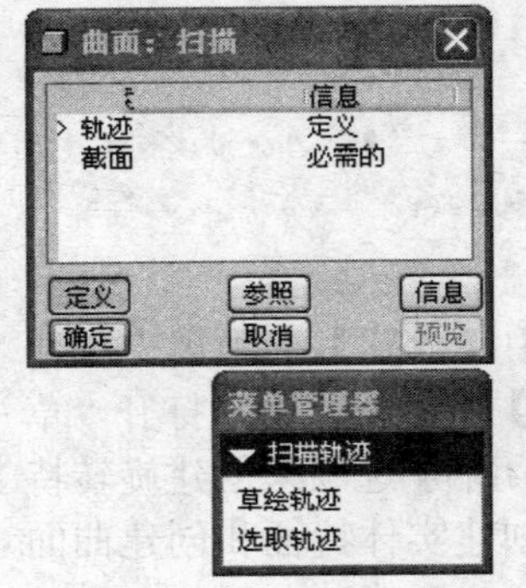

图 9.9　扫描特征定义

建立扫描曲面的步骤是：单击下拉菜单【插入】→【扫描】→【曲面】命令，系统弹出如图 9.9 所示的曲面定义框和菜单管理器，开始定义扫描的轨迹线。

（1）草绘轨迹。

在菜单管理器的扫描轨迹中单击草绘轨迹，则可以与草绘图形一样绘制轨迹线。绘制的轨迹线只能是平面图形。轨迹线可以是封闭的，也可以是开放的。对于开放的轨迹线，如要扫描实体特征，其扫描的截面图形必须是封闭的；如扫描曲面特征，其扫描的截面图形可以封闭也可以开放，如若封闭，此时要定义成封闭。封闭的轨迹线无内表面。

（2）选择轨迹。

就是选择基准曲线或已有实体的边作为扫描轨迹。可以选作轨迹的基准曲线有：草绘、求交曲面、使用剖截面、投影的、成形的、曲面偏距及从位于平面上的曲线的两次投影。

选择的方法有：依次、相切链、曲线链、边界链、曲面链及目的链。

内定的默认选取方式，用来选取暗红色的曲线。

● 依次：用来选取暗红色的曲线、黄色的曲面边界线、白色的实体边界线。同曲线的最大区别就是选取可以分段或有选择的选取，而曲线选取是相切关系的会一次选完。

● 相切链：选取一线条，其相邻的相切线条会被全部连续选中，仅能选黄色的曲面边界线或白色的实体边界线，不可选暗红色的线。

● 曲线链：选取一条线条，会自动连续选取相邻的线条，该项仅用于选取曲线，不可选取曲面或实体的边界线。

● 边界链：是选取一个面组，也就是整体面，可以有选择地选取整体边界或从某一处到另一处。

● 曲面链：是对单块面，可以有选择地选取从一处到另一处或整体边界。

● 目的链：是选取一条边，并把和它相近似的边全部选上，这个命令在倒圆角选取时非常方便。

下面通过典型例子来介绍旋转曲面的一般方法和步骤。

（1）单击上工具箱中的新建图标按钮，新建一个名为“sweep_fanli01_jg.prt”的文件。

（2）在菜单栏中依次选择【插入】→【扫描】→【曲面】选项，然后出现如图 9.9 所示【曲面：扫描】特征定义对话框和菜单管理器。

（3）在菜单管理器的【扫描轨迹】菜单中，选择【草绘轨迹】命令。

（4）随后菜单管理器进入【设置草绘平面】菜单。用鼠标在图形区选择 TOP 标准基准平面，然后在菜单管理器中选择【确定】→【缺省】选项，进入草绘模式。

（5）绘制如图 9.10 所示的扫描曲线，单击继续当前部分图标按钮 。

（6）在如图 9.11 所示的菜单管理器中，选择【开放终点】→【完成】选项。

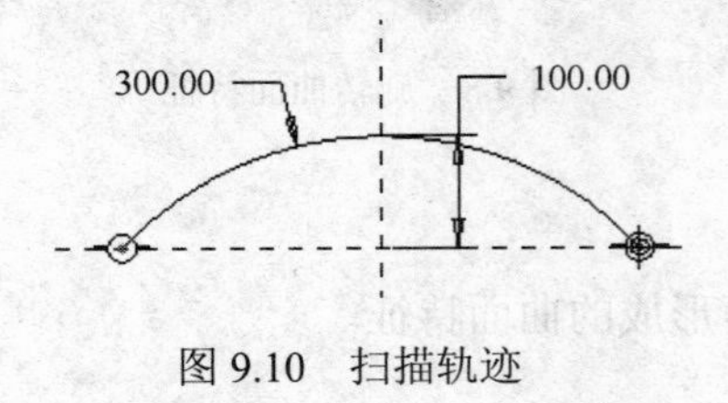

图 9.10　扫描轨迹

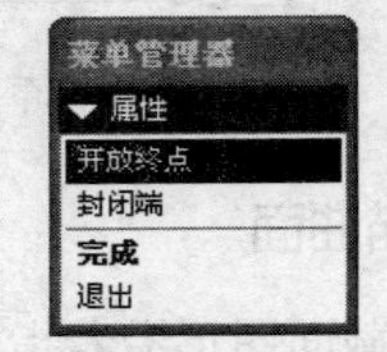

图 9.11 【属性】菜单

（7）绘制如图 9.12 所示扫描剖面，单击继续当前部分图标按钮。

（8）在【曲面：扫描】特征定义对话框中，单击【确定】按钮，完成创建的扫描曲面，如图 9.13 所示。

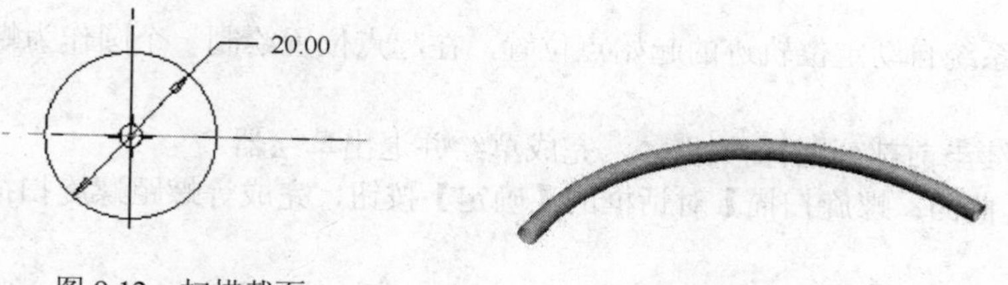

图 9.12　扫描截面　　　图 9.13　扫描曲面

注意：在【属性】菜单中，若选择【开放终点】选项，则要创建的曲面的端部是封闭的；若选择【封闭端】选项，则要创建的曲面特征具有封闭的端部，从而形成一个封闭的曲面。

最后结果参看本书所附光盘文件“第 9 章\范例结果文件\sweep_fanli01_jg.prt”。

9.1.4　螺旋扫描曲面

在工程设计中，有许多采用螺旋扫描生成的零件，如弹簧、螺栓等，所谓螺旋扫描就是让剖面沿着螺旋线扫描而生成的特征。在扫描过程中，可以是固定螺距扫描，也可以是变化螺距扫描。截面所在平面可以穿过旋转轴，也可以指向扫描轨迹的法线方向。螺旋可以右旋，也可以左旋。

螺旋扫描曲面是二维剖面沿着一条螺旋线轨迹扫描而成的曲面。螺旋扫描曲面分为恒定螺距的螺旋扫描曲面和可变螺距的螺旋扫描曲面两种。

下面通过典型例子来介绍螺旋扫描曲面的一般方法和步骤。

1. 创建恒定螺距的螺旋扫描曲面

（1）单击上工具箱中的新建图标按钮，新建一个名为“luoxuan_fanli01_jg.prt”的文件。

（2）从菜单栏中，选择【插入】→【螺旋扫描】→【曲面】命令，弹出【曲面：螺旋扫描】特征定义对话框和菜单管理器，如图 9.14 所示。

（3）在菜单管理器中，选择【常数】→【穿过轴】→【右手定则】→【完成】选项。

（4）用鼠标在图形区选择 FRONT 标准基准平面，然后在菜单管理器中选择【确定】→【缺省】选项，进入草绘模式。

（5）绘制如图 9.15 所示的中心线和螺旋曲面的轨迹线。

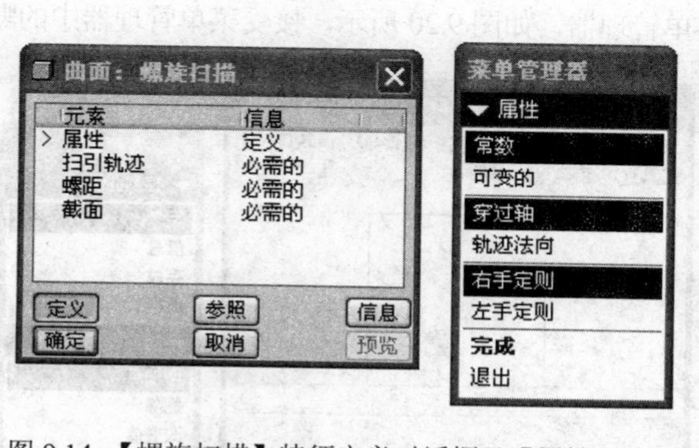

图 9.14 【螺旋扫描】特征定义对话框及【属性】菜单

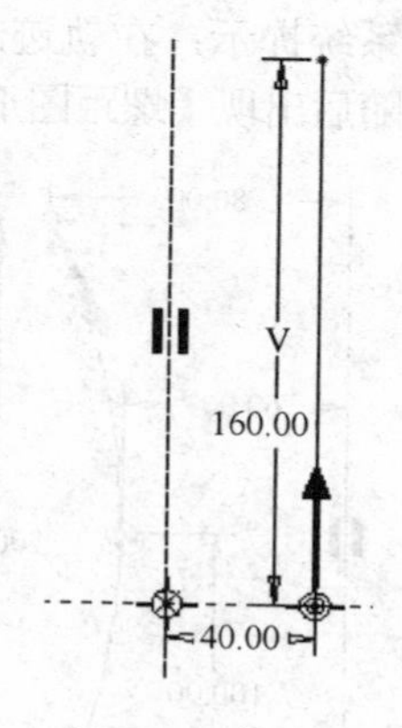

图 9.15　轨迹线

（6）单击继续当前部分图标按钮。

（7）此时出现如图 9.16 所示消息框，输入螺距值为“16.00”，单击右侧图标。

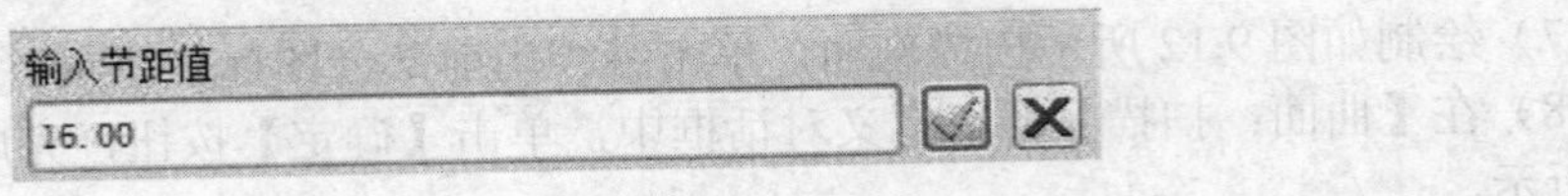

图 9.16　消息框

（8）随后，系统自动定位轨迹的起始点位置，在起点位置绘制一个圆作为螺旋扫描的截面，如图 9.17 所示。

（9）单击继续当前部分图标按钮✔，完成草绘并退出草绘器。

（10）单击【曲面：螺旋扫描】对话框的【确定】按钮，完成等螺距螺旋扫描曲面，如图 9.18 所示。

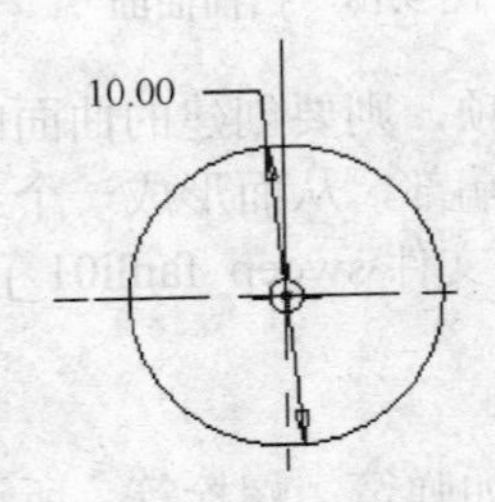

图 9.17　螺旋扫描截面

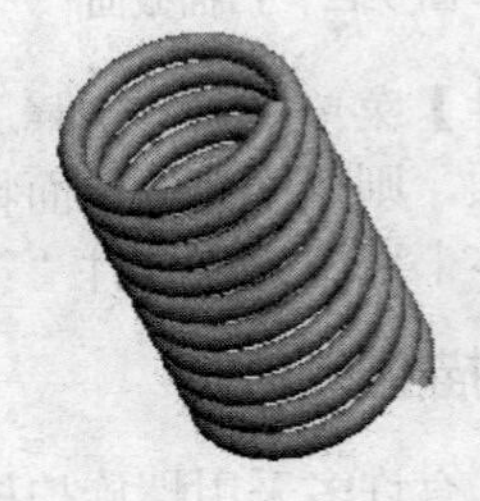

图 9.18　螺旋扫描曲面

最后结果参看本书所附光盘文件“第 9 章\范例结果文件\luoxuan_fanli01_jg.prt”。

2. 创建可变螺距的螺旋扫描曲面

（1）单击上工具箱中的新建图标按钮□，新建一个名为“luoxuan_fanli02_jg.prt”的文件。

（2）从菜单栏中，选择【插入】→【螺旋扫描】→【曲面】命令，弹出【曲面：螺旋扫描】特征定义对话框和菜单管理器。

（3）在菜单管理器的【属性】菜单中，选择【常数】→【穿过轴】→【右手定则】→【完成】选项。

（4）选择 FRONT 标准基准平面，接着在菜单管理器的菜单中选择【确定】→【缺省】选项，进入草绘模式。

（5）绘制如图 9.19 所示的中心线和旋转曲面的轨迹。

（6）单击继续当前部分图标按钮✔，完成草绘并退出草绘器。

（7）系统提示：在轨迹起始输入节距值。输入节距为“20.00”，单击接受图标按钮✔。

（8）系统提示：在轨迹末端输入节距值。输入节距为“20.00”，单击接受图标按钮✔。

（9）随后出现【螺距图形】窗口和菜单管理器，如图 9.20 所示，接受菜单管理器中的默认选项。

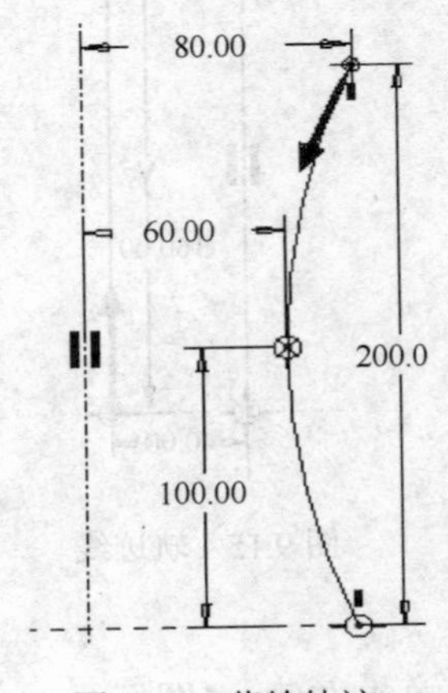

图 9.19　草绘轨迹

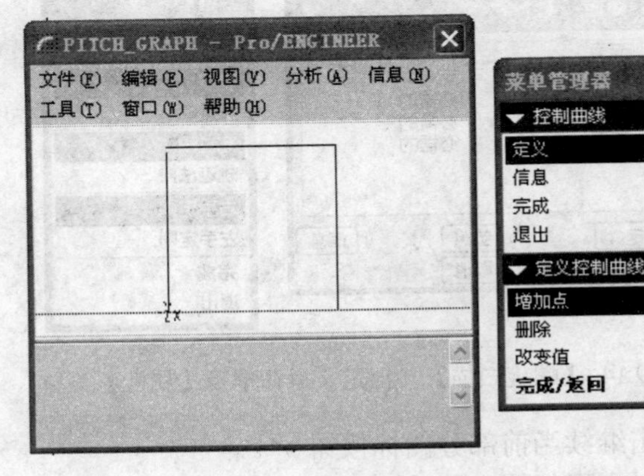

图 9.20　【PITCH_GRAPH】窗口及菜单管理器

（10）单击螺旋曲面轨迹线中间的一个点。

（11）输入该点处的螺距值，如图 9.21 所示，单击右侧图标✔。

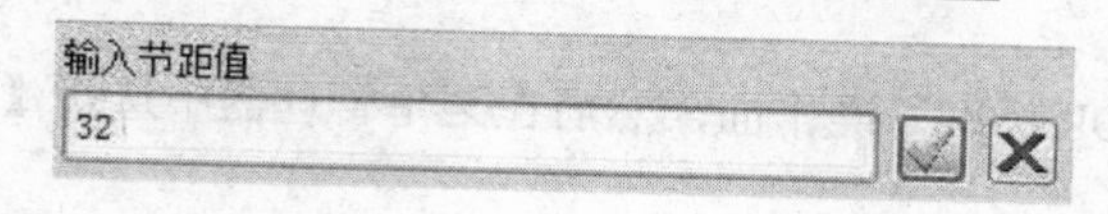

图 9.21　节距消息框

（12）此时【螺距图形】窗口中的曲线如图 9.22 所示，在菜单管理器的【定义控制曲线】中选择【完成/返回】选项，在【控制曲线】菜单中选择【完成】选项。

（13）绘制截面，如图 9.23 所示。

（14）单击继续当前部分图标按钮✔，完成草绘并退出草绘器。

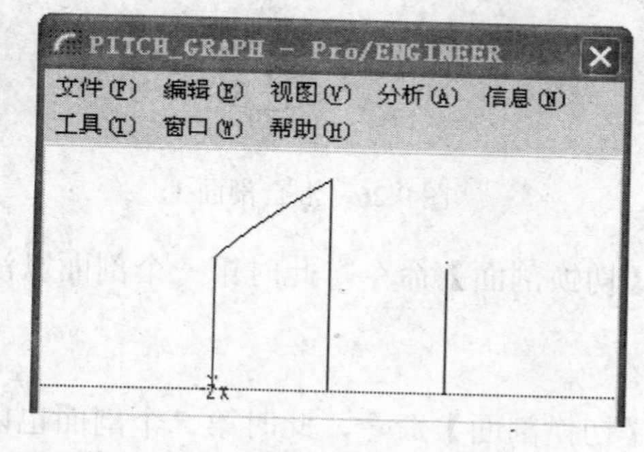

图 9.22 【PITCH_GRAPH】窗口

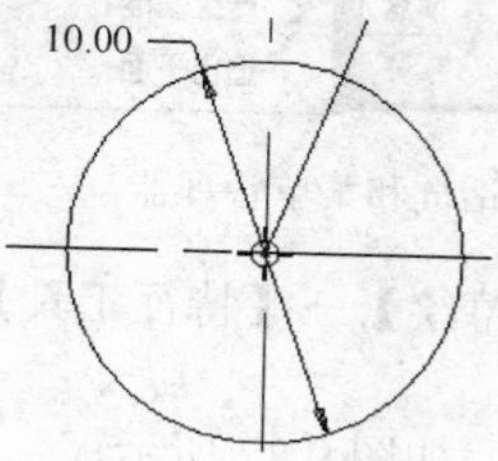

10.00

图 9.23　截面图

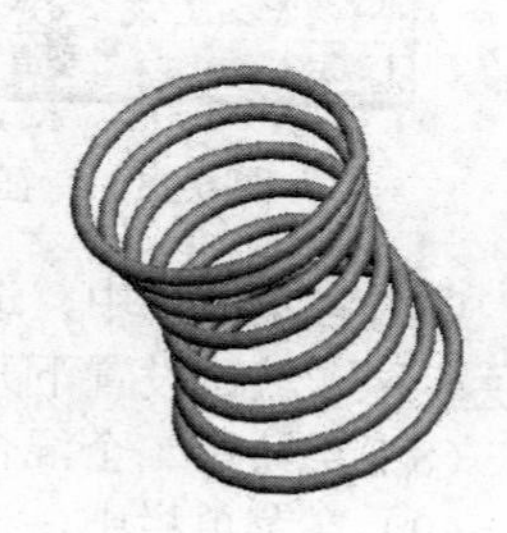

图 9.24　可变螺距螺旋扫描特征

（15）单击【曲面：螺旋扫描】对话框的【确定】按钮，完成可变螺距螺旋扫描曲面，如图 9.24 所示。

最后结果参看本书所附光盘文件“第 9 章\范例结果文件\luoxuan_fanli02_jg.prt”。

9.1.5　混合曲面

混合曲面是连接两个或多个截面形成的一种特征，截面之间的渐变形状由截面拟合决定，它是一种比较复杂的曲面创建方法。

系统提供 3 种不同的混合方式，分别如下。

（1）平行混合，所有混合截面都位于一个截面草绘中的多个平行平面上。

（2）旋转混合，混合截面绕 Y 轴旋转，最大角度可达 120°。每个截面都单独草绘并用截面坐标系对齐。

（3）一般混合，一般混合截面可以绕 X 轴、Y 轴和 Z 轴旋转，也可以沿这三个轴平移。每个截面都单独草绘，并用截面坐标系对齐。

这 3 种混合方式，从简单到复杂，其基本原则相同，就是每一截面的点数（线段数）完全相同，而且两截面间有特定的连接顺序，起始点定为第一点，按箭头方向往后递增编号。改变起始点位置和连接顺序，则会产生不同的混合结果。

混合特征的属性有两种：平直连接；光滑连接。此设置可以改变相邻截面之间的连接方式。

1. 平行混合曲面

（1）单击上工具箱中的新建图标按钮□，新建一个名为“blend_fanli01_jg.prt”的文件。

（2）在菜单栏中，选择【插入】→【混合】→【曲面】命令，弹出菜单管理器。

（3）在菜单管理器的【混合选项】子菜单中，选择【平行】→【规则截面】→【草绘截面】→【完成】选项，出现如图 9.25 所示的【曲面：混合，平行，...】特征定义对话框和【属性】

菜单。

（4）在【属性】菜单中，选择【直的】→【开放终点】→【完成】选项，此后菜单管理器变为【设置草绘平面】模式。

（5）在视图区选择 TOP 标准基准平面，然后在菜单管理器中选择【确定】→【缺省】选项，进入草绘模式。

（6）绘制第一个混合剖面，如图 9.26 所示。

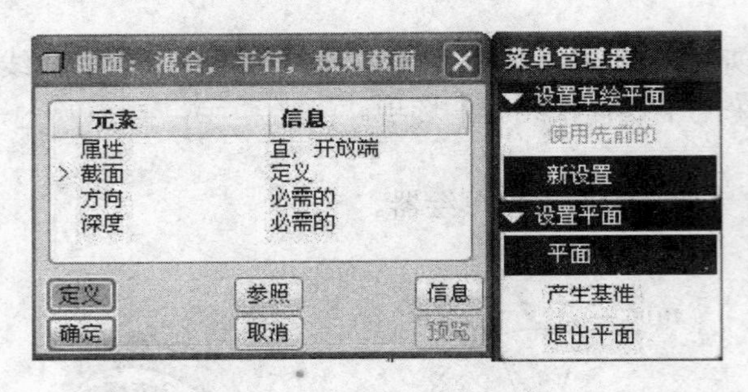

图 9.25 特征定义对话框和菜单管理器

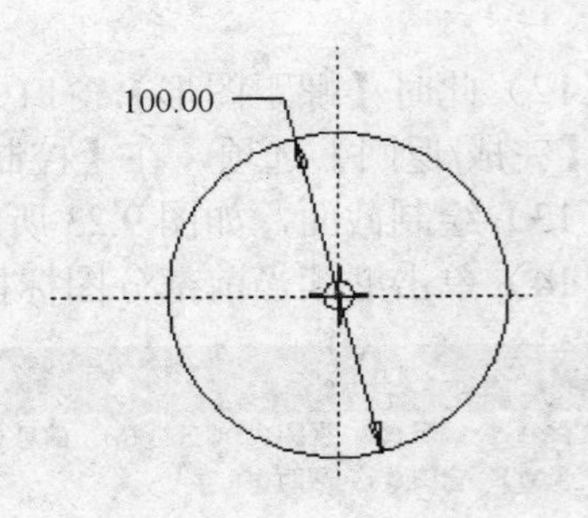

图 9.26 混合剖面 1

（7）在菜单栏中，选择【草绘】→【特征工具】→【切换剖面】命令，此时第一个剖面以浅灰色显示（默认设置下）。

（8）草绘第二个混合剖面，如图 9.27 所示。

（9）在菜单栏中，选择【草绘】→【特征工具】→【切换剖面】命令，此时第二个剖面也以浅灰色显示（默认设置下）。

（10）草绘第三个混合剖面，与图 9.27 所示的第二个剖面完全一样。

（11）单击继续当前部分图标按钮✔，完成草绘并退出草绘器。

（12）在出现的【深度】子菜单中，选择【盲孔】→【完成】选项。

（13）系统提示：输入截面 2 的深度。输入深度为“60.00”，单击接受图标按钮✔。

（14）系统提示：输入截面 3 的深度。输入深度为“90.00”，单击接受图标按钮✔。

（15）单击对话框中的【确定】按钮，完成平行混合曲面，如图 9.28 所示。

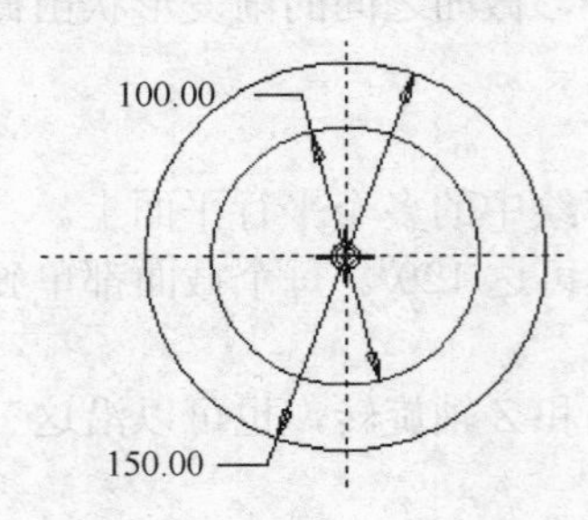

图 9.27 混合剖面 2

图 9.28 平行混合曲面

最后结果参看本书所附光盘文件“第 9 章\范例结果文件\blend_fanli01_jg.prt”。

2. 旋转混合曲面

（1）单击上工具箱中的新建图标按钮🗋，新建一个名为“blend_fanli02_jg.prt”的文件。

（2）在菜单栏中，选择【插入】→【混合】→【曲面】命令，弹出菜单管理器。

（3）在菜单管理器的【混合选项】菜单中，选择【旋转的】→【规则截面】→【草绘截面】→【完成】命令，出现【曲面：混合，平行，...】特征定义对话框和【属性】菜单。

（4）在菜单管理器的【属性】菜单中，选择【直的】→【开放终点】→【完成】选项，此后菜单管理器变为【设置草绘平面】模式。

（5）在视图区选择 TOP 标准基准平面，然后在菜单管理器中选择【确定】→【缺省】选项，进入草绘模式。

（6）绘制如图 9.29 所示的剖面，务必单击创建参照坐标图标按钮，添加一个参照坐标系。单击继续当前部分图标按钮。

（7）系统提示：为截面 2 输入 y_axis 旋转角（范围：0°～120°）。输入截面绕 Y 轴的旋转角度为 45°，单击接受图标按钮。

（8）系统自动进入草绘模式，绘制第二个混合截面，务必单击创建参照坐标图标按钮，添加一个用于对齐各截面的参照坐标系，如图 9.30 所示。单击继续当前部分图标按钮。

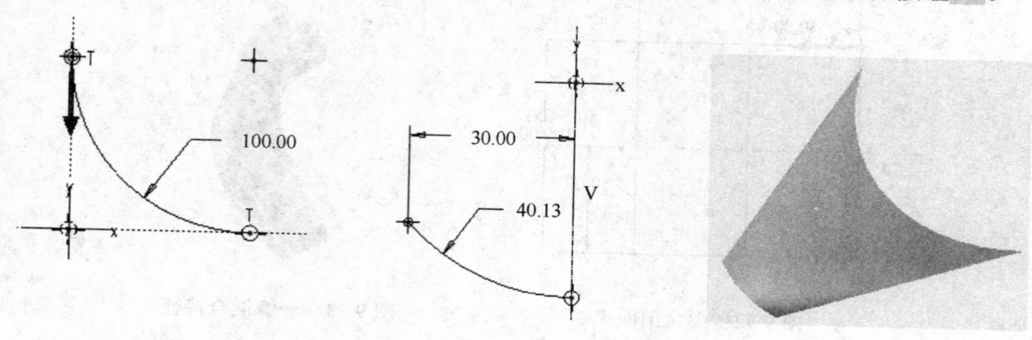

图 9.29 混合剖面 1　　图 9.30 混合剖面 2　　图 9.31 旋转混合曲面

（9）系统提示：继续下一截面吗?（Y/N）。单击【否】按钮，结束混合截面的绘制。

（10）单击【曲面：混合，平行，...】特征定义对话框中的【确定】按钮。完成旋转混合特征，如图 9.31 所示。

最后结果参看本书所附光盘文件“第 9 章\范例结果文件\blend_fanli02_jg.prt”。

3. 一般混合曲面

（1）单击上工具箱的新建图标按钮，新建一个名为“blend_fanli03_jg.prt”的文件。

（2）在菜单栏中，选择【插入】→【混合】→【曲面】命令，弹出菜单管理器。

（3）在【混合选项】菜单管理器中，选择【一般】→【规则截面】→【草绘截面】→【完成】命令，出现【曲面：混合，平行，...】特征定义对话框和【属性】菜单。

（4）在菜单中，选择【光滑】→【封闭端】→【完成】选项，此后菜单管理器变为【设置草绘平面】模式。

（5）在视图区选择 TOP 标准基准平面，然后在菜单管理器中选择【正向】→【缺省】选项，进入草绘模式。

（6）绘制如图 9.32 所示剖面 1，注意要在圆心处创建一个参照坐标系。然后单击继续当前部分图标按钮，退出草绘模式。

（7）系统提示：给截面 2 输入 x_axis 旋转角度（范围：±120°）。输入旋转角度为 0°，单击接受图标按钮。

（8）系统提示：给截面 2 输入 y_axis 旋转角度（范围：±120°）。输入旋转角度为 45°，单击接受图标按钮。

（9）系统提示：给截面 2 输入 z_axis 旋转角度（范围：±120°）。输入旋转角度为 45°，单击接受图标按钮。

（10）绘制剖面 2，同图 9.32。单击继续当前部分图标按钮。

（11）系统提示：继续下一截面吗?（Y/N）。单击【是】按钮。

（12）分别输入剖面 3 绕 *X*、*Y*、*Z* 轴的旋转角度为 0°、45°、45°。

（13）绘制剖面 3，同图 9.32。单击继续当前部分图标按钮✔。

（14）系统提示：继续下一截面吗?（Y/N）。单击【否】按钮。

（15）输入剖面 2 的深度为“300.00”，单击接受图标按钮✔。

（16）输入剖面 3 的深度为“300.00”，单击接受图标按钮✔。

（17）单击【曲面：混合，平行，...】特征定义对话框中的【确定】按钮。完成一般混合特征，如图 9.33 所示。

最后结果参看本书所附光盘文件“第 9 章\范例结果文件\blend_fanli03_jg.prt”。

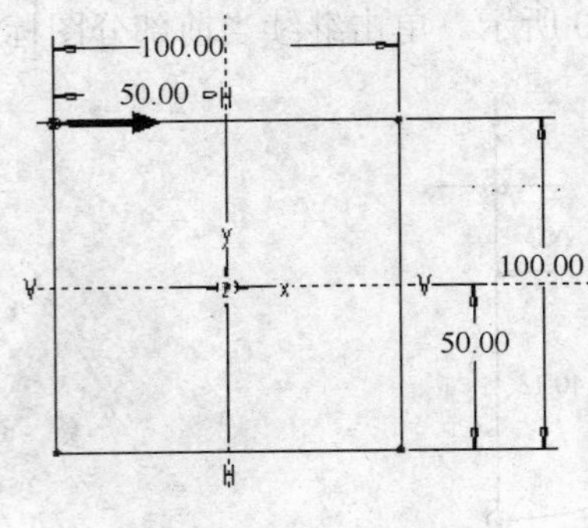

图 9.32　混合剖面 1

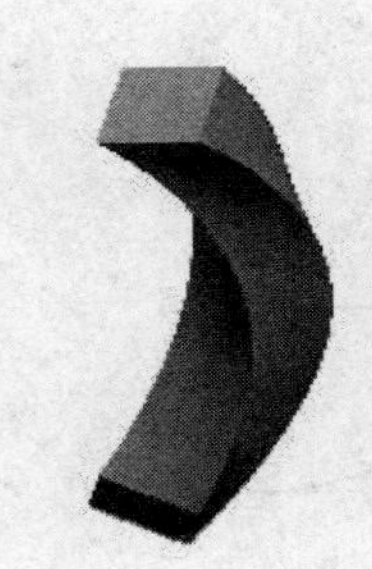

图 9.33　一般混合特征

9.1.6　扫描混合曲面

扫描混合曲面是指将扫描和混合两种特征生成方法合成后所生成的曲面，因此这种曲面既有扫描曲面的特征，又有混合曲面的特征。扫描混合曲面需要单个原始轨迹和多个截面，在原始轨迹指定的顶点或基准点处草绘要混合的截面。

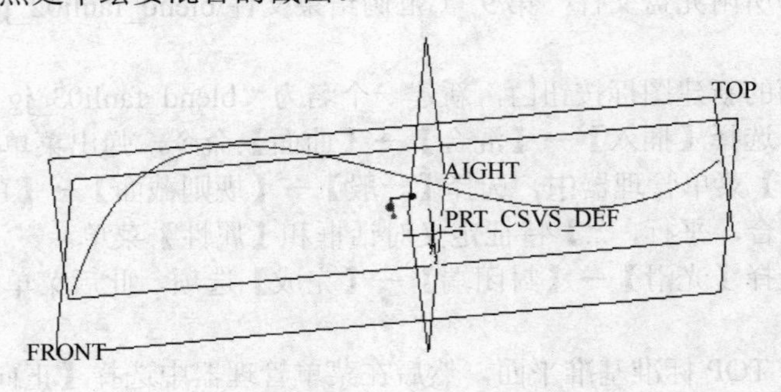

图 9.34　扫描混合轨迹线

（1）新建一个图形文件，单击草绘工具按钮，绘制如图 9.34 所示轨迹曲线。注意绘制该轨迹曲线时，在需要产生剖面处在其上绘制参考点。单击主菜单【插入】→【扫描混合】命令，出现图 9.35 所示的操控板。

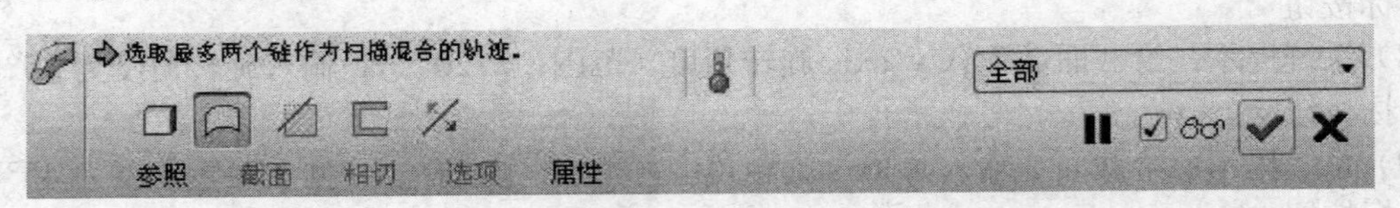

图 9.35　扫描混合操控板

（2）单击选取如图 9.34 所示的曲线，单击操纵板上的【参照】按钮，如图 9.36 所示。在【剖面控制】下拉列表框中选择默认的【垂直于轨迹】选项。

（3）单击操纵板【截面】按钮，如图 9.37 所示，在上方选择【草绘截面】选项，单击轨迹线起点后单击草绘按钮，如果不选择轨迹线位置是无法绘制剖面的。在草绘模式中绘制直径为 50 的圆。

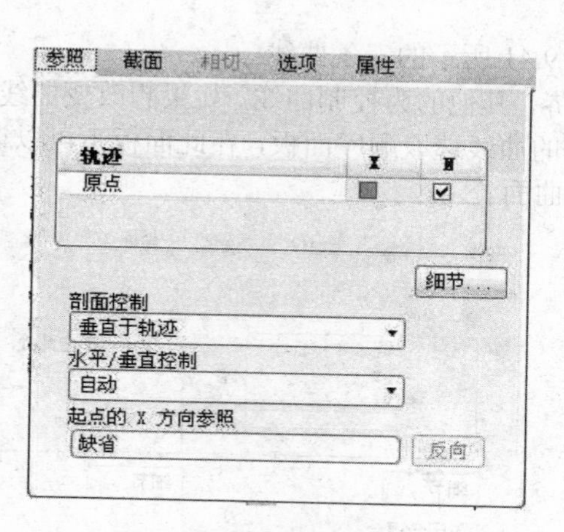

图 9.36　参照选项

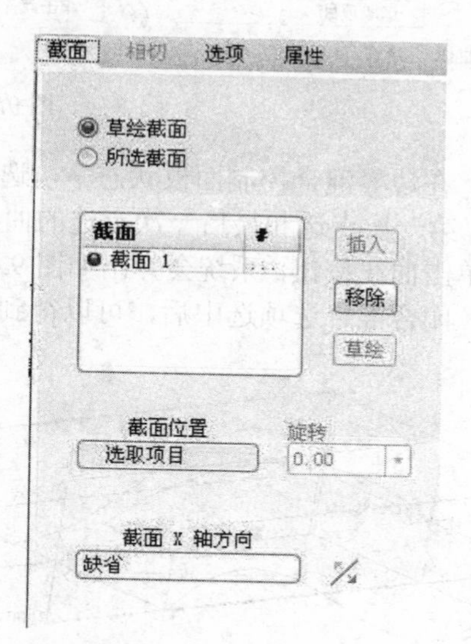

图 9.37　截面设定

（4）在【截面】面板中单击【插入】按钮，并选取轨迹线终点作为“截面 2”位置，重复步骤（3）绘制直径为 90 的圆。

（5）如果要在轨迹线中增加其他截面，重复步骤（4）。可以在预先轨迹有基准点的位置增加新的截面。

（6）单击鼠标中键完成，如图 9.38 所示。

（7）若在操控板的【选项】面板中钩选【封闭端点】复选框，完成后如图 9.39 所示，曲面两端会封闭。最后结果参看本书所附光盘文件“第 9 章\范例结果文件\saomiaohunhe_fanli01_jg.prt”。

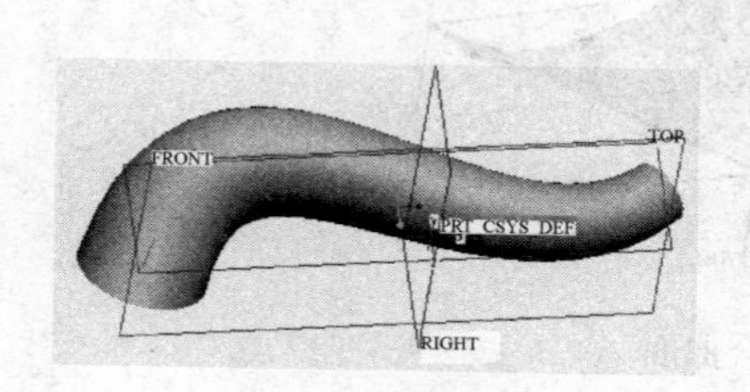

图 9.38　扫描混合结果

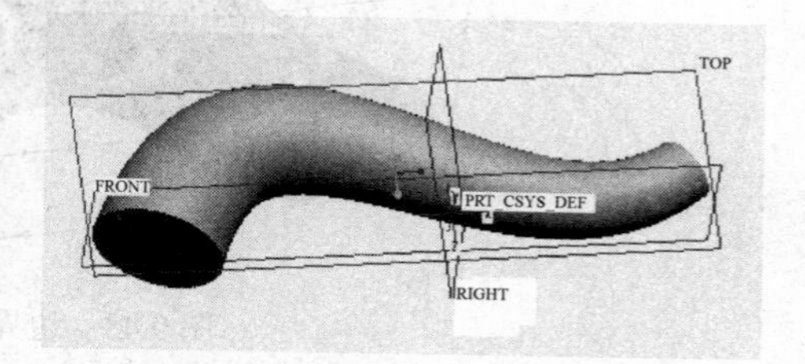

图 9.39　扫描混合封闭端

9.1.7　边界混合曲面

边界混合是一个比较复杂的特征，和本章的其他特征不同，边界混合只能产生曲面特征，而前述命令既可创建曲面又能生成实体。

在很多情况下，并不存在明显的截面和轨迹线，在这种情况下利用边界混合就可解决。所谓边界混合就是以边界线围成曲面，首先选定第一个和最后一个曲线定义曲面的边界。然后，添加更多的参考曲线和控制点来完整地定义曲面形状。最后，可以通过增加厚度或者曲面实体化来得到边界混合实体。

（1）选择主菜单【插入】→【边界混合】,系统会打开如图 9.40 所示操控板。

图 9.40　边界混合操控板

（2）在边界混合控制面板状态下，选择如图 9.41 所示的三条曲线。

（3）第一次点选和最后一次点选的曲线为边界，其他的为控制曲线。如果想改变曲线的角色，也可以单击曲线按钮，系统会弹出如图 9.42 所示的曲线选取顺序面板，在此面板下可以调整曲线的次序。闭合混合选项选中后，可以得到封闭的曲面。

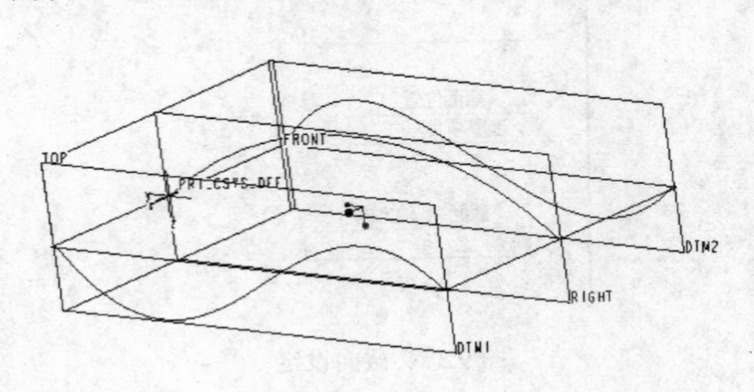

图 9.41　边界混合三条曲线

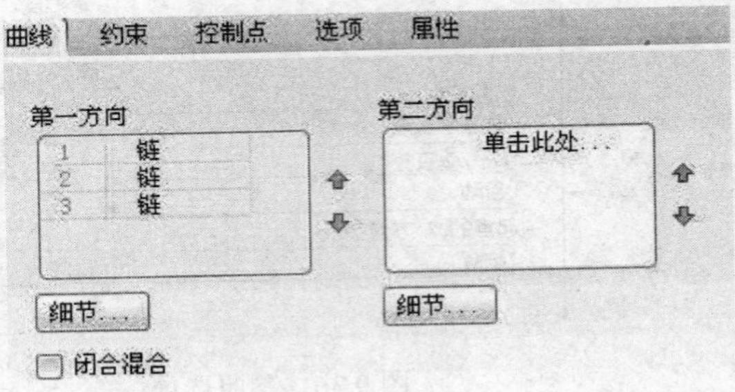

图 9.42　曲线选取顺序面板

（4）如果设定第二方向的控制曲线，可以精确地控制第二方向的边界以及控制曲线特征。其控制曲线和生成的混合曲面如图 9.43 所示。最后结果参看本书所附光盘文件“第 9 章\范例结果文件\bianjiehunhe_fanli01_jg.prt”。

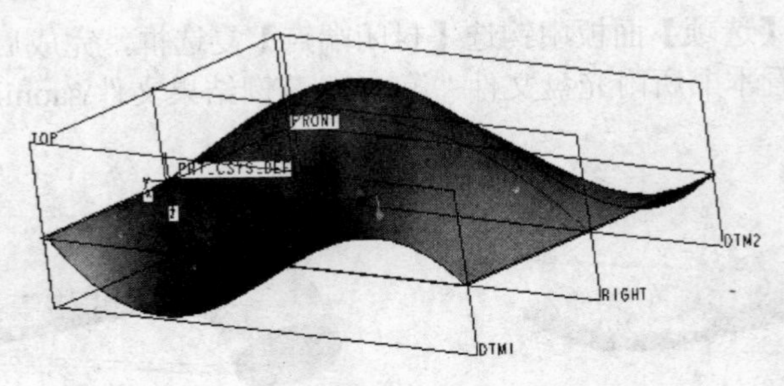

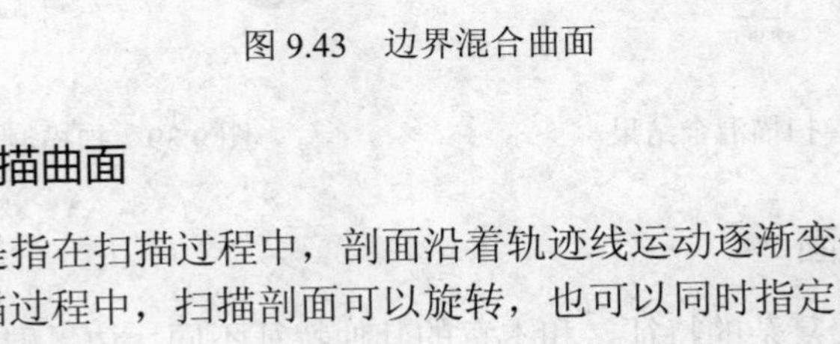

图 9.43　边界混合曲面

9.1.8　可变剖面扫描曲面

可变剖面扫描主要是指在扫描过程中，剖面沿着轨迹线运动逐渐变化，得到所需要的实体或者过程。在可变剖面扫描过程中，扫描剖面可以旋转，也可以同时指定多条轨迹线，还可以利用关系式，改变剖面形状扫描。

1. 操作步骤

单击按钮，或者选择单击菜单【插入】→【可变剖面扫描】命令，系统会弹出如图 9.44 所示的操控板，按钮代表扫描为实体，按钮代表扫描为曲面，首先选择扫描的轨迹，扫描轨迹确定之后，变为可用，可以单击此按钮进入剖面绘制状态。剖面绘制完成，就会出现要生成实体的预览效果，按钮代表选择切除特征方式，按钮代表生成薄壁特征。单击按钮，特征生成完毕。

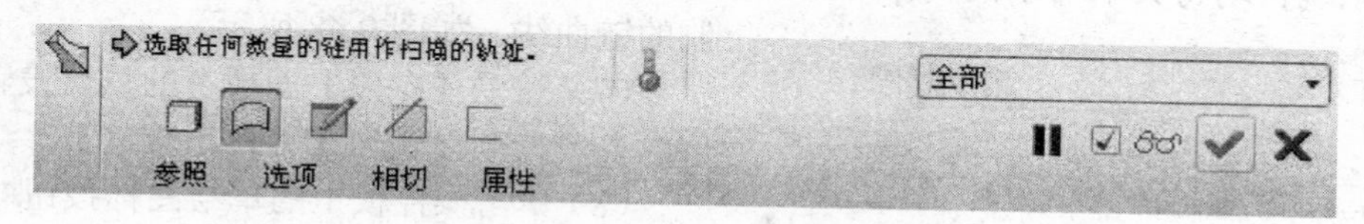

图 9.44　变剖面扫描操控板

2. 参照控制

在可变剖面扫描命令执行过程中，用户单击【参照】选项，系统会弹出如图 9.45 所示菜单，在此菜单中，用户可以按下“Ctrl”键，单击鼠标选择多条控制轨迹。选择的第一条轨迹系统默认为原始轨迹，原始轨迹的 N 选项会自动选中（表示法向）。对于其他轨迹，如果选中 X 选项，在扫描过程中，选中的轨迹不仅可以控制截面草图的 *X* 轴正向，还可以得到草图旋转的效果。选中 T 选项，生成的实体与该轨迹相切。

剖面控制有三个选项，分别是【垂直于轨迹】、【垂直于投影】和【恒定法向】。【垂直于轨迹】指扫描过程中各个剖面与该轨迹垂直。【垂直于投影】指扫描过程中剖面始终与指定参照的投影相垂直。【恒定法向】指扫描的剖面的 *Z* 轴方向与指定方向保持平行。

3. 相切控制

在变化剖面扫描命令执行过程中，用户单击【相切】选项，系统会弹出如图 9.46 所示对话框。如果在【参照】中设定为【无】，则禁用相切轨迹。如果设置【选取】，需要在绘图区中选择剖面的相切曲面。

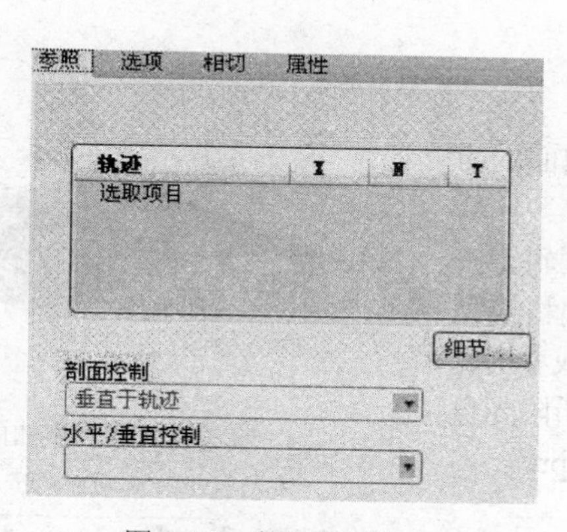

图 9.45　参照控制选项

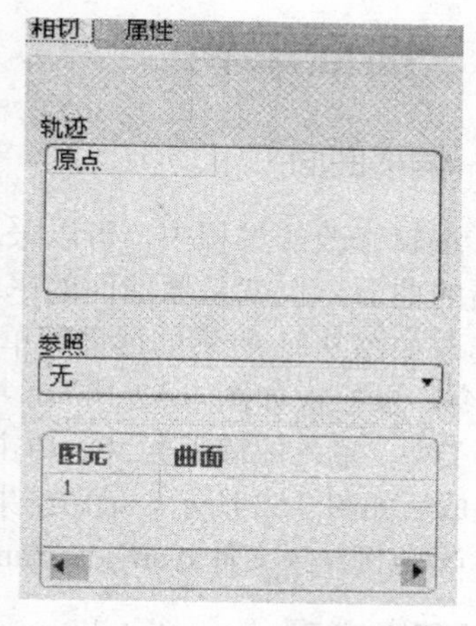

图 9.46　相切控制

4. 属性

属性用来为特征重新命名。

下面通过典型例子来介绍创建可变剖面扫描曲面的一般方法和步骤。

（1）单击上工具箱中的新建图标按钮，新建一个名为“varsweep_fanli01_jg.prt”的新文件。

（2）单击可变剖面扫描图标按钮，打开可变剖面扫描操控板。

（3）单击工具栏上的草绘工具图标按钮，弹出【草绘】对话框。选择 TOP 标准基准平面作为草绘平面，然后单击对话框中的【草绘】按钮，进入草绘模式。

（4）绘制如图 9.47 所示的两条曲线，单击继续当前部分图标按钮。

（5）单击操控板上出现的继续图标按钮，退出暂停模式，继续进行可变剖面扫描曲面的操作。

（6）系统自动将其中一条曲线作为原始轨迹线，按住“Ctrl”键选择另一条曲线作为辅助控制的链曲线，如图 9.48 所示。

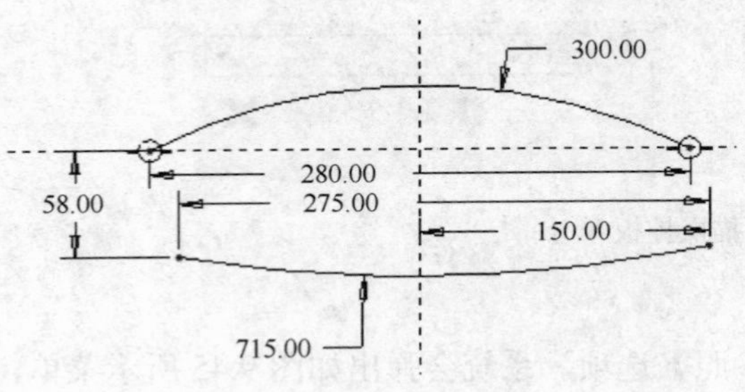

图 9.47　草绘曲线

（7）接受【参照】面板上的默认设置，其中，剖面控制选项设置为【垂直于轨迹】。

（8）单击操控板上的草绘图标按钮，进入草绘器。

（9）绘制如图 9.49 所示的扫描剖面，单击继续当前部分图标按钮。

（10）单击操控板上的完成图标按钮，完成创建可变剖面扫描曲面，如图 9.50 所示。

最后结果参看本书所附光盘文件“第 9 章\范例结果文件\varsweep_fanli01_jg.prt”。

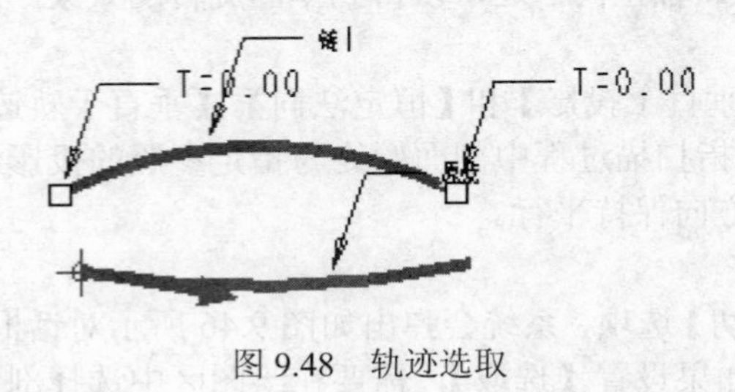

图 9.48　轨迹选取

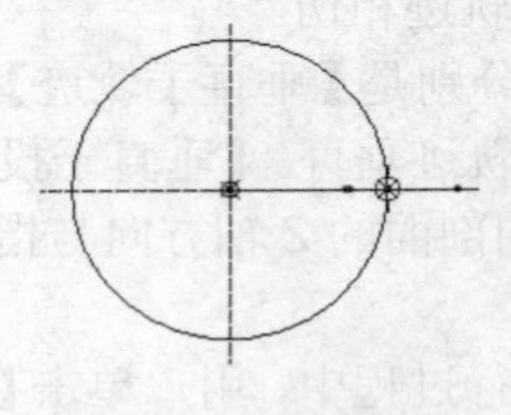

图 9.49　扫描剖面

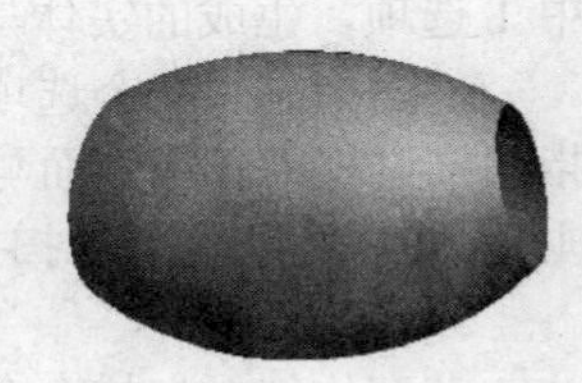

图 9.50　可变剖面扫描曲面

9.2　曲面编辑

9.2.1　偏移曲面

曲面在编辑修改的过程中，可以采用偏移原曲面的方式来生成新的曲面，也就是原曲面的平行复制。

（1）选取如图 9.51 所示的曲面，单击菜单【编辑】→【偏移】命令，操控板如图 9.52 所示。选择默认偏移类型即标准偏移类型，输入偏移距离 30。单击鼠标中键或单击完成按钮。完成后如图 9.53 所示。最后结果参看本书所附光盘文件“第 9 章\范例结果文件\pianyiqumian_fanli01_jg.prt”。

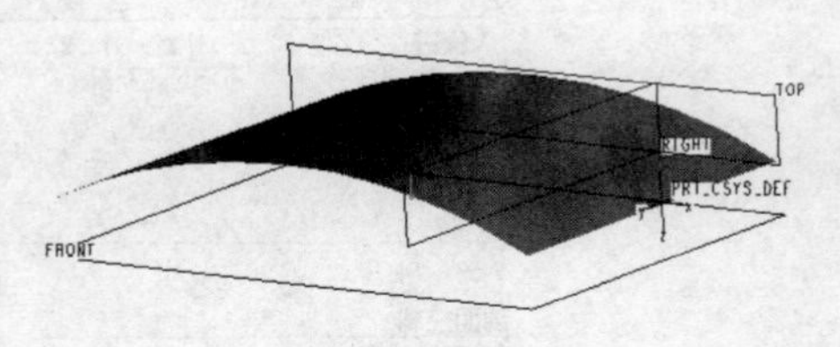

图 9.51　欲偏移曲面

图 9.52　偏移曲面操控板

（2）单击【选项】，如图 9.54 所示。选中【创建侧曲面】选项。生成的结果如图 9.55 所示。最后结果，参看本书所附光盘文件“第 9 章\范例结果文件\pianyiqumian_fanli02_jg.prt”。

（3）单击按钮，会出现偏移类型，共有四种，除了默认的【标准偏移特征】之外，还有【具有斜度特征】、【展开特征】和【替换特征】三个选项。【具有斜度特征】用来建立具有拔模角度的偏移。【展开特征】用来建立封闭曲面和选定曲面间的实体特征。【替换特征】用来将实体特征某表面用选定的曲面替换。

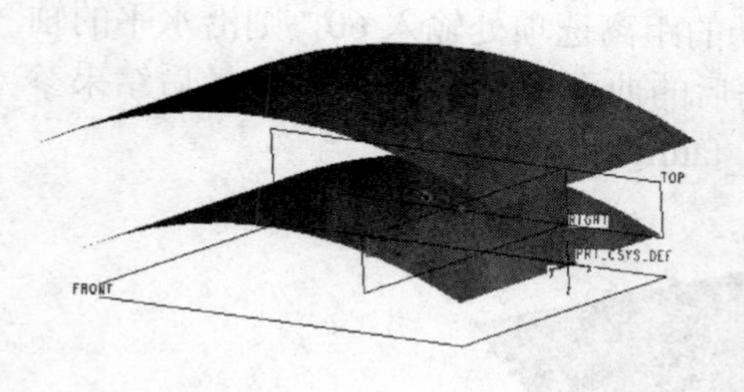

图 9.53　偏移曲面

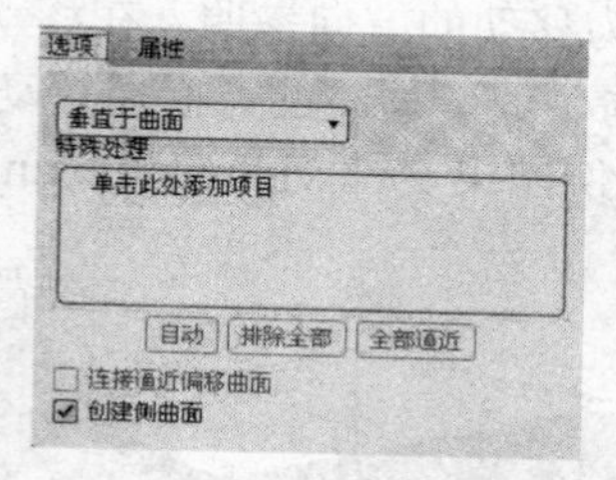

图 9.54 【创建侧曲面】选项

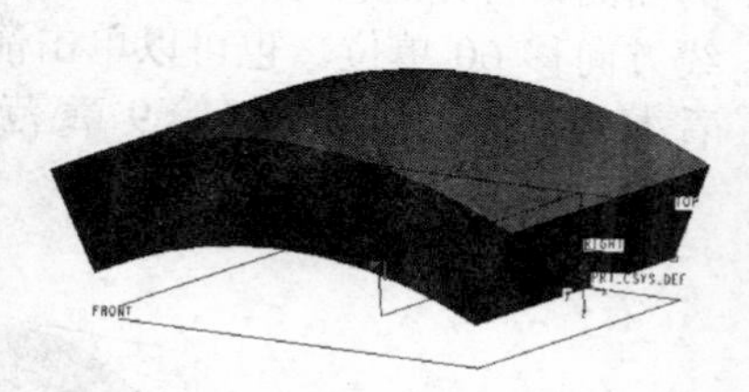

图 9.55　偏移曲面时创建侧曲面

9.2.2　移动曲面

Pro/E 移动曲面有多种方法，最简单的就是进行特征的重定义，编辑特征所在的基准平面的位置，可以实现曲面的移动。也可以在曲面特征处单击右键，然后选择编辑，通过修改尺寸来重新定义曲面的位置。这些方法都属于特征的重定义，在后续章节特征的修改会着重讲述，下面介绍利用特征的选择性粘贴实现曲面移动。

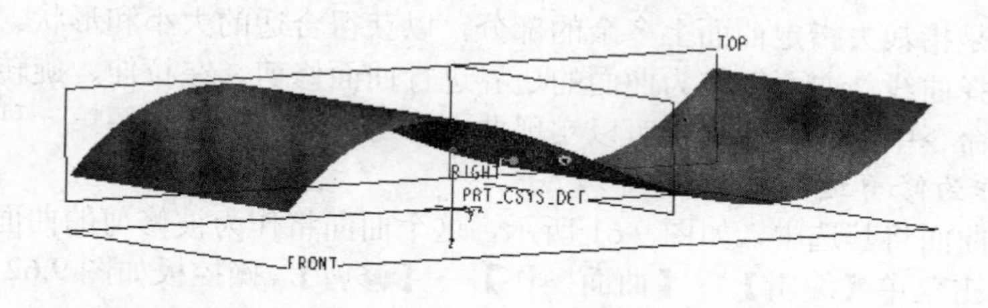

图 9.56　欲移动的曲面

（1）选中如图 9.56 所示的曲面，单击菜单【编辑】→【复制】命令，如图 9.57 所示。

（2）单击菜单【编辑】→【选择性粘贴】，弹出如图 9.58 所示的对话框。

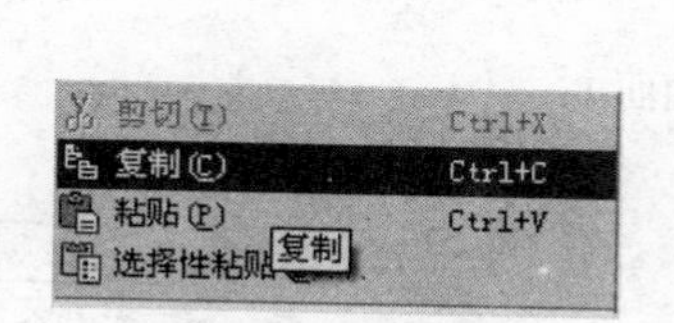

图 9.57　复制曲面

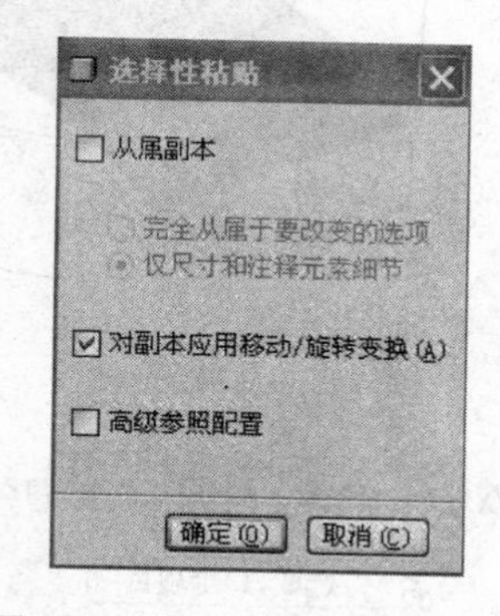

图 9.58 【选择性粘贴】选项

（3）单击确定后，弹出如图 9.59 所示的操控板。

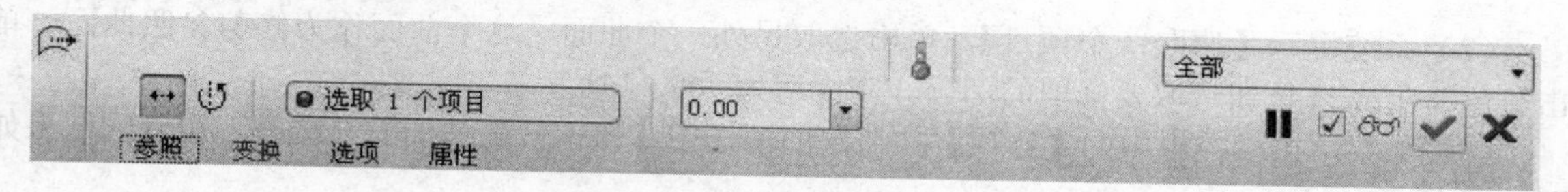

图 9.59　移动曲面操控板

移动曲面有两种操作，一种是沿某条轴线旋转，一种是沿某条轴线平移。如果要平移所选中的曲面，首先选择水平的轴线作为移动的方向参照。在移动的距离选项处输入 60，则沿水平的轴线方向移 60 单位。也可以单击箭头改变移动的方向。移动后的曲面如图 9.60 所示。最后结果参看本书所附光盘文件“第 9 章\范例结果文件\yidongqumian_fanli01_jg.prt”。

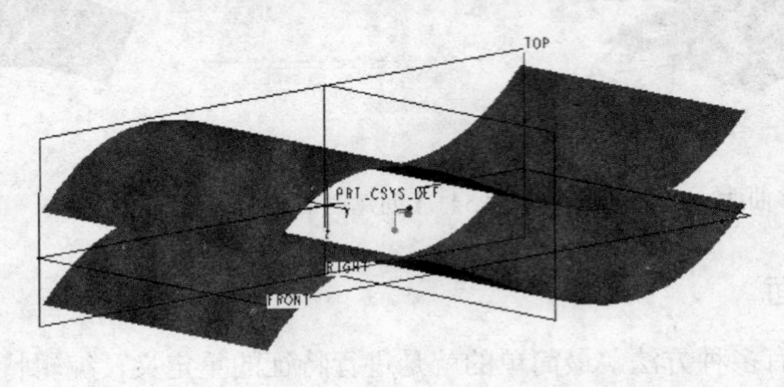

图 9.60　移动后的曲面

9.2.3　修剪曲面

修剪曲面特征是指裁去指定曲面上多余的部分，以获得合适的大小和形状。修剪曲面的方法很多，一般可以选择曲线、曲面等作为曲面的边界进行曲面修剪。在拉伸、旋转等基础特征造型命令中，使用造型命令中的除料选项也可以实现曲面修剪。本节主要介绍第一种方法。

1. 以相交面作为修剪边界

（1）单击水平曲面将其选中，如图 9.61 所示，这个曲面将作为被修剪的曲面，单击工具栏中的按钮，或者单击菜单【编辑】→【曲面操作】→【修剪】，操控板如图 9.62 所示。

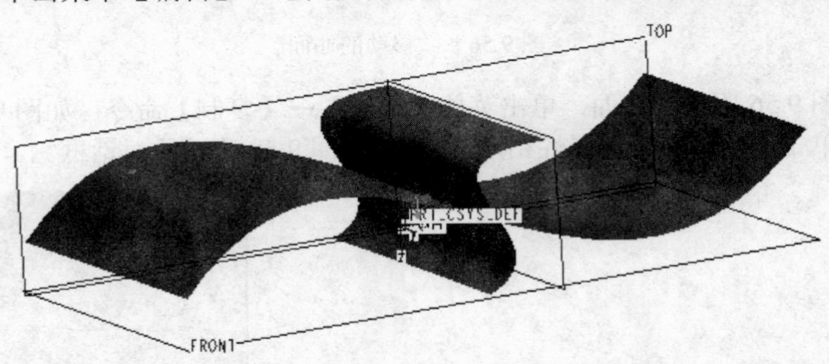

图 9.61　欲修剪的曲面 1

图 9.62　曲面修剪操控板

（2）系统提示【选取一个项目】，单击选取另外一个曲面，这个曲面作为修剪参照曲面。单击黄色箭头或按钮选取要修剪的部分。完成后如图 9.63 所示。

（3）如果单击操控板中的【选项】按钮，取消选中【保留修剪曲面】复选框，得到的结果如图 9.64 所示。

最后结果参看本书所附光盘文件“第 9 章\范例结果文件\xiujianqumian_fanli01_jg.prt”和“第 9 章\范例结果文件\xiujianqumian_fanli02_jg.prt”。

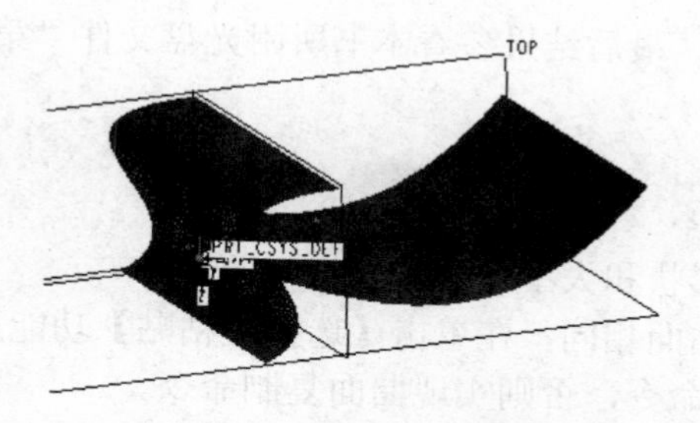

图 9.63　修剪后的曲面

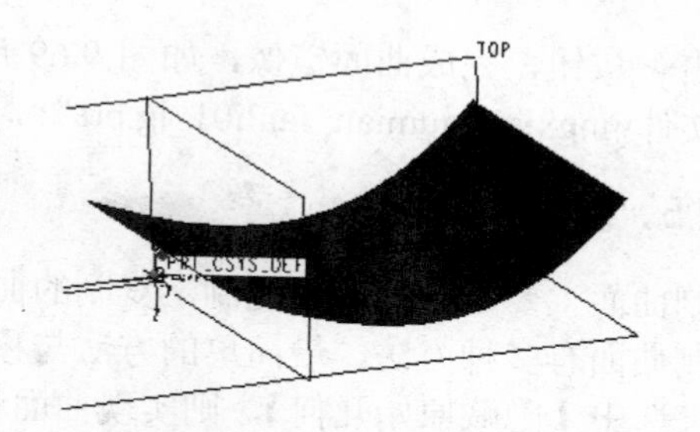

图 9.64　不保留修剪曲面修剪后的结果

注意：使用基准平面也可以作为曲面修剪的面边界。

2. 以曲线作为修剪分割线实现修剪

打开配套光盘“第 9 章\范例源文件\xiujianqumian_fanli01.prt”，在如图 9.65 所示的曲面上绘制一封闭曲线。绘制这条曲线可以首先绘制一个平面图形，然后利用投影的方法将平面图形向曲面上做投影。

先选中如图 9.65 所示曲面，单击右工具栏中的按钮，或者单击菜单【编辑】→【修剪】，操控板如前面图 9.62 所示。选取投影曲线作为修剪的边界。单击黄色箭头或按钮选取要修剪的部分。完成后如图 9.66 所示。最后结果参看本书所附光盘文件“第 9 章\范例结果文件\xiujianqumian_fanli03_jg.prt”。

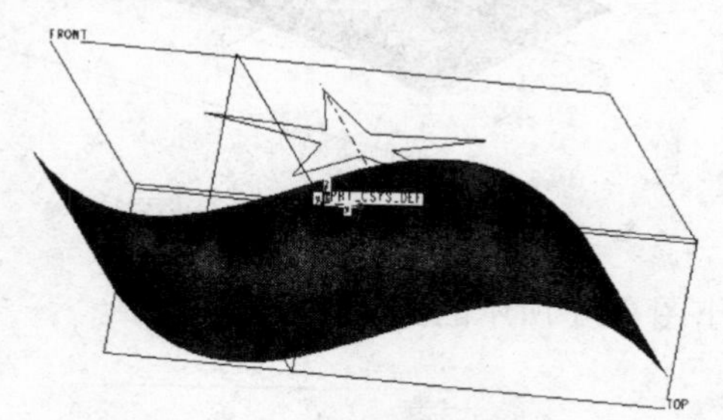

图 9.65　欲修剪的曲面 2

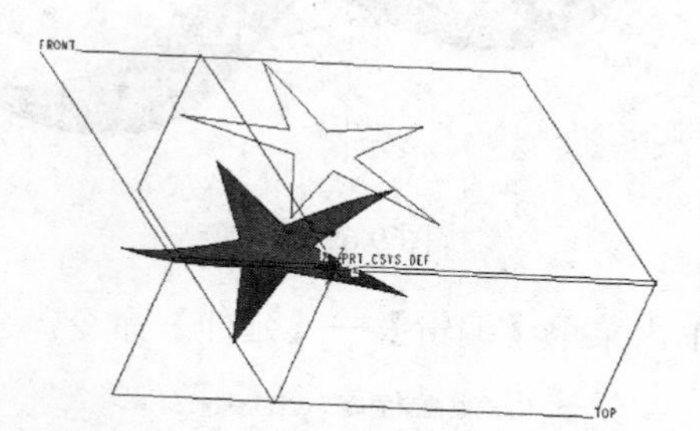

图 9.66　曲面修剪结果

9.2.4　镜像曲面

镜像曲面以一个平面或者基准平面作为参照、进行镜像复制或者移动。这样会在参照平面的另一侧产生一个对称的曲面。

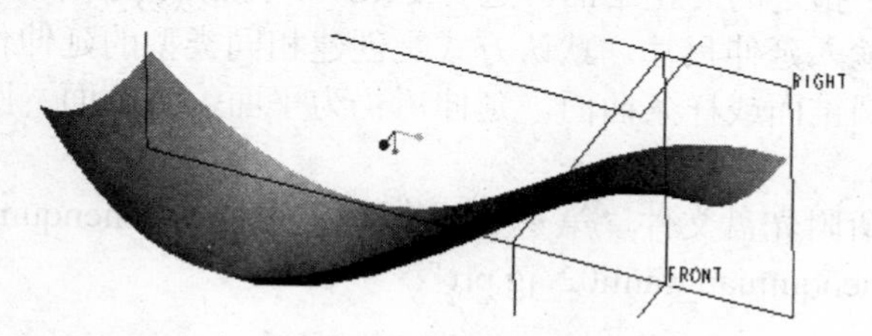

图 9.67　欲镜像曲面

选择如图 9.67 所示的曲面，单击菜单【编辑】→【镜像】，操控板如图 9.68 所示，选取 FRONT 平面作为镜像参照。

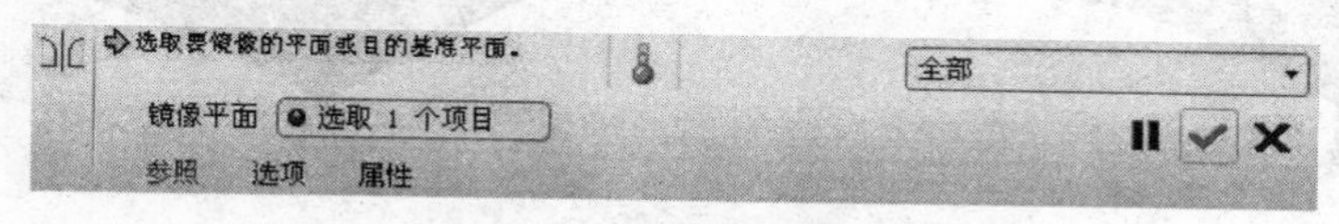

图 9.68　镜像曲面操控板

单击✔按钮，完成曲面镜像，如图 9.69 所示。最后结果参看本书所附光盘文件“第 9 章\范例结果文件\jingxiangqumian_fanli01_jg.prt”。

9.2.5 复制曲面

复制曲面主要用于曲面的复制，复制的曲面形状和大小与源曲面相同。

复制曲面有多种方法，最简单的方法与移动曲面相同，在单击【选择性粘贴】功能后，在选项中如果选中【隐藏原始几何】，则实现曲面移动命令，否则实现曲面复制命令。

复制曲面也可以利用特征操作方法，选择【复制】选项，然后定义关键尺寸实现曲面复制。

9.2.6 延伸曲面

曲面延伸是将曲面延长一定距离或延伸到指定平面位置。延伸部分曲面可以与原始曲面的定义相同，也可以是其他形式的曲面。

绘制如图 9.70 所示的曲面或打开配套光盘“第 9 章\范例源文件\yanshenqumian_fanli01.prt”，该曲面为圆弧拉伸形成的直纹曲面。

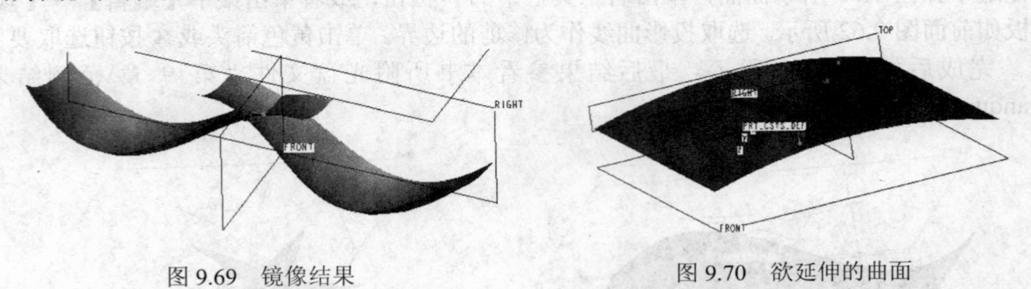

图 9.69 镜像结果　　图 9.70 欲延伸的曲面

单击菜单【编辑】→【延伸】命令，系统弹出图 9.71 所示的操控板。

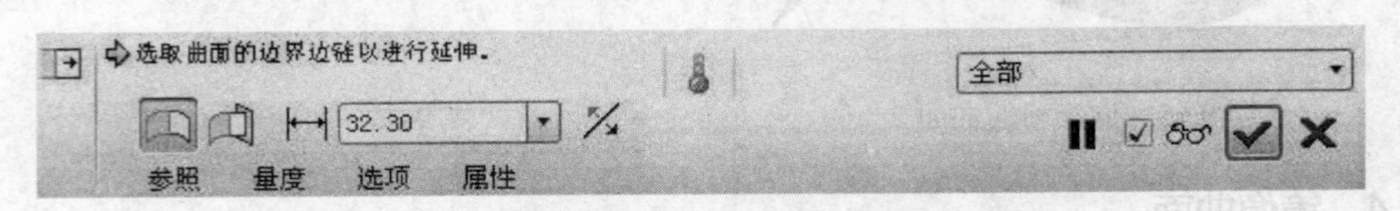

图 9.71 曲面延伸操控板

延伸类型一共有 4 个选项，分别是【至平面】、【相同】、【切线】、【逼近】。其中【至平面】是将曲面边线延伸到一个指定的终止平面。选择 FRONT 作为终止平面延伸效果如图 9.72 所示。

不选择边界，直接输入延伸尺寸。默认方式是创建相同类型的延伸作为原始曲面，原始曲面可以为平面、圆柱面、圆锥面或样条曲面。延伸后仍为平面、圆柱面、圆锥面或样条曲面。输入 60 延伸后如图 9.73 所示。

最后结果参看本书所附光盘文件“第 9 章\范例结果文件\yanshenqumian_fanli01_jg.prt 和“第 9 章\范例结果文件\yanshenqumian_fanli02_jg.prt”。

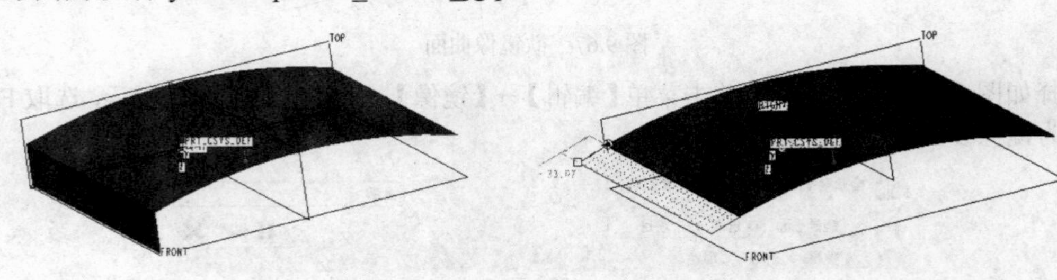

图 9.72 选定终止平面延伸效果　　图 9.73 相同类型延伸效果

输入尺寸后，单击【选项】按钮，显示有切线和逼近两种延伸方式。切线方式是创建与原始曲面相切的直纹曲面。逼近方式是以逼近选定边界的方式创建边界混合曲面。

9.2.7　合并曲面

对于两个相连的曲面，可以将它们合并为一个面组。使用合并曲面的方法可以将多个曲面合并为单一曲面。合并后的曲面是一个单独的特征，“主面组”是合并后面组的父特征。如果删除“合并”特征，原始面组仍保留。

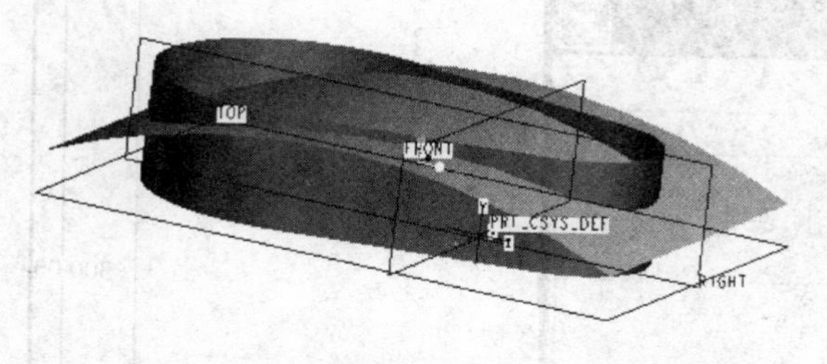

图 9.74　欲合并曲面

绘制如图 9.74 所示的两曲面或打开配套光盘“第 9 章\范例源文件\hebingqumian_fanli01.prt”。按下“Ctrl”选中图示两曲面，单击菜单【编辑】→【合并】命令，或者单击工具栏上的按钮，弹出如图 9.75 所示的操控板。

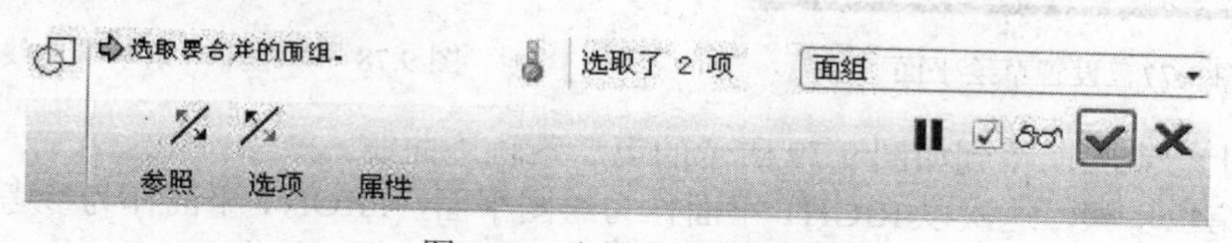

图 9.75　合并曲面操控板

单击【选项】，一共有两个选项，分别是求交和连接。求交又称为交截类型，可以实现两个面组的相互修剪。合并两个相邻的面组，一个面组的一侧边必须在另一个面组上，实现两个面组的连接。

两个箭头用来选择相交曲面的保留部分。单击确定后，如图 9.76 所示。最后结果参看本书所附光盘文件“第 9 章\范例结果文件\hebingqumian_fanli01_jg.prt”。

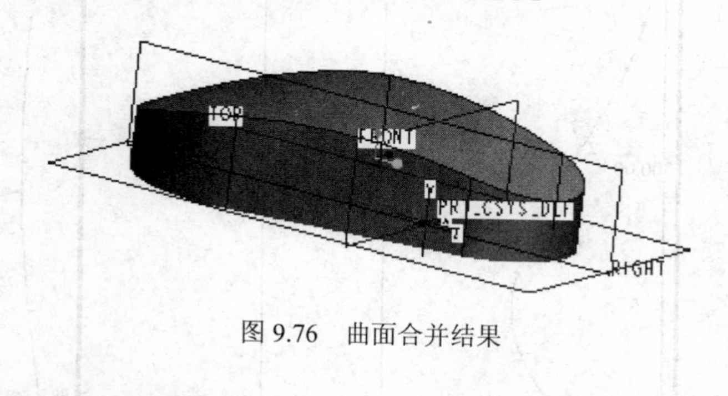

图 9.76　曲面合并结果

9.3　曲面建模操作实例

9.3.1　洗发水瓶曲面造型

本实例主要采用变剖面扫描进行曲面造型，然后利用曲面编辑功能完成整个洗发水瓶造型。

（1）建立新文件，文件类型为零件，子类型中选择实体。

（2）单击按钮，系统会弹出草绘的基准曲线操控板，如图 9.77 所示，以 TOP 平面作为绘图平面，FRONT 平面作为参考平面。绘制如图 9.78 所示草图。以该曲线作为第一条轨迹曲线。

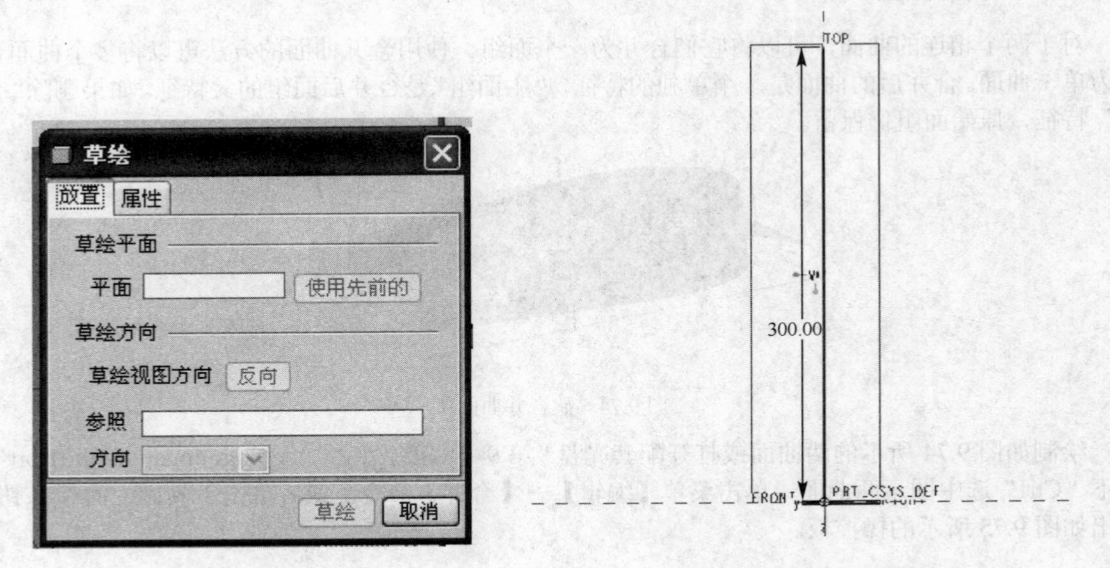

图 9.77　设置草绘平面　　图 9.78　草绘第一条基准曲线

（3）重复上一步骤，得到如图 9.79 所示的第二条轨迹曲线。

（4）重复第二步骤，这次以 RIGHT 平面作为绘图平面，FRONT 平面作为参考平面，绘制如图 9.80 所示的草图。

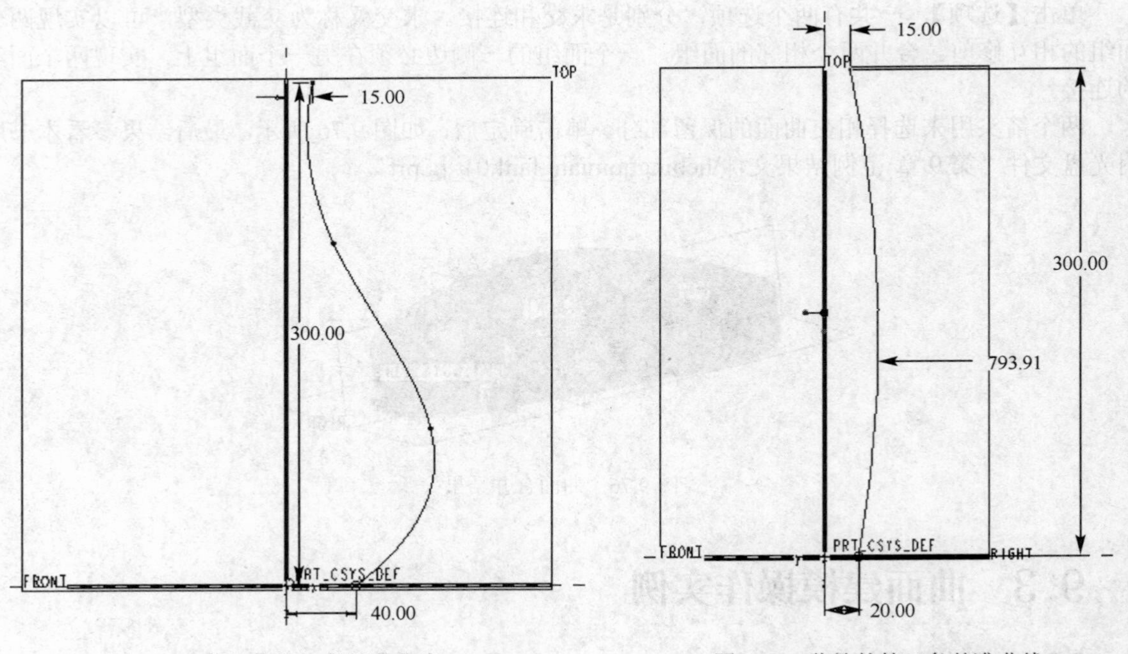

图 9.79　草绘的第二条基准曲线　　图 9.80　草绘的第三条基准曲线

（5）单击按钮，或者单击主菜单【插入】→【可变剖面扫描】命令，弹出可变剖面扫描控制面板，按住“Ctrl”键，选取刚才建立的三条曲线，选取第一条曲线作为垂直轨迹。

（6）单击创建或编辑扫描剖面按钮，进入草图模式，在此模式下每一个和草图相交的轨迹都会在草图中产生一个交叉点，在绘制草图时，一定要让草图的关键点（如直线的端点、圆的圆心等）与该点重合。这样随着轨迹的移动，可以驱动剖面变化。本实例绘制的椭圆圆心、两个半轴端点就分别过上述三个交叉点。如图 9.81 所示。

（7）单击确定，完成变化剖面扫描，如图 9.82 所示。

（8）将原曲面向外偏移 5 个单位。

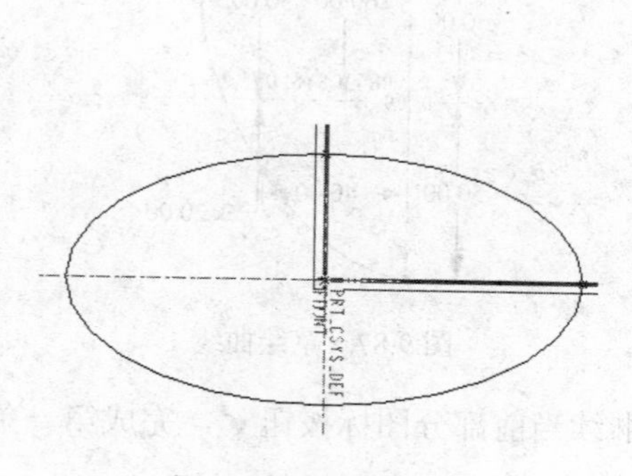

图 9.81 扫描剖面

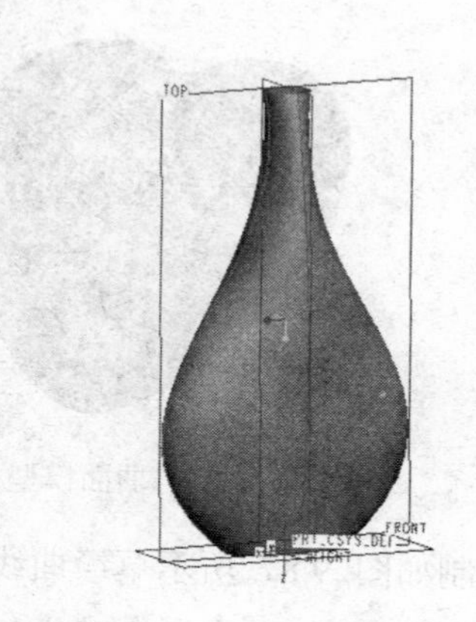

图 9.82 变化剖面扫描结果

（9）以 TOP 平面为基准平面拉伸曲面，如图 9.83 所示。

（10）利用曲面合并命令将偏移曲面与拉伸曲面合并，如图 9.84 所示。

（11）将生成曲面与原曲面合并，倒角后得到洗发水瓶，如图 9.85 所示。

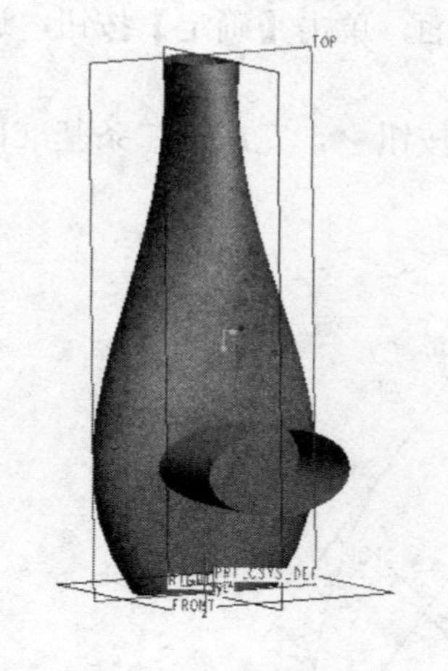

图 9.83 拉伸曲面

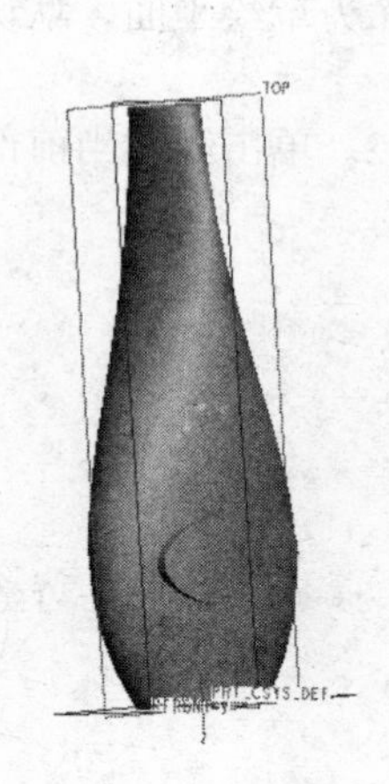

图 9.84 合并曲面

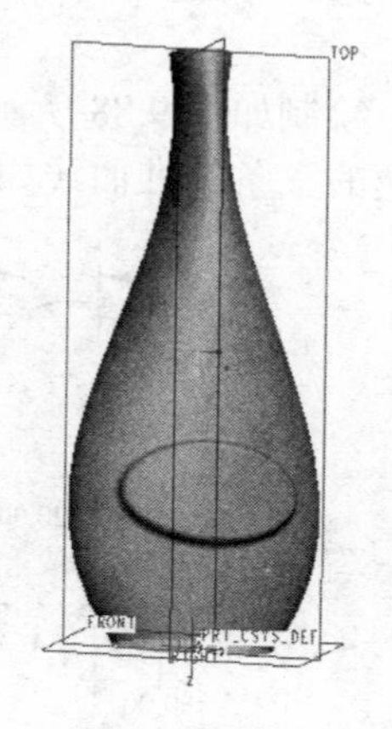

图 9.85 洗发水瓶造型

最后结果参看本书所附光盘文件“第 9 章\范例结果文件\xifashui_fanli01_jg.prt”。

9.3.2 心形曲面造型

创建如图 9.86 所示心形曲面模型。

1. 新建零件类型文件

在上工具箱中单击新建图标按钮□，弹出【新建】对话框。指定为实体零件类型，输入文件名为“xin_fanli02.prt”，使用默认模板。

2. 创建基准曲线

（1）单击特征工具栏中的草绘工具图标按钮，打开【草绘】对话框。

（2）选择 FRONT 标准基准平面作为草绘平面，默认参照平面，单击【确定】按钮，进入草绘模式。

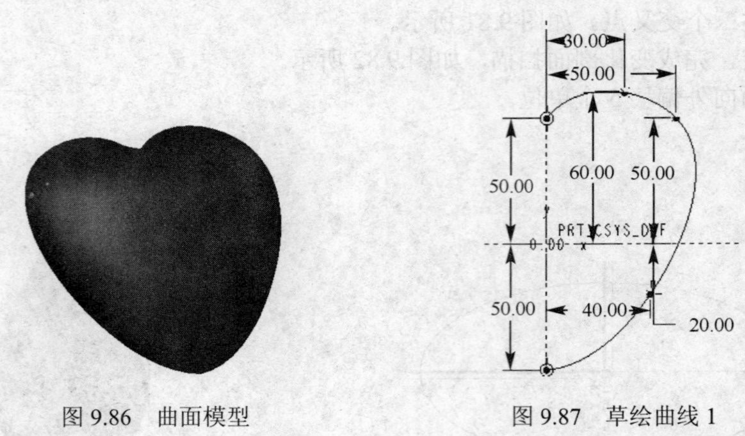

图 9.86　曲面模型　　　　图 9.87　草绘曲线 1

（3）绘制如图 9.87 所示草绘曲线 1。单击继续当前部分图标按钮，完成第一条基准曲线创建。

（4）选择刚创建完的第一条基准曲线，然后单击镜像图标按钮。

（5）选择 FRONT 标准基准平面为镜像平面，然后单击镜像操控板上的完成图标按钮，完成第二条基准曲线的创建。

（6）单击特征工具栏中的草绘工具图标按钮，打开【草绘】对话框。

（7）选择 RIGHT 标准基准平面作为草绘平面，默认参照平面，单击【确定】按钮，进入草绘模式。

（8）绘制如图 9.88 所示草绘曲线 2。单击继续当前部分图标按钮，完成第二条基准曲线创建。创建的三条基准曲线如图 9.89 所示。

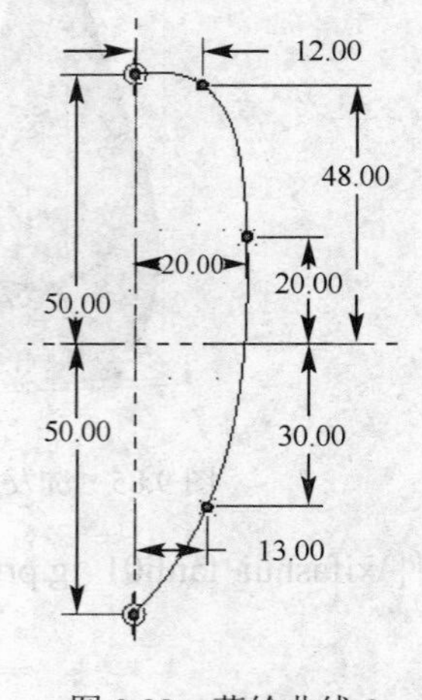

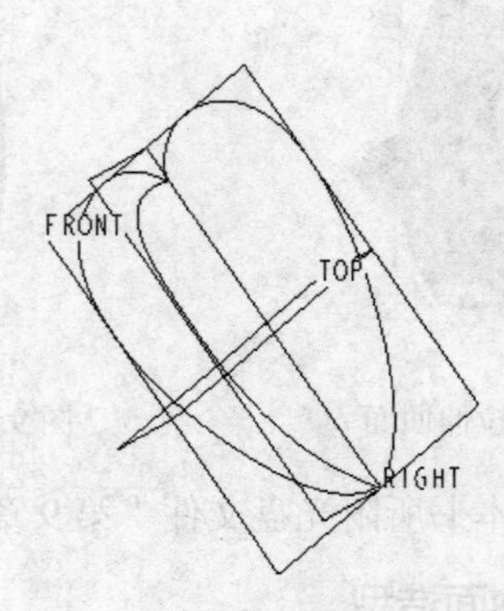

图 9.88　草绘曲线 2　　　　图 9.89　三条基准曲线

（9）单击特征工具栏中的基准点图标按钮，打开【基准点】对话框。

（10）选择第三条基准曲线，然后按住“Ctrl”键选择 TOP 标准基准平面，完成点 PNT0 的创建。

（11）依次分别选择第一条基准曲线和 TOP 标准基准平面、第二条基准曲线和 TOP 标准基准平面，完成点 PNT1 和点 PNT2 的创建。如图 9.90 所示。

（12）单击特征工具栏中的草绘工具图标按钮，打开【草绘】对话框。

（13）选择 TOP 标准基准平面作为草绘平面，单击【确定】按钮，进入草绘模式。

（14）绘制如图 9.91 所示的图形。注意选择上步创建的三个基准点作为参照，使曲线过这三个点参照。单击继续当前部分图标按钮，完成如图 9.92 所示第四条基准曲线创建。

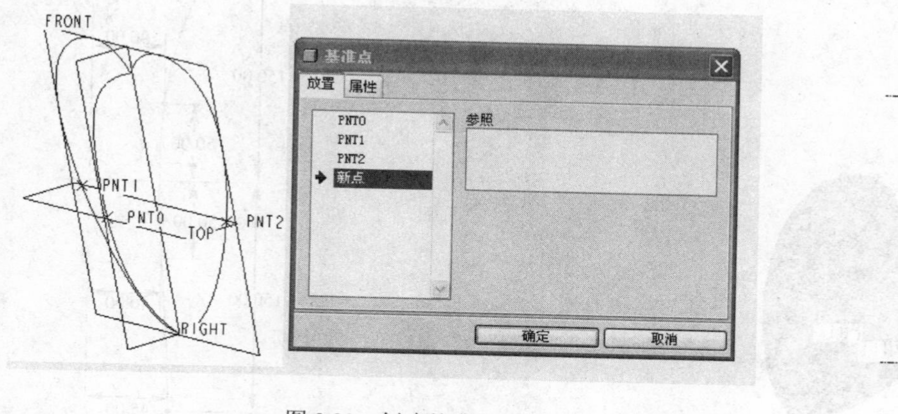

图 9.90　创建基准点

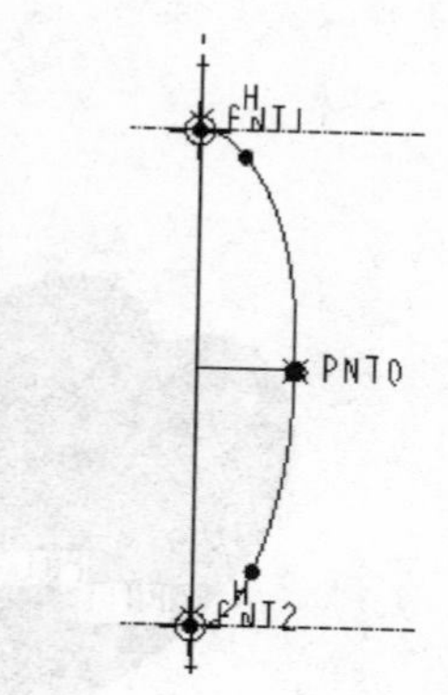

图 9.91　草绘图形

3. 创建边界混合曲面

（1）单击特征工具栏中的边界混合工具图标按钮，打开边界混合操控板。

（2）按住“Ctrl”键依次选择创建的第一、第二和第三条基准曲线。

（3）单击操控板的第二方向链收集器图标按钮 单击此处添，将其激活，在图形窗口中选择创建的第四条基准曲线。如图 9.93 所示。

（4）其余选项接受默认设置，单击完成图标按钮，完成边界混合曲面的建立，如图 9.94 所示。

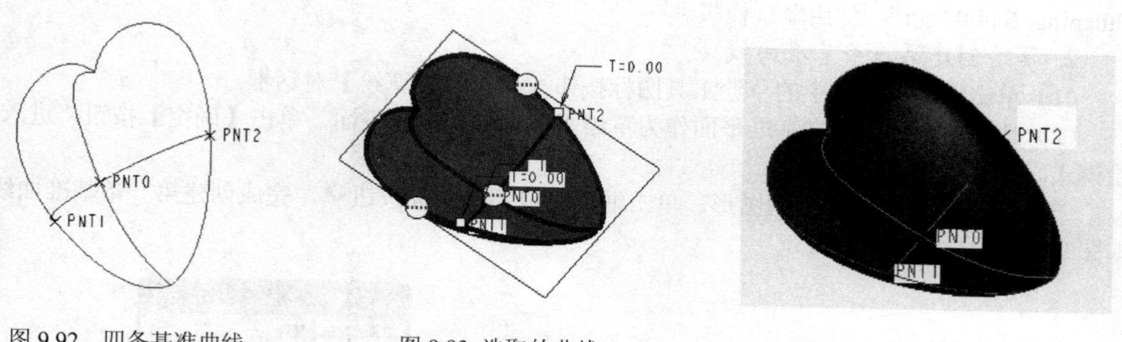

图 9.92　四条基准曲线　　图 9.93 选取的曲线　　图 9.94　边界混合曲面

4. 镜像曲面

（1）选择刚创建的曲面，然后单击镜像图标按钮。

（2）选择 FRONT 标准基准平面作为镜像平面，然后单击镜像操控板上的完成图标按钮，完成镜像曲面，如图 9.95 所示。

5. 合并曲面

（1）选择刚创建的两个曲面，然后在菜单工具栏中选择【编辑】→【合并】命令。

（2）其余选项接受默认设置，单击完成图标按钮，完成两个曲面的合并。

6. 曲面实体化

（1）用鼠标在视图区单击选中步骤 5 创建的合并曲面，然后在菜单工具栏中选择【编辑】→【实体化】命令，系统打开实体化操控板。

（2）默认系统设置，单击完成图标按钮✔，完成曲面的实体化。完成的心形零件如前面图 9.86 所示。

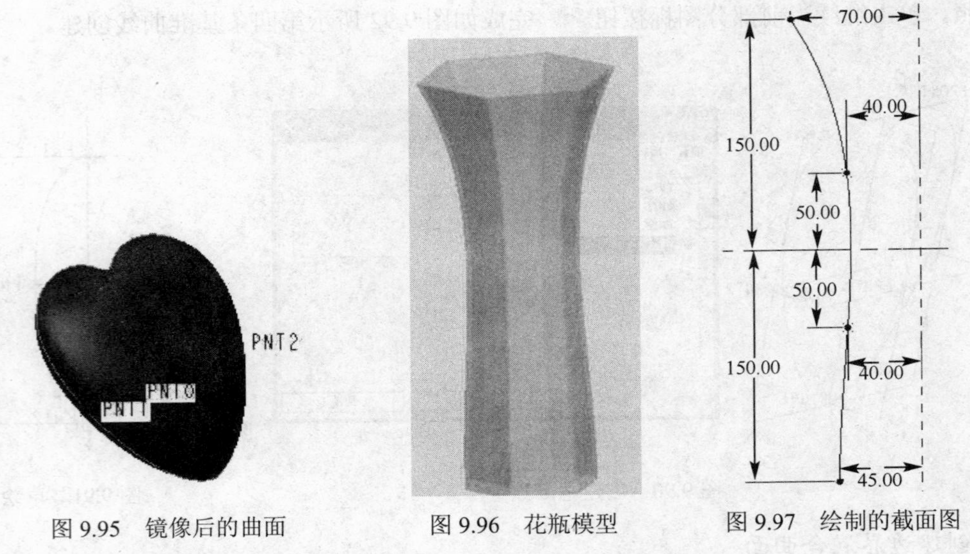

图 9.95 镜像后的曲面　　图 9.96 花瓶模型　　图 9.97 绘制的截面图

结果参看本书所附光盘文件“第 9 章\范例结果文件\xin_fanli02_jg.prt”。

9.3.3 花瓶曲面造型

创建如图 9.96 所示的花瓶。

1. 新建零件模型文件

在工具栏中单击新建图标□，弹出【新建】对话框。指定为实体零件文件，输入文件名为“huaping_fanli03.prt”，使用默认模板。

2. 草绘创建第一条基准曲线

（1）单击特征工具栏中的草绘工具图标按钮，打开【草绘】对话框。

（2）选择 FRONT 标准基准平面作为草绘平面，默认参照平面，单击【确定】按钮，进入草绘模式。

（3）绘制如图 9.97 所示的图形。单击继续当前部分图标按钮✔，完成创建第一条基准曲线，如图 9.98 所示。

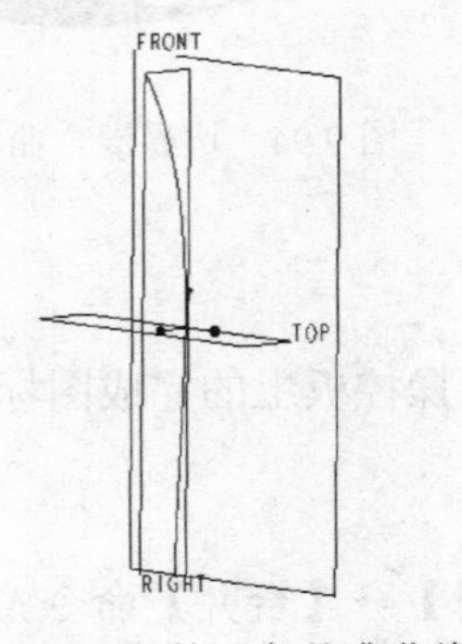

图 9.98 第一条基准曲线

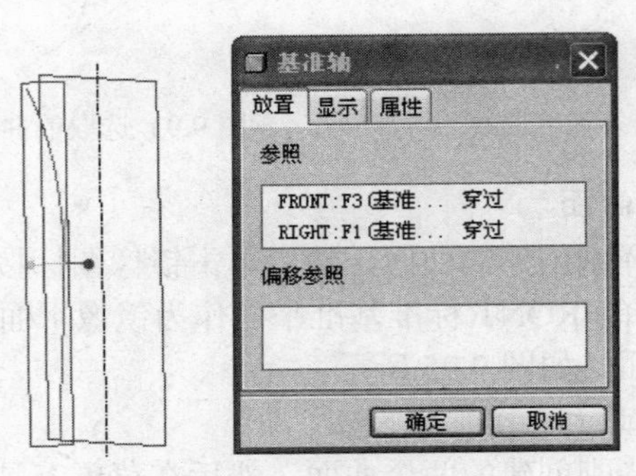

图 9..99 创建基准轴

3. 创建基准轴

（1）单击特征工具栏中基准轴工具图标按钮，打开【基准轴】对话框。

（2）选择 FRONT 标准基准平面，然后按下“Ctrl”键选择 RIGHT 标准基准平面，单击【基准轴】对话框中的【确定】按钮，完成基准轴 A_1 的创建。如图 9.99 所示。

4. 复制创建第二条基准曲线

（1）在菜单工具栏选择【编辑】→【特征操作】命令，系统打开【特征】菜单管理器。

（2）在【特征】菜单中依次选择【复制】→【移动】→【选取】→【从属】→【完成】命令。

（3）选择步骤 2 中创建的第一条基准曲线，然后在【特征】菜单管理器中依次选择【完成】→【旋转】→【曲线/边/轴】命令。

（4）选择步骤 3 中创建的基准轴 A_1，然后在菜单管理器中选择【正向】命令。

（5）系统提示：输入旋转角度。输入旋转角度为“60.00”，单击完成图标按钮。

（6）在菜单管理器中选择【完成移动】命令，随后出现【组可变尺寸】菜单管理器和【组元素】对话框。

（7）在【组可变尺寸】菜单管理器中选择【完成】命令，单击【组元素】对话框中的【确定】按钮。如图 9.100 所示。

（8）在【特征】菜单管理器中选择【完成】命令，完成复制创建的第二条基准曲线。如图 9.101 所示。

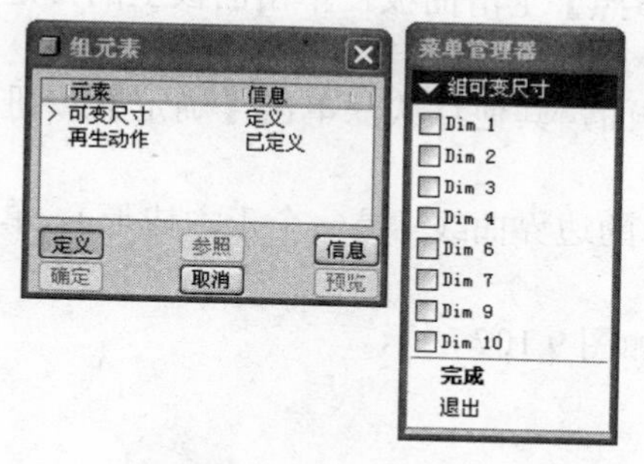

图 9.100 【组元素】对话框

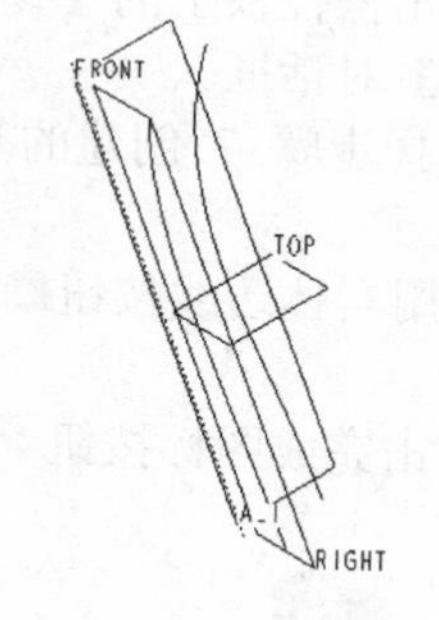

图 9.101　复制曲线

5. 创建可变剖面扫描曲面

（1）单击可变剖面扫描图标按钮，打开可变剖面扫描操控板。

（2）单击选中创建的第一条基准曲线，然后按下“Ctrl”键选择创建的第二条基准曲线。

（3）单击操控板工具栏上的草绘工具图标按钮，系统进入草绘模式。

（4）绘制如图 9.102 所示图形。注意直线的端点应与两曲线的下端点对齐。

（5）单击操控板上的【参照】选项，打开【参照】面板。在【剖面控制】选项中选择【恒定的法向】选项，然后在视图区选择 TOP 标准基准平面作为方向参照。

（6）单击操控板上的完成图标按钮，创建的曲面如图 9.103 所示。

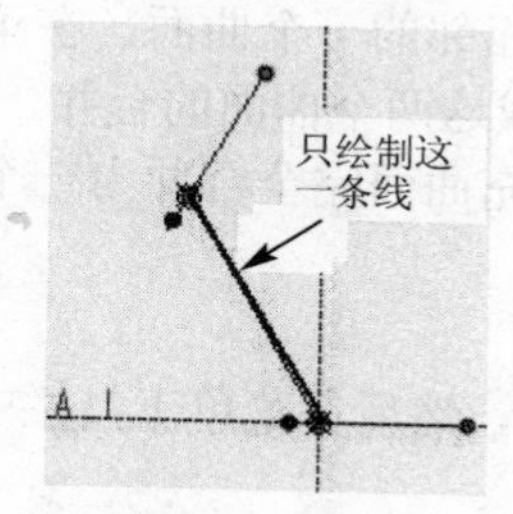

图 9.102　绘制的图形

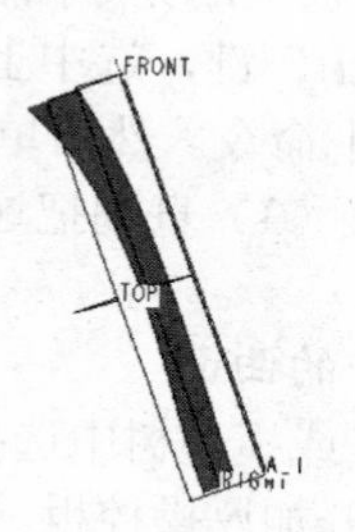

图 9.103　可变剖面扫描曲面

6. 阵列曲面

（1）单击选择步骤 5 中创建的曲面，然后单击特征工具栏中的阵列图标按钮。

（2）在打开的阵列操控板上的阵列类型选择框中选择【轴】选项，然后在视图区选取轴线 A_1。

（3）输入第一方向的阵列成员数为“6”，角度增量为“60.00”，如图 9.104 所示。

（4）单击完成图标按钮，完成阵列曲面，如图 9.105 所示。

图 9.104　阵列操控板

7. 创建基准平面

（1）单击特征工具栏中基准平面图标按钮，打开【基准平面】对话框。

（2）选择 TOP 标准基准平面，并在偏移文本框中输入值“-150.00”，单击【确定】按钮，完成基准平面 DTM1 的创建。

8. 创建填充平面

（1）在菜单工具栏中选择【编辑】→【填充】命令，打开填充操控板。

（2）单击操控板上的【参照】按钮，打开【参照】上滑面板，单击面板上的【定义】按钮，打开【草绘】对话框。

（3）选择步骤 7 创建的基准平面作为草绘平面，其他默认，单击【确定】按钮，进入草绘模式。

（4）使用实体边线按钮创建如图 9.106 所示的边界曲线（是一个正六边形）。单击继续当前部分按钮。

（5）单击完成图标按钮，完成填充曲面，如图 9.107 所示。

图 9.105　阵列曲面图

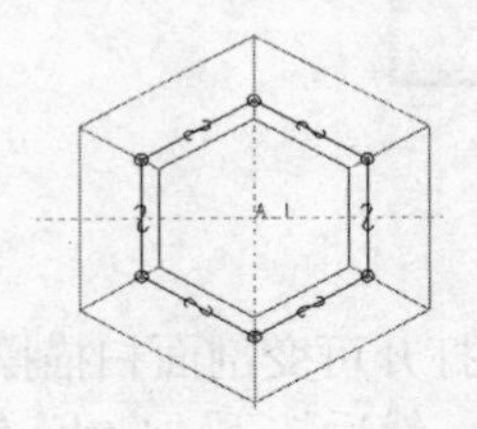

图 9.106　拾取的边界曲线

图 9.107　完成的填充曲面

9. 合并曲面

（1）按下“Ctrl”键，选中阵列曲面中的任意相邻的两曲面，在菜单工具栏中选择【编辑】→【合并】命令，打开合并曲面操控板。此时视图区显示要合并的两个曲面，如图 9.108 所示。

（2）单击操控板上的完成图标按钮，完成这两个曲面的合并。

（3）按下“Ctrl”键，选中上步合并生成的曲面和它相邻的一个曲面，在菜单工具栏中选择【编辑】→【合并】命令。然后单击完成图标按钮，完成这两个曲面的合并。

（4）重复步骤（3）直到把这六个阵列曲面和一个填充曲面完全合并为一个曲面为止，如图 9.109 所示。

10. 加厚合并的曲面

（1）在图形区或模型树中选择步骤 9 合并生成的曲面，然后在菜单工具栏中选择【编辑】→【加厚】命令，打开加厚操控板。

（2）在操控板的偏移量文本框中输入偏移量为“3.00”，其他默认，单击完成图标按钮☑，完成零件模型如前面图 9.96 所示。

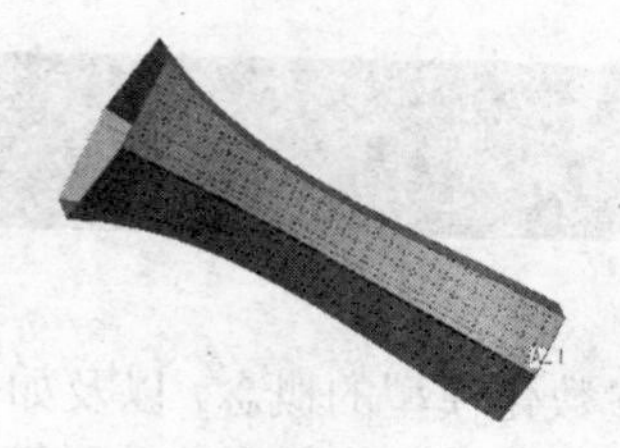

图 9.108　要合并的曲面

图 9.109　合并后曲面

结果参看本书所附光盘文件“第 9 章\范例结果文件\huaping_fanli03_jg.prt”。

总结与回顾

本章主要介绍曲面特征的创建与编辑。与实体特征相比，曲面特征没有质量、体积、厚度等属性。很多实体造型失败的特征，如果采用曲面造型往往能够成功创建。因此，很多工业设计产品，特别是手机、汽车等对外形要求非常高的产品设计中，往往采用曲面造型，最后再通过加厚特征或者实体化转换为实体特征。

思考与练习题

1. 建立曲面与建立实体特征的区别是什么？
2. 通过偏距创建曲面特征时，应该注意哪几个问题？
3. 创建一个可变剖面扫描曲面。
4. 绘制如图 9.110 所示 502 胶水瓶造型。最后结果参看本书所附光盘文件“第 9 章\练习题结果文件\502_jiaoshuiping_jg.prt”。

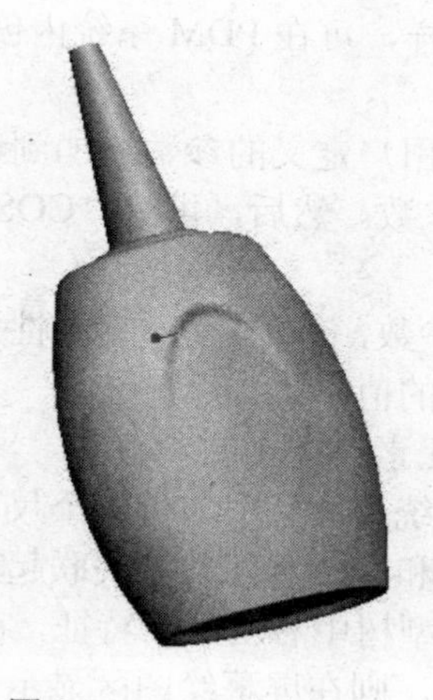

图 9.110　502 胶水瓶

第 10 章 创建参数化模型

学习目标：本章将介绍 Pro/E Wildfire 中文版中参数化模型的概念，以及如何在 Pro/E Wildfire 中设置用户参数，如何使用关系式实现用户参数和模型尺寸参数之间的关联等内容。

10.1 参数

参数是参数化建模的重要元素之一，它可以提供对于设计对象的附加信息，用以表明模型的属性。参数和关系式一起使用可用于创建参数化模型。参数化模型的创建可以使设计者方便地通过改变模型中参数的值来改变模型的形状和尺寸大小，从而方便地实现设计意图的变更。

10.1.1 参数概述

Pro/E 最典型的特点是参数化。参数化不仅体现在使用尺寸作为参数控制模型，还体现在可以在尺寸间建立数学关系式，使它们保持相对的大小、位置或约束条件。

参数是 Pro/E 系统中用于控制模型形态而建立的一系列通过关系相互联系在一起的符号。Pro/E 系统中主要包含以下几类参数。

1. *局部参数*

当前模型中创建的参数。可在模型中编辑局部参数。例如，在 Pro/E 系统中定义的尺寸参数。

2. *外部参数*

在当前模型外面创建的并用于控制模型某些方面的参数。不能在模型中修改外部参数。例如，可在“布局”模式下添加参数以定义某个零件的尺寸。打开该零件时，这些零件尺寸受“布局”模式控制且在零件中是只读的。同样，可在 PDM 系统内创建参数并将其应用到零件中。

3. *用户定义参数*

可连接几何的其他信息。可将用户定义的参数添加到组件、零件、特征或图元。例如，可为组件中的每个零件创建“COST”参数。然后，可将“COST”参数包括在“材料清单”中以计算组件的总成本。

- 系统参数：由系统定义的参数，例如，“质量属性”参数。这些参数通常是只读的。可在关系中使用它们，但不能控制它们的值。
- 注释元素参数：为“注释元素”定义的参数。

在创建零件模型的过程中，系统为模型中的每一个尺寸定义一个赋值的尺寸符号。用户可以通过关系式使自己定义的用户参数和这个局部参数关联起来，从而达到控制该局部参数的目的。

在零件模型设计模式中，在模型树中右击某一特征，在弹出的快捷菜单中选择【编辑】命令，或在视图区的模型中双击某一特征，则在屏幕绘图区显示该特征的尺寸值。在菜单工具栏中选择【信息】→【切换尺寸】命令，可以在屏幕绘图区域切换尺寸的数值显示与符号显示。零件模型设计模式中尺寸符号显示为“d#”的形式，其中“#”是尺寸的编号，例如：“d1”。

图 10.1 所示是在屏幕绘图区显示的尺寸值，通过切换尺寸命令，可以切换为符号显示，如图 10.2 所示。

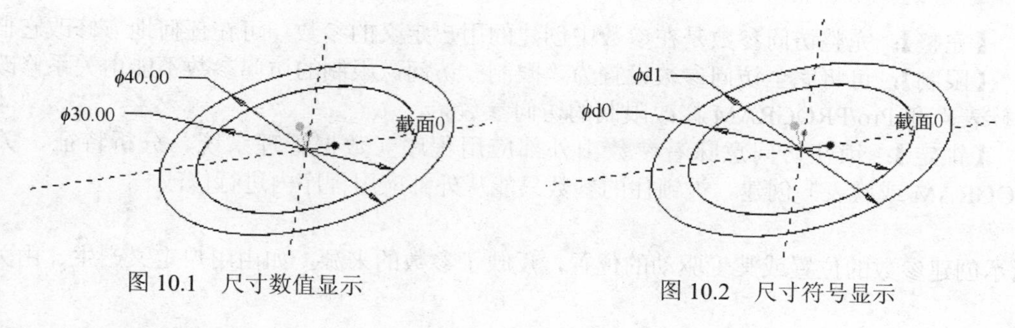

图 10.1　尺寸数值显示　　　　图 10.2　尺寸符号显示

10.1.2　参数的设置

在菜单栏中选择【工具】→【参数】命令，就可以打开如图 10.3 所示的【参数】对话框，进行用户参数的设置。

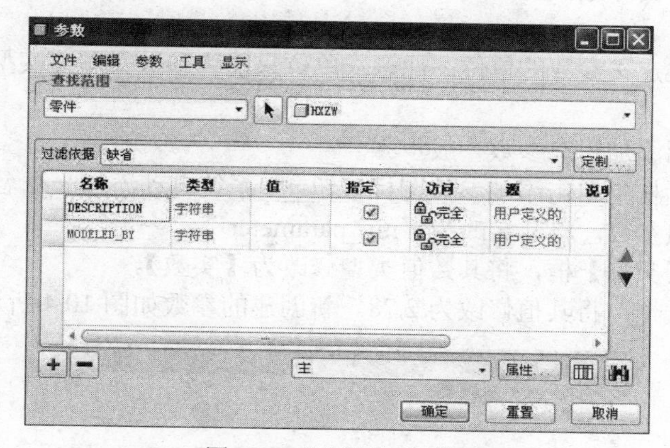

图 10.3 【参数】对话框

如果在进入零件模型设计模式时选择使用模板文件，则系统自带两个字符串参数“DESCRIPTION”和“MODELED_BY”。在数据管理系统、分析特征、关系、Pro/PROGRAM 程序或族表等其他外部应用程序中设置的参数，在参数对话框也会显示出来。

选择【参数】对话框中的【参数】→【添加参数】菜单命令或单击图标按钮+，就可以添加一个新参数，系统自动给新添加的参数一个默认名称，不过可以改变参数的名称。在【参数】对话框中还可以对参数进行如下属性设置。

1. 名称

定义的参数名必须以字母开头，不能使用“d#”、“kd#”、“rd#”、“tm#”、“tp#”或“tpm#”、“PI”（几何常数）、“G”（引力常数）等作为参数名，因为系统需要保留它们和尺寸一起使用，参数名不能包含非字母数字字符，如“!”、“@”、“#”、“$”等。建议使用具有一定含义的参数名称。

2. 类型

用鼠标单击需要修改的参数对应的【类型】框，可以选择设置参数的类型，可以选择的参数的类型有整数、实数、字符串、是否四种。

3. 值

用鼠标单击需要修改的参数所对应的【数值】框，可以修改参数的值。

4. 指定

可指定所选系统和用户参数作为 Pro/INTRALINK 或另一种 PDM 系统中的属性使用。

5. 访问

定义对参数的访问如下。

● 【完整】：完整访问参数是在参数中创建的用户定义的参数，可在任何地方修改它们。

● 【限制】：可将完全访问参数设置为“限制”访问。限制的访问参数不能由关系修改。可通过“族表”和 Pro/PROGRAM 修改限制的访问参数。

● 【锁定】：锁住访问意味着参数由外部应用程序（数据管理系统、分析特征、关系、Pro/PROGRAM 或族表）创建。被锁住的参数只能从外部应用程序内进行修改。

6. 源

指示创建参数的位置或其受驱动的位置，反映了参数的来源，如由用户定义产生、由关系创建等。

7. 说明

提供参数的说明。

8. 受限制的

指示其属性由外部文件定义的受限制值参数。

9. 单位

从单位列表中选取定义参数的单位。注意：单位只能为参数类型“实型”定义，并且仅在创建参数时定义。

下面通过实例介绍添加用户参数一般步骤。

（1）在【参数】对话框中单击添加参数图标按钮 + ，系统自动添加一个名为“PARAMETER_1”的参数，用鼠标单击该参数，将其名改为“my_parameter”。

（2）单击对应的【类型】框，将其数值类型修改为【实数】。

（3）单击【数值】框，将其值修改为 2.78。新创建的参数如图 10.4 所示。

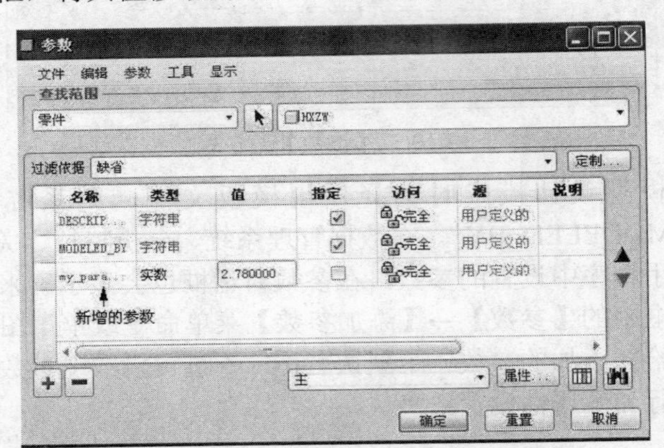

图 10.4 新增加一个参数的【参数】对话框

10.1.3 参数和模型尺寸的关联

尺寸参数和模型尺寸可以通过关系式联系在一起，从而可以用于控制对模型修改的效果。参数之间的关系构成 Pro/E 系统的核心，对于 Pro/E 的高级设计起着重要作用。

在菜单栏中选择【工具】→【关系】命令，就可以打开如图 10.5 所示的【关系】对话框，进行参数之间关系的设置。

下面对 Pro/E Wildfire 中文版零件模块中的关系进行介绍。

1. 关系式的类型

关系式可以分为等式和不等式两种类型。

等式关系式通常用于给尺寸参数或自定义参数等参数赋值。例如：“d=4.75”，是简单赋值；“d5=d2*(SQRT(d7/5.0+d0))”，是比较复杂的赋值。

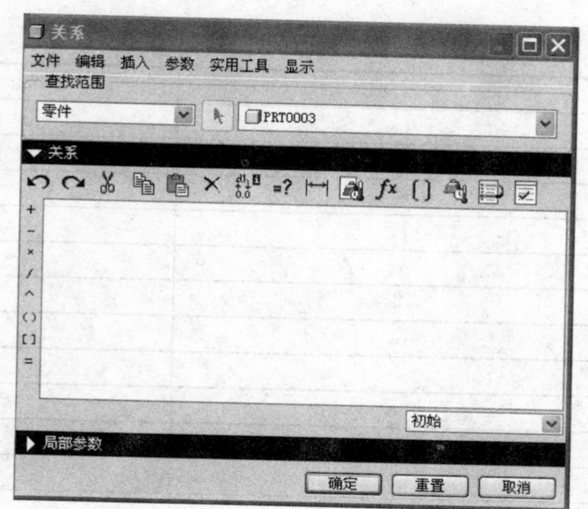

图 10.5 【关系】对话框

不等式关系式通常用作一个约束或用于逻辑分支的条件语句中。例如："d1+d2>d3+d4"，是作为约束；"IF(d0+2)>=d2"，是用于条件语句中。

2. 关系式中使用的数学函数

在关系式中使用的数学函数如表 10.1 所示。

表 10.1 关系式中常用的数学函数

函　数	说　明	注 意 事 项
sin( )	正弦	所有三角函数使用的单位都是度
cos( )	余弦	
tan( )	正切	
asin( )	反正弦	
acos( )	反余弦	
atan( )	反正切	
sinh( )	双曲线正弦	
cosh( )	双曲线余弦	
tanh( )	双曲线正切	
sqrt( )	平方根	
lg( )	以 10 为底的对数	
ln( )	自然对数	
exp( )	e 的幂	
abs( )	绝对值	
ceil(参数，小数位数)	指定小数位数	如果未指定小数位数，则默认为 0。该函数采用向上圆整法，如 ceil(0.123,2)值为 0.13
floor(参数，小数位数)	指定小数位数	如果未指定小数位数，则默认为 0。该函数采用向下圆整法，如 ceil(0.126,2)值为 0.12

3. 关系式中使用的运算符

在关系式中可以使用的运算符及说明如表 10.2 所示。

4. 关系式错误的检查与修改

关系式编写完成后，使用关系对话框中的【实用工具】、【校验】菜单命令或单击☑（校核）按钮，系统会自动检查其有效性，如果发现错误，则提示出错，并在显示编辑区错误的关系式下方打上标记，如图 10.6 所示。

表 10.2　关系式中的运算符及说明

类　别	符　号	说　明
算术运算符	+	加
	−	减
	*	乘
	/	除
	^	指数
赋值运算符	=	等于
比较运算符	==	恒等于
	>	大于
	>=	大于或等于
	!=, <>, ~=	不等于
	<	小于
	<=	小于或等于
	|	或
	&	与
	~,!	非

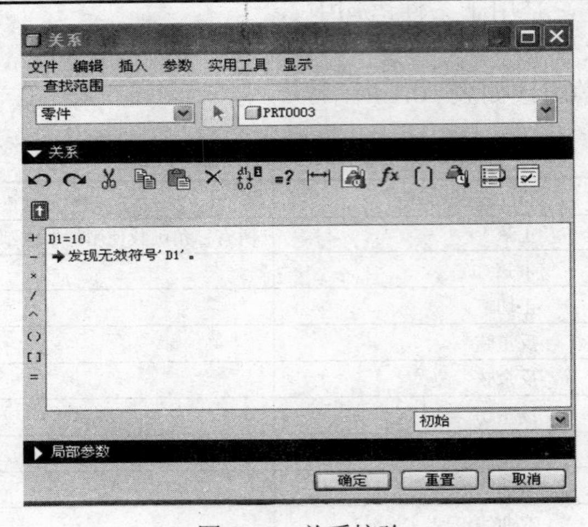

图 10.6　关系校验

在关系式中最常见的错误类型如下。

- 横列超过 80 个字符。修改时应把此行用反斜线“\”分成两行。
- 参数名称超过 31 个字符。修改时应使参数名称少于 31 个字符。
- 语法错误，出现没有定义的参数或函数。

如果尺寸由关系式驱动，则不能直接修改它，如果试图修改它，则系统显示错误信息。例如，如果已输入关系式“d0=d1+d2”，则不能直接修改“d0”；要改变“d0”的值，则必须修改“d1”或“d2”的值，或者重新编辑关系。

5. 关系式的排序

关系式的排序是关系式编辑结束后应该进行的步骤，其目的是使关系式中的参数按照被引用、计算的顺序进行排序，避免循环应用，以提高关系式的正确性。

选择【关系】对话框中的【实用工具】→【重新排序关系】菜单命令或单击排序关系图标按钮，就可以将已有的关系式进行排序。

例如，在关系对话框中输入下列关系式：

d0=d1+d2*d3

d2=d3+d4

输入结束后，单击排序关系图标按钮进行排序。排序后的结果为：

d2=d3+d4

d0=d1+d2*d3

下面通过实例介绍参数和模型尺寸关联的一般步骤和方法。

（1）在工具栏中单击新建图标，弹出【新建】对话框。指定为实体零件文件，输入文件名为“para_fanli01.prt”，使用默认模板。

（2）在菜单栏上选择【工具】→【参数】命令，此时弹出【参数】对话框。

（3）两次单击添加图标按钮，增加两个参数，分别将其名改为“d”、“da”，值修改为“30.00”、“40.00”，如图 10.7 所示。

（4）单击草绘图标按钮，系统弹出【草绘】对话框。

（5）选择 FRONT 标准基准平面为草绘平面，其他默认，单击【确定】按钮，进入草绘模式。

（6）草绘两个同心圆，然后在菜单栏上选择【信息】→【切换尺寸】命令，在屏幕绘图区显示的尺寸值切换为符号显示，如图 10.8 所示。

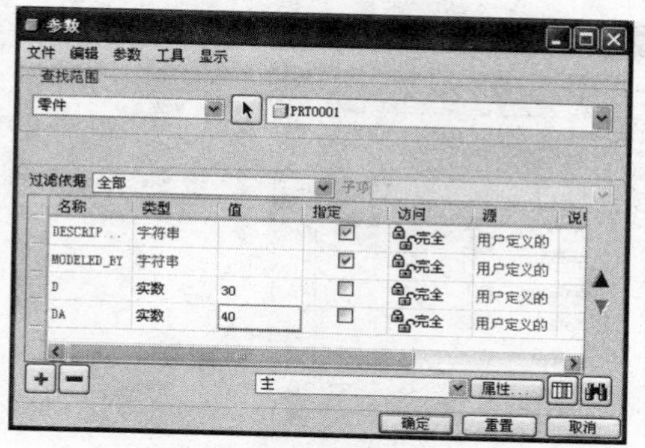

图 10.7　添加的参数

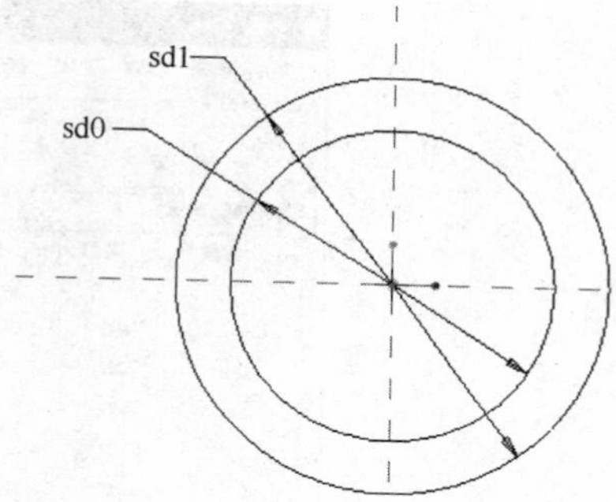

sd1
sd0

图 10.8　尺寸符号显示

（7）在菜单栏上选择【工具】→【关系】命令，此时弹出【关系】对话框。

（8）在【关系】对话框中输入如图 10.9 所示的关系式，单击【确定】按钮，完成参数“d”、“da”与模型尺寸“sd0”、“sd1”之间的关联。

（9）单击继续当前部分图标按钮，完成草绘曲线。如图 10.10 所示。

（10）在菜单栏上选择【工具】→【参数】选项，打开【参数】对话框，将参数“da”的值修改为“100.00”，单击【确定】按钮，关闭【参数】对话框。

（11）在菜单工具栏中选择【编辑】→【再生】选项，生成的模型如图 10.11 所示。

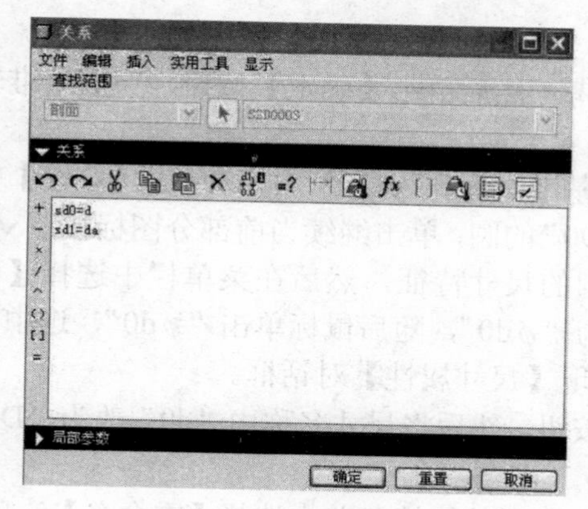

图 10.9　关系式

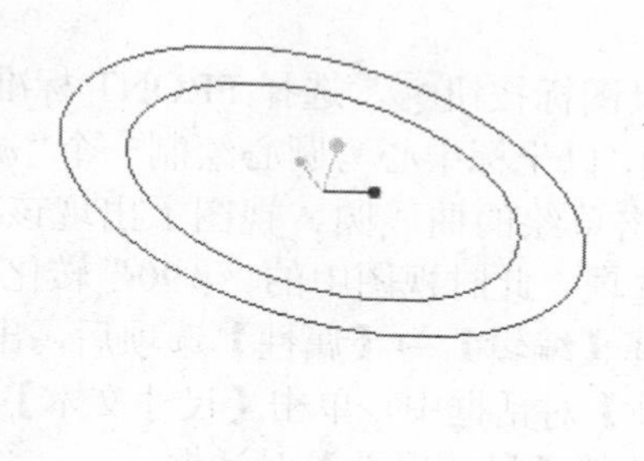

图 10.10　草绘曲线

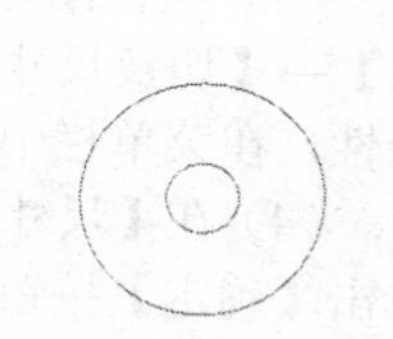

图 10.11　生成的模型图

结果零件参看所附光盘“第 10 章\范例结果文件\para_fanli01_jg.prt”。

10.2 参数化建模操作实例

1. 新建零件模型文件

在工具栏中单击新建图标，弹出【新建】对话框。指定为实体零件文件，输入文件名为“zhichilun_fanli_jg.prt”，使用默认模板。

2. 定义参数

（1）在菜单栏上选择【工具】→【参数】命令，此时弹出【参数】对话框。

（2）9 次单击添加图标按钮，从而增加 9 个参数。

（3）分别修改新参数名称和相应的数值，如图 10.12 所示。新参数分别为 M（模数，初值 2.5）、Z（齿数，初值 25）、ALPHA（压力角，20°）、HAX（齿顶高系数，初值 1.0）、CX（顶隙系数，初值 0.25）、X（变位系数，初值 0.0）、B（齿宽，初值 30）、RANG[360/（4*Z），初值 3.6]和 CANG（每个齿占的角度，360/Z）。

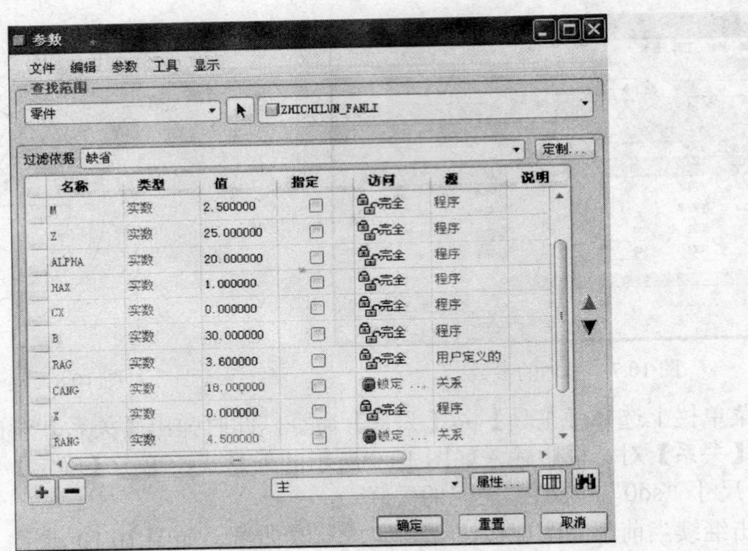

图 10.12 创建的参数

（4）单击【确定】按钮，完成用户自定义参数的建立。

3. 创建基准特征

（1）在工具栏中单击创建基准轴工具图标，出现【基准轴】对话框，按下“Ctrl”键，分别选取 TOP 和 RIGHT 标准基准平面作为基准轴线的参考，然后单击【确定】按钮，完成基准轴线的创建。

（2）单击草绘工具图标按钮，选择 FRONT 标准基准平面作为草绘平面，单击【草绘】完成命令，进入草绘平面，以坐标中心为圆心绘制一个“ϕ90”的圆，单击继续当前部分图标按钮。

（3）在视图区双击草绘的曲线圆，视图上出现该圆的尺寸特征，然后在菜单栏中选择【信息】→【切换尺寸】选项。此时视图中的“ϕ90”转化为“ϕd0”，随后鼠标单击“ϕd0”，选中该特性，在菜单栏中选择【编辑】→【属性】选项后，出现【尺寸属性】对话框。

（4）在【尺寸属性】对话框中，单击【尺寸文本】按钮，然后将尺寸名称由“d0”改为“D”，单击【确定】按钮，关闭【尺寸属性】对话框。

（5）在绘图区域用鼠标单击该圆，然后右击鼠标，在出现的快捷菜单中选择【重命名】选项，将其特征名改为“分度圆 D”。

（6）重复（2）～（6）步骤，分别绘制三个圆，其对应的尺寸、尺寸名称和特征名称分别为：“ϕ96、DA、齿顶圆 DA”、“ϕ83.5、DF、齿根圆 DF”和“ϕ83.25、DB、基圆 DB”。如图 10.13 所示。

（7）在菜单中选择【工具】→【关系】命令，打开如图 10.14 所示【关系】对话框。在对话框中输入如下关系式：

D=M*Z

DA=D+2*M*(HAX+X)

DF=D–2*M*(HAX+CX–X)

DB=D*COS(ALPHA)

RANG=360/(4*Z)

CANG=360/Z

输入完成后，单击【确定】按钮。完成各圆曲线的尺寸与定义的参数之间的关联。如图 10.14 所示。

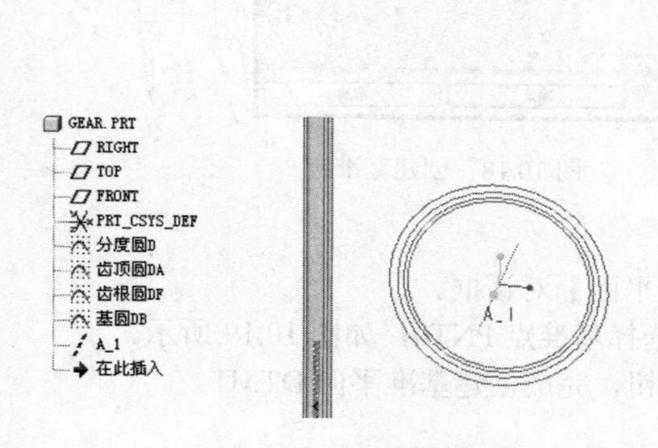

图 10.13　创建的基准曲线

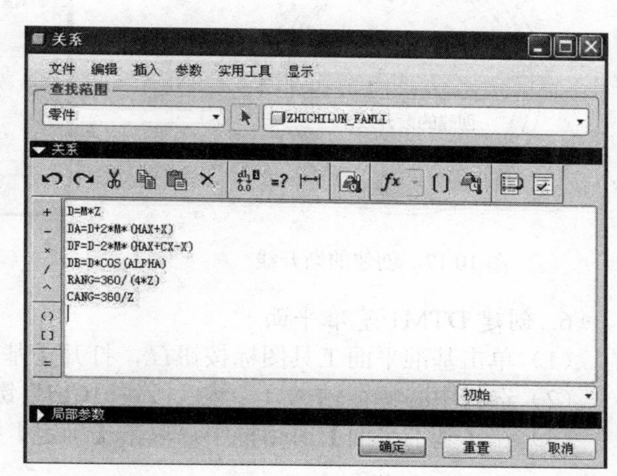

图 10.14 【关系】对话框

4. 建立渐开线

（1）单击基准曲线工具按钮～，弹出【曲线选项】菜单管理器。

（2）在【曲线选项】菜单中，选择【从方程】按钮，单击【完成】选项，出现【曲线：从方程】对话框和【得到坐标系】菜单管理器，选取图形中的坐标系“PRT_CSYS_DEF”，在【设置坐标类型】菜单管理器选取【笛卡儿】选项，弹出记事本编辑器。

（3）在弹出的记事本编辑器中，输入下列函数方程：

theta=t*60

x=DB/2*cos(theta)+DB/2*sin(theta)*theta*pi/180

y=DB/2*sin(theta)–DB/2*cos(theta)*theta*pi/180

z=0

如图 10.15 所示，然后保存输入的内容，关闭记事本。

（4）在如图 10.16 所示的【曲线：从方程】对话框中单击【确定】按钮，创建如图 10.17 所示的渐开线。

5. 创建基准点

（1）单击基准点工具图标按钮，打开【基准点】对话框。

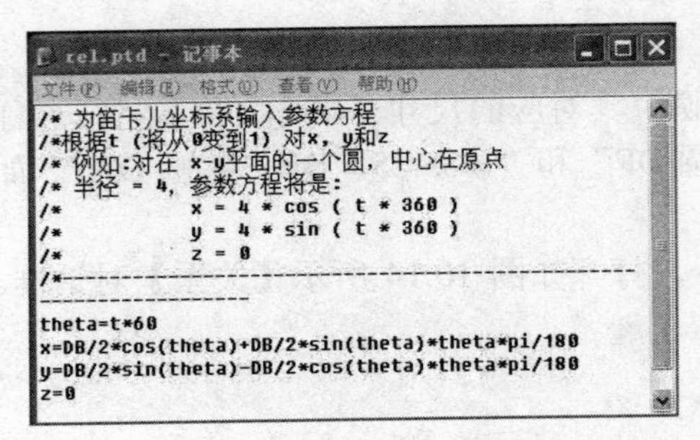

图 10.15 记事本编辑器

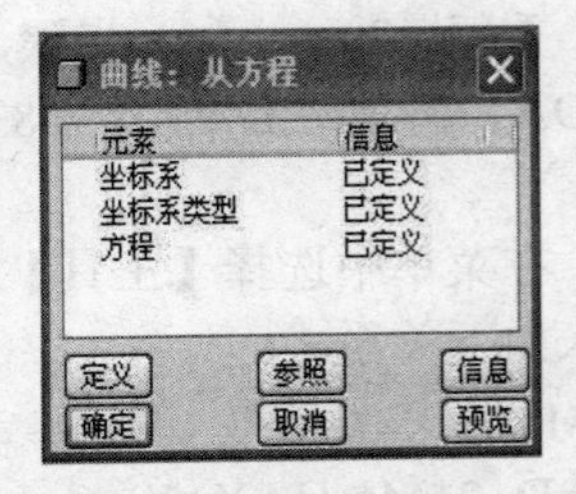

图 10.16 【曲线：从方程】特征定义对话框

（2）选择渐开线，然后按住“Ctrl”键选择分度圆。

（3）在【基准点】对话框中，单击【确定】按钮，完成创建基准点 PNT0。如图 10.18 所示。

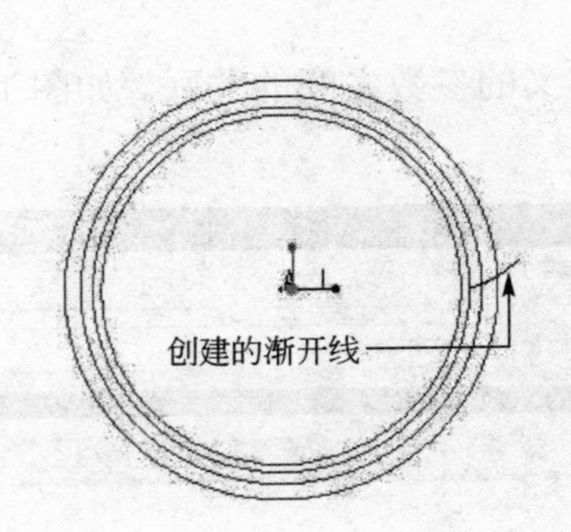

图 10.17 创建的渐开线

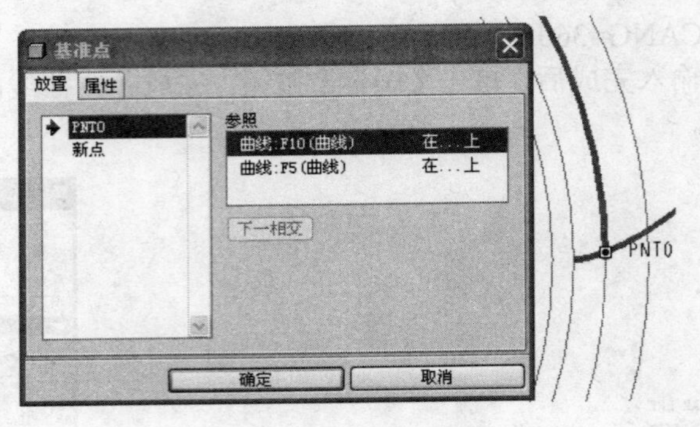

图 10.18 创建基准点

6. 创建 DTM1 基准平面

（1）单击基准平面工具图标按钮，打开【基准平面】对话框。

（2）选择中心特征轴 A_1，然后按住“Ctrl”键选择基准点 PNT0，如图 10.19 所示。

（3）在【基准平面】对话框中，单击【确定】按钮，完成创建基准平面 DTM1。

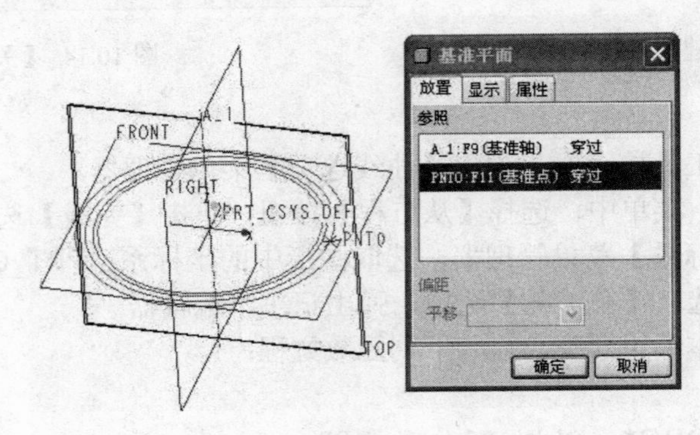

图 10.19 创建基准平面 DTM1

7. 创建 DTM2 基准平面

（1）单击基准平面工具图标按钮，打开【基准平面】对话框。

（2）选择中心特征轴 A_1，然后按住“Ctrl”键选择基准平面 DTM1，并在【旋转】文本框上输入旋转角度值为 RANG，如图 10.20 所示。在随后弹出的提示性对话框中点击【是】按钮，从而添加 RANG 作为特征关系。

（3）在【基准平面】对话框中，单击【确定】按钮，完成创建基准平面 DTM2。

8. 镜像渐开线

（1）选择渐开线，单击镜像工具图标按钮。

（2）选择 DTM2 基准平面为镜像平面。

（3）单击完成图标按钮，完成创建镜像渐开线如图 10.21 所示。

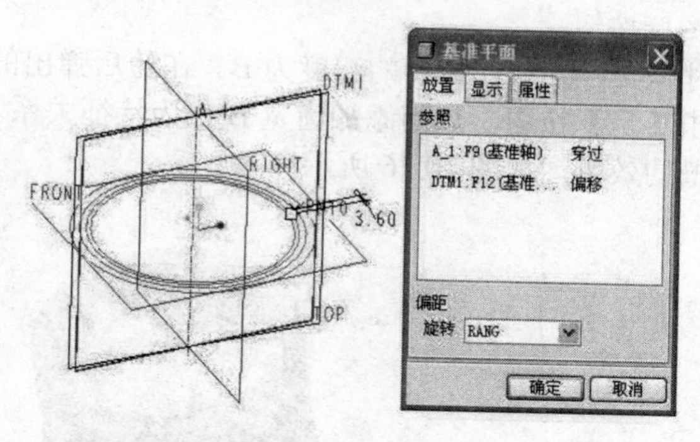

图 10.20　创建基准平面 DTM2

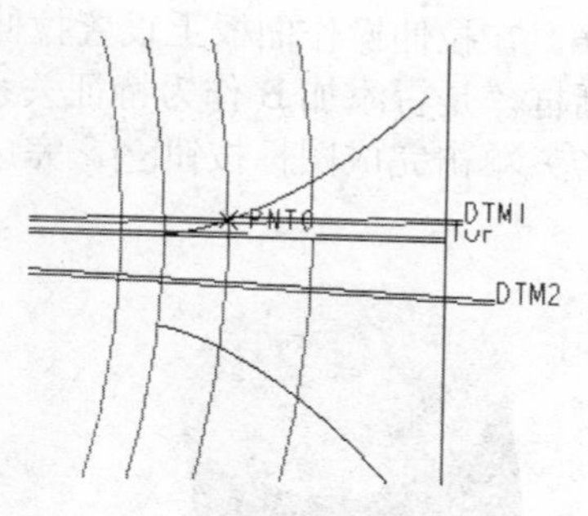

图 10.21　镜像渐开线

9. 创建实体特征

（1）单击窗口右侧拉伸工具图标，打开拉伸操作面板。

（2）单击操作面板的【选项】按钮，打开【选项】上滑面板，单击面板上的【定义】按钮，打开【草绘设置】对话框，选择 FRONT 标准基准平面为草绘平面，单击【确定】按钮，进入草绘编辑器中。

（3）在草绘编辑器中，单击实体边线图标按钮，拾取前面绘制的齿顶圆边界，如图 10.22 所示。

（4）单击继续当前部分按钮，完成草绘并退出草绘器。

（5）在拉伸操作面板上设置拉伸类型为对称，并输入拉伸的深度为 B，如图 10.23 所示，在随后弹出的提示性对话框“是否添加 B 作为特征关系”中单击【是】按钮，从而添加齿宽 B 作为特征关系。

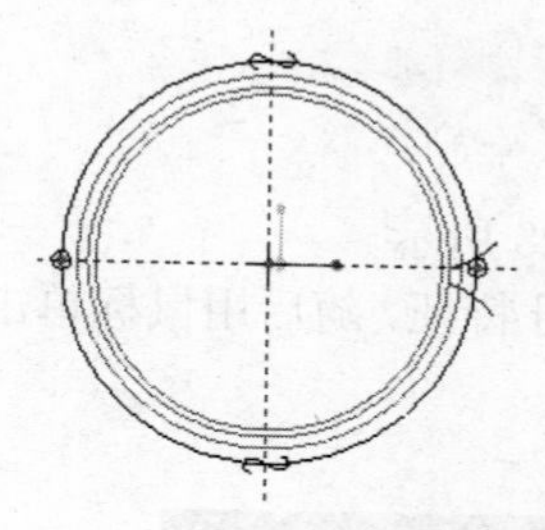

图 10.22　使用实体边线绘制的齿顶圆

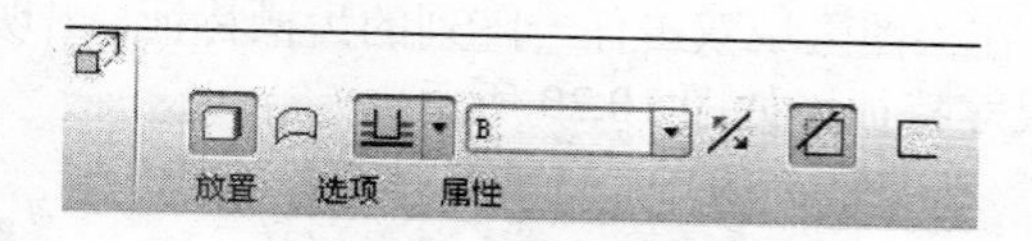

图 10.23　深度设置

（6）在拉伸操作面板上单击完成图标按钮。拉伸模型如图 10.24 所示。

10. 倒角

（1）单击倒角工具图标按钮。

（2）在倒角操作面板上，选择边倒角标注形式为 45×D。

（3）在 D 的尺寸框中输入 1.5，即设置当前倒角的尺寸为 45° ×1.5。

（4）分别选择两条轮廓边，单击完成图标按钮。

11. 创建单个齿槽

（1）单击拉伸工具图标按钮，打开拉伸操作面板。

（2）在拉伸操作面板上指定要创建的模型为实体，并单击切减材料图标按钮。

（3）打开【放置】面板，单击【定义】按钮，出现【草绘】对话框。

（4）选择 FRONT 标准基准平面，其他默认，然后单击【草绘】按钮，进入内部草绘器中。

（5）草绘如图 10.25 所示图形，注意选择齿根圆与渐开线构成该图形。齿根与渐开线的两处圆角的半径均为“0.50”，单击继续当前部分图标按钮。

（6）在拉伸操作面板上设置拉伸类型为对称，并输入拉伸的深度为 B。在随后弹出的提示性对话框“是否添加 B 作为特征关系”中单击【是】按钮，从而添加齿宽 B 作为特征关系。

（7）单击完成图标按钮，完成单个齿槽的效果，如图 10.26 所示。

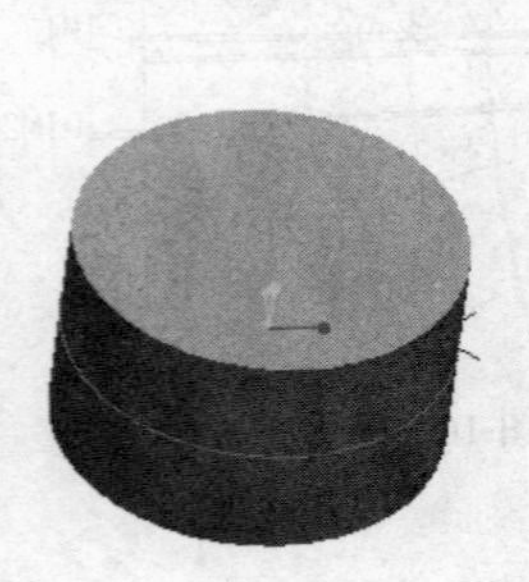

图 10.24　拉伸特征图

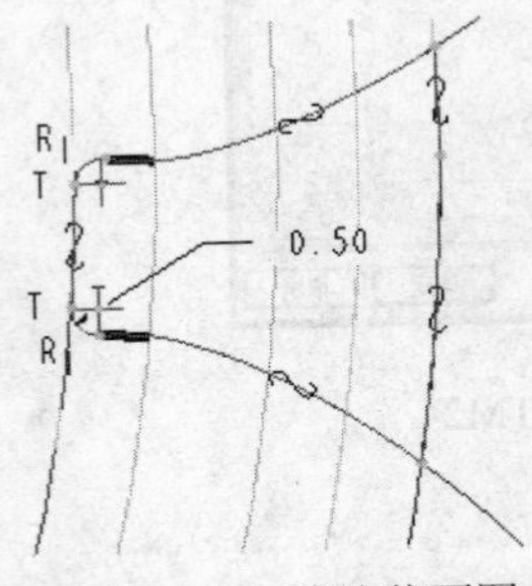

图 10.25　草绘截面图

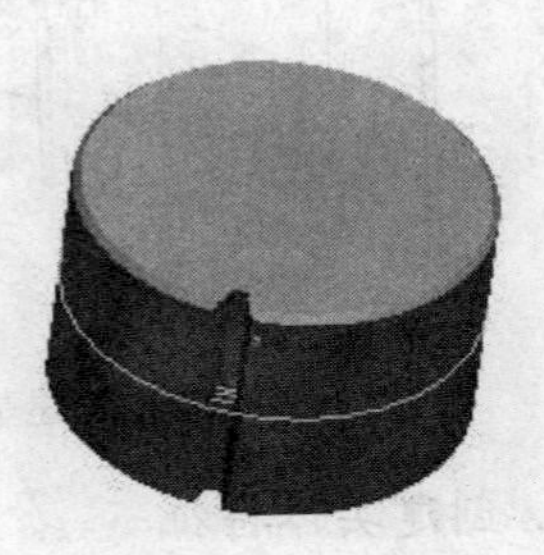

图 10.26　齿槽特征

12. 阵列齿槽

（1）选取上步骤生成的齿槽特征，然后单击特征编辑工具栏上的阵列命令图标，打开阵列操作面板。

（2）在阵列操作面板上的阵列类型选择框中选择【轴】，然后在视图区选取轴线 A_1。

（3）随后在“第一方向阵列数目”的文本框中输入“25”，在角度文本框中输入“CANG”，如图 10.27 所示，在随后弹出的提示性对话框“是否添加 CANG 作为特征关系”中单击【是】按钮，从而添加每个齿占的圆心角度“CANG”（CANG=360/Z）作为特征关系。

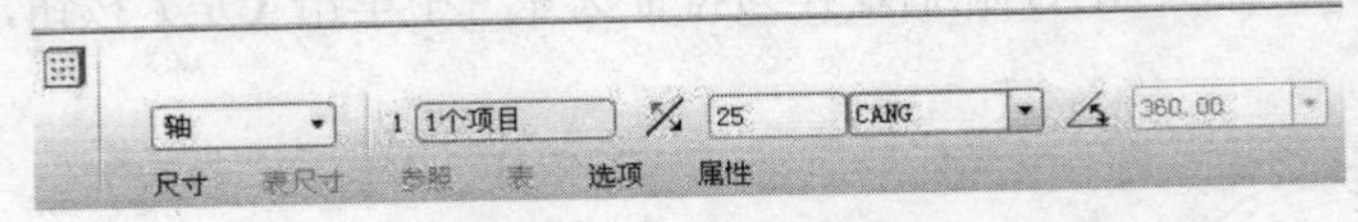

图 10.27　阵列参数设定

（4）单击完成图标按钮，即创建齿轮全部齿廓，如图 10.28 所示。

（5）在绘图区域双击任一阵列的齿槽特征，出现该齿槽的尺寸特征，随后用鼠标单击选中“25 拉伸”尺寸特征，如图 10.29 所示。

图 10.28　阵列齿槽特征

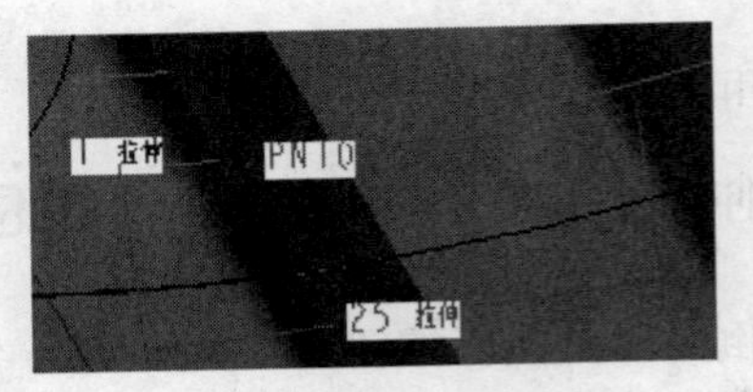

图 10.29　选取的尺寸特征

（6）在菜单栏中选择【编辑】→【属性】选项后，出现【尺寸属性】对话框。

（7）单击【尺寸文本】按钮，将尺寸名称改为“NUM”，单击【确定】按钮。

（8）在菜单栏上选择【工具】→【关系】命令，弹出【关系】对话框。

（9）在对话框中添加如下关系式：“NUM=Z”。然后单击【确定】按钮，完成阵列数参数与齿数参数之间的关联。

13. 建立曲线图层并隐藏该图层

（1）在常用工具栏上单击层图标按钮。

（2）在层树的上方单击【层】按钮，从下拉菜单中选择【新建层】命令。

（3）在出现的【层属性】对话框中，输入名称“CURVE”，选择模型中的所有曲线（包括渐开线）作为图层的项目，如图 10.30 所示。

（4）在层树上右击“CURVE”图层，从出现的快捷菜单中选择【隐藏】命令。

（5）单击层图标按钮，返回到特征树的显示状态。隐藏多余曲线后的渐开线直齿轮如图 10.31 所示。在层窗口右击，在弹出的快捷菜单中单击【保存状态】，保存层的状态。

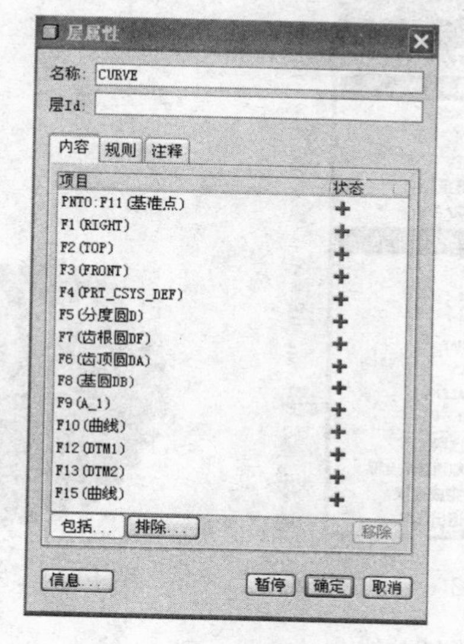

图 10.30 【层属性】对话框

图 10.31　渐开线齿轮模型

14. 参数化程序的建立

（1）在菜单中选择【工具】→【程序】命令，出现【程序】菜单管理器。

（2）在菜单管理器中选择【编辑设计】命令，系统自动打开程序编辑文本框。

（3）在“INPUT”和“END INPUT”之间输入以下语句：

```
Z    NUMBER
"请输入齿轮的齿数(z>0)："
M    NUMBER
"请输入齿轮的模数(m>0)："
B      NUMBER
"请输入齿轮的齿宽(B>0)："
HAX    NUMBER
"请输入齿轮的齿顶高系数(ha*>0)："
CX       NUMBER
"请输入齿轮的顶隙系数(C*>0)："
ALPHA    NUMBER
"请输入齿轮的压力角(α>0)："
X          NUMBER
"请输入齿轮的变位系数："
```

如图 10.32 所示，然后保存，关闭该文本文件。

（4）系统提示：“要将所做的修改体现到模型中？”，单击【是】按钮。

（5）在菜单管理器中选择【输入】命令，然后在出现的菜单中选择【Z】、【M】、【B】三个复选框，并选择【完成选取】命令，如图 10.33 所示。

（6）系统提示：请输入齿轮的齿数(Z>0)。输入值为“25”，单击完成图标按钮☑。

（7）系统提示：请输入齿轮的模数(M>0)。输入值为“2.50”，单击完成图标按钮☑。

（8）系统提示：请输入齿轮的齿宽(B>0)。输入值为“30.00”，单击完成图标按钮☑，系统生成新的齿轮模型如图 10.34 所示。

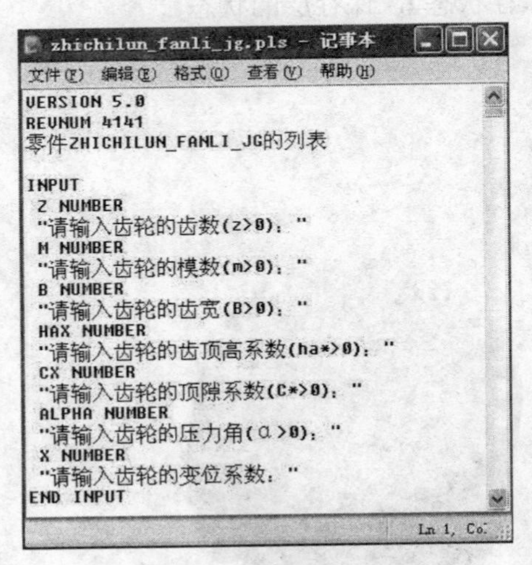

图 10.32 【记事本】窗口

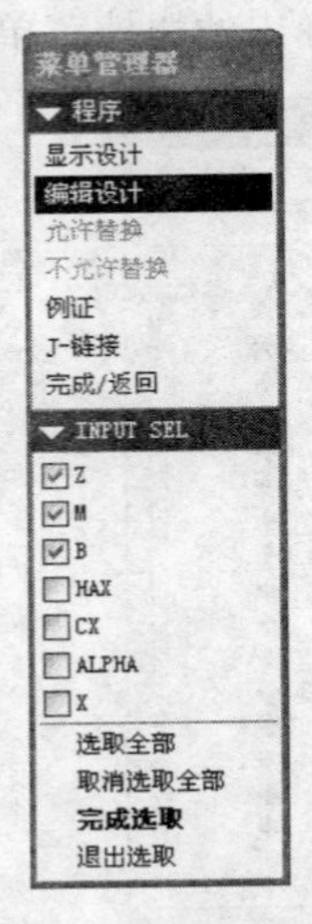

图 10.33 菜单管理器

图 10.34 齿轮模型

（9）在菜单管理器中选择【完成/返回】按钮，保存零件。

结果零件参看所附光盘“第 10 章\范例结果文件\zhichilun_fanli_jg.prt”。

总结与回顾

参数化是 Pro/E 构建模型的基本方法，通过相互关联的参数来驱动模型，从而使这些参数之间存在着一定的父子关系，通过控制这些关系就可以控制模型的形态。通过创建关系式使用户建立的参数和系统参数联系起来，从而可以使用户通过修改自己所建立的参数的值来控制模型形态，减少大量的重复性的工作。在创建用户参数时一定要注意不能和系统专有参数名称相冲突，关系式的书写也一定要符合 Pro/E 的格式要求。

思考与练习题

1. 在 Pro/E 系统中有哪几类参数？各有什么特点？
2. 哪些参数名不能用于定义用户参数？
3. 是否可以随意删除一个模型中的参数？
4. 在关系中出现的参数，是否可以直接在【参数】对话框中访问？
5. 什么是关系式？它有哪些基本类型？
6. 关系式中最常见的错误类型有哪些？
7. 打开 Pro/E，新建一个实体零件文件，在文件中建立如表 10.3 所示参数。

表 10.3　参数表

名　称	类　型	数　值	访　问
length	实数	50.00	完全
ratio_of_lentowth	实数	2	完全
width	实数	10.00	完全
leaf_number	整数	5	完全
interval_angle	实数	10	完全
Mould_name	符号	leaf	锁定

8. 在练习题 7 所建立的文件中建立如下的关系式：

width=length/ratio_of_lentowth

interval_angle=360/leaf_number

然后，打开【参数】对话框，观察一下上面定义的各参数有什么变化。

9. 在 Pro/E 中新建一个“ex10-9.prt”文件，要求：

① 拉伸建立一个长方体模型；

② 在模型中建立相关参数和关系式，达到能通过修改模型的长度值，而生成一个新尺寸的长方体模型，该模型的模型的长对宽比为 2，长对高比为 4。

结果零件参看所附光盘“第 10 章\练习题结果文件\ex10-9_jg.prt”。

10. 创建一个如图 10.35 所示的参数化移动尖顶从动件凸轮模型。已知凸轮的基圆半径 rb=10mm，偏距 e=25mm，从动件行程为 h=30mm，凸轮厚 20mm，从动件的移动规律为等速运动，如图 10.36 所示。要求：通过建立凸轮基圆半径 rb、偏距 e、从动件行程 h 与凸轮轮廓曲线间的关系式从而控制模型形状和尺寸。

（提示：通过定义方程生成凸轮轮廓曲线，然后拉伸生成凸轮实体，凸轮轮廓曲线方程可参考相关机械原理教程。）

结果零件参看所附光盘“第 10 章\练习题结果文件\ex10-10_jg.prt”。

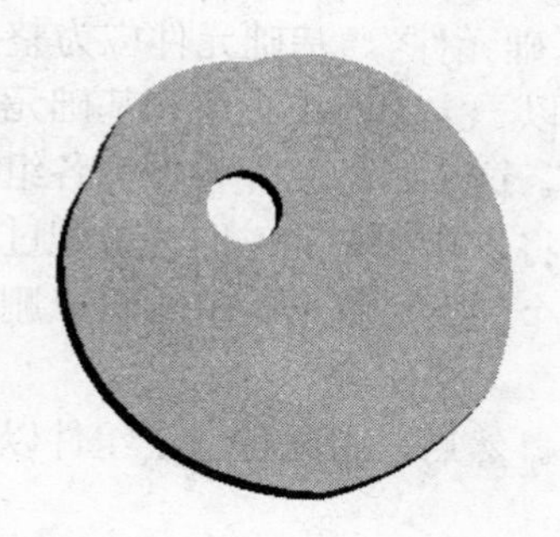

图 10.35　凸轮模型

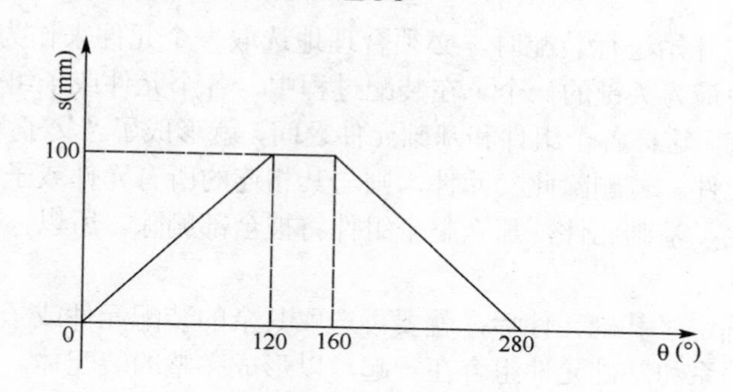

图 10.36　从动件运动规律

第11章 创建组件（装配体）

学习目标：本章主要介绍 Pro/E 中组件（装配体）的创建步骤、方法及技巧，学习制作装配组件和模型的爆炸图。

前面介绍的零件都是单一的零件，现实生活中很多产品都是由许多零件（元件）组成的，也就是说它是一个组件（也称为装配体）。把零件（元件）装配到一起，形成组件。

11.1 Pro/E 组件（装配）基础

Pro/E 采用单一数据库来完成设计，在完成所有零件设计后，可以使用装配模块进行零件的装配来建立组件。

在 Pro/E 的装配模块中，可以将元件（零件与子组件）组合成装配件，然后对该装配件进行修改、分析或重新定向。装配的操作依然体现着 Pro/E 的参数化特征，但装配的各个元件基本都是匹配创建，所以装配的过程也基本使用常用的约束工具来进行。

从基本观念上来说，一个“零件”或“元件”是由一个特征或一系列特征，通过叠加、剪切组合在一起的；而一个“组件”或“装配体”则是由一系列元件或子组件按照一定的位置和约束关系组合在一起的。在 Pro/E 的装配模式下，可以进行组件的装配，也可以直接新建零件和特征。

11.1.1 进入组件（装配）环境

在开始进行装配时，必须合理地选取一个元件来作为“基础元件”。基础元件应为整个装配模型中最为关键的一个。在装配过程中，各个元件或子组件均以一定的约束关系和基础元件装配在一起。这样各个组件和基础元件之间，就形成了“父子关系”。这个基础元件将作为各组件的装配父元件。若删除此父元件，则与其相连的所有元件或子组件将一起被删除。即在装配过程中，若删除了基础元件，那么整个组件将被全部删除。所以，在整个装配过程中，决不可以删除基础元件。

确定了基础元件后，就要再选取其余的装配元件或子组件。然后，将元件或子组件以一定的约束关系和基础元件组合在一起，以形成完整的装配体。

装配如同将特征合并到零件中一样，也可以将零件合并到组件中。Pro/E 允许将元件零件和子组件放置在一起以形成组件。

注意：在进行装配前最好将所有要装配的元件（零件）放到一个目录中，并且设置工作目录到要装配的那个目录。

使用该功能前必须首先进入装配模块。选择主菜单栏的【新建】命令或者单击工具栏上的按钮，将在视图中弹出【新建】对话框，如图 11.1 所示，在左侧的【类型】区选择【组件】，在右侧的【子类型】选项栏中选择【设计】单选按钮即可，接着输入新建组件的名称，取消【使用缺省模板】前的“√”，单击【确定】按钮，打开【新文件选项】对话框，如图 11.2 所示，选择模板“mmns_asm_design”，单击【确定】按钮，进入装配环境，如图 11.3 所示。

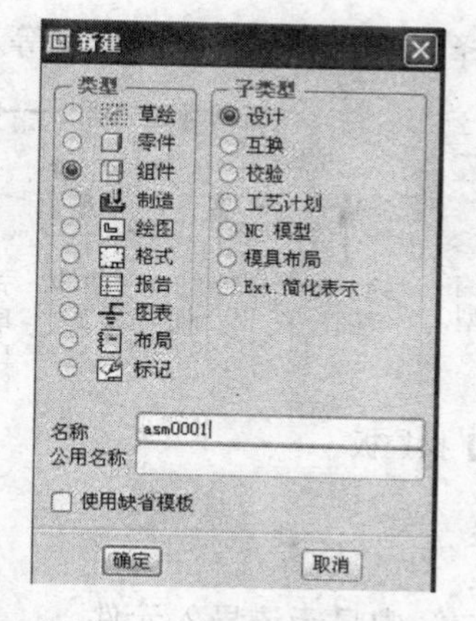

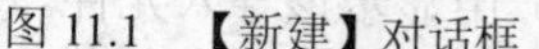
图 11.1　【新建】对话框

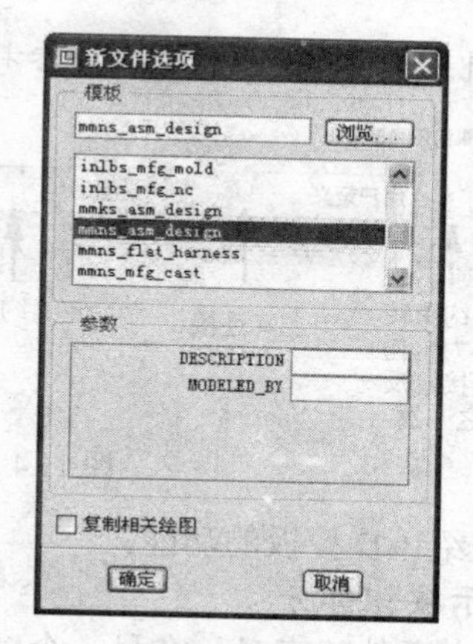

图 11.2　【新文件选项】对话框

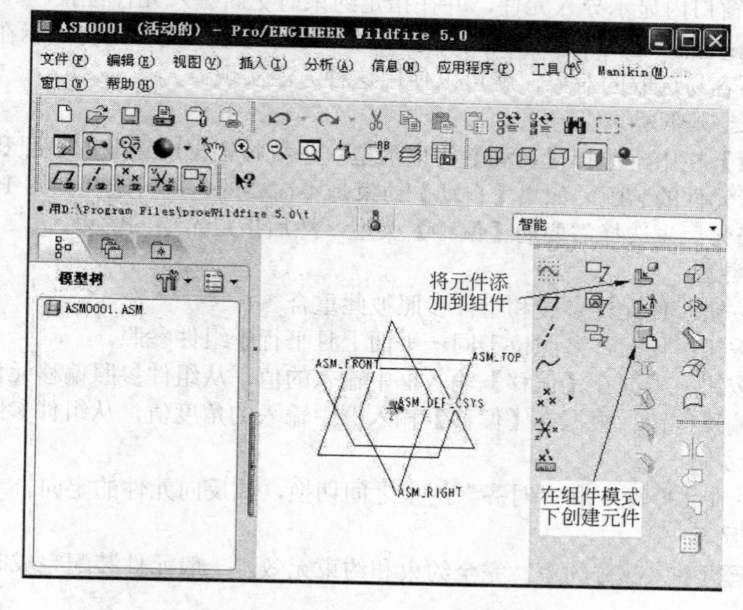

图 11.3　装配工作环境界面

11.1.2　元件装配的基本步骤和流程

Pro/E 的装配基本步骤如下。

（1）启动 Pro/E，进入装配环境。

（2）单击【插入】→【元件】→【装配】或单击右侧工具栏中装配按钮装入基础元件。一般以中心或者能够基本确定组件及其他元件位置的元件作为基础元件，并在视图中确定其位置。

（3）继续调入其他欲装配的元件，选择合适的约束类型与基础元件配合，完成元件装配。

11.1.3　添加新元件

新建装配组件进入装配模块后，选择菜单栏中的【插入】→【元件】→【装配】命令，或者直接单击右侧工具栏中的装配按钮，在视图中弹出【打开】对话框，从中可以选择需要插入的元件，然后单击【打开】按钮后，弹出【元件放置】操控板，如图 11.4 所示。

【元件放置】操控板是一个很重要的操作面板，在此操控板中，可以用来设置放置元件时显示元件的屏幕窗口、装配的约束类型、参考特征的选择，以及组合状态的显示等。

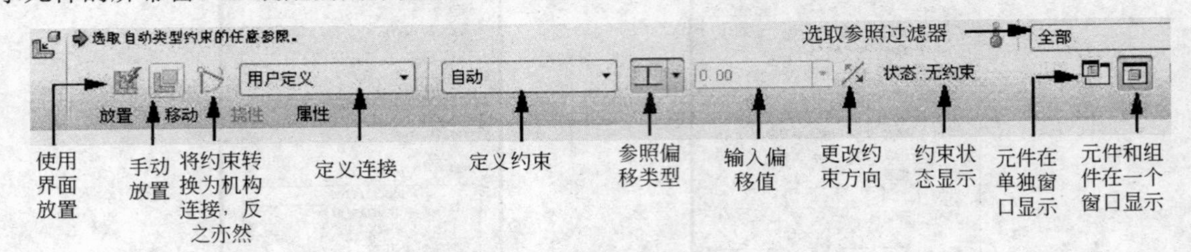

图 11.4 【元件放置】操控板

下面详细介绍该操控板的功能。

1. 元件显示按钮部分

● ：指定元件约束时，在另一个窗口（子窗口）中显示该导入元件。
● ：在主窗口内显示导入元件，并在指定约束时更新导入元件位置。

值得注意的是：当上述两个图标被同时选取时，可将此导入元件同时显示在主视窗口及子窗口中。这样一些不容易选取的对象，就可以使用这种方法实现。

2. 元件约束选项部分

在【定义约束】栏中，选择【自动】约束类型，系统将根据所选取的参照和它们的方向来选取适当的约束进行元件的装配。如果【自动】约束是不需要的，则可选择如图 11.5 所示的其他约束条件。另一选择为：先选择需要的【偏移】类型，然后指定希望的约束。

3. 参照偏移类型

● 重合按钮：使元件参照和组件参照彼此重合。
● 定向按钮：使元件参照位于同一平面上且平行于组件参照。
● 偏距按钮：根据在【偏移】输入框中输入的值，从组件参照偏移元件参照。
● 角度偏移按钮：根据在【偏移】输入框中输入的角度值，从组件参照偏移元件参照。

4. 更改约束方向

单击按钮，在“匹配”和“对齐”约束之间切换，或反向元件的定向。

5. 约束状态显示

约束状态有无约束、部分约束、完全约束和约束无效。一般元件装配完成时要求元件处于完全约束状态下。

6. 连接类型列表

如果要设置连接，选择显示预定义约束集的列表如图 11.6 所示。选择合适的连接，可以使组件间产生所需要的运动。本书不介绍连接，连接主要做机构分析使用，有兴趣的读者可以参看 Pro/E 机构分析方面的书籍。

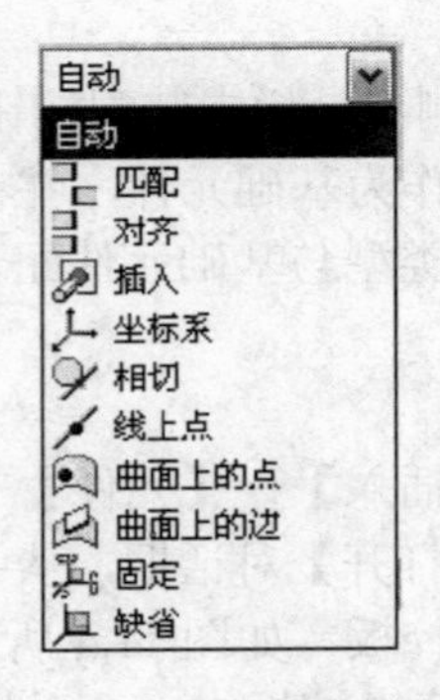

图 11.5 约束类型列表

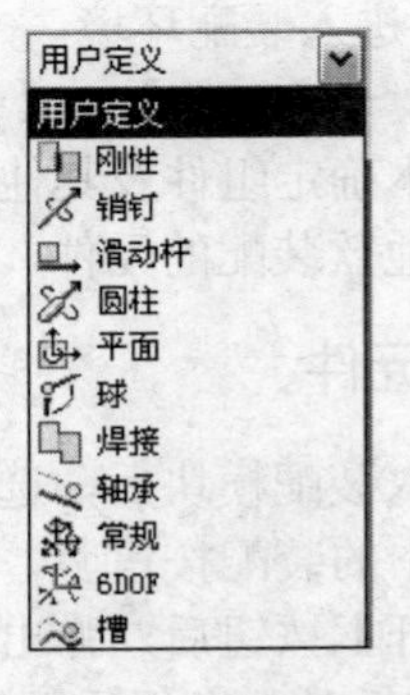

图 11.6 连接类型列表

7. 元件放置按钮

- ：使用界面放置元件。
- ：手动放置元件。
- ：约束和连接之间进行相互转换。将一定的约束类型（如对齐、插入等）和连接类型（如销钉等）相互转换。

8. 【放置】面板

单击【放置】按钮，出现图 11.7 所示的【放置】面板。该面板启用和显示元件放置和连接定义。它包含两个区域。

“导航”和“收集”区域：显示集和约束。将为预定义约束集显示平移参照和运动轴。集中的第一个约束将自动激活。在选取一对有效参照后，一个新约束将自动激活，直到元件被完全约束为止。

约束属性区域与在导航区域中选取的约束或运动轴上下相关。

9. 【移动】面板

单击【移动】按钮，出现【移动】面板，如图 11.8 所示。使用【移动】面板，可移动正在装配的元件，使元件的选取更加方便。当【移动】面板处于活动状态时，将暂停所有其他元件的放置操作。要移动元件，必须要封装或用预定义约束集配置该元件。

运动类型有：定向模式、平移、旋转和调整。

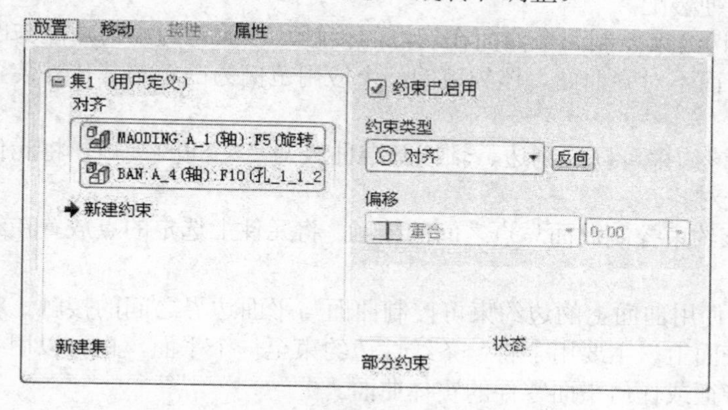

图 11.7 【放置】面板

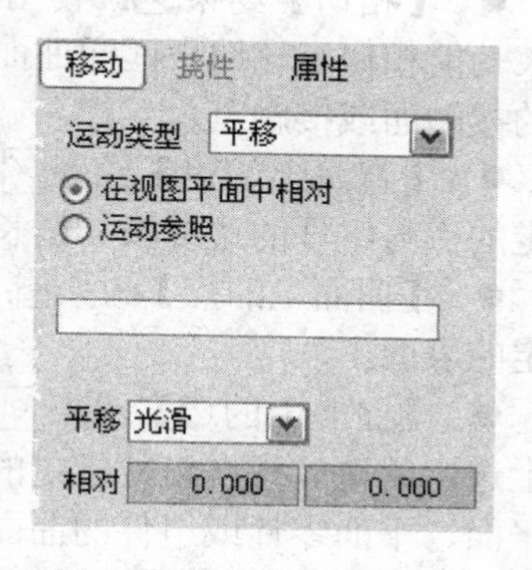

图 11.8 【移动】上滑面板

10. 工具按钮

- 暂停按钮：暂停元件放置来使用其他对象操作工具。
- 继续按钮：退出暂停模式，继续使用放置工具。
- 确定按钮：保存特征工具中的所有设置和修改，然后关闭操控板。
- 取消按钮：放弃特征工具中的所有设置和更改，然后关闭操控板。

11.2 装配约束

装配约束即对元件添加一定的约束条件，来限定元件与其他元件的关系，通过装配约束可以指定一个元件相对于装配体中另一个元件(或特征)的放置方式和位置。装配约束包含自动、匹配、对齐、坐标系等几种约束方式来控制元件的位置，将元件通过一定的装配约束添加到装配体中后，它的位置将随着其相邻元件移动而相应改变，而且约束设置值作为参数可随时修改，并可与其他参数建立关系方程。这样，整个装配体实际上是一个参数化的装配体。

11.2.1 装配约束类型

打开一个零件后，可以在【元件放置】操控板中选取约束类型。在约束类型中缺省设置是【自动】，用户可以通过【约束类型】下拉列表选择需要的约束类型。约束列表包括以下选项。

- 【自动】约束：为系统默认的约束类型。将导入元件放置到组件中时，系统会从组件及元件中选择一对有效参照，系统会根据选择的参照，自动选择合适的约束类型。
- 【匹配】约束：使用该约束工具可以约束定位两个选定参照，使其彼此相对（法线方向相反），同时其下方的偏移下拉列表可用，可以将选定的参照匹配为重合、定向或者偏移。
- 【对齐】约束：使用该约束可以用来对齐两个选定的参照使其朝向相同（法线方向相同）。对齐约束可以将两个选定的参照对齐为重合、定向或者偏移。对齐对象包括两个平面共面(重合并朝向相同)、两条轴线同轴或两个点重合，也可以对齐旋转曲面或边，偏移值将决定两个参照之间的距离。
- 【插入】约束：可将一个曲面插入另一旋转曲面中，且使它们各自的轴对齐，当轴选取无效或不方便选取时可以用这个约束。在【约束类型】下拉列表中选择【插入】后，【偏移】下拉列表将被禁用。
- 【坐标系】约束：使用该约束，可通过将元件的坐标系与组件的坐标系对齐(既可以使用组件坐标系又可以使用元件坐标系)，将该元件放置在组件中。为了装配的方便，用户可以在制作元件时指定坐标系位置，从而方便装配。
- 【相切】约束：使用相切约束控制两个曲面在切点的接触。该放置约束的功能与匹配约束功能相似。该约束匹配曲面，而不对齐曲面。该约束的一个应用范例为凸轮与其传动装置之间的接触面或接触点。
- 【直线上的点】约束：该约束可以控制边、轴或基准曲线与点之间的接触。将元件上选定的点与组件的边线或其延长线对齐。
- 【曲面上的点】约束：该约束控制曲面与点之间的接触。将元件上选定的点放置在组件指定的表面上。
- 【曲面上的边】约束：使用曲面上的边约束可控制曲面与平面边界之间的接触。将元件上选定的边放置在组件指定的表面上。主要用于将一条线性边约束至一个平面，也可以用于基准平面、平面零件或组件的曲面特征或任何平面零件的实体曲面。
- 【固定】约束：将被移动或封装的元件固定到当前位置。
- 【缺省】约束：用缺省的组件坐标系对齐元件坐标系。

注意：一般情况下，组件的第一个元件均采用缺省约束进行装配。

请注意：通常一个元件需要使用多个约束才能完全定位。只有使用【缺省】、【固定】和【坐标系】约束时，一个约束才可以使元件状态为完全约束。

为了让读者真正了解基础的装配，下面制作几个常见约束类型的装配操作范例。

1. 匹配约束范例

（1）单击工具栏中的按钮，在弹出的【新建】对话框中选中【组件】、【设计】单选框，输入组件名称“pipei”，单击 确定 按钮进入装配环境。

（2）选择菜单栏中的【插入】→【元件】→【装配】命令或者直接单击右侧工具栏中的(装配)按钮，在【打开】对话框中选择元件“第 11 章\范例源文件\pipei\pipei1.prt”，确定后，在弹出的【元件放置】操控板中在约束类型列表中选择按钮（缺省方式装配），在操控板中单击（确定）按钮，即确定了该元件的位置。

（3）单击右侧工具栏中的（装配）按钮，在【打开】对话框中选择元件“第 11 章\范例源文件\pipei\pipei2.prt”，确定后，插入另一元件“pipei2.prt”，如图 11.9 所示。在弹出元件放置操控板后，在约束类型列表中选择【匹配】，然后在【偏移】下拉列表中选择【重合】，并在视图中依次选择元件的参照面和组件的参照面。

（4）完成参照面的选择后，系统将按照选择的参照自动匹配对象，使两个对象的面相对放置，放置的结果如图 11.10（a）所示。

（5）此时元件放置对话框中将显示匹配选择的面，在【状态】栏显示元件的约束状态为"部分约束"，说明元件的位置并未准确放置，在【偏移】右侧将出现当前元件参照相对于组件参照的距离。

为了与对齐约束相比较，可以在约束类型下拉菜单将【匹配】更改为【对齐】，结果可以看到装配组件阶梯圆柱的细端将朝向上方。如图 11.10（b）所示。请参看所附光盘"第 11 章\范例结果文件\pipei\pipei.asm"。

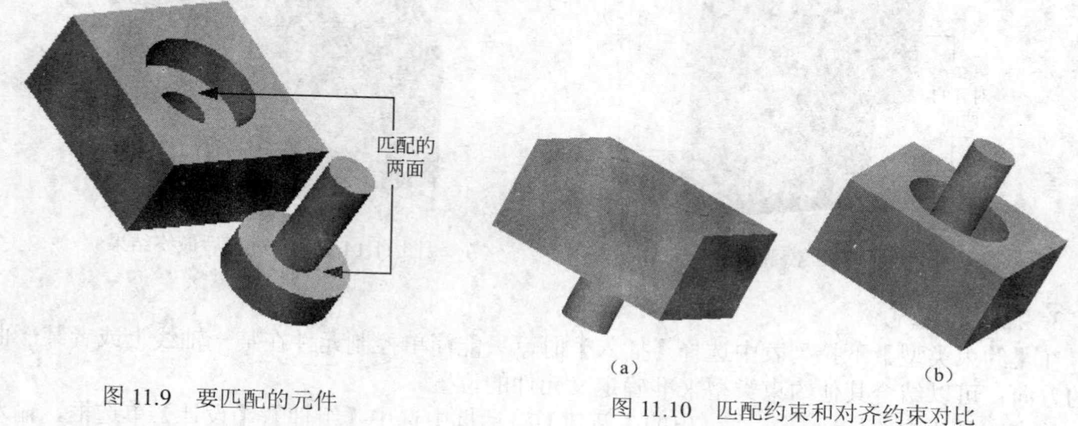

图 11.9　要匹配的元件

图 11.10　匹配约束和对齐约束对比

2. 对齐约束范例

（1）使用前面介绍的方法新建一个装配视图，然后单击右侧工具栏中的(装配)按钮，在【打开】对话框中选择元件"第 11 章\范例源文件\duiqi\duiqi1.prt"，确定后，在弹出的【元件放置】操控板中在约束类型列表中选择按钮（缺省方式装配），在操控板中单击（确定）按钮，完成 duiqi1.prt 元件的装配。

（2）单击右侧工具栏中的(装配)按钮，在【打开】对话框中选择元件"第 11 章\范例源文件\duiqi\duiqi2.prt"，确定后，如图 11.11 所示的零件为需要放置的元件。

（3）在元件放置操控板中，设置【约束类型】为【对齐】，然后设置【偏移】类型为【重合】，在视图中选择元件的参照面，然后选择组件的参照面，如图 11.11 所示。两个面对齐并重合。结果如图 11.12 所示。

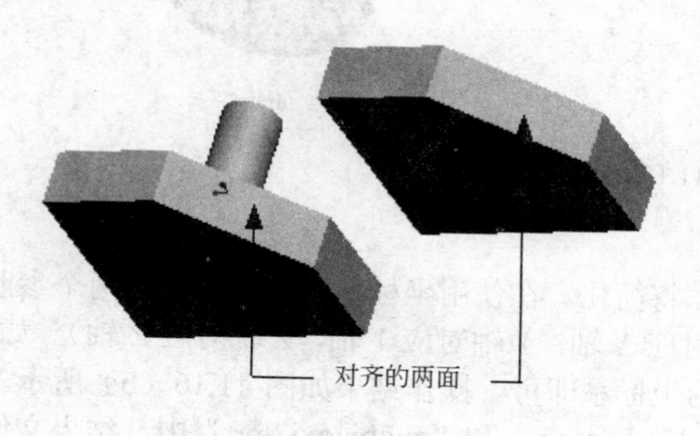

图 11.11　需要放置的元件

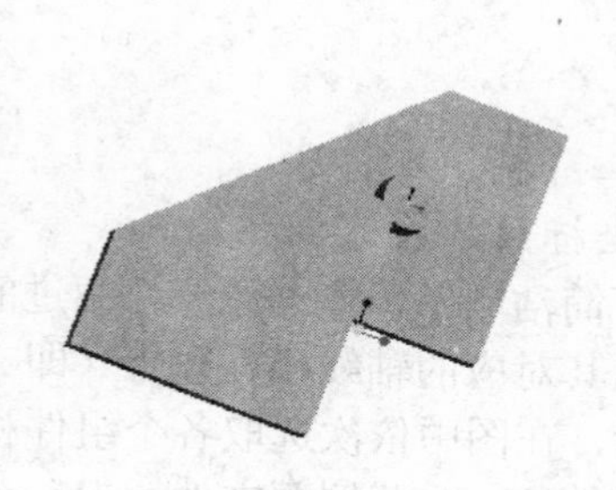

图 11.12　一次对齐结果

（4）显然，一次对齐约束很难达到需要的结果，在视图中单击，分别选择元件和组件的二次对齐参照面和三次对齐参照面，如图 11.13 所示，系统将自动再添加两次对齐约束并调整元件的位置，此时元件与组件之间将存在三个对齐约束。对元件与组件进行 3 次对齐约束后，元件将准确定位在确定位置上，状态显示为完全约束。最后对齐的结果如图 11.14 所示。请参看所附光盘“第 11 章\范例结果文件\duiqi\duiqi.asm”。

注意：在有轴线的元件装配中，优先使用轴线对齐可以提高装配效率。

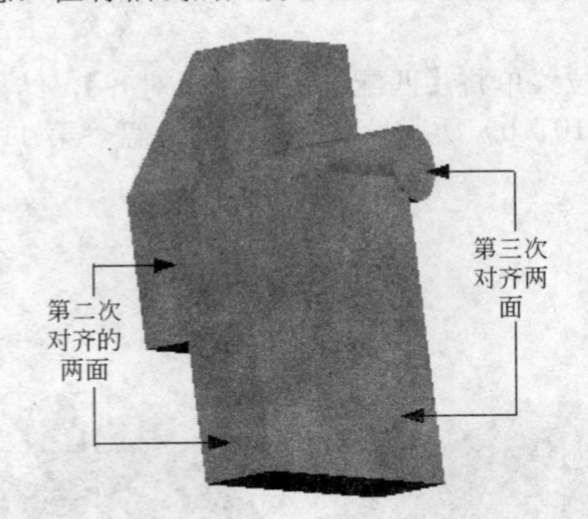

图 11.13　第二次和第三次对齐

图 11.14　三次对齐后最终结果

3. 插入约束范例

在【约束类型】下拉列表中选择【插入】时，只能简单控制元件在某一轴线上或者某一曲面上的方向，可以结合其他约束类型来准确定义元件的位置。

单击工具栏中的按钮，在弹出的【新建】对话框中选中【组件】、【设计】单选框，输入组件名称“charu.asm”，单击确定按钮进入装配环境。

装配的 2 个元件为 charu1.prt 和 charu2.prt，如图 11.15（a）所示。元件在目录“第 11 章\范例源文件\charu”下。设置【插入】操作方法是选取元件和组件的曲面，结果如图 11.15（b）所示。请参看所附光盘“第 11 章\范例结果文件\charu\charu.asm”。

（a）

（b）

图 11.15　插入约束

4. 坐标系约束范例

为了简洁明了，本书已经介绍过的操作将简化。在使用坐标系约束时，应让两个参照坐标系对齐，且其对应的轴线相互重合（即 X 轴对应 X 轴，Y 轴对应 Y 轴，Z 轴对应 Z 轴）。如图 11.16（a）所示，在图中依次选取各个组件相应的坐标系即可。操作结果如图 11.16（b）所示。装配的元件在“第 11 章\范例源文件\zuobiaoxi\zuobiaoxi1.prt”和“zuobiaoxi2.prt”中，结果文件请参看所附光盘“第 11 章\范例结果文件\zuobiaoxi\zuobiaoxi.asm”。

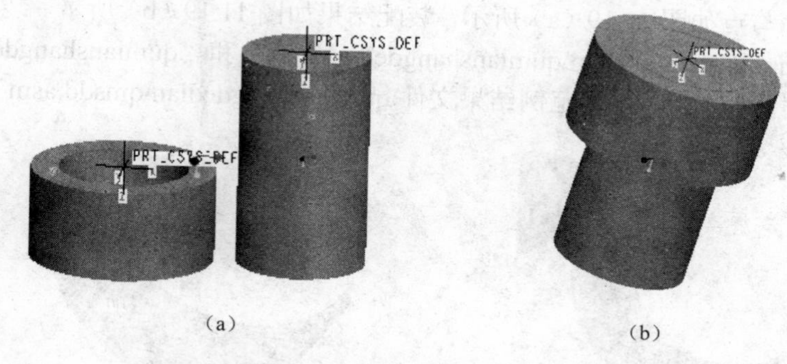

（a）　　（b）

图 11.16　坐标系约束

5. 相切约束范例

在该范例中，只需依次选取如图 11.17（a）所示的两个曲面即可。结果如图 11.17（b）所示。装配的元件在“第 11 章\范例源文件\xiangqie\xiangqie1.prt”和“xiangqie2.prt”中，结果文件请参看所附光盘“第 11 章\范例结果文件\xianqie\xiangqie.asm”。

（a）　　（b）

图 11.17　相切约束

6. 直线上的点约束范例

该范例比较简单，只需要依次选取参照边、轴线或基准曲线与参照点即可。所需选择的直线与点如图 11.18（a）所示，结果如图 11.18（b）所示。

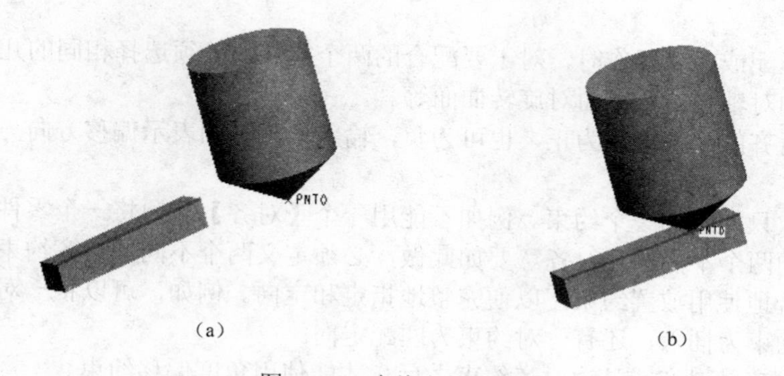

（a）　　（b）

图 11.18　直线上的点约束

装配的元件在“第 11 章\范例源文件\zhixianshangdedian\zhixianshangdedian1.prt”和“zhixianshangdedian2.prt”中，结果文件请参看所附光盘“第 11 章\范例结果文件\zhixianshangdedian\zhixianshangdedian.asm”。

7. 曲面上的点约束范例

本范例介绍控制参照曲面与参照点的接触来进行组装，方法与直线上的点约束类似。

所需选择的曲面与点如图 11.19（a）所示，装配结果如图 11.19（b）所示。装配的元件在“第 11 章\范例源文件\qumianshangdedian\qumianshangdedian1.prt”和“qumianshangdedian2.prt”中，结果文件请参看所附光盘“第 11 章\范例结果文件\qumianshangdedian\qmsdd.asm”。

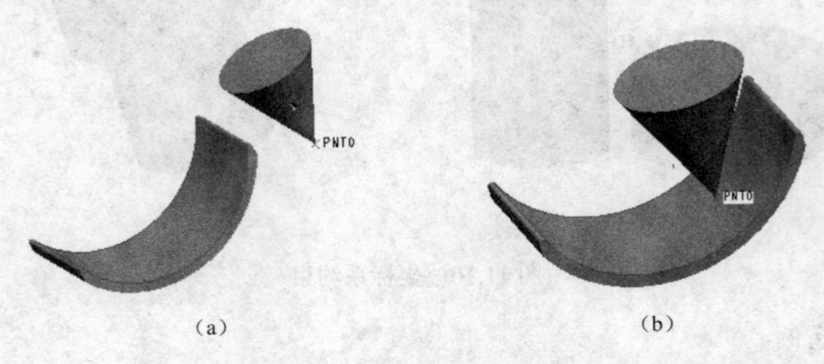

（a）　　（b）

图 11.19　曲面上的点约束

8. 曲面上的边约束范例

本范例介绍控制参照曲面与参照边的接触来进行组装，方法同直线上的点约束类似。

所需选择的曲面与边如图 11.20（a）所示，装配结果如图 11.20（b）所示。装配的元件在“第 11 章\范例源文件\qmsdb\qmsdb1.prt”和“qmsdb2.prt”中，结果文件请参看所附光盘“第 11 章\范例结果文件\qmsdb\qmsdb.asm”。

（a）　　（b）

图 11.20　曲面上的边约束

★请注意：

（1）在进行匹配或对齐操作时，对于要配合的两个零件，必须选择相同的几何参照，平面对平面、点对点、轴对轴、旋转曲面对旋转曲面等。

（2）匹配和对齐的偏移值可为正，也可为负，输入负值时则表示偏移方向与模型中箭头指示的方向相反。

（3）系统一次只能添加一个约束。例如不能用一个【对齐】选项将一个零件上两个不同的孔和另一个零件上的两个不同的孔对齐。要如此做，必须定义两个不同的对齐约束。

（4）可以组合地使用放置约束，以便完整地指定和定向。例如，可以将一对曲面约束为对齐重合，另一对则约束为插入，还有一对约束为匹配定向。

（5）只有在创建轴对齐或是边对齐约束之后，才能使用角度偏移约束。

（6）匹配和对齐可以相互转换。

（7）【匹配】：平面或基准面之间贴合或偏移一定距离，法向方向平行但方向相反。

（8）【对齐】：平面或基准面之间贴合或偏移一定距离，法向方向平行但方向相同。

11.2.2　阵列

在装配中，经常需要多次装配有相同关系的装配元件，如果生成这些装配关系的特征是通过阵列生成的，那么在装配中就可以通过阵列元件来简化装配过程。在组件中放置第一个元件（阵列导引），然后从“模型树”中选取该元件，并阵列多个。可以使用下列方法阵列装配元件。

（1）【参照阵列】：将元件装配到现有元件或特征阵列的导引，然后使用【参照阵列】选项来阵列元件。为了使用此选项，必须存在一个阵列。

（2）【填充阵列】：在曲面上装配第一个元件，然后使用同一曲面上的草绘生成元件填充阵列。

（3）【尺寸驱动阵列（非表）】：在曲面上使用“配对”或“对齐”偏移约束装配第一个元件。使用所应用约束的偏移值作为尺寸以创建非表式的独立阵列。

（4）【轴阵列】：将元件装配到阵列中心。选取一个要定义的基准轴，然后输入阵列成员之间的角度以及阵列中成员的数量。

（5）【方向阵列】：沿指定方向装配元件。选取平面、平整曲面、线性曲线、坐标系或轴以定义第一方向。选取类似的参照类型以定义第二方向。

（6）【曲线阵列】：将元件装配到组件中的参照曲线上。如果在组件中不存在现有的曲线，可以从【参照】面板中打开“草绘器”以草绘曲线。

（7）【表阵列】：在曲面上使用“配对”（Mate）或“对齐”（Align）偏移约束装配第一个元件。使用所应用约束的偏移值作为尺寸。单击【编辑】按钮可以创建表，单击【表】按钮，可以从列表中选取现有的表阵列。

阵列导引用◉表示，阵列成员用●表示。要排除某个阵列成员，可单击相应的黑点。黑点将变为○，且该阵列成员被排除，再次单击该点可以使本成员成为可用的阵列成员。

注意：不能阵列在组件内使用【创建第一特征】选项创建的元件。

阵列范例如下。

1. 参照阵列

（1）打开“第 11 章\范例源文件\canzhaozhenlie\canzhao.asm”，如图 11.21 所示。

（2）单击右侧工具栏中的(装配)按钮，在【打开】对话框中选择元件“第 11 章\范例源文件\canzhaozhenlie\maoding.prt”，单击✔后，如图 11.22 所示的零件为需要放置的元件。同时打开【元件放置】操控板。

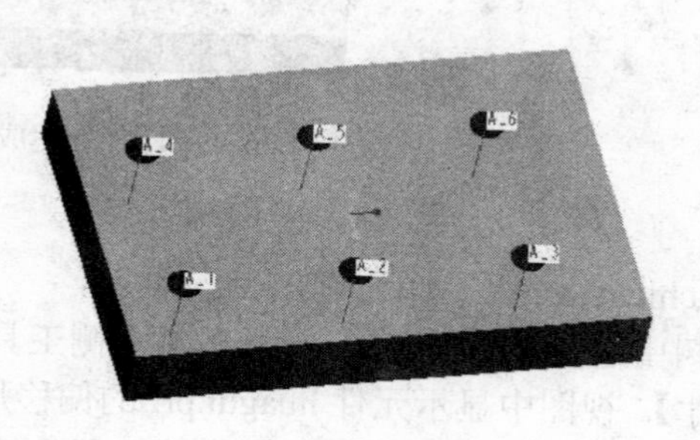

图 11.21　参照阵列范例

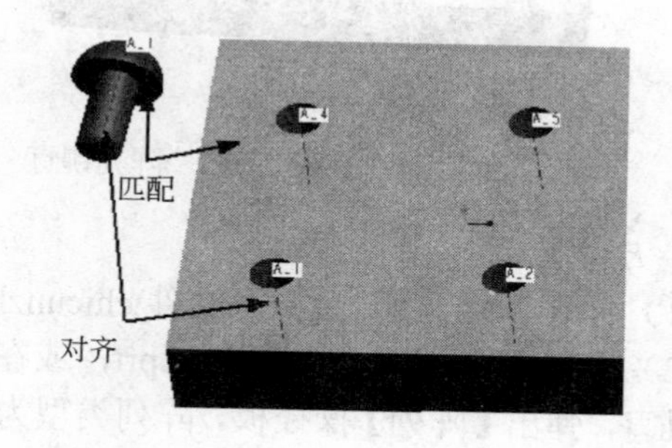

图 11.22　匹配约束

（3）下面来设置约束，选取铆钉半圆头底面和板的上表面（可以旋转模型以方便选取），系统自动添加“匹配”约束；继续选取铆钉轴线和板上孔的轴线，系统自动添加“对齐”约束。状态显示为：完全约束。如图 11.23 所示。

（4）如果选择约束出错，或要变更约束，不用打开【放置】面板，直接双击显示的约束文字，如“匹配”，“匹配”约束的信息就会显示出来，以便修改，如图 11.24 所示。

（5）在【元件放置】操控板中单击确定按钮✔，即确定了该元件的位置。

（6）阵列铆钉。在视图中选择铆钉，或在模型树中选择 maoding.prt。然后单击右侧工具栏中阵列按钮▦，弹出【阵列】操控板，阵列类型显示为【参照】。这是由于在零件 ban.prt 中存在孔的阵列。视图中显示阵列引导和阵列成员，如图 11.25 所示。

图 11.23　约束铆钉

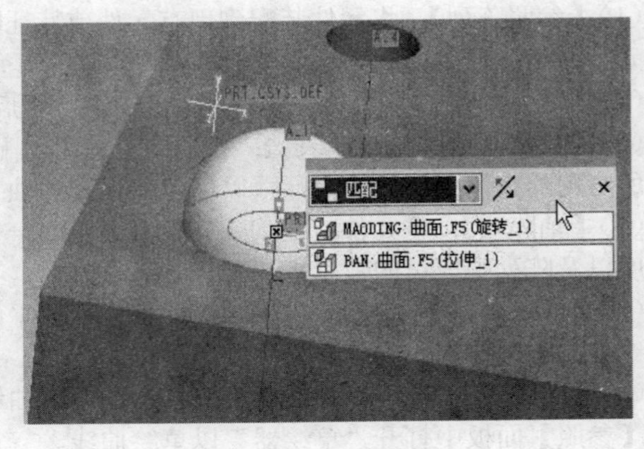

图 11.24　约束变更

（7）在【阵列】操控板中单击确定按钮☑，完成了该元件的阵列。结果如图 11.26 所示。结果文件请参看所附光盘“第 11 章\范例结果文件\canzhaozhenlie\canzhao.asm”。

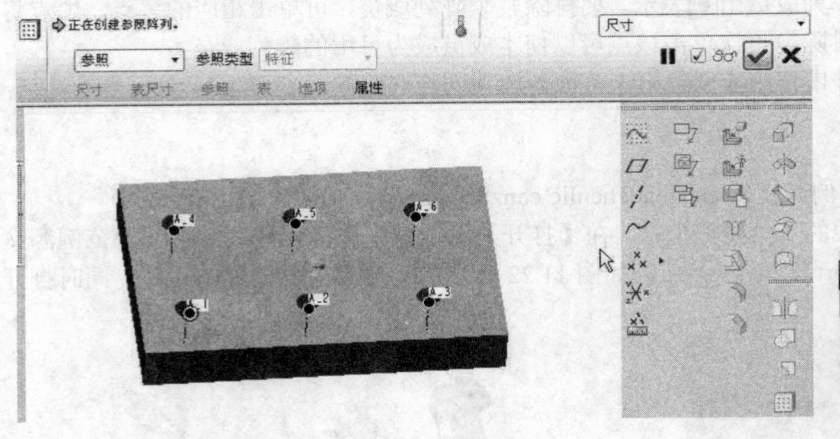

图 11.25　阵列铆钉

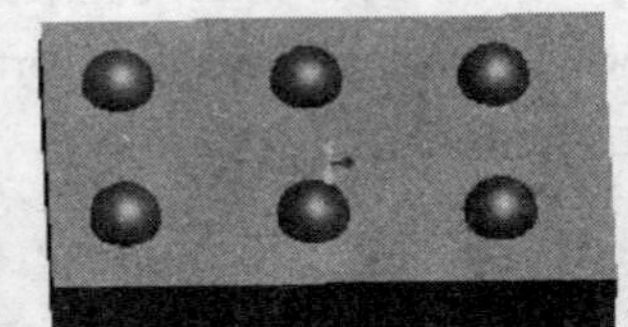

图 11.26　铆钉阵列完成结果

2. 尺寸阵列

（1）打开“第 11 章\范例源文件\chicunzhenlie\chicun.asm”，如图 11.27 所示。

（2）在视图中选择元件 huagui.prt，或在模型树中选择 huagui.prt。然后单击右侧工具栏中阵列按钮▦，弹出【阵列】操控板，阵列类型为【尺寸】。视图中显示元件 huagui.prt 的偏移尺寸 20。双击尺寸 20，弹出输入框，输入 50 按回车作为尺寸增量。如图 11.28 所示。注意：尺寸输入后一定要按回车确定。

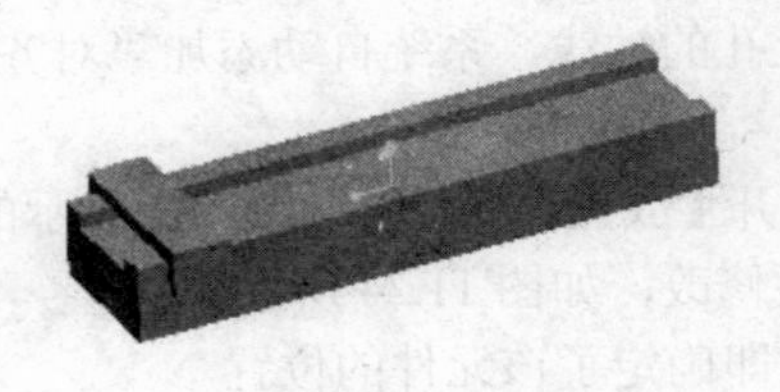

图 11.27　尺寸阵列

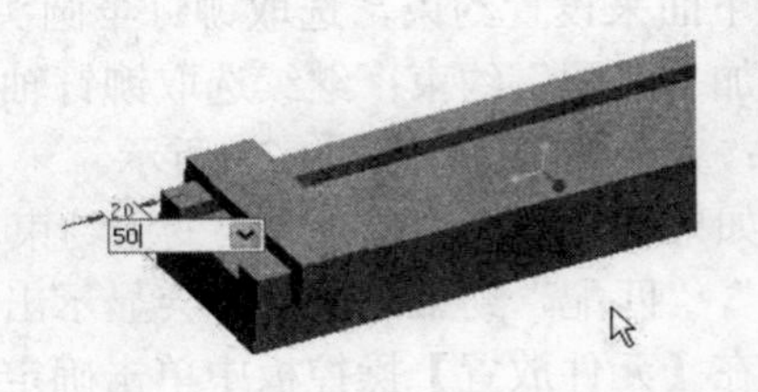

图 11.28　输入尺寸增量

（3）在【阵列】操控板中，输入阵列个数 7，按回车。如图 11.29 所示。

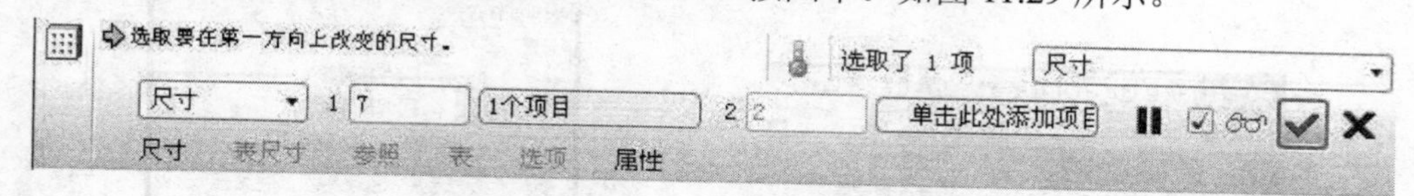

图 11.29　输入阵列个数

（4）在【阵列】操控板中单击确定按钮✓，完成该元件的阵列。结果如图 11.30 所示。结果文件请参看所附光盘“第 11 章\范例结果文件\chicunzhenlie\chicun.asm”。

11.2.3　封装元件

单击【插入】→【元件】→【封装】，即可加入封装元件。

封装元件在组件中并不被完全约束。使元件保持封装状态或使其在组件中只受部分约束的原因有两个。

图 11.30　完成阵列后结果

（1）向组件添加元件时，可能不知道将元件放置在哪里最好，或者也可能不希望相对于其他元件的几何进行定位，可以使用封装作为放置元件的临时措施。若要封装元件，请在元件受完全约束前关闭【元件放置】操控板，或清除【允许假设】复选框。

（2）将机构元件添加到组件时，用户定义的约束集或预定义的约束集（连接）决定了元件在组件中的自由度。

在“模型树”中将使用图标▣来表示使用封装放置的元件。若元件的父项为封装元件，则使用图标▣显示元件为“封装的子项”元件。

随着设计的进行，由于额外自由度的存在，封装元件子项的放置可能不能按原计划保留。可使用【固定】约束将封装元件固定或全部约束在与其父项组件相关的当前位置。

11.2.4　干涉检查

Pro/E 将提供干涉分析和间隙分析两个基础功能做装配件分析，辅助对产品设计的检验。单击【分析】→【模型】选项，弹出模型分析菜单，如图 11.31 所示。菜单包含了模型分析的各个选项。

注意：对于干涉和间隙检测，其计算精度由零件精度决定。间隙度量或干涉体积的精度由配置选项 measure_sig_figures 控制。

1. 干涉分析

当希望在一个模型中显示每个零件或子组件之间的干涉状况时，可以运行此功能。在模型分析菜单中选择【全局干涉】，可对装配模型进行干涉检验，图 11.32 所示为进行干涉分析时的【全局干涉】分析对话框。使用该对话框，可以计算出零件间、装配件间的干涉数据。

在【全局干涉】分析对话框中的【分析】选项卡中，【设置】下选取【仅零件】或【仅子组件】以计算零件或子组件的干涉。【包括面组】和【包括多面体面】选项，决定计算时是否包含它们。

【计算】选取【精确】以获得完整且详尽的计算；选取【快速】执行快速检查。选取【精确】时还会加亮干涉体积。【快速】会列出发生干涉的零件或子组件对。

单击 ⚯ 计算分析。发生干涉的元件会在 Pro/E 图形窗口中被加亮，并显示在【全局干涉】对话框底部的结果区域中。

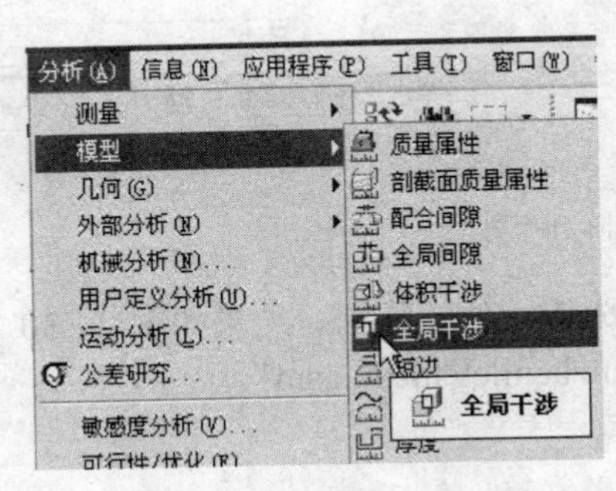

图 11.31 【模型】分析菜单

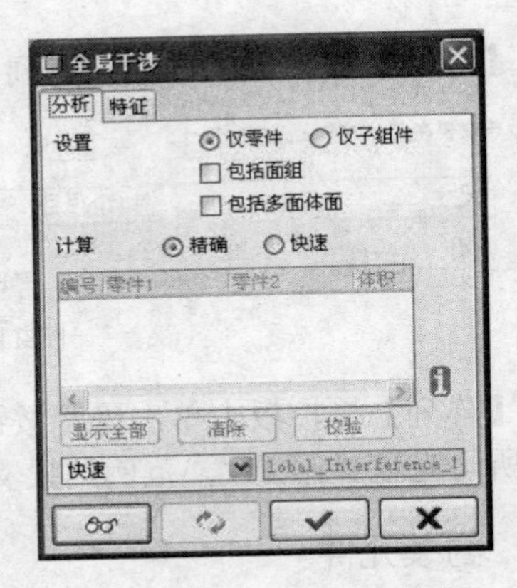

图 11.32 【全局干涉】对话框

如果需要，可单击【特征】选项卡创建或更改当前分析的特征选项。只有在选取特征类型的分析时才能使用特征选项（如参数）。

2. 间隙分析

间隙分析是通过 Pro/E 系统寻找和估算出元件间间隙所在的位置及间隙值。然后，可以根据这些数据来查看是否符合设计条件。例如在活塞与缸体的配合中，需要一定的配合间隙。利用 Pro/E 可以非常方便地检查是否符合设计配合要求。

在模型分析菜单中选择【全局间隙】或【配合间隙】，可以对模型进行间隙分析。选择【配合间隙】选项，系统弹出【配合间隙】对话框，如图 11.33 所示，检验两个互相配合的零件之间的间隙；若选择【全局间隙】选项，则系统弹出【全局间隙】对话框，如图 11.34 所示，对整个装配模型进行间隙检验。

需要说明的是，选择【全局间隙】选项后，应设定一个参考间隙值，系统将检测出所有不超过该值的间隙所在。

下面用一个简单的范例来说明在 Pro/E 中干涉与间隙分析的应用。

（1）打开文件。单击工具栏中的按钮，打开本书所附光盘文件“第 11 章\范例源文件\fenxi\fenxi.asm”文件，如图 11.35 所示。

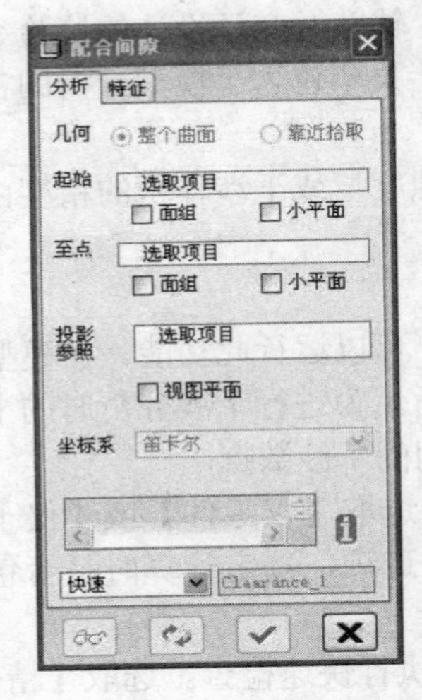

图 11.33 【配合间隙】对话框

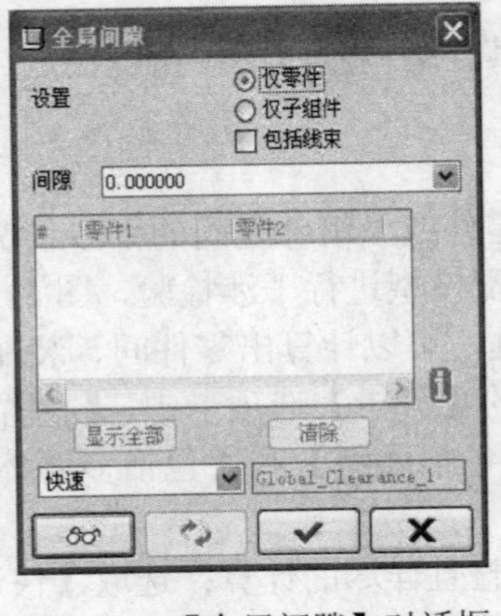

图 11.34 【全局间隙】对话框

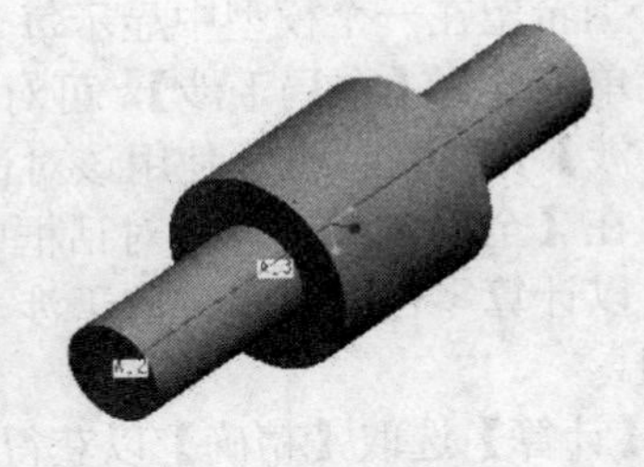

图 11.35 分析范例源文件

（2）进行间隙分析。

① 单击【分析】→【模型】→【配合间隙】，打开【配合间隙】对话框。

② 单击选择圆柱零件 FENXI2.PRT 的外圆柱面为起始曲面，然后单击在【配合间隙】对话框中“投影参照”后的“选取项目”，再在视图中选取零件 FENXI1.PRT 的内圆柱面。这时在结果栏中显示“间隙＝0.249563”，在视图中红色高亮标示出间隙位置和注释“0.25 间隙”，如图 11.36 所示。

③ 单击【分析】→【模型】→【全局间隙】，打开【全局间隙】对话框。设定间隙值为 0.5，其他接受系统的默认选项。单击计算按钮，在结果栏中显示所有符合条件的零件，即存在小于 0.5 间隙的零件对，如图 11.37 所示。

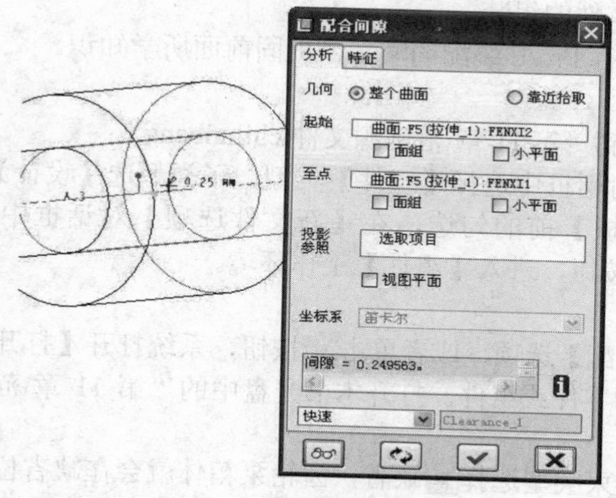

图 11.36　检查配合间隙

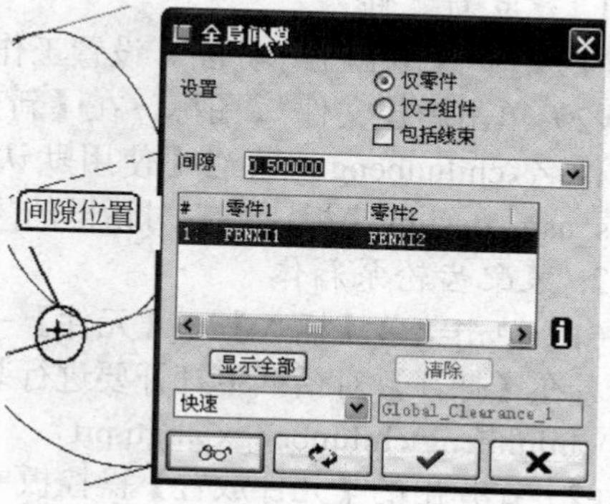

图 11.37　检查全局间隙

（3）干涉分析。

① 首先利用 Pro/E 参数化设计的优势，在模型树中选中轴零件 FENXI2.PRT，然后单击右键，在右键菜单中选择【打开】，进入零件模块，将其直径值由 49.5mm 修改为 50.5mm，单击按钮并保存零件。

② 回到组件窗口，单击【分析】→【模型】→【全局干涉】，打开【全局干涉】对话框。单击计算按钮，在结果栏中显示所有存在干涉的零件，视图中红色高亮显示干涉区域。如有多组干涉对象，用鼠标选中哪一组，在图形窗口中将红色高亮显示哪一组干涉位置，如图 11.38 所示。

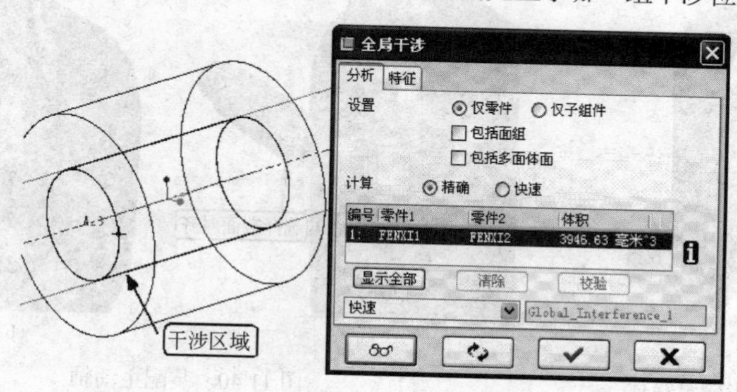

图 11.38　检查全局干涉

11.3　装配体操作实例

通过前面几节的学习，读者已经基本掌握了 Pro/E 装配的操作。总的来说，在完成了各个零件模型的制作之后，就可以把它们按照设计要求组装在一起，成为一个部件或产品。

零件装配的操作步骤如下。

（1）新建一个组件类型文件，进入组件模块的工作界面。

（2）单击按钮，或单击菜单【插入】→【元件】→【装配】选项，加入零件模型。

（3）在【元件放置】操控板中，选择适当的约束类型，然后相应选择两个零件的装配参考，使其符合约束条件。

（4）重复步骤（3）的操作，直到完成符合要求的装配定位，单击按钮，完成本次的操作。

（5）重复步骤（2）～（4），完成下一个零件的组装。

下面以机械制造中比较常见的齿轮泵来进行 Pro/E 装配的演示，巩固前面所学知识。

1. 建立新文件

（1）进入 Pro/E 工作界面。设置工作目录到“第 11 章\范例源文件\chilunbeng”。

（2）单击新建文件图标，在【新建】对话框中选择【组件】类型，子类型选【设计】。输入文件名 chilunbeng。取消【使用默认的模板】前的勾选。在【新文件选项】对话框中，选mmns_asm_design 模板。单击对话框的 确定 按钮，进入【组件】工作环境。

2. 装配齿轮泵箱体

（1）单击菜单【插入】→【元件】→【装配】选项，或者单击按钮，系统打开【打开】对话框。在【打开】对话框中打开要进行装配的零件或组件，打开本书光盘中的“第 11 章\范例源文件\chilunbeng\chilunbengxiangti.prt”。

（2）在弹出的【元件放置】操控板中，约束类型选择缺省，齿轮泵箱体就会在缺省位置放置，使其完全约束。在操控板中单击（确定）按钮，完成 chilunbengxiangti.prt 元件的装配，如图 11.39 所示。

3. 装配主动轴

（1）单击按钮，系统打开【打开】对话框。在【打开】对话框中，选择“第 11 章\范例源文件\chilunbeng\zhudongzhou.prt”，设置装配约束，如图 11.40（a）所示。

（2）在操控板中单击（确定）按钮，完成 zhudongzhou.prt 元件的装配，如图 11.40（b）所示。注意：【放置】上滑面板中勾选【允许假设】。

图 11.39　齿轮泵箱体

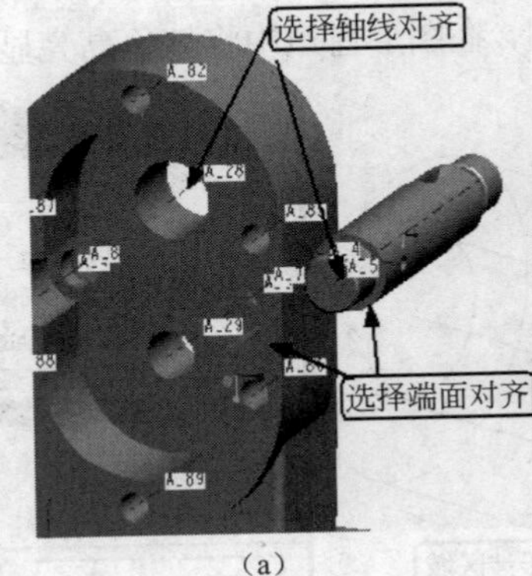

（a）

（b）

图 11.40　装配主动轴

4. 装配主动齿轮

（1）单击按钮，系统打开【打开】对话框。在【打开】对话框中，选择“第 11 章\范例源文件\chilunbeng\zhudongchilun.prt”，设置装配约束，如图 11.41（a）所示。

（2）【放置】面板中取消勾选【允许假设】。选择元件基准面 HF_DTM 和组件基准面 ASM_RIGHT 对齐，偏移设置为，如图 11.41（b）所示。

（3）在操控板中单击（确定）按钮☑，完成 zhudongchilun.prt 元件的装配。如图 11.41（c）所示。

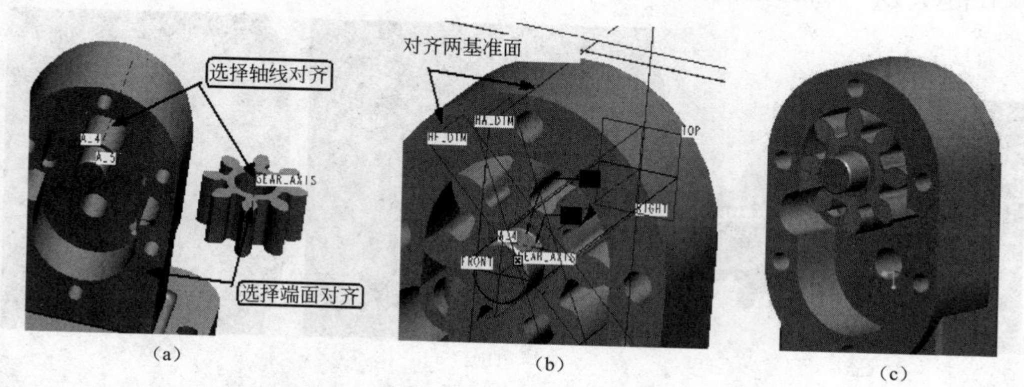

（a）　（b）　（c）

图 11.41　装配主动齿轮

5. 装配从动轴

（1）单击按钮，系统打开【打开】对话框。在【打开】对话框中，选择“第 11 章\范例源文件\chilunbeng\congdongzhou.prt”，设置装配约束，如图 11.42（a）所示。

（2）在操控板中单击（确定）按钮☑，完成 congdongzhou.prt 元件的装配，如图 11.42（b）所示。注意：【放置】面板中勾选【允许假设】。

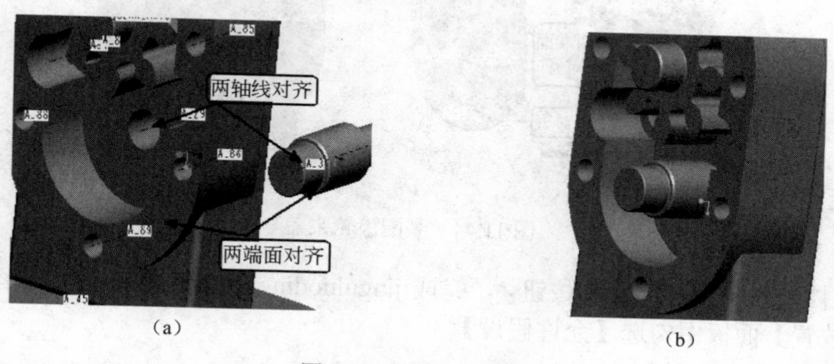

（a）　（b）

图 11.42　装配从动轴

6. 装配从动齿轮

（1）单击按钮，系统打开【打开】对话框。在【打开】对话框中，选择“第 11 章\范例源文件\chilunbeng\congdongchilun.prt”，设置装配约束，如图 11.43（a）所示。

（2）【放置】面板中取消勾选【允许假设】。选择元件基准面 HA_DTM 和组件基准面 ASM_RIGHT 对齐，偏移设置为工，或设置角度，如图 11.43（b）所示。

（3）在操控板中单击（确定）按钮☑，完成 congdongchilun.prt 元件的装配。如图 11.43（c）所示。两齿轮正好啮合。

7. 装配齿轮泵盖

（1）单击按钮，系统打开【打开】对话框。在【打开】对话框中，选择“第 11 章\范例源文件\xianggai.prt”，打开 xianggai.prt 元件。

（2）【放置】面板中取消勾选【允许假设】。设置装配约束，如图 11.44（a）所示。

（3）在操控板中单击（确定）按钮☑，完成 xianggai.prt 元件的装配。如图 11.44（b）所示。

8. 装配紧固螺钉

（1）单击按钮，系统打开【打开】对话框。在【打开】对话框中，选择“第 11 章\范例源文件\chilunbeng\jinguluoding.prt”，设置装配约束，如图 11.45（a）所示。首先选择约束类型“相切”，设置相切约束，然后设置对齐约束。

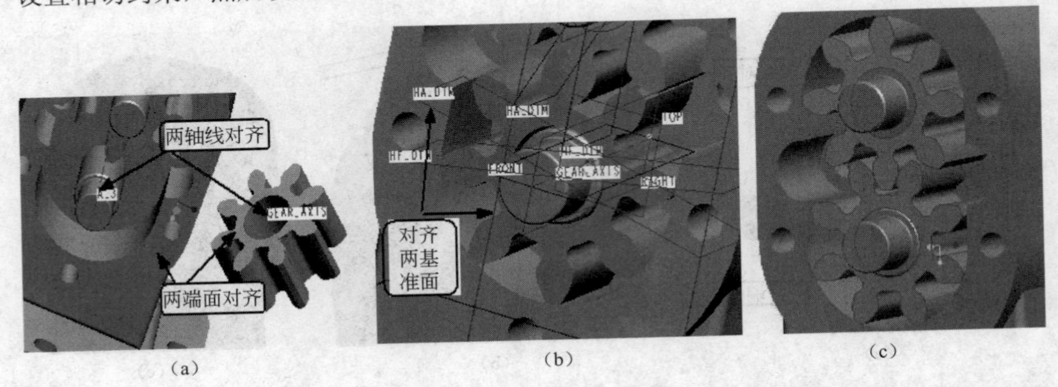

（a）（b）（c）

图 11.43　装配从动齿轮

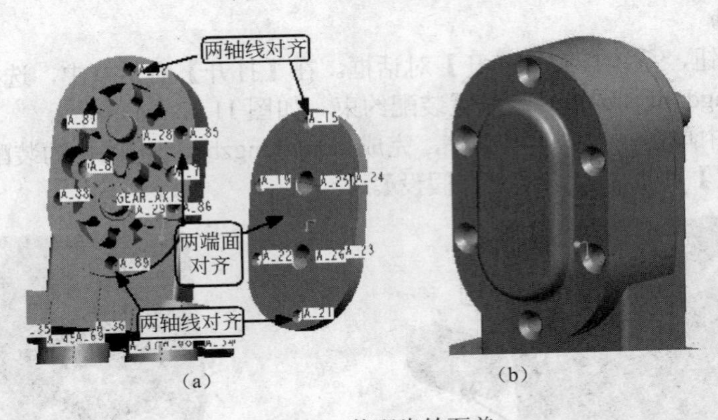

（a）（b）

图 11.44　装配齿轮泵盖

（2）在操控板中单击（确定）按钮☑，完成 jinguluoding.prt 元件的装配。如图 11.45（b）所示。注意：【放置】面板中勾选【允许假设】。

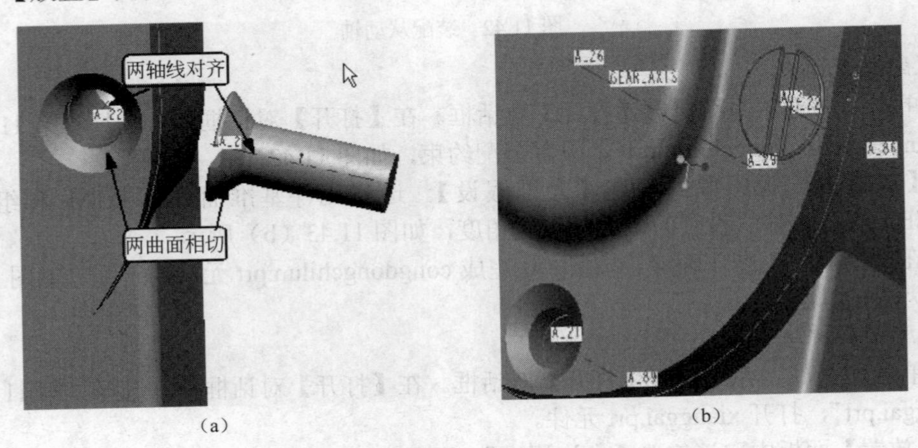

（a）（b）

图 11.45　装配紧固螺钉

（3）装配其他螺钉。泵上要安装 6 个紧固螺钉，已经安装好了第一个，下面用“重复”方法，快速安装其他螺钉。

在模型树中选中 jinguluoding.prt 元件，单击【编辑】→【重复】，系统弹出【重复元件】对话框。如图 11.46 所示。鼠标左键单击“相切”、“对齐”两个参照类型名，对话框中【添加】按钮变为可用，单击添加按钮 添加 ，如图 11.47 所示。在视图中依次选择泵盖其余 5 个螺钉孔的锥面和轴线，轻松完成螺钉装配，单击【重复元件】对话框的确认按钮 确认 ，完成操作。如图 11.48 所示。

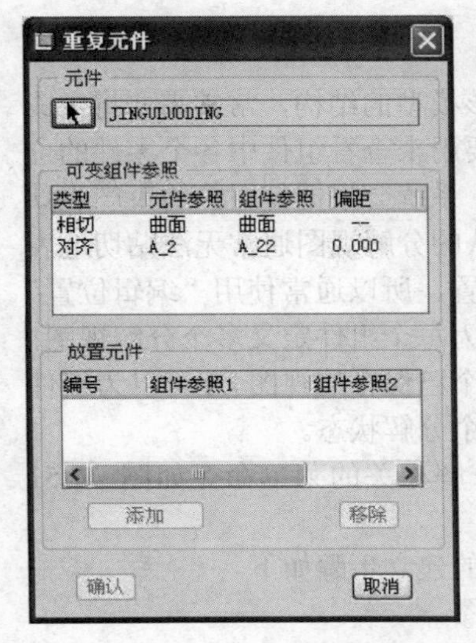

图 11.46 【重复元件】对话框

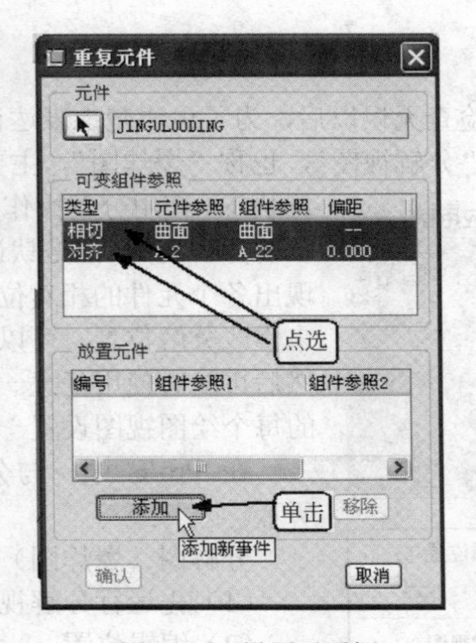

图 11.47　设置对话框

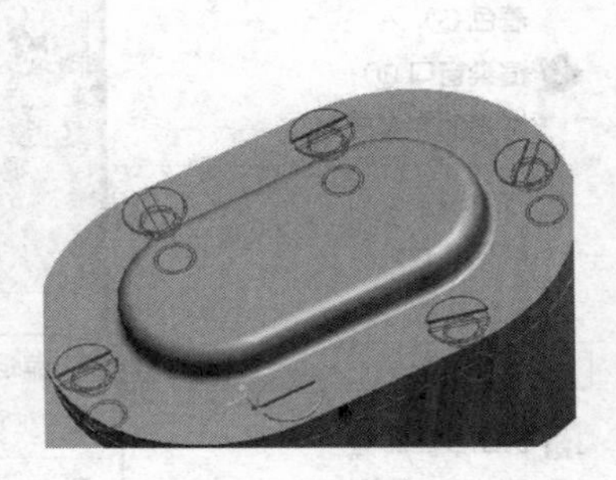

图 11.48　完成螺钉装配

9. 装配主动轴上的键

（1）单击按钮，系统打开【打开】对话框。在【打开】对话框中，选择“第 11 章\范例源文件\zhudongzhoujian.prt”，打开 zhudongzhoujian.prt 元件，系统弹出【元件放置】操控板。

（2）先设置“对齐”和“插入”约束，如图 11.49（a）所示。

（3）【放置】面板中取消勾选【允许假设】。设置匹配约束如图 11.49（b）所示。偏移设置为“定向”。

（4）在操控板中单击（确定）按钮，完成 zhudongzhoujian.prt 元件的装配。

至此，齿轮泵安装完成。最后结果如图 11.50 所示。

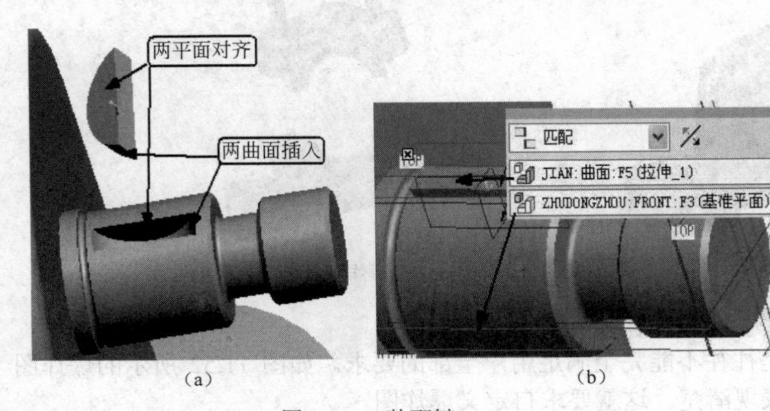

图 11.49　装配键

图 11.50　装配完成后的齿轮泵

★要点提示：

（1）在元件装配之前，将装配模型中的某些已装配零件隐藏，可简化装配过程中的图面，便于捕捉要进行约束的对象。

（2）零件装配时，必须合理地选择第一个零件，一般选择整个模型中最为关键的零件。

（3）针对不同的装配要求，合理地选择约束类型，借助【自动】选项，系统可以自动选择某些合适的约束类型，可以加快装配的操作。

11.4 爆炸图

在装配模型生成，且分析检查无误以后，为了更清楚地表达该模型的结构，常常需要将生成的装配模型分解开，这就称为“分解视图”，也称“爆炸图”，主要用来查看组件中各个零件的位置状态。使用分解操作，系统会根据使用的约束产生默认的分解视图，但是默认的分解视图通常无法贴切地表现出各个元件的相对位置，所以通常使用“编辑位置”来修改分解位置，可以为每个组件定义多个分解视图，然后可随时使用任意一个已保存的视图。还可以为组件的每个绘图视图设置一个分解状态。

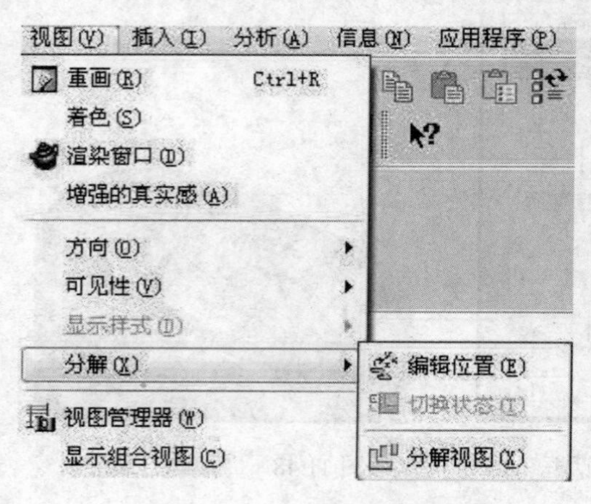

图 11.51 【分解视图】菜单

在 Pro/E 中，与分解相关的菜单命令如图 11.51 所示。

分解图（爆炸图）的建立步骤如下。

（1）先运行分解视图。

（2）编辑位置。

（3）增加偏移线。

（4）如果有需要修改偏移线。

11.4.1 自定义爆炸图

当装配完成后，单击【视图】→【分解】→【分解视图】，就可以得到默认状态下的爆炸图。爆炸图可以用于产品说明书或需要进行产品演示等场合。如图 11.52 所示分别为轴承座的装配图与默认位置的爆炸图。

（a）装配图

（b）爆炸图

图 11.52 轴承座的装配图与爆炸图

这种操作方法虽然简单，但是往往不能完全满足用户全部的要求。如图 11.52 所示的爆炸图就没有将连接固定用的六角螺钉表现清楚。这就要求自定义爆炸图。

自定义爆炸图的操作为单击【视图】→【分解】→【分解视图】→【编辑位置】，打开【编辑位置】操控板，如图 11.53 所示。可以单击（平移）、（旋转）、（视图平面）选择不同的移动类型。单击【参照】栏中的【移动参照】，选取移动参照（可以是平面、边、轴、坐标系等），然后单击【要移动的元件】栏，选取要移动的元件。那么该元件就将沿着选取参照的方向移动。

图 11.53【编辑位置】对话框

在该操作中，【编辑位置】操控板是整个操作的关键，如图 11.53 所示。必须在【移动参照】栏中指定要参照的对象，可选择的如下。

（1）选取平面：单击一个任意平面，以其为基准移动指定的元件。

（2）图元/边/轴：单击任意图形的边线，以其为基准移动指定的元件。

（3）2 点：先单击一点，再拖动元件到第二点，以此种方式移动指定的元件。

（4）坐标系选：以指定的坐标系为基准，移动指定的元件。

如果单击（视图平面），元件可以在当前视图平面内移动。

总之，【编辑位置】对话框，就是要以指定的方式，将已经装配好的组件拉开到适当的距离，然后才是画出【偏移线】。所谓“偏移线”，就是用来显示分解元件的对齐方式，以代表装配的组件和对齐方式。它们将以虚线的形式显示。如图 11.54 所示的范例仅仅是一个简单纯粹的范例，在现实中无实际的意义。一般它会通过选取参照（平行于某条边或是垂直于某个曲面）确定直线段两端的方向，中间段和两端直线段相连，然后就可以再对其进行修改或删除。

图 11.54　带分解线的爆炸图

在图 11.53 中单击【分解线】按钮后，出现如图 11.55（a）所示的面板。主要选项意义如下。

：创建修饰偏移线，以说明分解元件的运动。

：编辑选定的分解线。

：删除选定的分解线。

【编辑线造型】：可以改变分解线的颜色及线型等。

【缺省线造型】：设置分解线默认的颜色及线型等。

单击按钮，就进入了如图 11.55（b）所示的操作选取对话框。

图 11.55（b）对话框中，需要在【参照 1（1）】和【参照 2（2）】栏中分别选择合适的参照，即可创建修饰偏移线（分解线）。

在建立了爆炸图后，单击【视图】→【分解】→【取消分解视图】，就可以使爆炸图显示为非爆炸状态。

在实际应用中，为了设计更加方便和进一步提高工作效率，或为了更清晰地了解模型的结构，可以建立各种视图并加以管理，这就要用到视图管理功能。

在 Pro/E 中管理视图的功能在【视图管理器】中完成，它可以管理、简化表示和分解视图等。

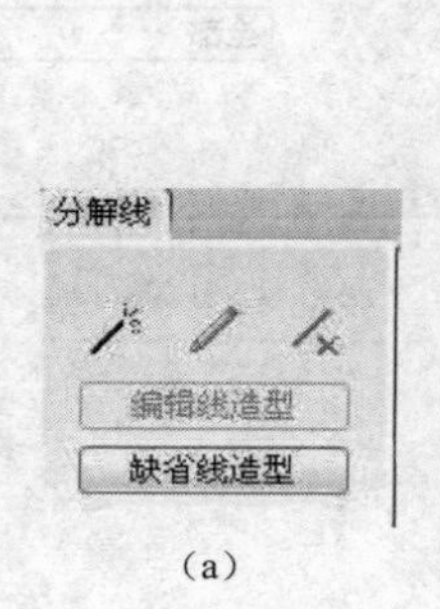

(a)

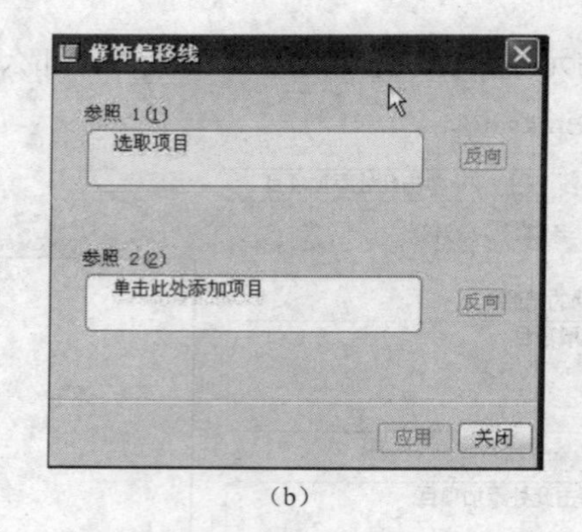

(b)

图 11.55 修饰偏移线创建

新打开一个组件后，选择【视图】→【视图管理器】命令，或者直接单击视图管理器按钮，在视图中弹出【视图管理器】对话框，如图 11.56 所示，分别单击各个标签按钮可以进入相应的管理面板，下面将主要结合简单的范例操作围绕该面板简要介绍分解装配图的操作。

基于同一个装配模型可以建立多个不同的爆炸图，用来清楚地显示装配图的不同的组件。可以利用在装配环境下的【视图管理器】对话框来建立与管理多个不同的爆炸图。

单击【视图管理器】中的【分解】选项，接下来选择【新建】，在【名称】中输入合适的爆炸图名称，单击【属性】后，选择编辑位置按钮，进入如图 11.53 所示的操控板，就可以以类似前面的操作进行爆炸图的编辑了。

11.4.2 爆炸图的保存

当完成装配体的爆炸图时，在【视图管理器】对话框中，选择【编辑】下的【保存】后，打开【保存显示元素】对话框，如图 11.57 所示，单击 确定 按钮。再次打开【视图管理器】对话框选择分解选项卡，双击该分解视图名，就会直接显示装配图的分解视图。

最后，退出 Pro/E 时，一定要保存文件。

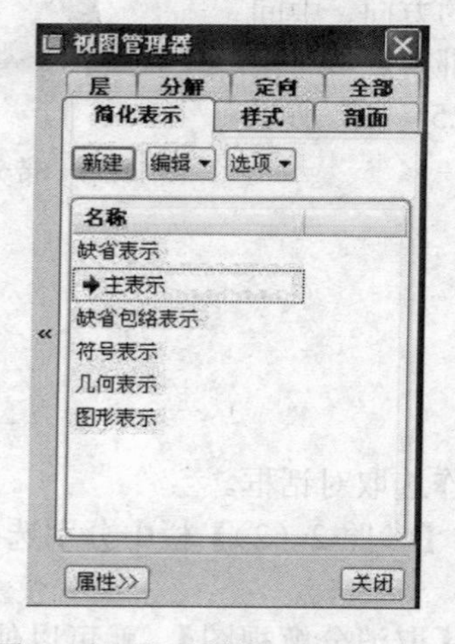

图 11.56 【视图管理器】对话框

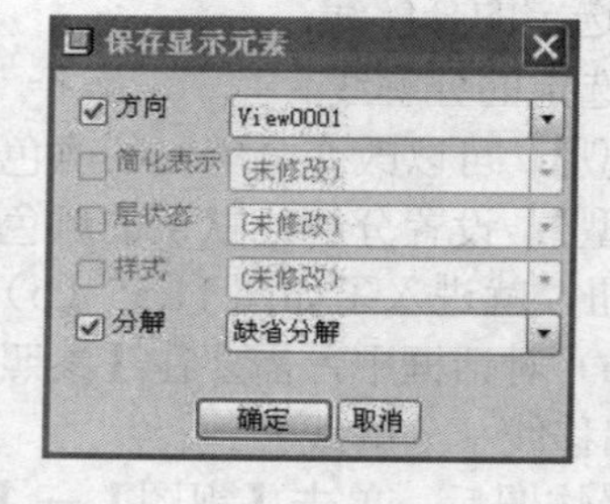

图 11.57 【保存显示元素】对话框

范例如下。

(1) 进入 Pro/E 工作界面。设置工作目录到“第 11 章\范例结果文件\chilunben”。

(2) 单击打开按钮，打开组件 chilunbeng.asm。

(3) 单击视图管理器按钮，打开【视图管理器】对话框，选择分解选项卡，单击 新建 按钮，输入分解视图名称“baozhatu”，按回车，如图 11.58 所示。

（4）单击对话框下方的（属性）属性>>按钮，进入编辑属性面板，如图 11.59 所示。单击（编辑位置）按钮，弹出分解位置操控板，如前面图 11.53 所示，在图 11.53 中单击【参照】按钮，在【移动参照】栏中单击主动轴的轴线作为移动参照，如图 11.60 所示。

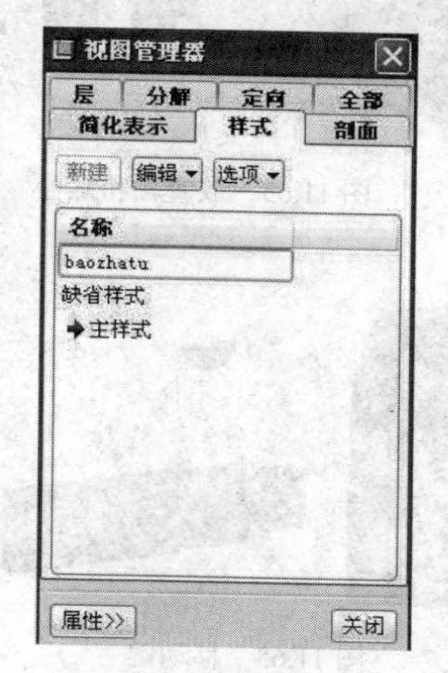

图 11.58　创建分解视图

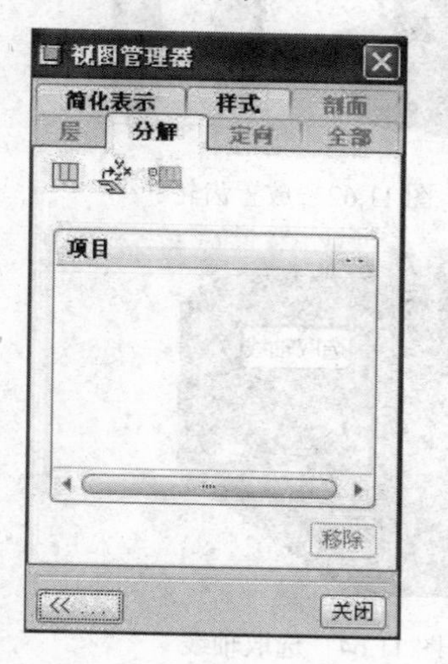

图 11.59　编辑分解视图

（5）在【要移动的元件】栏，鼠标左键在视图中单击泵盖或在模型树中选 xianggai.prt，在此零件上会出现一个坐标系，其中一个轴和主动轴的轴线重合，单击此轴，保持左键按下移动鼠标，xianggai.prt 元件随鼠标移动，到合适位置单击左键，放置元件。如图 11.61 所示。

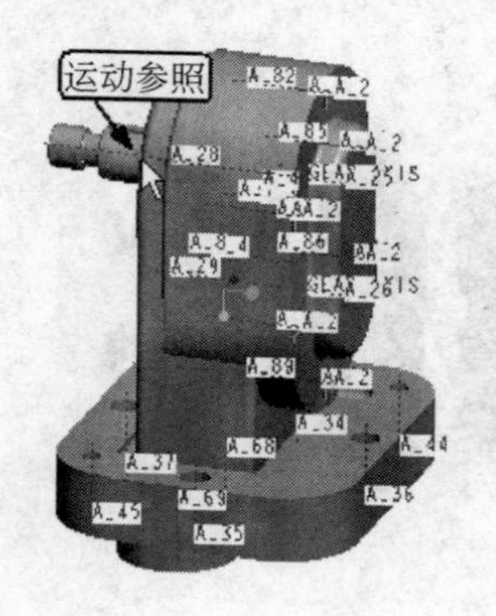

图 11.60　选取运动参照

图 11.61　放置泵盖

（6）按住“Ctrl”键，单击选择主动齿轮和从动齿轮，即 zhudongchilun.prt 和 congdongchilun.prt，在从动轴齿轮上单击和主动轴的轴线方向相同的坐标轴，在视图中按下鼠标左键，移动鼠标，两个元件随鼠标一起移动。在合适的位置单击放置。如图 11.62 所示。

（7）同样选择 6 个紧固螺栓移动到合适的位置。

（8）继续选择从动轴、主动轴和键，移动到合适的位置。如图 11.63 所示。

（9）下面要把键从键槽中移动出来。由于是垂直移动，需要再选取运动参照。单击分解位置操控板对话框中的【移动参照】栏，选择泵箱体底座上孔的轴线作为移动参照。如图 11.64 所示。

（10）单击键元件上和箱体底座上孔的轴线方向相同的坐标轴，单击元件 zhudongzhujian.prt 保持左键按下，移动到合适位置放置，如图 11.65 所示。

图 11.62　放置齿轮

图 11.63　放置轴和螺栓

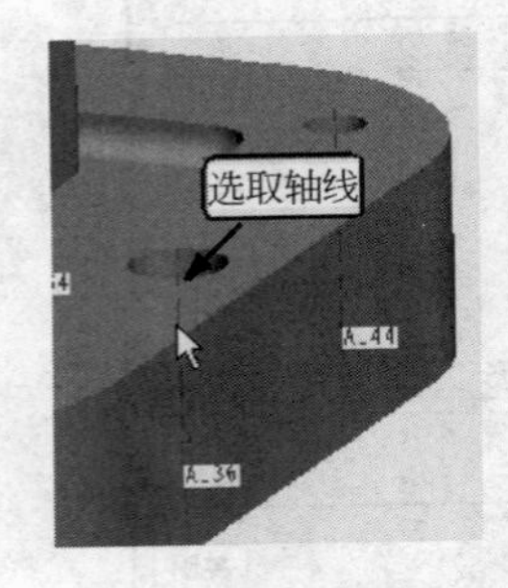

图 11.64　选取轴线

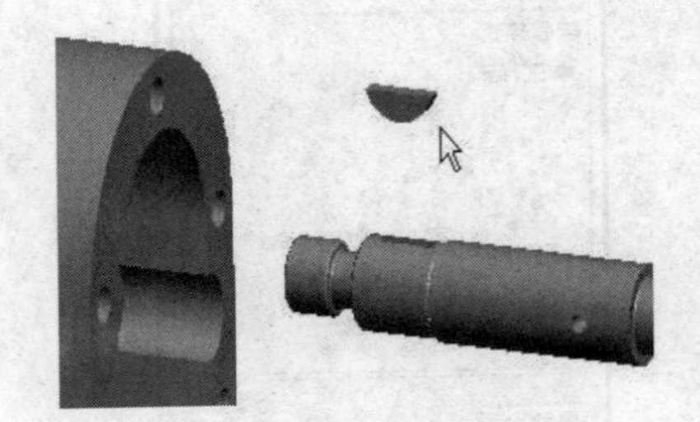

图 11.65　移动键

（11）创建“偏移线（分解线）”。按【视图管理器】对话框中的【编辑】选项卡下的【编辑位置】按钮，出现编辑位置操控板，如前面图 11.53 所示，在图 11.53 中单击 ，然后选择螺钉的轴线和箱体螺钉孔的轴线，创建出一条偏移线。同样创建出其他偏移线，如图 11.66 所示，显示齿轮泵分解视图，视图已经做好了“偏移线”。

图 11.66　齿轮泵分解视图

（12）在【视图管理器】对话框中单击（切换）<< ... 按钮，在分解选项卡中单击【编辑】→【保存】，系统弹出【保存显示元素】对话框，勾选的【分解】后是视图名“baozhatu”。勾选【方向】选项，单击（确定）确定按钮，保存分解视图。在【视图管理器】对话框中单击（关闭）关闭按钮。单击工具栏中（保存）按钮，保存设置。

总结与回顾 ▶▶

本章介绍了装配体的创建过程，重点是通过范例文件的操作来讲解装配体以及分解视图的创建步骤、方法和技巧，希望读者能通过上机练习掌握装配体和分解视图的创建方法。

思考与练习题

1. 根据零件装配过程中不同的零件的结构与造型特点可以使用不同的约束类型。在【元件放置】操控板中的约束列表共列出了多少种约束类型，各有什么使用特点？

2. 进入装配环境中，怎样加载元件？

3. 在【元件放置】操控板中的【移动】上滑面板中列出了几种运动类型？各是什么？有何特点？

4. 在对零件进行装配的时候，移动和约束的过程都需要选择参照。这些参照各是什么？有何特点？

5. 为了容易选取和操作，如何对视图进行处理和操作（例如隐藏，或是打开单独显示零件窗口）？

6. 如何方便地使用阵列装配？

7. 干涉检查的作用及其使用方法有哪些？

8. 打开“第 11 章\练习题源文件\ex11-1”，完成零件 xiti11-1-1.prt 和 xiti11-1-2.prt 的装配。零件如图 11.67（a）和图 11.67（b）所示。完成的装配体参看“第 11 章\练习题结果文件\xiti11-1.asm”。

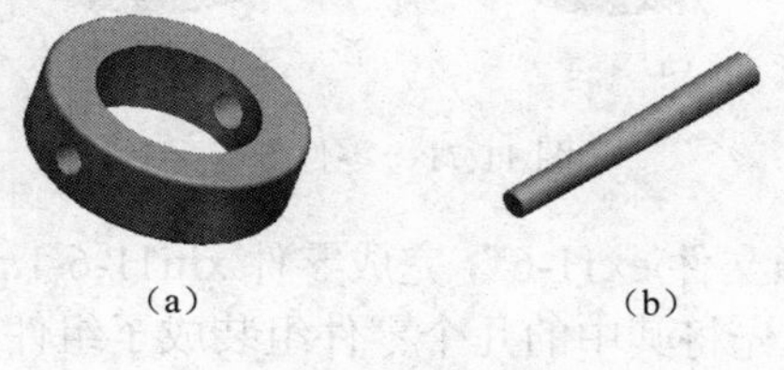

（a）　（b）

图 11.67　零件 1

9. 打开“第 11 章\练习题源文件\ex11-2”，完成零件 xiti11-2-1.prt 和 xiti11-2-2.prt 的装配。零件如图 11.68（a）和图 11.68（b）所示。完成的装配体参看“第 11 章\练习题结果文件\xiti11-2.asm”。

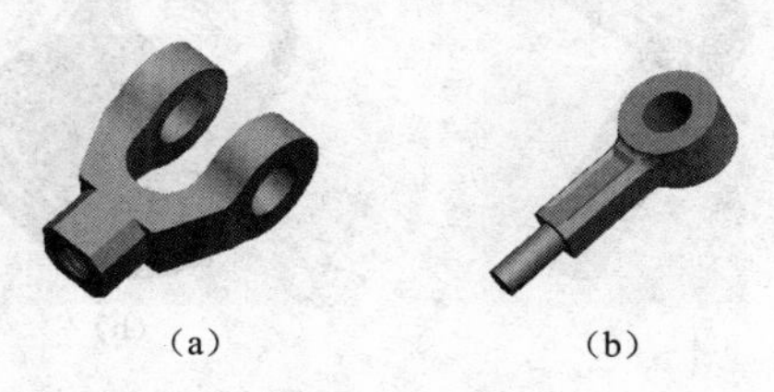

（a）　（b）

图 11.68　零件 2

10. 打开“第 11 章\练习题源文件\ex11-3”，完成零件 xiti11-3-1.prt 和 xiti11-3-2.prt 的装配。零件如图 11.69（a）和图 11.69（b）所示。完成的装配体参看“第 11 章\练习题结果文件\xiti11-3.asm”。

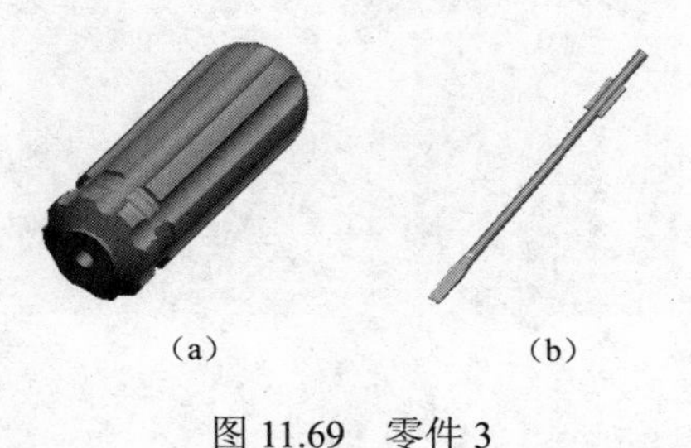

（a）　（b）

图 11.69　零件 3

11. 打开“第 11 章\练习题源文件\ex11-4”，完成零件 xiti11-4-1.prt 和 xiti11-4-2.prt 的装配。零件如图 11.70(a)和图 11.70(b)所示。完成的装配体参看“第 11 章\练习题结果文件\xiti11-4.asm”。

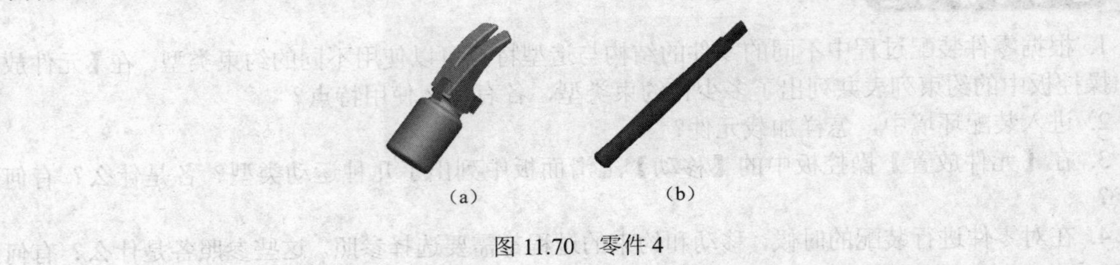

图 11.70　零件 4

12. 打开“第 11 章\练习题源文件\ex11-5”，完成零件 xiti11-5-1.prt 和 xiti11-5-2.prt 的装配。零件如图 11.71（a）和图 11.71（b）所示。完成装配体参看“第 11 章\练习题结果文件\xiti11-5.asm”。

图 11.71　零件 5

13. 打开“第 11 章\练习题源文件\ex11-6”，完成零件 xiti11-6-1.prt～xiti11-6-5.prt 零件的装配。本练习中，由于零件较多，可以先将其中的几个零件组装成子组件，然后将子组件装配在一起。如图 11.72（a）和图 11.72（b）所示。装配结果参看“第 11 章\练习题结果文件\xiti11-6.asm”。

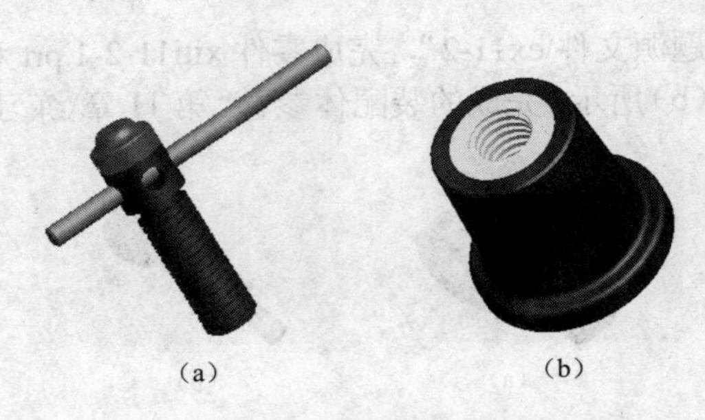

图 11.72　零件 6

第12章 二维工程图

12.1 工程图模块简介

在 Pro/E 中，绘制工程图是在一个专用模块中进行的。用户能够通过该模块绘制出零件实体的工程图，并能够使用注解来注释工程图、处理尺寸。工程图中所有的视图都是相关的，可以使用图层来管理不同项目的显示。如果改变了一个视图的尺寸值，则系统将会相应地更新其他工程图视图。

除此以外，Pro/E 中的工程图模块还支持多个页面，允许定制带有草绘几何的工程图，定制工程图格式，并修改工程图的多个修饰，并且还可以利用相关接口命令，将工程图输出到其他系统或将文件从其他系统输入到工程图模块中。

本章主要介绍如何使用工程图模块生成模型的工程图，以及工程图模块中常用的操作。Pro/E 不仅能够直接建立零件实体，还可以将其转换为二维平面图，即工程图。工程图主要用来显示零件的三视图、尺寸、尺寸公差等信息，还可以表现装配各元件彼此的关系和组装顺序。虽然现在直接应用三维建模已经成为发展趋势，但工程图在很多情况下还是需要的。

12.1.1 图纸格式的设置

1. 工程图格式概述

Pro/E 的工程图格式包括图框（例如 A0、A1 等幅面的图框）、标题栏等要素，另外工程图格式始终有它自己的设置文件（“format.dtl”文件），独立于工程图设置文件“detail.dtl”。

系统将工程图格式保存在单独的文件中。修改一个格式后，系统将在使用该格式的所有工程图中自动更新此格式。检索工程图时，如果找不到工程图所使用的格式，系统会在消息区给出一个错误消息。

对于多个页面工程图，可以改变任何页面上的格式（包括第一个页面），而不影响其他页面格式，因此，用户能在工程图的各个页面上使用不同的格式。要在全部已有的工程图页面中增加或替换单个格式，必须将该格式增加到每个单独页面中。

在配置文件“config.pro”中，可用“format_setup_file”选项指定某个目录下的特殊的工程图格式的设置文件“format.dtl”的路径，将该“format.dtl”中的选项值分配给用户创建的每个格式，但是不分配给工程图。

工程图的配置文件是“detail.dtl”，它影响绘图的工作环境以及绘图的标准。系统虽然提供默认的配置文件，但是每个企业都会有自己的特殊要求，要创建自己的配置文件，然后在“config.pro”中指定配置文件的路径和名称。用“drawing_setup_file”指定配置文件名，用“pro_dtl_setup_dir”指定路径。要使这两个设置文件有相同的值，必须单独编辑它们。

2. 创建格式

下面以创建一个 A4 横放的工程图格式为例，说明创建新工程图格式的一般操作过程。

（1）新建草绘类型文件。在主菜单中单击【文件】→【新建】或左键单击上工具箱中的新建图标按钮，在弹出的如图 12.1 所示对话框图中，将【类型】设置为【草绘】，在名称中输入文件名“A4_hx”。单击确定按钮 确定 。

（2）在草图环境，绘制如图 12.2 所示 A4 图框和标题栏。长、宽为 297×210，保存文件，退出。

（3）新建工程图格式文件。在主菜单中单击【文件】→【新建】或左键单击上工具箱中的新建图标按钮，出现【新建】对话框，【类型】设置为【格式】选项。在名称中输入“A4_hx”，单击 确定 按钮。

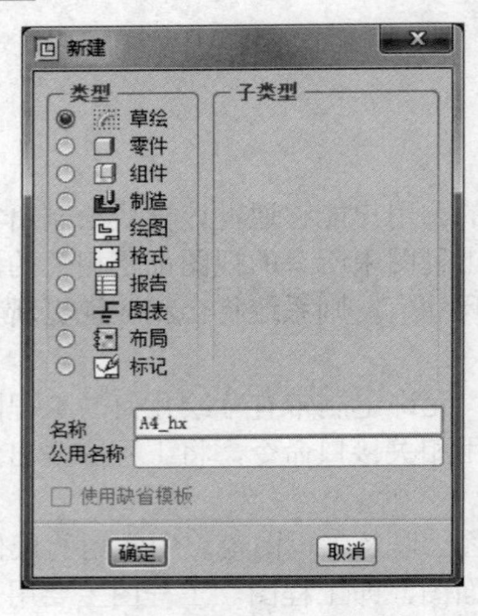

图 12.1 【新建】对话框

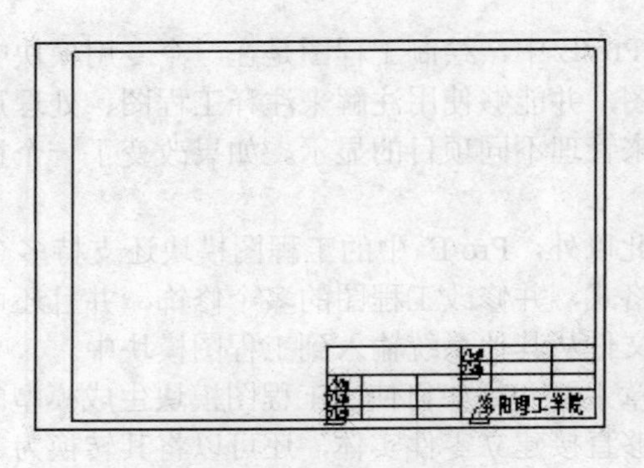

图 12.2 草绘的图框和标题栏

（4）在弹出的【新格式】对话框中选择【截面空】选项，单击 浏览... 按钮，如图 12.3 所示，打开步骤（2）中保存的“A4_hx.sec”文件。在【新格式】对话框中单击 确定 按钮。

（5）设置配置文件。在主菜单单击【文件】→【绘图选项】，在出现的【选项】对话框中，单击打开按钮，选择本书所附光盘文件“第 12 章\format.dtl”，单击打开按钮。回到【选项】对话框单击应用按钮 应用 ，再单击关闭按钮 关闭 。

① 设置线宽。先单击【布局】选项卡，然后单击线造型按钮，在菜单管理器中选【修改直线】。按住“Ctrl”选择要设置线宽的线段（图框部分）。单击 确定 ，系统弹出【修改线造型】对话框，如图 12.4 所示。线宽修改为 0.5，单击应用按钮 应用 ，再单击关闭按钮 关闭 。同样方法设置其他线宽。

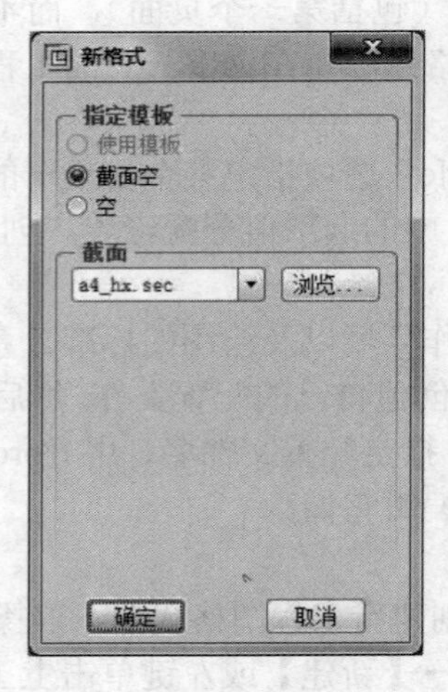

图 12.3 【新格式】对话框

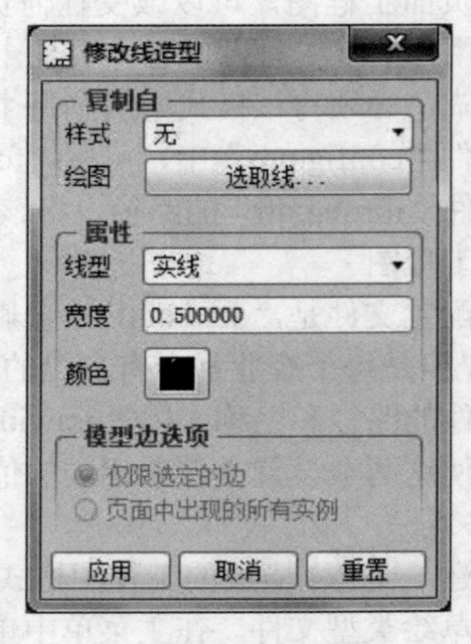

图 12.4 【修改线造型】对话框

② 添加注解。单击【注释】选项卡，然后选择 注解按钮，在合适位置放置文本。

（6）保存文件，完成工程图格式的创建。最后结果参见本书所附光盘文件“第 12 章\范例结果文件\格式\A4_hx.frm”。

12.1.2　工程图模块的工作环境

Pro/E 的工程图操作窗口与零件模块、草绘模块的界面相似，如图 12.5 所示。

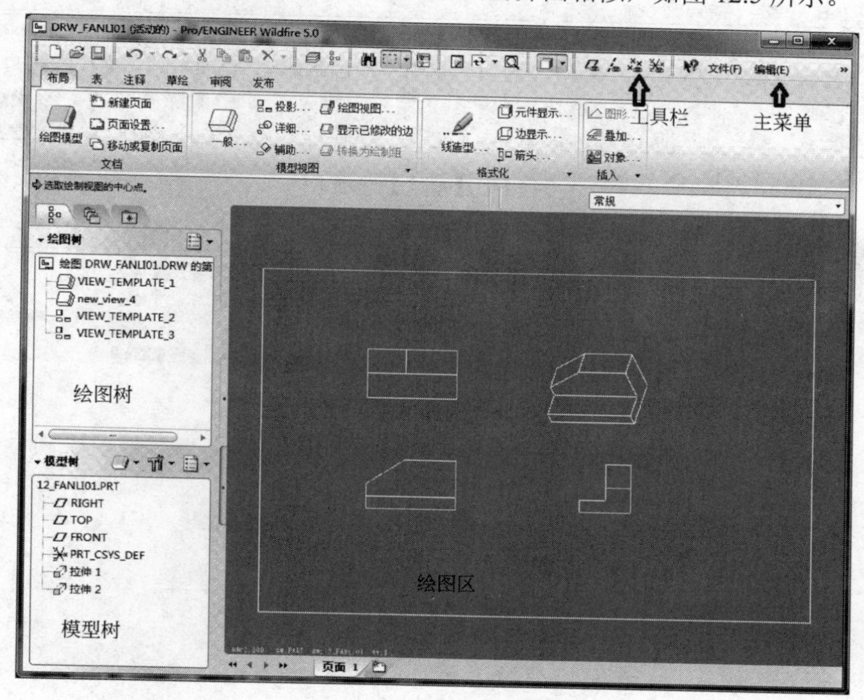

图 12.5　工程图界面

按不同功能可将绘图窗口分为主菜单栏、工具栏、绘图树、模型树以及绘图区。另外，除了主菜单和工具栏，还有工程图模块中所特有的 6 个选项卡，以便于实际操作，如图 12.6【布局】选项卡，图 12.7【表】选项卡，图 12.8【注释】选项卡，图 12.9【草绘】选项卡，图 12.10【审阅】选项卡，图 12.11【发布】选项卡。

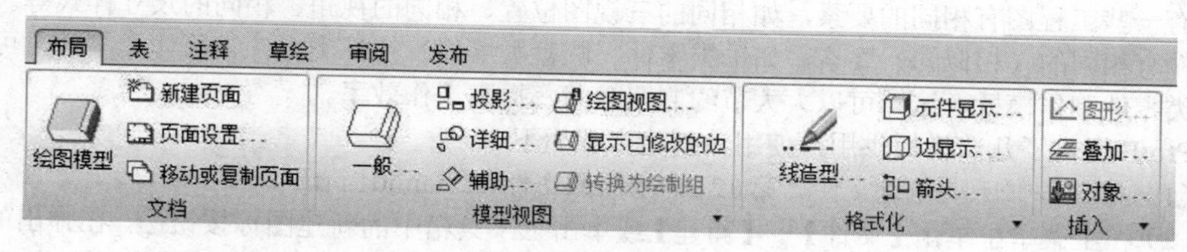

图 12.6　【布局】选项卡

图 12.7　【表】选项卡

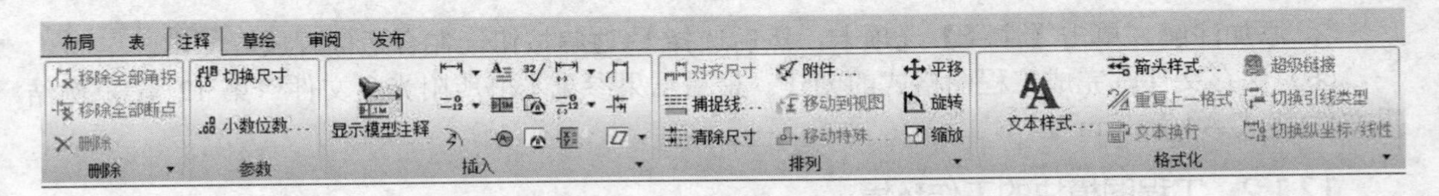

图 12.8 【注释】选项卡

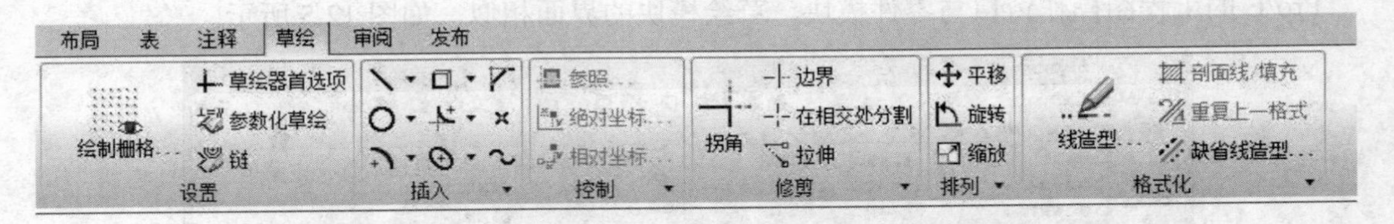

图 12.9 【草绘】选项卡

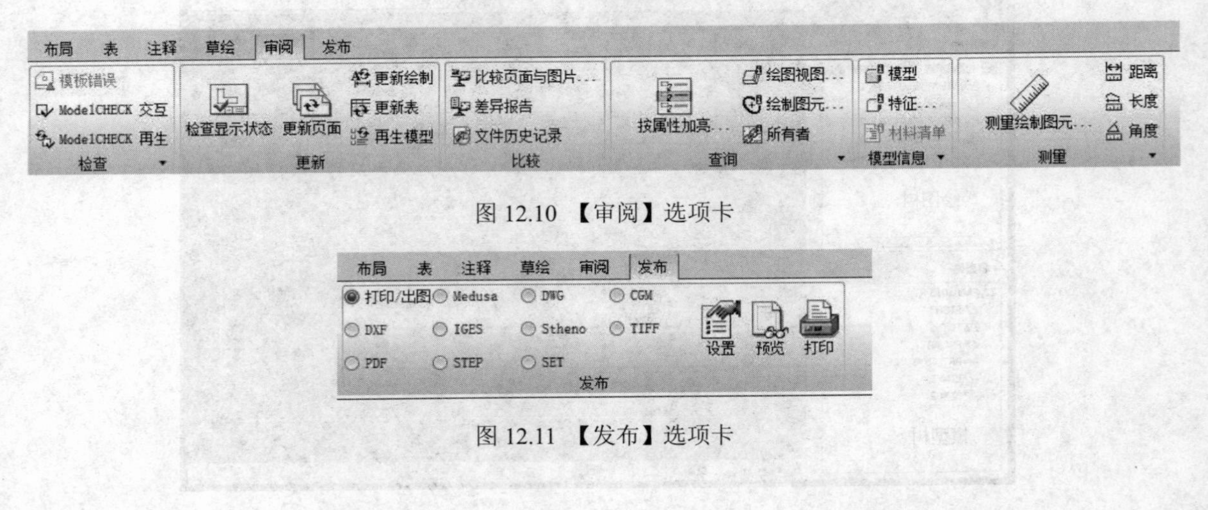

图 12.10 【审阅】选项卡

图 12.11 【发布】选项卡

12.2 创建工程视图

本节介绍如何向工程图中添加视图。包括一般视图、投影视图、辅助视图和详细视图等。

12.2.1 使用模板创建视图

有一些工程图有相同的要素，如相同的三视图位置、相同的视角、相同的尺寸样式等。有一些零件有相同的（相似的）要素，如轴类零件、圆盘类零件、杠杆类零件、箱体类零件，可以为每一类零件制作模板，这样可以大大节约制图时间，提高工作效率。

Pro/E 提供了几个模板供用户使用。创建步骤如下。

（1）打开本书所附光盘文件“第 12 章\范例源文件\12_fanli01.prt”。

（2）在主菜单中单击【文件】→【新建】或单击上工具箱中的新建图标按钮，在弹出的【新建】对话框中，将【类型】设置为【绘图】，保持【使用默认模板】选项。在名称中输入文件名“drw_fanli01”，单击 确定 按钮。

注意：如果 Pro/E 中无模型，则要在【缺省模型】区域中单击 浏览... 找到模型。

（3）设置【新建绘图】对话框，选 d_drawing 模板，如图 12.12 所示，然后单击对话框中 确定 按钮。

（4）系统自动创建出三视图，如图 12.13 所示。它是第三视角制图，和人们熟悉的第一视角不同。如果要创建符合国标的工程图，需要自己配置模板。

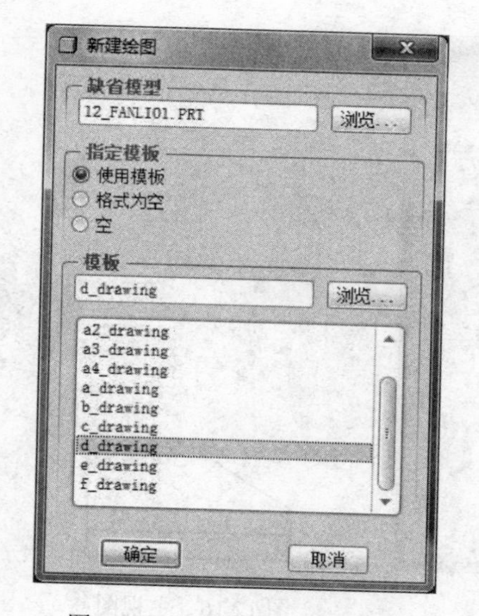

图 12.12 【新建绘图】对话框

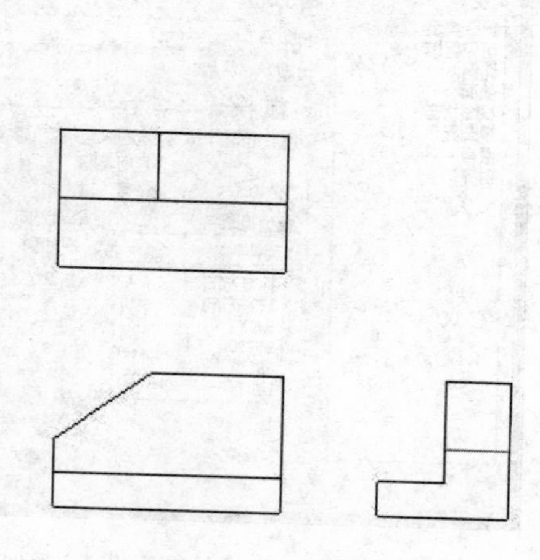

图 12.13　用模板创建的视图

12.2.2　创建一般视图

在 Pro/E 中，一般视图（普通视图）是创建其他视图的前提条件，也就是说，如果要创建其他视图，必须先创建一般视图。当前环境中有了零件实体的一般视图后，再以该视图为基础建立投影、辅助以及详细视图等。

创建步骤如下。

（1）打开本书所附光盘文件“第 12 章\范例源文件\12_fanli02.prt”。

（2）在主菜单中单击【文件】→【新建】或单击上工具箱中的新建图标按钮，在弹出的【新建】对话框中，将【类型】设置为【绘图】，取消【使用默认模板】选项。在名称中输入文件名“drw_fanli02”，单击 确定 按钮。

注意：如果 Pro/E 中无活动模型，则要在【缺省模型】区域中单击 浏览... 找到模型。

（3）设置【新建绘图】对话框如图 12.14 所示，然后单击 确定 按钮。

（4）创建一般视图。在布局选项卡中单击一般（普通视图）按钮，然后在绘图区域中要放置视图的中心处单击，系统将在鼠标单击的位置创建零件的一般视图。

图 12.14 【新建绘图】对话框

创建完一般视图后，可以通过选取【绘图视图】对话框【类型】列表框中的【视图类型】项来切换它的视图方向。在 Pro/E 中，系统默认的一般视图的放置方向是缺省方向(该方向为众多方向中的一种，为在零件模块中应用的角度)。如果要切换为其他视图方向，则可以执行以下操作：在绘图区域中双击一般视图，打开【绘图视图】对话框，如图 12.15 所示，从【模型视图名】的列表中选择要使用的视图方向，例如 FRONT 视图。然后，单击 应用 按钮，零件即以所选的方向显示。单击 关闭 按钮，退出【绘图视图】对话框，完成视图方向的切换。将一般视图转换为 FRONT 视图作为主视图时，【绘图视图】对话框的设置如图 12.15 所示，得到的主视图如图 12.16 所示。

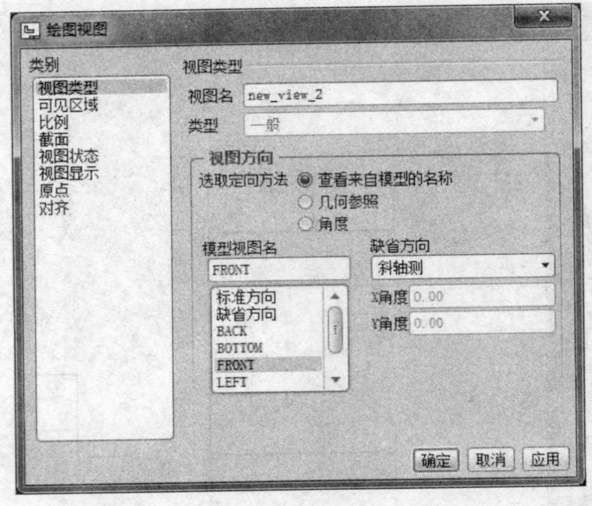

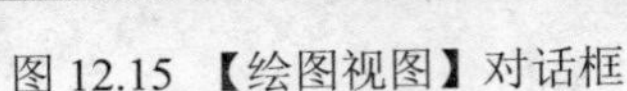
图 12.15 【绘图视图】对话框

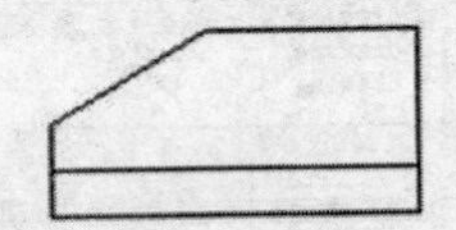
图 12.16 主视图

12.2.3 创建投影视图

投影视图是以水平和垂直视角来建立前、后、上、下、左、右等直角投影视图，如图 12.17 所示三视图是零件实体的主视图、顶视图和右投影视图。该图为第三视角投影。系统默认的投影规则是第三视角投影，我国标准的常用投影规则是第一视角投影。

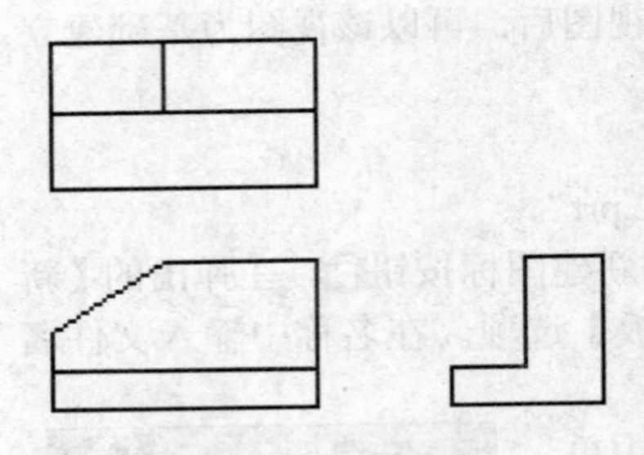
图 12.17 第三视角三视图

关于这个标准的设定，用户可在系统工程图配置文件中设定；也可以在主菜单中单击【文件】→【绘图选项】选项，然后在如图 12.18 所示【选项】对话框中设置“projection_type”参数为“first_angle”，最后在【选项】对话框中单击【应用】和【确定】按钮。

● 注意：Pro/E 5.0 在安装时如果选了公制，绘图时系统默认为第一视角。如果没有选，系统默认为英制，绘图时系统默认为第三视角。

图 12.18 设置投影类型

继续创建投影视图。在布局选项卡中单击按钮 投影...，然后在绘图区域中选择视图放置位置。如果在当前绘图区域中有多个一般视图，则要求先选择投影视图的父项。然后，单击鼠标左键，投影视图即可放置在绘图区域中，得到如图 12.19 所示第一视角三视图。“12_fanli02.prt”零件三视图参看本书所附光盘文件“第 12 章\范例结果文件\drw_fanli02_jg.drw”。

更简单的方法是，先选中一般视图（或投影图），右击（单击右键）并保持 1s，在弹出的快捷菜单中单击【插入投影视图】，移动鼠标到合适位置，在绘图区域中单击（单击鼠标左键），同样可以创建投影视图。

另外，在移动投影视图时，系统要求必须始终保持投影关系，如俯视图只能上下移动，而左视图只能左右移动。

注意：本节后面的范例，均采用第一视角。进入工程图环境后，单击【文件】→【绘图选项】，弹出【选项】对话框，在其中单击打开配置文件按钮。在【打开】对话框中选本书提供的配置文件 detail.dtl，路径为“第 12 章\detail.dtl”，每个范例都要设置。

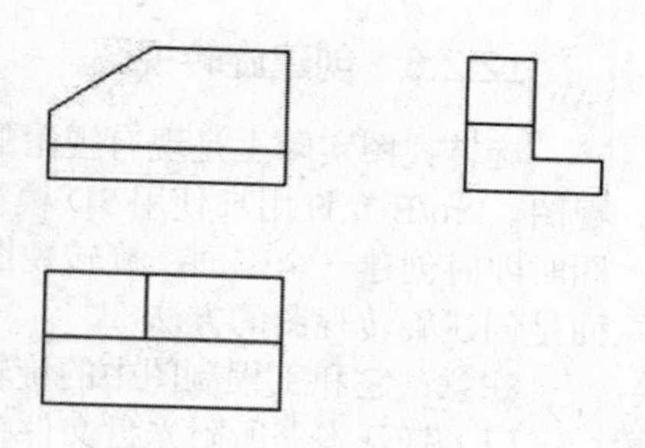

图 12.19　第一视角投影视图

12.2.4　创建详细视图

详细视图实际上就是局部放大视图，它是在一个已有的视图上创建局部视图，即将零件的任一细节放大而形成单独的一个视图，Pro/E 称为详细视图。创建详细视图的方法如下。

（1）打开本书所附光盘文件“第 12 章\范例源文件\12_fanli04.prt”，打开文件“第 12 章\范例源文件\drw_fanli04.drw”。已经创建了一般视图作为局部放大视图的父视图（可参照前面叙述创建）。

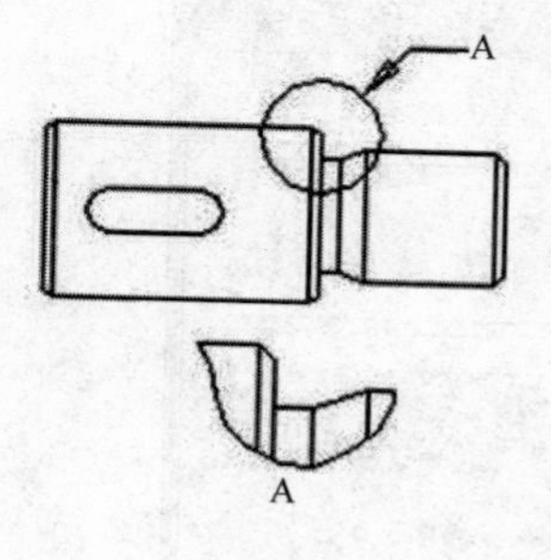

图 12.20　详细（局部放大）视图

（2）在布局选项卡中单击详细按钮 详细... 。

（3）在现有视图上要创建局部详细视图的边上选取一个参照点，并围绕此参照点绘制一条样条曲线（注意：此样条曲线不可与其余样条曲线相交），以作为生成的局部放大视图的轮廓线。完成后，单击鼠标中键以闭合此样条曲线。

（4）在页面上选取一个位置作为新视图的放置中心，在此位置上会出现要生成的局部放大视图以及文字“A”和视图比例。如图 12.20 所示。

（5）双击新生成的局部放大视图，弹出【绘图视图】对话框，在【绘图视图】对话框中进行一些常见设置，如比例、剖面、可见区域的设置。

（6）在【绘图视图】对话框中单击 确定 按钮，结果参看本书所附光盘文件“第 12 章\范例结果文件\drw_fanli04_jg.drw”。

12.2.5　创建辅助视图

如果模型比较复杂，并且通过投影视图无法表现出某些特征时，可以通过建立辅助视图来了解被遮挡的图形特征。实际上，辅助视图是一种特殊投影视图，它以垂直角度向选定曲面或轴进行投影。选定曲面的方向确定投影方向。父视图中的参照必须垂直于屏幕平面。创建辅助视图的步骤如下。

（1）打开本书所附光盘文件“第 12 章\范例源文件\12_fanli05.prt”。

（2）打开文件“第 12 章\范例源文件\drw_fanli05.drw”。已经创建了一般视图作为辅助视图的父视图。

（3）在布局选项卡中单击辅助按钮 辅助...，然后单击鼠标左键选择图 12.21 箭头所示平面，然后在适当的位置放置辅助视图，得到如图 12.21 所示辅助视图。结果参看本书所附光盘文件“第 12 章\范例结果文件\drw_fanli05_jg.drw”。

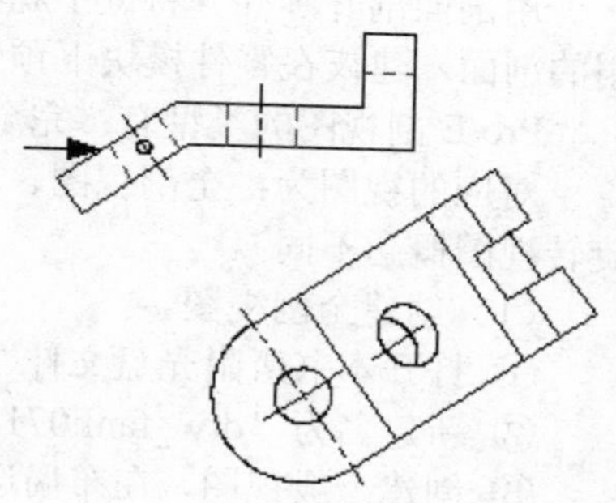

图 12.21　创建辅助视图

12.2.6 创建旋转视图

旋转视图实际上是现有视图的一个剖面，它是围绕切割平面投影旋转 90° 而形成的一个单独视图。Pro/E 允许用户使用 3D 模型中创建的剖面作为切割平面，不过，最常用的操作是在放置视图时即时创建一个剖面。旋转视图和剖视图的不同之处在于它包括一条标记视图旋转轴的线。下面是创建旋转视图的方法。

注意：它和工程制图中的旋转视图概念有所不同，相当于工程图中的“断面图”。

（1）打开本书所附光盘文件“第 12 章\范例源文件\drw_fanli06.drw”。已经创建一个一般视图为主视图和俯视图，如图 12.22 所示（已经设置了投影类型），零件已经创建好了剖面 A。

（2）在布局选项卡中单击旋转按钮 旋转…，如果没有显示此按钮，单击【模型视图】右侧的向下小三角 ▾，即可选择。

（3）选取旋转视图的父视图，选主视图。

（4）选择放置旋转视图的中心点，单击中键完成，如图 12.22 所示，同时弹出【绘图视图】对话框，如图 12.23 所示。单击【绘图视图】对话框中的【应用】和【确定】按钮。结果参看本书所附光盘文件“第 12 章\范例结果文件\drw_fanli06_jg.drw”。

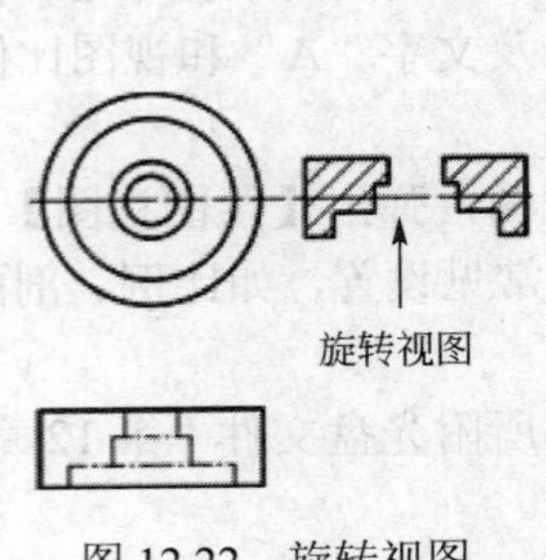

图 12.22 旋转视图

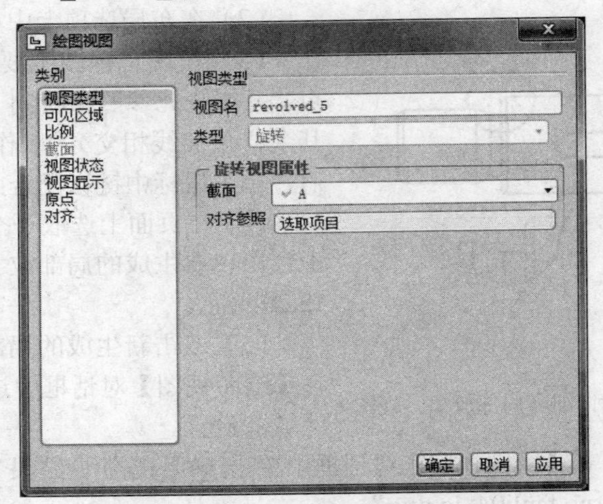

图 12.23 【绘图视图】对话框

12.2.7 创建其他视图

1. 剖视图

用剖面剖开零件并将位于观察者和剖面之间的部分移去，再投影就可得到剖视图。剖视图所用的剖面，建议在零件模块下预先建好。

Pro/E 剖视图的类型有：完全、一半、局部、全部（展开）和全部（对齐），如图 12.24 所示。

对应的视图为：全剖视图、半剖视图、局部剖视图、展开剖视图和旋转剖视图（和 Pro/E 的旋转视图概念不同）。

（1）创建全剖视图。

① 打开本书所附光盘文件“第 12 章\范例源文件\12_fanli71.prt”。其中已经建好了剖面“A”。

② 新建名为“drw_fanli071”的绘图类型文件。参照前一小节设置投影类型为第一视角。

③ 创建一般视图，在布局选项卡上单击一般视图图标按钮，然后在绘图区域中单击，在弹出的【绘图视图】框里设置主视图的名称为“FRONT”。

④ 在【绘图视图】对话框中，在【类别】列表框中选择【截面】项并设置剖面为【2D 剖面】，操作如图 12.25 中 1~4 所示。【剖切区域】默认为【完全】。

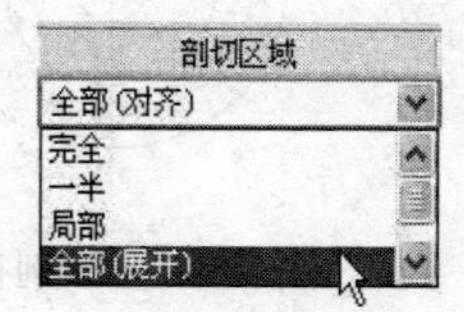

图 12.24　剖切类型

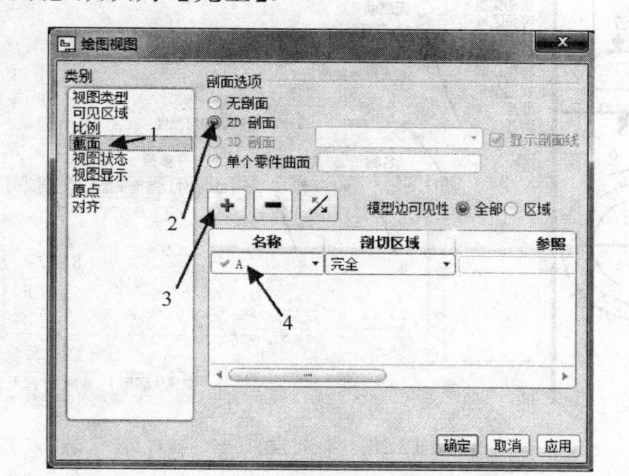

图 12.25　全剖设置

在【绘图视图】对话框的【类别】列表框中选择【视图显示】项，将【显示线型】设置为【无隐藏线】类型，将【相切边显示样式】设置为【无】。

在【绘图视图】对话框中单击应用按钮 应用 ，最后单击关闭按钮 关闭 。

⑤ 在俯视图的位置插入投影视图，得到如图 12.26 所示剖视图。结果参看本书所附光盘文件“第 12 章\范例结果文件\drw_fanli71_jg.drw”。

（2）创建半剖视图。

① 打开本书所附光盘文件“第 12 章\范例源文件\drw_fanli72.drw”。其中零件已经建好了剖面“A”。如图 12.27 所示。下面要把主视图变为半剖视图。

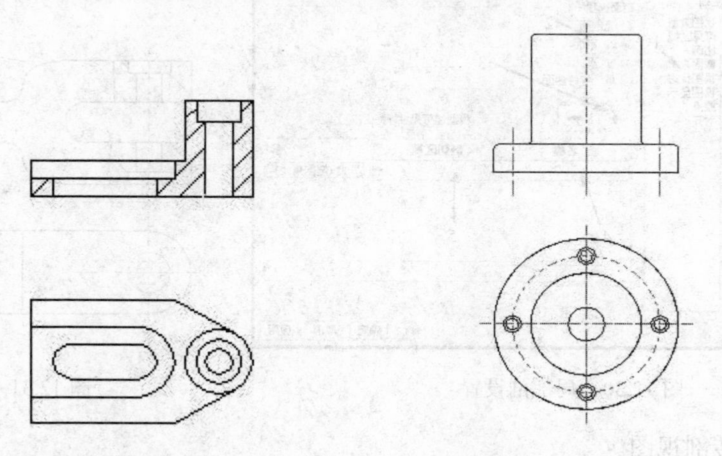

图 12.26　全剖视图　　　　图 12.27　范例

② 单击工具栏中基准面显示按钮，将基准面显示在图上。

③ 选中主视图，双击鼠标左键，系统弹出【绘图视图】对话框，分别单击 1～9，如图 12.28 所示设置半剖视图。其中 6 点选 RIGHT 基准面为半剖分割面。

④ 在【绘图视图】对话框中单击应用按钮 应用 。最后单击关闭按钮 关闭 。单击工具栏中基准面显示按钮，将基准面不显示在图上。完成的视图如图 12.29 所示。结果参看本书所附光盘文件“第 12 章\范例结果文件\drw_fanli72_jg.drw”。

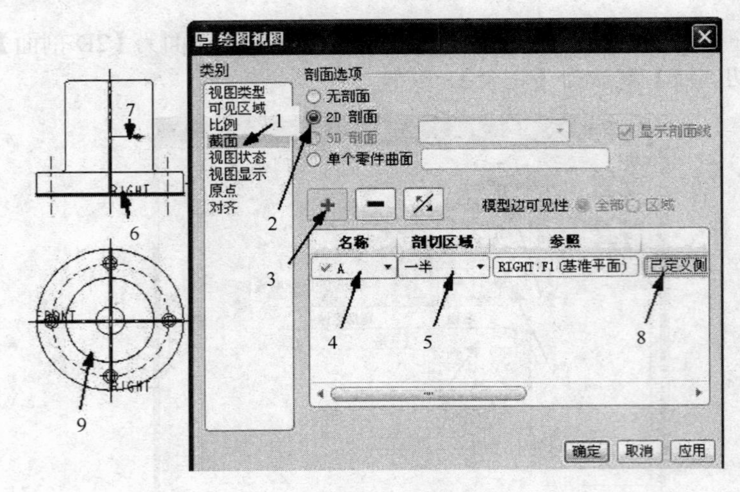

图 12.28 半剖设置

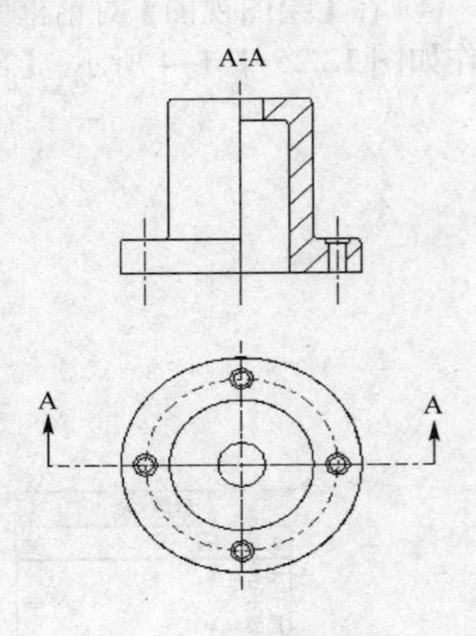

图 12.29 半剖视图

（3）创建局部剖视图。

① 打开本书所附光盘文件“第 12 章\范例源文件\drw_fanli73.drw”。其中零件已经建好了剖面“A”。下面要把主视图变为局部剖视图。

② 选中主视图，双击鼠标左键，系统弹出【绘图视图】对话框，分别单击 1～7，如图 12.30 所示设置局部剖视图。其中 6 点选为局部剖视的中心点，7 为围绕中心点左键点击画样条曲线，按中键闭合样条曲线作为局部剖视的边界。

③ 在【绘图视图】对话框中单击应用按钮 应用 。最后单击关闭按钮 关闭 。完成的视图如图 12.31 所示。

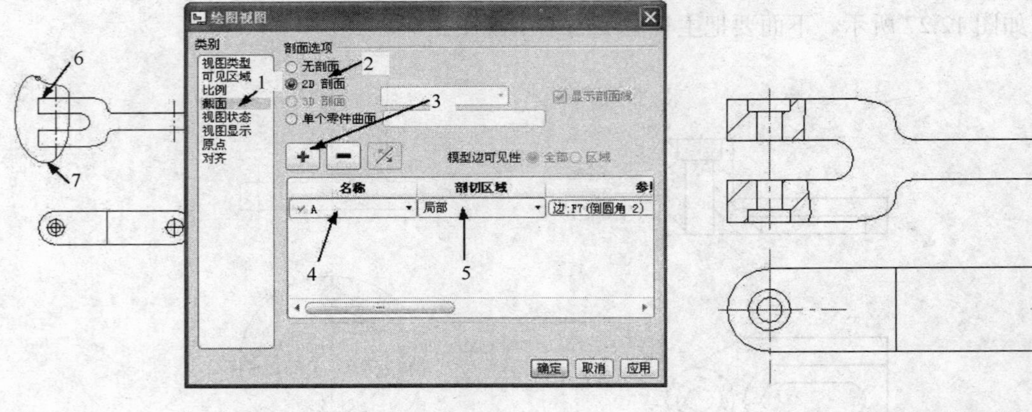

图 12.30 局部剖设置

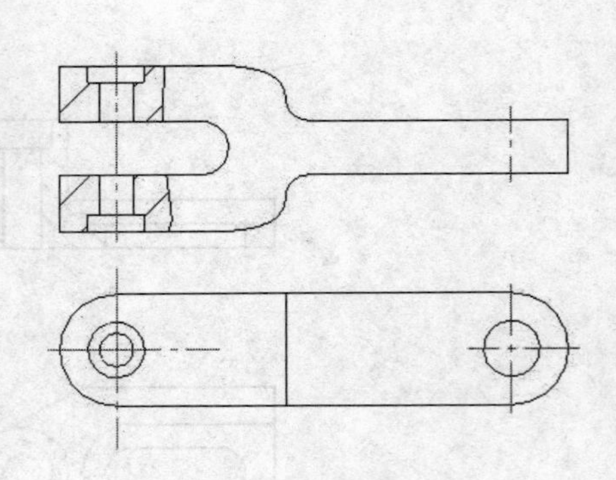

图 12.31 局部剖视

（4）创建旋转剖视图。

注意：这里的旋转剖视图为工程制图中的旋转剖，与 Pro/E 中的旋转视图概念不同。

① 打开本书所附光盘文件“第 12 章\范例源文件\drw_fanli74.drw”。其中零件已经建好了剖面“A”。工程图已经创建了主视图和左视图。下面要把左视图变为旋转剖视图。

注意：“绘图选项”中“show_total_unfold_seam”一定要设置为“no”。

② 选中左视图，双击鼠标左键，系统弹出【绘图视图】对话框，分别单击 1～7，如图 12.32 所示设置旋转剖视图。其中 5 点选“全部（对齐）”；6 选择旋转轴“A_1(轴)”；7 点击“箭头显示”下的文本框，将其激活；8 点选主视图来放置剖面箭头。

③ 在【绘图视图】对话框中单击应用按钮 应用 。最后单击关闭按钮 关闭 。

单击注释选项卡中显示模型注释按钮，将中心线显示出来。完成的视图如图 12.33 所示。

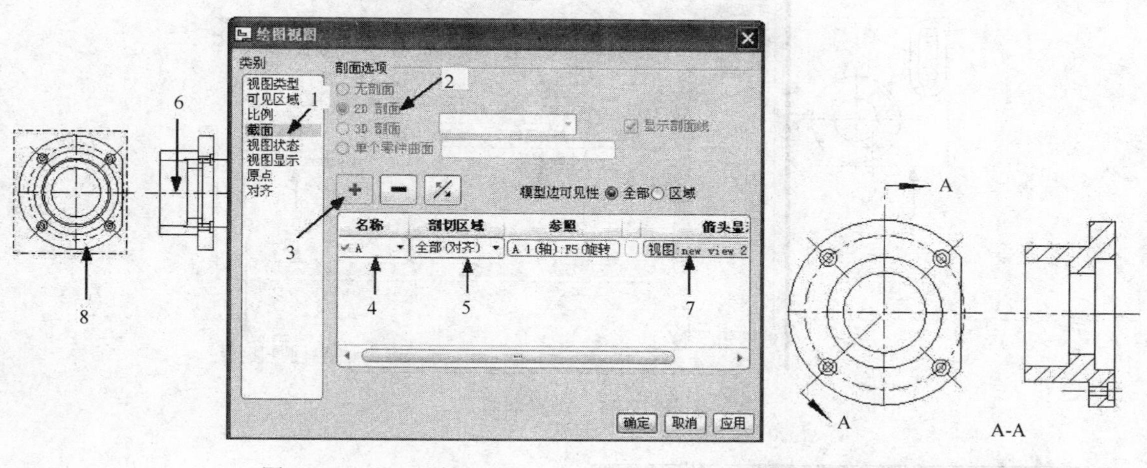

图 12.32 设置旋转剖视　　图 12.33 旋转剖视

(5) 创建全部（展开）剖视图。

剖面显示一般视图的平整区域剖面，而“全部（展开）”剖面显示一般视图的全部展开的剖面。

注意：全部（展开）剖面图是“一般视图”，这和工程制图的概念是有区别的，全部展开后，已经失去投影关系。

① 打开本书所附光盘文件“第 12 章\范例源文件\drw_fanli95.drw”。其中零件已经建好了剖面“A”。工程图已经创建了主视图。下面要创建全部（展开）剖视图。

注意：“绘图选项”中“show_total_unfold_seam”设置为“no”。

② 插入一般视图。在布局选项卡上单击一般视图图标按钮，然后在绘图区域中放置视图的中心处单击，在弹出的【绘图视图】框里进行设置。【视图类型】设置如图 12.34 所示。

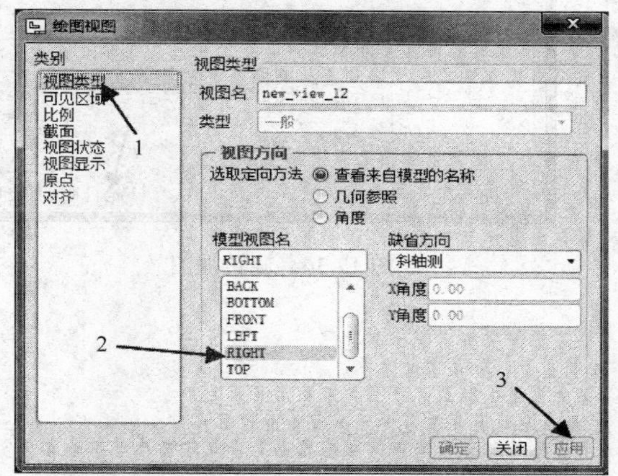

图 12.34 设置【视图类型】

③ 设置剖面。剖面设置如图 12.35 所示，鼠标单击 1～9。其中 7 为点选主视图。如果剖面投影方向不对，单击 8 按钮，调整方向。9 单击【应用】。

④ 旋转视图。上一步得到的视图是横放。如图 12.36 所示，调整视图方向，单击 1～4。其中 2 输入旋转值 270。

⑤ 设置视图显示。如图 13.37 所示。单击 1~3，在【绘图视图】对话框中单击应用按钮 应用 。最后单击关闭按钮 关闭 。

⑥ 单击注释选项卡中显示模型注释按钮，将中心线显示出来。单击布局选项卡中边显示按钮 边显示... 。选菜单命令【拭除直线】，按住“Ctrl”键选不需要显示的直线拭除。单击注释按钮，插入注释“展开”。调整视图位置。完成的视图如图 12.38 所示。

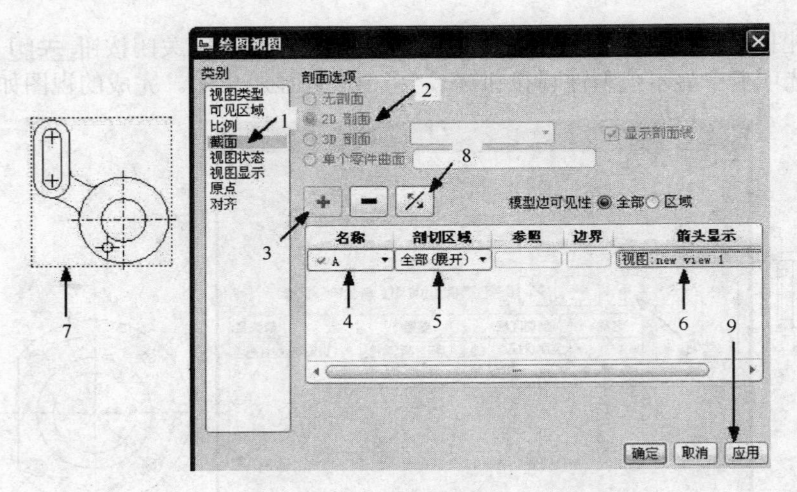

图 12.35　设置剖面

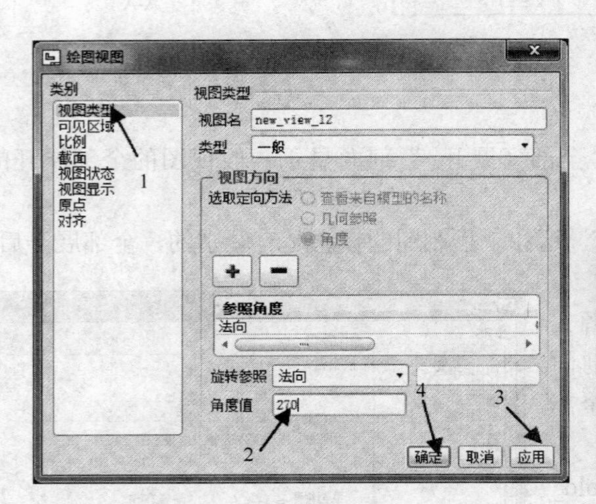

图 12.36　旋转视图

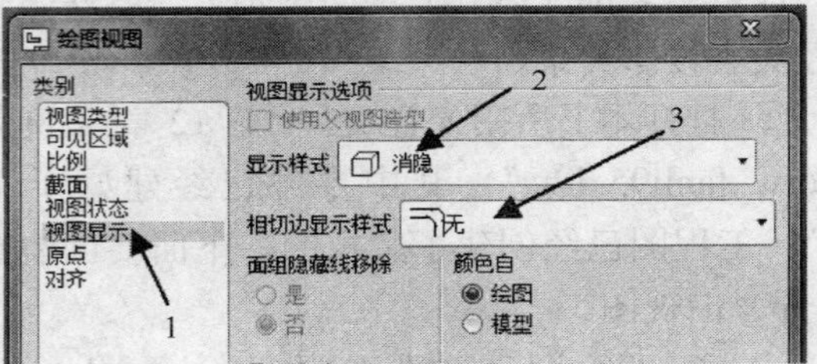

图 12.37　设置视图显示

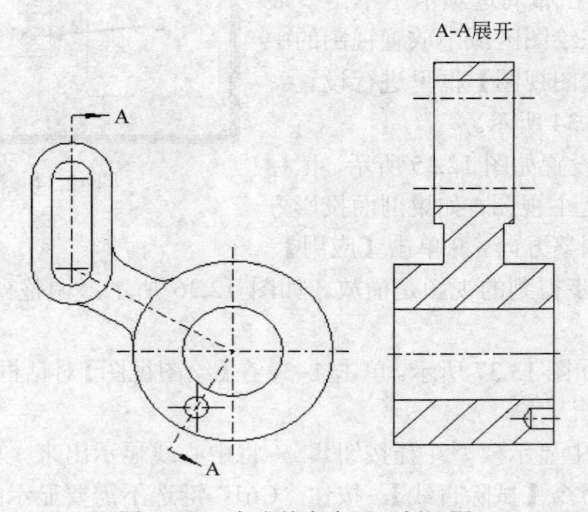

图 12.38　完成的完全展开剖视图

2. 设置可见区域

在【绘图视图】对话框中，在【可见区域选项】中指定视图的可见区域。共 4 种类型：全视图（默认选项）、半视图、局部视图和破断视图。

（1）半视图　半视图在平面处切割模型，擦除一半并显示余下的部分。它需要指定一个参考面，此参考面必须垂直于屏幕。

① 打开本书所附光盘文件“第 12 章\范例源文件\drw_fanli75.drw”。工程图已经创建了主视图。下面要把主视图变为半视图。

② 选中主视图，双击鼠标左键，系统弹出【绘图视图】对话框，分别单击 1～4，如图 12.39 所示设置半视图。其中 2 点选【半视图】。3 选择基准面“TOP”。4 单击选择【对称线标准】为【对称线 ISO】。

对称线标准有：没有直线、实线、对称线、对称线 ISO 和对称线 ASME。

③ 在【绘图视图】对话框中单击应用按钮 应用 。最后单击关闭按钮 关闭 。

单击注释选项卡中显示模型注释按钮，将中心线显示出来。完成的视图如图 12.40 所示。

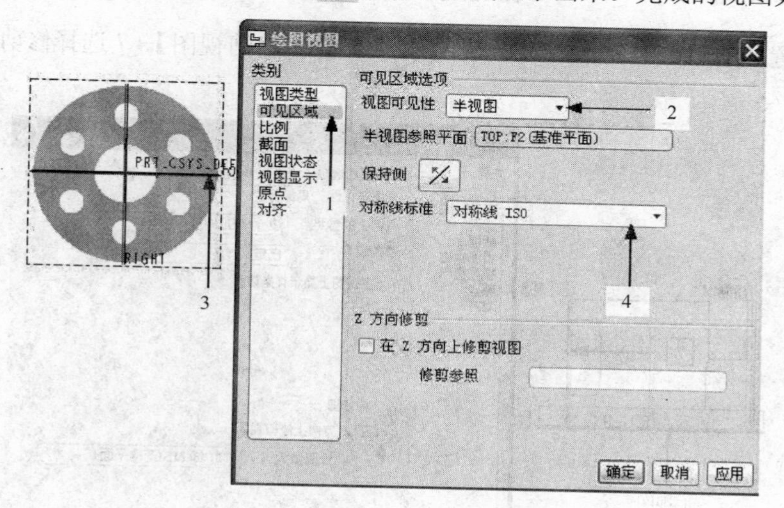

图 12.39　设置半视图

（2）局部视图　局部视图只显示模型的特定部分，它需要绘制一条封闭的曲线作为显示区域的边界。

① 打开本书所附光盘文件“第 12 章\范例源文件\drw_fanli76.drw”。工程图已经创建了主视图和俯视图。下面要创建局部视图。

② 在布局选项卡中单击辅助按钮 辅助… 。如图 12.41 所示，选择主视图中 1 所指处单击，然后在 2 所指出放置视图。双击此视图，系统弹出【绘图视图】对话框，分别单击 1～5，如图 12.42 所示设置局部视图。其中 2 点选【局部视图】。3 选择局部视图的中心点。4 点击绘制样条曲线（局部视图的边界）。5 取消【在视图上显示样条边界】前的勾选。

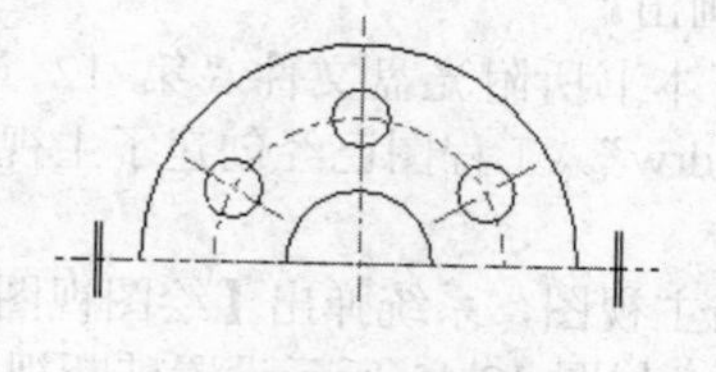

图 12.40　半视图

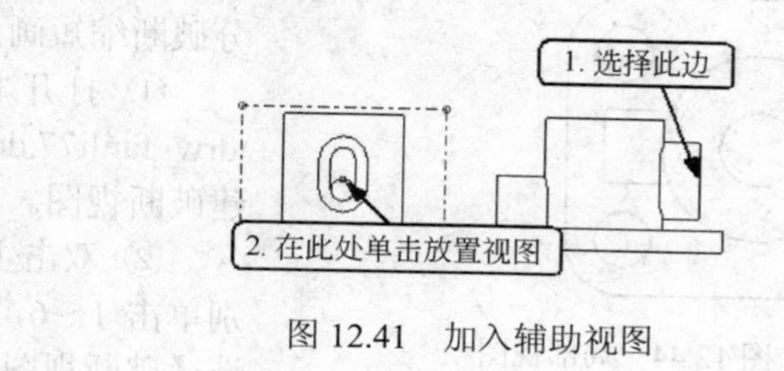

图 12.41　加入辅助视图

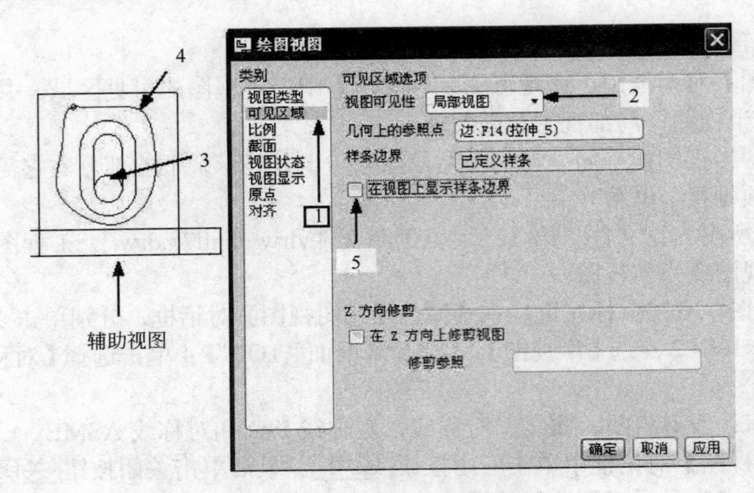

图 12.42　设置局部视图

③ 继续设置。如图 12.43 所示。6 勾选【在 Z 方向上修剪视图】。7 选择修剪参照“DTM3”（在主视图上选）。

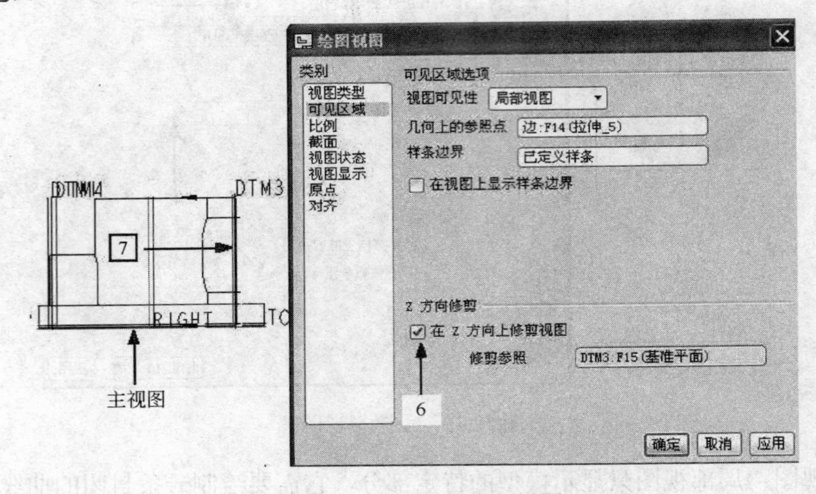

图 12.43　继续设置局部视图

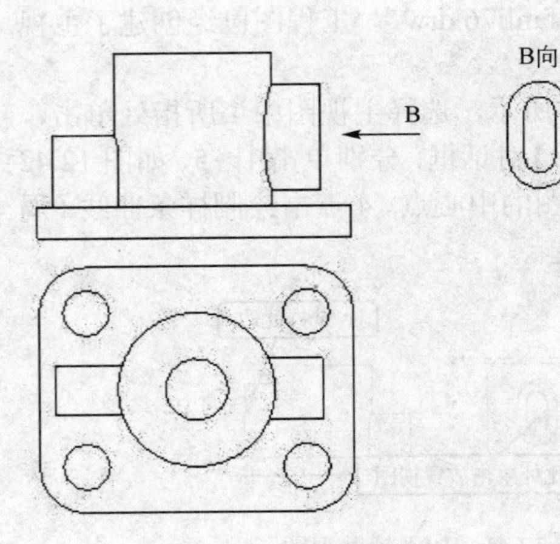

图 12.44　局部视图

④ 在【绘图视图】对话框中单击应用按钮 应用 。最后单击关闭按钮 关闭 。

⑤ 移动视图到主视图的左边。在注释选项卡中，单击注释按钮，插入注释“B 向”。调整视图位置。显示视图名和投影方向。完成的视图如图 12.44 所示。

（3）破断视图　针对较长的模型，将其无变化的部分破断缩短画出。

① 打开本书所附光盘文件“第 12 章\范例源文件\drw_fanli77.drw”。工程图已经创建了主视图。下面要创建破断视图。

② 双击主视图，系统弹出【绘图视图】对话框，分别单击 1～6，如图 12.45 所示设置破断视图。其中 2 点选【破断视图】。4 单击元件边。5 单击指定“第一破断

线”。6 单击元件边，指定“第二破断线”。

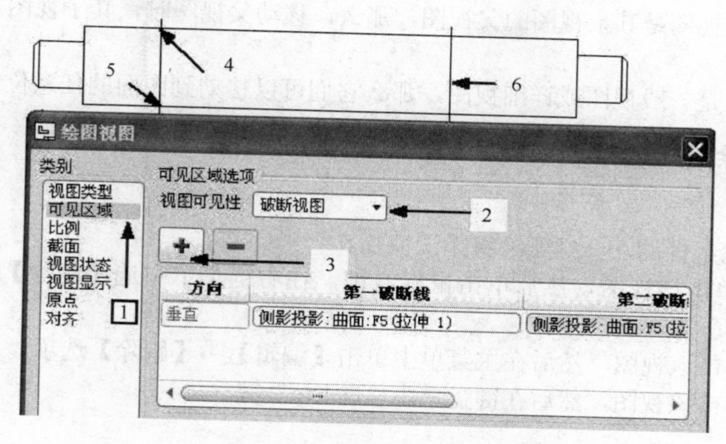

图 12.45　设置破断视图

③ 继续设置，如图 12.46 所示。7 选取【视图轮廓上的 S 曲线】作为“破断线造型”。

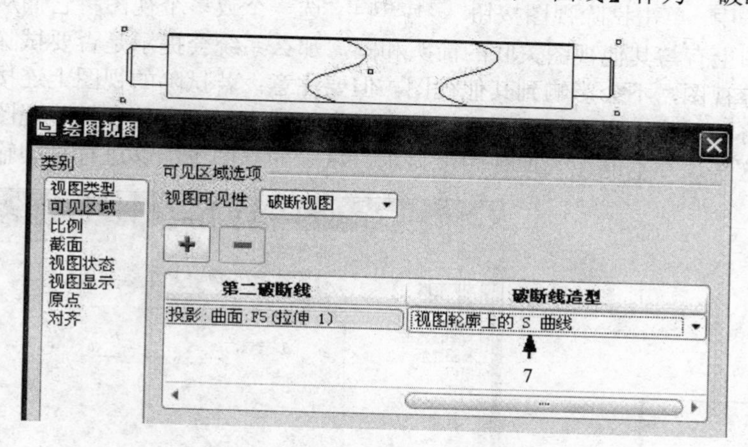

图 12.46　设定破断视图

④ 在【绘图视图】对话框中单击应用按钮 应用 。最后单击关闭按钮 关闭 。

12.3　视图调整

12.3.1　移动视图

视图有两种状态：锁定和未锁定。单击视图右键菜单中【锁定视图移动】，可在这两种状态间切换。

创建好主视图和左视图后，如果它们在图纸上的位置不合适，用户可以移动视图。要移动视图时，请先单击选取要移动的视图，此时视图边界以虚框显示（默认颜色为红色），单击右键在右键菜单中单击【锁定视图移动】，同时鼠标在视图上变为移动光标 ✥，按下鼠标左键就可以拖动视图。

移动视图时应注意以下问题

（1）若移动的视图是另一个视图的子视图，则此视图（包括投影视图、辅助视图或旋转视图）

将与其父视图保持一定的位置关系。

（2）若移动的视图是其余视图的父视图，那么，移动父视图时，其子视图也将随着该视图作相应的位置变化。

（3）若移动的是一般视图或详细视图，那么它们可以移动到图面的任意位置。

12.3.2 删除和拭除

1. 删除视图

删除视图是永久性的，一旦删除将无法恢复。

方法 1：先单击该视图，然后单击鼠标右键，在右键菜单中选【删除】选项，如图 12.47 所示。

方法 2：先单击该视图，然后在主菜单中单击【编辑】→【删除】选项。

方法 3：先单击该视图，然后在键盘单击“Delete”键。

2. 拭除视图

在复杂的绘图中，为了缩短视图再生或重画的时间，可以将暂时不用的视图从画面中拭除，等其余操作完成后，再恢复显示。方法如下。

在布局选项卡中，单击拭除视图按钮 拭除视图，选一个或多个视图将它们从绘图页面中暂时去除。如果该视图上有与其他视图关联的箭头和圆，那么系统会提示是否要拭除。

从绘图中拭除视图，不会影响到其他视图。但要注意：若拭除的视图上连接有导引，当拭除视图时此导引也将被拭除，当恢复视图时，此导引也将被恢复。另外在拭除视图时，其上的尺寸也将被拭除，且这些尺寸不能在其他视图上显示。拭除的视图不能够进行打印输出。

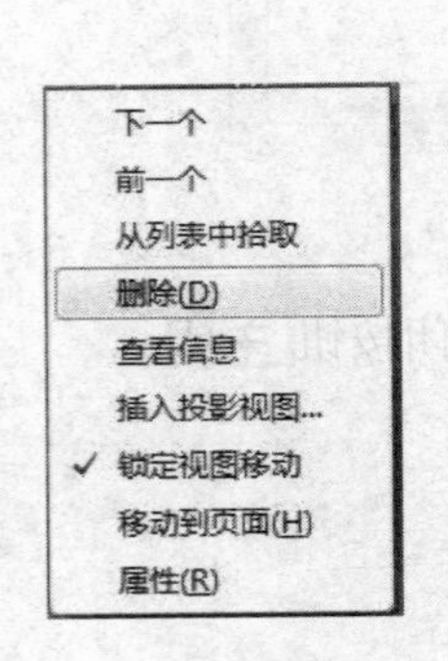

图 12.47 右键菜单

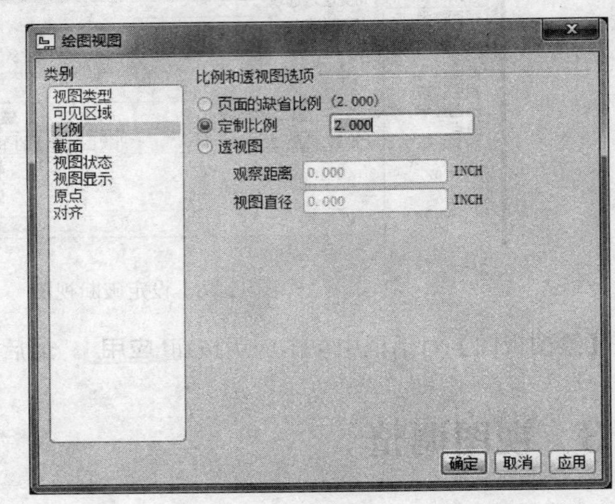

图 12.48 定制比例

3. 恢复视图

在工程图中拭除的视图可以恢复显示。方法是：在布局选项卡中单击恢复视图按钮 恢复视图，选取要恢复的视图名，再在菜单管理器中选【完成选取】选项即可恢复视图显示。

12.3.3 指定视图比例

在一个工程图中视图比例有全局比例和单独比例两种。

双击视图，弹出【绘图视图】对话框。在【类型】区选择【比例】项，并在如图 12.48 所示对话框右侧的【比例和透视图选项】区修改视图比例。

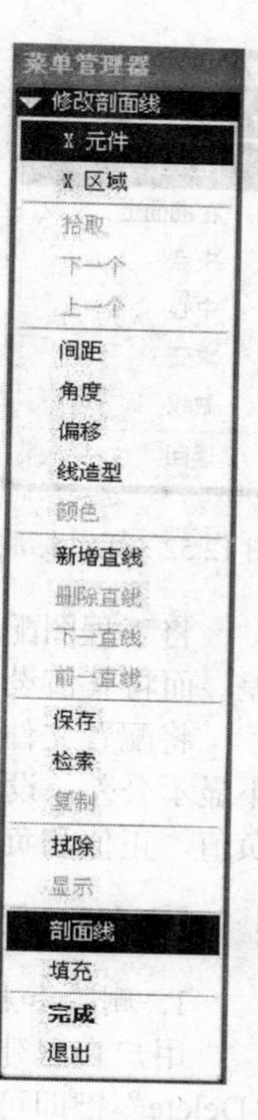

图 12.49 修改剖面线

- 【页面的缺省比例】：即全局比例。
- 【定制比例】：手动为某个视图定制比例，将位于视图的注释中。

另外，页面的比例在页面的下方，双击比例数值也可进行更改。

12.3.4 修改剖面线

在需要修改剖面线的视图中，双击该视图中的剖面线，将弹出【修改剖面线】菜单。如图 12.49 所示。在该菜单中可以修改剖面线的方向、角度、间距等。

12.4 标注尺寸

12.4.1 显示及拭除尺寸

由于 Pro/E 是利用已经创立的三维模型投影生成工程图，因此视图中的零件可以直接利用创建模型时的尺寸来生成，由模型的尺寸直接传达到绘制的各个视图上，这些尺寸称为“驱动尺寸”。由于 Pro/E 的相关性，若修改工程图的尺寸值，系统也将改变模型。

在注释选项卡中单击显示模型注释按钮，将弹出【显示模型注释】对话框，如图 12.50 所示。使用该对话框添加尺寸步骤如下。

（1）打开本书所附光盘文件“第 12 章\范例源文件\drw_fanli41.drw”。

（2）在注释选项卡中，单击显示模型注释按钮，在【显示模型注释】对话框中选取【尺寸】（⟼）选项卡，类型为【全部】，然后单击图形，则所有尺寸都显示出来。要显示某一个尺寸，需要在图 12.50 的【显示】标签下的方框中勾选。

在【显示模型注释】对话框中，单击注释类型选项卡，有以下类型。

① 列出模型尺寸。
② 列出几何公差。
③ 列出注解。
④ 列出表面粗糙度。
⑤ 列出符号。
⑥ 列出基准。

（3）用鼠标单个选取尺寸，按住左键移动，把尺寸放在合适位置，得到如图 12.51 所示工程图。结果参看本书所附光盘文件“第 12 章\范例结果文件\draw_fanli41_jg.drw”。

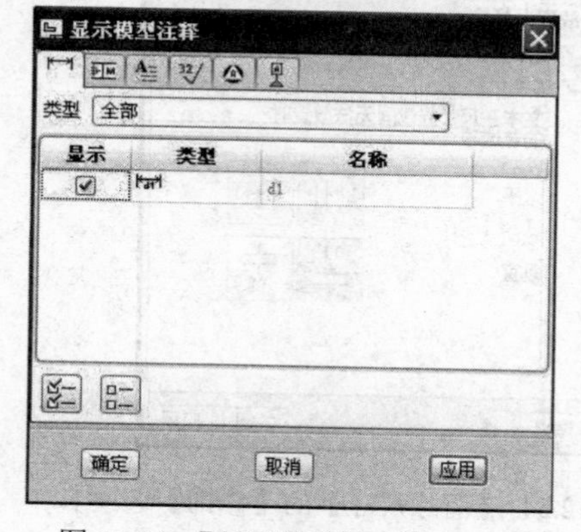

图 12.50 【显示模型注释】对话框

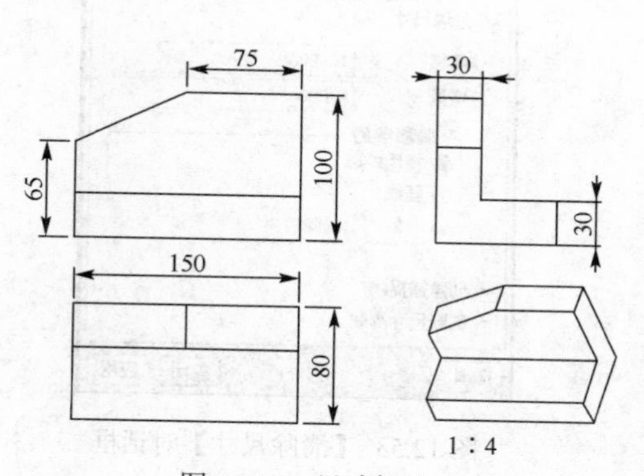

图 12.51 尺寸标注

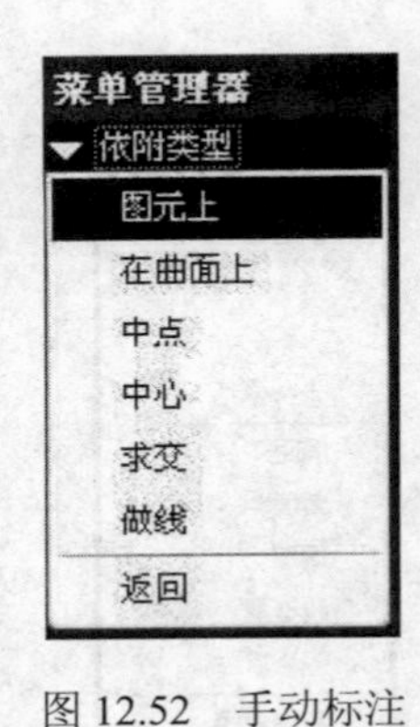

图 12.52　手动标注

12.4.2　手动标注

在工程图中有一些特定的标注需要手动标注，这些尺寸被称为“从动尺寸”。不能对这些尺寸的值进行修改。在注释选项卡单击尺寸按钮，可以手动标注尺寸，同时弹出菜单管理器，如图 12.52 所示。选择合适的依附类型即可进行标注。标注时，选择图元，移动鼠标到合适位置，按下鼠标中键即可。

12.4.3　公差标注

工程图配置文件“detail.dtl”中的“tol_display”选项以及配置文件“config.pro”中的“tol_mode”选项均与工程图中的尺寸公差标注有关，如果要在工程图中显示和处理公差，需要对这两个选项进行相应配置。

将工程图配置文件“detail.dtl”中的“tol_display”值设为“yes”，表示尺寸标注时要显示公差；而将其值设为“no”则表示尺寸标准将不显示公差。

将配置文件“config.pro”中的“tol_mode”值设为“nominal”，表示尺寸只显示名义尺寸值，不显示公差；设为“limits”，表示公差尺寸显示为上限和下限；设为“plusminus”，表示公差为正负值，正值和负值是独立的；而设为“plusminssym”则表示公差为正负值，正负公差值相同。

12.4.4　尺寸的调整

1. 删除和拭除尺寸

用户自己建立的尺寸即手动标注的尺寸，可以随时删除。方法是在选中尺寸后，按键盘上“Delete”键即可。

系统自动标注的尺寸，只能通过拭除方法将其隐藏。方法是在选中尺寸后，在右键菜单中选取【拭除】选项。

2. 整理尺寸

对于显示出的杂乱无章的尺寸，Pro/E 系统提供了一个整理尺寸工具（软件翻译为“清除尺寸”，不太恰当），即【清除尺寸】对话框。在注释选项卡下，单击清除尺寸图标按钮，弹出【清除尺寸】（整理尺寸）对话框，如图 12.53 所示。图 12.54 所示为【清除尺寸】对话框的【修饰】选项卡。

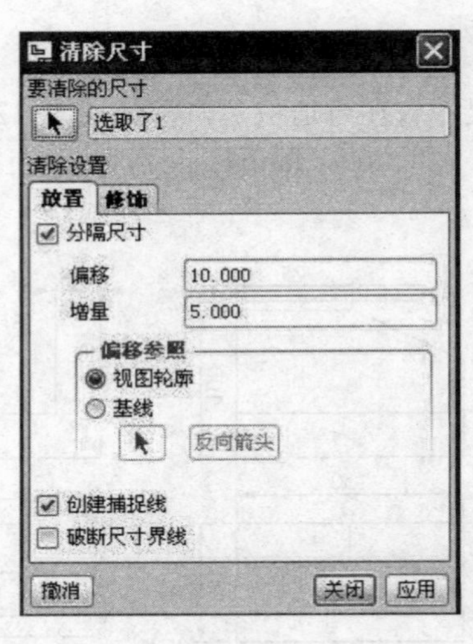

图 12.53　【清除尺寸】对话框

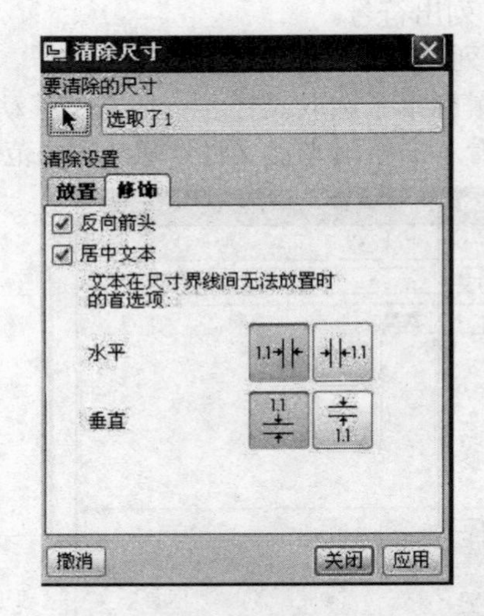

图 12.54　【清除尺寸】的【修饰】选项卡

12.4.5　创建注释文本（注解）

如果要为工程图添加文字来进行补充说明，就要创建注释文本。

在注释选项卡中，单击创建注解图标按钮，弹出【注解类型】菜单，如图 12.55 所示。设置注释的类型和形式，完成后单击【进行注解】选项，接着系统打开【获得点】菜单，选取适当的方式获取注解的参照点，随后在系统提示文本框中输入注解内容即可。

利用菜单选项可以创建出各种类型的注解，还可以插入特殊的文本符号等。

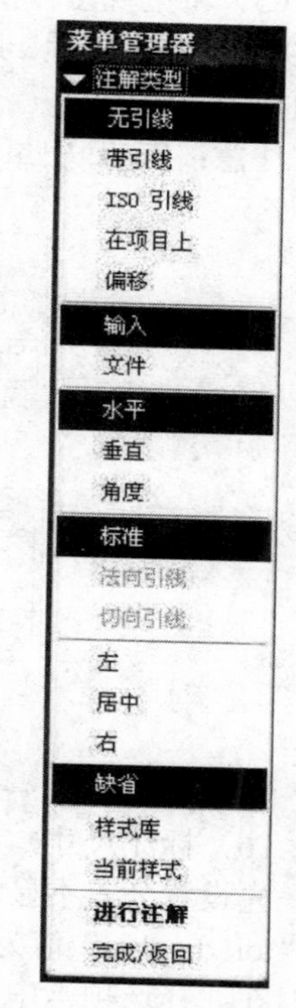

图 12.55 【注解类型】菜单

12.5　工程图创建实例

1. 工程图范例一

以下通过实例介绍工程图的创建过程。

由于 Pro/E 采用第三视角投影法，且标注也不符合我国标准，因此应对工程图配置文件进行修改。本书在所附光盘中"第 12 章"目录下提供了一个符合国标的配置文件 detail.dtl。

（1）打开本书所附光盘文件"第 12 章\范例源文件\12_fanli51.prt"。新建名为"drw_fanli51.drw"的绘图类型文件。在【新建绘图】对话框中，在【指定模板】栏中选【格式为空】。如图 12.56 所示进行设置。在【格式】设置栏中，单击浏览按钮 浏览... ，找到格式文件"第 12 章\范例结果文件\格式\A4_hx.frm"。单击对话框中的确定按钮 确定 。

（2）在主菜单中单击【文件】→【绘图选项】，弹出【选项】对话框，在其中单击打开配置文件按钮。在【打开】对话框中选本书提供的配置文件 detail.dtl，路径为"第 12 章\detail.dtl"。

（3）创建主视图。在布局选项卡中，单击【一般】按钮，在绘图区域选取放置视图的中心点后单击鼠标左键，弹出【绘图视图】对话框，在【视图类型】→【模型视图名】中选取【FRONT】项，并在【视图显示】的【线型显示】中选取【消隐】选项，【相切边显示样式】中选取【无】，最后单击【应用】，再单击【关闭】按钮，如图 12.57 所示。

（4）创建俯视图。选中主视图（主视图出现红色虚线框，即为选中），单击右键选【插入投影视图】，将鼠标移到俯视图的位置单击，生成俯视图。双击俯视图弹出【绘图视图】对话框，在【视图显示】的【线型显示】中选取【消隐】选项，【相切边显示样式】中选取【无】，最后单击【应用】，再单击【关闭】按钮，得到如图 12.58 所示俯视图。

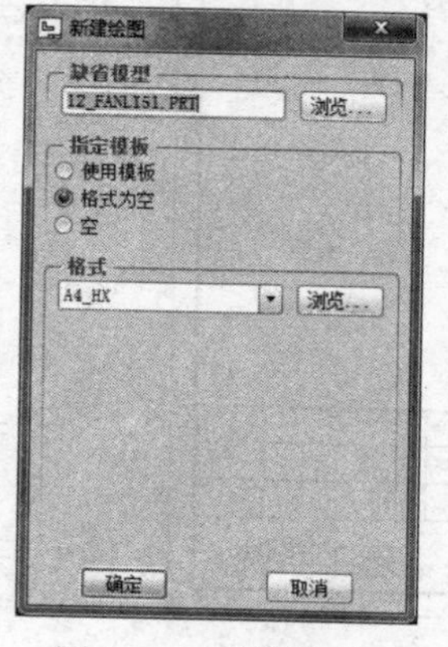

图 12.56　设置格式

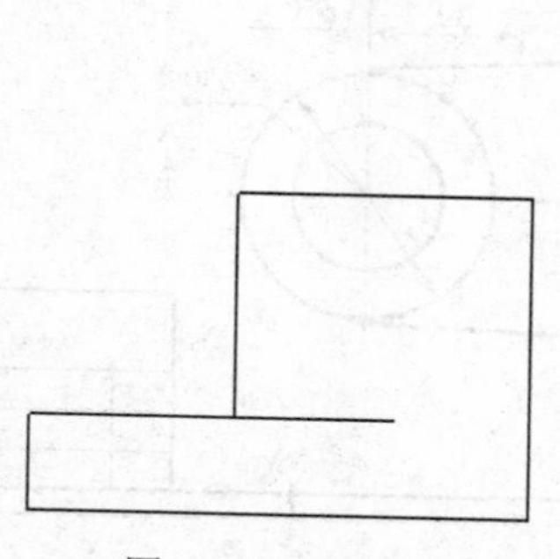

图 12.57　主视图

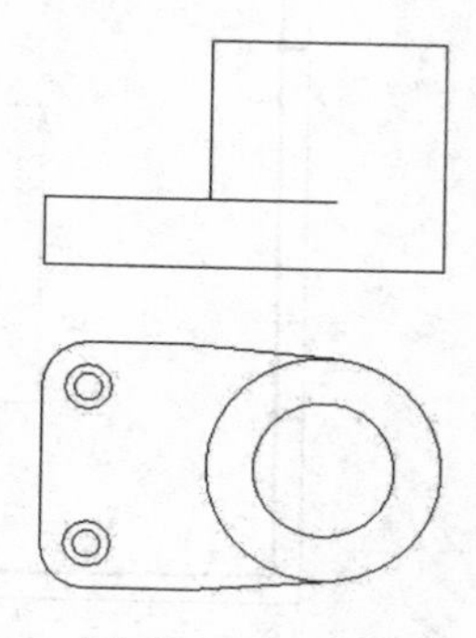

图 12.58　俯视图

（5）将主视图转换为剖视图。双击主视图，弹出【绘图视图】对话框。分别单击 1～6，如图 12.59 所示进行设置。其中剖面 A 为零件已经设置好的阶梯剖面。6 为点选俯视图作为放置剖面箭头的视图。

注意：Pro/E 中虽然没有专门的阶梯剖视命令，通过合理设置同样可以得到阶梯剖视图。

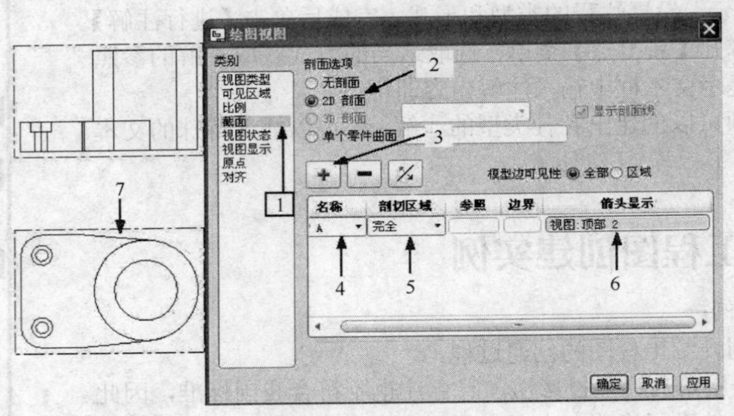

图 12.59　设置剖面

（6）标注尺寸、显示中心线。

先设置公差不显示：在主菜单选择【文件】，选【绘图选项】，弹出【选项】对话框，设置选项“tol_display”值为“no”。

在注释选项卡中，单击显示模型注释按钮，在【显示模型注释】对话框中选取【尺寸】选项卡，类型为【全部】，然后单击图形，则所有尺寸都显示出来。选【基准】选项卡将模型需要的中心线显示出来。

（7）整理尺寸和中心线。选中不要的尺寸，单击右键选【拭除】。调整尺寸位置。调整中心线长度。完成的工程图如图 12.60 所示。结果参看本书所附光盘文件“第 12 章\范例结果文件\drw_fanli51_jg.drw”。

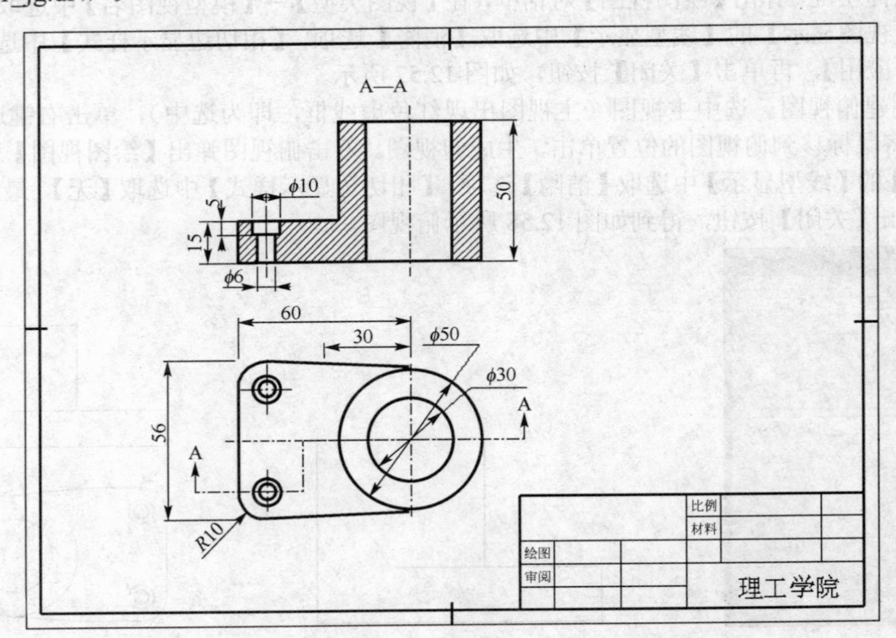

图 12.60　完成的工程图

2. 工程图范例二

下面来做一个轴的工程图。

（1）打开本书所附光盘文件“第 12 章\范例源文件\12_fanli52.prt”。

（2）在主菜单中单击【文件】→【新建】，在弹出的【新建】对话框中，【类型】设置为【绘图】，取消勾选【使用默认模板】选项。在名称中输入文件名“drw_fanli52”，单击确定按钮。

在【新建绘图】对话框中，【格式】选【空】，【方向】选【横向】，【大小】选【A4】，然后单击确定按钮。

（3）在主菜单中单击【文件】→【绘图选项】，弹出【选项】对话框，在其中单击打开配置文件按钮，如图 12.61 所示。在【打开】对话框中选本书提供的配置文件 detail.dtl，路径为“第 12 章\detail.dtl”，然后单击【打开】按钮。在【选项】对话框中单击下方的【应用】按钮，再单击【关闭】按钮。最后在【文件属性】菜单中单击【完成/返回】选项。

（4）创建主视图。在布局选项卡中，单击【一般】按钮，在绘图区域选取放置视图的中心点后单击鼠标左键，弹出【绘图视图】对话框，在【视图类型】→【模型视图名】中选取【TOP】项，并在【视图显示】的【线型显示】中选取【消隐】选项，【相切边显示样式】中选取【无】，最后单击【应用】，再单击【关闭】按钮，得到如图 12.62 所示主视图。

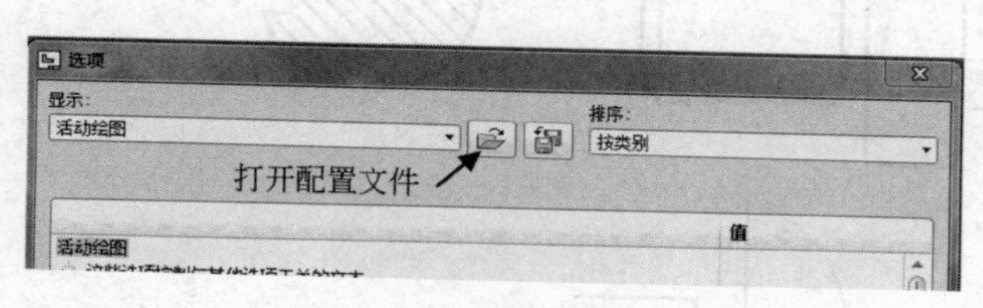

图 12.61　【选项】对话框

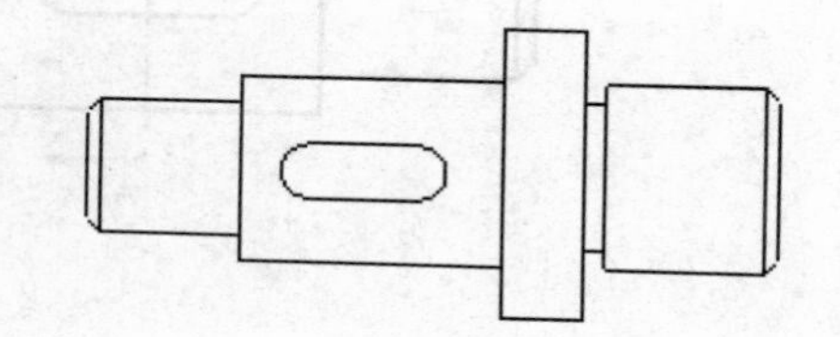

图 12.62　主视图

（5）创建左视图。选中主视图，单击右键选择【插入投影视图】选项，将鼠标移到左视图的位置并单击，生成左视图。双击左视图弹出【绘图视图】对话框，做如图 12.63 所示设置。7 单击【箭头显示】下的选择框，然后鼠标单击主视图 8，放置箭头。剖面设置完成后单击【应用】、【关闭】按钮。完成的视图如图 12.64 所示。

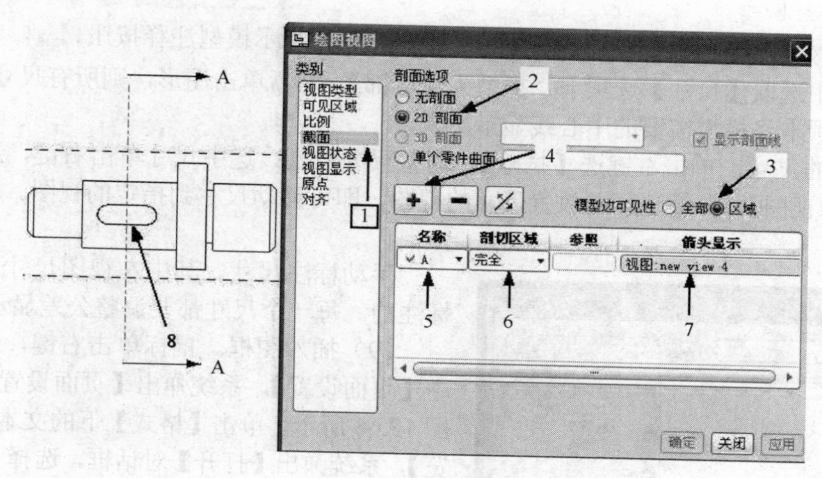

图 12.63　剖面设置

（6）调整页面比例。双击页面下的比例数值“1”，出现输入栏后输入值“2”。

（7）创建局部放大图。在布局选项卡中，单击【详细】按钮 详细...，在已有视图要创建局部放大视图的边上选取一个参照点，并围绕此参照点绘制一条样条曲线，以作为生成的局部放大视图的轮廓线。完成后，按下鼠标中键以闭合此样条曲线。在页面上选取一个位置作为新视图的放置中心，在此位置上会出现要生成的局部放大视图以及文字“A”和视图比例。如图 12.65 所示。

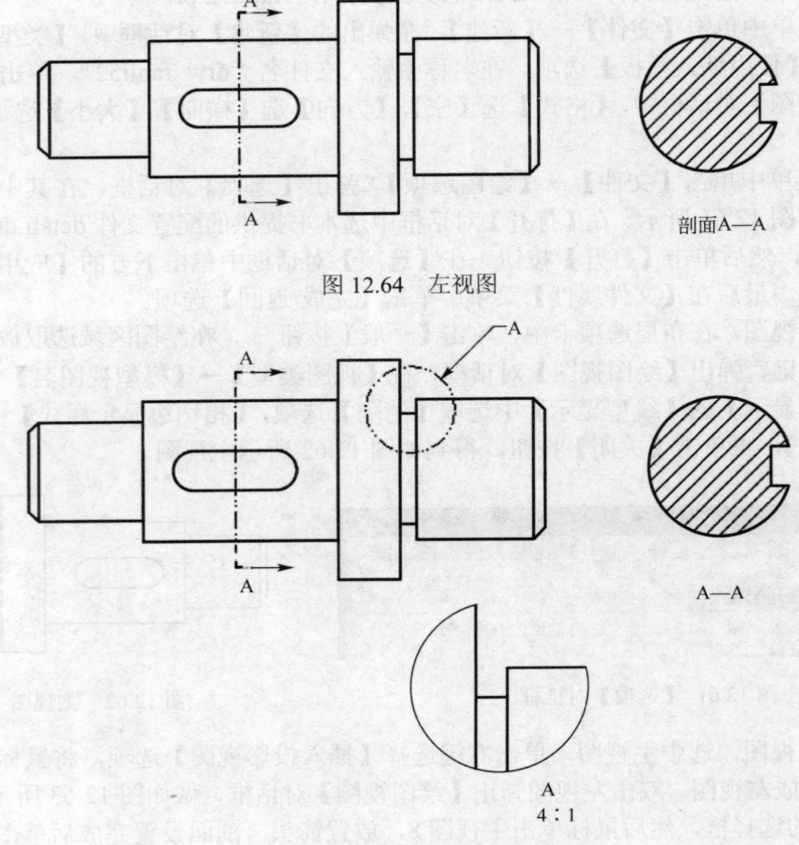

图 12.64　左视图

图 12.65　局部放大图

（8）标注尺寸，显示中心线。在注释选项卡中，单击显示模型注释按钮，在【显示模型注释】对话框中选取【尺寸】选项卡，类型为【全部】，然后单击图形，则所有尺寸都显示出来。选【基准】选项卡将模型需要的中心线显示出来。

选中不要的尺寸，单击右键选【拭除】。调整尺寸位置：选中尺寸单击右键，选择右键菜单【将项目移动到视图】，左键选择要放置尺寸的视图，即可移动尺寸到指定的视图。然后调整中心线长度。

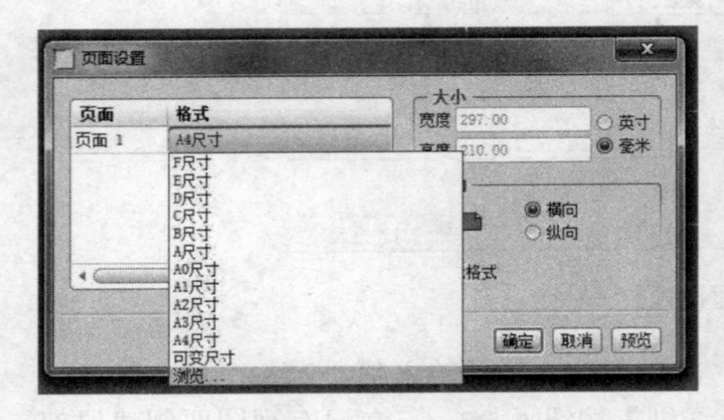

图 12.66　设置页面

手动标注尺寸。其中左视图尺寸“12”是手动标注的。每一个尺寸都要调整公差显示。

（9）插入图框。鼠标单击右键，选择右键菜单中【页面设置】，系统弹出【页面设置】对话框，如图 12.66 所示。单击【格式】下的文本框，选择【浏览】，系统弹出【打开】对话框，选择“A4_hx.frm”。路径为“第 12 章\范例结果文件\格式\A4_hx.frm”。单击【页面设置】对话框中的确定按钮，完成的工程图如图 12.67 所示。结果参看本书所附光盘文件“第 12 章\范例结果文件\drw_fanli52_jg.drw”。

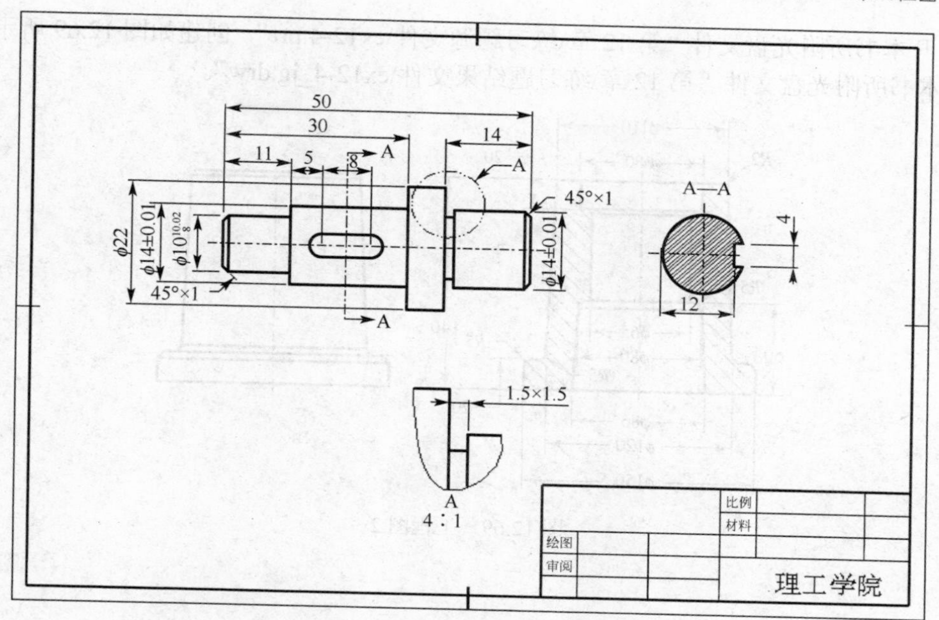

图 12.67　完成的工程图

总结与回顾

绘制工程图是每一个工程技术人员都要掌握的基本技能，用 Pro/E 绘制工程图还有很多内容需要研究。它的许多设置和概念与国标工程图有区别，要做出符合国标的工程图，需对软件的多个细节熟悉和掌握。工程图的内容非常多，限于篇幅无法再作详细介绍，读者可以参考专门的工程图书籍，进一步对工程图模块进行学习。

如果熟悉 AutoCAD，则可将 Pro/E 的“*.drw”工程图另存“*.dwg”格式，在 AutoCAD 中修改工程图。

思考与练习题

1. 试述如何创建一个详细视图。
2. 如何创建三视图？
3. 打开本书所附光盘文件“第 12 章\练习题源文件\ex12-3.prt”，创建如图 12.68 所示工程图。结果参看本书所附光盘文件“第 12 章\练习题结果文件\ex12-3_jg.drw”。

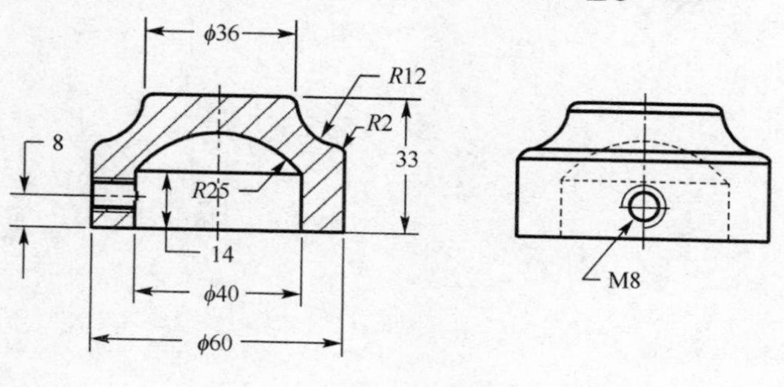

图 12.68　工程图 1

4. 打开本书所附光盘文件“第 12 章\练习题源文件\ex12-4.prt”，创建如图 12.69 所示工程图。结果参看本书所附光盘文件“第 12 章\练习题结果文件\ex12-4_jg.drw”。

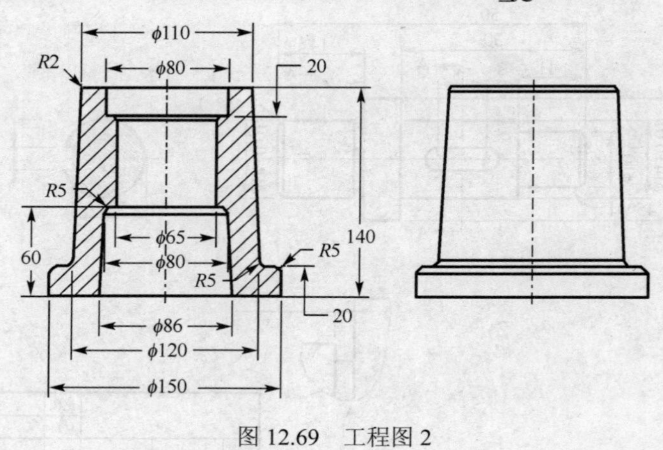

图 12.69　工程图 2

第 13 章

实体造型综合实例

学习目标：本章通过对常见箱体类零件（减速器上箱体）以及烟灰缸造型方法的学习，使读者进一步熟悉前述章节中基本特征的创建方法以及特征操作的基本方法，同时了解和掌握复杂零件的造型方法，从而能够独立完成较复杂零件的造型。

13.1 减速器上箱体设计

箱体类零件是机械产品的主要零件类型，在机械中一般起支承、容纳、定位和密封等作用。箱体类零件内、外部形状较为复杂，由于主要用于包容运动及其他零件，多数为中空壳体结构；为了方便其他零件安装以及能够方便地将自身安装到机械中，通常还设计有安装底板、法兰、螺栓孔等结构；箱体零件的内腔中常用来安装传动轴、齿轮等运动零件，因此常设计有轴承孔、凸台等结构；为了进行润滑，需要设计油槽、加油孔及放油孔等结构；箱体类零件在使用时通常需要合箱，所以箱体上有较多连接孔；由于箱体零件箱壁较薄，为了增加箱体的刚性，还需要设计加强筋；此外，箱体类零件多为铸造件，需要设计较多的铸造工艺结构，如铸造圆角、拔模斜度等。

箱体类零件的复杂结构使其零件模型的组成特征较多，主要包括拉伸加材料特征、拉伸减材料特征、壳特征、筋特征、扫描特征、孔特征、拔模特征、阵列特征和镜像特征等。

机械产品中常见的箱体类零件有：阀体、减速器箱体、泵体等。本节介绍如图 13.1 所示单级减速器上箱体的创建过程。

图 13.1　减速器上箱体

13.1.1 减速器上箱体的创建过程

减速器上箱体的创建过程如图 13.2、图 13.3 所示。

图 13.2　减速器上箱体创建过程

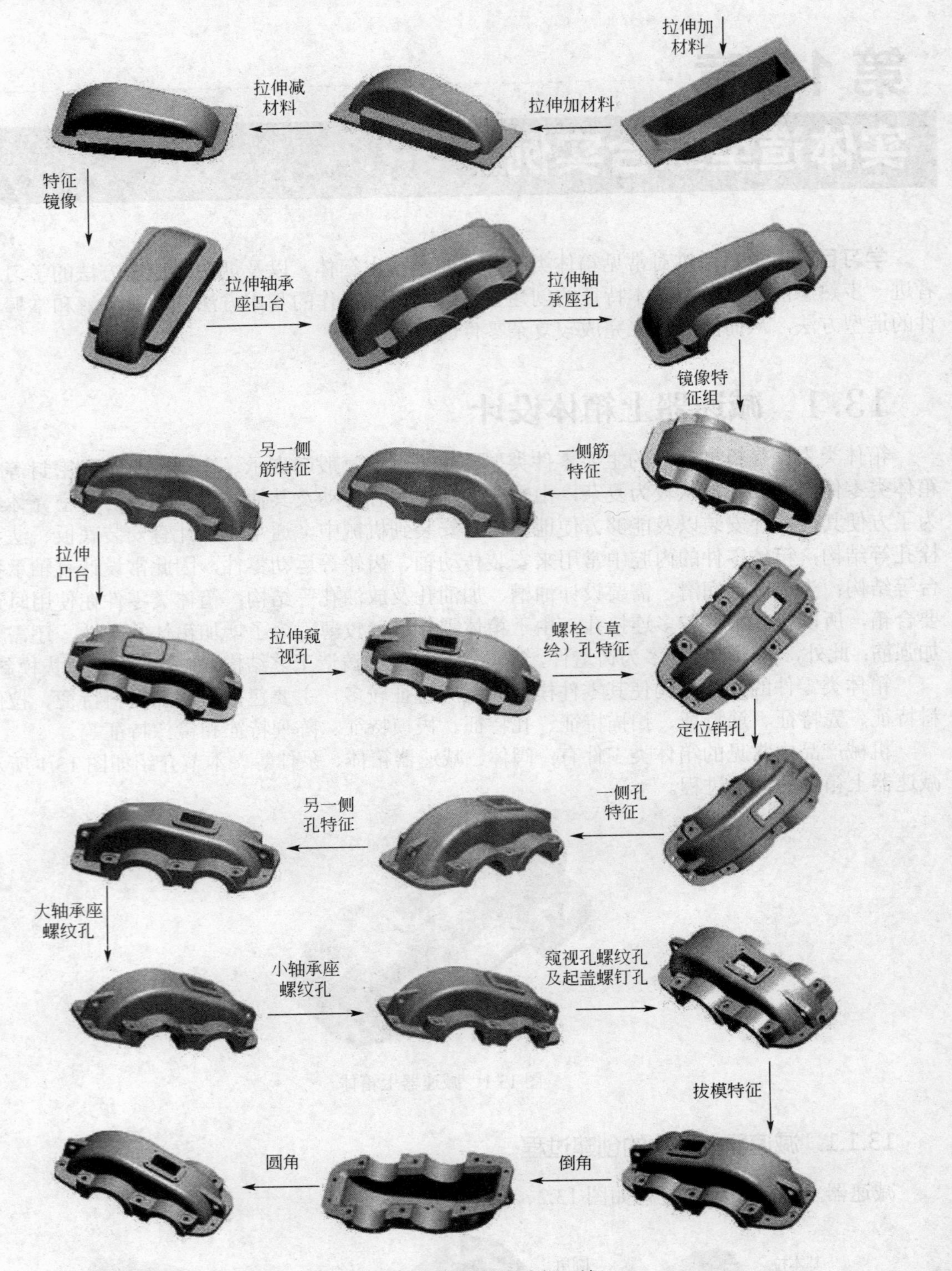

图 13.3　减速器上箱体创建过程（续）

13.1.2　减速器上箱体的创建步骤

按照前面所述创建过程，减速器上箱体创建步骤具体如下。

1. 新建文件

新建一个零件类型的文件，名称为“shanggai_jg.prt”。注意：在【新建】对话框中不使用缺省模板，并在随后的【新文件选项】对话框中选取【mmns_part_solid】选项，以采用公制单位。

2. 创建基本拉伸特征

（1）在右工具箱中单击拉伸工具图标，弹出拉伸特征操控板。在操控板中单击【放置】按钮，并在【草绘】面板中单击【定义】按钮，弹出【草绘】对话框。

（2）选取 TOP 基准平面为草绘平面，接受系统缺省的草绘视图方向和草绘参照，在【草绘】对话框中单击【确定】按钮进入二维草绘环境。

（3）在右工具箱中选取相应草绘工具绘制如图 13.4 所示截面，单击右工具箱中的完成图标按钮退出草绘模式。

（4）在操控板深度方式下拉列表框中选取两侧对称拉伸方式图标，并在深度文本框中输入拉伸深度值“102.00”，然后单击完成图标按钮（或在图形区单击鼠标中键），完成如图 13.5 所示拉伸特征。

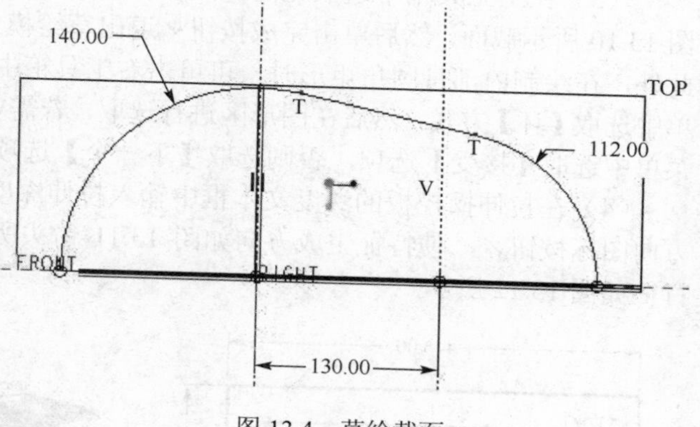

图 13.4　草绘截面

3. 创建顶部圆角特征

（1）在右工具箱中单击倒圆角工具图标，弹出倒圆角操控板。在操控板中设置圆角半径为“14.00”。

（2）按下“Ctrl”键在图形区依次选取如图 13.6 所示两条边线为倒圆角参照，随后单击中键，完成的圆角特征如图 13.7 所示。

图 13.5　基本拉伸特征

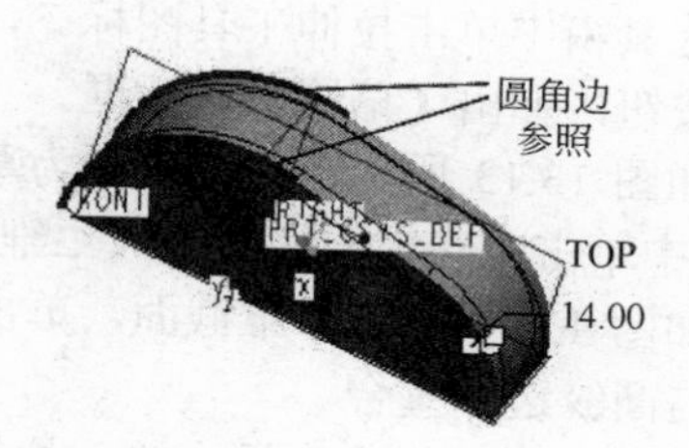

图 13.6　圆角参照

4. 创建壳特征

（1）在右工具箱中单击抽壳工具图标，弹出抽壳操控板。在操控板的厚度文本框中输入壳特征厚度为“8.00”。

（2）在图形区选取如图 13.8 所示曲面为移除的曲面，然后单击鼠标中键，完成如图 13.9 所示壳特征创建。

图 13.7　圆角特征

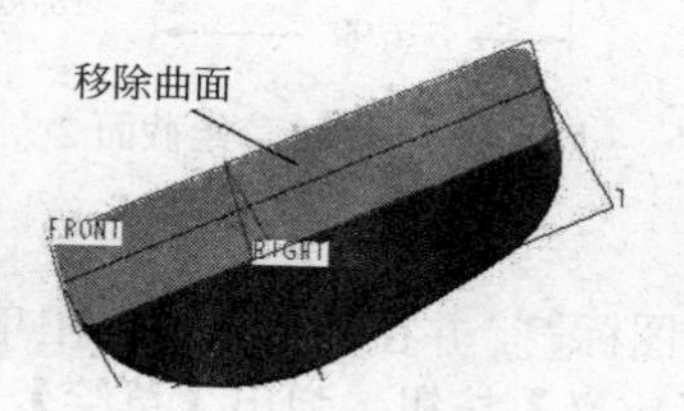

图 13.8　移除曲面

图 13.9　壳特征

5. 创建箱盖凸缘特征

（1）在右工具箱中单击拉伸工具图标，弹出拉伸特征操控板。在操控板中单击【放置】按钮，在【草绘】面板中单击【定义】按钮，弹出【草绘】对话框。

（2）选取 FRONT 基准平面为草绘平面，接受缺省的草绘视图方向和草绘参照，在【草绘】对话框中单击【确定】按钮进入二维草绘环境。

（3）在上工具箱中选取无隐藏线模型显示方式图标，并利用右工具箱中草绘工具绘制如图 13.10 所示截面，然后单击完成按钮退出草绘模式。绘图时注意绘制中心线并采用对称约束。此外，在绘制内部带圆角矩形时，可单击右工具箱中的使用边线图标，并在弹出的【类型】菜单中选取【环】方式，然后在图形区进行选取，若需要的环线加亮显示（呈绿色），则在【选取链】菜单中选取【接受】选项，否则选取【下一个】选项。

（4）在拉伸操控板的深度文本框中输入拉伸深度值“12.00”，并单击文本框右侧的改变拉伸方向图标按钮，使特征生成方向如图 13.11 箭头所示，然后单击完成图标按钮。完成的拉伸特征如图 13.12 所示。

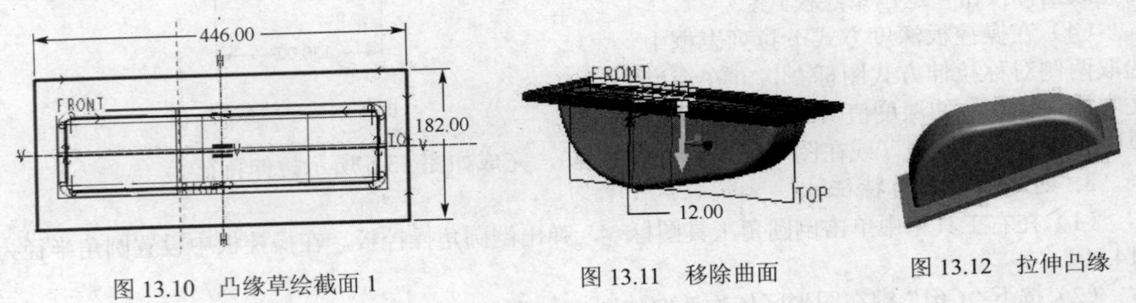

图 13.10 凸缘草绘截面 1　　图 13.11 移除曲面　　图 13.12 拉伸凸缘

6. 创建连接螺栓凸台

（1）在右工具箱中单击拉伸工具图标，在操控板中单击【放置】按钮，在【草绘】面板中单击【定义】按钮，弹出【草绘】对话框。

（2）选取如图 13.13 所示凸缘上表面为草绘平面，接受缺省的草绘视图方向和草绘参照，在【草绘】对话框中单击【确定】按钮进入二维草绘环境。

（3）绘制如图 13.14 所示二维截面，单击完成图标按钮，退出草绘模式。注意：使用约束使截面下边线与凸缘边线重合。

（4）在拉伸操控板深度文本框中输入拉伸深度值“33.00”，然后单击鼠标中键。完成的拉伸特征如图 13.15 所示。

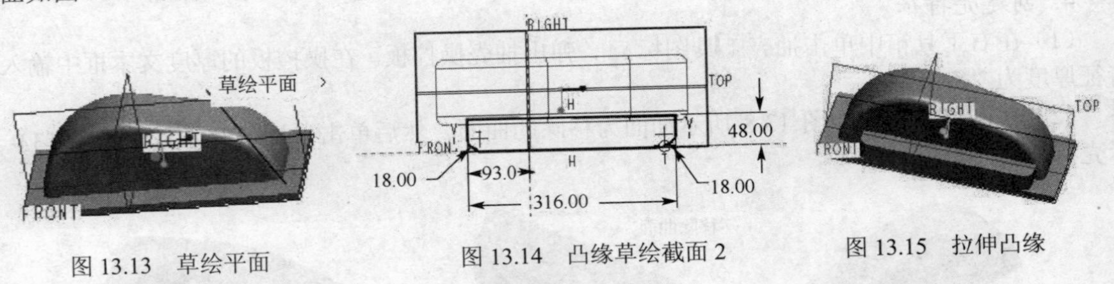

图 13.13 草绘平面　　图 13.14 凸缘草绘截面 2　　图 13.15 拉伸凸缘

7. 创建凸缘外形

（1）在右工具箱中单击拉伸工具图标，并在拉伸操控板中单击减材料图标，然后单击【放置】按钮，在【草绘】面板中单击【定义】按钮，弹出【草绘】对话框。

（2）在【草绘】对话框中单击【使用先前的】按钮，以便使用和第 6 步相同的草绘平面及草绘视图参照。系统自动进入二维草绘模式。

（3）在草绘状态下绘制如图 13.16 所示二维截面，单击完成按钮，退出草绘模式。绘制截面时可选取使用边线图标，将已有特征的边线作为截面中的图元，并可在绘制完成后利用上工具箱中的草绘器诊断工具栏中的工具进行截面排错和诊断。

（4）接受图 13.17 中箭头所示材料侧方向和特征生成方向，在操控板深度方式下拉列表框中选取拉伸至与所有曲面相交图标，然后单击鼠标中键，完成如图 13.18 所示拉伸减材料特征。

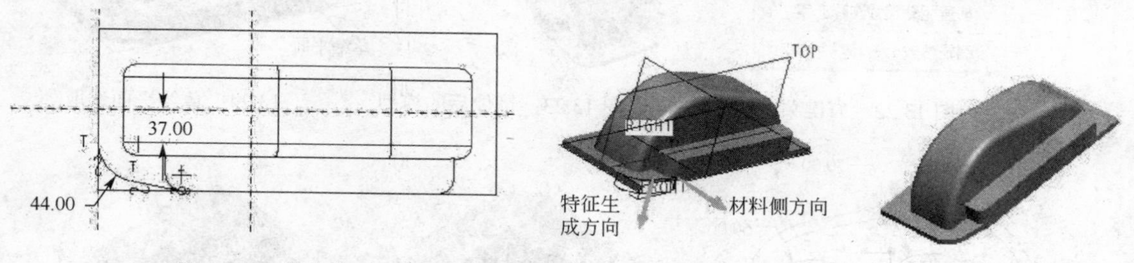

图 13.16　草绘截面　　图 13.17　材料侧及特征生成方向　　图 13.18　减材料特征

（5）重复第（1）、第（2）步，进入二维草绘环境。

（6）在草绘模式下绘制如图 13.19 所示截面，然后单击完成图标按钮，退出草绘模式。

（7）接受图 13.20 箭头所示材料侧方向和特征生成方向，并在操控板深度方式下拉列表框中选取拉伸至与所有曲面相交图标，然后单击鼠标中键，完成如图 13.21 所示拉伸减材料特征。

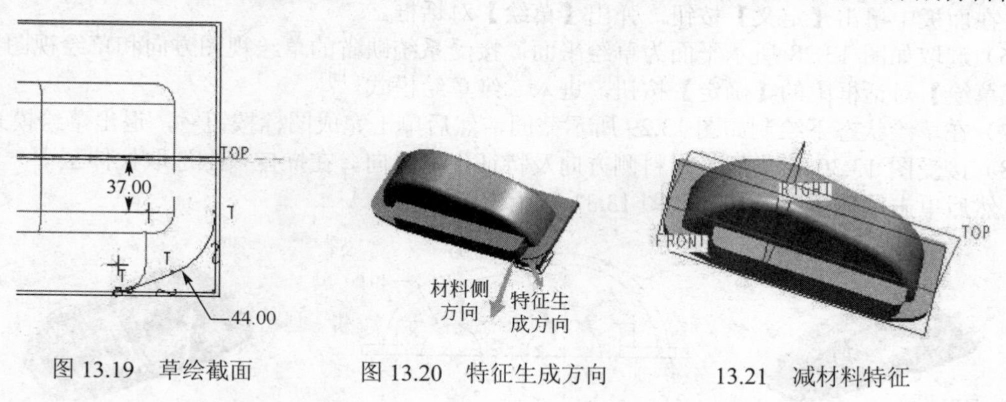

图 13.19　草绘截面　　图 13.20　特征生成方向　　13.21　减材料特征

8. 特征镜像

（1）按下“Ctrl”键，在模型树上依次选取第 6 步、第 7 步创建的三个拉伸特征，然后在如图 13.22 所示右键菜单中选取【组】选项，从而将这三个特征添加到特征组“组 local_group”中。

（2）选取上步创建的特征组，在右工具箱中单击镜像图标按钮，打开镜像操控板。

（3）在图形区或模型树中选取 TOP 基准平面作为镜像平面，然后单击鼠标中键，再生后的模型如图 13.23 所示。

9. 创建一侧轴承座凸台

（1）在右工具箱中单击拉伸工具图标，在操控板中单击【放置】按钮，在【草绘】面板中单击【定义】按钮，弹出【草绘】对话框。

（2）选取如图 13.24 所示平面为草绘平面，接受系统缺省的草绘视图参照，单击【草绘】对话框中的【确定】按钮，进入二维草绘模式。

（3）在草绘状态下绘制如图 13.25 所示截面，完成后单击完成图标按钮，退出草绘模式。

（4）接受图 13.26 箭头所示特征生成方向，在拉伸操控板的深度文本框中输入拉伸深度值

“45.00”，然后单击鼠标中键，得到如图 13.27 所示模型。

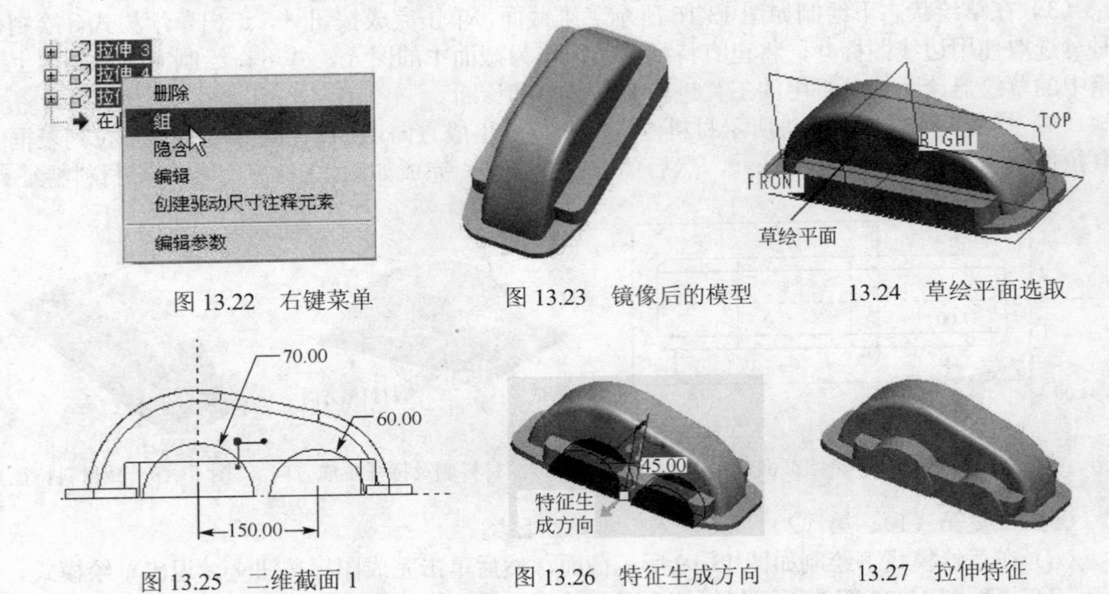

图 13.22　右键菜单　　图 13.23　镜像后的模型　　13.24　草绘平面选取

图 13.25　二维截面 1

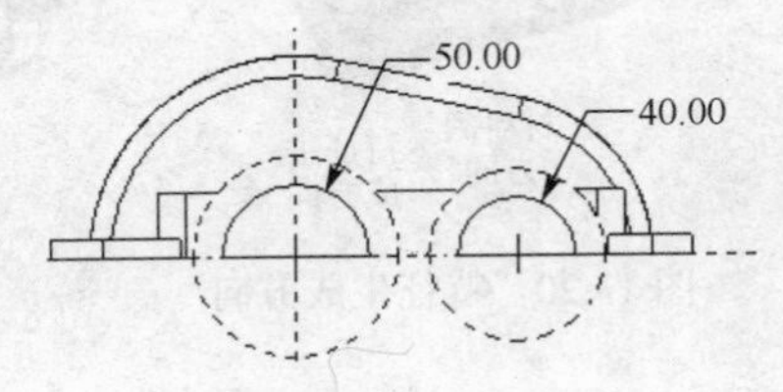

图 13.26　特征生成方向

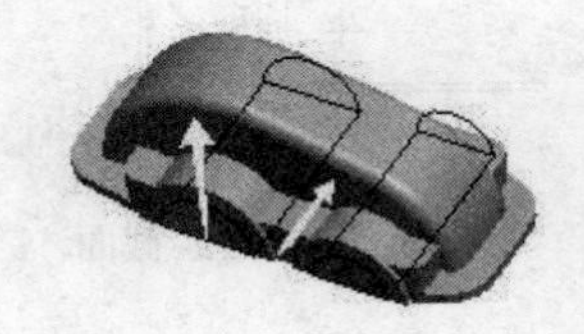

13.27　拉伸特征

（5）再次单击右工具箱的拉伸工具图标，在操控板中依次单击减材料图标按钮和【放置】按钮，在面板中单击【定义】按钮，弹出【草绘】对话框。

（6）选取如图 13.28 所示平面为草绘平面，接受系统缺省的草绘视图方向和草绘视图参照，单击【草绘】对话框中的【确定】按钮，进入二维草绘模式。

（7）在草绘状态下绘制如图 13.29 所示截面，然后单击完成图标按钮，退出草绘模式。

（8）接受图 13.30 箭头所示材料侧方向及特征生成方向，在操控板上选取拉伸至下一曲面图标，然后单击鼠标中键，得到如图 13.31 所示模型。

草绘平面

图 13.28　草绘平面选取

50.00　40.00

图 13.29　二维截面 2

图 13.30　材料侧方向及拉伸方向

10. 镜像另一侧轴承座凸台

（1）按下“Ctrl”键，在模型树上依次选取第 9 步创建的两个拉伸特征。

（2）在右工具箱中单击镜像图标按钮，打开镜像操控板。

（3）在图形区或模型树中选取 TOP 基准平面为镜像平面，并单击鼠标中键，得到如图 13.32 所示模型。

图 13.31　轴承座凸台特征

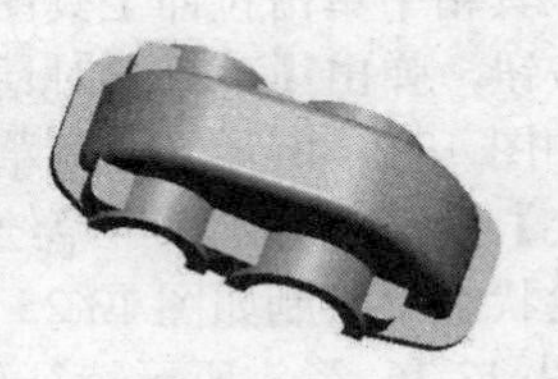

图 13.32　镜像特征

11. 创建加强筋

（1）在右工具箱中单击筋工具图标（轮廓筋），在筋操控板中单击【参照】按钮，在下滑面板中单击【定义】按钮，弹出【草绘】对话框。

（2）选取 TOP 基准平面为草绘平面，接受系统缺省的草绘视图方向及草绘视图参照，单击对话框中的【确定】按钮，进入二维草绘模式。

（3）在草绘状态下绘制如图 13.33 所示开放截面，然后单击完成图标按钮，退出草绘模式。

（4）接受如图 13.34 箭头所示筋特征生成方向，在操控板的筋厚度文本框中输入筋厚度值“11.20”，然后单击鼠标中键，完成如图 13.35 所示一侧筋特征。

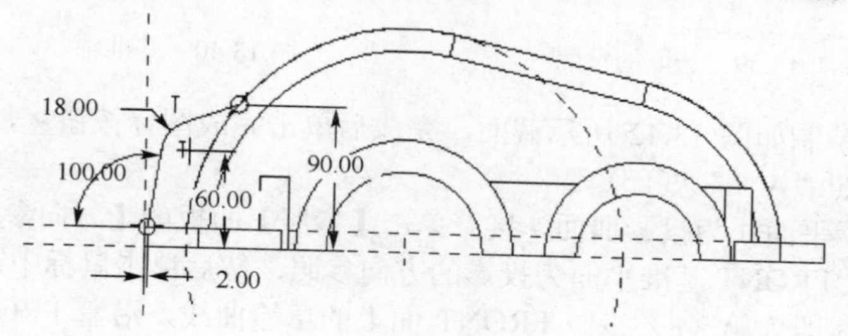

图 13.33　筋草绘截面 1

图 13.34　筋特征生成方向

（5）重复第（1）、第（2）步操作，进入二维草绘模式。

（6）在模型的另一侧绘制如图 13.36 所示开放截面，然后单击完成图标按钮，退出草绘模式。

（7）接受如图 13.37 箭头所示筋特征生成方向，在操控板的筋厚度文本框中输入厚度值“11.20”，单击鼠标中键，完成如图 13.38 所示筋特征。

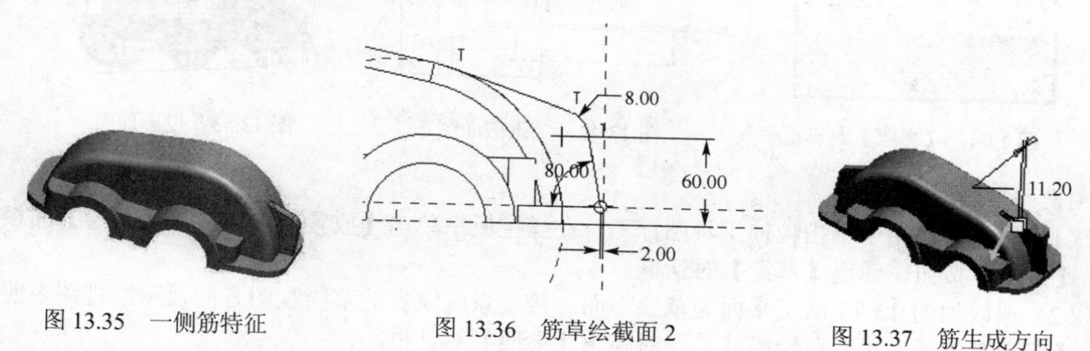

图 13.35　一侧筋特征

图 13.36　筋草绘截面 2

图 13.37　筋生成方向

12. 创建基准轴及投影曲线

（1）在右工具箱中单击基准轴工具图标，弹出【基准轴】对话框。

（2）在图形区选取如图 13.39 所示曲面为基准轴参照，单击对话框中的【确定】按钮，得到如图 13.40 所示和参照曲面轴线重合的基准轴“A_1”。

（3）在主菜单中依次选取【编辑】→【投影】选项，弹出投影操控板。

（4）在操控板中单击【参照】按钮，在下滑面板的下拉列表框中选择【投影草绘】选项，然后单击【定义】按钮，弹出【草绘】对话框。

（5）选取 FRONT 基准平面为草绘平面，接受系统缺省的草绘视图方向和草绘视图参照进入二维草绘模式。

（6）在主菜单中依次选取【草绘】→【参照】选项，打开【参照】对话框。

（7）在图形区选取基准轴“A_1”，将其添加为草绘的标注及约束参照。添加完成的【参照】

对话框如图 13.41 所示。随后单击【关闭】按钮，关闭对话框。

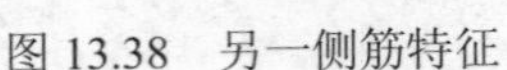

图 13.38　另一侧筋特征

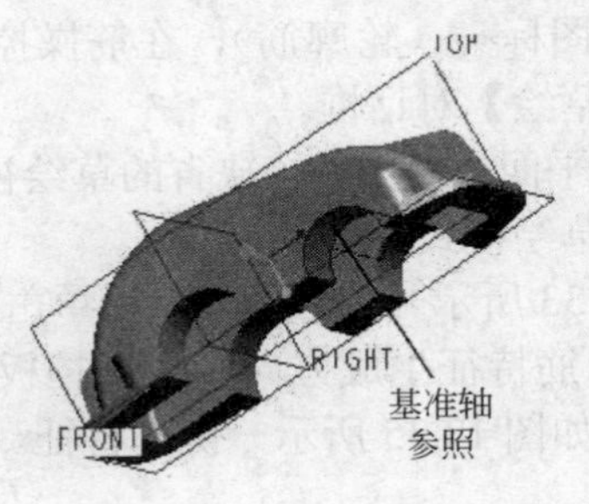

图 13.39　选取的参照

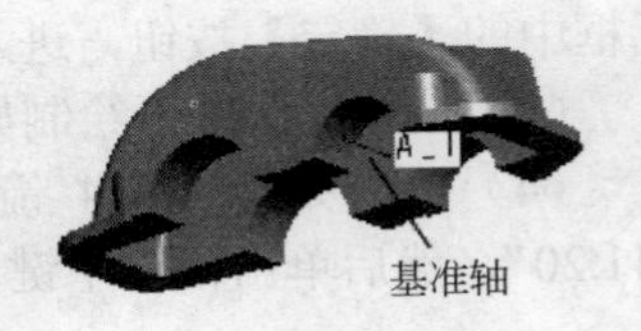

图 13.40　基准轴

（8）在草绘状态下使用直线工具绘制如图 13.42 所示截面，完成后单击完成图标按钮✓，退出草绘模式（绘制的直线与基准轴参照“A_1”重合）。

（9）在图形区选取如图 13.43 所示平面作为投影曲面，接着单击【参照】面板的【方向参照】文本框，将其激活（呈黄色），并选取 FRONT 基准平面为投影的方向参照，然后单击鼠标中键，得到如图 13.44 所示投影曲线。该曲线即为第（8）步中 FRONT 面上的草绘曲线，沿着 FRONT 平面的法线方向投影到本步选取的投影曲面上得到的。

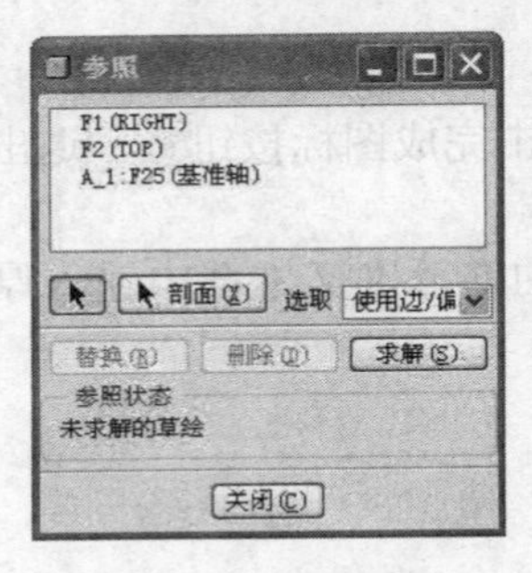

图 13.41　【参照】对话框

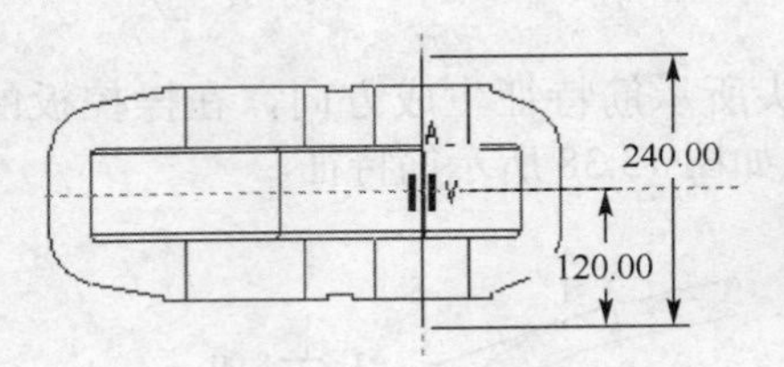

图 13.42　二维截面图

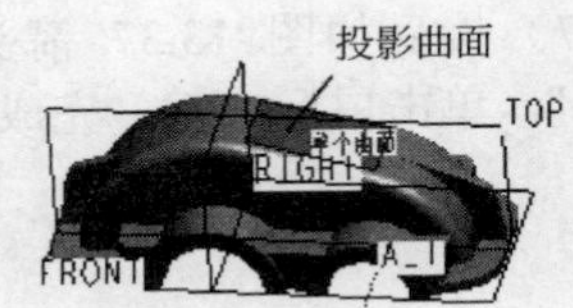

图 13.43　投影曲面

13. 创建窥视窗

（1）在右工具箱中单击拉伸工具图标，在操控板中单击【放置】按钮，在【草绘】面板中单击【定义】按钮，弹出【草绘】对话框。

（2）选取如图 13.45 所示平面为草绘平面，接受系统缺省的草绘视图方向及草绘视图参照，单击【确定】按钮，进入草绘模式，同时弹出【参照】对话框。

（3）在【参照】对话框中选取参照列表中的参照“曲面：F5（拉伸 1）”，然后单击【删除】按钮删除该参照，如图 13.46 所示。

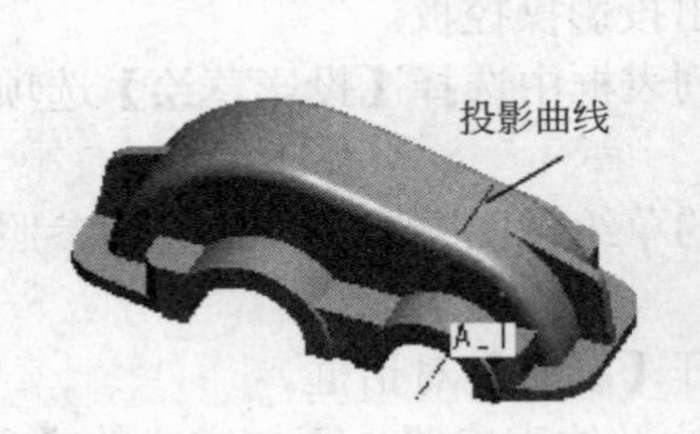

图 13.44　投影曲线

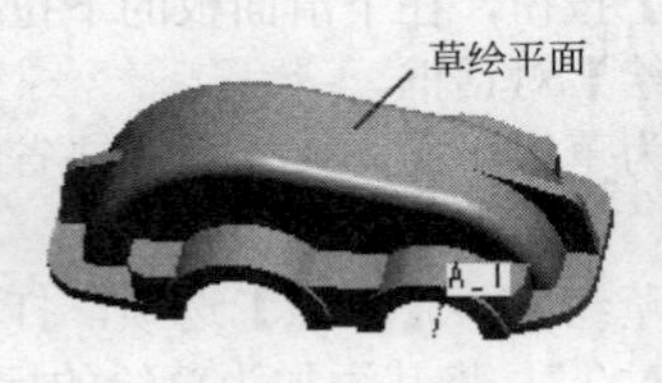

图 13.45　草绘平面

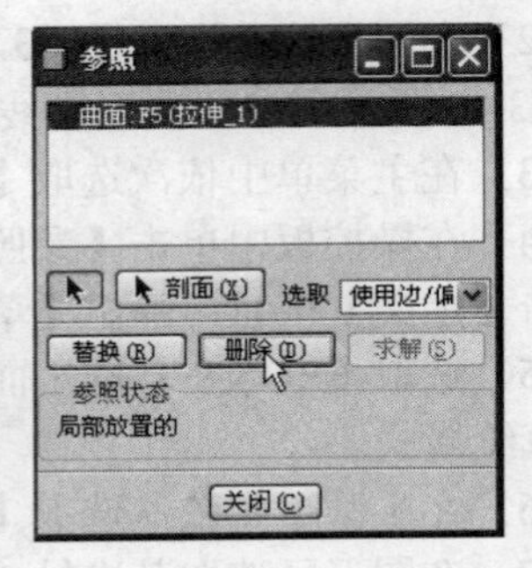

图 13.46　原【参照】对话框

（4）在图形区选取第 12 步中创建的投影曲线“投影 1”和 TOP 基准平面，从而将它们添加为竖直和水平方向的标注及约束参照，完成的参照对话框如图 13.47 所示。

（5）在草绘状态下绘制如图 13.48 所示二维截面图，然后单击完成图标按钮，退出草绘模式。注意截面的右侧边与投影曲线参照重合。

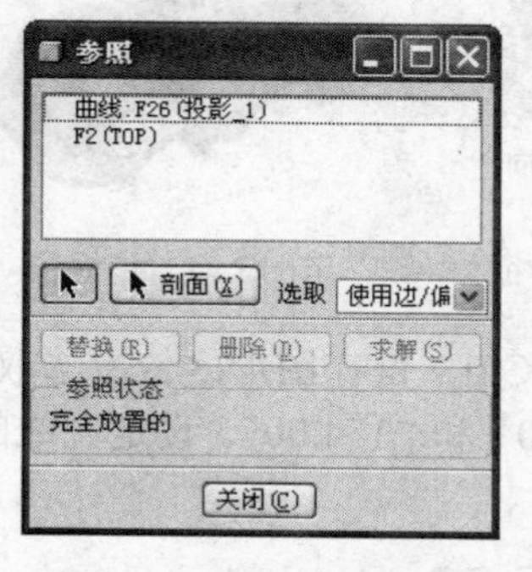

图 13.47　完成的【参照】对话框

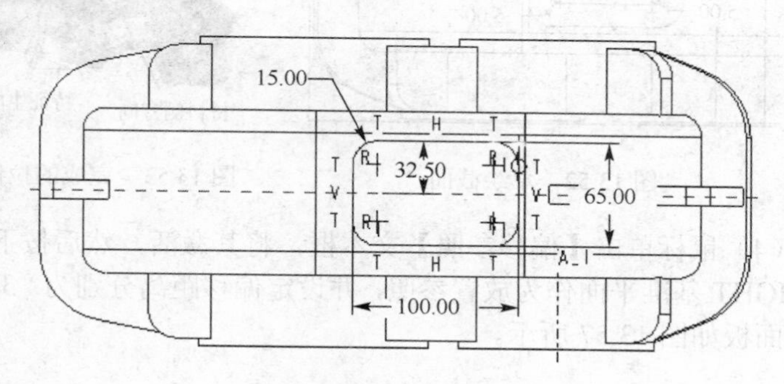

图 13.48　草绘截面

（6）接受如图 13.49 箭头所示特征生成方向，并在操控板中输入拉伸深度值“8.00”，然后单击鼠标中键，得到如图 13.50 所示特征。

（7）再次单击拉伸工具图标，在操控板中依次单击减材料图标按钮和【放置】按钮，并在面板中单击【定义】按钮，弹出【草绘】对话框。

（8）选取如图 13.51 所示平面为草绘平面，选取 TOP 基准平面为草绘视图参照，并在【方向】下拉列表框中选取【底部】选项，使 TOP 基准平面的法线方向朝底，然后单击【确定】按钮，进入二维草绘模式，系统弹出【参照】对话框。

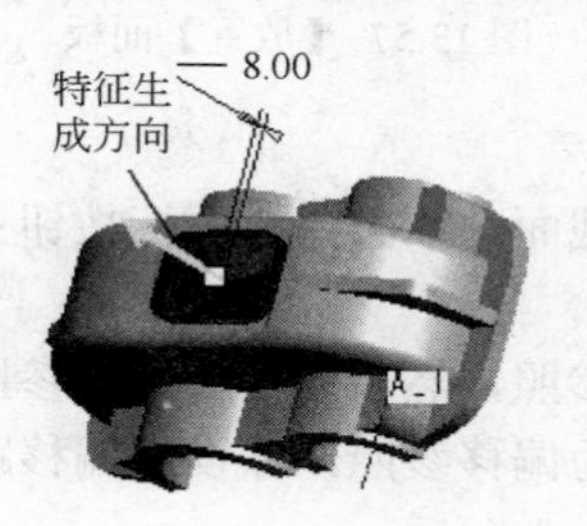

图 13.49　特征生成方向

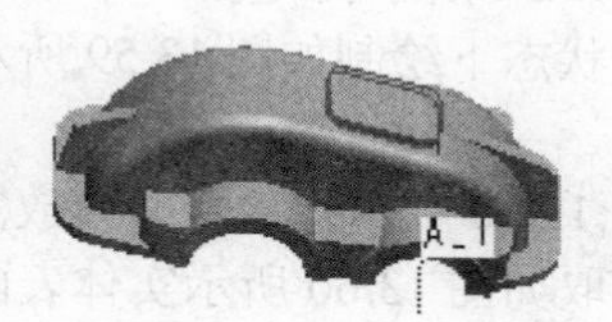

图 13.50　完成的拉伸特征

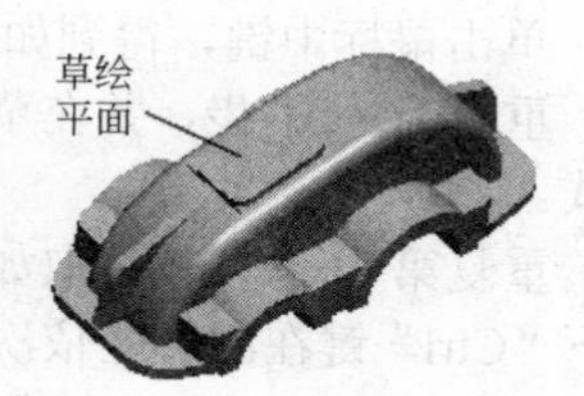

图 13.51　草绘平面

（9）在图形区或模型树中选取投影曲线作为竖直方向参照，关闭【参照】对话框。

（10）在图形区绘制如图 13.52 所示二维截面图，完成后单击完成图标按钮，退出草绘模式。注意：可使用右工具箱中的偏移图标，以【环】方式选取（1）～（6）步创建的凸台边界环，然后在消息框中输入偏移距离“–15.00”，接着再绘制 R5 倒角。

（11）接受图 13.53 箭头所示特征生成方向，在操控板的深度方式下拉列表框中选取拉伸至下一曲面图标，然后单击鼠标中键，得到如图 13.54 所示窥视窗。

14. 创建连接螺栓孔

（1）在右工具箱中单击孔工具图标按钮，在孔操控板中单击定义草绘孔轮廓图标按钮，接着单击创建孔剖面图标按钮，进入二维草绘模式。

（2）在草绘状态下绘制如图 13.55 所示截面，然后单击完成图标按钮，退出草绘模式。注意绘制中心线。

（3）在孔操控板中单击【放置】按钮，弹出【放置】面板。在图形区选取如图 13.56 所示平面为孔的放置参照。在面板的【类型】下拉列表框中选取【线性】选项。

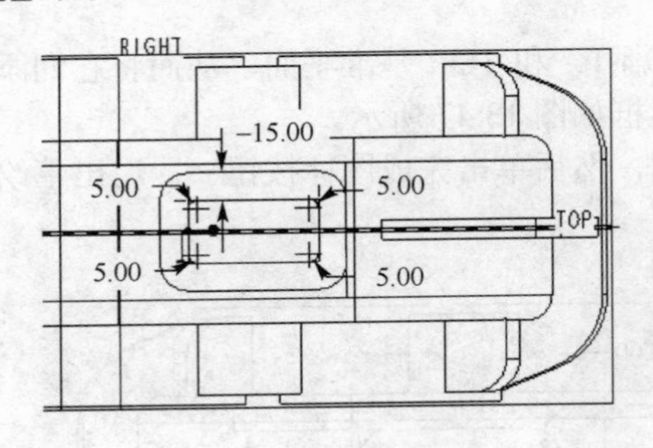

图 13.52 草绘截面

图 13.53 完成的拉伸特征

图 13.54 窥视窗

（4）鼠标单击【偏移参照】文本框，将其激活，然后按下“Ctrl”键在图形区依次选取 TOP 和 RIGHT 基准平面作为放置参照，并设定偏移距离分别为“35.00”和“154.00”。设定完成的【放置】面板如图 13.57 所示。

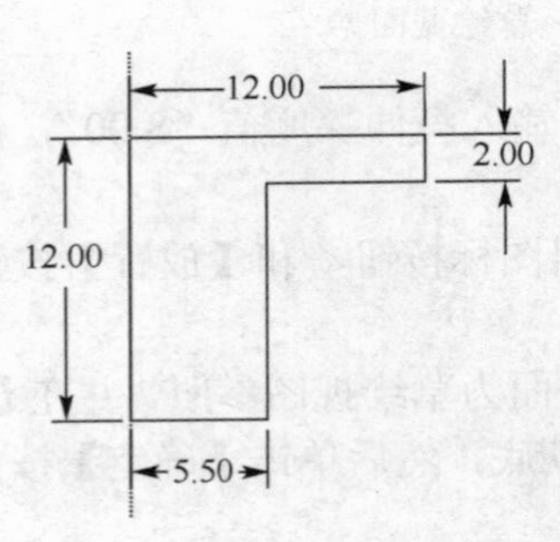

图 13.55 草绘孔截面

图 13.56 孔放置面

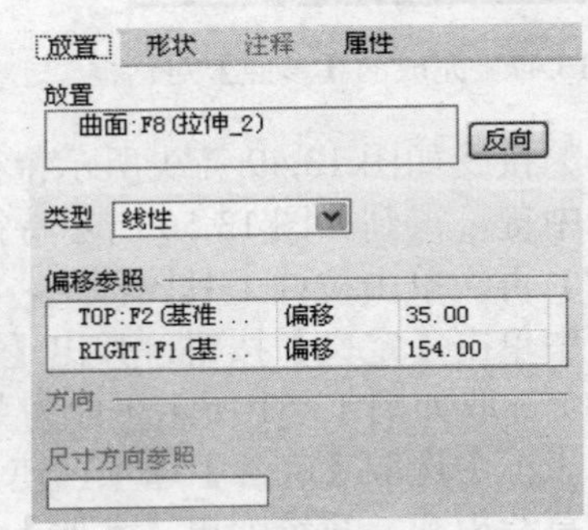

图 13.57 【放置】面板

（5）单击鼠标中键，得到如图 13.58 所示孔特征。

（6）重复第（1）步，并在草绘状态下绘制如图 13.59 所示截面，单击完成图标按钮✓，退出草绘模式。

（7）重复第（3）步，选取如图 13.60 所示孔放置面为放置参照，然后激活【偏移参照】文本框，按下“Ctrl”键在图形区依次选取如图 13.60 所示实体表面为偏移参照，并设定偏移距离均为“20.00”。完成后单击鼠标中键得到如图 13.61 所示特征。

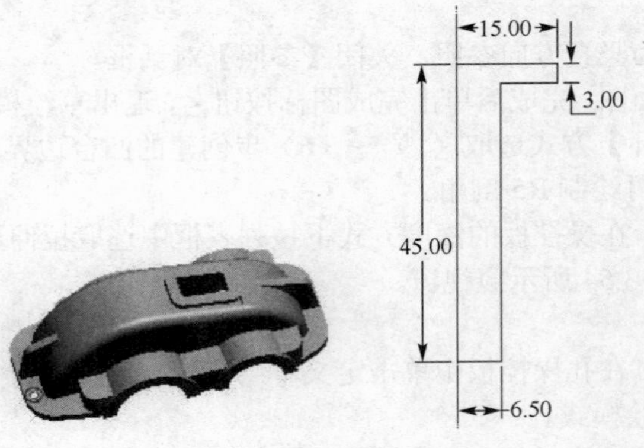

图 13.58 草绘孔特征　　图 13.59 孔截面

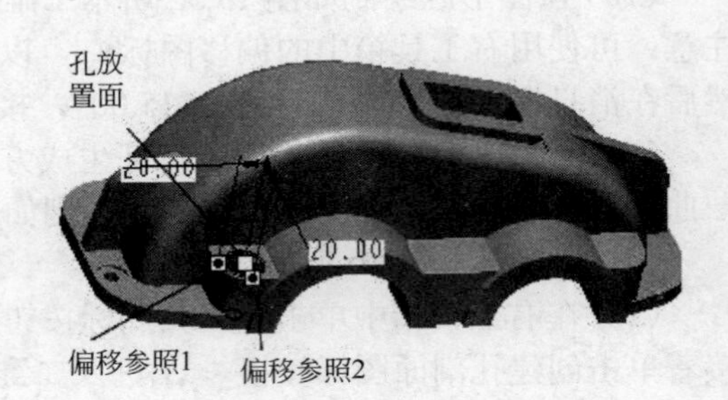

图 13.60 孔放置面及放置参照

（8）选取第（7）步创建的草绘孔特征，在右工具箱中单击阵列工具图标按钮▦，弹出阵列操控板。

（9）在操控板阵列类型下拉列表框中选取【表】选项，然后单击【表尺寸】按钮，在图形区选取如图 13.62 所示水平定位尺寸，将其添加为阵列驱动尺寸，接着单击【编辑】按钮，弹出表编辑器窗口。

（10）在表编辑器中设置如图 13.63 所示实例孔参数，然后关闭表编辑器窗口。

图 13.61　草绘孔特征

图 13.62　表尺寸

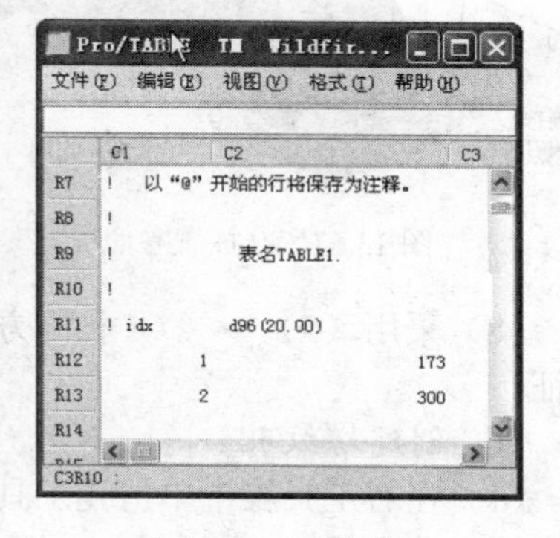

图 13.63　表编辑器

（11）单击鼠标中键得到如图 13.64 所示表阵列特征。

（12）在模型树中选取第（5）步创建的草绘孔特征和第（11）步创建的阵列特征，在右工具箱中单击镜像图标，然后选取 TOP 基准平面为镜像平面，单击鼠标中键得到如图 13.65 所示镜像特征。

15. 创建定位销孔和起吊孔

（1）在右工具箱中单击孔工具图标，在孔操控板中输入孔直径“8.00”，深度“12.00”。

（2）单击【放置】按钮,选取如图 13.66 所示孔放置面（凸缘上表面）和偏移参照（TOP 基准面和箱盖右边缘面），并设定偏移距离分别为“35.00”和“16.00”。

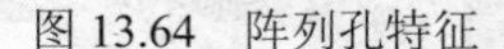
图 13.64　阵列孔特征

图 13.65　镜像特征

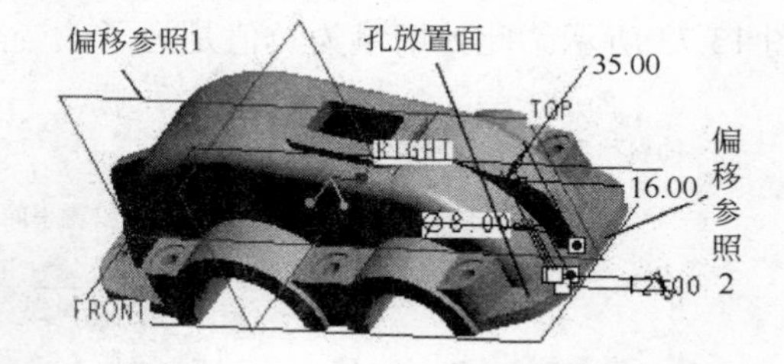

图 13.66　孔参照选取

（3）单击鼠标中键完成右侧定位销孔的创建。

（4）采用第（1）～（3）步所示方法创建左侧定位销孔，其参照选取如图 13.67 所示（放置参照为凸缘上表面，偏移参照分别为左侧凸缘面和 TOP 基准面），偏移距离分别为“50.00”和“65.00”。

（5）单击右工具箱中的基准轴工具图标，弹出【基准轴】对话框。在图形区选取如图 13.68 所示曲面为基准轴参照，单击对话框中的【确定】按钮，完成基准轴创建。

（6）单击右工具箱中孔工具图标，在操控板的深度方式下拉列表框中选取钻孔至与所有曲面相交图标，并输入孔直径“18.00”。

（7）单击【放置】按钮，弹出【放置】面板。在图形区选取（5）步中创建的基准轴为孔的一个放置参照，然后按下“Ctrl”键选取如图 13.69 所示平面为另一参照，接着单击鼠标中键，完成左侧起吊孔特征的创建。

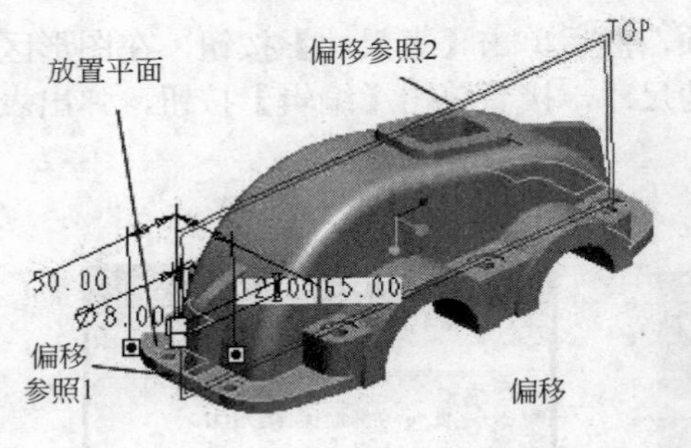

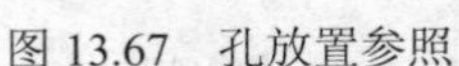

图 13.67 孔放置参照

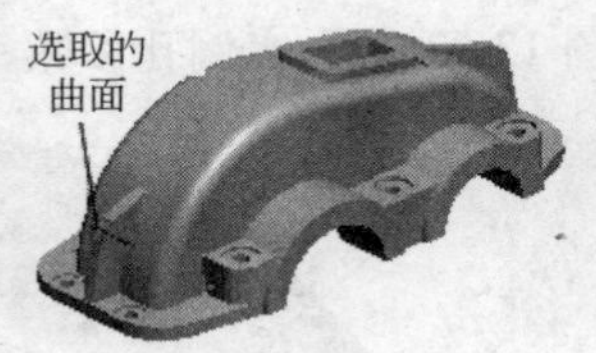

图 13.68 镜像特征

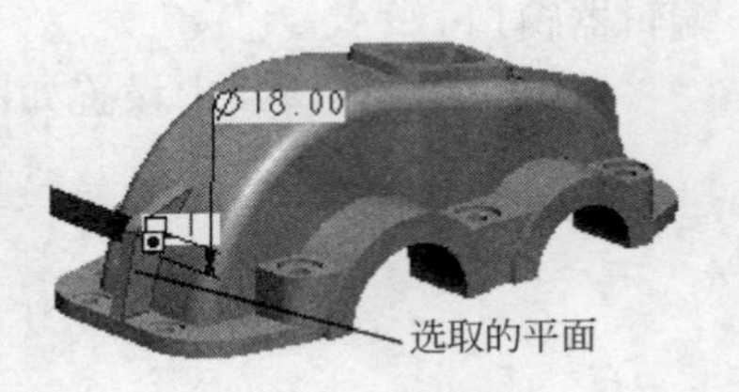

图 13.69 孔参照选取

（8）采用（5）～（7）相同方法创建如图 13.70 所示基准轴和与该基准轴同轴的右侧起吊孔特征。

16. 创建螺纹孔

（1）在右工具箱中单击孔工具图标，在孔操控板中单击创建螺纹孔图标，在孔类型下拉列表框中选取【ISO】选项，在螺纹孔尺寸下拉列表框中选取“M6×1”，在螺纹深度类型下拉列表框中选取钻孔与所有曲面相交图标。

（2）单击【放置】按钮,选取如图 13.71 所示孔放置面（凸台上表面）和偏移参照（TOP 基准面及凸台左侧边线），偏移距离分别为“22.50”和“10.00”。

（3）单击【形状】按钮，在下滑面板中选取【全螺纹】选项，然后单击鼠标中键完成螺纹孔创建。

（4）选取上步创建的螺纹孔，在右工具箱中单击阵列工具图标，在弹出的操控板的阵列类型下拉列表框中选取【尺寸】选项。

（5）单击【尺寸】按钮，弹出【尺寸】下滑面板，分别选取如图 13.72 所示尺寸为【方向 1】和【方向 2】上的参照，并分别设定增量值为“–45.00”和“80.00”，设置完成的【参照】面板如图 13.73 所示。此处增量为负值是为了改变阵列特征的生成方向。

图 13.70 右侧起吊孔

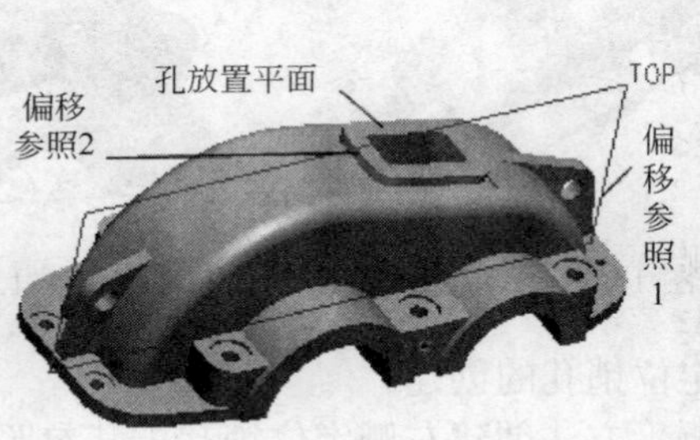

图 13.71 螺纹孔参照

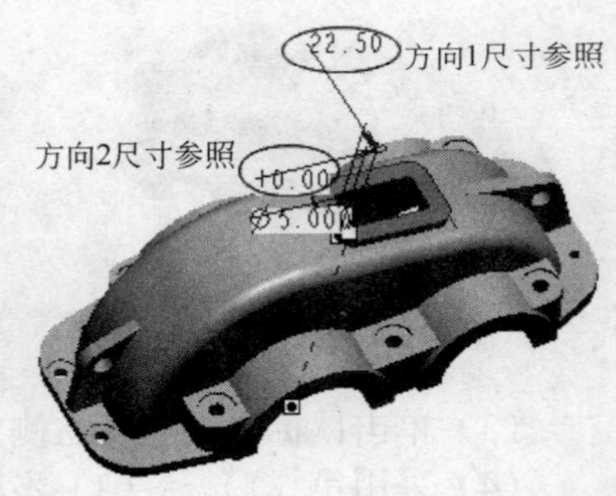

图 13.72 阵列方向参照

（6）单击鼠标中键得到如图 13.74 所示阵列螺纹特征。

（7）采用第（1）～（3）步所示方法创建起盖螺纹孔。螺纹孔尺寸为“M10×1.25”，孔深度为“12.00”，螺纹放置参照如图 13.75 所示。孔放置面为凸缘上表面，偏移参照分别为 TOP 基准平面和凸缘右侧面，偏移距离分别为“35.00”和“16.00”。

（8）单击右工具箱中的基准轴工具图标，弹出【基准轴】对话框。在图形区选取如图 13.76 所示曲面为基准轴参照，单击对话框中的【确定】按钮，完成基准轴创建。

（9）再次创建螺纹孔，尺寸为“M8×1.25”，深度为“15.00”。在放置下滑面板中设置孔的放置方式为【径向】，放置平面及参照如图 13.77 所示（放置平面为大轴承座端面，偏移参照为第（8）

步创建的基准轴和 FRONT 基准平面），偏移距离分别为：径向“60.00”，角度“30.00”度。

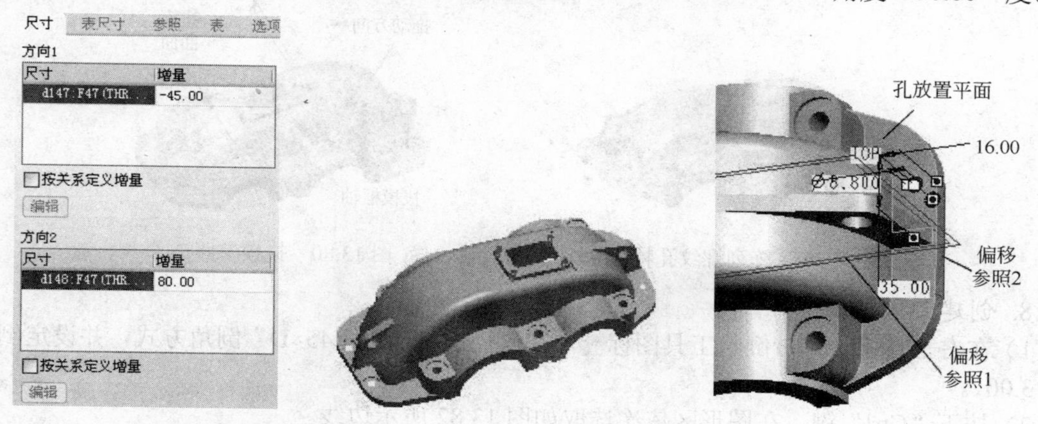

图 13.73　参照面板设置　　图 13.74　阵列螺纹孔　　图 13.75　阵列方向参照

（10）阵列第（9）步创建的螺纹孔，在操控板的阵列方式列表框中选取【轴】选项，在图形区选取（8）步中创建的基准轴为轴参照，在操控板中设置阵列数目为“3”，阵列成员角度距离为“60”度，单击鼠标中键完成如图 13.78 所示阵列螺纹孔特征。

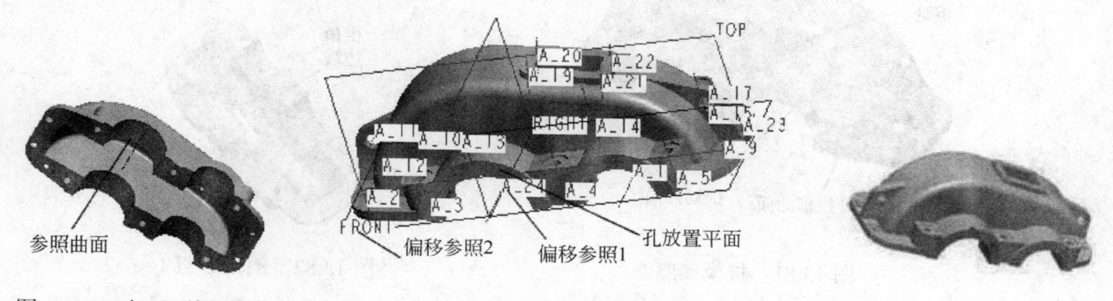

图 13.76　参照面板设置　　图 13.77　螺纹孔参照　　图 13.78　阵列螺纹孔

（11）采用第（9）步同样的方法创建小轴承座上的一个螺纹孔特征。其中孔的放置参照为小轴承座端面，偏移参照为小轴承座孔轴线和 FRONT 基准平面，偏移距离分别为：径向“50.00”，角度“30.00”度。

（12）选取第（11）步创建的螺纹孔，以小轴承座孔轴线为参照，采用第（10）步同样的方法和参数创建轴阵列特征，最后得到的阵列螺纹孔特征如图 13.79 所示。

17. 创建拔模特征

（1）在右工具箱中单击拔模工具图标，在操控板中单击【参照】按钮，弹出【参照】面板。在图形区选取如图 13.80 所示轴承座曲面为拔模曲面。

（2）单击下滑面板中的【拔模枢轴】文本框，将其激活，在图形区选取如图 13.80 所示曲面为拔模枢轴。单击【拖拉方向】文本框后的【反向】按钮，将拖拉方向调整为如图 13.80 箭头所示方向。

（3）在操控板的拔模角度文本框中输入拔模角度值“2.86”度，然后单击鼠标中键，完成一侧轴承座的拔模。

（4）采用同样方法完成另一侧轴承座曲面的拔模。

（5）采用同样方法完成连接螺栓凸台及凸缘的拔模。拔模曲面、拔模枢轴、拖拉方向及拔模角度的设置如图 13.81 所示。

图 13.79　阵列螺纹孔特征

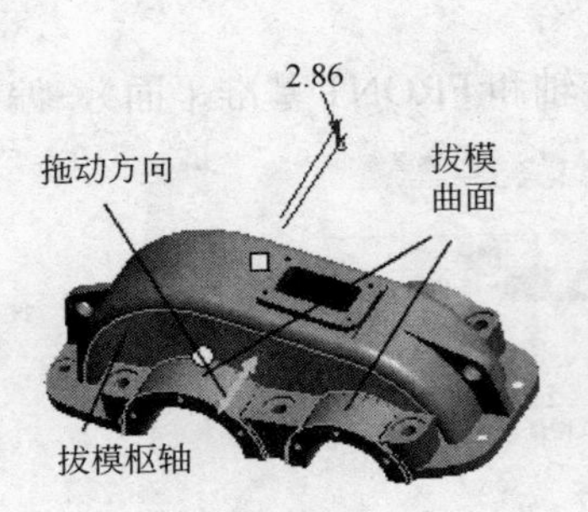

图 13.80　拔模参照 2

18. 创建倒角特征

（1）在右工具箱中单击倒角工具图标，在操控板中选取“45×D”倒角方式，并设定倒角值为“13.00”。

（2）按下“Ctrl”键，在图形区依次选取如图 13.82 所示边线。

（3）单击操控板上的【集】按钮，在下滑面板的倒角集列表框中单击【新组】，在倒角值文本框中输入倒角集 2 的倒角值“2.00”，并在图形区选取如图 13.83 所示轴承座孔边线为倒角集 2 的参照，接着单击鼠标中键完成倒角特征创建。本步创建的倒角特征中包括两个倒角集。

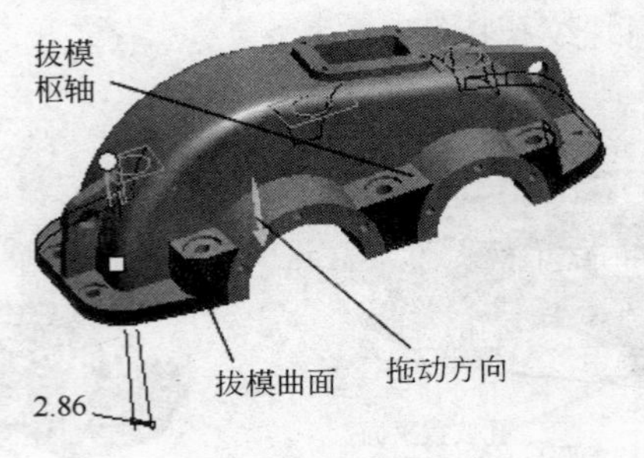

图 13.81　拔模参照 2

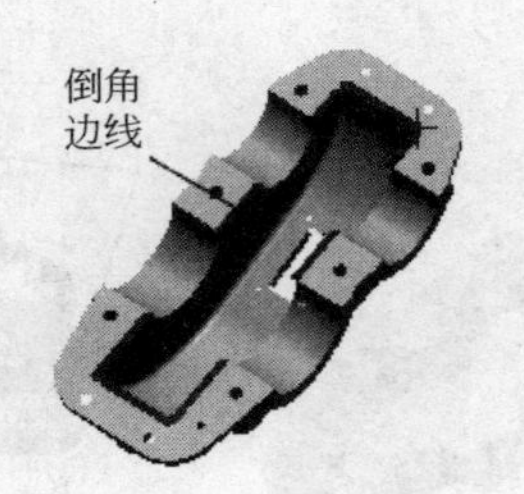

图 13.82　倒角参照 1

19. 创建圆角特征

（1）在右工具箱中单击圆角工具图标，在操控板中输入圆角半径为“2.00”。

（2）按下“Ctrl”键，在图形区依次选取如图 13.84 所示边线为圆角参照。

（3）单击鼠标中键完成圆角特征。最终的零件模型如图 13.85 所示。

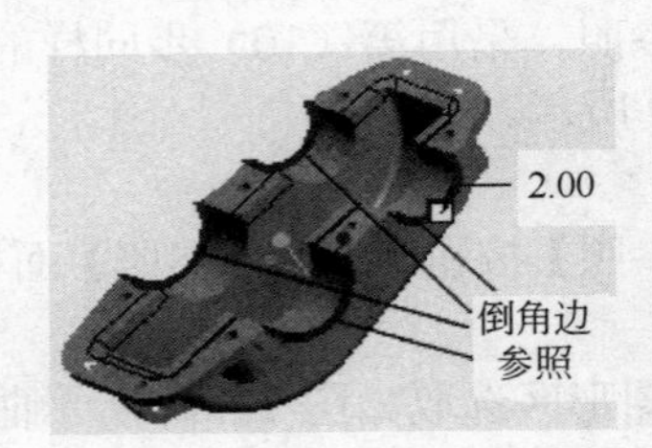

图 13.83　倒角参照 2

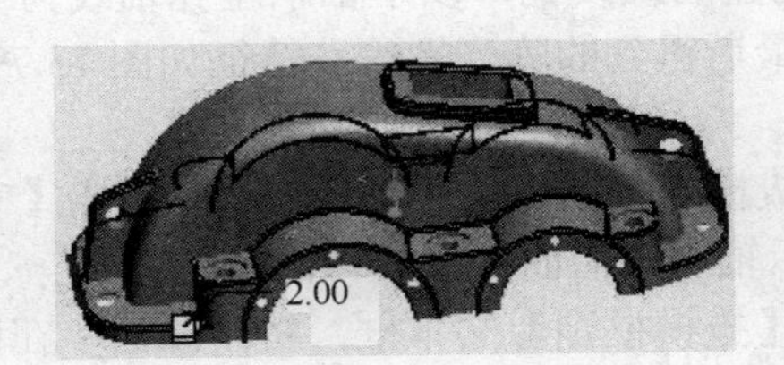

图 13.84　圆角参照

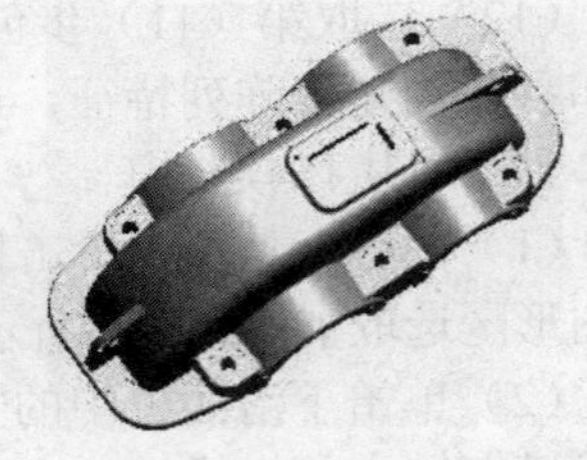

图 13.85　零件模型

13.2　烟灰缸设计

13.2.1　烟灰缸模型的创建过程

烟灰缸模型的创建过程如图 13.86 所示。

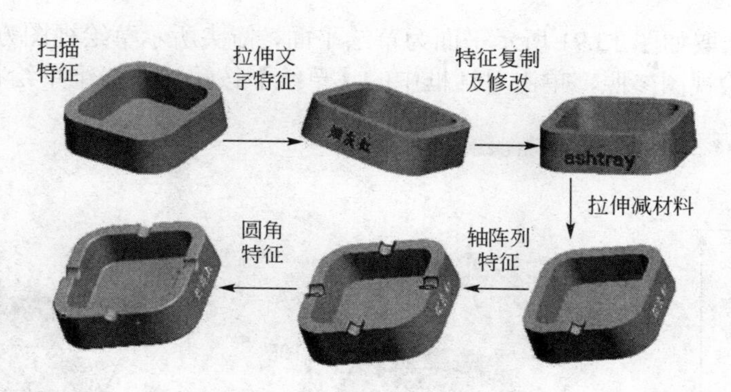

图 13.86　烟灰缸模型创建过程

13.2.2　烟灰缸模型的创建步骤

按照上节所述创建过程，烟灰缸具体创建步骤如下。

1. 新建文件

使用“mmns_part_solid”模板，新建一个零件类型的文件，名称为“yanhuigang_jg.prt”。

2. 创建扫描特征

（1）在主菜单中依次选取【插入】→【扫描】→【伸出项】选项，弹出【伸出项：扫描】特征定义对话框和【扫描轨迹】菜单。

（2）在【扫描轨迹】菜单中选取【草绘轨迹】选项，接受【设置平面】菜单中的【平面】选项，在图形区选取 TOP 基准平面为草绘平面，在【方向】菜单中选取【确定】选项，在【草绘视图】菜单中选取【缺省】选项，系统进入二维草绘模式。依次选取的菜单如图 13.87 所示。

（3）在图形区绘制如图 13.88 所示扫描轨迹，然后单击右工具箱中的继续图标按钮✓，退出二维草绘状态。

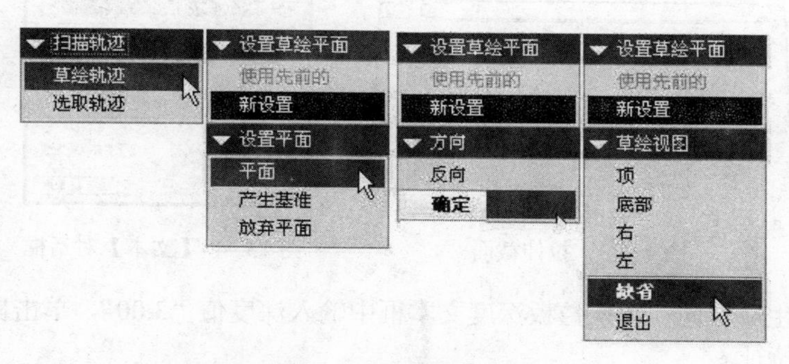

图 13.87　依次选取的菜单

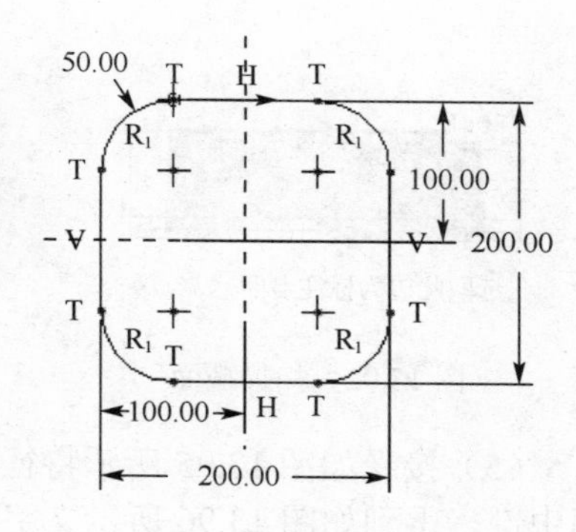

图 13.88　扫描轨迹

（4）在【属性】菜单中选取【增加内部因素】→【完成】选项，系统再次进入二维草绘状态，并以黄色十字线表明扫描轨迹的起始点。

（5）在扫描起始点绘制如图 13.89 所示扫描截面，完成后单击右工具箱中的继续图标按钮✓，退出二维草绘状态。注意扫描截面为开放截面。

（6）在【伸出项：扫描】特征定义对话框中单击确定按钮，得到如图 13.90 所示模型。

3. 创建拉伸文字特征

（1）在右工具箱中单击拉伸工具图标，在拉伸操控板中单击【放置】按钮，在【草绘】下滑面板中单击【定义】按钮，弹出【草绘】对话框。

（2）在图形区选取如图 13.91 所示平面为草绘平面，箭头所示草绘视图方向，选取 RIGHT 基准平面为向右的草绘视图参照，单击对话框中的【草绘】按钮进入二维草绘状态并弹出【参照】对话框。

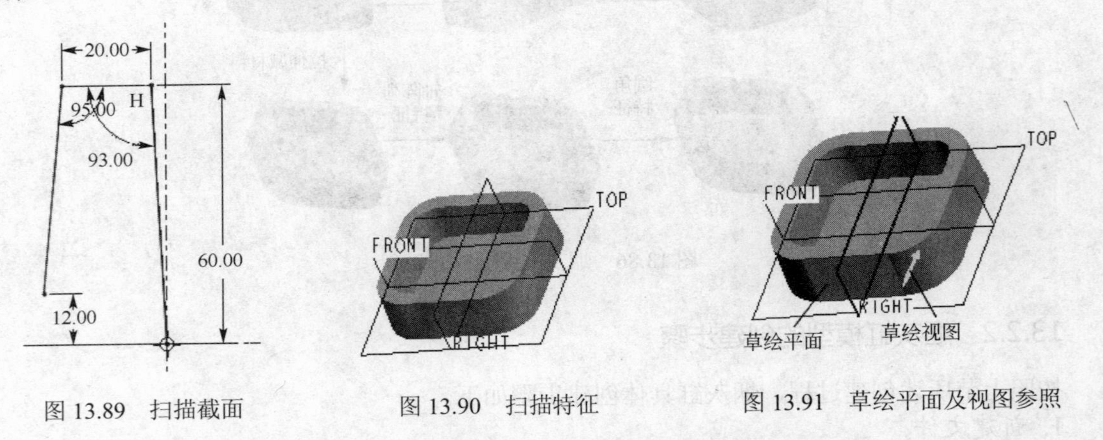

图 13.89　扫描截面　　图 13.90　扫描特征　　图 13.91　草绘平面及视图参照

（3）在图形区选取如图 13.92 所示边线为水平方向标注和约束参照，然后单击【参照】对话框中的【关闭】按钮关闭对话框。

（4）在右工具箱中单击文字工具图标，在图形区绘制如图 13.93 所示文字，完成后单击右工具箱中的继续图标按钮，退出草绘状态。绘制时，注意在如图 13.94 所示【文本】对话框的【字体】下拉列表框中选取“chfntk”字体样式。

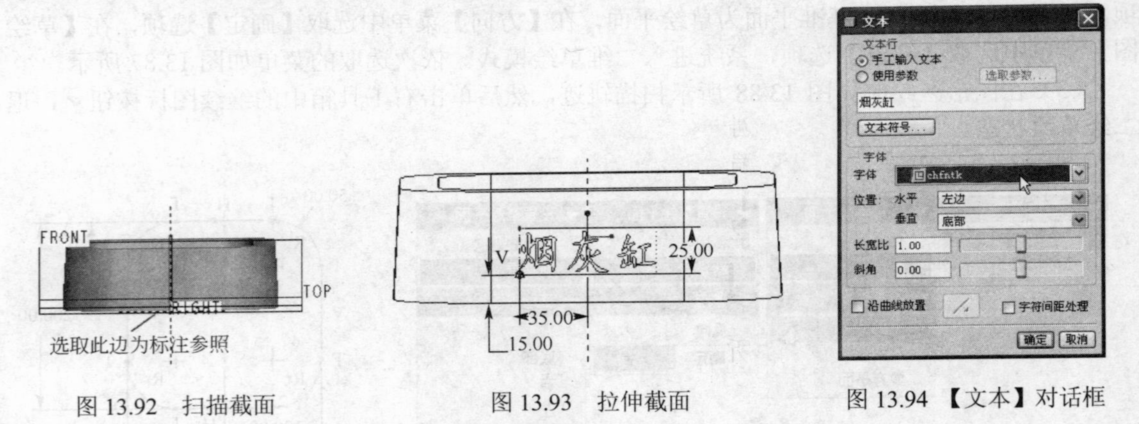

图 13.92　扫描截面　　图 13.93　拉伸截面　　图 13.94　【文本】对话框

（5）接受如图 13.95 所示特征生成方向，在操控板深度文本框中输入深度值“3.00”，单击鼠标中键，得到如图 13.96 所示文字特征。

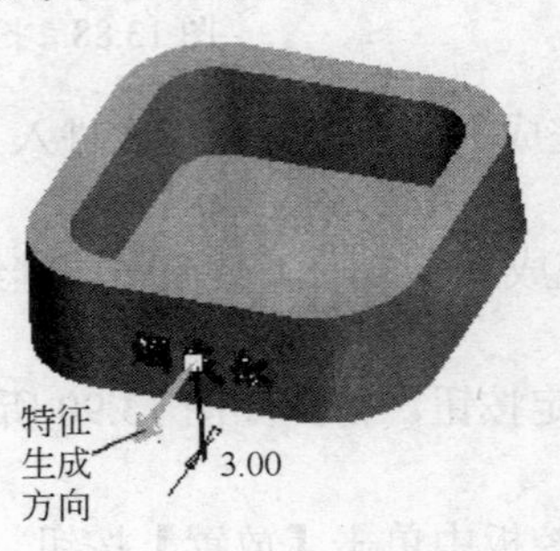

图 13.95　特征生成方向　　图 13.96　文字特征

4. 复制文字特征

（1）在主菜单中依次选取【编辑】→【特征操作】选项，弹出【特征】菜单。

（2）在【特征】菜单中选取【复制】选项，在【复制特征】菜单中选取【移动】、【选取】、【独立】、【完成】选项，在【选取特征】菜单中接受【选取】选项。

（3）在模型树或图形区选取第 3 步创建的拉伸文字特征，在【选取特征】菜单中选取【完成】选项。

（4）在【移动特征】菜单中选取【旋转】选项，在【选取方向】菜单中选取【坐标系】选项，并在图形区选取系统坐标系“PRT_CSYS_DEF”，接着在【选取轴】菜单中选取【Y 轴】选项，在【方向】菜单中选取【正向】选项。系统弹出消息框，要求输入旋转角度。依次选取的菜单如图 13.97 所示。

（5）在消息框中输入旋转角度“90.00”度，单击右侧确定图标按钮☑。

（6）在【移动特征】菜单中选取【完成移动】选项，弹出【组元素】对话框和【组可变尺寸】菜单。

（7）在【组可变尺寸】菜单中选取【完成】选项，在【组元素】对话框中单击【确定】按钮，然后在【特征】菜单中选取【完成】选项，得到如图 13.98 所示特征。

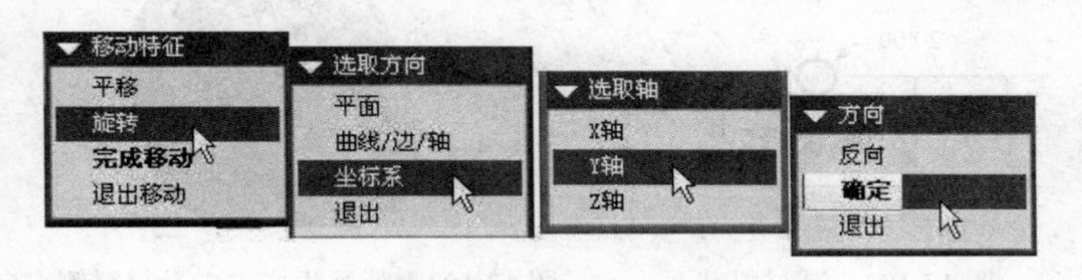

图 13.97 依次选取的菜单

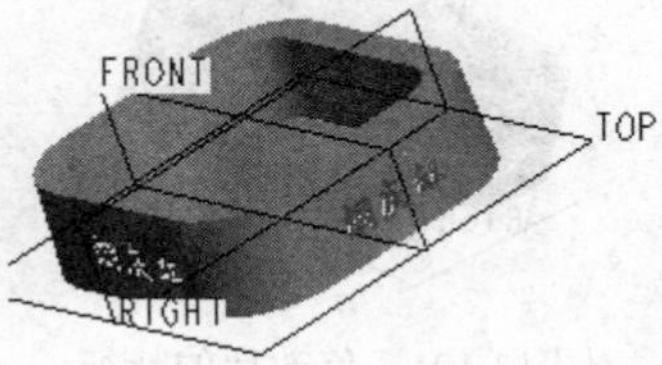

图 13.98 旋转复制特征

5. 修改旋转复制特征

（1）在模型树中单击第 4 步创建的组特征前的“+”号将该特征展开，然后选取如图 13.99 所示拉伸特征，在右键菜单中选取编辑定义选项，打开拉伸操控板。

（2）在操控板中单击【放置】按钮，在下滑面板中单击【草绘】按钮，进入二维草绘模式。

（3）在图形区双击草绘的文字，打开【文字】对话框，在【文本行】栏的文本框中将文字更改为“ashtray”，在【字体】栏的【字体】下拉列表框中选取“font3d”字体，然后单击对话框中的【确定】按钮。

（4）在图形区按如图 13.100 所示修改文字的高度尺寸和定位尺寸，完成后单击右工具箱中的继续图标按钮☑，退出草绘模式。接着单击鼠标中键得到如图 13.101 所示修改后特征。

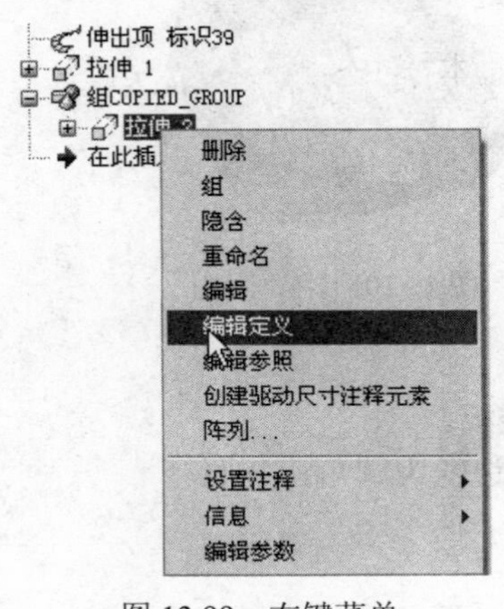

图 13.99 右键菜单

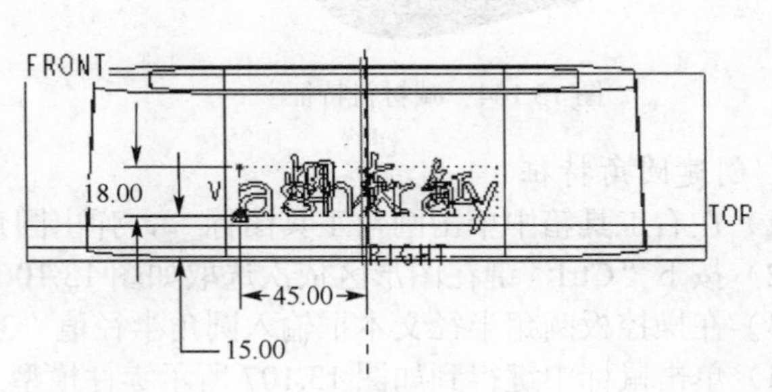

图 13.100 修改后的截面

6. 创建基准轴特征

（1）在右工具箱中单击基准轴工具图标，弹出【基准轴】对话框。

（2）按下“Ctrl”键，在图形区或模型树中依次选取 FRONT 和 RIGHT 基准平面为基准轴参照，然后单击对话框中的【确定】按钮，即在两个基准平面的交线处得到基准轴特征。

7. 创建减材料特征

（1）在右工具箱中单击拉伸工具图标，在操控板中依次单击减材料图标按钮和【放置】按钮，在【草绘】面板中单击【定义】按钮，弹出【草绘】对话框。

（2）选取 FRONT 基准平面为草绘平面，接受缺省草绘视图方向，选取 RIGHT 基准平面为向右的草绘视图参照，单击对话框中的【草绘】按钮进入二维草绘状态。如图 13.102 所示。

（3）在图形区绘制如图 13.101 所示圆心在模型上边线上的圆，然后单击右工具箱中的继续图标按钮，退出草绘模式。

（4）接受如图 13.103 箭头所示特征生成方向和材料侧方向，并在操控板的深度方向下拉列表框中选取拉伸至与所有曲面相交图标，单击鼠标中键得到如图 13.104 所示特征。

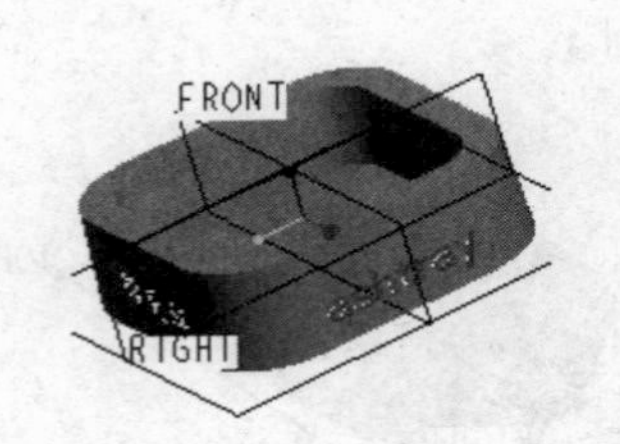

图 13.101　修改后的特征

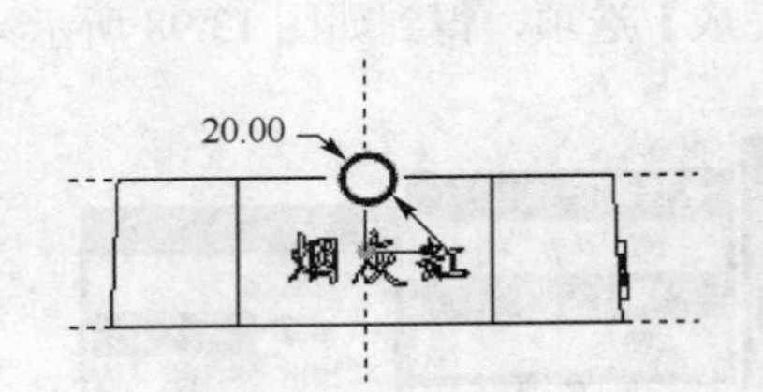

图 13.102　减材料截面

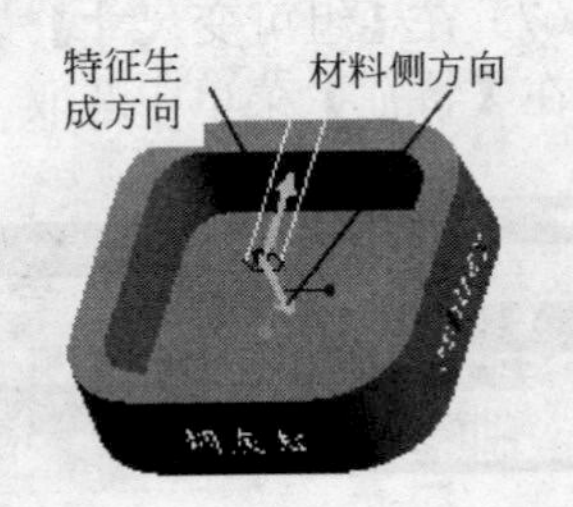

图 13.103　特征生成方向及材料侧方向

8. 创建阵列特征

（1）在模型树中选取第 6 步创建的拉伸减材料特征，在右工具箱中单击阵列工具图标，弹出阵列操控板。

（2）在操控板的阵列类型下拉列表框中选取【轴】选项。

（3）在图形区或模型树选取第 6 步创建的基准轴作为阵列参照，在操控板的阵列成员数目文本框和阵列成员间角度文本框中分别输入值“4”和“90”。

（4）单击鼠标中键得到如图 13.105 所示阵列特征。

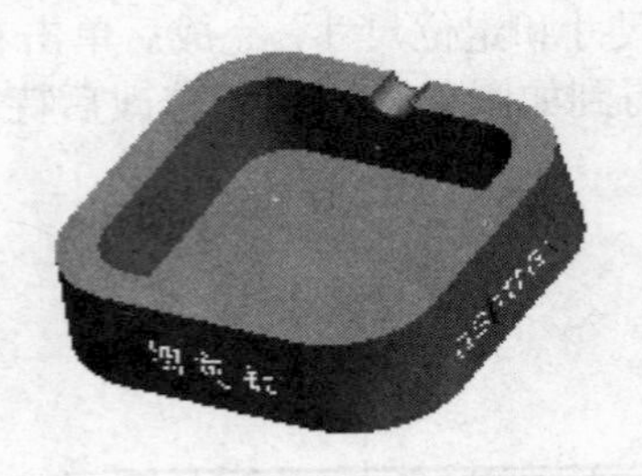

图 13.104　减材料特征

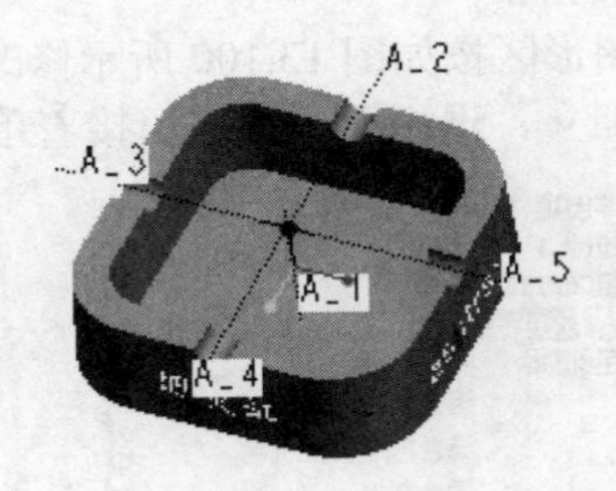

图 13.105　阵列特征

9. 创建圆角特征

（1）在右工具箱中单击圆角工具图标，弹出圆角操控板。

（2）按下“Ctrl”键在图形区依次选取如图 13.106 所示边线为圆角边参照。

（3）在操控板圆角半径文本框输入圆角半径值“3.50”。

（4）单击鼠标中键得到如图 13.107 所示零件模型。

模型造型完毕后，可以在主菜单中依次选取【视图】→【颜色和外观】选项，打开【外观编辑器】对话框，为模型添加材质与颜色。还可以在主菜单中依次选取【视图】→【模型设置】选项，在弹出的下级菜单中选取合适选项，对模型进行简单的渲染，从而得到更逼真的零件模型。

图 13.106　圆角边参照

图 13.107　零件模型

总结与回顾

本章主要介绍了几个实例模型的创建思路及具体的创建过程。

在模型的创建过程中不仅涉及了拉伸特征、旋转特征、扫描特征等基础实体特征、孔特征、筋特征、倒角特征、拔模特征、圆角特征等工程实体特征的创建方法，还涉及基准轴、基准面等基准特征的创建方法，以及特征的镜像、阵列、旋转、修改等特征操作方法。

通过对本章内容的学习，一方面可以巩固前述章节学习过的特征创建和编辑的基本知识，另一方面可以增强对 Pro/E 软件建模思想的理解，从而能够在实践中灵活运用 Pro/E 软件提供的各种建模方法与手段，较好地完成复杂零件的创建。

思考与练习题

1. 常用的实体造型方法有哪些？
2. 实体造型中有哪些方法创建基准面和基准轴？
3. 实体造型中常用哪些特征操作方法以提高设计效率？

参 考 文 献

[1] 谭雪松，甘露萍. Pro/ENGINEER 中文野火版 4.0 项目教程. 北京：人民邮电出版社，2009.

[2] 韩先征. Pro/ENGINEER Wildfire 5.0 应用实践. 北京：化学工业出版社，2011.

[3] 薄继康. Pro/ENGINEER 基础教程. 北京：人民邮电出版社，2005.

[4] 孙小捞. Pro/ENGINEER Wildfire 4.0 中文版教程. 北京：人民邮电出版社，2010.

[5] 谭雪松，胡瑾. Pro/ENGINEER 中文野火版 4.0 基础教程. 北京：人民邮电出版社，2009.

[6] 李月凤. Pro/ENGINEER Wildfire 5.0 基础实例教程. 北京：化学工业出版社，2013.